吴 拓 编著

现代机床夹具
设计及实例

XIANDAI JICHUANG JIAJU
SHEJI JI SHILI

化学工业出版社
·北京·

图书在版编目（CIP）数据

现代机床夹具设计及实例/吴拓编著. —北京：化学工业出版社，2015.10（2019.1 重印）
ISBN 978-7-122-25037-7

Ⅰ.①现… Ⅱ.①吴… Ⅲ.①机床夹具-设计 Ⅳ.①TG750.2

中国版本图书馆 CIP 数据核字（2015）第 204484 号

责任编辑：贾　娜　　　　装帧设计：刘丽华
责任校对：吴　静

出版发行：化学工业出版社（北京市东城区青年湖南街 13 号　邮政编码 100011）
印　　装：北京虎彩文化传播有限公司
787mm×1092mm　1/16　印张 18¼　字数 498 千字　2019 年 1 月北京第 1 版第 2 次印刷

购书咨询：010-64518888　　　　售后服务：010-64518899
网　　址：http://www.cip.com.cn
凡购买本书，如有缺损质量问题，本社销售中心负责调换。

定　　价：69.00 元

前言

机械制造是人类文明的基石，是国民经济和科学技术发展的基础。机械制造离不开金属切削机床，而机床夹具则是保证机械加工质量、提高生产效率、降低生产成本、减轻劳动强度、降低对工人技术的过高要求、实现生产过程自动化不可或缺的重要工艺装备之一。机床夹具被广泛应用于机械制造业中，大量专用机床夹具的采用为大批大量生产提供了必要的条件。

机床夹具设计一般包括结构设计和精度设计两个方面。值得注意的是，人们通常比较注重结构设计而忽视精度设计，然而随着零件加工精度的提高，对夹具的综合定位误差、累积误差的计算以及夹具的动态误差、夹具的磨损公差等，工程技术人员在进行夹具设计时都必须进行认真细致的分析，因而本书在相关章节中作了特别论述。

本书以培养和提升企业技术人员和高校学生的机床夹具设计能力为主旨。编者结合自己多年的教学和实践经验，系统地介绍了夹具设计原理、夹具设计的步骤和方法、机床夹具设计相关资料、各类机床夹具的典型结构及设计要点等内容，各核心章节都有优秀的经典范例，对定位装置、夹紧机构以及各类机床夹具加以详尽讲解，既可为从事机械设计与制造相关工作的技术人员提供帮助，也可供高校相关专业师生学习参考，还可作为夹具设计技术人员的参考书。

本书由吴拓编著，在撰写过程中得到了各界同仁和朋友的大力支持、鼓励和帮助，在此表示衷心的感谢！

由于编著者水平所限，书中不足之处在所难免，敬请广大读者和专家批评指正。

编著者

CONTENTS 目录

第1章 机床夹具设计概述

第2章 工件的定位及定位装置设计

第3章 工件的夹紧及夹紧机构设计

第4章 刀具导向与夹具的对定

第5章 夹具体和夹具连接元件的设计

第6章 夹具图样设计及夹具精度校核

第7章 机床夹具设计的相关资料

第8章 各类机床夹具的典型结构及其设计要点

第1章 机床夹具设计概述

内容摘要

本章主要介绍机床夹具在机械加工中的作用及其在工艺系统中的地位、机床夹具的分类及组成；根据现代机械工业的生产特点，介绍机床夹具的现状以及现代机床夹具的发展方向；介绍机床夹具设计的基本要求及步骤。

1.1 机床夹具概述

1.1.1 机床夹具在机械加工中的作用

在机械制造的机械加工、焊接、热处理、检验、装配等工艺过程中，为了安装加工工件，使之占有正确的位置，以保证零件和产品的质量，并提高生产效率，所采用的工艺装备称为夹具。

在机床上加工工件时，必须用夹具装好夹牢工件。将工件装好，就是在机床上确定工件相对于刀具的正确位置，这一过程称为定位。将工件夹牢，就是对工件施加作用力，使之在已经定好的位置上将工件可靠地夹紧，这一过程称为夹紧。从定位到夹紧的全过程，称为装夹。

工件的装夹方法有找正装夹法和夹具装夹法两种。

找正装夹方法是以工件的有关表面或专门划出的线痕作为找正依据，用划针或指示表进行找正，将工件正确定位，然后将工件夹紧，进行加工。如图 1-1 所示，在铣削连杆状零件的上下两平面时，若批量不大，可在机用虎钳中，按侧边划出的加工线痕，用划针找正。

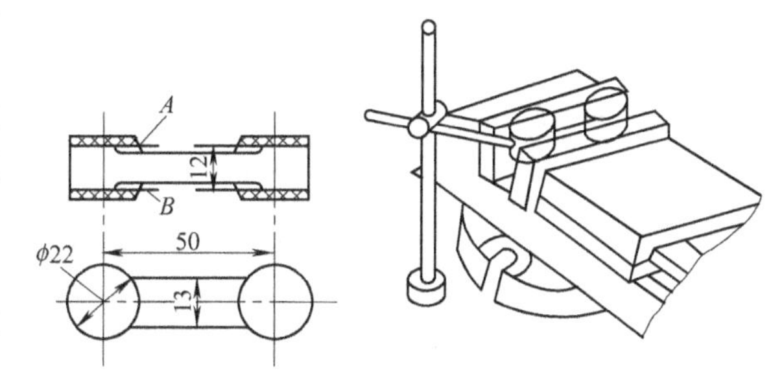

图 1-1 在机用虎钳上找正和装夹连杆状零件

这种方法安装方法简单，不需专门设备，但精度不高，生产率低，因此多用于单件、小批量生产。

夹具装夹方法是靠夹具将工件定位、夹紧，以保证工件相对于刀具、机床的正确位置。如图 1-2 所示为铣削连杆状零件的上下两平面所用的铣床夹具。这是一个双位置的专用铣床夹具。毛坯先放在Ⅰ位置上铣出第一端面（*A* 面），然后将此工件翻过来放入Ⅱ位置铣出第二端面（*B* 面）。夹具中可同时装夹两个工件。

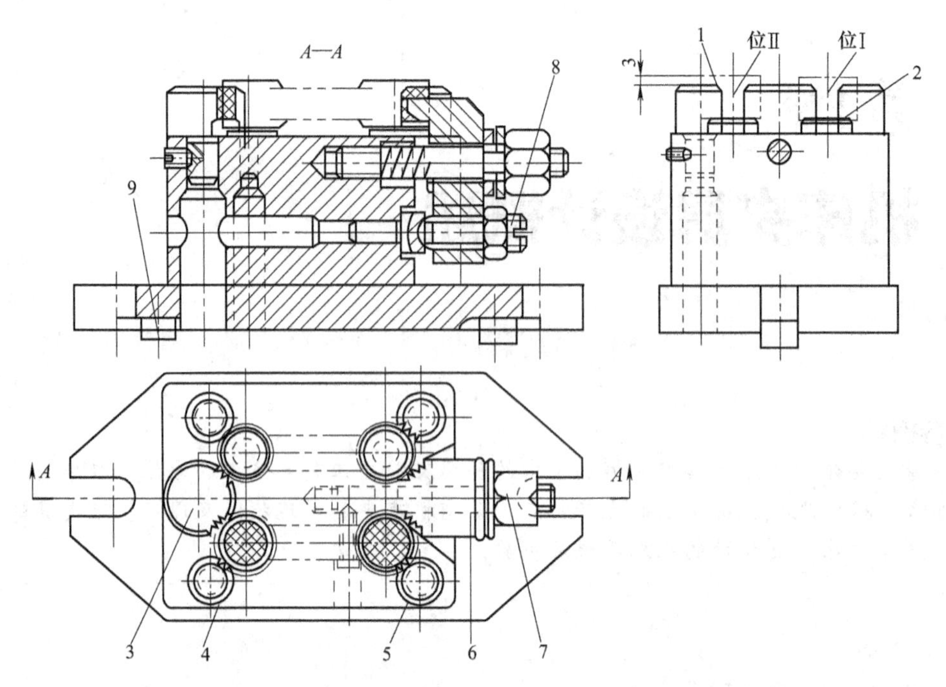

图 1-2　铣削连杆状零件两面的双位置专用铣床夹具

1—对刀块（兼挡销）；2—锯齿头支承钉；3～5—挡销；6—压板；7—螺母；8—压板支承钉；9—定位键

如图 1-3 所示为专供加工轴套零件上 ϕ6H9 径向孔的钻床夹具。工件以内孔及其端面作为定位基准，通过拧紧螺母将工件牢固地压在定位元件上。

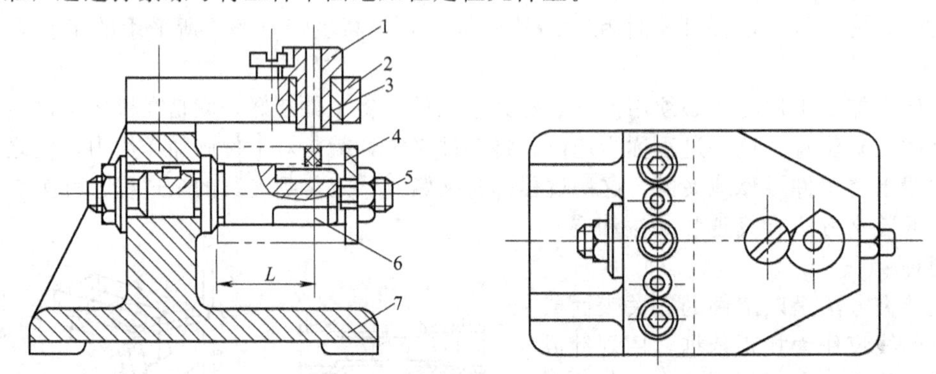

图 1-3　钻轴套零件上 ϕ6H9 径向孔的专用钻床夹具

1—快换钻套；2—钻套用衬套；3—钻模板；4—开口垫圈；5—螺母；6—定位销；7—夹具体

在机床上加工工件时所用的夹具称为机床夹具。机床夹具的主要功能就是完成工件的装夹工作。工件装夹情况的好坏，将直接影响工件的加工精度。

无论是传统制造，还是现代制造系统，机床夹具都是十分重要的，它对加工质量、生产率和产品成本都有直接影响，因此企业花费在夹具设计和制造上的时间，无论是改进现有产品或是开发新产品，在生产周期中都占有较大的比重。

在机械加工过程中，工件的几何精度主要取决于工件对机床的相对位置，严格地说，只有机床、刀具、夹具和工件之间保持正确的相对关系，才能保证工件各加工表面之间的相对位置精度。显然，对机床夹具的基本要求就是将工件正确定位并牢靠地固定在给定位置。因而，机床夹具除了应保证足够的制造精度外，还应有足够的刚度以抵抗加工时可能产生的变形和振动。

机床夹具在机械加工中起着十分重要的作用，归纳起来，主要表现在以下几个方面。

① 缩短辅助时间，提高劳动生产率，降低加工成本。使用夹具包括两个过程：一是夹具在机床上的安装与调整；二是工件在夹具中的安装。前者可以依靠夹具上的定向键、对刀块等专门装置快速实现，后者则由夹具上专门用于定位的V形块、定位环等元件迅速实现；此外，夹具中还可以不同程度地采用高效率的多件、多位、快速、增力、机动等夹紧装置，利用辅助支承等提高工件的刚度，以利于采用较大的切削用量。这样，便可缩短辅助时间、减少机动时间，有效地提高劳动效率、降低加工成本。

② 保证加工精度，稳定加工质量。采用夹具安装工件，夹具在机床上的安装位置和工件在夹具中的安装位置均已确定，因而工件在加工过程中的位置精度不会受到各种主观因素以及操作者的技术水平影响，加工精度易于保证，并且加工质量稳定。

③ 降低对工人的技术要求，减轻工人的劳动强度，保证安全生产。

使用专用夹具安装工件，定位方便、准确、快捷，位置精度依靠夹具精度保证，因而可以降低对工人的技术要求；同时，夹紧又可采用增力、机动等装置，可以减轻工人的劳动强度。根据加工条件，还可设计防护装置，确保操作者的人身安全。

④ 扩大机床的工艺范围，实现“一机多能”。在批量不大、工件种类和规格较多、机床品种有限的生产条件下，可以通过设计机床夹具，改变机床的工艺范围，实现“一机多能”。例如：在普通铣床上安装专用夹具铣削成形表面；在车床溜板上或在摇臂钻床上安装镗模可以加工箱体孔系等。

⑤ 在自动化生产和流水线生产中，便于平衡生产节拍。在加工工艺过程中，特别在自动化生产和流水线生产中，当某些工序所需工时特别长时，可以采用多工位或高效夹具等提高生产效率，平衡生产节拍。

不过，机床夹具的作用也存在一定的局限性，如下所示。

① 专用机床夹具的设计制造周期长。它往往是新产品生产技术准备工作的关键之一，对新产品的研制周期影响较大。

② 对毛坯质量要求较高。因为工件直接安装在夹具中，为了保证定位精度，要求毛坯表面平整，尺寸偏差较小。

③ 专用机床夹具主要适用于生产批量较大、产品品种相对稳定的场合。专用机床夹具是针对某个零件、某道工序而专门设计制造的，一旦产品改型，专用夹具便无法使用。因此，当现代机械工业出现多品种、中小批量的发展趋势时，专用夹具往往便成为开发新产品、改革老产品的障碍。

1.1.2 机床夹具的分类

机床夹具的种类很多，形状千差万别。为了设计、制造和管理的方便，往往按某一属性进行分类。

（1）按夹具的通用特性分类

按这一分类方法，常用的夹具有通用夹具、专用夹具、可调夹具、成组夹具、组合夹具和自动线夹具六大类。它反映夹具在不同生产类型中的通用特性，因此是选择夹具的主要依据。

① 通用夹具。通用夹具是指结构、尺寸已标准化，且具有一定通用性的夹具，如三爪自定心卡盘、四爪单动卡盘、台虎钳、万能分度头、中心架、电磁吸盘等。其特点是适用性强，不需调整或稍加调整即可装夹一定形状范围内的各种工件。这类夹具已商品化，且成为机床附

件。采用这类夹具可缩短生产准备周期，减少夹具品种，从而降低生产成本。其缺点是夹具的加工精度不高，生产率也较低，且较难装夹形状复杂的工件，故适用于单件小批量生产中。

② 专用夹具。专用夹具是针对某一工件的某一工序的加工要求而专门设计和制造的夹具。其特点是针对性极强，没有通用性。在产品相对稳定、批量较大的生产中，常用各种专用夹具，可获得较高的生产率和加工精度。专用夹具的设计制造周期较长，随着现代多品种及中、小批量生产的发展，专用夹具在适应性和经济性等方面已产生许多问题。

③ 可调夹具。可调夹具是针对通用夹具和专用夹具的缺陷而发展起来的一类新型夹具。对不同类型和尺寸的工件，只需调整或更换原来夹具上的个别定位元件和夹紧元件便可使用。它一般又分为通用可调夹具和成组可调夹具两种。通用可调夹具的通用范围大，适用性广，加工对象不太固定。成组可调夹具是专门为成组工艺中某组零件设计的，调整范围仅限于本组内的工件。可调夹具在多品种、小批量生产中得到广泛应用。

④ 成组夹具。这是在成组加工技术基础上发展起来的一类夹具。它是根据成组加工工艺的原则，针对一组形状相近的零件专门设计的，也是由通用基础件和可更换调整元件组成的夹具。这类夹具从外形上看，与可调夹具不易区别。但它与可调夹具相比，具有使用对象明确、设计科学合理、结构紧凑、调整方便等优点。

⑤ 组合夹具。组合夹具是一种模块化的夹具，已实现商品化。标准的模块元件具有较高精度和耐磨性，可组装成各种夹具，夹具用毕即可拆卸，留待组装新的夹具。由于使用组合夹具可缩短生产准备周期，元件能重复多次使用，并具有可减少专用夹具数量等优点，因此组合夹具在单件、中小批多品种的生产和数控加工中，是一种较经济的夹具。

⑥ 自动线夹具。自动线夹具一般分为两种：一种为固定式夹具，它与专用夹具相似；另一种为随行夹具，使用中夹具随着工件一起运动，并将工件沿着自动线从一个工位移至下一个工位进行加工。

（2）按夹具使用的机床分类

这是专用夹具设计所用的分类方法。按使用的机床分类，可把夹具分为车床夹具、铣床夹具、钻床夹具、镗床夹具、磨床夹具、齿轮机床夹具、数控机床夹具等。

（3）按夹具动力源分类

按夹具夹紧动力源可将夹具分为手动夹具和机动夹具两大类。为减轻劳动强度和确保安全生产，手动夹具应具有扩力机构与自锁性能。常用的机动夹具有气动夹具、液压夹具、气液夹具、电动夹具、电磁夹具、真空夹具和离心力夹具等。

1.1.3 机床夹具的组成

虽然机床夹具的种类繁多，但它们的工作原理基本上是相同的。将各类夹具中作用相同的结构或元件加以概括，可得出夹具一般所共有的以下几个组成部分，这些组成部分既相互独立又相互联系。

① 定位支承元件。定位支承元件的作用是确定工件在夹具中的正确位置并支承工件，是夹具的主要功能元件之一，如图 1-2 所示的锯齿头支承钉 2 和挡销 3、4、5。定位支承元件的定位精度直接影响工件加工的精度。

② 夹紧元件。夹紧元件的作用是将工件压紧夹牢，并保证在加工过程中工件的正确位置不变，如图 1-2 所示的压板 6。

③ 连接定向元件。这种元件用于将夹具与机床连接并确定夹具对机床主轴、工作台或导轨的相互位置，如图 1-2 所示的定位键 9。

④ 对刀元件或导向元件。这些元件的作用是保证工件加工表面与刀具之间的正确位置。用于确定刀具在加工前正确位置的元件称为对刀元件，如图 1-2 所示的对刀块 1。用于确定刀

具位置并引导刀具进行加工的元件称为导向元件，如图 1-3 所示的快换钻套 1。

⑤ 其他装置或元件。根据加工需要，有些夹具上还设有分度装置、靠模装置、上下料装置、工件顶出机构、电动扳手和平衡块等，以及标准化了的其他连接元件。

⑥ 夹具体。夹具体是夹具的基体骨架，用来配置、安装各夹具元件，使之组成一整体。常用的夹具体为铸件结构、锻造结构、焊接结构和装配结构，形状有回转体形和底座形等。

上述各组成部分中，定位元件、夹紧装置、夹具体是夹具的基本组成部分。

1.1.4 机床夹具在工艺系统中的地位

(1) 机床夹具对工艺系统误差的影响

零件的加工过程是在由机床、夹具、刀具、工件组成的工艺系统中完成的。工艺系统的受力变形、受热变形以及工艺系统各组成部分的静态精度和磨损等，都会不同程度地影响工件的加工精度。然而，工件的机械加工精度，主要取决于工件和刀具切削过程中的相互位置关系。造成表面位置加工误差的因素主要来源于以下三个方面。

① 与工件在夹具中安装有关的加工误差，即工件安装误差，包括工件在夹具中定位时所造成的加工误差以及夹紧时工件变形所造成的加工误差。

② 与夹具相对刀具和机床上安装夹具有关的加工误差，即夹具调整误差，包括夹具在机床上定位时所造成的加工误差以及夹具相对刀具调整时所造成的加工误差。

③ 与加工过程有关的加工误差，即过程误差，包括工艺系统的受力变形、受热变形、磨损等因素引起的加工误差。

为了获得合格产品，必须使上述误差在工序尺寸方向上的总和小于或等于工序尺寸公差。

由于工件和刀具分别安装在夹具和机床上，受到夹具和机床的制约，因而必须按照工艺系统整体的动态观点去研究加工误差，并从系统的加工误差中科学地分离出由夹具所产生的误差成分，进而了解夹具误差对工艺系统加工误差的影响规律，以及可能产生的误差互补作用，以便设计时进行控制，利用其误差互补作用对夹具元件误差进行修正，做到对工艺系统误差进行局部补偿。

(2) 机床夹具在工艺系统中的能动性

夹具不同于其他环节，它在工艺系统中具有特殊的地位，夹具的整体刚度对工件加工的动态误差产生着非常特殊的影响。当夹具的整体刚度远大于其他环节时，工件加工的动态误差基本上只取决于夹具的制造精度和安装精度。因此，设计夹具时，对夹具的整体刚度应给予足够重视。如因工艺系统其他环节的刚度不足而引起较大的系统动态误差时，也可以采取修正夹具定位元件的方法进行补偿。生产实践中这方面的实例屡见不鲜，这就是夹具的能动作用。

1.1.5 现代机床夹具的发展方向

(1) 现代机械工业的生产特点

随着科学技术的进步和生产力的发展，国民经济各部门不断要求机械工业提供先进的技术装备，研制新的产品品种，以满足国民经济持续发展和人民生活不断提高的需要，这样一来，促使机械工业的生产形式发生了显著的变化，即多品种、中小批量生产逐渐占了优势。国际生产研究协会的统计表明，目前中、小批量多品种生产的工件品种已占工件种类总数的 85%左右。现代生产要求企业所制造的产品品种经常更新换代，以适应市场的需求与竞争。于是，现代企业生产便面临以下问题：

① 通常小批量生产采用先进的工艺方法和专用工艺装备是不经济的，但对于高、精、尖

产品而言，不采用这种手段又无法达到规定的技术要求；

② 现行的生产准备工作往往需要较长的时间，花费的人力、物力较大，赶不上产品更新换代的步伐；

③ 由于产品更新越来越快，使用传统的专用夹具势必造成积压浪费。

为此，除了在产品结构设计和产品生产工艺方面进行改革之外，在工艺装备方面也必须改革其狭隘的专用性，使之适应新的生产需要。

(2) 机床夹具的现状

夹具最早出现在18世纪后期。随着科学技术的不断进步，夹具已从一种辅助工具发展成为门类齐全的工艺装备。

在批量生产中，企业都习惯于采用传统的专用夹具，一般在具有中等生产能力的工厂里，约有数千甚至近万套专用夹具；在多品种生产的企业中，每隔3～4年就要更新50%～80%的专用夹具，而夹具的实际磨损量仅为10%～20%，这些夹具往往留下来又很难得到重复使用，抛弃它们又实在可惜，因此造成很大的浪费。这些都是一直困扰企业的现实问题。

近年来，数控机床、加工中心、成组技术、柔性制造系统（FMS）等新加工技术的应用，对机床夹具提出了如下新的要求：

① 能迅速而方便地装备新产品的投产，以缩短生产准备周期，降低生产成本；

② 能装夹一组具有相似性特征的工件；

③ 能适用于精密加工的高精度机床夹具；

④ 能适用于各种现代化制造技术的新型机床夹具；

⑤ 采用以液压站等为动力源的高效夹紧装置，以进一步减轻劳动强度和提高劳动生产率；

⑥ 提高机床夹具的标准化程度。

显然，这些都是摆在工艺技术人员面前的新课题、新任务。

(3) 现代机床夹具的发展方向

为了适应现代机械工业向高、精、尖方向发展的需要和多品种、小批量生产的特点，现代机床夹具的发展方向主要表现在标准化、精密化、高效化和柔性化四个方面。

① 标准化。机床夹具的标准化与通用化是相互联系的两个方面。目前我国已有夹具零件及部件的国家标准：JB/T 8004～10128—1999以及各类通用夹具、组合夹具标准等。机床夹具的标准化，有利于夹具的商品化生产，有利于缩短生产准备周期，降低生产总成本。

② 精密化。随着机械产品精度的日益提高，相应提高了对夹具的精度要求。精密化夹具的结构类型很多，例如用于精密分度的多齿盘，其分度精度可达±0.1″；用于精密车削的高精度三爪自定心卡盘，其定心精度为5μm。

③ 高效化。高效化夹具主要用来减少工件加工的基本时间和辅助时间，以提高劳动生产率，减轻工人的劳动强度。常见的高效化夹具有自动化夹具、高速化夹具和具有夹紧力装置的夹具等。例如，在铣床上使用电动虎钳装夹工件，效率可提高5倍左右；在车床上使用高速三爪自定心卡盘，可保证卡爪在试验转速为9000r/min的条件下仍能牢固地夹紧工件，从而使切削速度大幅度提高。目前，除了在生产流水线、自动线配置相应的高效、自动化夹具外，在数控机床上，尤其在加工中心上出现了各种自动装夹工件的夹具以及自动更换夹具的装置，充分提高了数控机床的效率。

④ 柔性化。机床夹具的柔性化与机床的柔性化相似，它是指机床夹具通过调整、组合等方式，以适应工艺可变因素的能力。工艺的可变因素主要有：工序特征、生产批量、工件的形状和尺寸等。具有柔性化特征的新型夹具种类主要有：组合夹具、通用可调夹具、成组夹具、模块化夹具、数控夹具等。为适应现代机械工业多品种、中小批量生产的需要，扩大夹具的柔性化程度、改变专用夹具的不可拆结构为可拆结构、发展可调夹具结构，将是当前夹具发展的

主要方向。

1.2 机床夹具设计的基本要求及步骤

1.2.1 夹具设计的基本要求

一个优良的机床夹具必须满足下列基本要求。

① 保证工件的加工精度。保证加工精度的关键，首先在于正确地选定定位基准、定位方法和定位元件，必要时还需进行定位误差分析，还要注意夹具中其他零部件的结构对加工精度的影响，注意夹具应有足够的刚度，多次重复使用的夹具还应注意相关元件的强度和耐磨性，确保夹具能满足工件的加工精度要求。

② 提高生产效率。专用夹具的复杂程度应与生产纲领相适应，应尽量采用各种快速高效的装夹机构，保证操作方便，缩短辅助时间，提高生产效率。

③ 工艺性能好。专用夹具的结构应力求简单、合理，便于制造、装配、调整、检验、维修等。

专用夹具的制造属于单件生产，当最终精度由调整或修配保证时，夹具上应设置调整和修配结构。

④ 使用性能好。专用夹具的操作应简便、省力、安全可靠。在客观条件允许且又经济适用的前提下，应尽可能采用气动、液压等机械化夹紧装置，以减轻操作者的劳动强度。专用夹具还应排屑方便，必要时可设置排屑结构，防止切屑破坏工件的定位和损坏刀具，防止切屑的积聚带来大量的热量而引起工艺系统变形。

⑤ 经济性好。专用夹具应尽可能采用标准元件和标准结构，力求结构简单、制造容易，以降低夹具的制造成本。因此，设计时应根据生产纲领对夹具方案进行必要的技术经济分析，以提高夹具在生产中的经济效益。

1.2.2 机床夹具设计的基本步骤

工艺人员应根据生产任务按以下步骤进行夹具设计。

(1) 明确设计要求，认真调查研究，收集设计资料

工艺设计人员在获得夹具设计任务书之后，首先应根据任务书提出的任务进行夹具结构设计。在进行夹具结构设计之前，必须先明确设计要求，认真调查研究，收集设计资料，做好以下工作。

① 仔细研究零件工作图、毛坯图及其技术条件。该工件为一回转件，除曲线槽外，其余各表面均已加工完毕，加工曲线槽是该工件的最后一道工序。该工件要求曲线槽对称度好，以保证操作的灵活性和安装的互换性。

② 了解零件的生产纲领、投产批量以及生产组织等有关信息。根据生产纲领和任务安排，该工件的加工为中小批量生产，为了保证加工质量，提高生产效率，应设计一套靠模铣夹具。

③ 了解工件的工艺规程和本工序的具体技术要求，了解本工序的加工余量和切削用量的选择。

④ 了解所使用量具的精度等级、刀具和辅助工具等的型号、规格。

⑤ 了解本企业制造和使用夹具的生产条件和技术现状。

⑥ 了解所使用机床的主要技术参数、性能、规格、精度以及与夹具连接部分结构的联系

尺寸等。

⑦ 准备好设计夹具用的各种标准、工艺规定、典型夹具图册和有关夹具的设计指导资料等。

⑧ 收集国内外有关设计、制造同类型夹具的资料，吸取其中先进而又能结合本企业实际情况的合理部分。

(2) 确定夹具的结构方案

在广泛收集和研究有关资料的基础上，再着手拟定夹具的结构方案。根据夹具设计的一般规则，机床夹具的结构设计过程大致可分解如下。

① 确定定位方案。

② 确定夹紧方案。

③ 确定刀具导向方案。

④ 确定对定方案。

⑤ 设计夹具体及连接元件。

(3) 绘制夹具图样

① 绘制夹具装配图。

② 绘制夹具零件图。

第2章 工件的定位及定位装置设计

内容摘要

本章主要介绍工件定位的基本原理、工件定位中的约束分析、工件定位中的定位基准以及定位误差的分析方法与计算、常用定位元件的定位原理及定位装置的设计方法。

2.1 工件的定位

2.1.1 六点定位原理

夹具设计最主要的任务就是在一定精度范围内将工件定位。工件的定位就是使一批工件每次放置到夹具中都能占据同一位置。

一个尚未定位的工件，其位置是不确定的。这种位置的不确定性，称为自由度。如果将工件假设为一理想刚体，并将其放在一空间直角坐标系中，以此坐标系作为参照系来观察刚体位置和方位的变动。由刚体运动学可知，一个自由刚体，在空间有且仅有六个自由度。如图 2-1 所示的工件，它在空间的位置是任意的，即它既能沿 x、y、z 三个坐标轴移动，称为移动自由度，分别表示为$\vec{x}$、$\vec{y}$、$\vec{z}$；又能绕 x、y、z 三个坐标轴转动，称为转动自由度，分别表示为$\widehat{x}$、$\widehat{y}$、$\widehat{z}$。

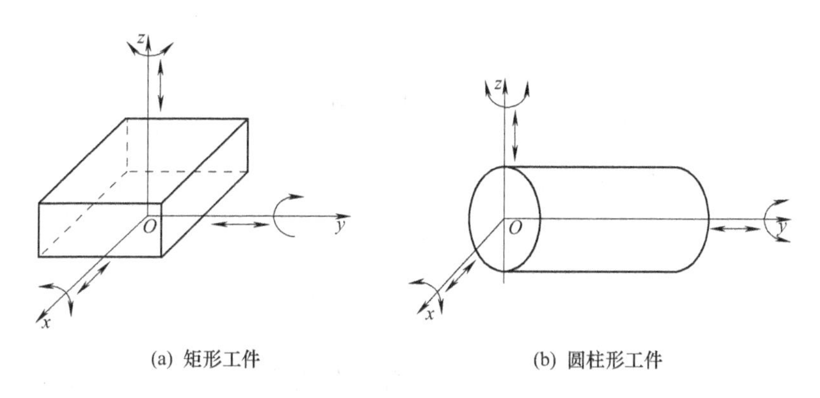

(a) 矩形工件　　(b) 圆柱形工件

图 2-1　工件的六个自由度

由上可知，如果要使一个自由刚体在空间有一个确定的位置，就必须设置相应的六个约束，分别约束刚体的六个运动自由度。在讨论工件的定位时，工件就是我们所指的自由刚体。如果工件的六个自由度都加以约束了，工件在空间的位置也就完全被确定下来了。因此，定位实质上就是约束工件的自由度。

分析工件定位时，通常是用一个支承点约束工件的一个自由度。用合理设置的六个支承点约束工件的六个自由度，使工件在夹具中的位置完全确定，这就是六点定位原理。

例如：在如图 2-2（a）所示的矩形工件上铣削半封闭式矩形槽时，为保证加工尺寸 A，可在其底面设置三个不共线的支承点 1、2、3，如图 2-2（b）所示，约束工件的三个自由度：$\widehat{x}$、$\widehat{y}$、$\vec{z}$；为了保证 B 尺寸，侧面设置两个支承点 4、5，约束$\vec{y}$、$\widehat{z}$两个自由度；为了保证 C 尺寸，端面设置一个支承点 6，约束$\vec{x}$自由度。于是工件的六个自由度全部被约束了，实现了六点定位。在具体的夹具中，支承点是由定位元件来体现的。如图 2-2（c）所示，为了将矩形工件定位，设置了六个支承钉。

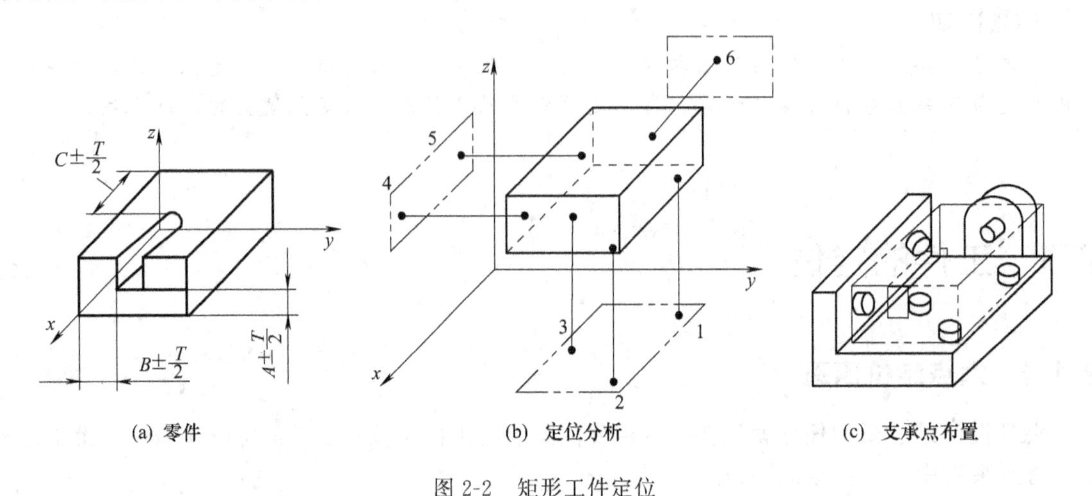

(a) 零件　　(b) 定位分析　　(c) 支承点布置

图 2-2　矩形工件定位

对于圆柱形工件，如图 2-3（a）所示，可在外圆柱表面上，设置四个支承点 1、3、4、5 约束$\vec{y}$、$\vec{z}$、$\widehat{y}$、$\widehat{z}$四个自由度；槽侧设置一个支承点 2，约束$\widehat{x}$自由度；端面设置一个支承点 6，约束$\vec{x}$自由度；工件实现完全定位，为了在外圆柱面上设置四个支承点，一般采用 V 形架，如图 2-3（b）所示。

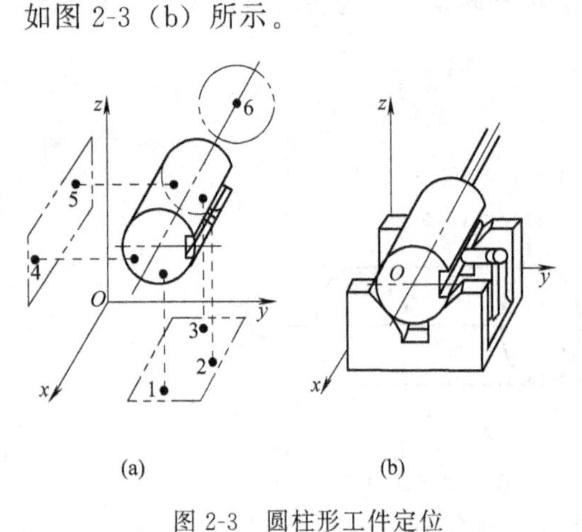

(a)　　(b)

图 2-3　圆柱形工件定位

通过上述分析，说明了六点定位原理的如下几个主要问题。

① 定位支承点是定位元件抽象而来的。在夹具的实际结构中，定位支承点是通过具体的定位元件体现的，即支承点不一定用点或销的顶端，而常用面或线来代替。根据数学概念可知，两个点决定一条直线，三个点决定一个平面，即一条直线可以代替两个支承点，一个平面可代替三个支承点。在具体应用时，还可用窄长的平面（条形支承）代替直线，用较小的平面来代替点。

② 定位支承点与工件定位基准面始终保持接触，才能起到约束自由度的作用。

③ 分析定位支承点的定位作用时，不考虑力的影响。工件的某一自由度被约束，是指工

件在某个坐标方向有了确定的位置，并不是指工件在受到使其脱离定位支承点的外力时不能运动。使工件在外力作用下不能运动，要靠夹紧装置来完成。

2.1.2 工件定位中的约束分析

运用六点定位原理可以分析和判别夹具中定位结构是否正确、布局是否合理、约束条件是否满足。

根据工件自由度被约束的情况，工件定位可分为以下几种类型。

① 完全定位。完全定位是指工件的六个自由度不重复地被全部约束的定位。当工件在 x、y、z 三个坐标方向均有尺寸要求或位置精度要求时，一般采用这种定位方式，如图 2-2 所示。

② 不完全定位。根据工件的加工要求，有时并不需要约束工件的全部自由度，这样的定位方式称为不完全定位。如图 2-4（a）所示为在车床上加工通孔，根据加工要求，不需约束$\vec{y}$和$\widehat{y}$两个自由度，所以用三爪自定心卡盘夹持约束其余四个自由度，就可以实现四点定位。如图 2-4（b）所示为平板工件磨平面，工件只有厚度和平行度要求，只需约束$\vec{z}$、$\widehat{x}$、$\widehat{y}$三个自由度，在磨床上采用电磁工作台就能实现三点定位。由此可知，工作在定位时应该约束的自由度数目应由工序的加工要求而定，不影响加工精度的自由度可以不加约束。采用不完全定位可简化定位装置，因此不完全定位在实际生产中也广泛应用。

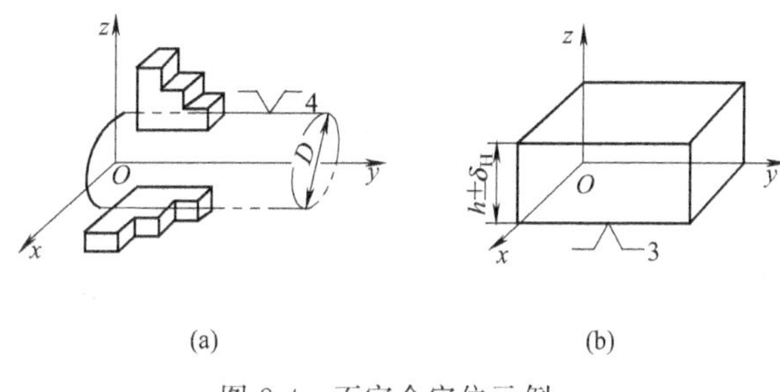

图 2-4　不完全定位示例

③ 欠定位。根据工件的加工要求，应该约束的自由度没有完全被约束的定位称为欠定位。欠定位无法保证加工要求，因此，在确定工件在夹具中的定位方案时，决不允许有欠定位的现象产生。如在如图 2-2 所示工件定位中不设端面支承 6，则在一批工件上半封闭槽的长度就无法保证；若缺少侧面两个支承点 4、5 时，则工件上 B 的尺寸和槽与工件侧面的平行度均无法保证。

④ 过定位。夹具上的两个或两个以上的定位元件重复约束同一个自由度的现象，称为过定位。如图 2-5（a）所示，要求加工平面对 A 面的垂直度公差为 0.04mm。若用夹具的两个大平面实现定位，那么工件的 A 面被约束$\widehat{z}$、$\widehat{x}$、$\vec{y}$三个自由度，B 面被约束了$\vec{z}$、$\widehat{x}$、$\widehat{y}$三个自由度，其中$\widehat{x}$自由度被 A、B 面同时重复约束。由图可见，当工件处于加工位置“Ⅰ”时，可保证垂直度要求；而当工件处于加工位置“Ⅱ”时，不能保证此要求。这种随机的误差造成了定位的不稳定，严重时会引起定位干涉，因此应该尽量避免和消除过定位现象。

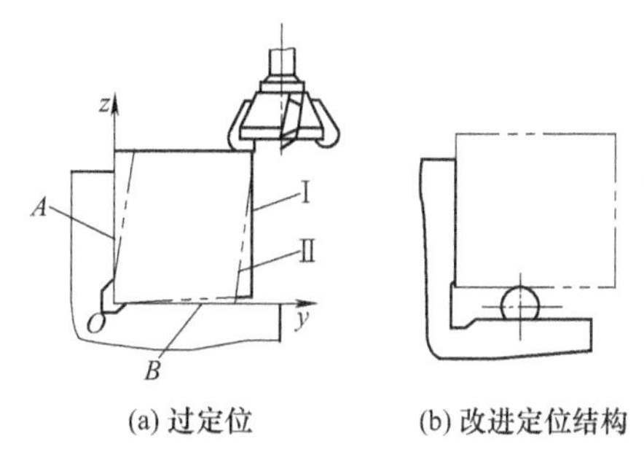

(a) 过定位　(b) 改进定位结构

图 2-5　过定位及消除方法示例

消除或减少过定位引起的干涉，一般有两种方法：一是改变定位元件的结构，如缩小定位元件工作面的接触长度；或者减小定位元件的配合尺寸，增大配合间隙等；二是控制或者提高工件定位基准之间以及定位元件工作表面之间的位置精度。若如图 2-5（b）所示，把定位的面接触改为线接触，则消除了引起过定位的自由度$\widehat{x}$。

2.1.3 工件定位中的定位基准

（1）定位基准的基本概念

在研究和分析工件定位问题时，定位基准的选择是一个关键问题。定位基准就是在加工中用作定位的基准。一般说来，工件的定位基准一旦被选定，则工件的定位方案也基本上被确定。定位方案是否合理，直接关系到工件的加工精度能否保证。如图 2-6 所示，轴承座是用底面 A 和侧面 B 来定位的。因为工件是一个整体，当表面 A 和 B 的位置一确定，ϕ20H7 内孔轴线的位置也就确定。表面 A 和 B 就是轴承座的定位基准。

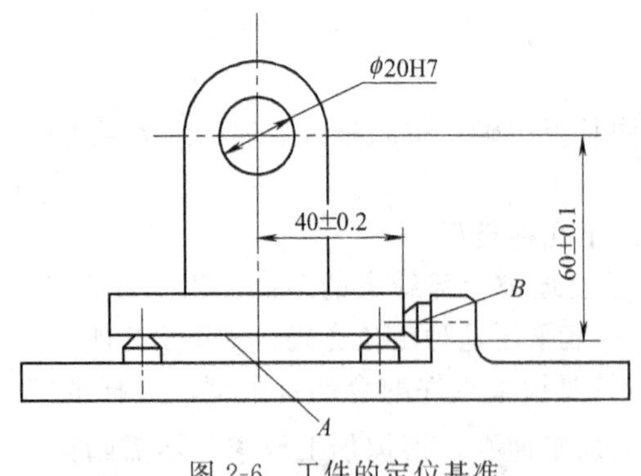

图 2-6 工件的定位基准

工件定位时，作为定位基准的点和线，往往由某些具体表面体现出来，这种表面称为定位基面。例如用两顶尖装夹车轴时，轴的两中心孔就是定位基面，但它体现的定位基准则是轴的轴线。

(2) 定位基准的分类

根据定位基准所约束的自由度数，可将其分为如下几种。

① 主要定位基准面。如图 2-2 所示，xOy 平面设置三个支承点，约束了工件的三个自由度，这样的平面称为主要定位基面。一般应选择较大的表面作为主要定位基面。

② 导向定位基准面。如图 2-2 所示，xOz 平面设置两个个支承点，约束了工件的两个自由度，这样的平面或圆柱面称为导向定位基面。该基准面应选取工件上窄长的表面，而且两支承点间的距离应尽量远些，以保证对$\widehat{z}$的约束精度。由图 2-7 可知，由于支承销的高度误差 Δh，造成工件的转角误差 $\Delta\theta$。显然，L 越长，转角误差 $\Delta\theta$ 就越小。

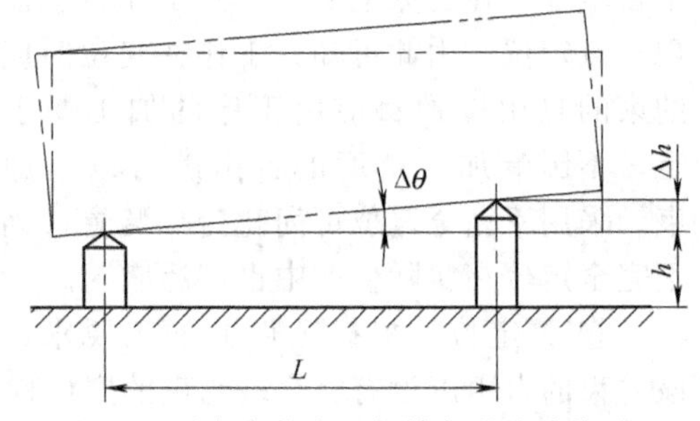

图 2-7 导向定位支承与转角误差的关系

③ 双导向定位基准面。约束工件四个自由度的圆柱面，称为双导向定位基准面，如图 2-8 所示。

④ 双支承定位基准面。约束工件两个移动自由度的圆柱面，称为双支承定位基准面，如图 2-9 所示。

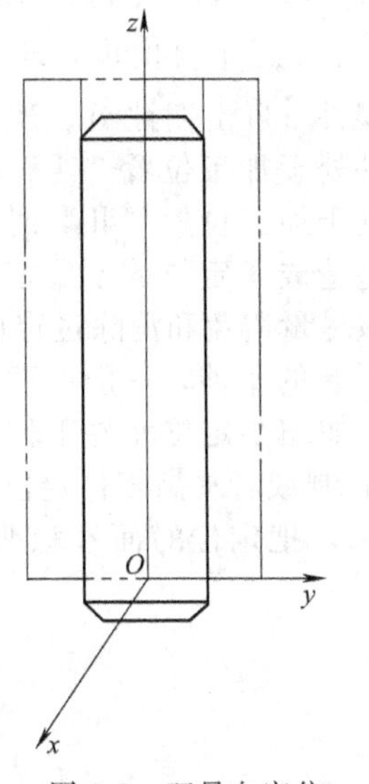

图 2-8 双导向定位

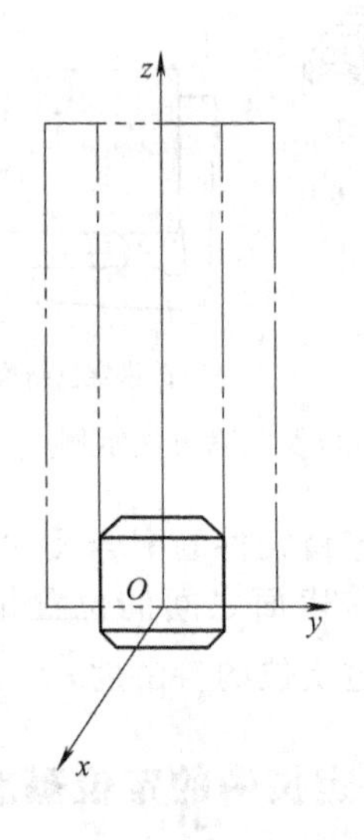

图 2-9 双支承定位

⑤ 止推定位基准面。约束工件一个移动自由度的表面，称为止推定位基准面。如图 2-2 中的 yOz 平面上只设置了一个支承点，它只约束了工件沿 x 轴方向的移动。在加工过程中，工件有时要承受切削力和冲击力等，可以选取工件上窄小且与切削力方向相对的表面作为止推定位基准面。

⑥ 防转定位基准面。约束工件一个转动自由度的表面，称为防转定位基准面。如图 2-3 所示，轴的通槽侧面设置了一个防转销，它约束了工件沿 x 轴的转动，减小了工件的角度定位误差。防转支承点距离工件安装后的回转轴线应尽量远些。

2.1.4 定位误差分析

六点定位原理解决了约束工件自由度的问题，即解决了工件在夹具中位置“定与不定”的问题。但是，由于一批工件逐个在夹具中定位时，各个工件所占据的位置不完全一致，即出现工件位置定得“准与不准”的问题。如果工件在夹具中所占据的位置不准确，加工后各工件的加工尺寸必然大小不一，形成误差。这种只与工件定位有关的误差称为定位误差，用 Δ_D 表示。

在工件的加工过程中，产生误差的因素很多，定位误差仅是加工误差的一部分，为了保证加工精度，一般限定定位误差不超过工件加工公差 T 的 1/5～1/3，即

$$\Delta_D \leqslant (1/5 \sim 1/3)T \tag{2-1}$$

式中　Δ_D——定位误差，mm；

T——工件的加工误差，mm。

(1) 定位误差产生的原因

工件逐个在夹具中定位时，各个工件的位置不一致的原因主要是基准不重合，而基准不重合又分为两种情况：一是定位基准与限位基准不重合产生的基准位移误差；二是定位基准与工序基准不重合产生的基准不重合误差。

① 基准位移误差 Δ_Y。由于定位副的制造误差或定位副配合间隙所导致的定位基准在加工尺寸方向上最大位置变动量，称为基准位移误差，用 Δ_Y 表示。不同的定位方式，基准位移误差的计算方式也不同。

如图 2-10 所示，工件以圆柱孔在心轴上定位铣键槽，要求保证尺寸内 $b^{+\delta_b}_{0}$ 和 $a^{0}_{-\delta_a}$。其中，尺寸 $b^{+\delta_b}_{0}$ 由铣刀保证，而尺寸 $a^{0}_{-\delta_a}$ 按心轴中心调整的铣刀位置保证。如果工件内孔直径与心轴外圆直径做成完全一致，做无间隙配合，即孔的中心线与轴的中心线位置重合，则不存在因定位引起的误差。但实际上，如图 2-10 所示，心轴和工件内孔都有制造误差。于是工件套在心轴上必然会有间隙，孔的中心线与轴的中心线位置不重合，导致这批工件的加工尺寸 H 中附加了工件定位基准变动误差，其变动量即为最大配合间隙。可按下式计算

$$\Delta_Y = a_{max} - a_{min} = 1/2(D_{max} - d_{min}) = 1/2(\delta_D + \delta_d) \tag{2-2}$$

式中　Δ_Y——基准位移误差，mm；

D_{max}——孔的最大直径，mm；

d_{min}——轴的最小直径，mm；

δ_D——工件孔的最大直径公差，mm；

δ_d——圆柱心轴和圆柱定位销的直径公差，mm。

基准位移误差的方向是任意的。减小定位配合间隙，即可减小基准位移误差 Δ_Y 值，以提高定位精度。

② 基准不重合误差 Δ_B。如图 2-11 所示，加工尺寸 h 的基准是外圆柱面的母线上，但定位基准是工件圆柱孔中心线。这种由于工序基准与定位基准不重合所导致的工序基准在加工尺

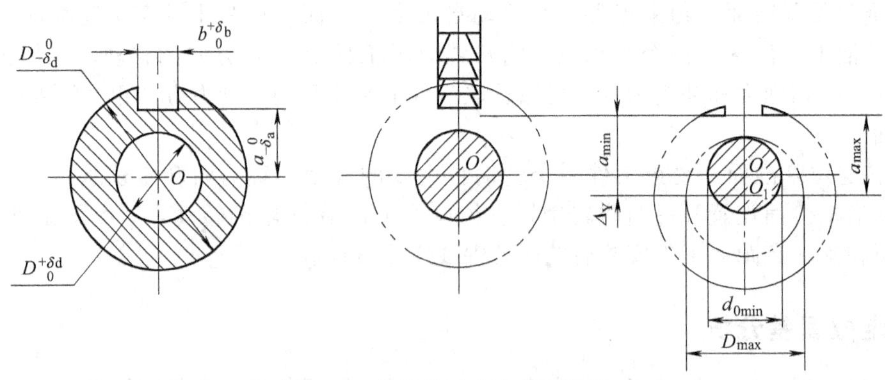

图 2-10 基准位移产生定位误差

寸方向上的最大位置变动量，称为基准不重合误差，用 Δ_B 表示。此时除定位基准位移误差外，还有基准不重合误差。在图 2-11 中，基准位移误差应为 $\Delta_Y=1/2(\delta_D+\delta_{d0})$，基准不重合误差则为

$$\Delta_B=1/2\delta_d \tag{2-3}$$

式中 Δ_B——基准不重合误差，mm；

δ_d——工件的最大外圆面积直径公差，mm。

因此，尺寸 h 的定位误差为

$$\Delta_D=\Delta_Y+\Delta_B=1/2(\delta_D+\delta_{d0})+1/2\delta_d$$

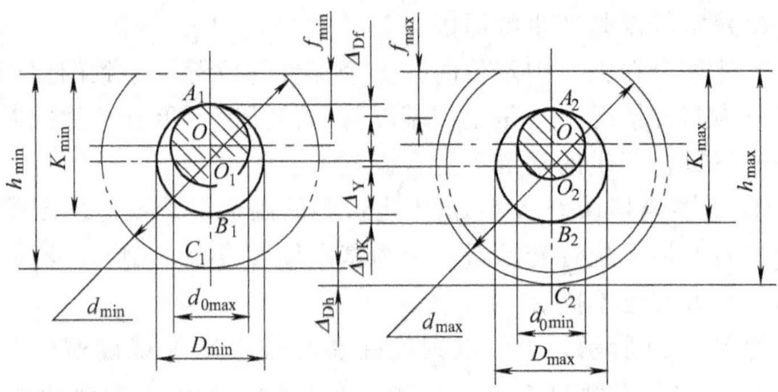

图 2-11 基准不重合产生定位误差

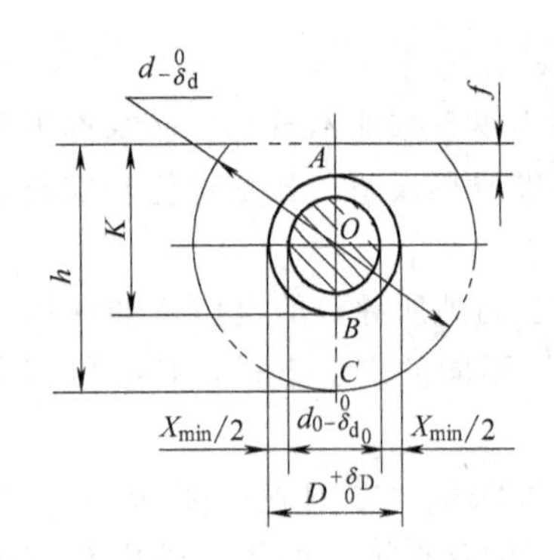

图 2-12 定位误差计算示例之一

计算基准不重合误差时，应注意判别定位基准和工序基准。当基准不重合误差由多个尺寸影响时，应将其在工序尺寸方向上合成。

基准不重合误差的一般计算式为

$$\Delta_B=\sum\delta_i\cos\beta \tag{2-4}$$

式中 δ_i——定位基准与工序基准间的尺寸链组成环的公差，mm；

β——δ_i的方向与加工尺寸方向间的夹角，(°)。

(2) 定位误差的计算

计算定位误差时，可以分别求出基准位移误差和基准不重合误差，再求出它们在加工尺寸方向上的矢量和；也可以按最不利情况，确定工序基准的两个极限位置，根据几何关系求出这两个位置的距离，将其投影到加工方向上，求出定

位误差。

① $\Delta_B=0$、$\Delta_Y\neq0$ 时，产生定位误差的原因是基准位移误差，故只要计算出 Δ_Y 即可，即

$$\Delta_D=\Delta_Y \tag{2-5}$$

例 2-1　如图 2-12 所示，用单角度铣刀铣削斜面，求加工尺寸为 (39±0.04)mm 的定位误差。

解　由图 2-12 可知，工序基准与定位基准重合，$\Delta_B=0$。

根据 V 形槽定位的计算公式，得到沿 z 方向的基准位移误差为

$$\Delta_Y=\delta_d/2\sin(\alpha/2)=0.707\delta_d/2=0.707\times0.04/2=0.014\text{mm}$$

将 Δ_Y 值投影到加工尺寸方向，则

$$\Delta_D=\Delta_Y\cos30°=0.014\times0.866=0.012\text{mm}$$

② $\Delta_B\neq0$、$\Delta_Y=0$ 时，产生定位误差的原因是基准不重合误差 Δ_B，故只要计算出 Δ_B 即可，即

$$\Delta_D=\Delta_B \tag{2-6}$$

例 2-2　如图 2-13 所示以 B 面定位，铣工件上的台阶面 C，保证尺寸 20mm±0.15mm，求加工尺寸为 20mm±0.15mm 的定位误差。

解　由图可知，以 B 面定位加工 C 面时，平面 B 与支承接触好，$\Delta_Y=0$。

由图 2-13 (a) 可知，工序基准是 A 面，定位基准是 B 面，故基准不重合。

按式 (2-4) 得　　$\Delta_B=\sum\delta_i\cos\beta=0.28\cos0°=0.28\text{mm}$

因此　　$\Delta_D=\Delta_B=0.28\text{mm}$

而加工尺寸 (20±0.15)mm 的公差为 0.30mm，留给其他的加工误差仅为 0.02mm，在实际加工中难以保证。为保证加工要求，可在前工序加工 A 面时，提高加工精度，减小工序基准与定位基准之间的联系尺寸的公差值，也可以改为如图 2-13 (b) 所示的定位方案，使工序基准与定位基准重合，则定位误差为零。但改为新的定位方案后，工件需从下向上夹紧，夹紧方案不够理想，且使夹具结构复杂。

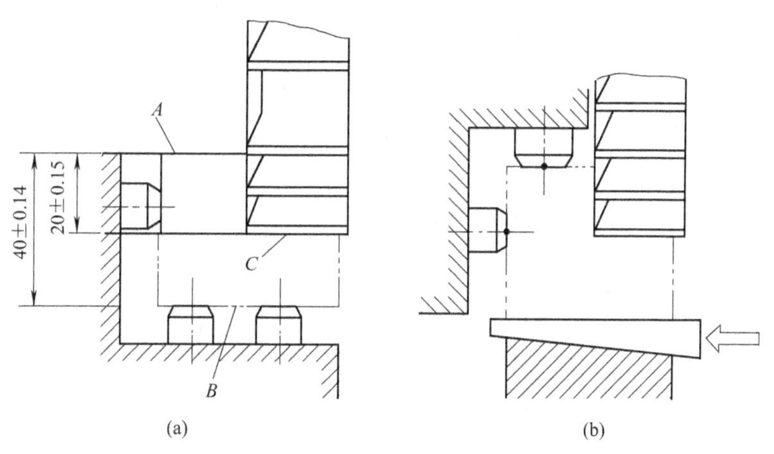

图 2-13　定位误差计算示例之二

③ $\Delta_B\neq0$、$\Delta_Y\neq0$ 时，造成定位误差的原因是相互独立的因素时 (δ_d、δ_D、δ_i 等)，应将两项误差相加，即

$$\Delta_D=\Delta_B+\Delta_Y \tag{2-7}$$

如图 2-11 所示即属此类情况。

综上所述，工件在夹具上定位时，因定位基准发生位移、定位基准与工序其准不重合产生定位误差。基准位移误差和基准不重合误差分别独立、互不相干，它们都使工序基准位置产生

变动。定位误差包括基准位移误差和基准不重合误差。当无基准位移误差时，$\Delta_Y=0$；当定位基准与工序基准重合时，$\Delta_B=0$；若两项误差都没有，则 $\Delta_D=0$。分析和计算定位误差的目的，是为了对定位方案能否保证加工要求，有一个明确的定量概念，以便对不同定位方案进行分析比较，同时也是决定定位方案时的一个重要依据。

（3）组合表面定位及其误差分析

以上所述的常见定位方式，多为以单一表面作为定位基准，但在实际生产中，通常都以工件上的两个或两个以上的几何表面作为定位基准，即采用组合定位方式。

组合定位方式很多，常见的组合方式有：一个孔及其端面、一根轴及其端面、一个平面及其上的两个圆孔。生产中最常用的就是“一面两孔”定位，如加工箱体、杠杆、盖板支架类零件。采用“一面两孔”定位，容易做到工艺过程中的基准统一，保证工件的相对位置精度。

工件采用“一面两孔”定位时，两孔可以是工件结构上原有的，也可以是定位需要专门设计的工艺孔。相应的定位元件是支承板和两定位销。当两孔的定位方式都选用短圆柱销时，支承板约束工件三个自由度；两短圆柱销分别约束工件的两个自由度；有一个自由度被两短圆柱销重复约束，产生过定位现象，严重时会发生工件不能安装的现象。因此，必须正确处理过定位，并控制各定位元件对定位误差的综合影响。为使工件能方便地安装到两短圆柱销上，可把一个短圆柱销改为菱形销，采用一圆柱销、一菱形销和一支承板的定位方式，这样可以消除过定位现象，提高定位精度，有利于保证加工质量。

① 两圆柱销一支承板的定位方式。如图 2-14 所示，要在连杆盖上钻四个定位销孔。按照加工要求，用平面 A 及直径为 $\phi 12^{+0.027}_{0}$ 的两个螺栓孔定位。工件是以支承板平面作主要定位基准，约束工件的三个自由度；采用两个短圆柱销与两定位孔配合时，将使沿连心线方向的自由度被重复约束，出现过定位。

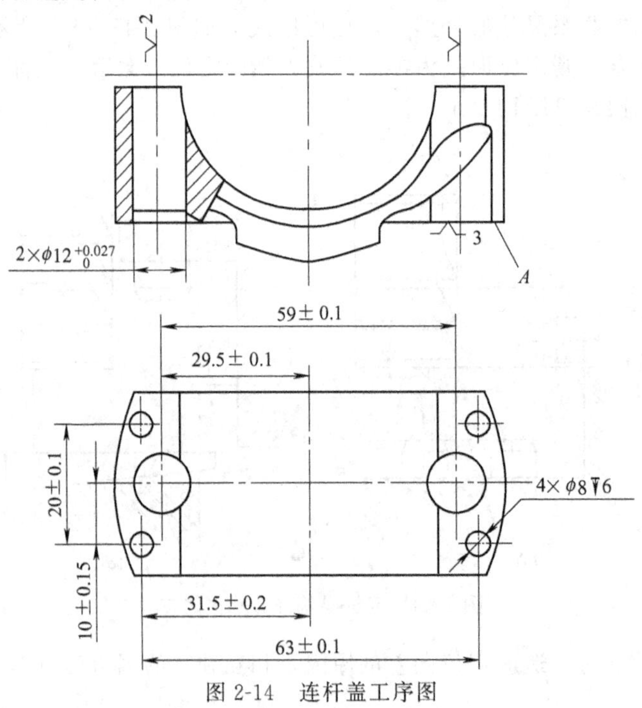

图 2-14 连杆盖工序图

当工件的孔间距 $\left(L\pm\dfrac{T_{LD}}{2}\right)$ 与夹具的销间距 $\left(L\pm\dfrac{T_{Ld}}{2}\right)$ 的公差之和大于工件两定位孔（D_1、D_2）与夹具两定位销（d_1、d_2）之间的间隙之和时，将妨碍部分工件的装入。要使同一工序中的所有工件都能顺利地装卸，必须满足下列条件：当工件两孔径为最小（D_{1min}、

$D_{2\min}$)、夹具两销径为最大($d_{1\max}$、$d_{2\max}$)、孔间距为最大$\left(L+\frac{T_{\mathrm{LD}}}{2}\right)$、销间距为最小$\left(L-\frac{T_{\mathrm{Ld}}}{2}\right)$,或者孔间距为最小$\left(L-\frac{T_{\mathrm{LD}}}{2}\right)$、销间距为最大$\left(L+\frac{T_{\mathrm{Ld}}}{2}\right)$时,$D_1$ 与 d_1、D_2 与 d_2 之间仍有最小间隙 $X_{1\min}$、$X_{2\min}$存在,如图 2-15 所示。

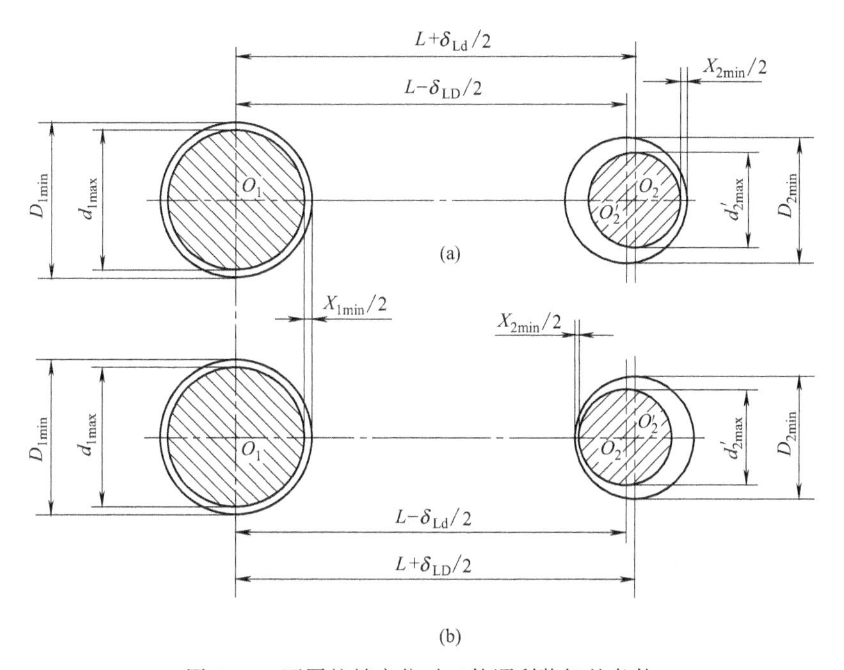

图 2-15 两圆柱销定位时工件顺利装卸的条件

由图 2-15(a)可以看出,为了满足上述条件,第二销与第二孔不能采用标准配合,第二销的直径应缩小 $d'_{2\max}$,连心线方向的间隙应增大。缩小后的第二销的最大直径为

$$\frac{d'_{2\max}}{2}=\frac{D_{2\min}}{2}-\frac{X_{2\min}}{2}-O_2O'_2$$

式中 $X_{2\min}$——第二销与第二孔采用标准配合时的最小间隙。

从图 2-15(a)可得

$$O_2O'_2=\left(L+\frac{T_{\mathrm{Ld}}}{2}\right)-\left(L-\frac{T_{\mathrm{LD}}}{2}\right)=\frac{T_{\mathrm{Ld}}}{2}+\frac{T_{\mathrm{LD}}}{2}$$

因此得出 $$\frac{d'_{2\max}}{2}=\frac{D_{2\min}}{2}-\frac{X_{2\min}}{2}-\frac{T_{\mathrm{Ld}}}{2}-\frac{T_{\mathrm{LD}}}{2}$$

从图 2-15(b)也可得到同样的结果。

所以 $d'_{2\max}=D_{2\min}-X_{2\min}-T_{\mathrm{Ld}}-T_{\mathrm{LD}}$

这就是说,要满足工件顺利装卸的条件,直径缩小后的第二销与第二孔之间的最小间隙应达到

$$X'_{2\min}=D_{2\min}-d'_{2\max}=T_{\mathrm{LD}}+T_{\mathrm{Ld}}+X_{2\min} \tag{2-8}$$

这种缩小一个定位销的方法,虽然能实现工件的顺利装卸,但增大了工件的转动误差,

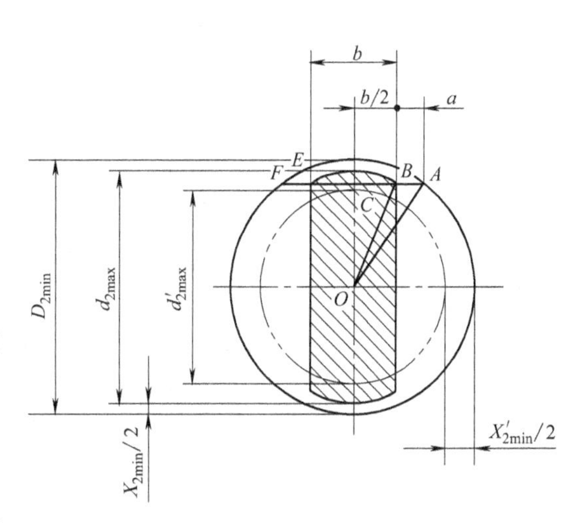

图 2-16 削边销的厚度

因此只能在加工要求不高的情况下使用。

② 一圆柱销一削边销一支承板的定位方式

采用如图 2-16 所示的方法，不缩小定位销的直径，而是将定位销“削边”，也能增大连心线方向的间隙。削边量越大，连心线方向的间隙也越大。当间隙达到 $a=\frac{X'_{2\min}}{2}$（单位为 mm）时，便可满足工件顺利装卸的条件。由于这种方法只增大连心线方向的间隙，不增大工件的转动误差，因而定位精度较高。

根据式（2-8）得

$$a=\frac{X'_{2\min}}{2}=\frac{T_{LD}+T_{Ld}+X_{2\min}}{2}$$

实际应用时，可取

$$a=\frac{X'_{2\min}}{2}=\frac{T_{LD}+T_{Ld}}{2} \tag{2-9}$$

由图 2-16 得
$$OA^2-AC^2=OB^2-BC^2 \tag{2-10}$$

而
$$OA=\frac{D_{2\min}}{2},\ AC=a+\frac{b}{2},\ BC=\frac{b}{2},\ OB=\frac{d_{2\max}}{2}=\frac{D_{2\min}-X_{2\min}}{2}$$

代入式（2-10）
$$\left(\frac{D_{2\min}}{2}\right)^2-\left(a+\frac{b}{2}\right)^2=\left(\frac{D_{2\min}-X_{2\min}}{2}\right)^2-\left(\frac{b}{2}\right)^2$$

于是求得
$$b=\frac{2D_{2\min}X_{2\min}-X_{2\min}^2-4a^2}{4a}$$

由于 $X_{2\min}^2$ 和 $4a^2$ 的数值都很小，可忽略不计，所以

$$b=\frac{D_{2\min}X_{2\min}}{2a} \tag{2-11}$$

或者
$$X_{2\min}=\frac{2ab}{D_{2\min}} \tag{2-12}$$

削边销已经标准化，其结构如图 2-17 所示。B 型结构简单，容易制造，但刚性较差。A 型又名菱形销，应用较广，其尺寸见表 2-1。削边销的有关参数可查《夹具标准》。

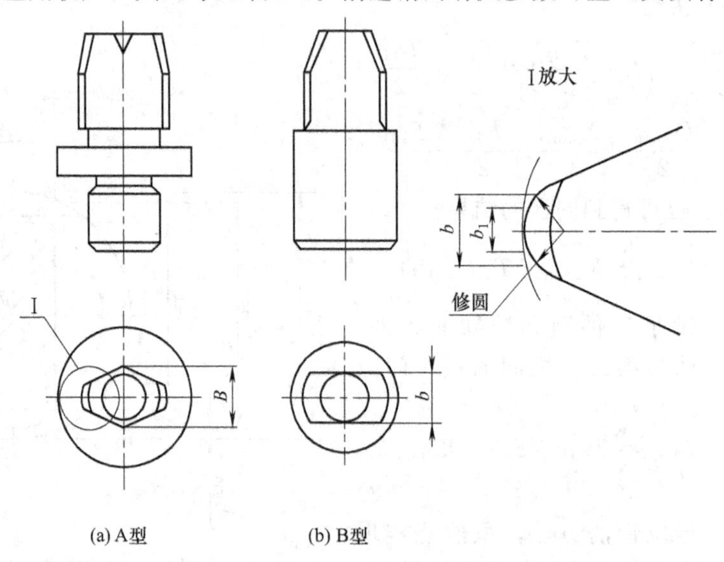

图 2-17 削边销的结构

表 2-1　菱形销的尺寸　mm

d	＞3～6	＞6～8	＞8～20	＞20～24	＞24～30	＞30～40	＞40～50
B	$d-0.5$	$d-1$	$d-2$	$d-3$	$d-4$	$d-5$	$d-6$
b_1	1	2	3	3	3	4	5
b	2	3	4	5	5	6	8

工件以一面两孔定位、夹具以一面两销限位时，基准位移误差由直线位移误差和角度位移误差组成。其角度位移误差的计算如下。

a. 设两定位孔同方向移动时，定位基准（两孔中心连线）的转角［见图 2-18（a）］为 $\Delta\beta$，则

$$\Delta\beta=\arctan\frac{O_2O_2'-O_1O_1'}{L}=\arctan\frac{X_{2\max}-X_{1\max}}{2L} \tag{2-13}$$

b. 设两定位孔反方向移动时，定位基准的转角［见图 2-18（b）］为 $\Delta\alpha$，则

$$\Delta\alpha=\arctan\frac{O_2O_2'+O_1O_1'}{L}=\arctan\frac{X_{2\max}+X_{1\max}}{2L} \tag{2-14}$$

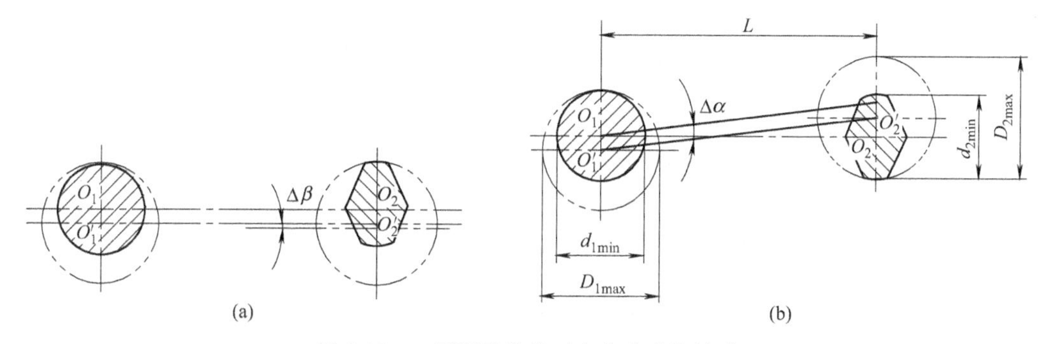

图 2-18　一面两孔定位时定位基准的转动

（4）设计及误差分析示例

如图 2-14 所示的连杆盖上要钻四个定位销孔，其定位方式如图 2-19（a）所示。设计步骤如下。

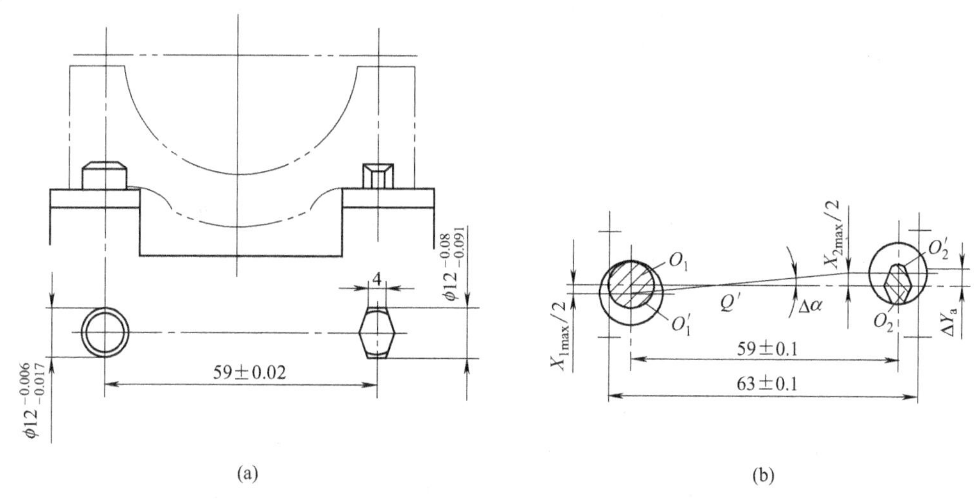

图 2-19　连杆盖的定位方式与定位误差

① 确定两定位销的中心距。两定位销中心距的基本尺寸应等于工件两定位孔中心距的平均尺寸，其公差一般为

$$\delta_{Ld}=\left(\frac{1}{3}\sim\frac{1}{5}\right)\delta_{LD}$$

因 $L_D=(59\pm0.1)\text{mm}$

故取 $L_d=0(59\pm0.02)\text{mm}$

② 确定圆柱销直径。圆柱销直径的基本尺寸应等于与之配合的工件孔的最小极限尺寸，其公差一般取 g6 或 h7。

因连杆盖定位孔的直径为 $\phi12^{+0.027}_{0}\text{mm}$，故取圆柱销的直径 $d_1=\phi12\text{g6}=\phi12^{-0.006}_{-0.017}\text{mm}$。

③ 确定菱形销的尺寸 b。查表 2-1，$b=4\text{mm}$。

④ 确定菱形销的直径

a. 按式（2-12）计算 $X_{2\min}$

因 $$a=\frac{\delta_{LD}+\delta_{Ld}}{2}=0.1+0.02=0.12\text{mm}$$

$$b=4\text{mm}$$

$$D_2=\phi12^{+0.027}_{0}\text{mm}$$

所以 $$X_{2\min}=\frac{2ab}{D_{2\max}}=\frac{2\times0.12\times4}{12}=0.08\text{mm}$$

采用修圆菱形销时，应以 b_1 代替 b 进行计算。

b. 按公式 $d_{2\max}=D_{2\min}-X_{2\min}$ 计算出菱形销的最大直径

$$d_{2\max}=(12-0.08)\text{mm}=11.92\text{mm}$$

c. 确定菱形销的公差等级。菱形销直径的公差等级一般取 IT6 或 IT7，因 IT6＝0.011mm，所以 $d_2=\phi12^{-0.08}_{-0.091}\text{mm}$。

⑤ 计算定位误差。连杆盖本工序的加工尺寸较多，除了四孔的直径和深度外，还有 (63 ± 0.1)mm、(20 ± 0.1)mm、(31.5 ± 0.2)mm 和 (10 ± 0.15)mm。其中，(63 ± 0.1)mm 和 (20 ± 0.1)mm 的大小主要取决于钻套间的距离，与本工序无关，没有定位误差；(31.5 ± 0.2)mm 和 (10 ± 0.15)mm 均受工件定位的影响，有定位误差。

a. 加工尺寸 (31.5 ± 0.2)mm 的定位误差。由于定位基准与工序基准不重合，定位尺寸 $S=(29.5\pm0.1)\text{mm}$，所以 $\Delta_B=\delta_S=0.2\text{mm}$。

又由于 (31.5 ± 0.2)mm 的方向与两定位孔连心线平行，因而

$$\Delta_Y=X_{1\max}=(0.027+0.017)\text{mm}=0.044\text{mm}$$

因为工序基准不在定位基面上，所以

$$\Delta_D=\Delta_Y+\Delta_B=(0.2+0.044)\text{mm}=0.244\text{mm}$$

b. 加工尺寸 (10 ± 0.15)mm 的定位误差。由于定位基准与工序基准重合，所以 $\Delta_B=0$。

由于定位基准与限位基准不重合，既有基准直线位移误差 Δ_{Y1}，又有基准角位移误差 Δ_{Y2}。

根据式（2-14）

$$\tan\Delta\alpha=\frac{X_{1\max}+X_{2\max}}{2L}=\frac{0.044+0.118}{2\times59}=0.00138\text{mm}$$

于是得到左边两小孔的基准位移误差为

$$\Delta_{Y左}=X_{1\max}+2L_1\tan\Delta_L=0.044+2\times2\times0.00138=0.05\text{mm}$$

右边两小孔的基准位移误差为

$$\Delta_{Y右}=X_{2\max}+2L_2\tan\Delta_L=0.118+2\times2\times0.00138=0.124\text{mm}$$

因为 (10 ± 0.15)mm 是对四小孔的统一要求，因此其定位误差为 $\Delta_D=\Delta_Y=0.124\text{mm}$。

2.1.5 定位误差计算示例(见表 2-2)

表 2-2 定位误差计算

定位形式		定位简图	定位误差计算式/mm
以平面作定位基准	一个平面定位	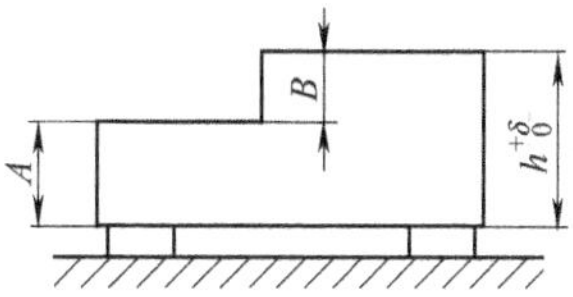	$\Delta_{D\cdot W(A)}=0$ $\Delta_{D\cdot W(B)}=\delta$
	两个垂直平面定位	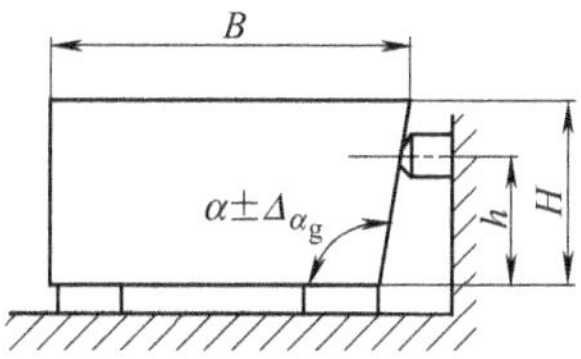	$\alpha=90^\circ$,当 $h<H/2$ 时 $\Delta_{D\cdot W(B)}=2(H-h)\tan\Delta_{\alpha g}$
		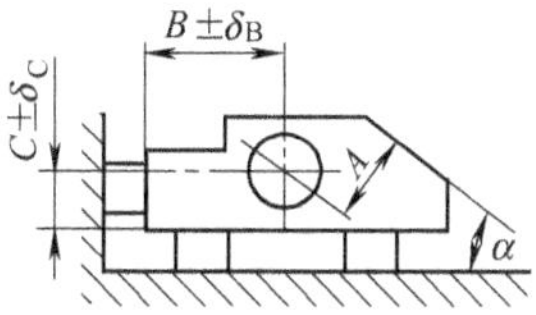	$\Delta_{D\cdot W(A)}=2\delta_C\cos\alpha+2\delta_B\cos(90^\circ-\alpha)$
	两个水平面定位	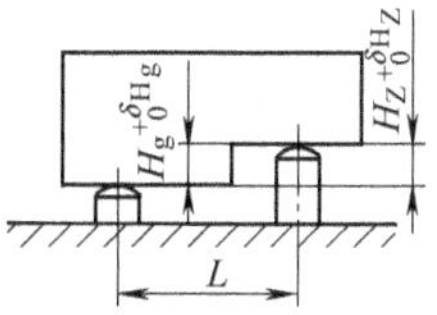	工件在水平面内最大角向定位误差 $\Delta_{J\cdot W}=\arctan\dfrac{\delta_{H_g}+\delta_{H_Z}}{L}$
以孔与平面作定位基准	一孔一平面定位	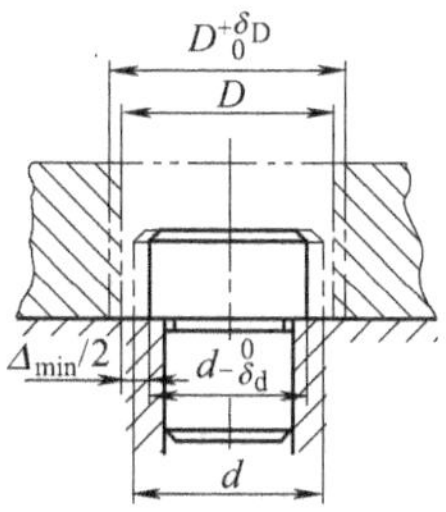	任意边接触 $\Delta_{D\cdot W}=\delta_D+\delta_d+\Delta_{min}$ 固定边接触 $\Delta_{D\cdot W}=\dfrac{\delta_D+\delta_d}{2}$
		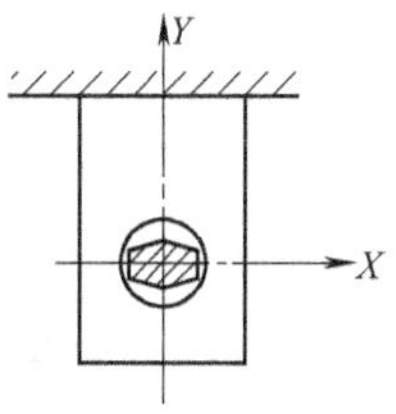	$\Delta_{D\cdot W(Y)}=0$ $\Delta_{D\cdot W(X)}=\delta_D+\delta_d+\Delta_{min}$

续表

<table>
<tr><th colspan="2">定位形式</th><th>定位简图</th><th>定位误差计算式/mm</th></tr>
<tr><td>以孔与平面作给定位基准</td><td>一面两孔定位</td><td>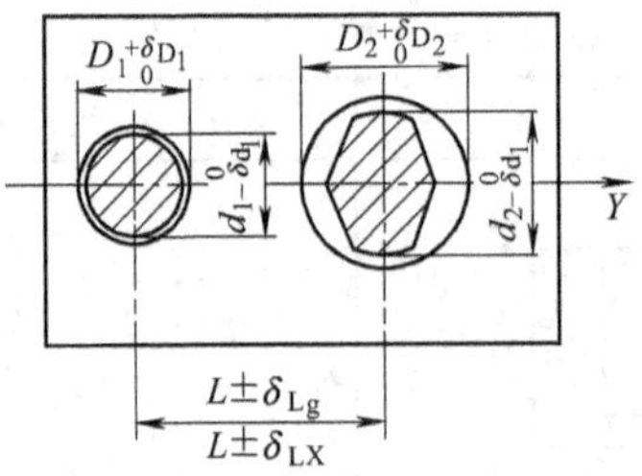</td><td>$\Delta_{D\cdot W(Y)}=\delta_{D_1}+\delta_{d_1}+\Delta_{1\min}$
$\Delta_{J\cdot W}=\arctan\dfrac{\delta_{D_1}+\delta_{d_1}+\Delta_{1\min}+\delta_{D_2}+\delta_{d_2}+\Delta_{2\min}}{2L}$</td></tr>
<tr><td rowspan="5">以外圆柱面作定位基准</td><td>两垂直面定位</td><td>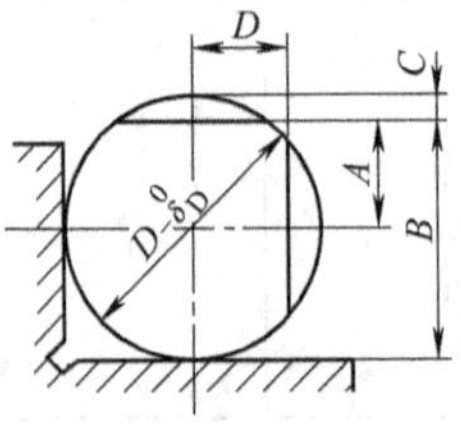</td><td>$\Delta_{D\cdot W(A)}=\frac{1}{2}\delta_D$
$\Delta_{D\cdot W(B)}=0$
$\Delta_{D\cdot W(C)}=\delta_D$
$\Delta_{D\cdot W(D)}=\frac{1}{2}\delta_D$</td></tr>
<tr><td rowspan="3">平面定位 V 形块定心</td><td>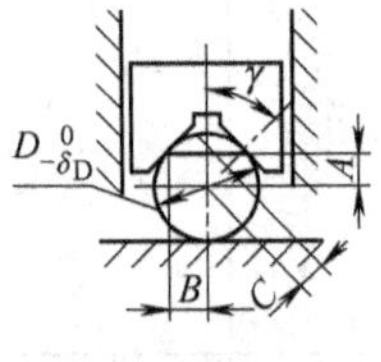</td><td>$\Delta_{D\cdot W(A)}=\frac{1}{2}\delta_D$
$\Delta_{D\cdot W(B)}=0$
$\Delta_{D\cdot W(C)}=\frac{1}{2}\delta_D\cos\gamma$</td></tr>
<tr><td>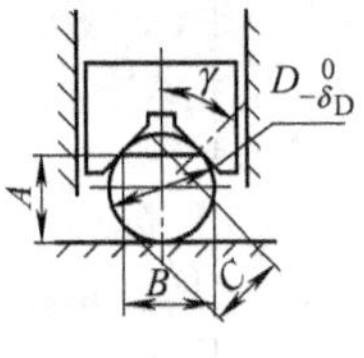</td><td>$\Delta_{D\cdot W(A)}=0$
$\Delta_{D\cdot W(B)}=\frac{1}{2}\delta_D$
$\Delta_{D\cdot W(C)}=\frac{\delta_D}{2}-\frac{\delta_D}{2}\cos\gamma$</td></tr>
<tr><td>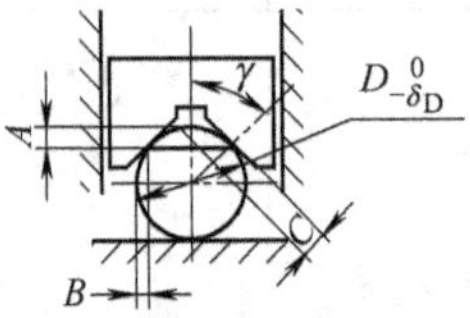</td><td>$\Delta_{D\cdot W(A)}=\delta_D$
$\Delta_{D\cdot W(B)}=\frac{1}{2}\delta_D$
$\Delta_{D\cdot W(C)}=\frac{\delta_D}{2}+\frac{\delta_D}{2}\cos\gamma$</td></tr>
<tr><td>V 形块定位</td><td>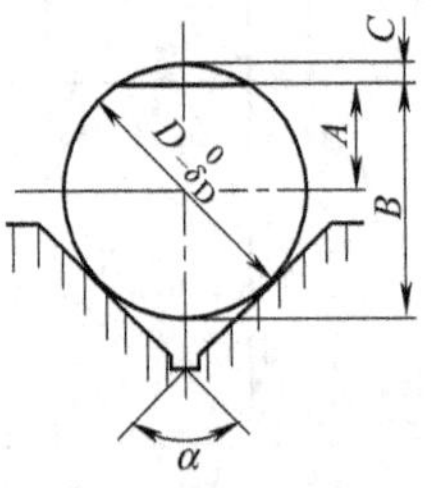</td><td>$\Delta_{D\cdot W(A)}=\dfrac{\delta_D}{2\sin\frac{\alpha}{2}}$
$\Delta_{D\cdot W(B)}=\dfrac{\delta_D}{2}\left(\dfrac{1}{\sin\frac{\alpha}{2}}-1\right)$
$\Delta_{D\cdot W(C)}=\dfrac{\delta_D}{2}\left(\dfrac{1}{\sin\frac{\alpha}{2}}+1\right)$
<table><tr><th>α</th><th>$\Delta_{D\cdot W}(A)$</th><th>$\Delta_{D\cdot W}(B)$</th><th>$\Delta_{D\cdot W}(C)$</th></tr><tr><td>60°</td><td>δ_D</td><td>$0.5\delta_D$</td><td>$1.5\delta_D$</td></tr><tr><td>90°</td><td>$0.71\delta_D$</td><td>$0.21\delta_D$</td><td>$1.21\delta_D$</td></tr><tr><td>120°</td><td>$0.58\delta_D$</td><td>$0.08\delta_D$</td><td>$1.08\delta_D$</td></tr></table></td></tr>
</table>

续表

定位形式		定位简图	定位误差计算式/mm
以外圆柱面作定位基准	V形块定位	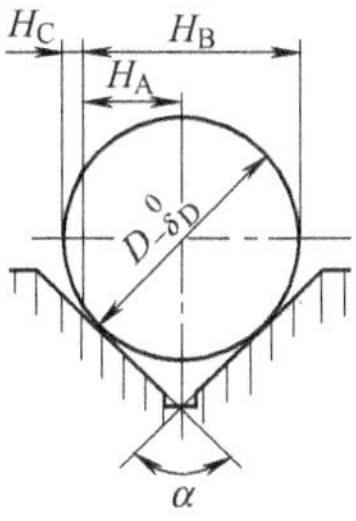	$\Delta_{D\cdot W(A)}=0$ $\Delta_{D\cdot W(B)}=\frac{1}{2}\delta_D$ $\Delta_{D\cdot W(C)}=\frac{1}{2}\delta_D$
		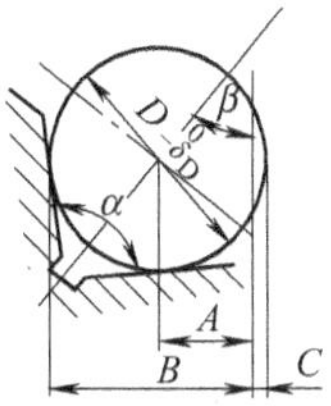	$\Delta_{D\cdot W(A)}=\frac{\delta_D\sin\beta}{2\sin\frac{\alpha}{2}}$ $\Delta_{D\cdot W(B)}=\frac{\delta_D}{2}\left(1-\frac{\sin\beta}{\sin\frac{\alpha}{2}}\right)$ $\Delta_{D\cdot W(C)}=\frac{\delta_D}{2}\left(1+\frac{\sin\beta}{\sin\frac{\alpha}{2}}\right)$
	定心机构定位	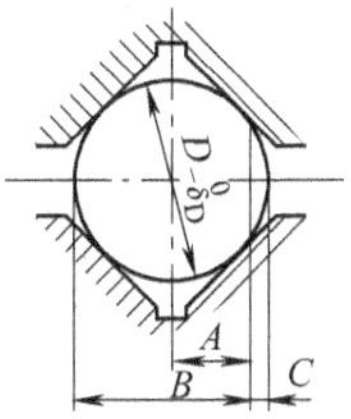	$\Delta_{D\cdot W(A)}=0$ $\Delta_{D\cdot W(B)}=\frac{1}{2}\delta_D$ $\Delta_{D\cdot W(C)}=\frac{1}{2}\delta_D$
	双V形块组合定位	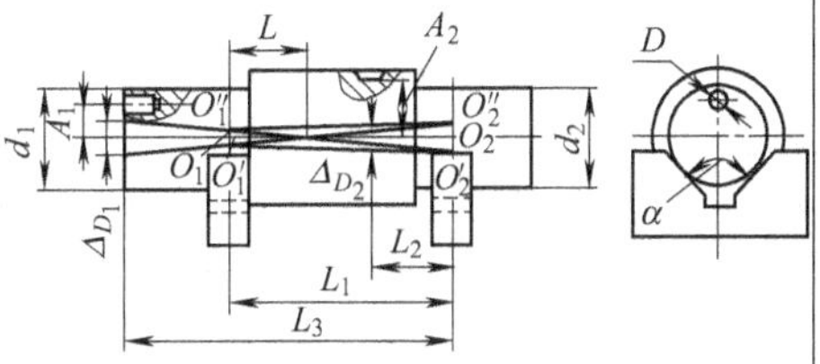	$\Delta_{D\cdot W(A1)}=\frac{\delta_{d1}}{2\sin\frac{\alpha}{2}}\times\frac{L_3-L_1+L}{L}$ $\Delta_{D\cdot W(A2)}=\frac{\delta_{d1}}{2\sin\frac{\alpha}{2}}+\frac{L_1-L_2}{L_1}\times\left(\frac{\delta_{d2}}{2\sin\frac{\alpha}{2}}-\frac{\delta_{d1}}{2\sin\frac{\alpha}{2}}\right)$ $\Delta_{J\cdot W}=\pm\arctan\frac{\frac{\delta_{d1}}{2\sin\frac{\alpha}{2}}+\frac{\delta_{d2}}{2\sin\frac{\alpha}{2}}}{2L_1}$
符号注释	$\Delta_{D\cdot W}$——工件在夹具中的定位误差 $\Delta_{J\cdot W}$——转角误差 Δ_{min}——定位孔与定位销间的最小间隙		Δ_{1min}——第一定位孔与圆定位销间的最小间隙 Δ_{2min}——第二定位孔与削边定位销间的最小间隙

2.2　定位装置的设计

2.2.1　常用定位元件及选用

工件在夹具中要想获得正确定位，首先应正确选择定位基准，其次则是选择合适的定位元件。工件定位时，工件定位基准和夹具的定位元件接触形成定位副。

（1）对定位元件的基本要求

① 限位基面应有足够的精度。定位元件具有足够的精度，才能保证工件的定位精度。

② 限位基面应有较好的耐磨性。由于定位元件的工作表面经常与工件接触和摩擦，容易磨损，为此要求定位元件限位表面的耐磨性要好，以保证夹具的使用寿命和定位精度。

③ 支承元件应有足够的强度和刚度。定位元件在加工过程中，受工件重力、夹紧力和切削力的作用，因此要求定位元件应有足够的刚度和强度，避免使用中的变形和损坏。

④ 定位元件应有较好的工艺性。定位元件应力求结构简单、合理，便于制造、装配和更换。

⑤ 定位元件应便于清除切屑。定位元件的结构和工作表面形状应有利于清除切屑，以防切屑嵌入夹具内影响加工和定位精度。

（2）常用定位元件所能约束的自由度

常用定位元件可按工件典型定位基准面分为以下几类。

① 用于平面定位的定位元件。包括固定支承（钉支承和板支承）、自位支承、可调支承和辅助支承。

② 用于外圆柱面定位的定位元件。包括V形架、定位套和半圆定位座等。

③ 用于孔定位的定位元件。包括定位销（圆柱定位销和圆锥定位销）、圆柱心轴和小锥度心轴。

常用定位元件所能约束的自由度见表2-3。

表2-3 常用定位元件所能约束的自由度

定位名称	定 位 方 式	约束的自由度
支承钉	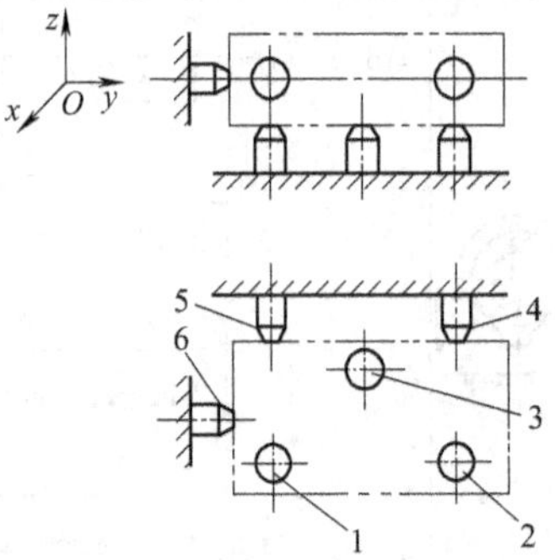 z, x, O, y, 1, 2, 3, 4, 5, 6	每个支承钉约束一个自由度。其中： (1)支承钉1、2、3与底面接触，约束三个自由度($\vec{z}$、$\widehat{x}$、$\widehat{y}$) (2)支承钉4、5与侧面接触，约束两个自由度($\vec{x}$、$\widehat{z}$) (3)支承钉6与端面接触，约束一个自由度($\vec{y}$)
支承板	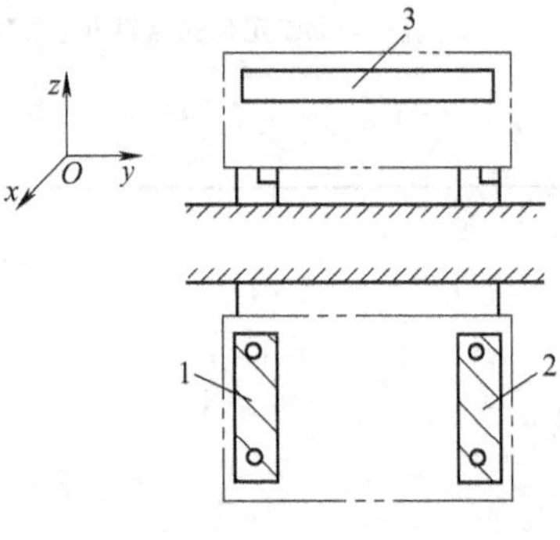 z, x, O, y, 1, 2, 3	(1)两条窄支承板1、2组成同一平面，与底接触，约束三个自由度($\vec{z}$、$\widehat{x}$、$\widehat{y}$) (2)一个窄支承板3与侧面接触，约束两个自由度($\vec{x}$、$\widehat{z}$)

续表

定位名称	定位方式	约束的自由度
支承板	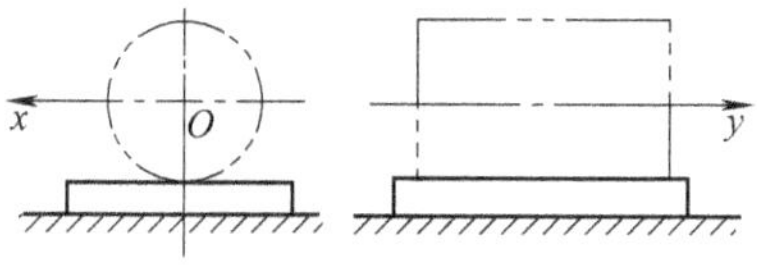 x O y	支承板与圆柱素线接触，约束两个自由度（$\vec{z}$、$\hat{x}$）
支承板	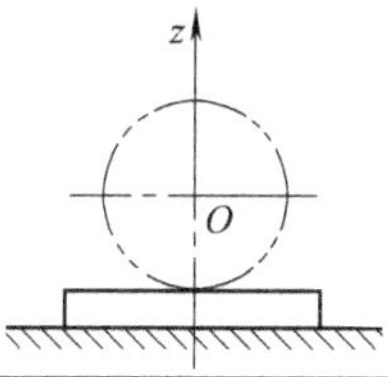 z O	支承板与球面接触，约束一个自由度（$\vec{z}$）
定位销	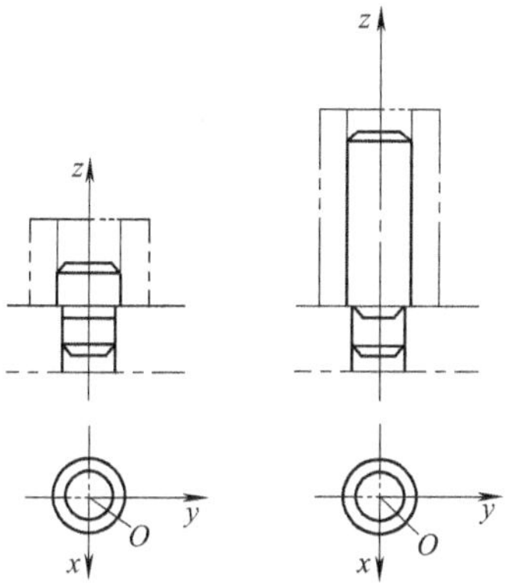 (a) 短销 (b) 长销	(1)短销与圆孔配合，约束两个自由度（$\vec{x}$、$\vec{y}$） (2)长销与圆孔配合，约束四个自由度（$\vec{x}$、$\vec{y}$、$\hat{x}$、$\hat{y}$）
定位销	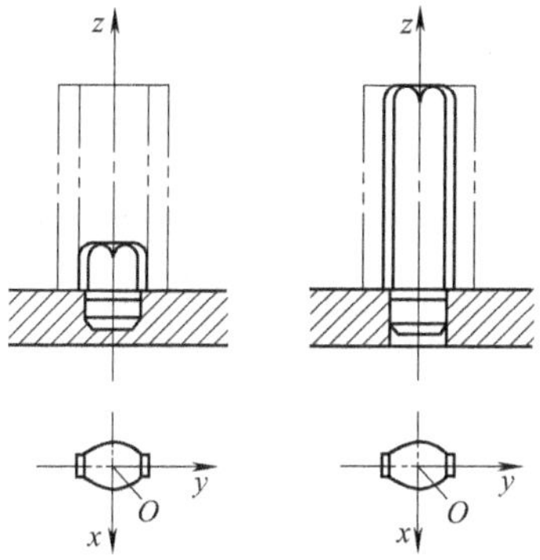 (a) 短削边销 (b) 长削边销	(1)短削边销与圆孔配合，约束一个自由度（$\vec{y}$） (2)长削边销与圆孔配合，约束两个自由度（$\hat{x}$、$\vec{y}$）
定位销	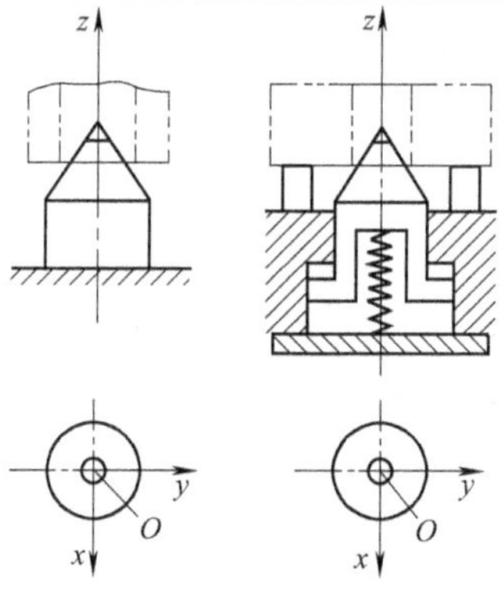 (a) 固定锥销 (b) 活动锥销	(1)固定锥销与圆孔端面圆周接触，约束三个自由度（$\vec{x}$、$\vec{y}$、$\vec{z}$） (2)活动锥销与圆孔端圆周接触，约束两个自由度（$\vec{x}$、$\vec{y}$）

续表

定位名称	定位方式	约束的自由度
定位套	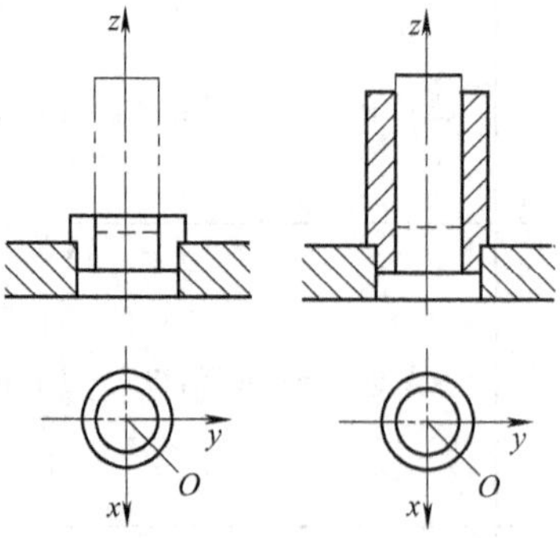 (a) 短套 (b) 长套	(1)短套与轴配合，约束两自由度($\vec{x}$、$\vec{y}$) (2)长套与轴配合，约束四个自由度($\vec{x}$、$\vec{y}$、$\widehat{x}$、$\widehat{y}$)
	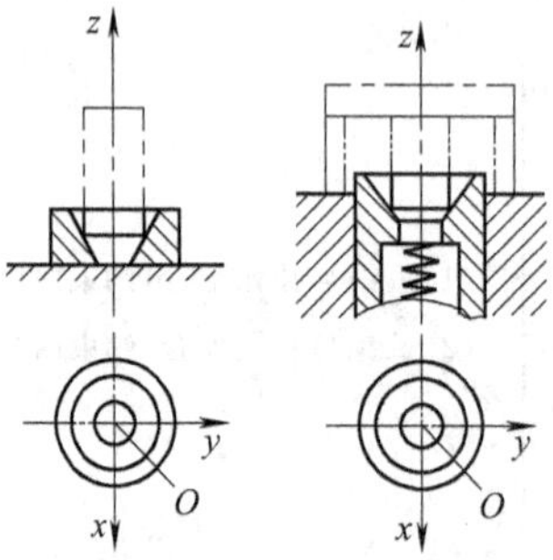 (a) 固定锥套 (b) 活动锥套	(1)固定锥套与轴端面圆周接触，约束三个自由度($\vec{x}$、$\vec{y}$、$\vec{z}$) (2)活动锥套与轴端面圆周接触，约束两个自由度($\vec{x}$、$\vec{y}$)
V形架	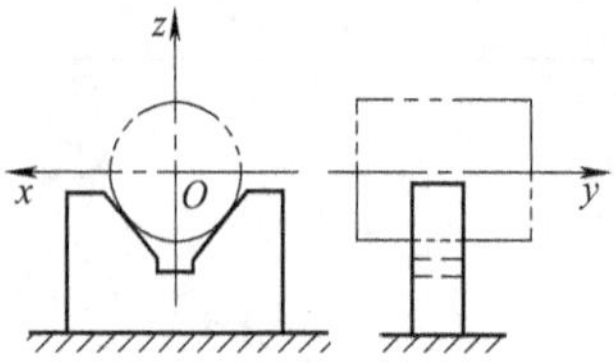 (a) 短V形架 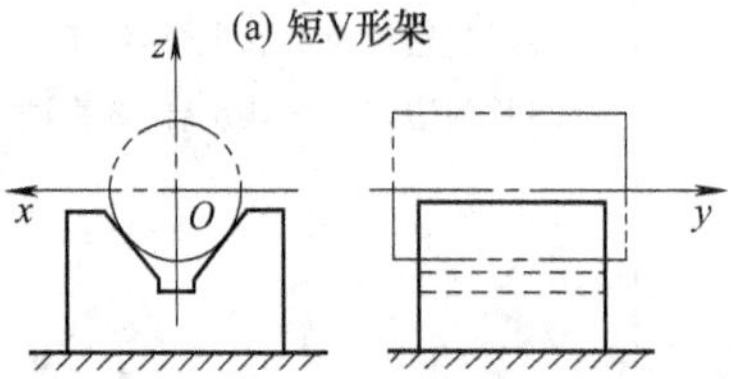 (b) 长V形架	(1)短V形架与圆柱面接触，约束两个自由度($\vec{x}$、$\vec{z}$) (2)长V形架与圆柱面接触，约束四个自由度($\vec{x}$、$\vec{z}$、$\widehat{x}$、$\widehat{z}$)
半圆孔	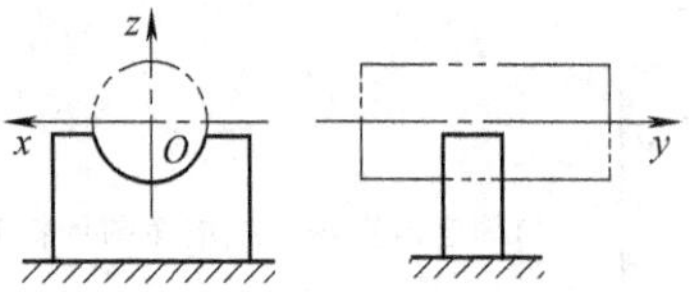 (a) 短半圆孔 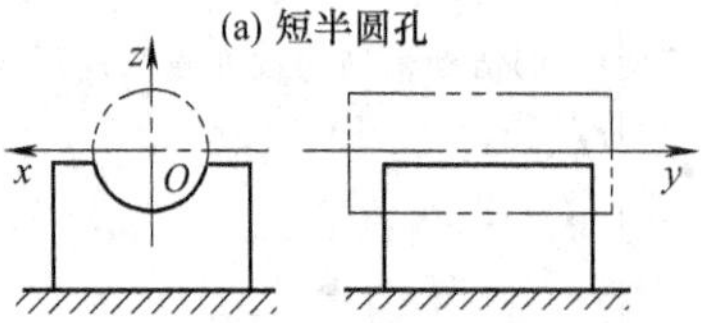 (b) 长半圆孔	(1)短半圆孔与圆柱面接触，约束两个自由度($\vec{x}$、$\vec{z}$) (2)长半圆孔与圆柱面接触，约束四个自由度($\vec{x}$、$\vec{z}$、$\widehat{x}$、$\widehat{z}$)

续表

定位名称	定 位 方 式	约束的自由度
三爪卡盘	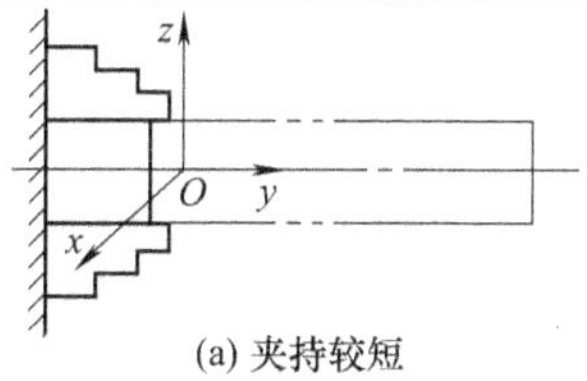 (a) 夹持较短 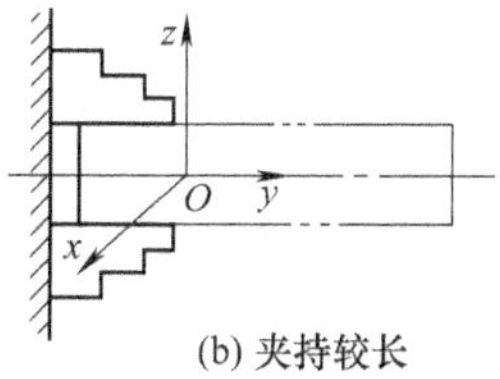 (b) 夹持较长	(1)夹持工件较短,约束两个自由度($\vec{x}$、$\vec{z}$) (2)夹持工件较长,约束四个自由度($\vec{x}$、$\vec{z}$、$\widehat{x}$、$\widehat{z}$)
两顶尖	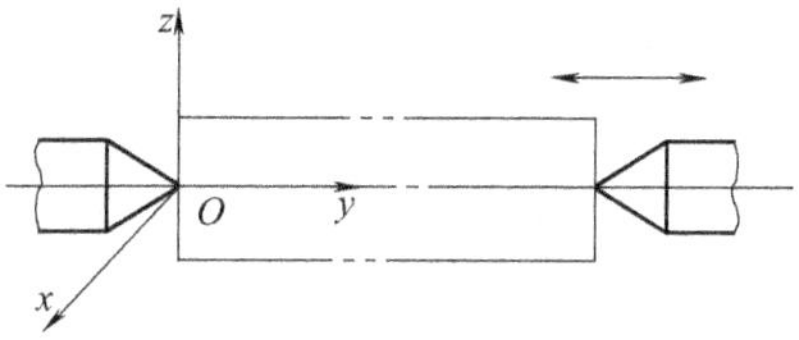	一个端固定、一端活动,共约束五个自由度($\vec{x}$、$\vec{y}$、$\vec{z}$、$\widehat{x}$、$\widehat{z}$)
短外圆与中心孔	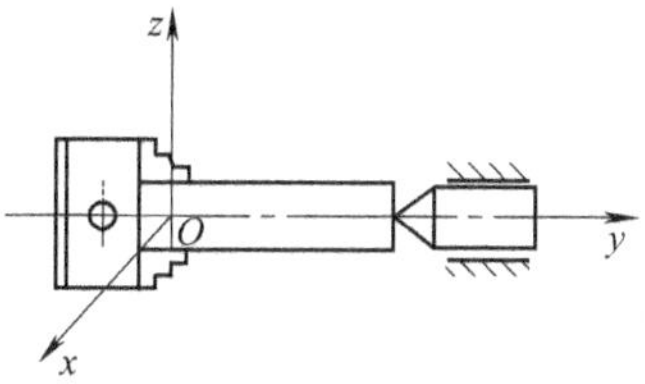	(1)三爪自定心卡盘约束两个自由度($\vec{x}$、$\vec{z}$) (2)活动顶尖约束三个自由度($\vec{y}$、$\widehat{x}$、$\widehat{z}$)
大平面与两圆柱孔	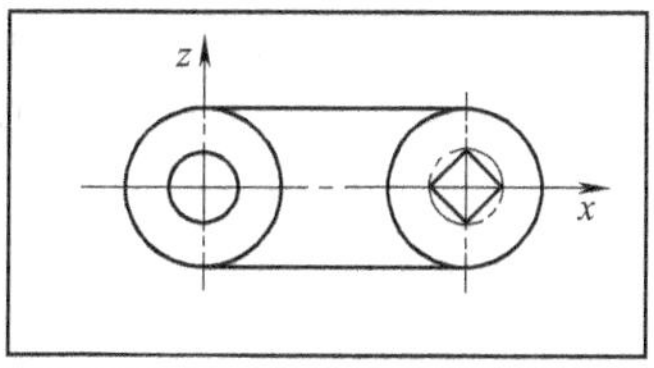	(1)支承板限制三个自由度($\widehat{x}$、$\vec{y}$、$\widehat{z}$) (2)短圆柱定位销约束两个自由度($\vec{x}$、$\vec{z}$) (3)短菱形销(防转)约束一个自由度($\widehat{y}$)
大平面与两外圆弧面	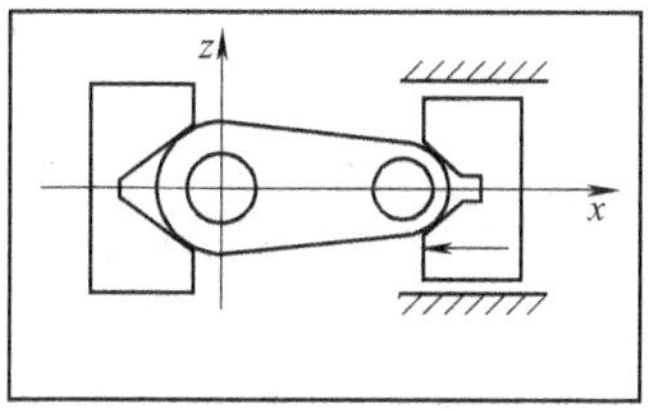	(1)支承板限制三个自由度($\widehat{x}$、$\vec{y}$、$\widehat{z}$) (2)短固定式V形块约束两个自由度($\vec{x}$、$\vec{z}$) (3)短活动式V形块(防转)约束一个自由度($\widehat{y}$)
大平面与短锥孔	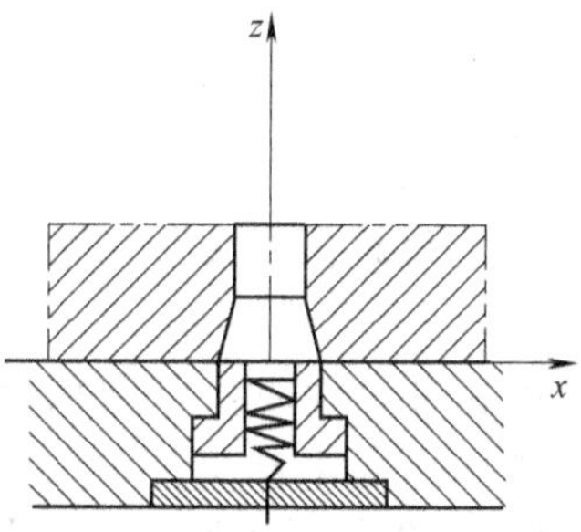	(1)支承板限制三个自由度($\widehat{x}$、$\widehat{y}$、$\vec{z}$) (2)活动锥销限制两个自由度($\vec{x}$、$\vec{y}$)

续表

定位名称	定位方式	约束的自由度
长圆柱孔与其他		(1)固定式心轴约束两个自由度($\vec{y}$、$\vec{z}$、$\widehat{y}$、$\widehat{z}$) (2)挡销(防转)约束一个自由度($\widehat{x}$)

(3) 常用定位元件的选用

常用定位元件选用时，应按工件定位基准面和定位元件的结构特点进行选择。

① 工件以平面定位

a. 以面积较小的已经加工的基准平面定位时，选用平头支承钉，如图 2-20 (a) 所示；以粗糙不平的基准面或毛坯面定位时，选用圆头支承钉，如图 2-20 (b) 所示；侧面定位时，可选用网状支承钉，如图 2-20 (c) 所示。

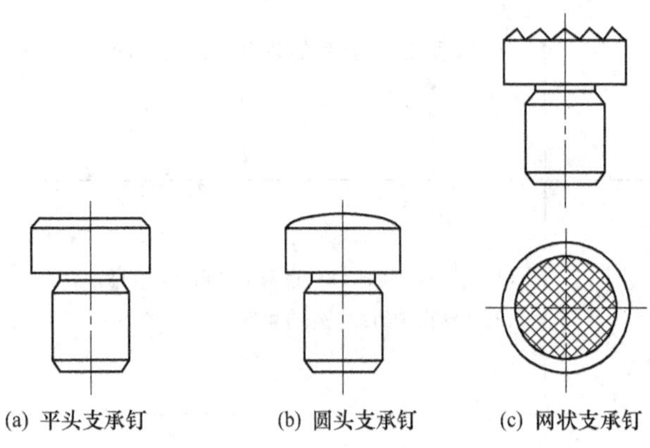

(a) 平头支承钉　(b) 圆头支承钉　(c) 网状支承钉

图 2-20　支承钉

b. 以面积较大、平面精度较高的基准平面定位时，选用支承板定位元件，如图 2-21 所示。用于侧面定位时，可选用不带斜槽的支承板，如图 2-21 (a) 所示；通常尽可能选用带斜槽的支承板，以利于清除切屑，如图 2-21 (b) 所示。

c. 以毛坯面、阶梯平面和环形平面作基准平面定位时，选用自位支承作定位元件，如图 2-22 所示。但需注意，自位支承虽有两个或三个支承点，由于自位和浮动作用只能作为一个支承点。

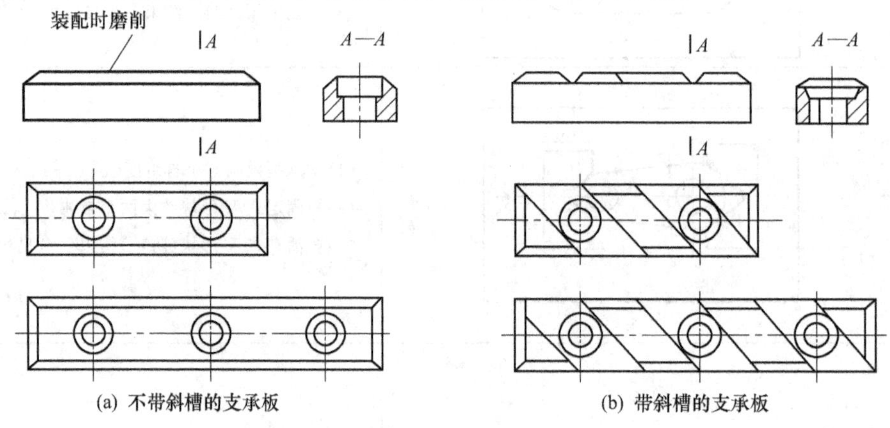

(a) 不带斜槽的支承板　(b) 带斜槽的支承板

图 2-21　支承板

d. 以毛坯面作为基准平面，调节时可按定位面质量和面积大小分别选用如图 2-23 (a)～图 2-23 (c) 所示的可调支承作定位元件。

e. 当工件定位基准面需要提高定位刚度、稳定性和可靠性时，可选用辅助支承作辅助定位元件，如图 2-24～图 2-26 所示。但需注意，辅助支承不起限制工件自由度的作用，且每次加工均需重新调整支承点高度，支承位置应选在有利于工件承受夹紧力和切削力的地方。

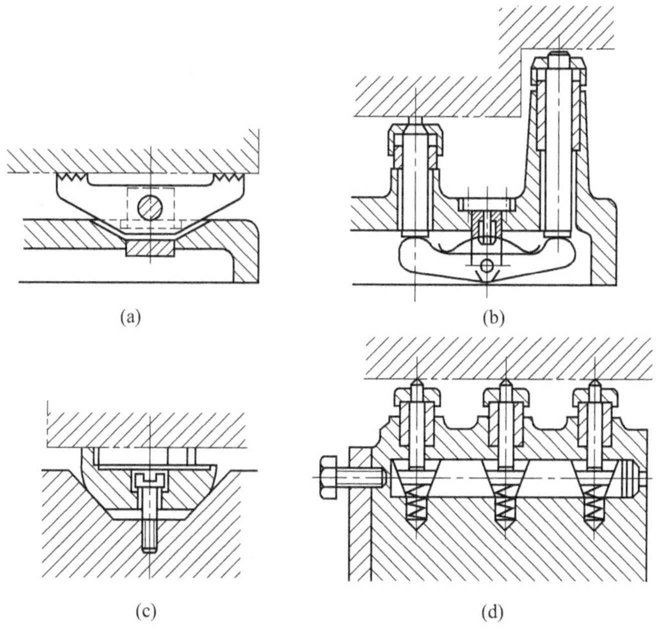

图 2-22　自位支承

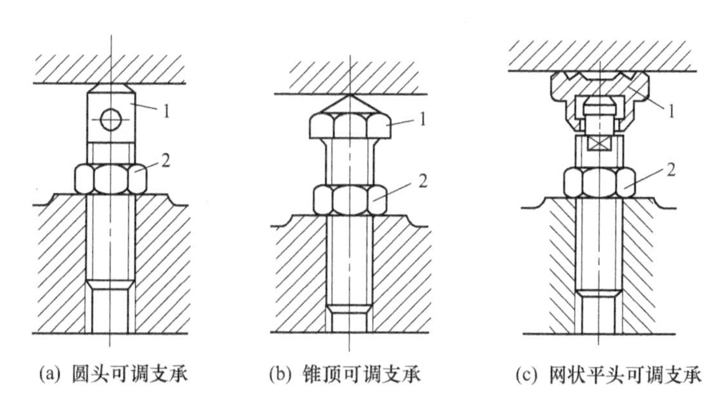

图 2-23　可调支承

1—调整螺钉；2—紧固螺母

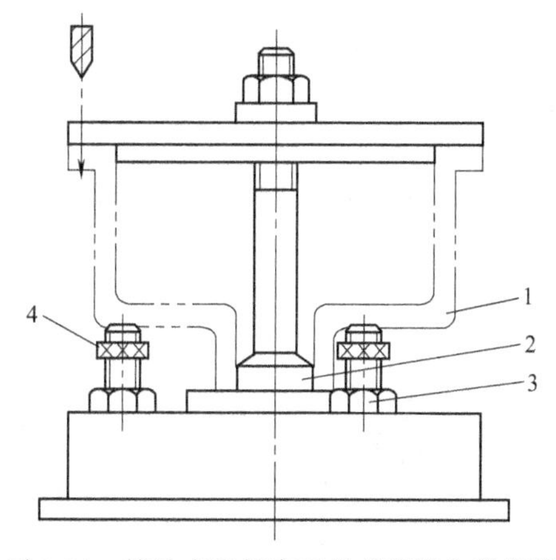

图 2-24　辅助支承提高工件的刚度和稳定性

1—工件；2—短定位销；3—支承环；4—辅助支承

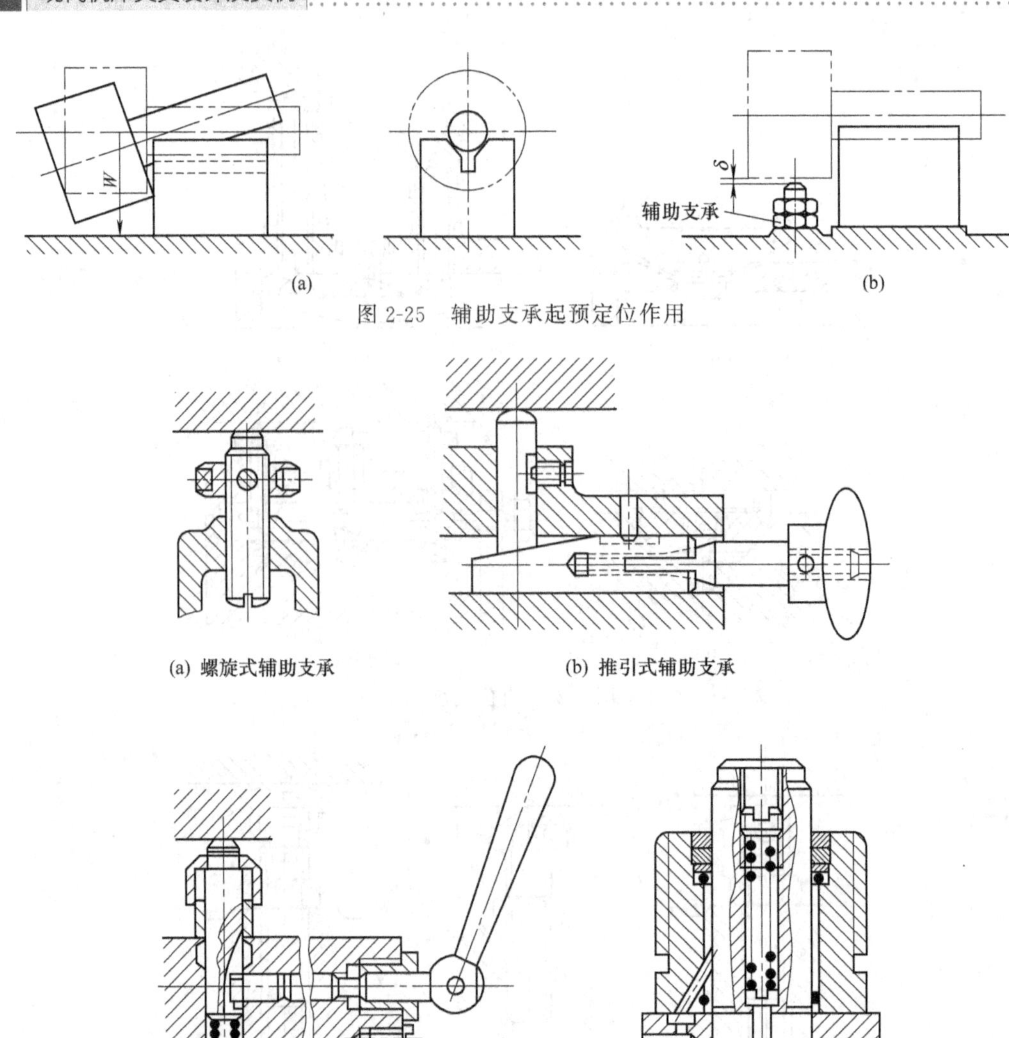

图 2-25 辅助支承起预定位作用

(a) 螺旋式辅助支承
(b) 推引式辅助支承
(c) 自位式辅助支承
(d) 液压锁定辅助支承

图 2-26 辅助支承的类型

② 工件以外圆柱定位

a. 当工件的对称度要求较高时，可选用 V 形块定位。V 形块工作面间的夹角 α 常取 60°、90°、120°三种，其中应用最多的是 90°V 形块。90°V 形块的典型结构和尺寸已标准化，使用时可根据定位圆柱面的长度和直径进行选择。V 形块结构有多种形式，如图 2-27（a）所示 V 形块适用于较长的加工过的圆柱面定位；如图 2-27（b）所示 V 形块适于较长的粗糙的圆柱面

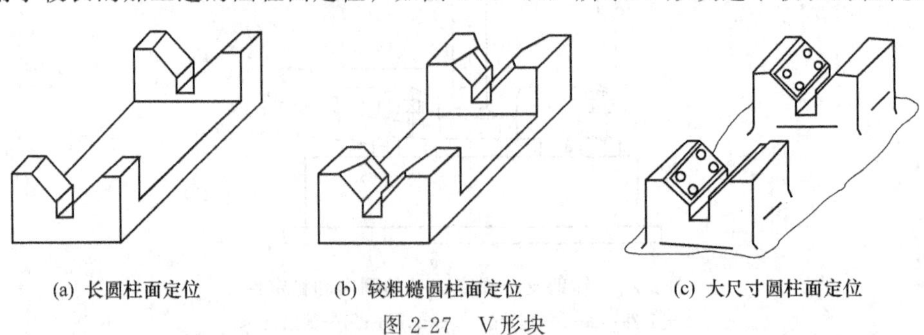

(a) 长圆柱面定位
(b) 较粗糙圆柱面定位
(c) 大尺寸圆柱面定位

图 2-27 V 形块

定位；如图 2-27（c）所示 V 形块适用于尺寸较大的圆柱面定位，这种 V 形块底座采用铸件，V 形面采用淬火钢件，V 形块是由两者镶合而成。

b. 当工件定位圆柱面精度较高时（一般不低于 IT8），可选用定位套或半圆形定位座定位。大型轴类和曲轴等不宜以整个圆孔定位的工件，可选用半圆定位座，如图 2-28 所示。

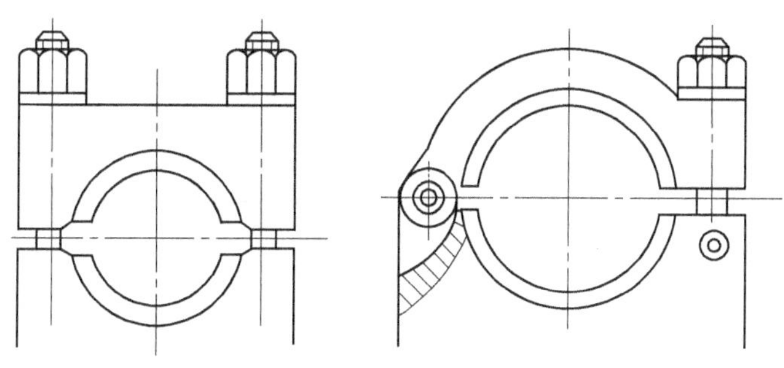

图 2-28　半圆定位座

③ 工件以内孔定位

a. 工件上定位内孔较小时，常选用定位销作定位元件。圆柱定位销的结构和尺寸标准化，不同直径的定位销有其相应的结构形式，可根据工件定位内孔的直径选用。当工件圆柱孔用孔端边缘定位时，需选用圆锥定位销，如图 2-29 所示。当工件圆孔端边缘形状精度较低时，选用如图 2-29（a）所示形式的圆锥定位销；当工件圆孔端边缘形状精度较高时，选用如图 2-29（b)所示形式的圆锥定位销；当工件需平面和圆孔端边缘同时定位时，选用如图 2-29（c）所示形式的浮动锥销。

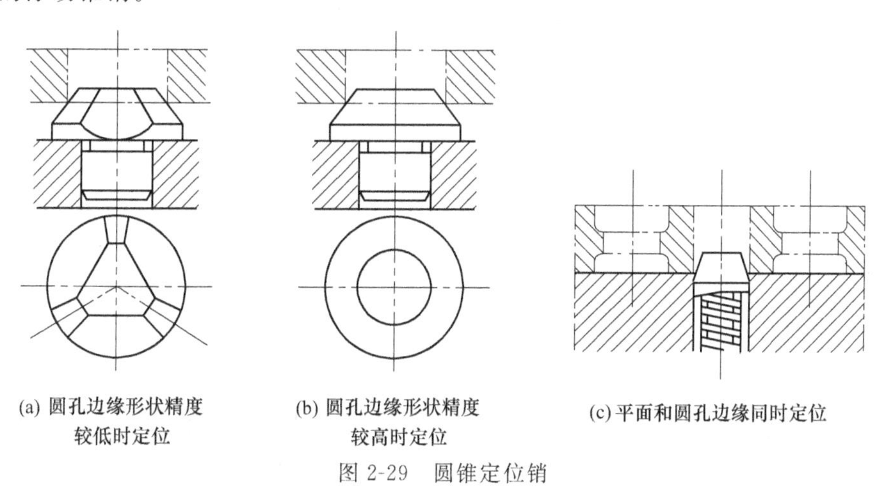

图 2-29　圆锥定位销

b. 在套类、盘类零件的车削、磨削和齿轮加工中，大都选用心轴定位，为了便于夹紧和减小工件因间隙造成的倾斜，当工件定位内孔与基准端面垂直精度较高时，常以孔和端面联合定位。因此，这类心轴通常是带台阶定位面的心轴，如图 2-30（a）所示；当工件以内花键为定位基准时，可选用外花键轴，如图 2-30（b）所示；当内孔带有花键槽时，可在圆柱心轴上设置键槽配装键块；当工件内孔精度很高，而加工时工件力矩很小时，可选用小锥度心轴定位。

④ 工件以特殊表面定位

a. 工件以 V 形导轨面定位。例如车床的拖板、床鞍等零件，常以底部的 V 形导轨面定位，其定位装置如图 2-31 所示。左边一列是两个固定在夹具体上的 V 形座和短圆柱 1，起主要限位作用，约束工件的四个自由度；右边一列是两个可移动的 V 形座和短圆柱 2，只约束工

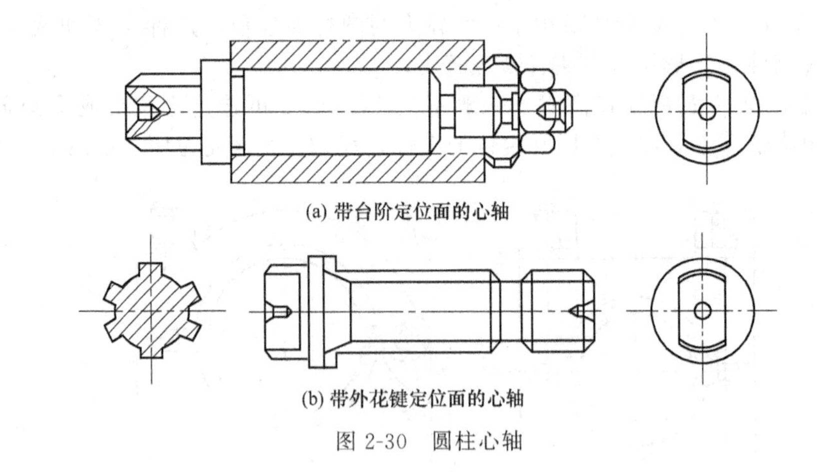
(a) 带台阶定位面的心轴

(b) 带外花键定位面的心轴

图 2-30　圆柱心轴

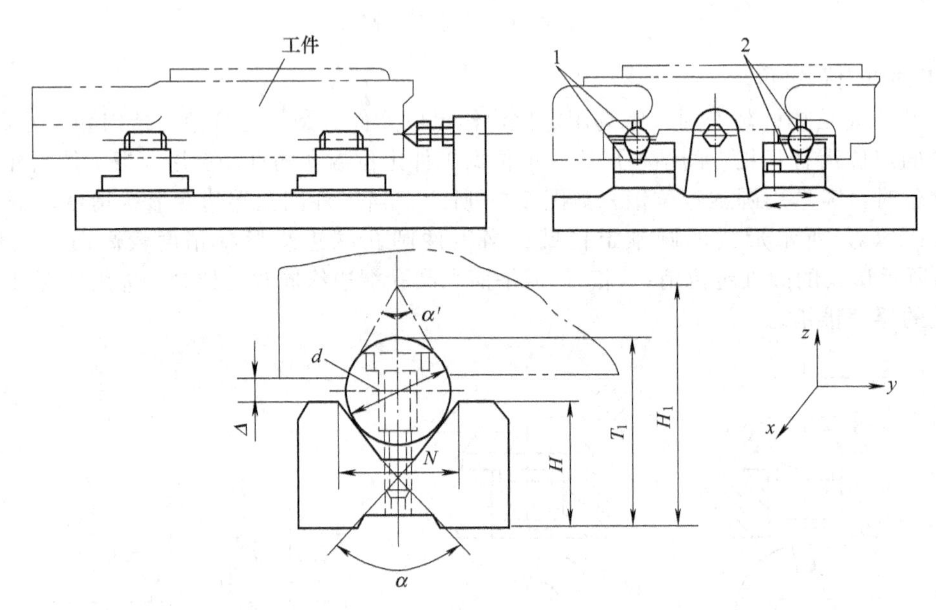

图 2-31　床鞍以 V 形导轨面定位

件的$\widehat{y}$一个自由度。

两列 V 形座（包括短圆柱）的工作高度 T_1 的等高度误差不大于 0.005mm。V 形座常用 20 钢制造，渗碳淬火后硬度为 58～62HRC。短圆柱常用 T7A 制造，淬火硬度为 53～58HRC。当夹具中需要设置对刀或导向装置时，需计算尺寸 T_1，当 $\alpha=90°$ 时，$T_1=H+1.207d-0.5N$。

b. 工件以燕尾导轨面定位。燕尾导轨面一般有 55°和 60°两种夹角。常用的定位装置有两种。一种如图 2-32（a）所示，右边是固定的短圆柱和 V 形座，组成主要限位基准，约束四个自由度；左边是形状与燕尾导轨面对应的可移动钳口 K，约束一个自由度，并兼有夹紧作用。另外一种如图 2-32（b）所示，定位装置相当于两个钳口为燕尾形的虎钳，工件以燕尾导轨面定位，夹具的左边为固定钳口，这是主限位基面，约束工件四个自由度，右边的活动钳口约束一个自由度，并兼起夹紧作用。

定位元件与对刀元件或导向元件间的距离 a 可按如下公式计算

$$a=b+u-d=b+d/2\arctan(\beta/2)-d/2=b+d/2[\arctan(\beta/2)-1]$$

式中　β——燕尾面的夹角，当 $\beta=55°$时，$a=b+0.4605d$。

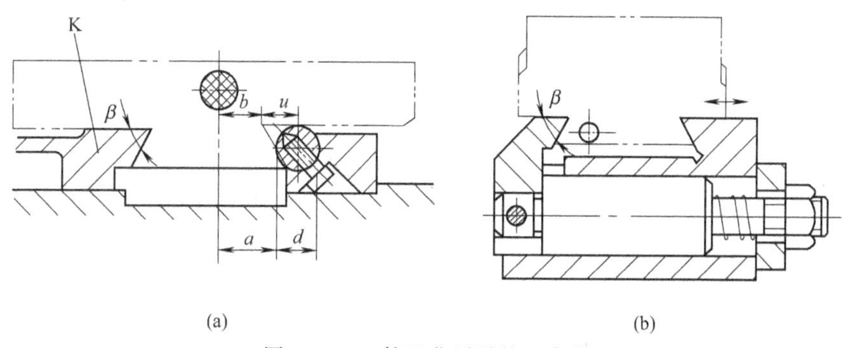

图 2-32　工件以燕尾导轨面定位

c. 工件以渐开线齿面定位。对于整体淬火的齿轮，一般都要在淬火后磨内孔和齿形面。为了保证磨齿形面时余量均匀，应贯彻“互为基准”的原则，先以齿形面的分度圆定位磨内孔，然后以内孔定位磨齿形面。

如图 2-33 所示为以齿形面分度圆定位磨内孔时的定位示意图，即在齿轮分度圆上相隔约 120°的三等分（尽可能如此）位置上放入三根精度很高的定位滚柱 2，套上薄壁套 1，起保持滚柱的作用，然后将其一起放入膜片卡盘内以卡爪 3 自动定心夹紧。

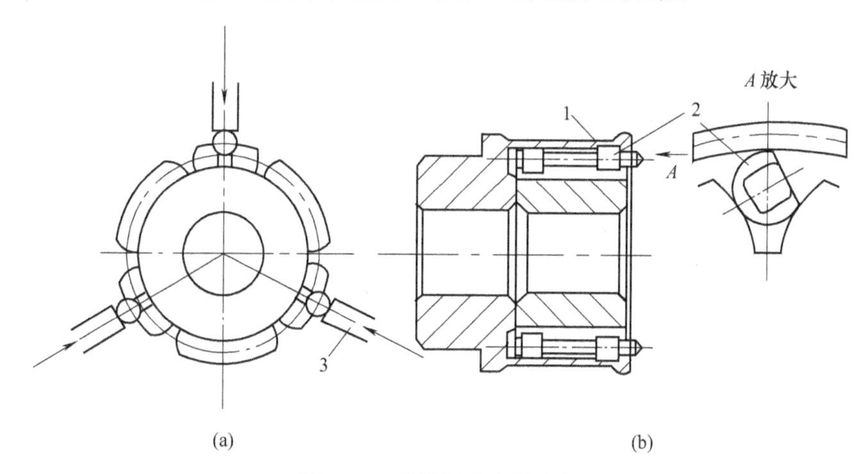

图 2-33　齿轮以分度圆定位

1—薄壁套；2—滚柱；3—卡爪

2.2.2　定位装置设计实例

（1）定位件

定位件可使工件精确地或近似地定位。当工件粗定位后，可由顶尖或卡爪进一步来定位。定位件可以按孔、键槽、轮齿、工件的外表面等进行定位。其实例见图 2-34～图 2-48。

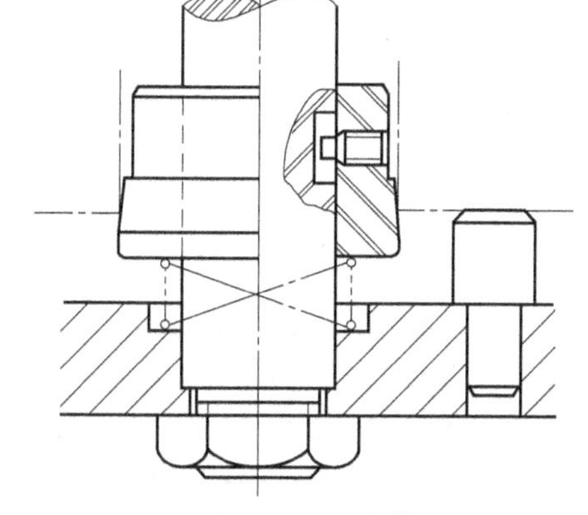

图 2-34　定位件 1

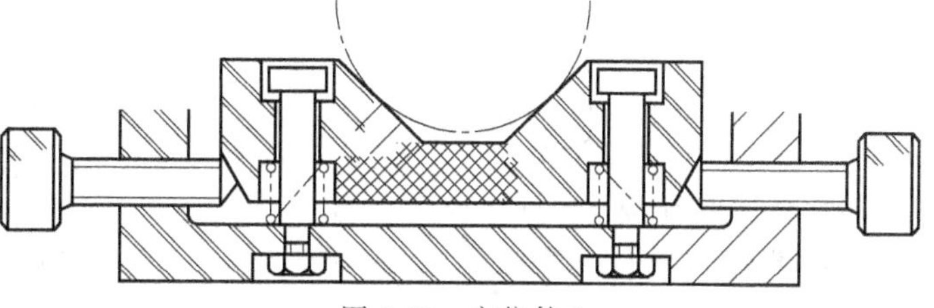

图 2-35　定位件 2

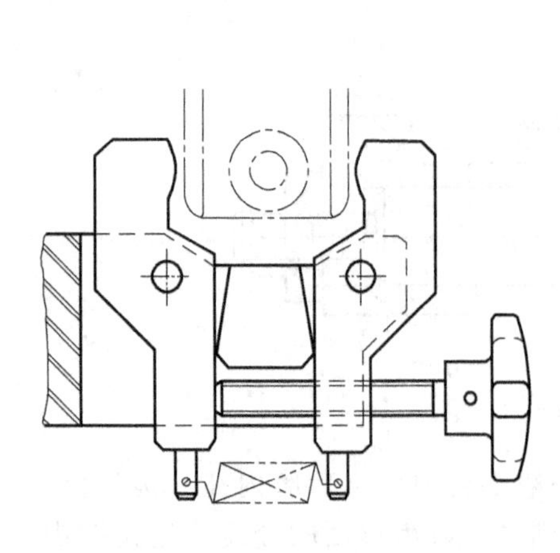

图 2-36 定位件 3

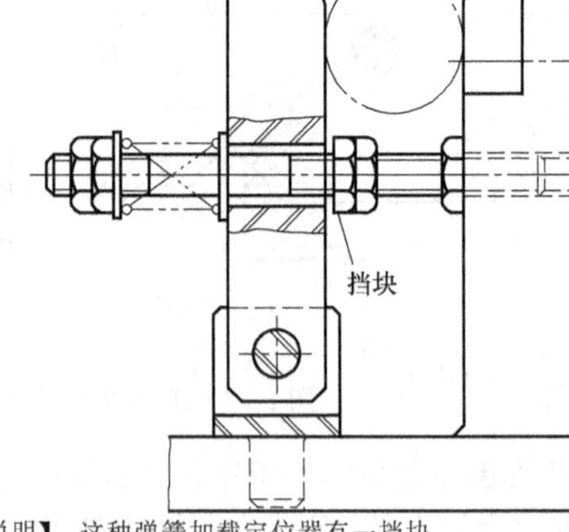

【说明】 这种弹簧加载定位器有一挡块。

图 2-37 定位件 4

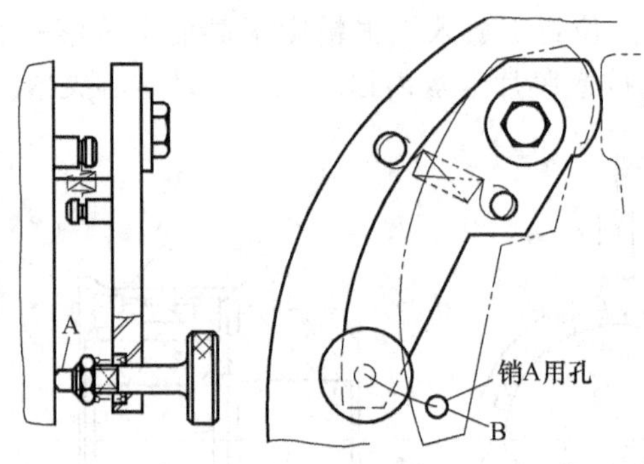

【说明】 具有弹簧加载的销 A 插入座上的 B 孔中，直到需用定位件时拔出。

图 2-38 定位件 5

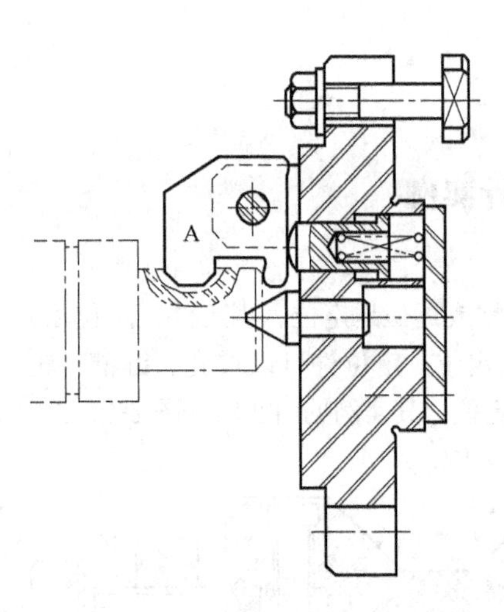

【说明】 当工件碰撞 A 的退回块时，A 的键槽定位端落入键槽中。

图 2-39 定位件 6

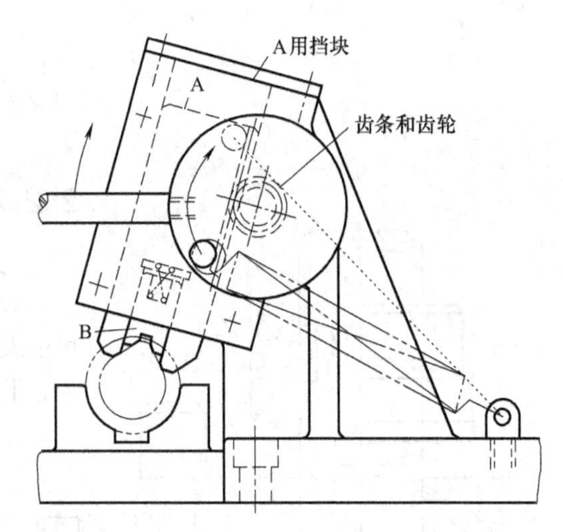

【说明】 定位件 A 由拉簧加载。当 A 经由齿轮和齿条退出时，拉簧摆到齿轮中心的上面，使 A 保持在它的退出位置。注意具有弹簧加载的小定位件 B。

图 2-40 定位件 7

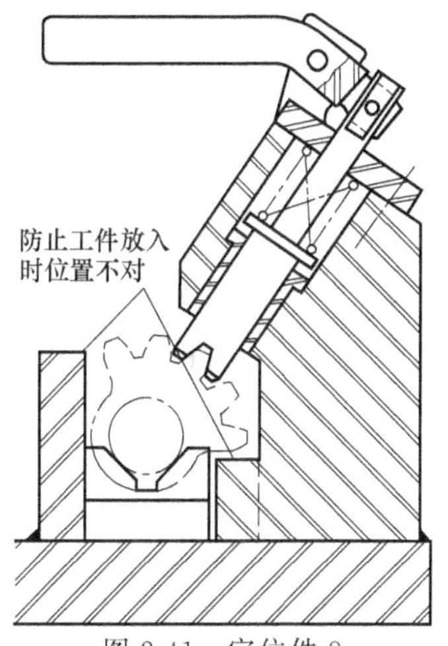

图 2-41　定位件 8

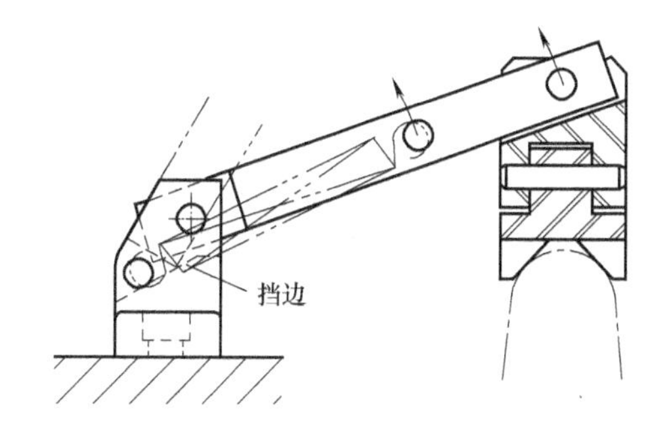

图 2-42　定位件 9

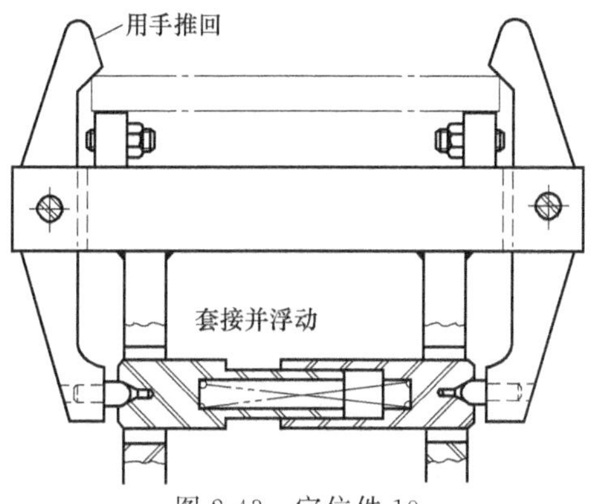

图 2-43　定位件 10

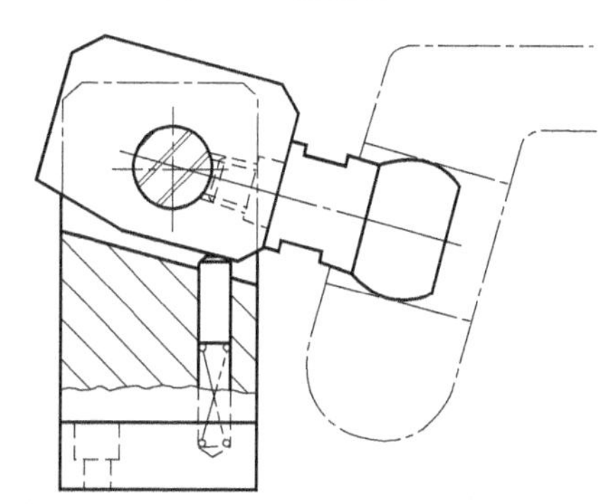

【说明】　定位件在它的摆动平面中给工件定位。当定位件进入孔后，工件的右端降低。

图 2-44　定位件 11

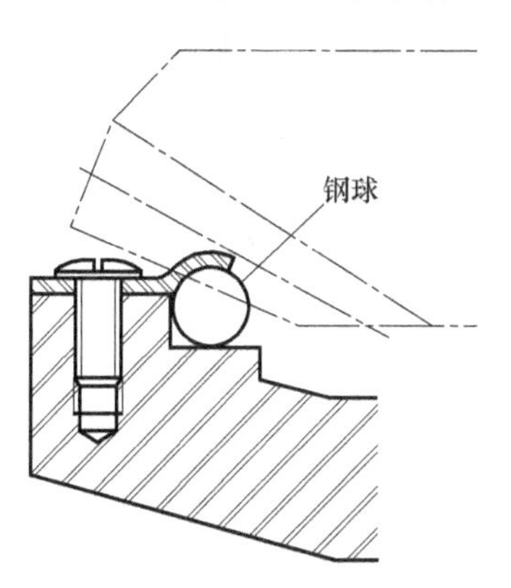

图 2-45　定位件 12

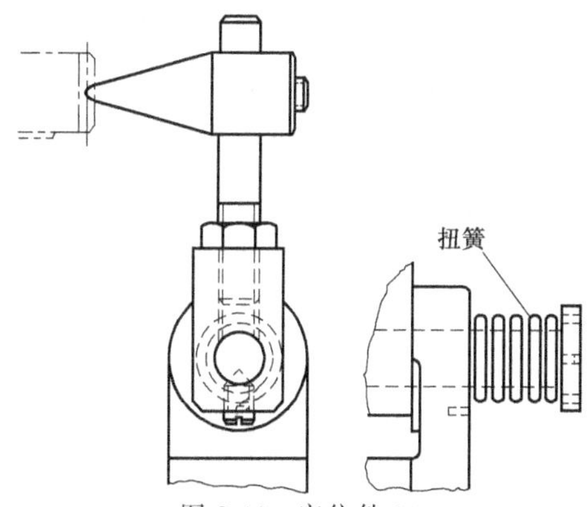

图 2-46　定位件 13

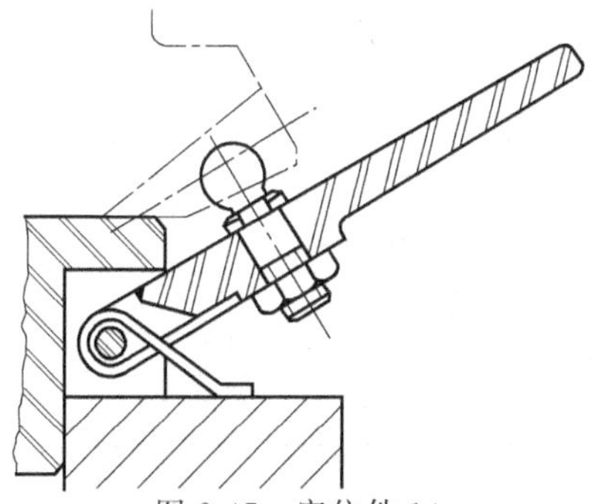

图 2-47　定位件 14

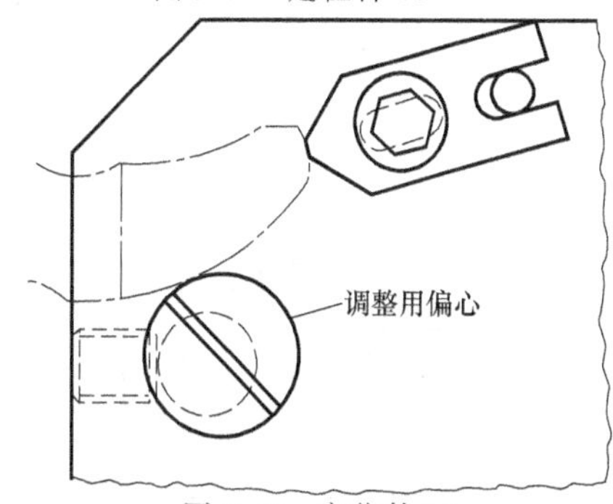

图 2-48　定位件 15

(2) V形块

V形块可以是固定的或活动的。当它们被弹簧加载时，它们将会自动退出。在其他一些实例中，也可用夹紧螺钉使它们退出。V形块设计实例见图2-49～图2-54。

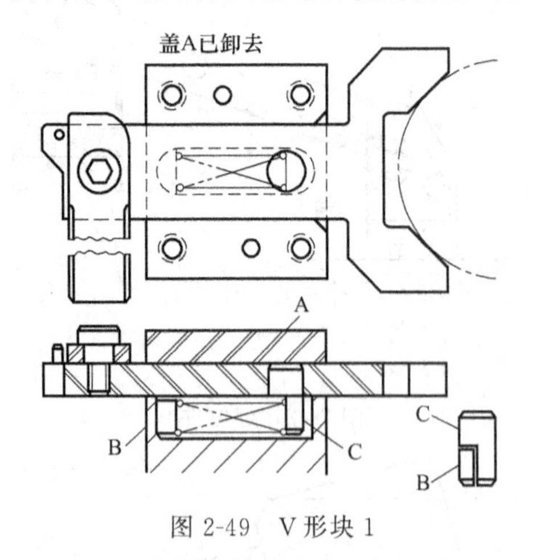

图2-49 V形块1

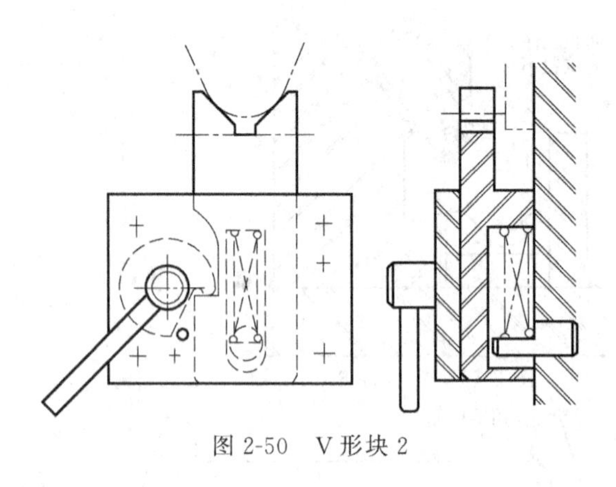
图2-50 V形块2

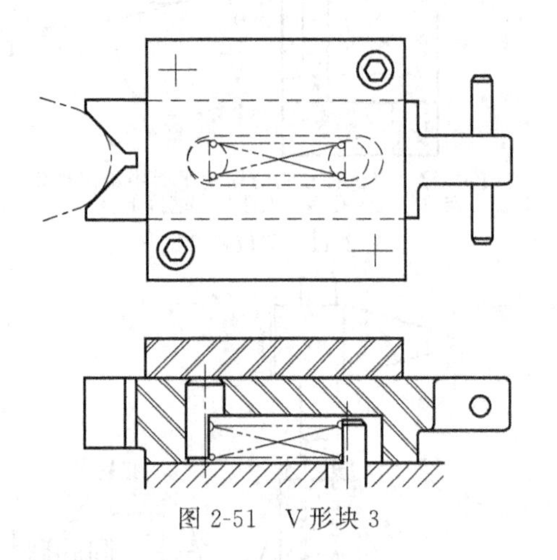
图2-51 V形块3

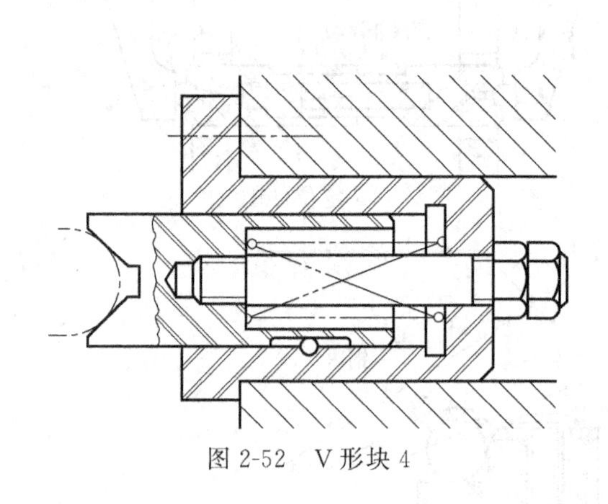
图2-52 V形块4

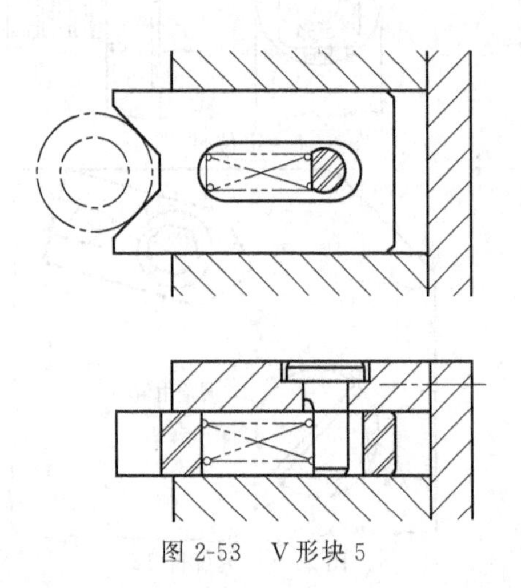
图2-53 V形块5

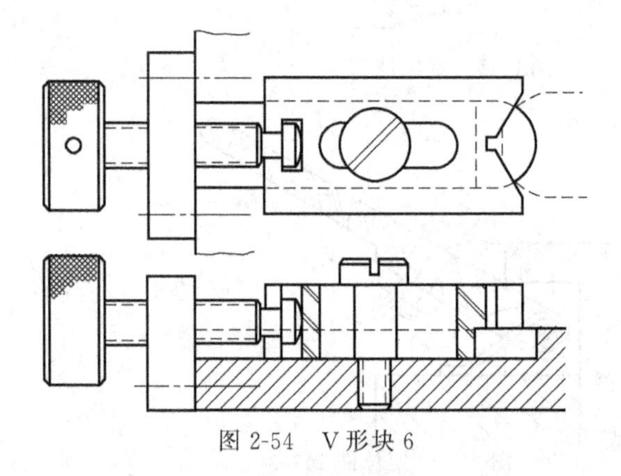
图2-54 V形块6

(3) 心轴（见图 2-55～图 2-66）

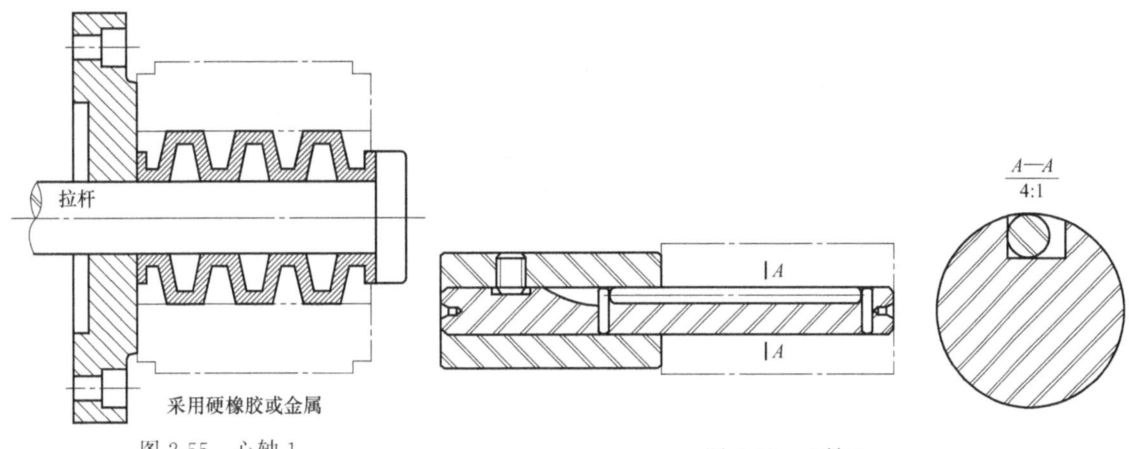

图 2-55　心轴 1

图 2-56　心轴 2

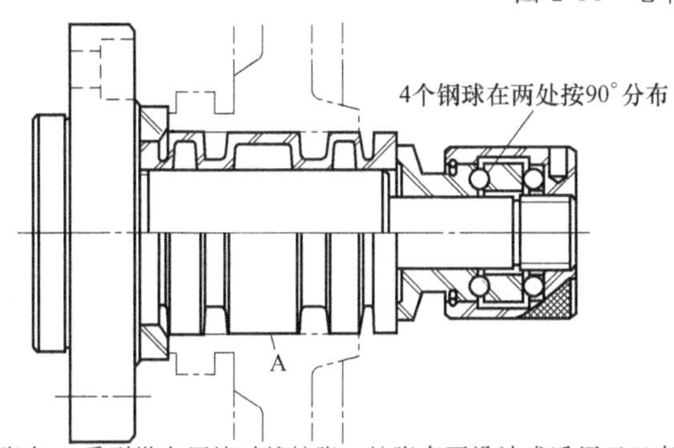

【说明】 蛇腹套 A 受到纵向压缩时就扩张。蛇腹套可设计成适用于双直径孔的结构。

图 2-57　心轴 3

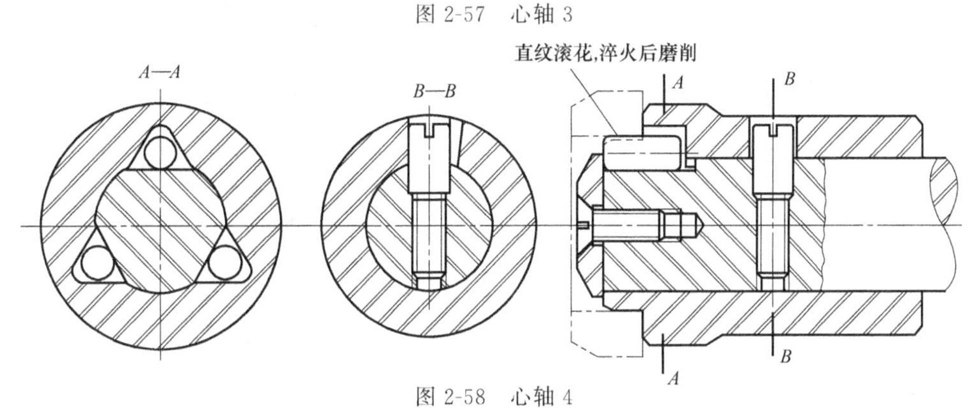

图 2-58　心轴 4

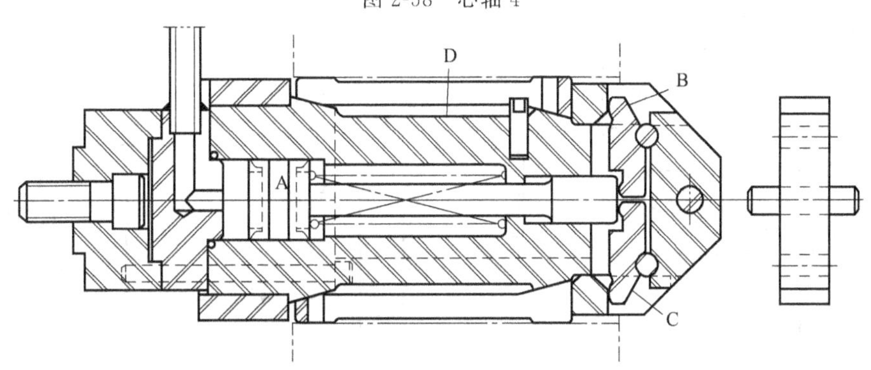

【说明】 气动活塞 A 迫使两个摇臂 B 和 C 把双锥弹性夹套向着胀块 D 推紧。

图 2-59　心轴 5

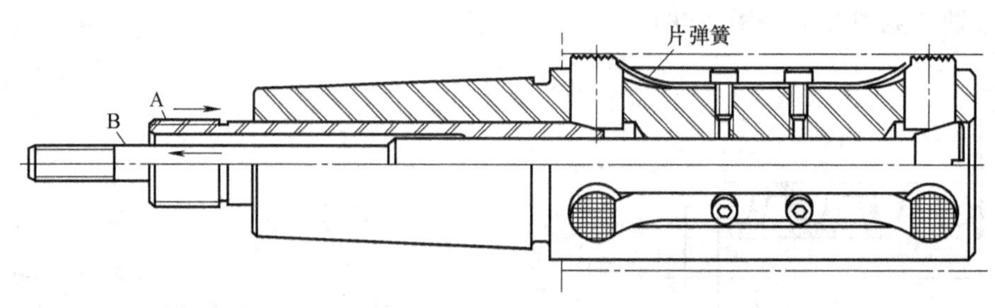

【说明】 当A移至右边和B被拉至左边时，六个爪即将工件夹紧。

图 2-60 心轴 6

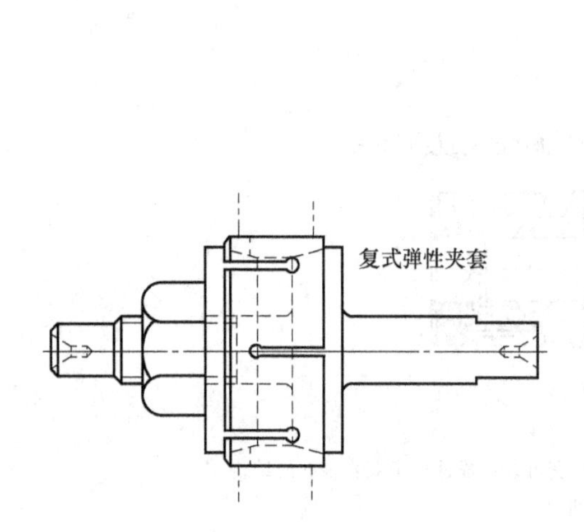

图 2-61 心轴 7

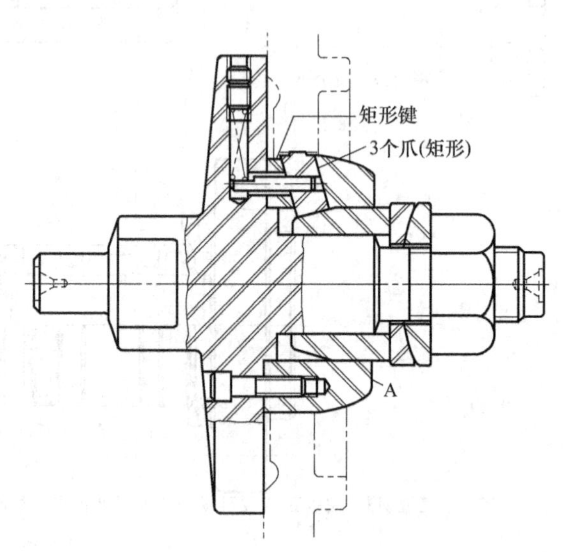

【说明】 当三爪装入在A的基体上加工出来的三个槽中后，在槽的其余部分塞进矩形键。加工装爪的槽并把键塞入不用的部分。比加工方孔容易。

图 2-62 心轴 8

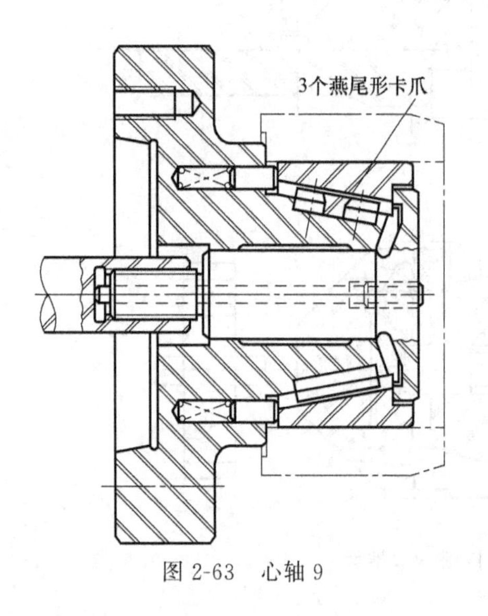

图 2-63 心轴 9

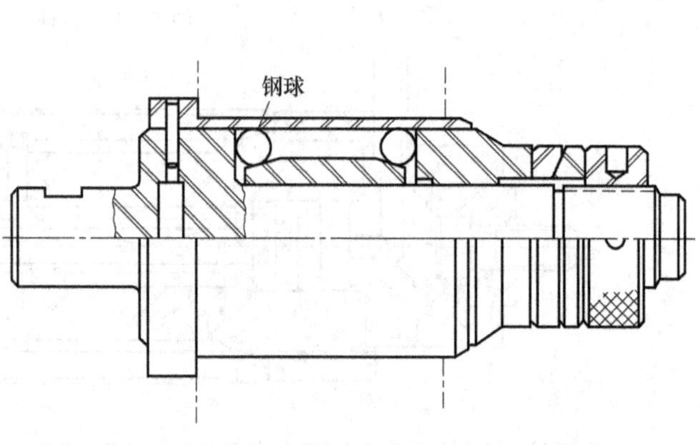

图 2-64 心轴 10

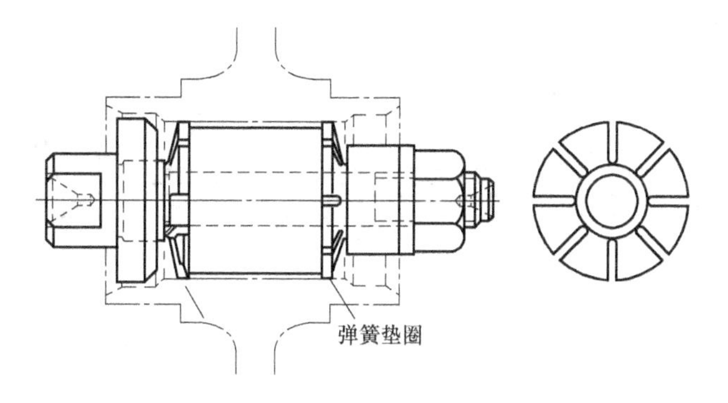

图 2-65　心轴 11

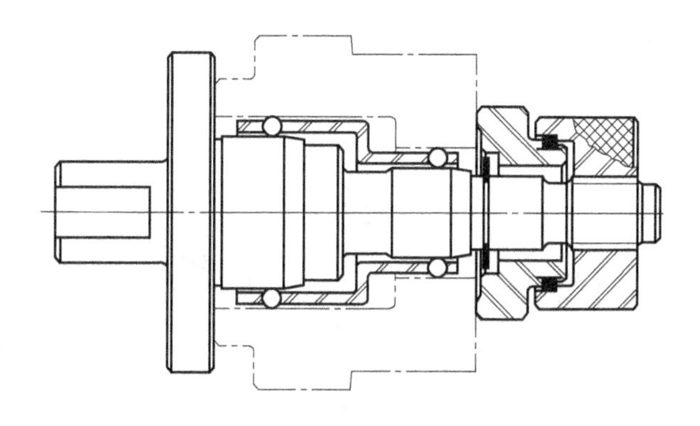

图 2-66　心轴 12

（4）车床顶尖

车床形式顶尖常用于夹具中。需要时，采用内装的退回装置来退回顶尖。其实例见图2-67～图 2-75。

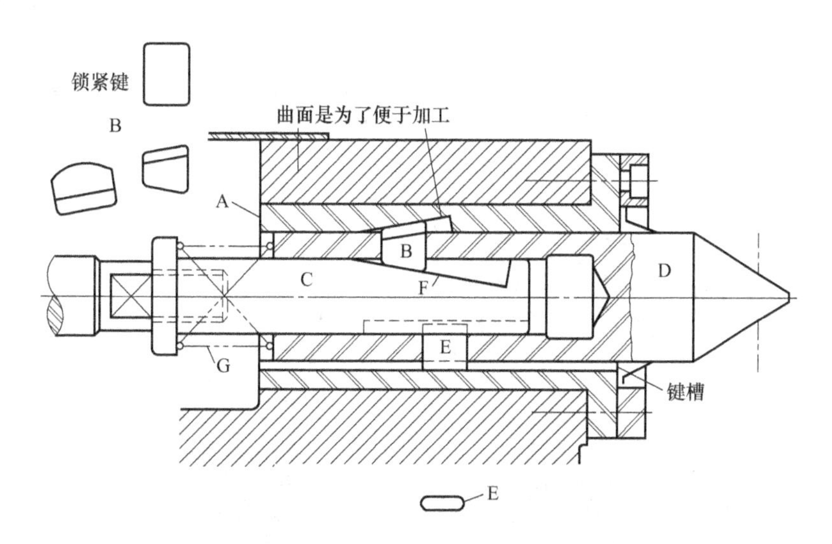

【说明】 弹簧 G 使锁紧键 B 处于楔形凸轮 F 的前部，直至顶尖 D 牢固地把工件夹紧。随后 C 被移到右边，迫使键 B 向上顶住套 A，而把 D 锁紧在工作位置上。键 E 防止 C 和 D 转动。

图 2-67　车床顶尖 1

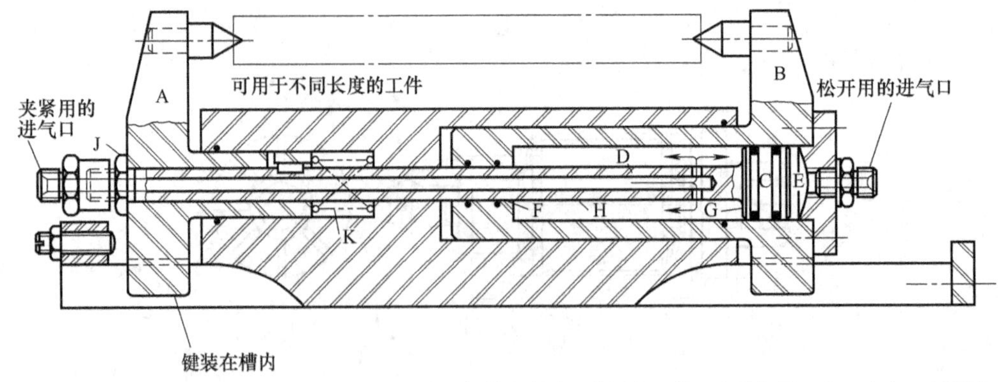

【说明】 在夹紧操作中，空气进入B的D腔，如箭头所示。作用在B的F上的气压，推B向左；气压同时还作用在活塞C的G上，推动活塞向右。螺母J把活塞C的活塞杆H与A连接起来，可使H把A拉向右边，从而把工件顶紧在两顶尖之间。

当要松开时，空气进入E腔，推动活塞C向左并迫使B向右。弹簧K使A退出。

当需要换装较长的工件时，可使D腔缩短并加长E腔。

图2-68 车床顶尖2

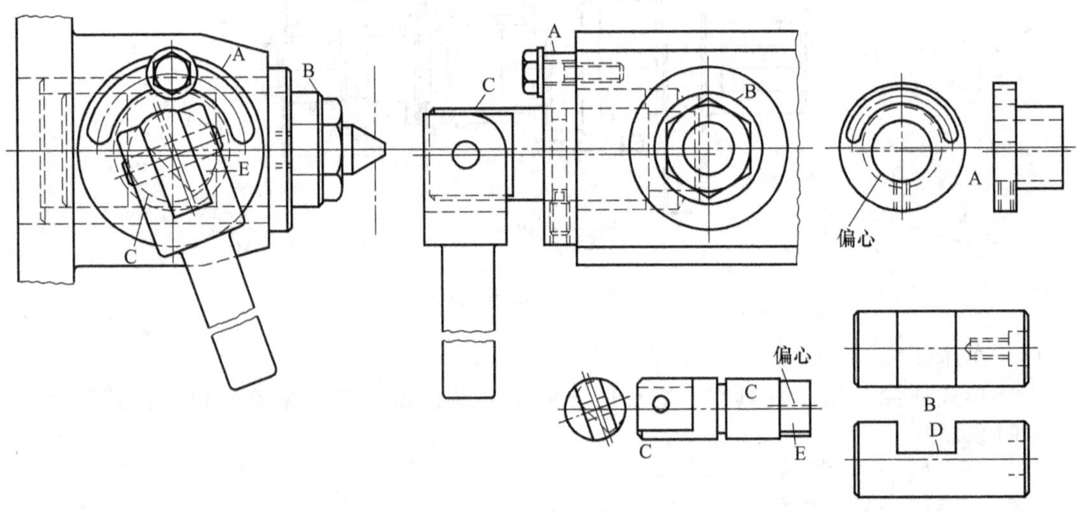

【说明】 当用手柄转动C时，由于C上的偏心E是与B的槽D相配合（见B和C的零件图），E就使B和固定于其上的车床顶尖移动。对C加以调整可以保证偏心E十分有效地不受磨损的影响，而C的调整是借助于C在其中转动的套A来进行的。但是，为使A能调整C，与C配合的孔必须是偏心的（见A的零件图）。套A反时针转动，可使C的偏心E的夹紧力增大。

图2-69 车床顶尖3

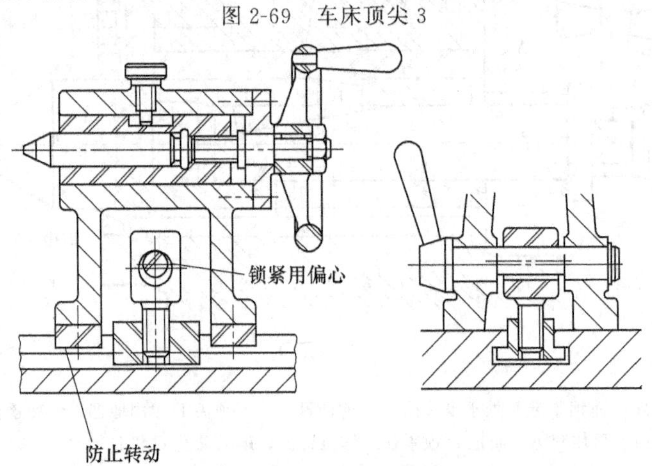

图2-70 车床顶尖4

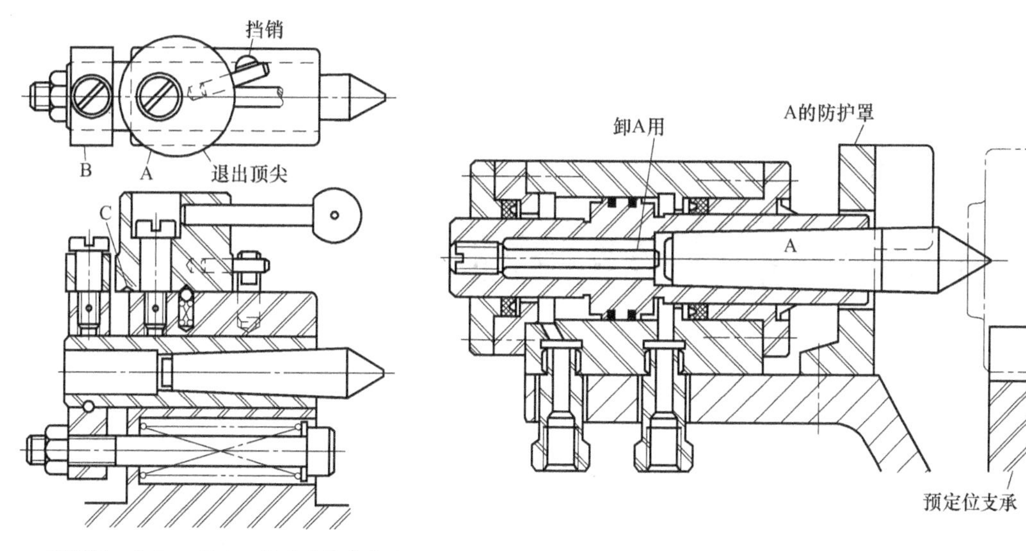

【说明】 凸轮 A 驱动 B 使受弹簧载荷的顶尖退出。两个定位锥坑把凸轮保持在规定位置上。

图 2-71　车床顶尖 5

图 2-72　车床顶尖 6

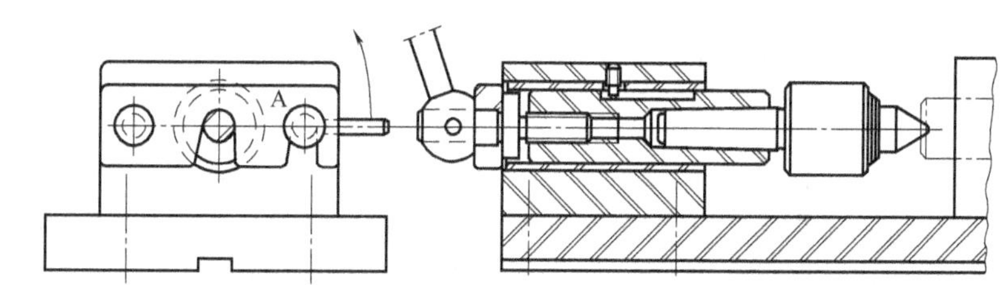

【说明】 左旋螺纹使手柄顺时针转动，从而把顶尖移向工件。摆式 C 形垫圈 A 作快速松开装置用，使顶尖退出。

图 2-73　车床顶尖 7

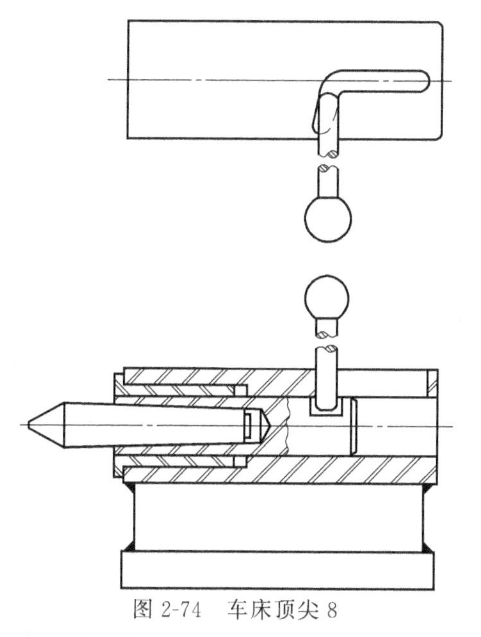

图 2-74　车床顶尖 8

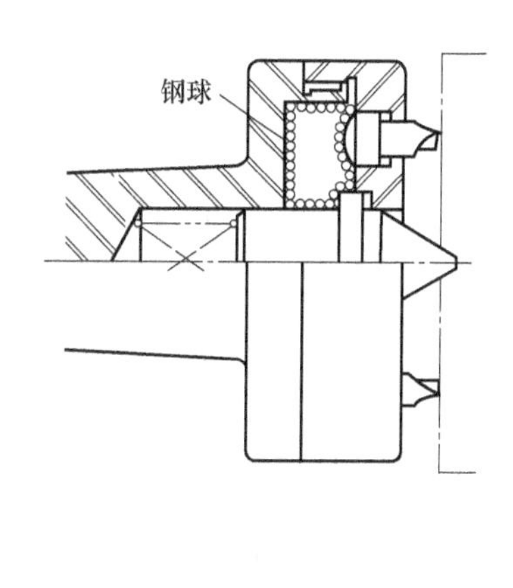

图 2-75　车床顶尖 9

更多图样可查阅《现代机床夹具典型结构实用图册》(吴拓编著，化学工业出版社 2015 年出版)。

第3章 工件的夹紧及夹紧机构设计

内容摘要

本章主要介绍机床夹具夹紧机构的组成及其设计原则、确定夹紧力的原则与夹紧力的计算、夹紧力源装置、常用夹紧机构及其选用、夹紧机构的设计要求及设计方法。

3.1 工件夹紧方案的确定

在机械加工过程中，工件会受到切削力、离心力、惯性力等的作用。为了保证在这些外力作用下，工件仍能在夹具中保持已由定位元件所确定的加工位置，而不致发生振动和位移，在夹具结构中必须设置一定的夹紧装置将工件可靠地夹牢。

3.1.1 夹紧装置的组成及其设计原则

工件定位后，将工件固定并使其在加工过程中保持定位位置不变的装置，称为夹紧装置。

(1) 夹紧装置的组成

夹紧装置的组成如图 3-1 所示，由以下三部分组成。

① 动力源装置。它是产生夹紧作用力的装置，分为手动夹紧和机动夹紧两种。手动夹紧的力源来自人力，使用时比较费时费力。为了改善劳动条件和提高生产率，目前在大批量生产中均采用机动夹紧。机动夹紧的力源来自气动、液压、气液联动、电磁、真空等动力夹紧装置。如图 3-1 所示的气缸就是一种动力源装置。

② 传力机构。它是介于动力源和夹紧元件之间传递动力的机构。传力机构的作用是：改变作用力的方向；改变作用力的大小；具有一定的自锁性能，以便在夹紧力一旦消失后，仍能保证整个夹紧系统处于可靠的夹紧状态，这一点在手动夹紧时尤为重要。如图 3-1 所示的杠杆就是传力机构。

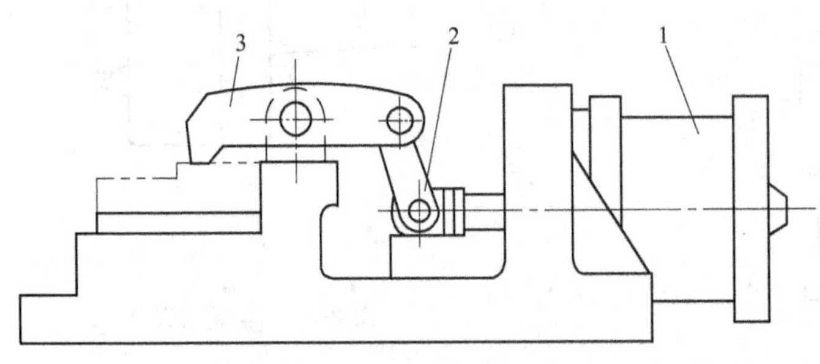

图 3-1 夹紧装置的组成

1—气缸；2—杠杆；3—压板

③ 夹紧元件。它是直接与工件接触完成夹紧作用的最终执行

元件。如图 3-1 所示的压板就是夹紧元件。

(2) 夹紧装置的设计原则

在夹紧工件的过程中，夹紧作用的效果会直接影响工件的加工精度、表面粗糙度以及生产效率。因此，设计夹紧装置应遵循以下原则。

① 工件不移动原则。夹紧过程中，应不改变工件定位后所占据的正确位置。

② 工件不变形原则。夹紧力的大小要适当，既要保证夹紧可靠，又应使工件在夹紧力的作用下不致产生加工精度所不允许的变形。

③ 工件不振动原则。对刚性较差的工件，或者进行断续切削，以及不宜采用气缸直接压紧的情况，应提高支承元件和夹紧元件的刚性，并使夹紧部位靠近加工表面，以避免工件和夹紧系统的振动。

④ 安全可靠原则。夹紧传力机构应有足够的夹紧行程，手动夹紧要有自锁性能，以保证夹紧可靠。

⑤ 经济实用原则。夹紧装置的自动化和复杂程度应与生产纲领相适应，在保证生产效率的前提下，其结构应力求简单，便于制造、维修，工艺性能好；操作方便、省力，使用性能好。

3.1.2 确定夹紧力的基本原则

设计夹紧装置时，夹紧力的确定包括夹紧力的方向、作用点和大小三个要素。

(1) 夹紧力的方向

夹紧力的方向与工件定位的基本配置情况，以及工件所受外力的作用方向等有关。选择时必须遵守以下准则。

① 夹紧力的方向应有助于定位稳定，且主夹紧力应朝向主要定位基面。见图 3-2 (a) 中的直角支座镗孔，要求孔与 A 面垂直，所以应以 A 面为主要定位基面，且夹紧力 F_w 方向与之垂直，则较容易保证质量。如图 3-2 (b)、图 3-2 (c) 所示中的 F_w 都不利于保证镗孔轴线与 A 的垂直度，如图 3-2 (d) 所示中的 F_w 朝向了主要定位基面，则有利于保证加工孔轴线与 A 面的垂直度。

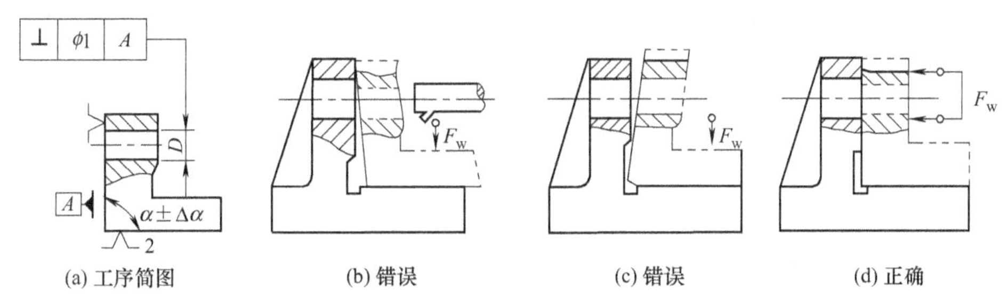

图 3-2 夹紧力应指向主要定位基面

② 夹紧力的方向应有利于减小夹紧力，以减小工件的变形、减轻劳动强度。为此，夹紧力 F_w 的方向最好与切削力 F、工件的重力 G 的方向重合。如图 3-3 所示为工件在夹具中加工时常见的几种受力情况。显然，图 3-3 (a) 为最合理，图 3-3 (f) 情况为最差。

③ 夹紧力的方向应是工件刚性较好的方向。由于工件在不同方向上刚度是不等的。不同的受力表面也因其接触面积大小而变形各异。尤其在夹压薄壁零件时，更需注意使夹紧力的方向指向工件刚性最好的方向。

(2) 夹紧力的作用点

夹紧力作用点是指夹紧件与工件接触的一小块面积。选择作用点的问题是指在夹紧方向已

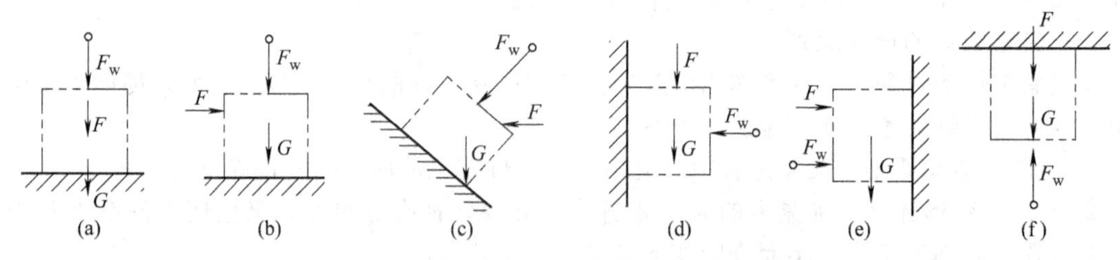

图 3-3 夹紧力方向与夹紧力大小的关系

定的情况下确定夹紧力作用点的位置和数目。夹紧力作用点的选择是达到最佳夹紧状态的首要因素。合理选择夹紧力作用点必须遵循以下准则。

① 夹紧力的作用点应落在定位元件的支承范围内，并尽可能使夹紧点与支承点对应，使夹紧力作用在支承上。

如图 3-4（a）所示，夹紧力作用在支承面范围之外，会使工件倾斜或移动，夹紧时将破坏工件的定位；而如图 3-4（b）所示则是合理的。

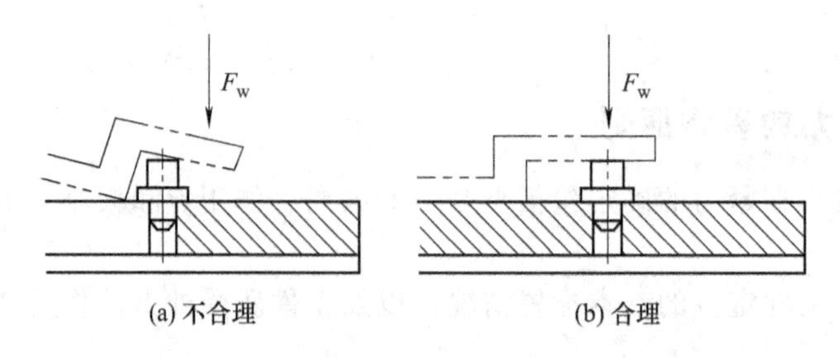

图 3-4 夹紧力的作用点应在支承面内

② 夹紧力的作用点应选在工件刚性较好的部位。这对刚度较差的工件尤其重要，如图 3-5 所示，将作用点由中间的单点改成两旁的两点夹紧，可使变形大为减小，并且夹紧更加可靠。

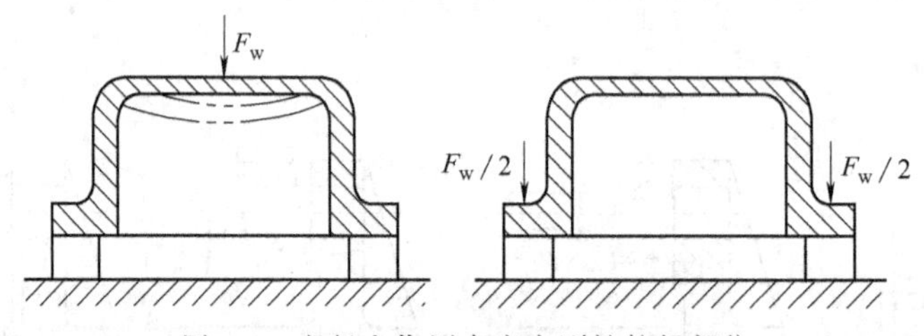

图 3-5 夹紧力作用点应在刚性较好部位

③ 夹紧力的作用点应尽量靠近加工表面，以防止工件产生振动和变形，提高定位的稳定性和可靠性。

如图 3-6 所示工件的加工部位为孔，图 3-6（a）的夹紧点离加工部位较远，易引起加工振动，使表面粗糙度增大；图 3-6（b）的夹紧点会引起较大的夹紧变形，造成加工误差；图 3-6（c)是比较好的一种夹紧点选择。

（3）夹紧力的大小

夹紧力的大小对于保证定位稳定、夹紧可靠、确定夹紧装置的结构尺寸，都有着密切的关系。夹紧力的大小要适当。夹紧力过小则夹紧不牢靠，在加工过程中工件可能发生位移而破坏定位，其结果轻则影响加工质量，重则造成工件报废甚至发生安全事故。夹紧力过大会使工件变形，也会对加工质量不利。

理论上，夹紧力的大小应与作用在工件上的其他力（力矩）相平衡；而实际上，夹紧力的

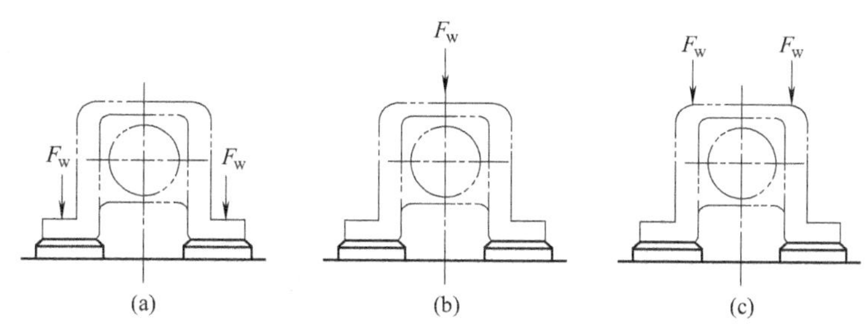

图 3-6　夹紧力作用点应靠近加工表面

大小还与工艺系统的刚度、夹紧机构的传递效率等因素有关，计算是很复杂的。因此，实际设计中常采用估算法、类比法和试验法确定所需的夹紧力。

当采用估算法确定夹紧力的大小时，为简化计算，通常将夹具和工件看成一个刚性系统。根据工件所受切削力、夹紧力（大型工件应考虑重力、惯性力等）的作用情况，找出加工过程中对夹紧最不利的状态，按静力平衡原理计算出理论夹紧力，最后再乘以安全系数作为实际所需夹紧力，即

$$F_{wk}=KF_w \tag{3-1}$$

式中　F_{wk}——实际所需夹紧力，N；

F_w——在一定条件下，由静力平衡算出的理论夹紧力，N；

K——安全系数，粗略计算时，粗加工取 $K=2.5\sim3$；精加工取 $K=1.5\sim2$。

夹紧力三要素的确定，实际上是一个综合性问题。必须全面考虑工件结构特点、工艺方法、定位元件的结构和布置等多种因素，才能最后确定并具体设计出较为理想的夹紧装置。

(4) 减小夹紧变形的措施

有时，一个工件很难找出合适的夹紧点。如图 3-7 所示的较长的套筒在车床上镗内孔和如图 3-8 所示的高支座在镗床上镗孔，以及一些薄壁零件的夹持等，均不易找到合适的夹紧点。这时可以采取以下措施减少夹紧变形。

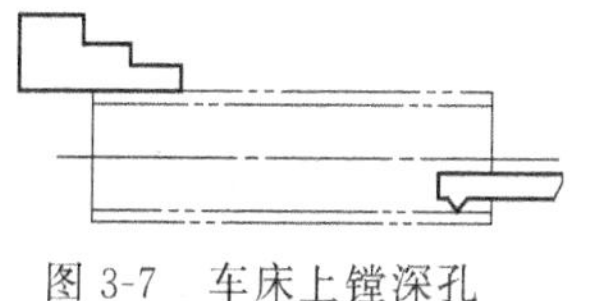

图 3-7　车床上镗深孔

① 增加辅助支承和辅助夹紧点。如图 3-8 所示的高支座可采用如图 3-9 所示的方法，增加一个辅助支承点及辅助夹紧力 F_{w1}，就可以使工件获得满意的夹紧状态。

② 分散着力点。如图 3-10 所示，用一块活动压板将夹紧力的着力点分散成两个或四个，从而改变着力点的位置，减少着力点的压力，可获得减少夹紧变形的效果。

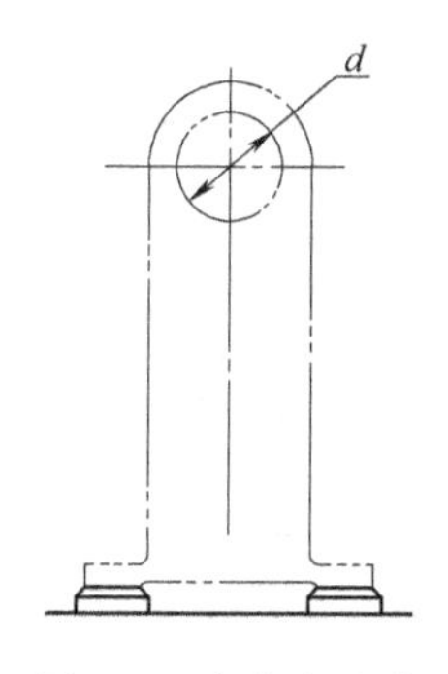

图 3-8　高支座镗孔

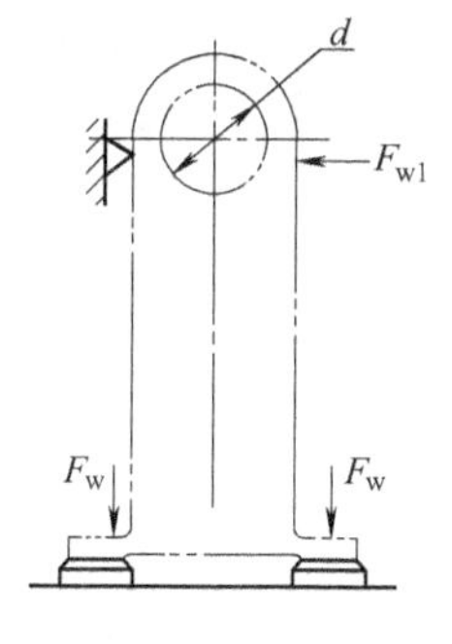

图 3-9　辅助夹紧

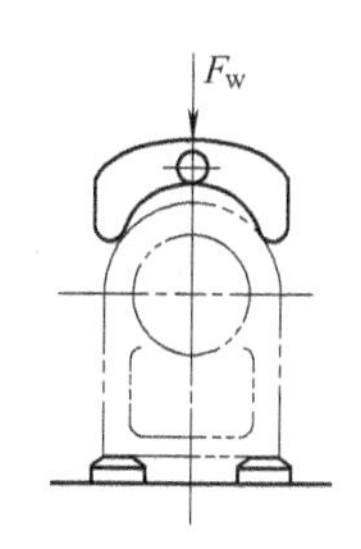

图 3-10　分散着力点

③ 增加压紧件接触面积。如图 3-11 所示为三爪卡盘夹紧薄壁工件的情形。将图 3-11 (a) 改为图 3-11 (b) 的形式，改用宽卡爪增大和工件的接触面积，减小了接触点的比压，从而减

小了夹紧变形。图 3-12 列举了另外两种减少夹紧变形的装置。图 3-12（a）为常见的浮动压块，图 3-12（b）为在压板下增加垫环，使夹紧力通过刚性好的垫环均匀地作用在薄壁工件上，避免工件局部压陷。

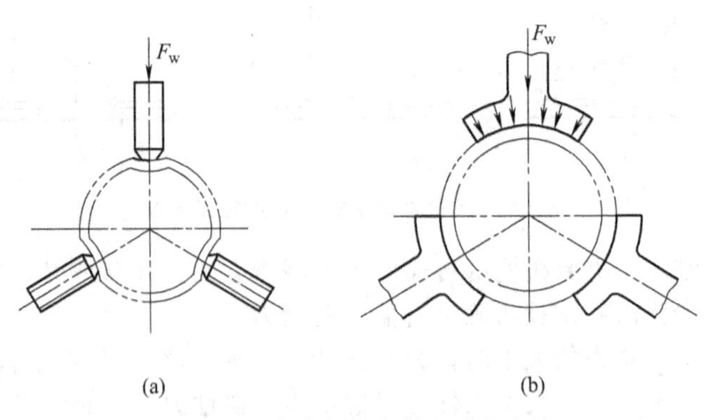

图 3-11 薄壁套的夹紧变形及改善

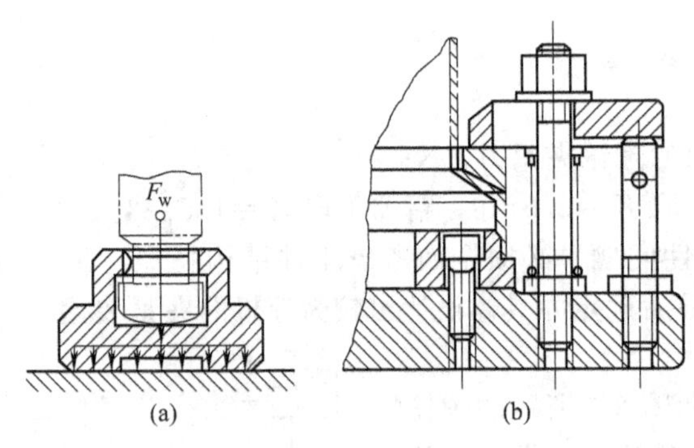

图 3-12 采用浮动压块和垫环减少工件夹紧变形

④ 利用对称变形。加工薄壁套筒时，采用图 3-11 的方法加宽卡爪，如果夹紧力较大，仍有可能发生较大的变形。因此，在精加工时，除减小夹紧力外，夹具的夹紧设计，应保证工件能产生均匀的对称变形，以便获得变形量的统计平均值，通过调整刀具适当消除部分变形量，也可以达到所要求的加工精度。

⑤ 其他措施。对于一些极薄的特形工件，靠精密冲压加工仍达不到所要求的精度而需要进行机械加工时，上述各种措施通常难以满足需要，可以采用一种冻结式夹具。这类夹具是将极薄的特形工件定位于一个随行的型腔里，然后浇灌低熔点金属，待其固结后一起加工，加工完成后，再加热熔解取出工件。低熔点金属的浇灌及熔解分离，都是在生产线上进行的。

3.1.3 切削力的计算

（1）车削切削力的计算（见表 3-1）

表 3-1 车削切削力的计算

车削切削力 F_c 计算				
车削力类型	计算条件			计算公式
	工件材料	刀具材料	加工方式	
圆周分力 F_c	结构钢或铸钢（$\sigma_b=736$MPa）	硬质合金	纵向和横向车、镗孔	$F_c=2943a_pf^{0.75}v_c^{-0.15}K_p$
			带修光刃车刀纵向车削	$F_c=3767a_p^{0.9}f^{0.9}v_c^{-0.15}K_p$
			切断和割槽	$F_c=4002a_p^{0.72}f^{0.8}K_p$
			车螺纹	$F_c=1452f^{1.7}i^{-0.71}K_p$
		高速钢	纵向和横向车、镗孔	$F_c=1962a_pf^{0.75}K_p$
			切断和割槽	$F_c=2423a_pfK_p$
			成形车削	$F_c=2080a_pf^{0.75}K_p$（当切削深度较浅、形状较简单时，切削力可减少 10%～15%）

续表

车削切削力 F_c 计算				
车削力类型	计算条件			计算公式
	工件材料	刀具材料	加工方式	
圆周分力 F_c	耐热钢(HB141)(1Cr18Ni9Ti)	硬质合金	纵向和横向车、镗孔	$F_c=2001a_pf^{0.75}K_p$
	灰铸铁(HB190)	硬质合金	纵向和横向车、镗孔	$F_c=902a_pf^{0.75}K_p$
		硬质合金	带修光刃车刀纵向车削	$F_c=1207a_pf^{0.85}K_p$
		硬质合金	车螺纹	$F_c=1010f^{1.8}i^{-0.82}K_p$
		高速钢	切断和割槽	$F_c=1550a_pfK_p$
	可锻铸铁(HB150)	硬质合金	纵向和横向车、镗孔	$F_c=795a_pf^{0.75}K_p$
		高速钢	纵向和横向车、镗孔	$F_c=981a_pf^{0.75}K_p$
		高速钢	切断和割槽	$F_c=1364a_pfK_p$
	铜合金(HB120)	高速钢	纵向和横向车、镗孔	$F_c=540a_pf^{0.66}K_p$
		高速钢	切断和割槽	$F_c=736a_pfK_p$
	铝、硅铝合金	高速钢	纵向和横向车、镗孔	$F_c=392a_pf^{0.75}K_p$
		高速钢	切断和割槽	$F_c=491a_pfK_p$
径向分力 F_p	结构钢或铸钢($\sigma_b=736$MPa)	硬质合金	纵向和横向车、镗孔	$F_p=2383a_p^{0.9}f^{0.6}v_c^{-0.3}K_p$
			带修光刃车刀纵向车削	$F_p=3483a_p^{0.6}f^{0.8}v_c^{-0.3}K_p$
			切断和割槽	$F_p=1697a_p^{0.73}f^{0.67}K_p$
		高速钢	纵向和横向车、镗孔	$F_p=1226a_p^{0.9}fK_p$
	灰铸铁(HB190)	硬质合金	纵向和横向车、镗孔	$F_p=530a_p^{0.9}fK_p$
		硬质合金	带修光刃车刀纵向车削	$F_p=598a_p^{0.6}f^{0.5}K_p$
	可锻铸铁(HB150)	硬质合金	纵向和横向车、镗孔	$F_p=422a_p^{0.9}fK_p$
		高速钢	纵向和横向车、镗孔	$F_p=863a_p^{0.9}fK_p$
轴向分力 F_f	结构钢或铸钢($\sigma_b=736$MPa)	硬质合金	纵向和横向车、镗	$F_f=3326a_pf^{0.5}v_c^{-0.4}K_p$
			带修光刃车刀纵向车削	$F_f=2364a_p^{1.05}f^{0.2}v_c^{-0.4}K_p$
		高速钢	纵向和横向车、镗孔	$F_f=657a_p^{1.2}f^{0.65}K_p$
	灰铸铁(HB190)	硬质合金	纵向和横向车、镗孔	$F_f=451a_pf^{0.4}K_p$
		硬质合金	带修光刃车刀纵向车削	$F_f=235a_p^{1.05}f^{0.2}K_p$
	可锻铸铁(HB150)	硬质合金	纵向和横向车、镗孔	$F_f=373a_pf^{0.4}K_p$
		高速钢	纵向和横向车、镗孔	$F_f=392a_p^{1.2}f^{0.65}K_p$
符号注释	a_p——背吃刀量，mm，在切断、割槽和成形车削时，a_p 指切削刃的长度 f——每转进给量，mm v_c——切削速度，m/min		K_p——修正系数 $K_p=K_{mp}K_{pKr}K_{p\gamma o}K_{p\lambda s}K_{pr}$ (对于车螺纹 $K_p=K_{mp}$) K_{mp}——考虑工件材料机械性能的系数	K_{pKr}，$K_{p\gamma o}$，$K_{p\lambda s}$，K_{pr}——考虑刀具几何参数的系数 i——螺纹车削的次数

K_{mp} 值				
工件材料	结构钢、铸钢	灰铸铁	可锻铸铁	铜
K_{mp}	$(\sigma_b/736)^n$	$(HB/150)^n$	$(HB/150)^n$	1.7～2.1

续表

工件材料	铜合金					铝合金			
	多相		含铅量<10%的铜铅合金	单相金相组织	含铅量<15%的铜铅合金	铝、硅铝合金	硬铝		
	硬度HB=120	硬度HB>120					σ_b=245MPa	σ_b=343MPa	σ_b=345MPa
K_{mp}	1.0	0.75	065～0.70	1.8～2.2	0.25～0.45	1.0	1.5	2.0	2.75

指数 n 值

工件材料	指数 n 值					
	F_c		F_p		F_f	
	硬质合金	高速钢	硬质合金	高速钢	硬质合金	高速钢
结构钢 σ_b≤587MPa	0.75	0.35	1.35	2.0	1.0	1.5
铸钢 σ_b>587MPa	0.75	0.75	1.35	2.0	1.0	1.5
灰铸铁、可锻铸铁	0.4	0.55	1.0	1.3	0.8	1.1

系数 K_{pKr}、$K_{p\gamma o}$、$K_{p\lambda s}$、K_{pr} 值

刀具参数		刀具材料	系数			
			名称	数值		
符号	数值			F_c	F_p	F_f
主偏角 K_r/(°)	30	硬质合金	K_{pKr}	1.08	1.30	0.78
	45			1.0	1.0	1.0
	60			0.94	0.77	1.11
	90			0.89	0.50	1.17
	30	高速钢		1.08	1.63	0.70
	45			1.0	1.0	1.0
	60			0.98	0.71	1.27
	90			1.08	0.44	1.82
前角 γ_o/(°)	−15	硬质合金	$K_{p\gamma o}$	1.25	2.0	2.0
	0			1.1	1.4	1.4
	10			1.0	1.0	1.0
	12～15	高速钢		1.15	1.6	1.7
	20～25			1.0	1.0	1.0
刃倾角 λ_s/(°)	−5	硬质合金	$K_{p\lambda s}$	1.0	0.75	1.07
	0			1.0	1.0	1.0
	5			1.0	1.25	0.85
	15			1.0	1.7	0.65
刀尖圆弧半径 r_ε/mm	0.5	高速钢	K_{pr}	0.87	0.66	1.0
	1.0			0.93	0.82	1.0
	2.0			1.0	1.0	1.0
	3.0			1.04	1.14	1.0
	5.0			1.10	1.33	1.0

续表

C_p值					
铣刀类型	C_p值				
	碳钢	可锻铸铁	灰铸铁	青铜	镁合金
圆柱铣刀、立铣刀等	669	294	294	222	167
圆盘铣刀、锯片铣刀	808	510	510	368	177
端铣刀	670	294	294	221	167
角度铣刀	382				
半圆成形铣刀	461				

（2）钻削切削力的计算（见表 3-2）

表 3-2 钻削切削力的计算

钻削切削力的计算				
工件材料		刀具材料	加工方式	计算公式
钻削力矩 M	结构钢(σ_b=736MPa)	高速钢	钻	$M=0.34d^2 f^{0.8} K_p$
			扩钻	$M=0.88da_p^{0.8} f^{0.8} K_p$
	耐热钢(HB141)(1Cr18Ni9Ti)	高速钢	钻	$M=0.40d^2 f^{0.7} K_p$
	灰铸铁(HB190)	高速钢	钻	$M=0.21d^2 f^{0.8} K_p$
		硬质合金	钻	$M=0.12d^{2.2} f^{0.8} K_p$
		高速钢	扩钻	$M=0.83d^2 a_p^{0.75} f^{0.8} K_p$
	可锻铸铁	高速钢	钻	$M=0.21d^2 f^{0.8} K_p$
		硬质合金	钻	$M=0.098d^{2.2} f^{0.8} K_p$
	多金相组织铜合金 (平均硬度:HB120)	高速钢	钻	$M=0.12d^2 f^{0.7} K_p$
钻削力 F	结构钢(σ_b=736MPa)	高速钢	钻	$F_f=667d f^{0.7} K_p$
			扩钻	$F_f=371a_p^{1.3} f^{0.7} K_p$
	耐热钢(HB141)(1Cr18Ni9Ti)	高速钢	钻	$F_f=1402d f^{0.7} K_p$
	灰铸铁(HB190)	高速钢	钻	$F_f=419d f^{0.8} K_p$
		硬质合金	钻	$F_f=412d^{1.2} f^{0.75} K_p$
		高速钢	扩钻	$F_f=231a_p^{1.2} f^{0.4} K_p$
	可锻铸铁	高速钢	钻	$F_f=425d f^{0.8} K_p$
		硬质合金	钻	$F_f=319d^{1.2} f^{0.75} K_p$
	多金相组织铜合金 (平均硬度:HB120)	高速钢	钻	$F_f=309d f^{0.8} K_p$

修正系数 K_p值				
工件材料	结构钢、铸钢	灰铸铁	可锻铸铁	铜
K_p	$(\sigma_b/736)^{0.75}$	$(HB/150)^{0.6}$	$(HB/150)^{0.6}$	1.7～2.1

续表

工件材料	铜合金					铝合金			
	多相		含铅量<10%的铜铅合金	单相金相组织	含铅量<15%的铜铅合金	铝、硅铝合金	硬铝		
	硬度HB=120	硬度HB>120					σ_b=245MPa	σ_b=343MPa	σ_b=345MPa
K_p	1.0	0.75	0.65～0.70	1.8～2.2	0.25～0.45	1.0	1.5	2.0	2.75
符号注释	M——切削力矩，N·m F_f——轴向切削力，N d——钻头直径，mm			f——每转进给量，mm K_p——修正系数			a_p——切削层的深度，mm $a_p=0.5(d-D)$		

(3) 铣削切削力的计算（见表3-3）

表3-3 铣削切削力的计算

铣削切削力的计算			
刀具材料	工件材料	铣刀类型	计算公式
高速钢	碳钢、青铜、铝合金、可锻铸铁	圆柱铣刀、立铣刀、盘铣刀、锯片铣刀、角度铣刀、半圆成形铣刀	$F=C_p a_p^{0.86} f_z^{0.72} d^{-0.86} BzK_p$
		端铣刀	$F=C_p a_p^{1.1} f_z^{0.8} d^{-1.1} B^{0.95} zK_p$
	灰铸铁	圆柱铣刀、立铣刀、盘铣刀、锯片铣刀	$F=C_p a_p^{0.86} f_z^{0.72} d^{-0.86} BzK_p$
		端铣刀	$F=C_p a_p^{0.83} f_z^{0.65} d^{-0.83} BzK_p$
硬质合金	碳钢	圆柱铣刀	$F=912 a_p^{0.88} f_z^{0.8} d^{-0.87} Bz$
		三面刃铣刀	$F=2335 a_p^{0.9} f_z^{0.8} d^{-1.1} B^{1.1} n^{-0.1} z$
		两面刃铣刀	$F=2452 a_p^{0.8} f_z^{0.7} d^{-1.1} B^{0.85} z$
		立铣刀	$F=118 a_p^{0.85} f_z^{0.75} d^{-0.73} Bn^{-0.18} z$
		端铣刀	$F=11281 a_p^{1.06} f_z^{0.88} d^{-1.3} B^{0.9} n^{-0.18} z$
	可锻铸铁	端铣刀	$F=44341 a_p^{1.1} f_z^{0.75} d^{-1.3} Bn^{-0.2} z$
	灰铸铁	圆柱铣刀	$F=510 a_p^{0.9} f_z^{0.8} d^{-0.9} Bz$
		端铣刀	$F=490 a_p^{1.0} f_z^{0.74} d^{-1.0} B^{0.9} z$
符号注释	F——铣削力，N C_p——在用高速钢铣刀铣削时，考虑工件材料及铣刀类型的系数 a_p——铣削深度，mm	d——铣刀直径，mm f_z——每齿进给量，mm B——铣削宽度，mm z——铣刀齿数 n——铣刀每分钟转数 a_p——铣削层的深度，mm f_z——每齿进给量，mm	K_p——用高速钢铣刀铣削时，考虑工件材料机械性能不同的修正系数 对于结构钢、铸钢： $K_p=(\sigma_b/736)^{0.8}$ 对于灰铸铁： $K_p=(HB/190)^{0.55}$ HB——工件材料的布氏硬度值（取最大值）	

C_p值					
铣刀类型	C_p值				
	碳钢	可锻铸铁	灰铸铁	青铜	镁合金
圆柱铣刀、立铣刀等	669	294	294	222	167
圆盘铣刀、锯片铣刀	808	510	510	368	177
端铣刀	670	294	294	221	167
角度铣刀	382				
半圆成形铣刀	461				

3.1.4 夹紧力的计算

实际所需夹紧力的计算是一个很复杂的问题，一般只能做粗略的估算。为了简化计算，在设计夹紧装置时，可以只考虑切削力（矩）对夹紧的影响，并假定工艺系统是刚性的，切削过程稳定不变。

（1）典型夹紧形式实际所需夹紧力的计算（见表 3-4）

表 3-4　典型夹紧形式实际所需夹紧力的计算

典型夹紧形式实际所需夹紧力的计算公式			
计算条件		计算简图	计算公式
定位形式	夹紧形式		
工件以平面定位	夹紧力与切削力方向相反	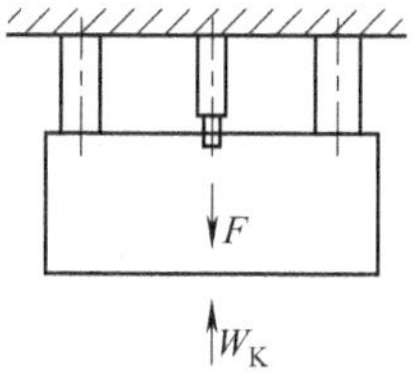	$W_K=KF$
	夹紧力与切削力方向一致	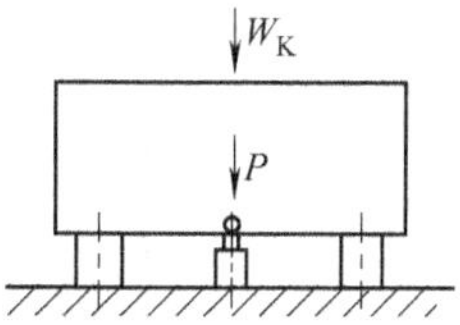	无
	夹紧力与切削力方向垂直	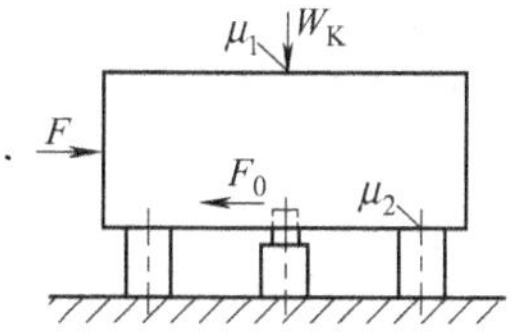	$W_K=KF/(\mu_1+\mu_2)$
		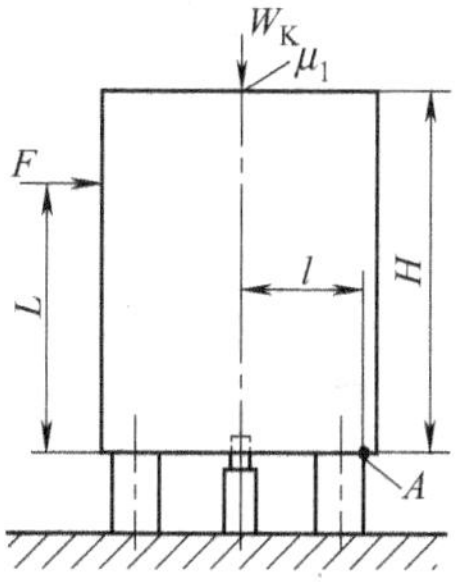	$W_K=KFL/(\mu_1 H+l)$

续表

典型夹紧形式实际所需夹紧力的计算公式			
计 算 条 件		计 算 简 图	计 算 公 式
定位形式	夹 紧 形 式		
工件以平面定位	工件多面同时受力	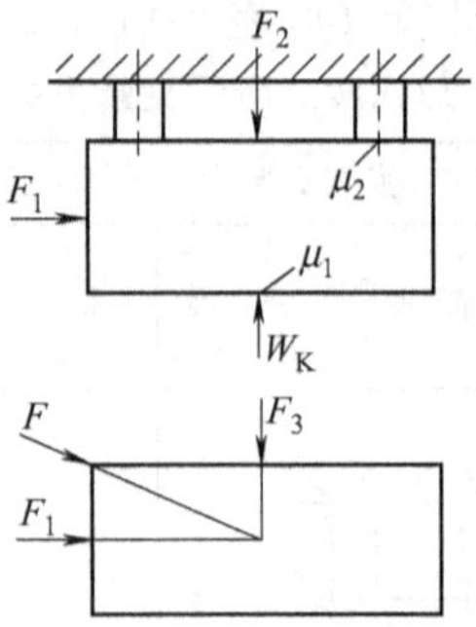	$W_K=\dfrac{K(\sqrt{F_1^2+F_3^2}+F_2\mu_2)}{\mu_1+\mu_2}$
工件以两垂直面定位	侧向夹紧	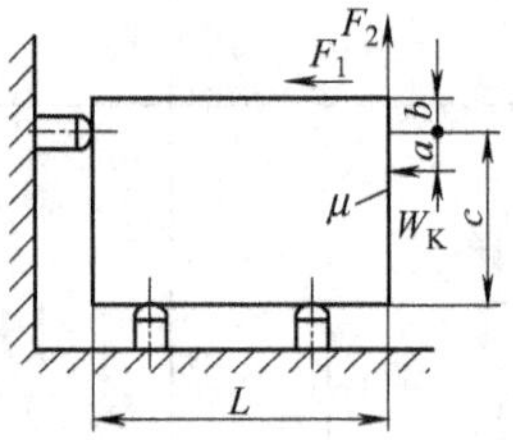	$W_K=\dfrac{K[F_2(L+c\mu)+F_1b]}{c\mu+L\mu+a}$
套类零件	轴向夹紧	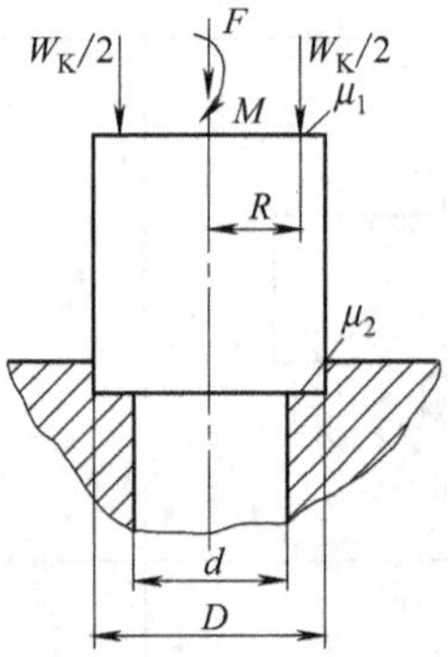	$W_K=\dfrac{K\left[M-\dfrac{1}{3}F\mu_2\left(\dfrac{D^3-d^3}{D^2-d^2}\right)\right]}{\mu_1R+\dfrac{1}{3}\mu_2\left(\dfrac{D^3-d^3}{D^2-d^2}\right)}$
工件以内孔定位	压板压紧在三个支点上	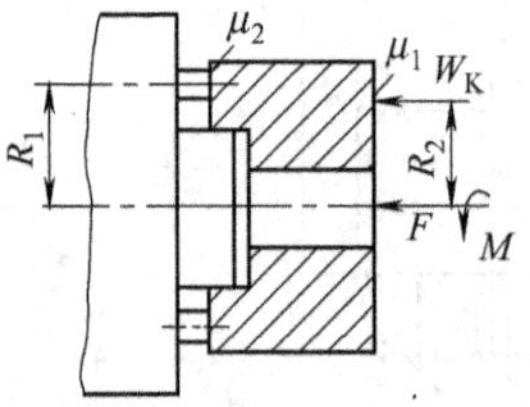	$W_K=\dfrac{K(M-\mu_2FR_1)}{\mu_1R_2+\mu_2R_1}$

续表

典型夹紧形式实际所需夹紧力的计算公式			
计 算 条 件		计 算 简 图	计 算 公 式
定 位 形 式	夹 紧 形 式		
工件以内孔定位	定心夹紧	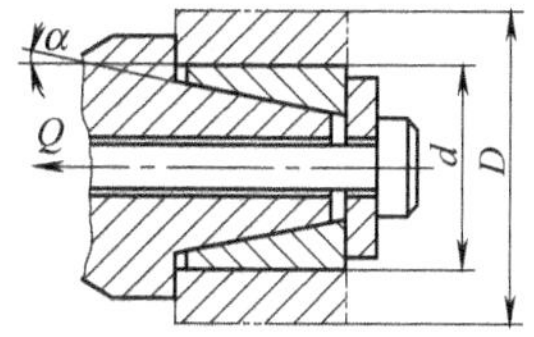	$Q=\frac{KF_cD}{\tan\varphi_2 d}[\tan(\alpha+\varphi)+\tan\varphi_1]$
	端面夹紧	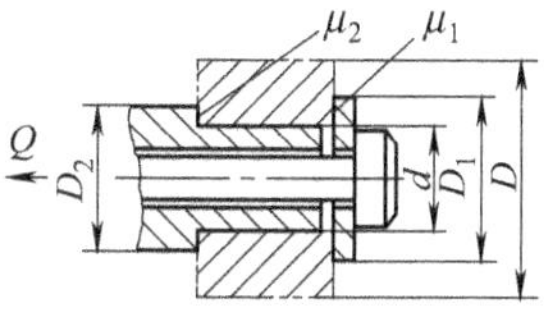	$Q=\frac{3KF_cD}{2\left(\mu_1\frac{D_1^3-d^3}{D_1^2-d^2}+\mu_2\frac{D_2^3-d^3}{D_1^2-d^2}\right)}$
工件以外圆定位	卡盘夹紧	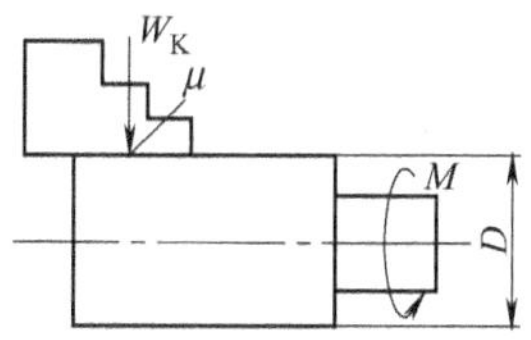	$W_K=\frac{2KM}{nD\mu}$
	弹簧夹头夹紧 无轴向定位	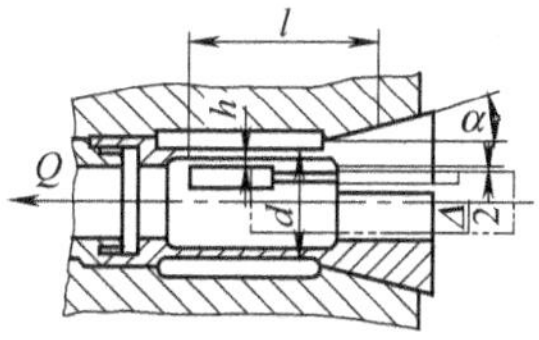	$Q=K\left[\frac{\sqrt{\left(\frac{2M}{D}\right)^2+F_f^2}}{\tan\varphi_2}+W_D\right]\tan(\alpha+\varphi_1)$
	弹簧夹头夹紧 有轴向定位	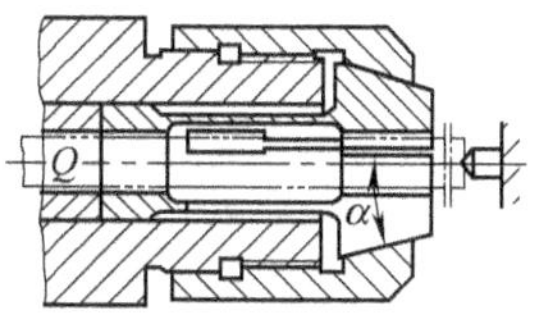	$Q=K\left[\frac{\sqrt{\left(\frac{2M}{D}\right)^2+F_f^2}}{\tan\varphi_2}+W_D\right][\tan(\alpha+\varphi_1)+\tan\varphi_2]$
	V形块定位 压板夹紧工件 受切削转矩	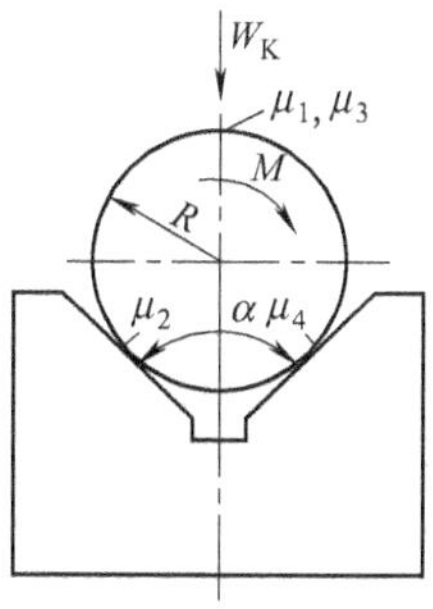	防止工件转动 $W_K=\frac{KM\sin\frac{\alpha}{2}}{\mu_1R\sin\frac{\alpha}{2}+\mu_2R}$ 防止工件移动 $W_K=\frac{KF_f\sin\frac{\alpha}{2}}{\mu_3\sin\frac{\alpha}{2}+\mu_4}$

续表

典型夹紧形式实际所需夹紧力的计算公式			
计算条件		计算简图	计算公式
定位形式	夹紧形式		
工件以外圆定位	V形块定位V形块夹紧防止工件转动		$W_K=\dfrac{KM\sin\frac{\alpha}{2}}{2R\mu_1}$
	V形块定位V形块夹紧防止工件移动		$W_K=\dfrac{KF\sin\frac{\alpha}{2}}{2\mu_2}$
符号注释	W_K——实际所需夹紧力,N F_c——切削力,N F_f——轴向切削力,N K——安全系数 M——切削转矩,N·m W_D——消耗于弹簧夹头的弹性变形力,N $W_D=C\dfrac{d^3}{l^3}h\Delta$	μ_1——夹紧元件与工件间的摩擦系数 μ_2——工件与夹具支承面间的摩擦系数 C——弹簧夹头弹性变形系数,当夹头瓣数为3、4、6时,其值为600、200、40	φ——斜面上的摩擦角,(°) $\tan\varphi_1$,$\tan\varphi_2$——工件与心轴在轴向方向的摩擦角,(°) n——夹爪数 α——弹簧夹头的半锥角,(°)

安全系数 K:$K=K_0K_1K_2K_3K_4K_5K_6$

安全系数 K_0~K_6 的数值

符号	考虑的因素		系数值
K_0	考虑工件材料及加工余量均匀性的基本安全系数		1.2~1.5
K_1	加工性质	粗加工	1.2
		精加工	1.0
K_2	刀具钝化程度(详见后续内容)		1.0~1.9
K_3	切削特点	连续切削	1.0
		断续切削	1.2
K_4	夹紧力的稳定性	手动夹紧	1.3
		机动夹紧	1.0
K_5	手动夹紧时的手柄位置	操作方便	1.0
		操作不方便	1.2
K_6	仅有力矩使工件回转时,工件与支承面接触的情况	接触点确定	1.0
		接触点不确定	1.5

注:若安全系数 K 的计算结果小于2.5时,取 $K=2.5$

续表

安全系数 K_2			
加工方法	切削分布情况	K_2	
		铸　铁	钢
钻削	M_k	1.15	1.15
	F_c	1.0	1.0
粗扩(毛坯)	M_k	1.3	1.3
	F_c	1.2	1.2
精扩	M_k	1.2	1.2
	F_c	1.2	1.2
粗车或精镗	F_c	1.0	1.0
	F_p	1.2	1.4
	F_f	1.25	1.6
精车或精镗	F_c	1.05	1.0
	F_p	1.4	1.05
	F_f	1.3	1.0
圆周铣削(粗、精)	F_c	1.2～1.4	1.6～1.8(含碳量小于0.3%)
	F_c	1.2～1.4	1.2～1.4(含碳量小于0.3%)
端面铣削(粗、精)	F_c	1.2～1.4	1.6～1.8(含碳量小于0.3%)
	F_c	1.2～1.4	1.2～1.4(含碳量小于0.3%)
磨削	F_c		1.15～1.2
拉削	F		1.5

摩擦系数	
摩　擦　条　件	μ
工件为加工过的表面	0.16
工件为未加工过的毛坯表面(铸、锻),固定支承为球面	0.2～0.25
夹紧元件和支承表面有齿纹,并在较大的相互作用力下工作	0.7
用卡盘或弹簧夹头夹紧,其夹爪为:光滑表面	0.16～0.18
用卡盘或弹簧夹头夹紧,其夹爪为:沟槽与切削力方向一致	0.3～0.4
用卡盘或弹簧夹头夹紧,其夹爪为:沟槽相互垂直	0.4～0.5
用卡盘或弹簧夹头夹紧,其夹爪为:齿纹表面	0.7～1.0

（2）斜楔夹紧机构夹紧力的计算（见表 3-5）

表 3-5 斜楔夹紧机构夹紧力的计算

	计算项目	符号	中间公式	计算公式
主要参数计算	所需推力/N	Q	$Q=W_K/i_p$	$Q=W_K[\tan(\alpha+\varphi_1)+\tan\varphi_2]$
	斜楔移动距离/mm	s	$s=h/i_s$	$s=h/\tan\alpha$
	传动效率	η		$\eta=\tan\alpha/[\tan(\alpha+\varphi_1)+\tan\varphi_2]$
	符号注释	W_K——实际所需夹紧力，N i_p——增力比，$i_p=1/[\tan(\alpha+\varphi_1)+\tan\varphi_2]$ i_p'——理想增力比，$i_p'=1/\tan\alpha$ α——斜楔夹紧机械的斜楔角，(°) φ_1，φ_2——平面摩擦时，作用在斜楔面上的摩擦角，(°) h——夹紧所需行程，mm i_s——行程比，$i_s=h/s=\tan\alpha$		

	斜楔机构	斜楔面形式	运动形式	计算简图	计算公式
推力分类计算	无移动柱塞	单斜楔面	两面滑动	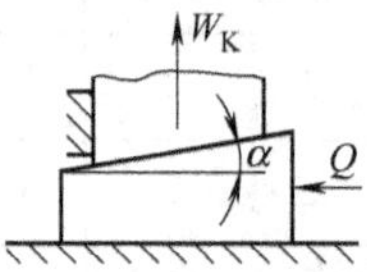	$Q=W_K[\tan(\alpha+\varphi_1)+\tan\varphi_2]$
			斜面滚动	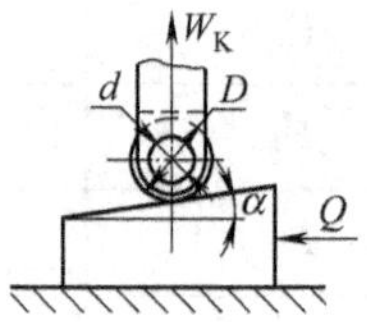	$Q=W_K[\tan(\alpha+\varphi_{1d})+\tan\varphi_2]$
			两面滚动	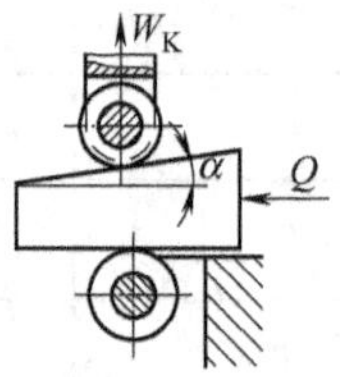	$Q=W_K[\tan(\alpha+\varphi_{1d})+\tan\varphi_{2d}]$
		多斜楔面	斜面滑动	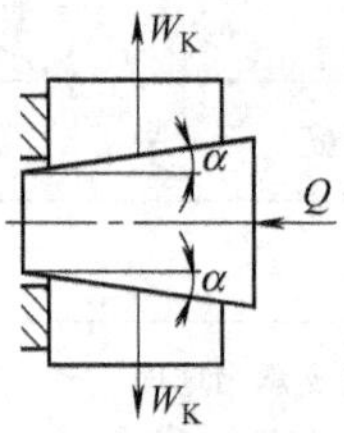	$Q=W_K\tan(\alpha+\varphi_1)$
			斜面滚动	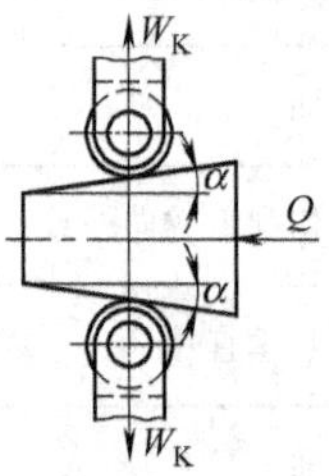	$Q=W_K\tan(\alpha+\varphi_{1d})$

续表

	斜楔机构	斜楔面形式	运动形式	计算简图	计算公式
推力分类计算	有移动柱塞	单斜楔面双向孔	两面滑动	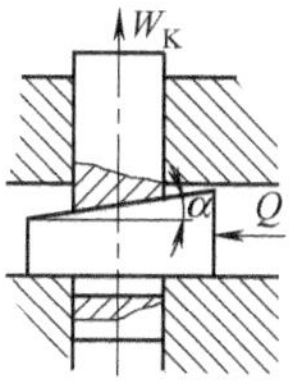	$Q=W_K\dfrac{\tan(\alpha+\varphi_1)+\tan\varphi_2}{1-\tan(\alpha+\varphi_1)\tan\varphi_3}$
			斜面滚动	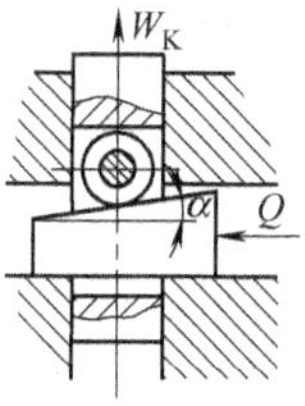	$Q=W_K\dfrac{\tan(\alpha+\varphi_1)+\tan\varphi_2}{1-\tan(\alpha+\varphi_1)\tan\varphi_3}$
			两面滚动	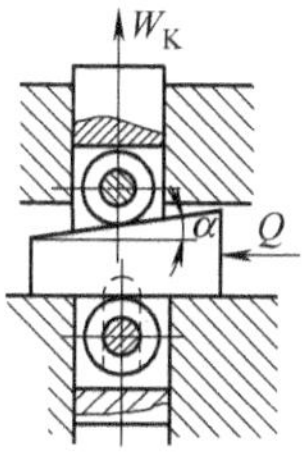	$Q=W_K\dfrac{\tan(\alpha+\varphi_{1d})+\tan\varphi_2}{1-\tan(\alpha+\varphi_{1d})\tan\varphi_3'}$
		单斜楔面单导向孔	两面滑动	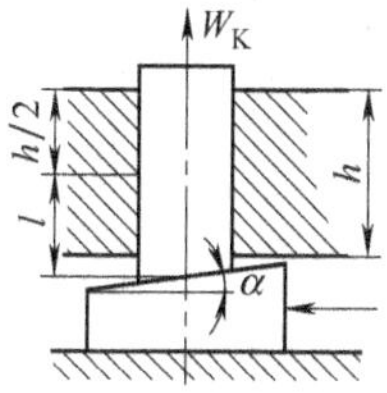	$Q=W_K\dfrac{\tan(\alpha+\varphi_{1d})+\tan\varphi_2}{1-\tan(\alpha+\varphi_{1d})\tan\varphi_3'}$
			斜面滚动	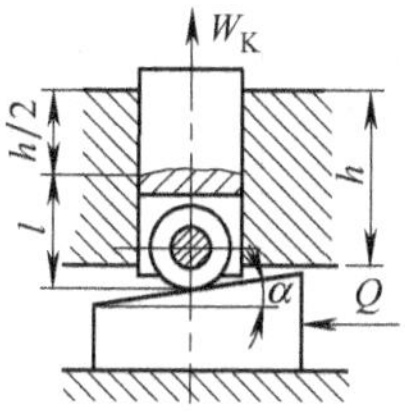	$Q=W_K\dfrac{\tan(\alpha+\varphi_{1d})+\tan\varphi_2}{1-\tan(\alpha+\varphi_{1d})\tan\varphi_3'}$
			两面滚动	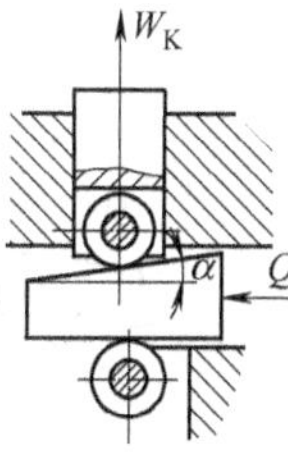	$Q=W_K\dfrac{\tan(\alpha+\varphi_{1d})+\tan\varphi_{2d}}{1-\tan(\alpha+\varphi_{1d})\tan\varphi_3'}$

续表

	斜楔机构	斜楔面形式	运动形式	计算简图	计算公式
推力分类计算	有移动柱塞	多斜楔面	斜面滑动	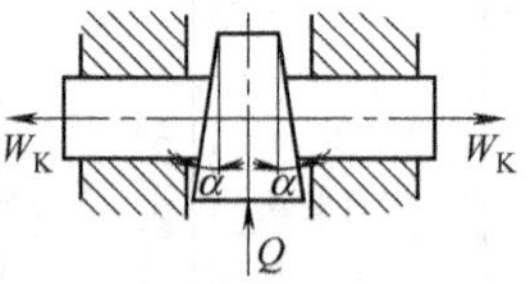	$Q=W_K\dfrac{\tan(\alpha+\varphi_1)}{1-\tan(\alpha+\varphi_1)\tan\varphi_3'}$
			斜面滚动	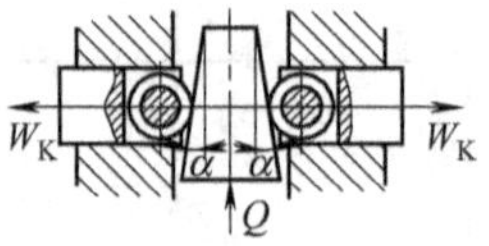	$Q=W_K\dfrac{\tan(\alpha+\varphi_{1d})}{1-\tan(\alpha+\varphi_{1d})\tan\varphi_3'}$
	符号注释	W_K——实际所需夹紧力,N Q——所需推力,N α——斜楔夹紧机械的斜楔角,(°) φ_1,φ_2——平面摩擦时,作用在斜楔面上的摩擦角,(°) φ_3——移动柱塞双头导向时,导向孔对移动柱塞的摩擦角,(°) $\varphi_{1d},\varphi_{2d}$——滚珠作用在斜楔面上的当量摩擦角,(°),$\tan\varphi_{1d}=(d_1/d_2)\tan\varphi$ d_1——滚珠转轴直径,mm d_2——滚珠外径,mm φ_3'——移动柱塞单头导向时,导向孔对移动柱塞的摩擦角,(°),$\tan\varphi_3'=(3l/h)\tan\varphi_3$ l——移动柱塞导向孔的中点至斜楔面的距离,mm h——移动柱塞导向孔长,mm			

	类型	斜楔夹紧机构	受力简图	计算公式
原动力分类计算	Ⅰ	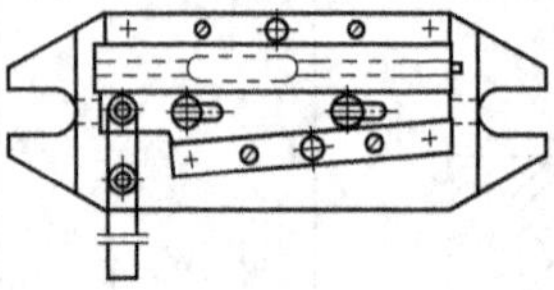	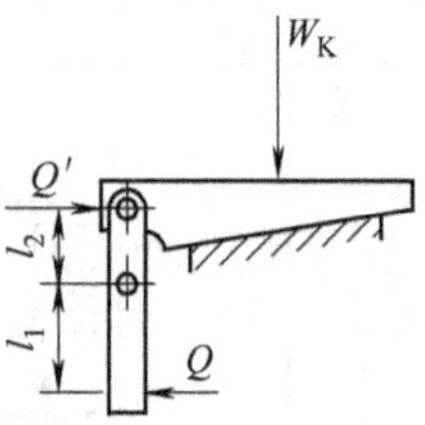	$Q=W_K[\tan(\alpha+\varphi_1)+\tan\varphi_2]\dfrac{l_2}{l_1}\times\dfrac{1}{\eta_0}$
		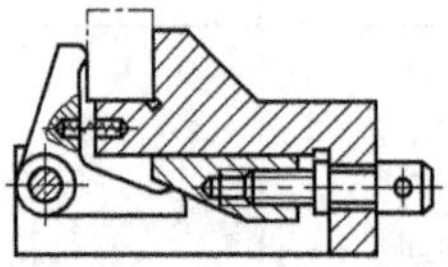	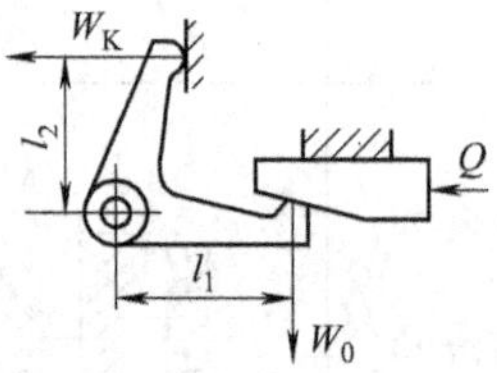	$Q=W_K[\tan(\alpha+\varphi_1)+\tan\varphi_2]\dfrac{l_2}{l_1}\times\dfrac{1}{\eta_0}$
	Ⅱ	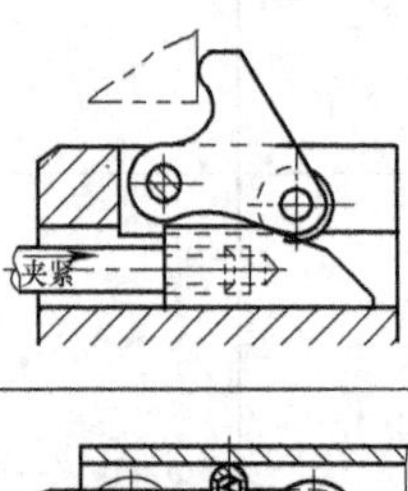	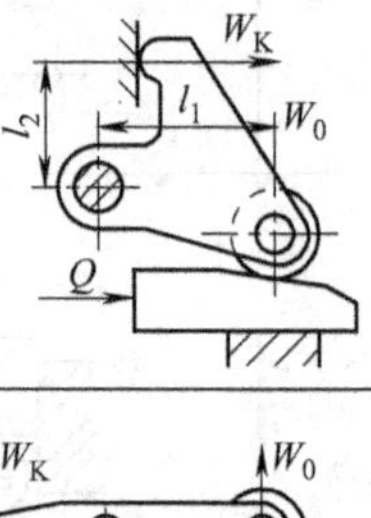	$Q=W_K[\tan(\alpha+\varphi_{1d})+\tan\varphi_2]\dfrac{l_2}{l_1}\times\dfrac{1}{\eta_0}$
	Ⅲ	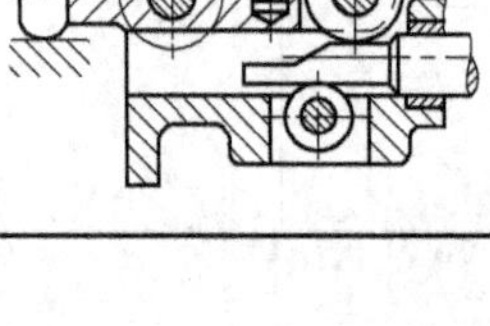	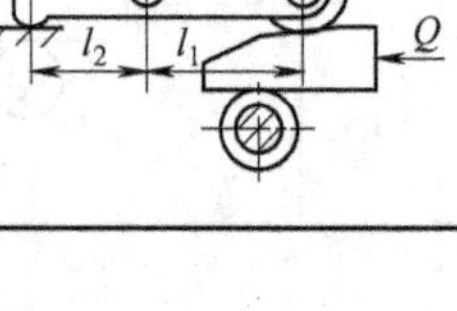	$Q=W_K[\tan(\alpha+\varphi_{1d})+\tan\varphi_2]\dfrac{l_2}{l_1}\times\dfrac{1}{\eta_0}$

续表

	类型	斜楔夹紧机构	受力简图	计算公式
原动力分类计算	Ⅳ	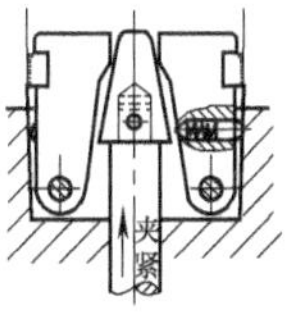	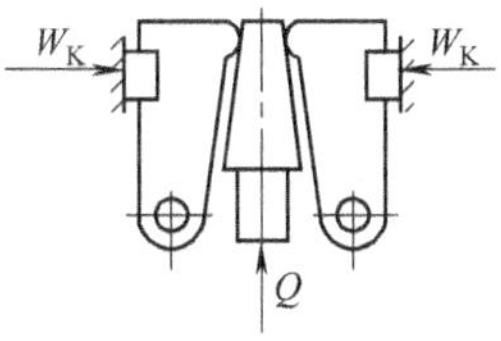	$Q=W_K\tan(\alpha+\varphi_1)\frac{1}{\eta_0}$
	Ⅴ	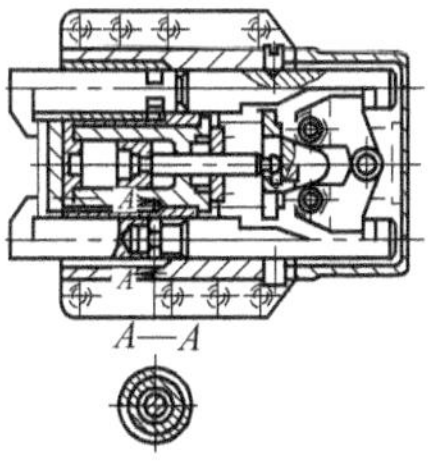	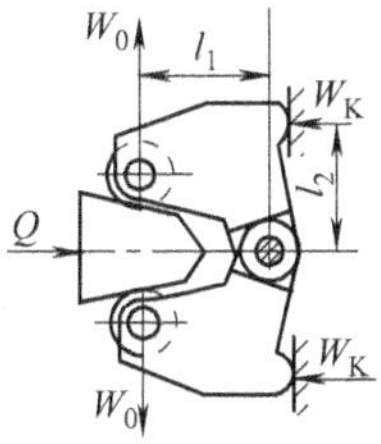	$Q=W_K\tan(\alpha+\varphi_{1d})\frac{l_2}{l_1}\times\frac{1}{\eta_0}$
	Ⅵ	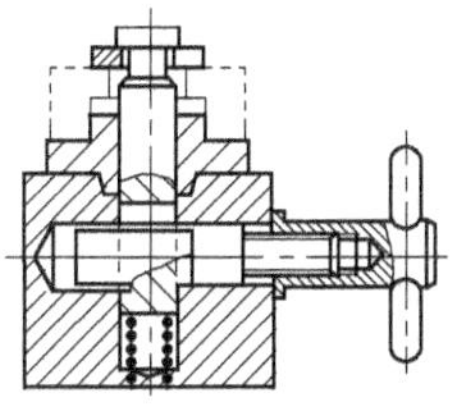	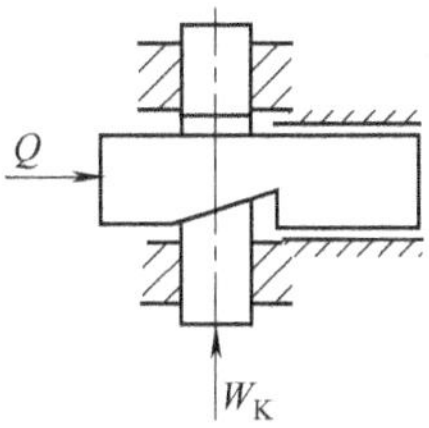	$Q=W_K\frac{\tan(\alpha+\varphi_1)+\tan\varphi_2}{1-\tan(\alpha+\varphi_1)\tan\varphi_3}\times\frac{1}{\eta_0}$
	Ⅶ	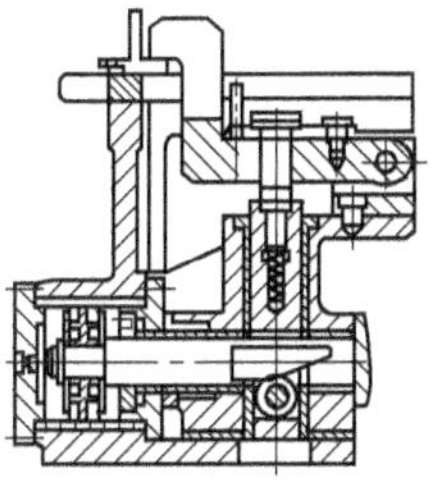	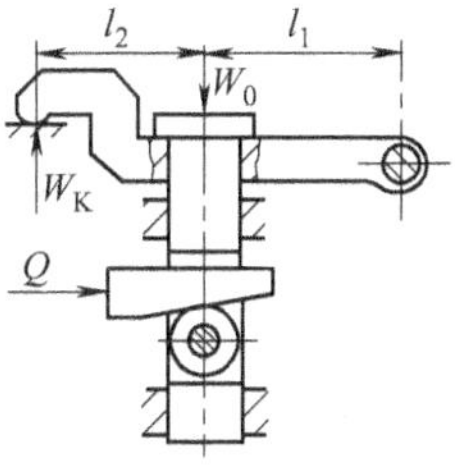	$Q=W_K\frac{\tan(\alpha+\varphi_{1d})+\tan\varphi_2}{1-\tan(\alpha+\varphi_{1d})\tan\varphi_3}\times\frac{l_1+l_2}{l_1}\times\frac{1}{\eta_0}$
		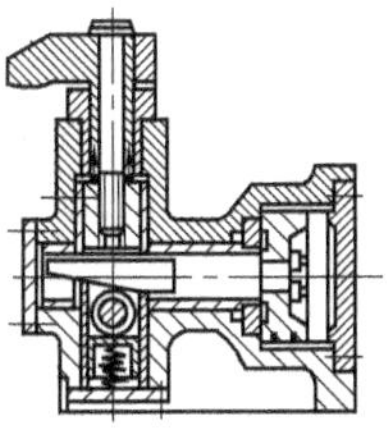	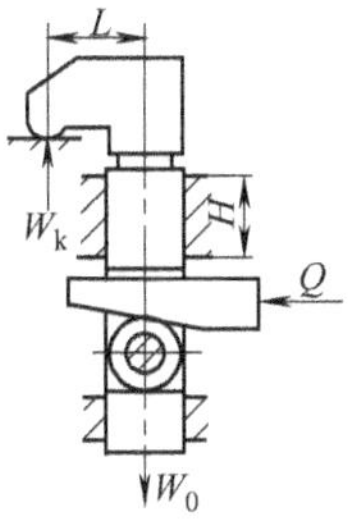	$Q=W_K\left(1+\frac{3L\mu}{H}\right)\frac{\tan(\alpha+\varphi_{1d})+\tan\varphi_2}{1-\tan(\alpha+\varphi_{1d})\tan\varphi_3}\times\frac{1}{\eta_0}$
	Ⅷ	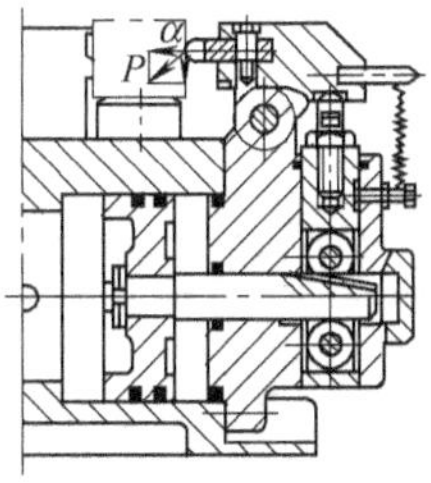	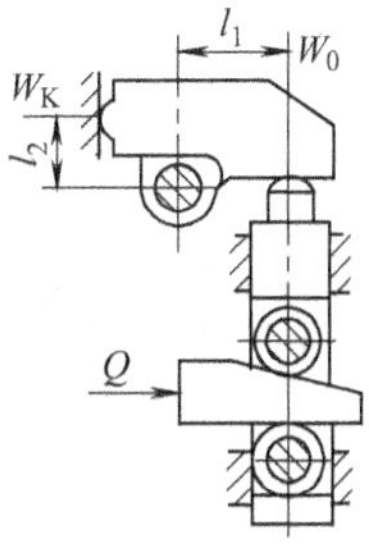	$Q=W_K\frac{\tan(\alpha+\varphi_{1d})+\tan\varphi_2}{1-\tan(\alpha+\varphi_{1d})\tan\varphi_3}\times\frac{l_2}{l_1}\times\frac{1}{\eta_0}$

续表

	类型	斜楔夹紧机构	受力简图	计算公式
原动力分类计算	Ⅸ	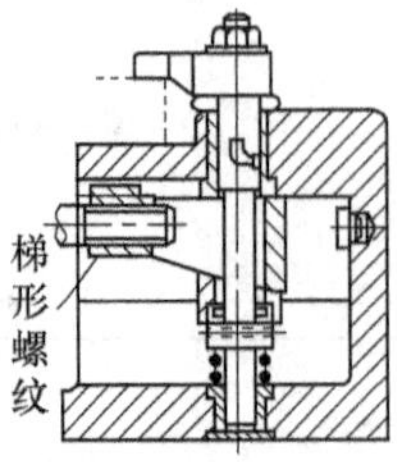 梯形螺纹	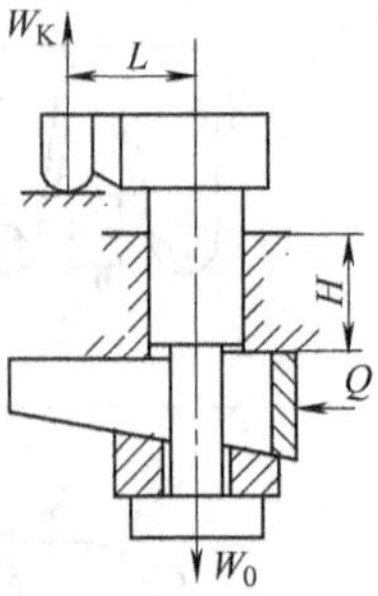	$Q=W_K\left(1+\frac{3L\mu}{H}\right)\frac{\tan(\alpha+\varphi_1)+\tan\varphi_2}{1-\tan(\alpha+\varphi_1)\tan\varphi_3'}\times\frac{1}{\eta_0}$
	Ⅹ	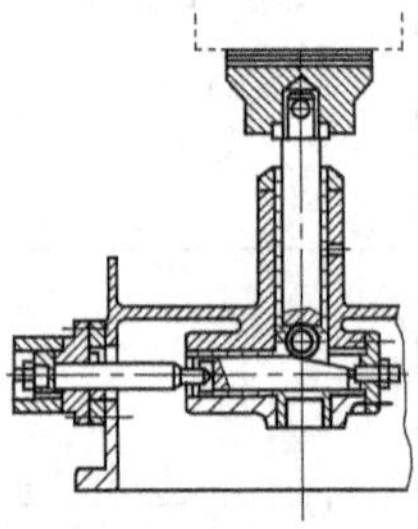	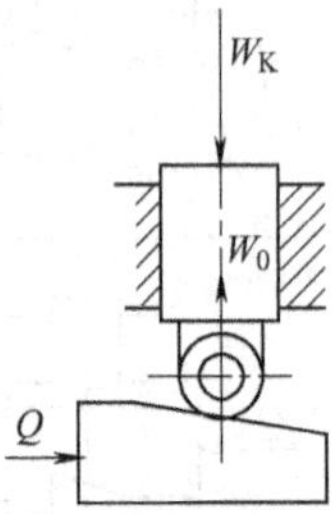	$Q=W_K\frac{\tan(\alpha+\varphi_{1d})+\tan\varphi_2}{1-\tan(\alpha+\varphi_{1d})\tan\varphi_3'}\times\frac{1}{\eta_0}$
	Ⅺ	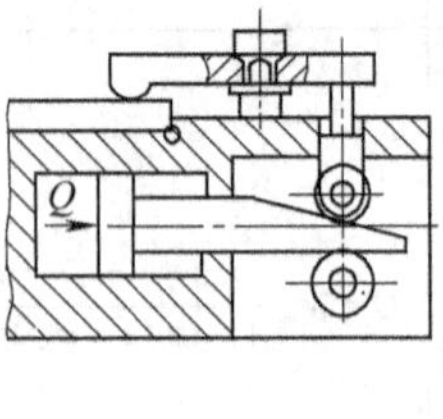	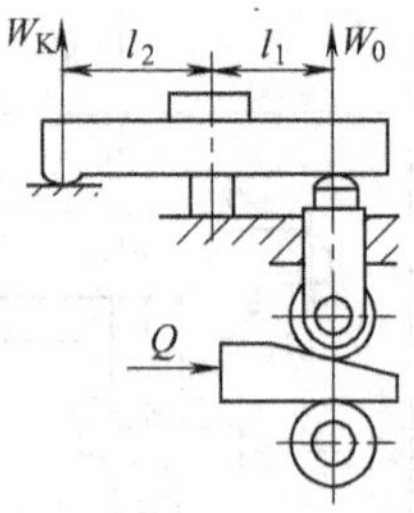	$Q=W_K\frac{\tan(\alpha+\varphi_{1d})+\tan\varphi_{2d}}{1-\tan(\alpha+\varphi_{1d})\tan\varphi_3'}\times\frac{l_2}{l_1}\times\frac{1}{\eta_0}$
	Ⅻ	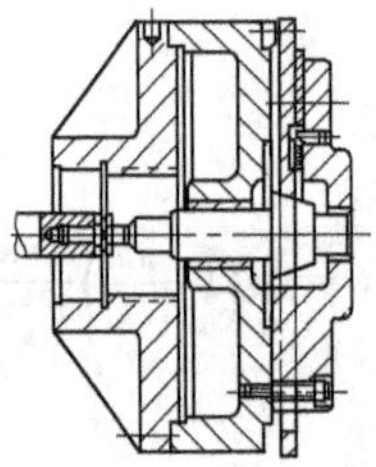	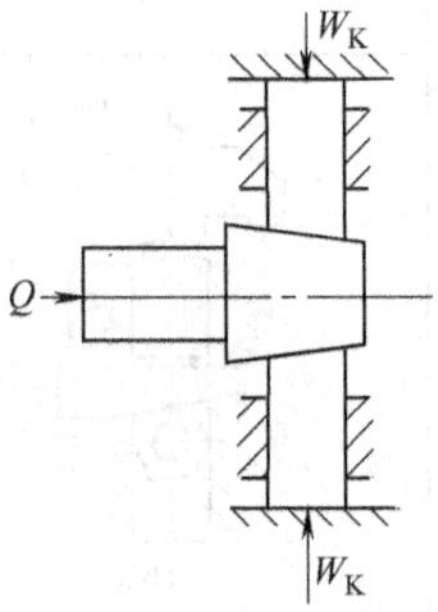	$Q=W_K\frac{\tan(\alpha+\varphi_1)}{1-\tan(\alpha+\varphi_1)\tan\varphi_3'}\times\frac{1}{\eta_0}$
	ⅩⅢ	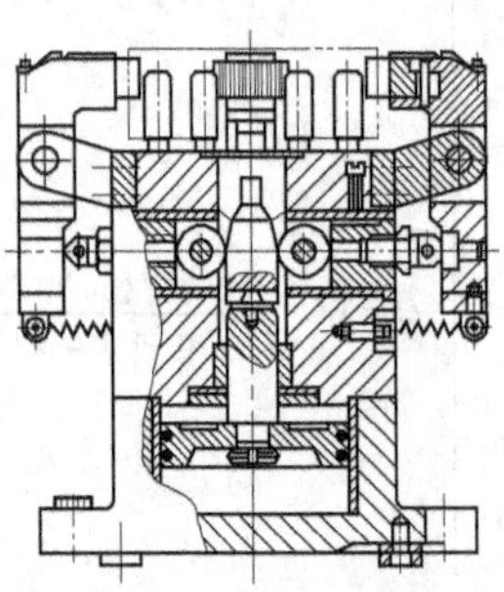	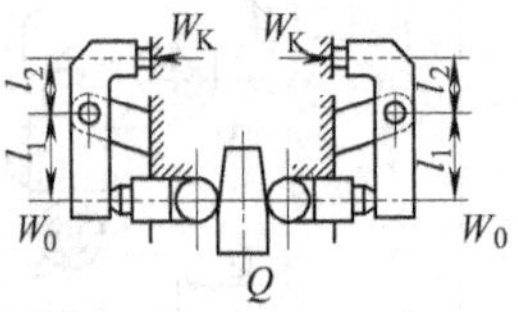	$Q=W_K\frac{\tan(\alpha+\varphi_{1d})}{1-\tan(\alpha+\varphi_{1d})\tan\varphi_3'}\times\frac{l_2}{l_1}\times\frac{1}{\eta_0}$

续表

原动力分类计算	符号注释	W_K——实际所需夹紧力，N Q——原动力，N α——斜楔夹紧机械的斜楔角，(°) φ_1、φ_2——平面摩擦时，作用在斜楔面上的摩擦角，(°) φ_3——移动柱塞双头导向时，导向孔对移动柱塞的摩擦角，(°) η_0——除斜楔外机构的效率，其值为0.85～0.95 φ_{1d}、φ_{2d}——滚珠作用在斜楔面上的当量摩擦角，(°)，$\tan\varphi_{1d}=(d_1/d_2)\tan\varphi$ d_1——滚珠转轴直径，mm d_2——滚珠外径，mm φ_3'——移动柱塞单头导向时，导向孔对移动柱塞的摩擦角，(°)，$\tan\varphi_3'=(3l/h)\tan\varphi_3$ l——移动柱塞导向孔的中点至斜楔面的距离，mm h——移动柱塞导向孔长，mm

（3）螺旋夹紧机构夹紧力的计算（见表3-6）

表3-6　螺旋夹紧机构夹紧力的计算

类型		螺旋夹紧机构	受力简图	计算公式
原动力分类计算	采用浮动压板或移动压板	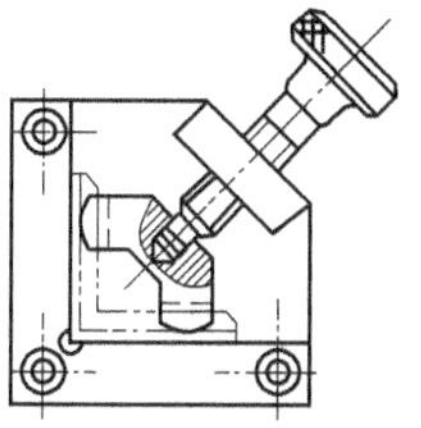	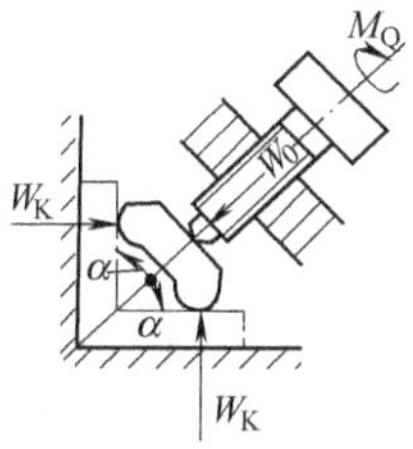	$M_Q=1.414W_K[r'\tan\varphi_1+r_Z\tan(\alpha+\varphi_2')]\frac{1}{\eta_0}$
		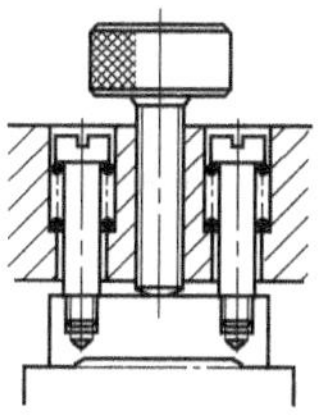	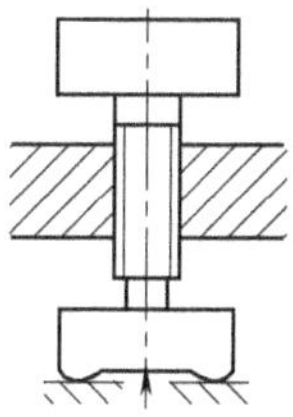	$M_Q=W_K[r'\tan\varphi_1+r_Z\tan(\alpha+\varphi_2')]\frac{1}{\eta_0}$
		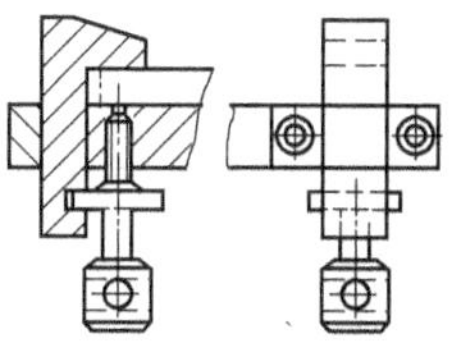	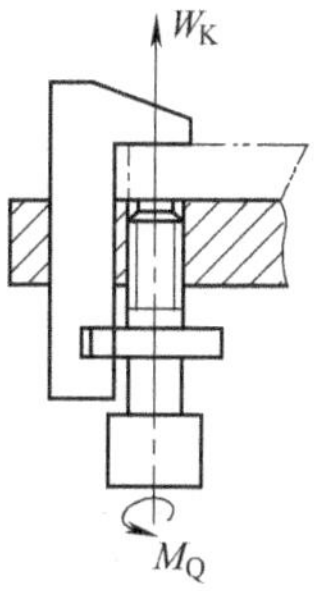	$M_Q=W_K[r'\tan\varphi_1+r_Z\tan(\alpha+\varphi_2')]\frac{1}{\eta_0}$
		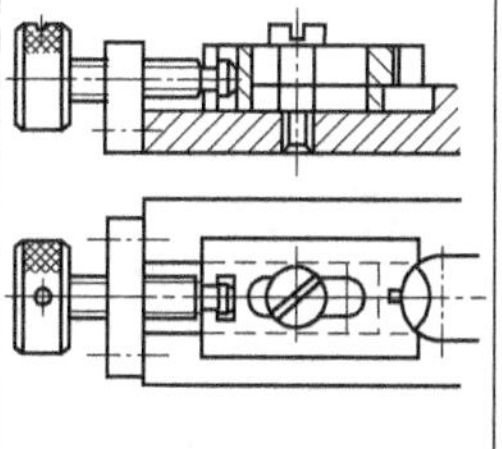	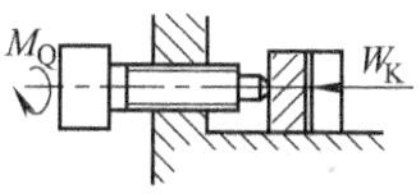	$M_Q=W_K[r'\tan\varphi_1+r_Z\tan(\alpha+\varphi_2')]\frac{1}{\eta_0}$

续表

	类型	螺旋夹紧机构	受力简图	计算公式
原动力分类计算	移动压板	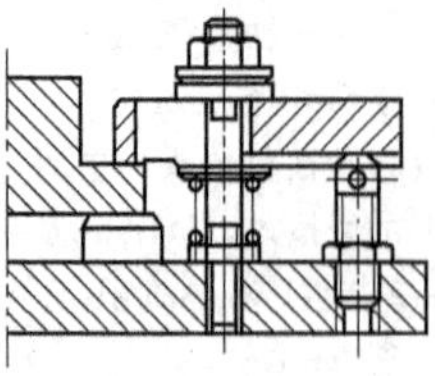	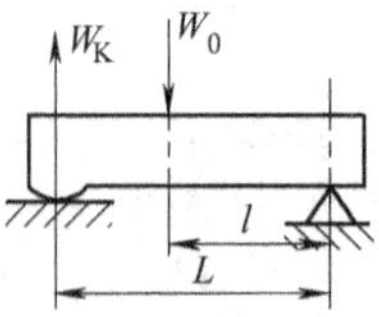	$M_Q=W_K[r'\tan\varphi_1+r_Z\tan(\alpha+\varphi_2')]\frac{L}{l}\times\frac{1}{\eta_0}$
		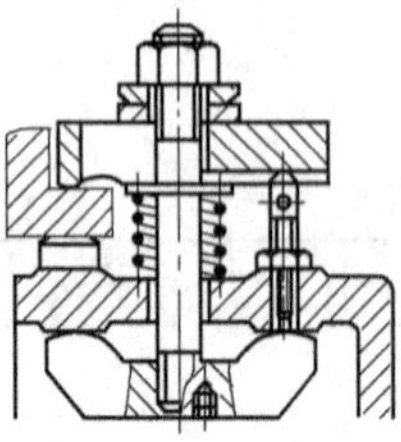	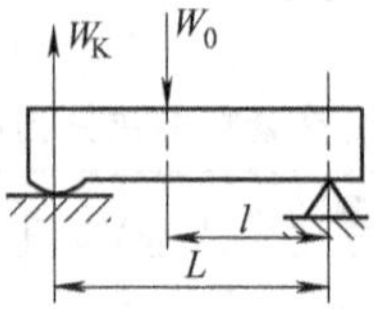	$M_Q=W_K[r'\tan\varphi_1+r_Z\tan(\alpha+\varphi_2')]\frac{L}{l}\times\frac{1}{\eta_0}$
		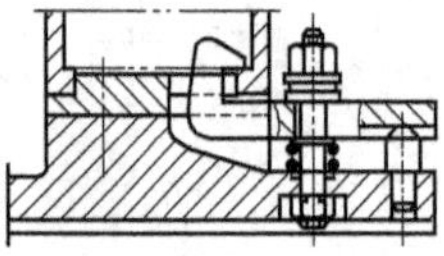	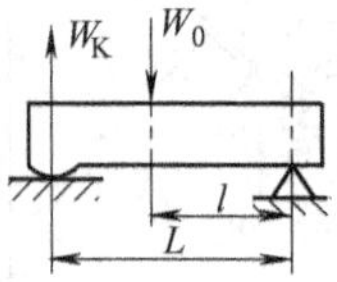	$M_Q=W_K[r'\tan\varphi_1+r_Z\tan(\alpha+\varphi_2')]\frac{L}{l}\times\frac{1}{\eta_0}$
		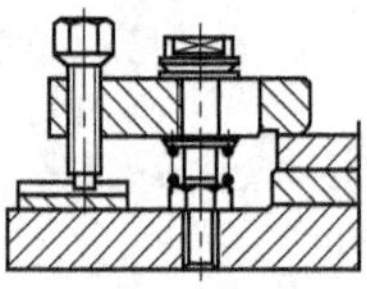	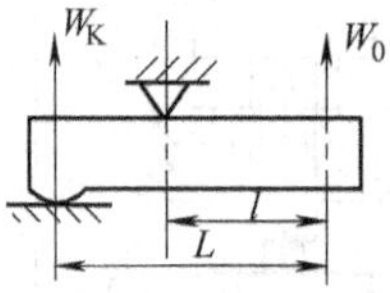	$M_Q=W_K[r'\tan\varphi_1+r_Z\tan(\alpha+\varphi_2')]\frac{L-l}{l}\times\frac{1}{\eta_0}$
		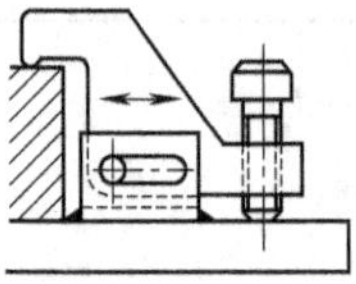	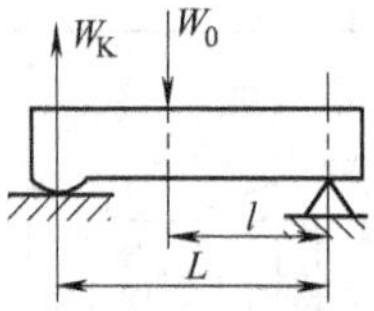	$M_Q=W_K[r'\tan\varphi_1+r_Z\tan(\alpha+\varphi_2')]\frac{L-l}{l}\times\frac{1}{\eta_0}$
		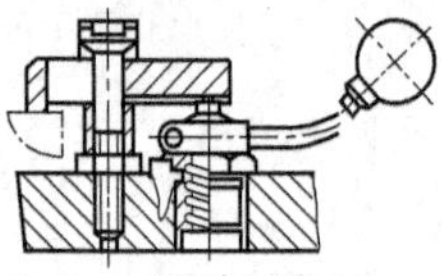	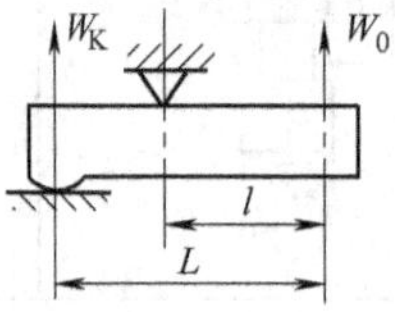	$M_Q=W_K[r'\tan\varphi_1+r_Z\tan(\alpha+\varphi_2')]\frac{L-l}{l}\times\frac{1}{\eta_0}$
	铰链压板	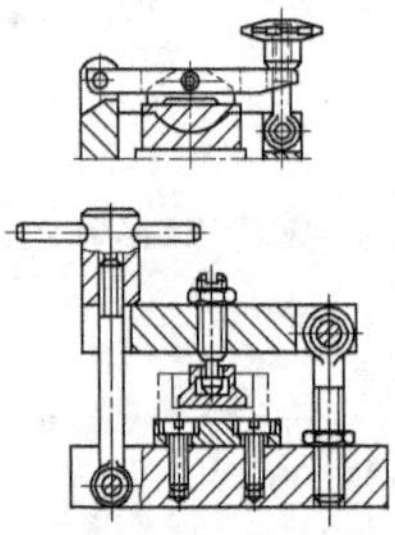	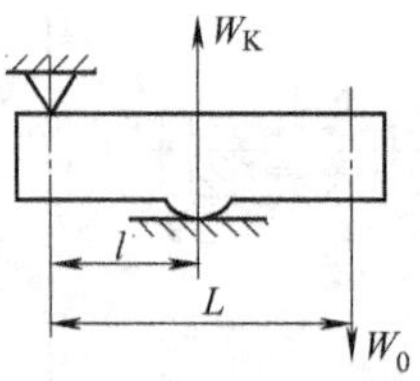	$M_Q=W_K[r'\tan\varphi_1+r_Z\tan(\alpha+\varphi_2')]\frac{l}{l}\times\frac{1}{\eta_0}$

续表

	类型	螺旋夹紧机构	受力简图	计算公式
原动力分类计算	铰链压板	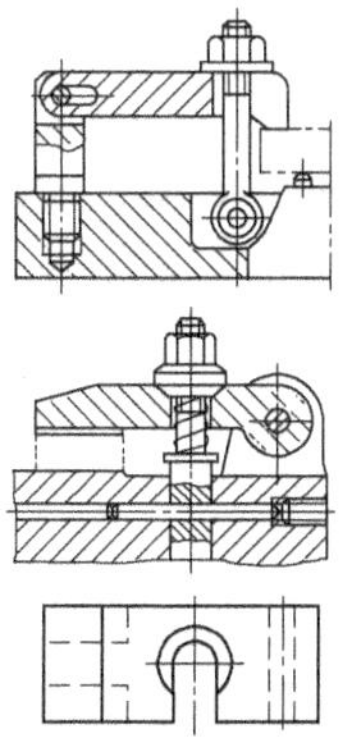	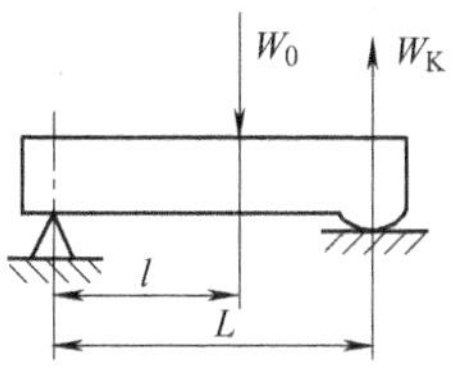	$M_{\mathrm{Q}}=W_{\mathrm{K}}[r'\tan\varphi_1+r_{\mathrm{Z}}\tan(\alpha+\varphi_2')]\frac{L}{l}\times\frac{1}{\eta_0}$
	可卸压板	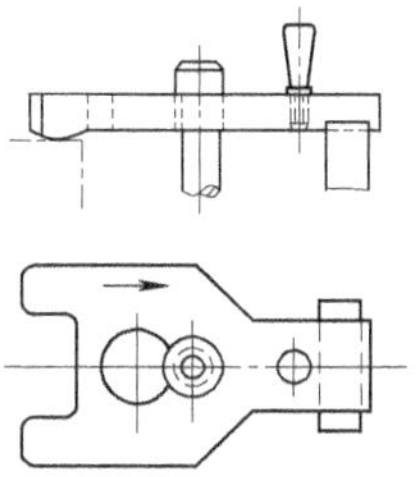	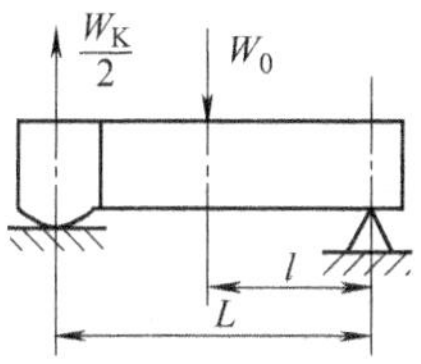	$M_{\mathrm{Q}}=W_{\mathrm{K}}[r'\tan\varphi_1+r_{\mathrm{Z}}\tan(\alpha+\varphi_2')]\frac{L}{l}\times\frac{1}{\eta_0}$
		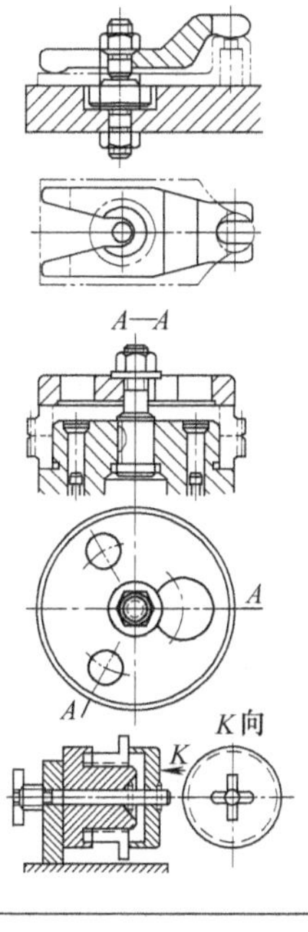	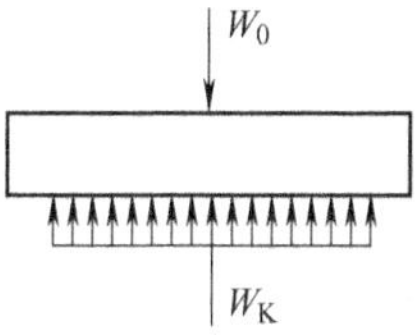	$M_{\mathrm{Q}}=W_{\mathrm{K}}[r'\tan\varphi_1+r_{\mathrm{Z}}\tan(\alpha+\varphi_2')]\frac{1}{\eta_0}$
	钩形压板	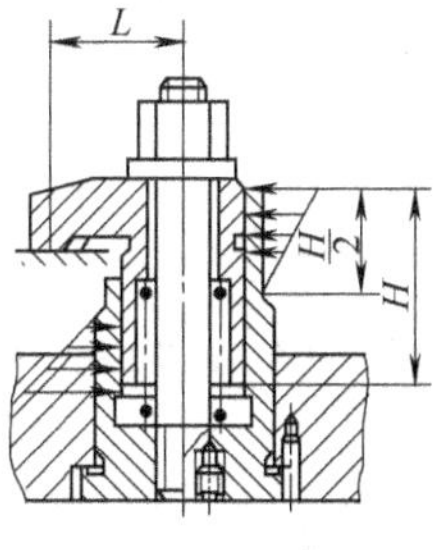	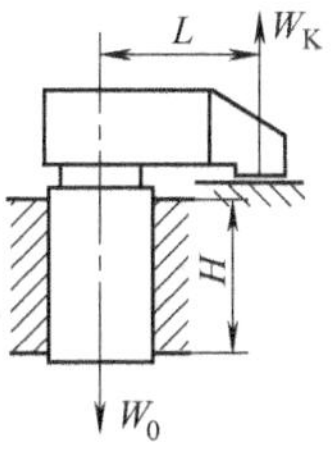	$M_{\mathrm{Q}}=W_{\mathrm{K}}\left(1+\frac{3L\mu}{H}\right)[r'\tan\varphi_1+r_{\mathrm{Z}}\tan(\alpha+\varphi_2')]$

续表

	类型	螺旋夹紧机构	受力简图	计算公式
原动力分类计算	其他压板	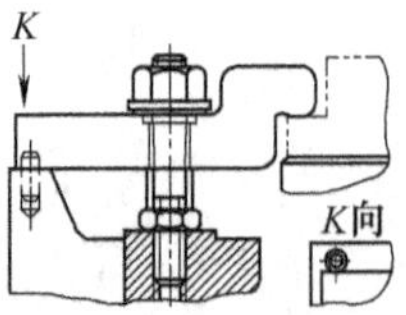	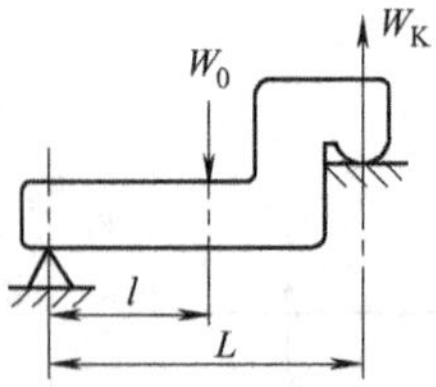	$M_Q=W_K[r'\tan\varphi_1+r_Z\tan(\alpha+\varphi_2')]\frac{L}{l}\times\frac{1}{\eta_0}$
		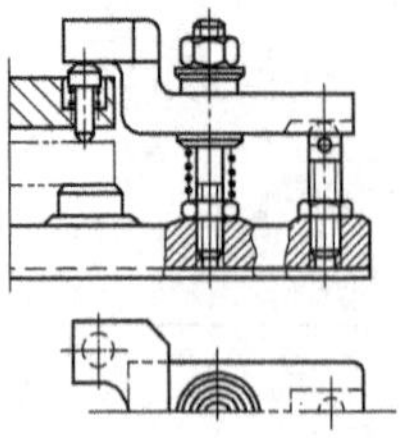	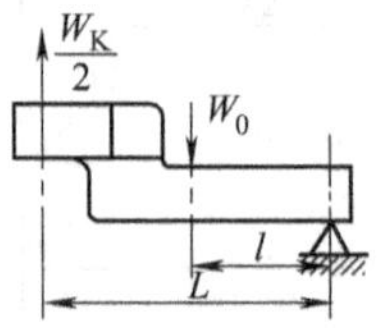	$M_Q=W_K[r'\tan\varphi_1+r_Z\tan(\alpha+\varphi_2')]\frac{L}{l}\times\frac{1}{\eta_0}$
		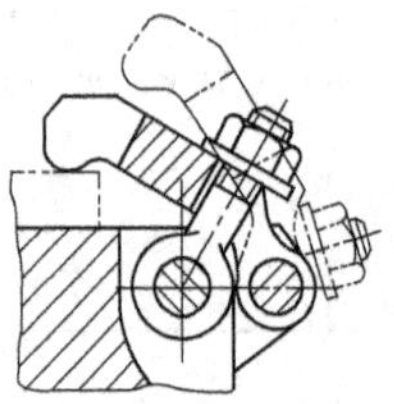	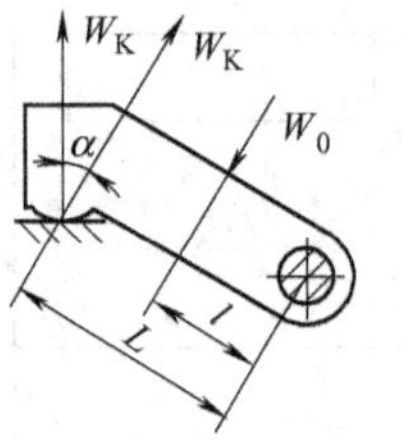	$M_Q=\frac{W_K}{\cos\alpha}[r'\tan\varphi_1+r_Z\tan(\alpha+\varphi_2')]\frac{L}{l}\times\frac{1}{\eta_0}$
		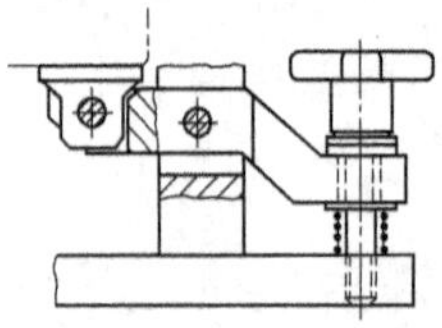	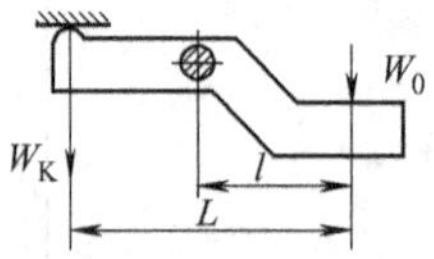	$M_Q=W_K[r'\tan\varphi_1+r_Z\tan(\alpha+\varphi_2')]\frac{L-l}{l}\times\frac{1}{\eta_0}$
		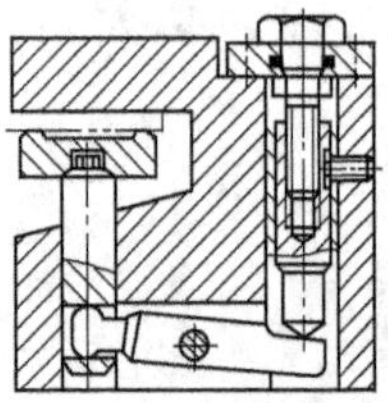	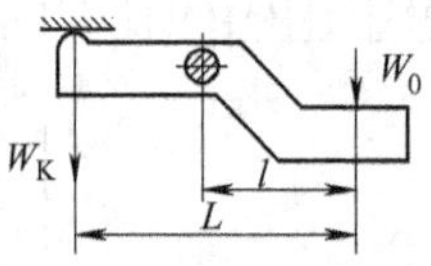	$M_Q=W_K[r'\tan\varphi_1+r_Z\tan(\alpha+\varphi_2')]\frac{L-l}{l}\times\frac{1}{\eta_0}$
		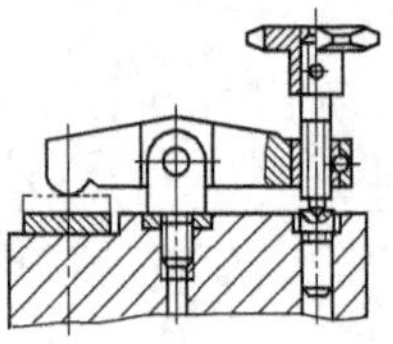	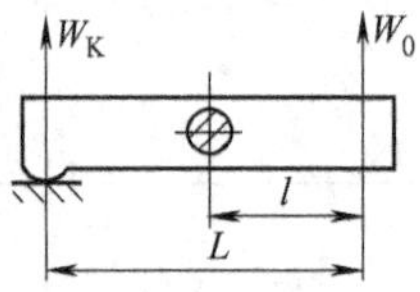	$M_Q=W_K[r'\tan\varphi_1+r_Z\tan(\alpha+\varphi_2')]\frac{L-l}{l}\times\frac{1}{\eta_0}$
		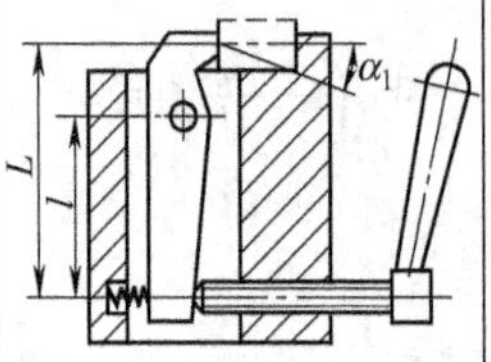	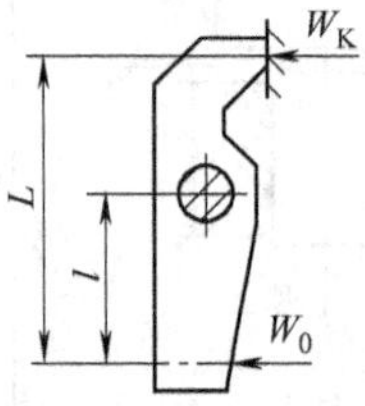	$M_Q=W_K[r'\tan\varphi_1+r_Z\tan(\alpha+\varphi_2')]\frac{L-l}{l}\times\frac{1}{\eta_0}$

续表

	类型	螺旋夹紧机构	受力简图	计算公式
原动力分类计算	其他压板	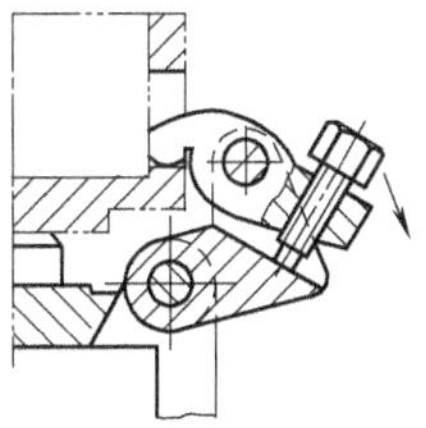	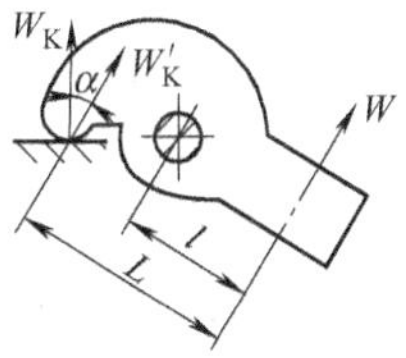	$M_Q=\frac{W_K}{\cos\alpha}[r'\tan\varphi_1+r_Z\tan(\alpha+\varphi_2')]\frac{L-l}{l}\times\frac{1}{\eta_0}$
		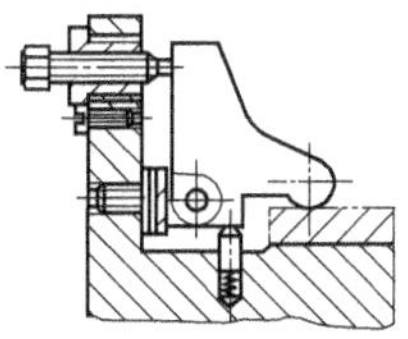	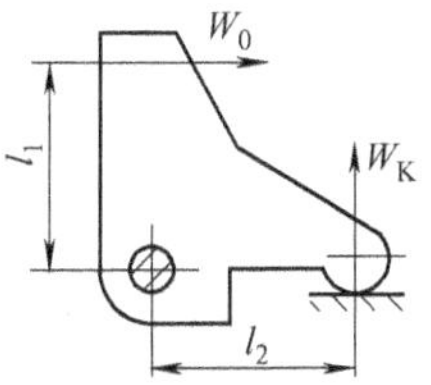	$M_Q=W_K[r'\tan\varphi_1+r_Z\tan(\alpha+\varphi_2')]\frac{l_2}{l_1}\times\frac{1}{\eta_0}$
		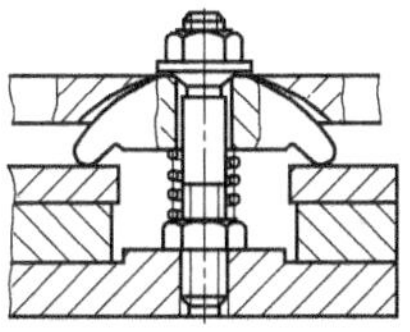	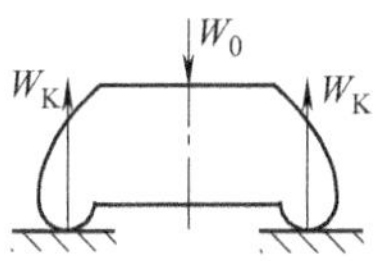	$M_Q=2W_K[r'\tan\varphi_1+r_Z\tan(\alpha+\varphi_2')]\frac{1}{\eta_0}$
		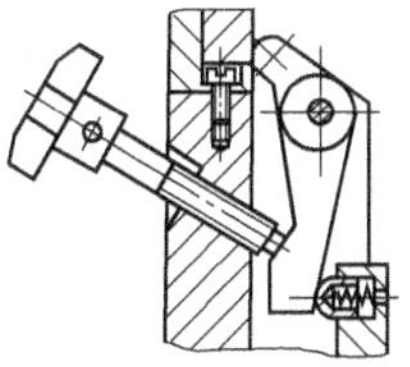	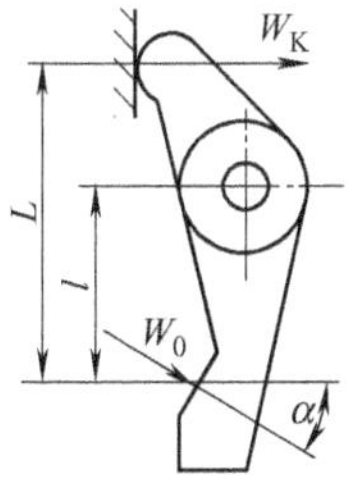	$M_Q=\frac{W_K}{\cos\alpha}[r'\tan\varphi_1+r_Z\tan(\alpha+\varphi_2')]\frac{L-l}{l}\times\frac{1}{\eta_0}$
		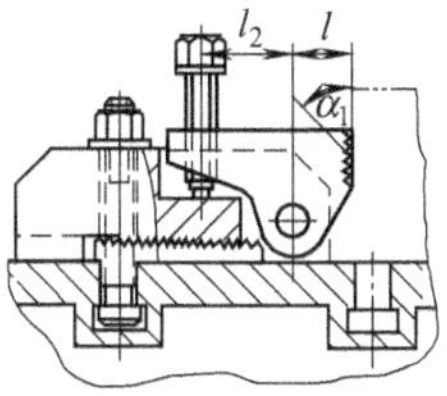	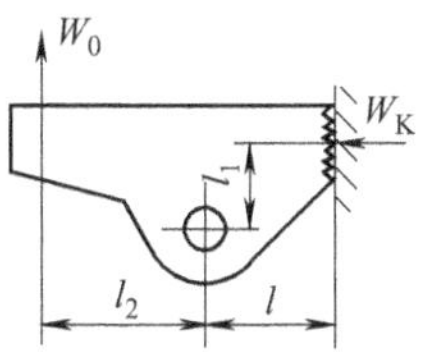	$M_Q=W_K[r'\tan\varphi_1+r_Z\tan(\alpha+\varphi_2')]\frac{l_2}{l_1}\times\frac{1}{\eta_0}$
		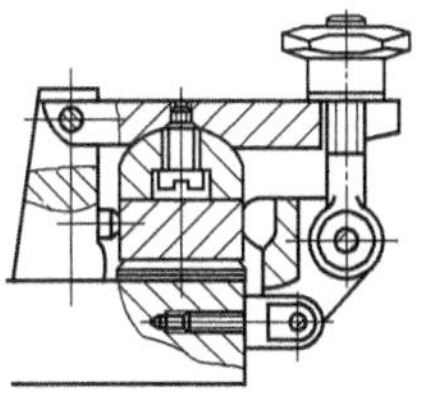	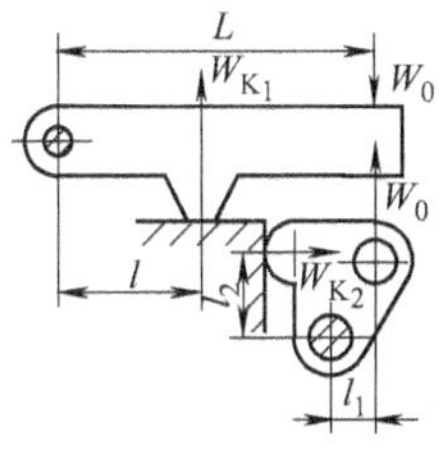	$M_{Q1}=W_{K1}[r'\tan\varphi_1+r_Z\tan(\alpha+\varphi_2')]\frac{l}{L}\times\frac{1}{\eta_0}$

续表

	类型	螺旋夹紧机构	受力简图	计算公式
原动力分类计算	其他压板	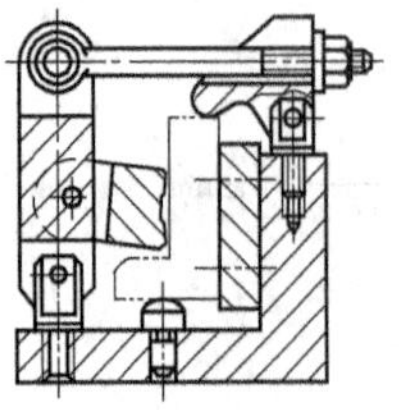	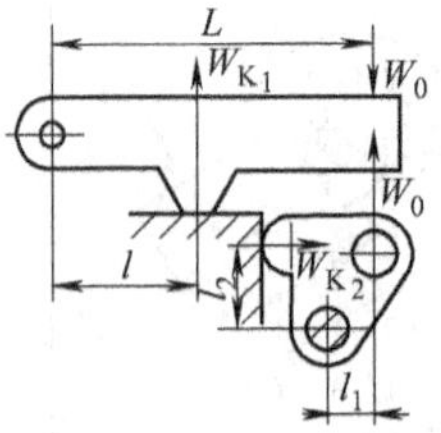	$M_{Q2}=W_{K2}[r'\tan\varphi_1+r_Z\tan(\alpha+\varphi_2')]\frac{l_2}{l_1}\times\frac{1}{\eta_0}$
		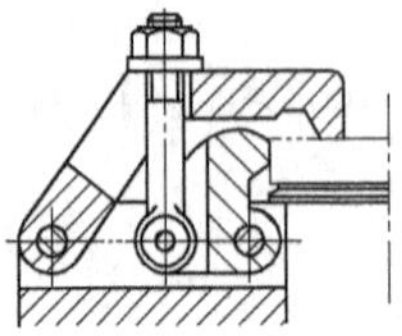	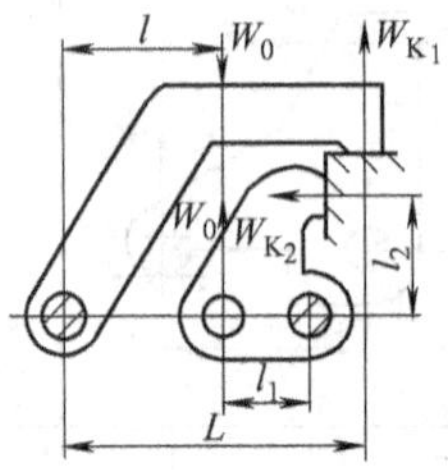	$M_{Q1}=W_{K1}[r'\tan\varphi_1+r_Z\tan(\alpha+\varphi_2')]\frac{L}{l}\times\frac{1}{\eta_0}$
		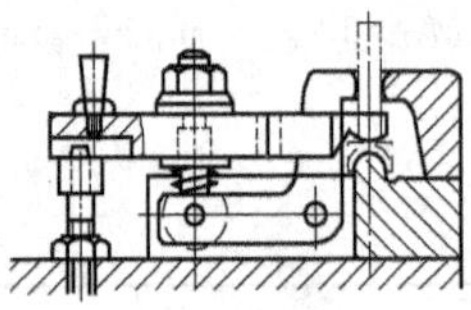	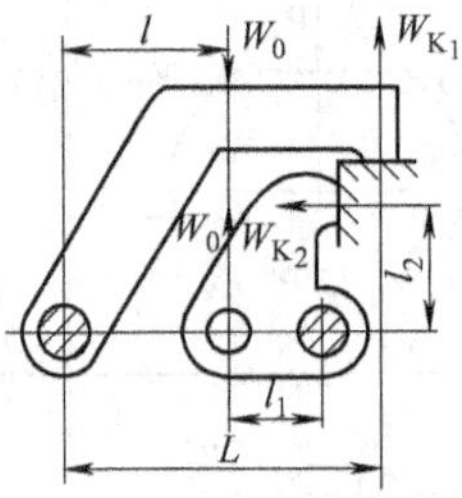	$M_{Q2}=W_{K2}[r'\tan\varphi_1+r_Z\tan(\alpha+\varphi_2')]\frac{l_2}{l_1}\times\frac{1}{\eta_0}$
		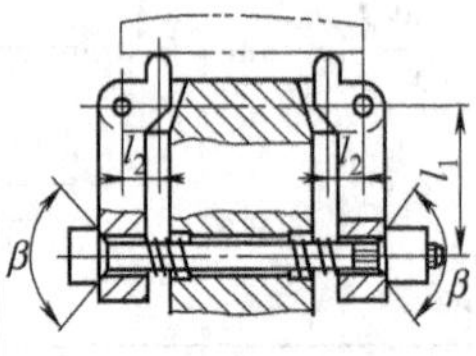	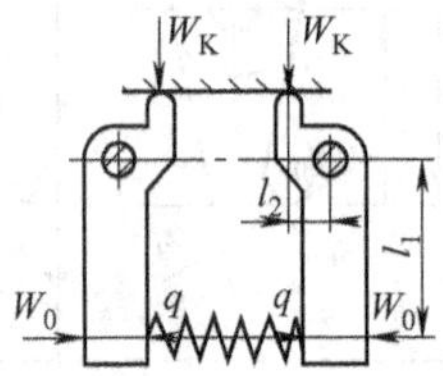	$M_Q=\left(W_K\frac{l_2}{l_1}+q\right)[r'\tan\varphi_1+r_Z\tan(\alpha+\varphi_2')]\frac{1}{\eta_0}$
	符号注释	W_K——实际所需夹紧力，N M_Q——原动力，N·mm α——螺纹升角，(°) r'——螺杆端部与工件间的当量摩擦半径，mm r_z——螺纹中径之半径，mm		η_0——除斜楔外机构的效率，其值为0.85～0.95 φ_1——螺杆端与工件间的摩擦角，(°) φ_2'——螺杆副的当量摩擦角(°)，$\varphi_2'=\cot\frac{\tan\varphi_2}{\cos\beta}$，其中$\varphi_2$为螺旋副的摩擦角，(°)；$\beta$为螺纹牙型半角，(°)

	示意图	螺纹直径/mm	螺距/mm	手柄长度/mm	作用力/N	夹紧力/N
单个普通螺栓夹紧力	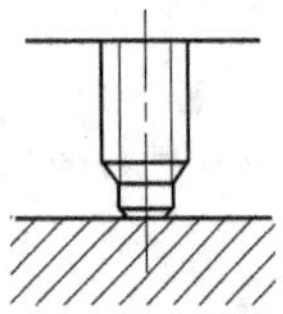 Ⅰ—点接触	10	1.5	120	25	4000
		12	1.75	140	35	5500
		16	2	190	65	10600
		20	2.5	240	100	16000
		24	3	310	130	23000

续表

	示意图	螺纹直径/mm	螺距/mm	手柄长度/mm	作用力/N	夹紧力/N
单个普通螺栓夹紧力	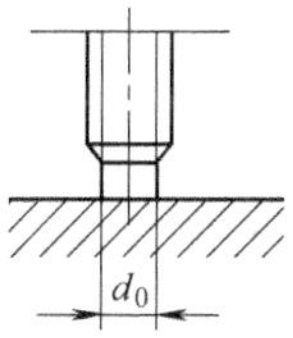 Ⅱ—平面接触	10	1.5	120	25	3080
		12	1.75	140	35	4200
		16	2	190	65	7900
		20	2.5	240	100	12000
		24	3	310	130	17000
	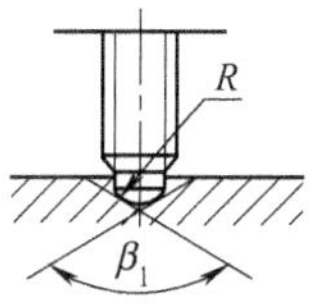 Ⅲ—圆周接触	10	1.5	120	25	2300
		12	1.75	140	35	3100
		16	2	190	65	5900
		20	2.5	240	100	9200
		24	3	310	130	13000

	螺纹公称直径/mm		8	10	12	16	20	24	27	30
各种螺栓的许用夹紧力及夹紧力矩	许用夹紧力/N		2550	3924	5690	10300	15696	22563	28940	35316
	加在螺母上的夹紧转矩/N·mm	螺线支承面有滚动轴承	2.158	4.120	7.161	16.775	31.883	54.838	78.382	106.64
		螺线支承面无滚动轴承	4.905	9.320	15.892	37.180	65.727	121.15	175.40	239.36

注：表中数据仅供粗略估算时参考

	示意图	计算公式	取值					
			M8	M10	M12	M16	M20	M24
螺旋副的当量摩擦半径	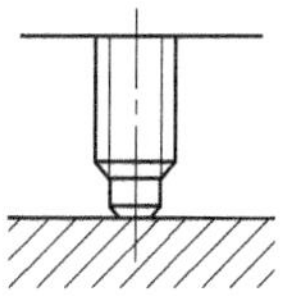 Ⅰ——点接触	$r'=0$	0	0	0	0	0	0
	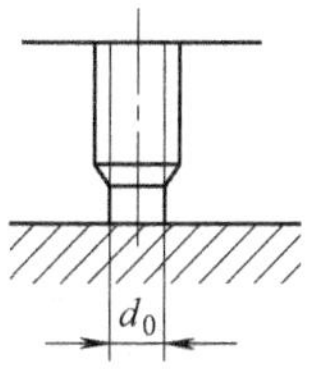 Ⅱ——平面接触	$d_0=d_0/3$	$d_0=6$	$d_0=7$	$d_0=9$	$d_0=12$	$d_0=15$	$d_0=18$
			2	2.3	3	4	5	6
	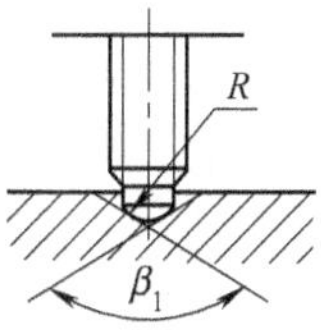 Ⅲ——圆周线接触	$r'=R\cot\frac{\beta_1}{2}$	$R=8$	$R=10$	$R=12$	$R=16$	$R=20$	$R=25$
			4.6	5.8	6.9	9.2	11.5	14.4

续表

	示意图	计算公式	取值					
			M8	M10	M12	M16	M20	M24
螺旋副的当量摩擦半径	Ⅳ——圆环面接触	$r'=\frac{1}{3}\times\frac{D^3-D_0^3}{D^2-D_0^2}$	6.22	7.78	9.33	12.44	15.56	18.67
	注：$\beta=120^\circ$，$D\approx 2D_0$							

	结构简图	螺纹直径/mm	螺距/mm	手柄长度/mm	作用力/N	夹紧力/N
螺母夹紧力	带柄螺母	8	1.25	50	50	2050
		10	1.5	60	50	1970
		12	1.75	80	80	3510
		16	2	100	100	4140
		20	2.5	140	100	4640
	用扳手的六角螺母	10	1.5	120	45	3550
		12	1.75	140	70	5380
		16	2	190	100	7870
		20	2.5	240	100	7950
		24	3	310	150	12840
	翼形螺母	4	0.7	8	10	130
		5	0.8	9	15	180
		6	1	11	20	240
		8	1.25	14	30	340
		10	1.5	17	40	450
		12	1.75	20.5	45	510
		16	2	26	50	540

（4）偏心夹紧机构夹紧力的计算（见表3-7）

表3-7 偏心夹紧机构夹紧力的计算

	偏心夹紧原理	圆偏心回转中心到工件夹紧表面间的距离 h 值的变化
偏心夹紧机构		

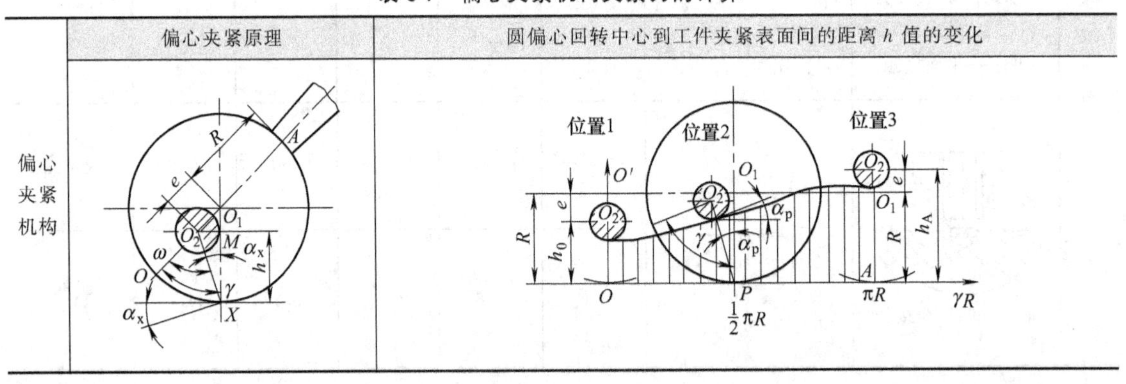

续表

类型	工作段		工作特点及使用说明
	γ_1	γ_2	
Ⅰ	75°	165°	以 P 点(升角最大处的夹紧点)为代表进行计算,即 $\gamma\approx 90°$。工作行程较大。用于需要自锁的夹紧范围较大、而夹紧力相对较小的场合。应用比较普遍
	45°～60°	120°～135°	以 P 点(升角最大处的夹紧点)为代表进行计算。取 P 点左右 30°～45°范围内的圆弧段为工作段。升角变化较小。适用于夹紧力要求较稳定的场合
Ⅱ	150°	180°	根据具体夹紧点进行计算。常采用 γ 角为 150°～180°范围内的圆弧段为工作段。偏心特性较小时,可做成偏心轴式,使结构更为紧凑
Ⅲ	180°	180°	用 $\gamma=180°$时的圆弧点进行夹紧。具有自锁性能的夹紧行程接近于零,故用于夹紧那些表面位置不变的零部件,而不用于夹紧工件

偏心轮的工作行程(JB/T 8011.1—1999,JB/T 8011.2—1999)

偏心轮直径/mm	偏心量/mm	工作行程/mm					
		75°～165°	45°～120°	45°～135°	60°～120°	60°～135°	150°～180°
25	1.3	1.6	1.57	1.84	1.3	1.57	0.17
32	1.7	2.08	2.05	2.4	1.7	2.05	0.23
40	2	2.45	2.41	2.83	2	2.41	0.27
50	2.5	3.06	3.02	3.54	2.5	3.02	0.33
60	3	3.67	3.62	4.24	3	3.62	0.40
65	3.5	4.29	4.22	4.95	3.5	4.22	0.47
70	3.5	4.29	4.22	4.95	3.5	4.22	0.47
80	5	6.12	6.04	7.07	5	6.04	0.67
100	6	7.35	7.24	8.49	6	7.24	0.80

偏心轮的工作行程(JB/T 8011.3—1999,JB/T 8011.4—1999)

偏心轮直径/mm	偏心量/mm	工作行程/mm					
		75°～165°	45°～120°	45°～135°	60°～120°	60°～135°	150°～180°
30	3	3.67	3.62	4.24	3	3.62	0.40
40	4	4.90	4.83	5.66	4	4.83	0.54
50	5	6.12	6.04	7.07	5	6.04	0.67
60	6	7.35	7.24	8.49	6	7.24	0.80
70	7	8.57	8.45	9.90	7	8.45	0.94

K 值及夹紧力计算公式

偏心轮直径或半径/mm		转轴直径/mm	偏心量/mm	K 值/(1/mm)			作用力 Q/N	力臂长 L/mm	夹紧力/N $W_0=KQL$		
				Ⅰ型	Ⅱ型	Ⅲ型					
				$\gamma=90°$	$\gamma=150°$	$\gamma=180°$			Ⅰ型	Ⅱ型	Ⅲ型
JB/T 8011.1—1999	25	6	1.3	0.35	0.43	0.60	100	70	2450	3010	4200
	32	8	1.7	0.27	0.33	0.46	100	80	2160	2640	3680
	40	10	2	0.22	0.27	0.37	100	100	2200	2700	3700
	50	12	2.5	0.18	0.22	0.30	100	120	2160	2640	3600
	60	16	3	0.15	0.18	0.24	100	150	2250	2700	3600
	70	16	3.5	0.13	0.16	0.22	100	160	2080	2560	3520

续表

标准	偏心轮直径或半径/mm	转轴直径/mm	偏心量/mm	K 值/(1/mm)			作用力 Q/N	力臂长 L/mm	夹紧力/N $W_0=KQL$		
				Ⅰ型	Ⅱ型	Ⅲ型			Ⅰ型	Ⅱ型	Ⅲ型
				$\gamma=90°$	$\gamma=150°$	$\gamma=180°$					
JB/T 8011.2—1999	25	4	1.3	0.36	0.45	0.63	100	70	2520	3150	4410
	32	5	1.7	0.28	0.35	0.50	100	80	2240	2800	4000
	40	6	2	0.23	0.29	0.40	100	100	2300	2900	4000
	50	8	2.5	0.19	0.23	0.32	100	120	2280	2760	3840
	65	10	3.5	0.14	0.17	0.24	100	150	2100	2550	3600
	80	12	5	0.10	0.13	0.20	100	190	1900	2470	3800
	100	16	6	0.08	0.11	0.16	100	210	1680	2310	3360
JB/T 8011.3—1999 JB/T 8011.4—1999	30		3	0.17	0.21	0.30	100	150	2550	3150	4500
	40		4	0.13	0.16	0.23	100	190	2470	3040	4370
	50		5	0.10	0.13	0.18	100	210	2100	2730	3780
	60		6	0.08	0.11	0.15	100	260	2080	2860	3900
	70		7	0.07	0.09	0.13	100	300	2100	2700	3900

圆偏心轮的设计计算

计算项目	符号	计算公式
偏心轮工作行程	s	$s=s_1+s_2+s_3+s_4$ 式中 s_1——为装卸工件方便所需的空隙，一般应≥0.3mm s_2——夹紧机构弹性变形的补偿量，可取 0.05～0.15mm s_3——工件在夹紧方向上的尺寸误差补偿量，即工件尺寸公差 δmm s_4——行程储备量 0.1～0.3mm
偏心轮工作段	$\gamma_1 \sim \gamma_2$	参见本表前述内容
偏心量	e	$e=\frac{s}{\cos\gamma_1-\cos\gamma_2}$(mm)
偏心轮直径或半径	D、R	$D \geqslant (14 \sim 20)e$ 或 $R \geqslant (7 \sim 10)e$
转轴直径	d	$d \approx 0.25D$(mm)
夹紧力	W_0	$W_0=\frac{QL}{\mu(R+r)+e(\sin\gamma-\mu\cos\gamma)}$ 式中 W_0——偏心夹紧时的夹紧力，N Q——作用在手柄上的作用力，N L——力臂长，mm r——转轴半径，mm μ——摩擦系数，$\tan\varphi_1=\tan\varphi_2=\mu$ γ——偏心轮几何中心与转动中心连线和几何中心与夹紧点连线的夹角，(°) 应保证 $W_0 \geqslant W_K$，W_K 为实际所需夹紧力

偏心夹紧机构及其夹紧力矩的计算

续表

	压紧方式	偏心夹紧机构	受力简图	计算公式
原动力分类计算	移动滑块 1	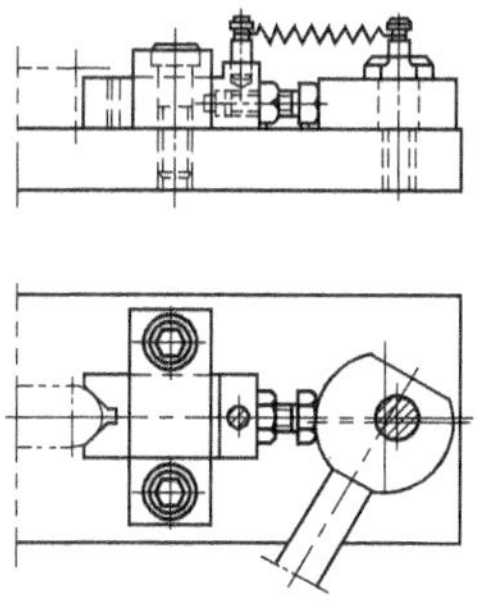	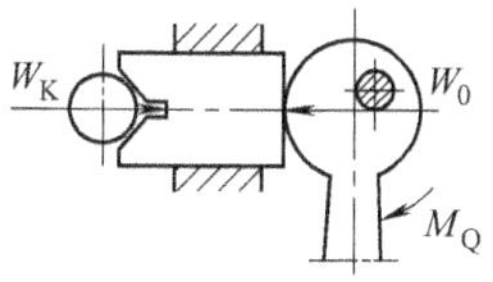 W_K W_0 M_Q	$M_Q=W_K[\mu(R+r)+e(\sin\gamma-\mu\cos\gamma)]\frac{1}{\eta_0}$
	移动滑块 2	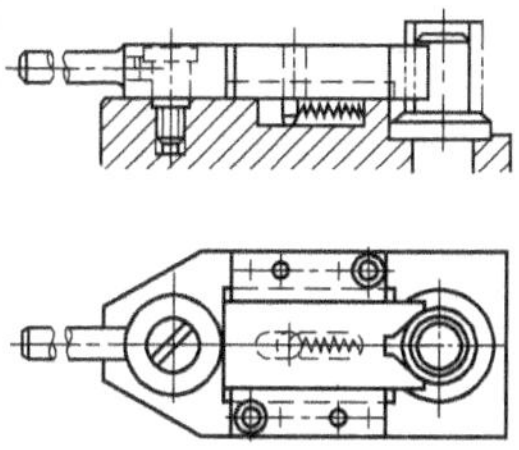	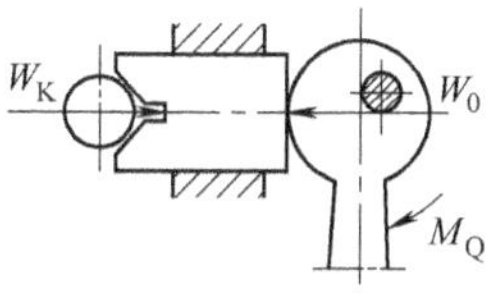 W_K W_0 M_Q	$M_Q=W_K[\mu(R+r)+e(\sin\gamma-\mu\cos\gamma)]\frac{1}{\eta_0}$
	摆动压块 1	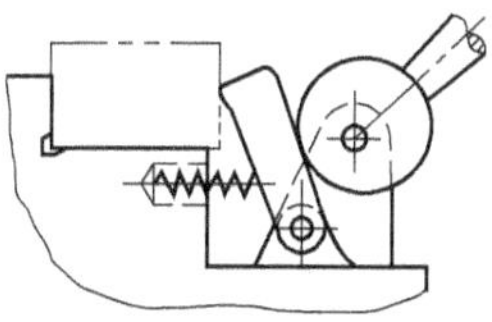	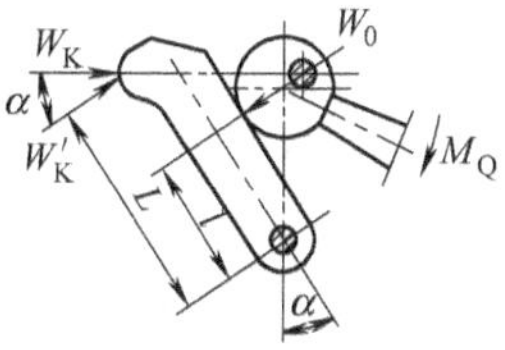 W_K W_0 α W_K' M_Q L l α	$M_Q=\frac{W_K}{\cos\alpha}[\mu(R+r)+e(\sin\gamma-\mu\cos\gamma)]\frac{L}{l}\times\frac{1}{\eta_0}$
	摆动压块 2	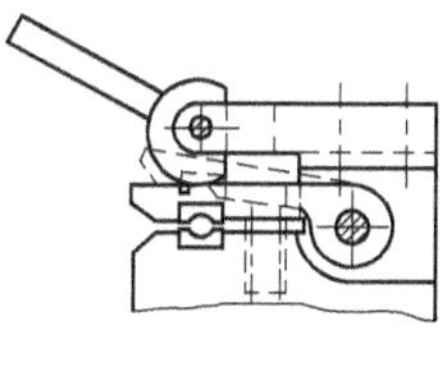	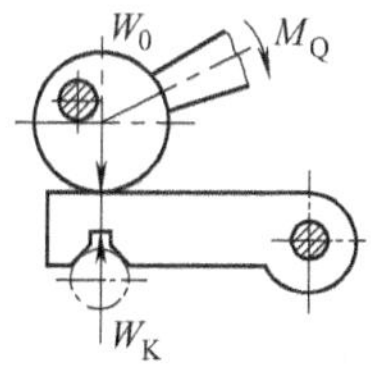 W_0 M_Q W_K	$M_Q=W_K[\mu(R+r)+e(\sin\gamma-\mu\cos\gamma)]\frac{1}{\eta_0}$
	摆动压块 3	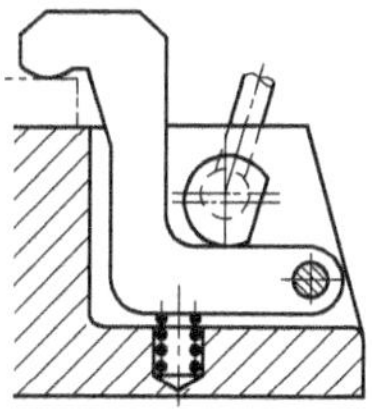	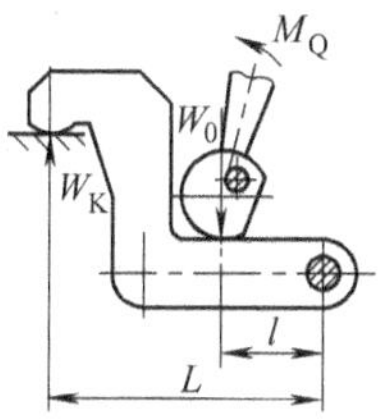 M_Q W_0 W_K l L	$M_Q=W_K[\mu(R+r)+e(\sin\gamma-\mu\cos\gamma)]\frac{L}{l}\times\frac{1}{\eta_0}$
	移动压块 1	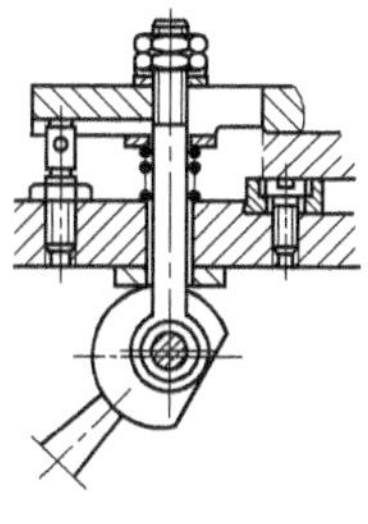	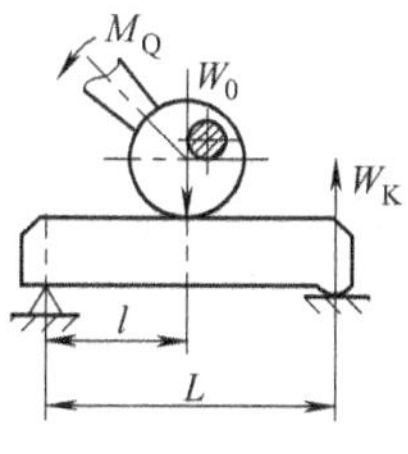 M_Q W_0 W_K l L	$M_Q=W_K[\mu(R+r)+e(\sin\gamma-\mu\cos\gamma)]\frac{L}{l}\times\frac{1}{\eta_0}$

续表

	压紧方式	偏心夹紧机构	受力简图	计算公式
原动力分类计算	移动压块 2	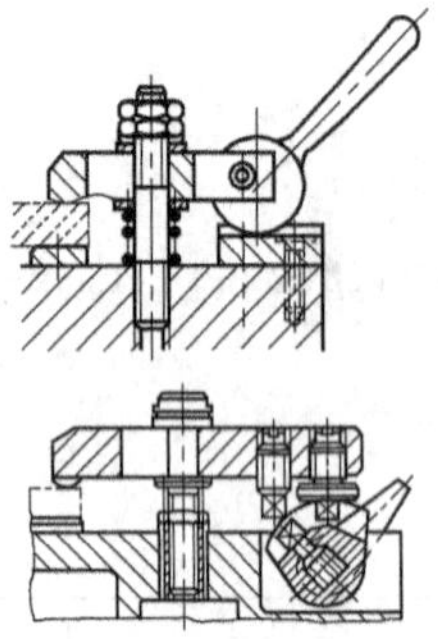	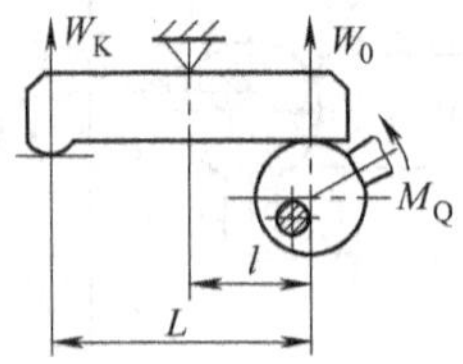	$M_Q=W_K[\mu(R+r)+e(\sin\gamma-\mu\cos\gamma)]\frac{L-l}{l}\times\frac{1}{\eta_0}$
	转动压块 1	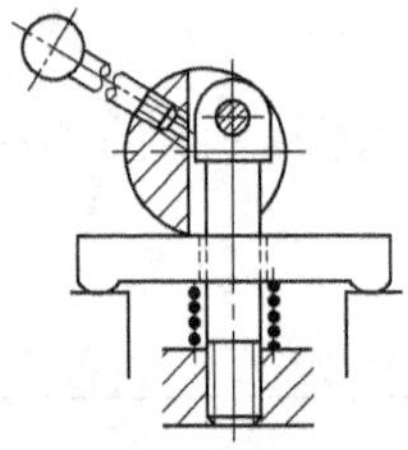	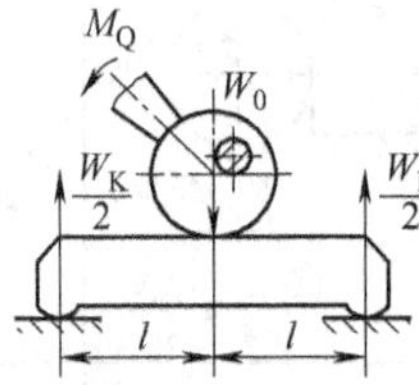	$M_Q=W_K[\mu(R+r)+e(\sin\gamma-\mu\cos\gamma)]\frac{1}{\eta_0}$
	转动压块 2	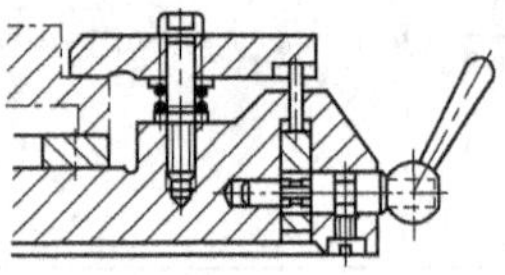	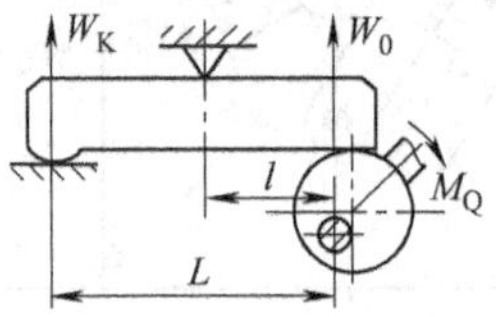	$M_Q=W_K[\mu(R+r)+e(\sin\gamma-\mu\cos\gamma)]\frac{L-l}{l}\times\frac{1}{\eta_0}$
	转动压块 3	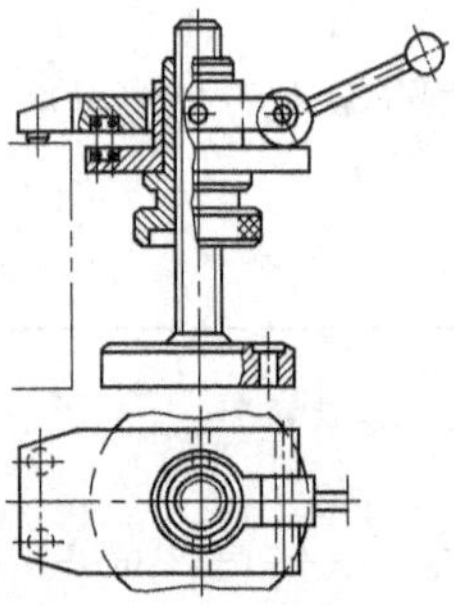	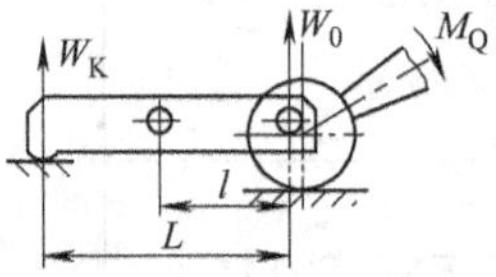	$M_Q=W_K[\mu(R+r)+e(\sin\gamma-\mu\cos\gamma)]\frac{L-l}{l}\times\frac{1}{\eta_0}$
	钩形压板	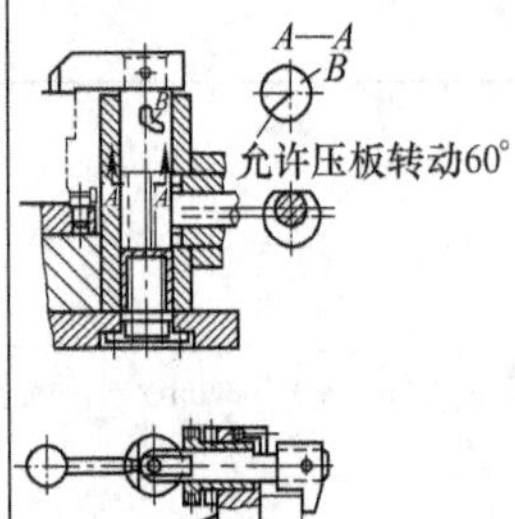	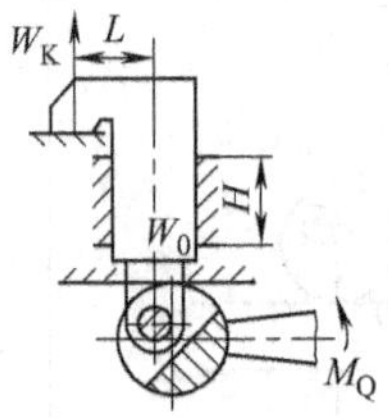	$M_Q=W_K\left(1+\frac{3L\mu}{H}\right)[\mu(R+r)+e(\sin\gamma-\mu\cos\gamma)]\frac{1}{\eta_0}$

续表

	压紧方式	偏心夹紧机构	受力简图	计算公式
原动力分类计算	可卸压板	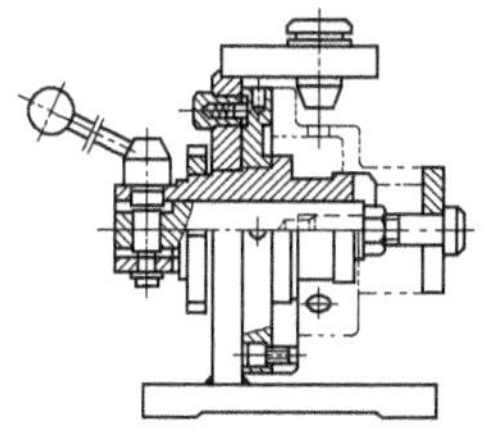	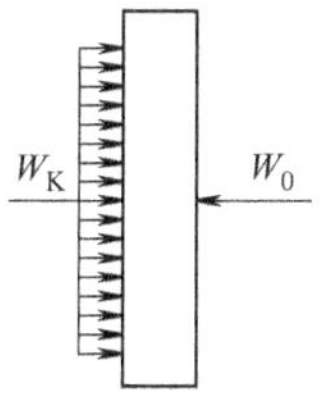	$M_Q=W_K[\mu(R+r)+e(\sin\gamma-\mu\cos\gamma)]\frac{1}{\eta_0}$
	其他压板1	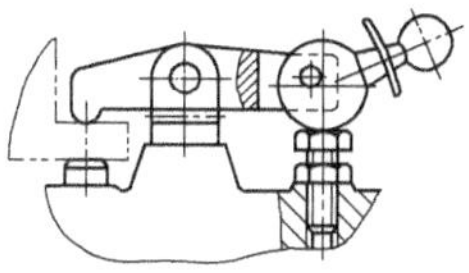	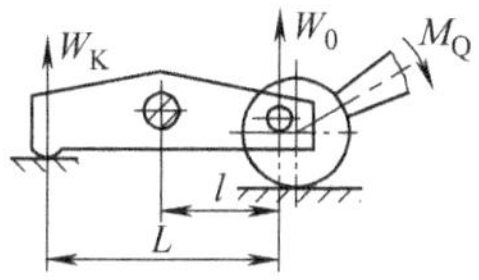	$M_Q=W_K[\mu(R+r)+e(\sin\gamma-\mu\cos\gamma)]\frac{L-l}{l}\times\frac{1}{\eta_0}$
	其他压板2	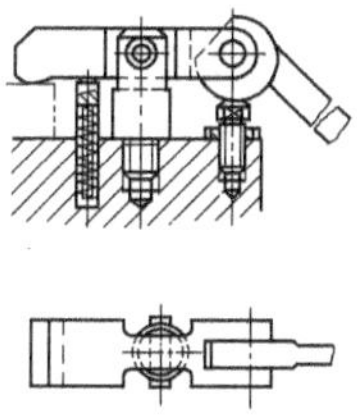	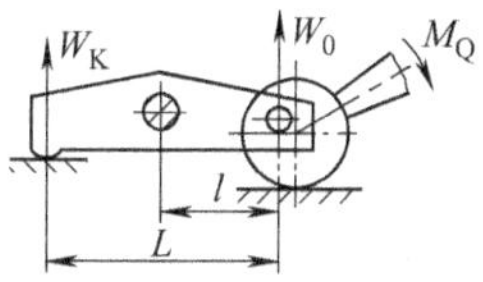	$M_Q=W_K[\mu(R+r)+e(\sin\gamma-\mu\cos\gamma)]\frac{L-l}{l}\times\frac{1}{\eta_0}$
	其他压板3	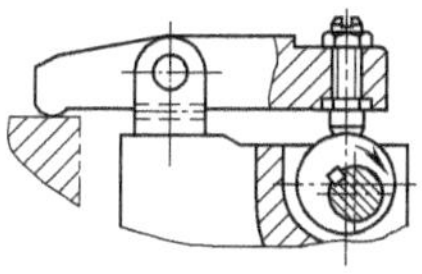	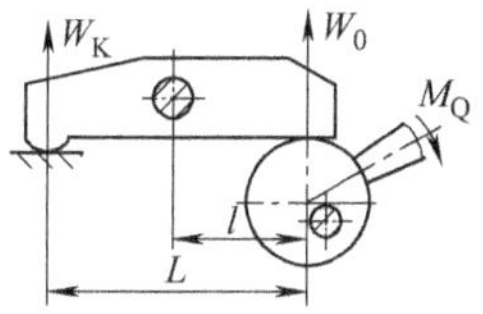	$M_Q=W_K[\mu(R+r)+e(\sin\gamma-\mu\cos\gamma)]\frac{L-l}{l}\times\frac{1}{\eta_0}$
	其他压板4	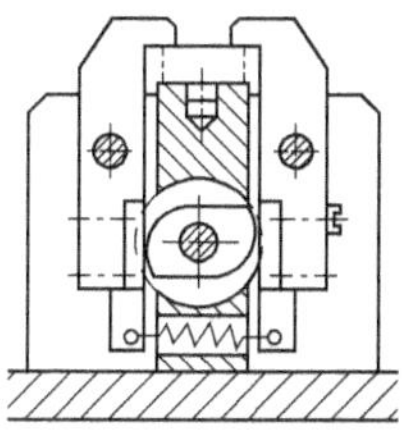	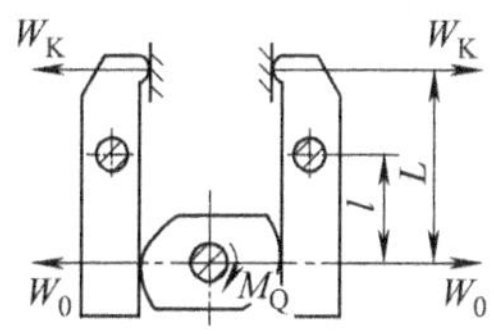	$M_Q=W_K[\mu(R+r)+e(\sin\gamma-\mu\cos\gamma)]\frac{L-l}{l}\times\frac{1}{\eta_0}$
	符号注释	W_K——实际所需夹紧力，N M_Q——原动力，N·mm μ——摩擦系数 R——偏心轮半径，mm r——转轴半径，mm		γ——偏心轮几何中心与转动中心连线和几何中心与夹紧点连线间的夹角，(°) η_0——除偏心外机构的效率，其值为0.85～0.95 其余如图所示

(5) 端面凸轮夹紧机构夹紧力的计算（见表 3-8）

表 3-8 端面凸轮夹紧机构夹紧力的计算

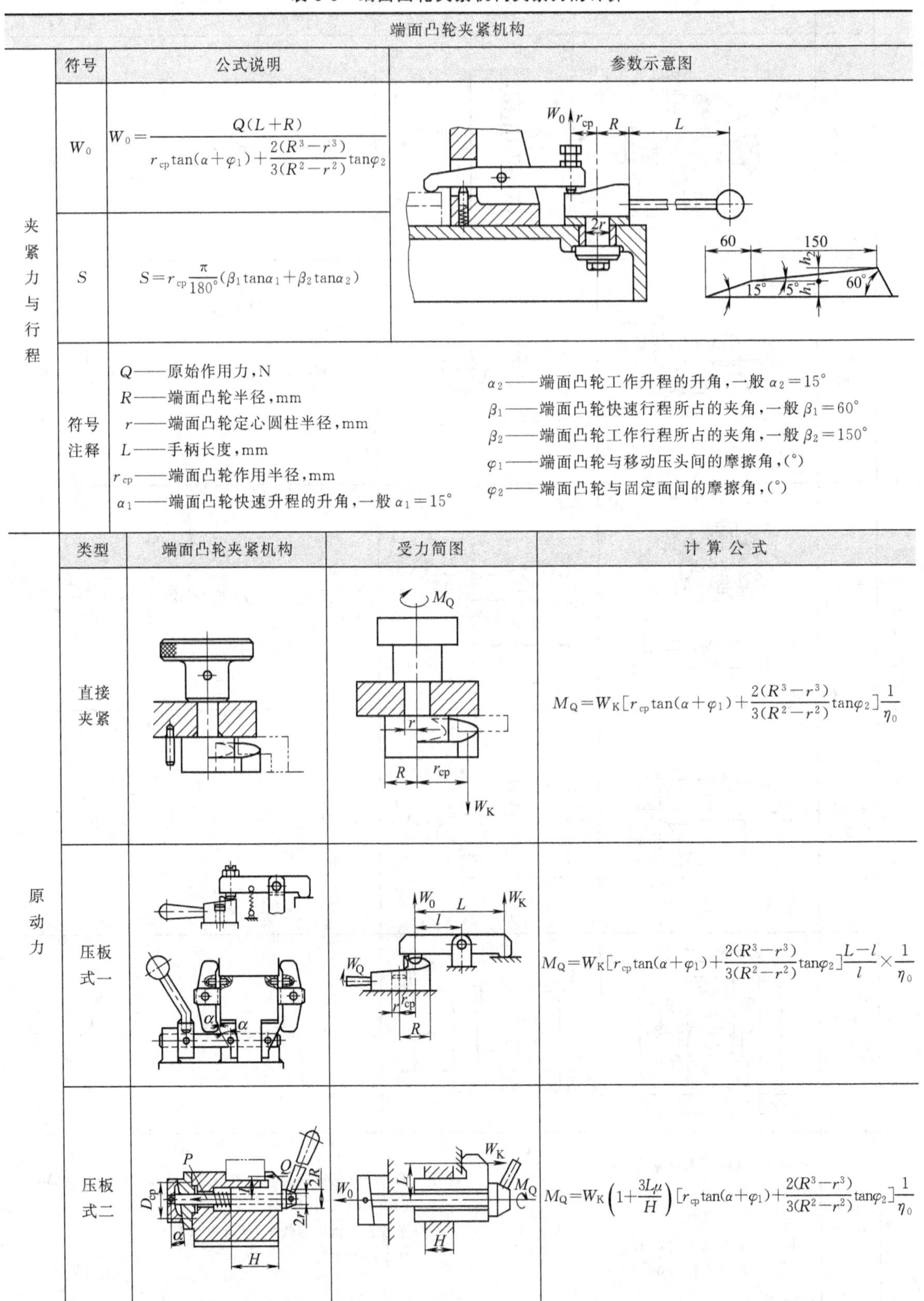

端面凸轮夹紧机构			
	符号	公式说明	参数示意图
夹紧力与行程	W_0	$W_0=\dfrac{Q(L+R)}{r_{cp}\tan(\alpha+\varphi_1)+\dfrac{2(R^3-r^3)}{3(R^2-r^2)}\tan\varphi_2}$	
	S	$S=r_{cp}\dfrac{\pi}{180°}(\beta_1\tan\alpha_1+\beta_2\tan\alpha_2)$	
	符号注释	Q——原始作用力，N R——端面凸轮半径，mm r——端面凸轮定心圆柱半径，mm L——手柄长度，mm r_{cp}——端面凸轮作用半径，mm α_1——端面凸轮快速升程的升角，一般 $\alpha_1=15°$	α_2——端面凸轮工作升程的升角，一般 $\alpha_2=15°$ β_1——端面凸轮快速行程所占的夹角，一般 $\beta_1=60°$ β_2——端面凸轮工作行程所占的夹角，一般 $\beta_2=150°$ φ_1——端面凸轮与移动压头间的摩擦角，(°) φ_2——端面凸轮与固定面间的摩擦角，(°)

	类型	端面凸轮夹紧机构	受力简图	计算公式
原动力	直接夹紧			$M_Q=W_K[r_{cp}\tan(\alpha+\varphi_1)+\dfrac{2(R^3-r^3)}{3(R^2-r^2)}\tan\varphi_2]\dfrac{1}{\eta_0}$
	压板式一			$M_Q=W_K[r_{cp}\tan(\alpha+\varphi_1)+\dfrac{2(R^3-r^3)}{3(R^2-r^2)}\tan\varphi_2]\dfrac{L-l}{l}\times\dfrac{1}{\eta_0}$
	压板式二			$M_Q=W_K\left(1+\dfrac{3L\mu}{H}\right)[r_{cp}\tan(\alpha+\varphi_1)+\dfrac{2(R^3-r^3)}{3(R^2-r^2)}\tan\varphi_2]\dfrac{1}{\eta_0}$

续表

	类型	端面凸轮夹紧机构	受力简图	计算公式
原动力	符号注释	W_K——实际所需夹紧力,N M_Q——原动力,N·mm R——端面凸轮半径,mm r_{cp}——端面凸轮作用半径,mm r——端面凸轮定心圆柱半径,mm		α——端面凸轮升角,(°) φ_1——端面凸轮与移动压头间的摩擦角,(°) φ_2——端面凸轮与固定面间的摩擦角,(°) η_0——除斜楔外机构的效率,其值为0.85～0.95,其余如图所示

(6) 铰链夹紧机构夹紧力的计算(见表3-9)

表3-9 铰链夹紧机构夹紧力的计算

铰链夹紧机构				
	类型	机构简图	计算参数	计算公式
主要参数计算	单臂	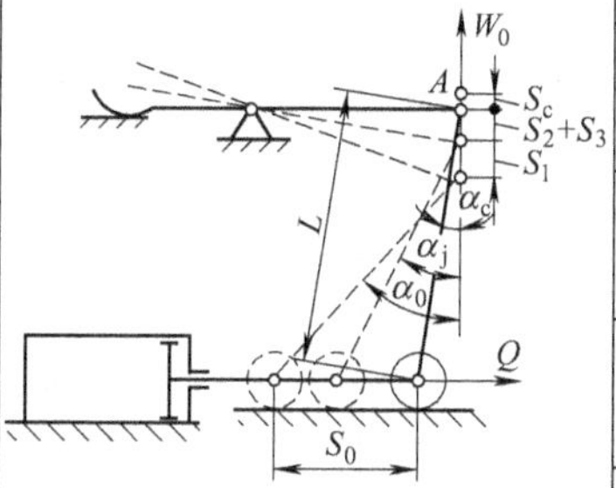 W_0, A, S_c, S_2+S_3, S_1, α_c, α_j, α_0, L, Q, S_0	夹紧端储备行程 S_c/mm	$S_c=L(1-\cos\alpha_c)$
			计算夹紧角 α_j/(°)	$\alpha_j=\arccos\dfrac{L\cos\alpha_c-(S_2+S_3)}{L}$
			增力比 i_Q	$i_Q=\dfrac{1}{\tan(\alpha_j+\beta)+\tan\varphi_1'}$
			铰链机构的夹紧力 W_0/N	$W_0=i_QQ$
			开始状态杆臂倾斜角 α_0/(°)	$\alpha_0=\arccos\dfrac{L\cos\alpha_j-S_1}{L}$
			受力点行程 S_0/mm	$S_0=L(\sin\alpha_0-\sin\alpha_c)$
			气缸行程 X_0/mm	$X_0=S_0$
	双臂单作用无滑柱	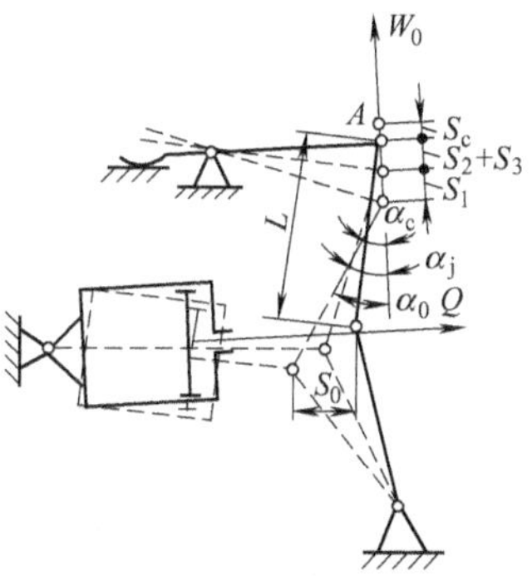 W_0, A, S_c, S_2+S_3, S_1, α_c, α_j, α_0, Q, L, S_0	夹紧端储备行程 S_c/mm	$S_c=2L(1-\cos\alpha_c)$
			计算夹紧角 α_j/(°)	$\alpha_j=\arccos\dfrac{2L\cos\alpha_c-(S_2+S_3)}{2L}$
			增力比 i_Q	$i_Q=\dfrac{1}{2\tan(\alpha_j+\beta)}$
			铰链机构的夹紧力 W_0/N	$W_0=i_QQ$
			开始状态杆臂倾斜角 α_0/(°)	$\alpha_0=\arccos\dfrac{2L\cos\alpha_j-S_1}{2L}$
			受力点行程 S_0/mm	$S_0=L(\sin\alpha_0-\sin\alpha_c)$
			气缸行程 X_0/mm	$X_0=\sqrt{S_0^2+\left(\dfrac{S_1+S_2+S_3}{2}\right)^2}$

续表

	类型	机构简图	计算参数	计算公式
主要参数计算	双臂单作用有滑柱	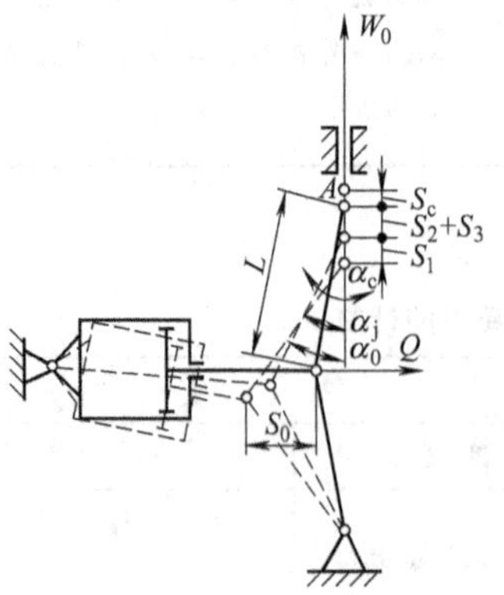	夹紧端储备行程 S_c/mm	$S_c=2L(1-\cos\alpha_c)$
			计算夹紧角 α_j/(°)	$\alpha_j=\arccos\dfrac{2L\cos\alpha_c-(S_2+S_3)}{2L}$
			增力比 i_Q	$i_Q=\dfrac{1}{2}\left[\dfrac{1}{\tan(\alpha_j+\beta)}-\tan\varphi_2'\right]$
			铰链机构的夹紧力 W_0/N	$W_0=i_QQ$
			开始状态杆臂倾斜角 α_0/(°)	$\alpha_0=\arccos\dfrac{2L\cos\alpha_j-S_1}{2L}$
			受力点行程 S_0/mm	$S_0=L(\sin\alpha_0-\sin\alpha_c)$
			气缸行程 X_0/mm	$X_0=\sqrt{S_0^2+\left(\dfrac{S_1+S_2+S_3}{2}\right)^2}$
	双臂双作用无滑柱	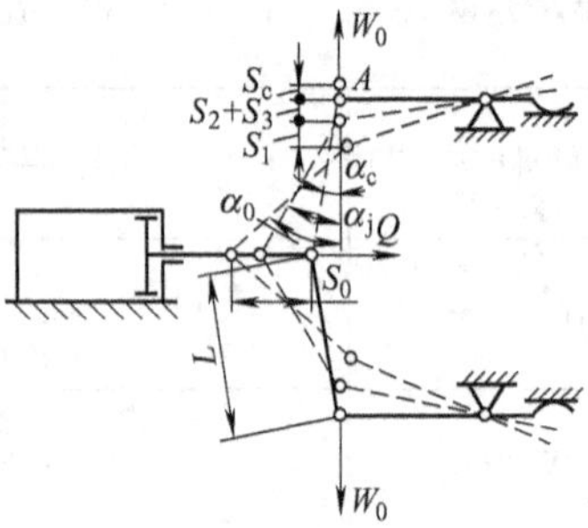	夹紧端储备行程 S_c/mm	$S_c=L(1-\cos\alpha_c)$
			计算夹紧角 α_j/(°)	$\alpha_j=\arccos\dfrac{L\cos\alpha_c-(S_2+S_3)}{L}$
			增力比 i_Q	$i_Q=\dfrac{1}{2\tan(\alpha_j+\beta)}$
			铰链机构的夹紧力 W_0/N	$W_0=i_QQ$
			开始状态杆臂倾斜角 α_0/(°)	$\alpha_0=\arccos\dfrac{L\cos\alpha_j-S_1}{L}$
			受力点行程 S_0/mm	$S_0=L(\sin\alpha_0-\sin\alpha_c)$
			气缸行程 X_0/mm	$X_0=S_0$
	双臂双作用有滑柱	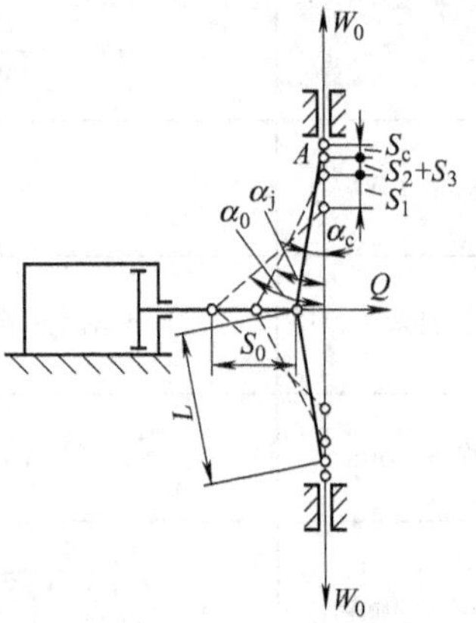	夹紧端储备行程 S_c/mm	$S_c=L(1-\cos\alpha_c)$
			计算夹紧角 α_j/(°)	$\alpha_j=\arccos\dfrac{L\cos\alpha_c-(S_2+S_3)}{L}$
			增力比 i_Q	$i_Q=\dfrac{1}{2}\left[\dfrac{1}{\tan(\alpha_j+\beta)}-\tan\varphi_2'\right]$
			铰链机构的夹紧力 W_0/N	$W_0=i_QQ$
			开始状态杆臂倾斜角 α_0/(°)	$\alpha_0=\arccos\dfrac{L\cos\alpha_j-S_1}{L}$
			受力点行程 S_0/mm	$S_0=L(\sin\alpha_0-\sin\alpha_c)$
			气缸行程 X_0/mm	$X_0=S_0$

续表

	类型	机构简图	受力简图	计算公式
原动力分类计算	单臂	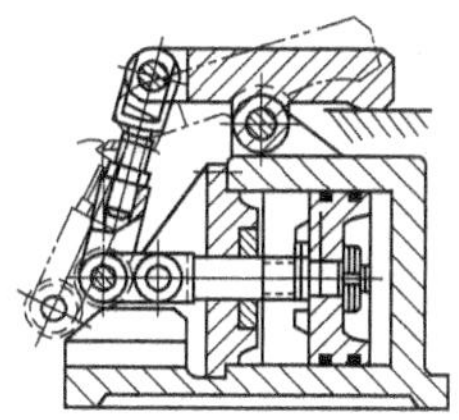	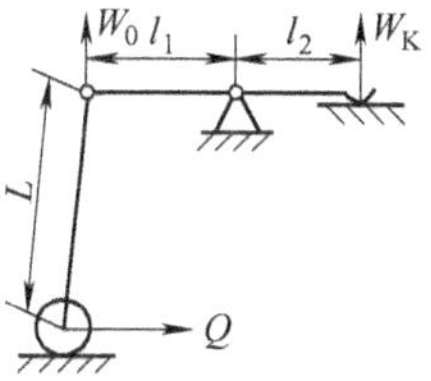	$Q=W_K[\tan(\alpha_j+\beta)+\tan\varphi_1']\frac{l_2}{l_1}\times\frac{1}{\eta_0}$
	双臂单作用无滑柱	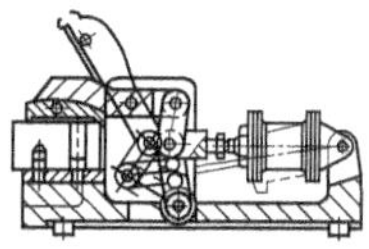 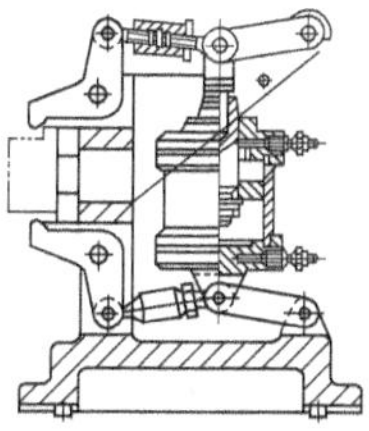 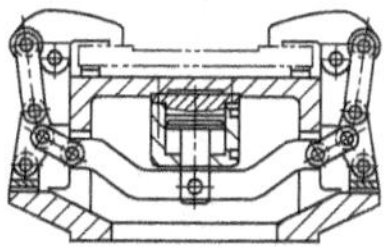	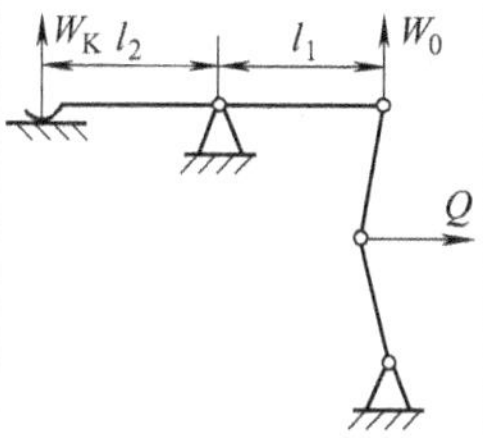	$Q=2W_K\tan(\alpha_j+\beta)\frac{l_2}{l_1}\times\frac{1}{\eta_0}$
	双臂单作用有滑柱	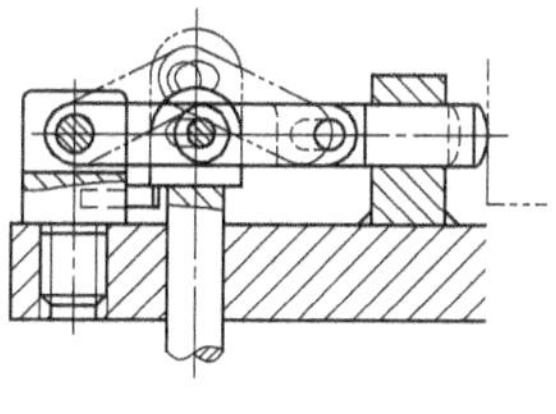	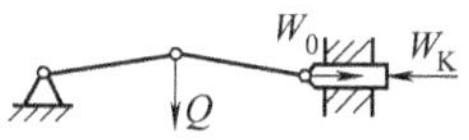	$Q=2W_K\frac{\tan(\alpha_j+\beta)}{1-\tan\varphi_2'\tan(\alpha_j+\beta)}\times\frac{1}{\eta_0}$
	双臂双作用无滑柱	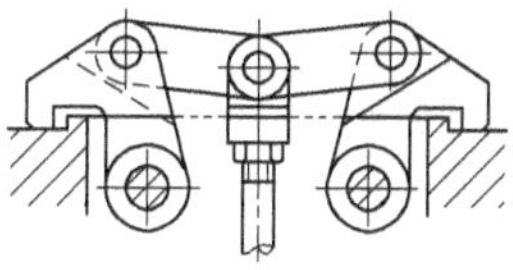	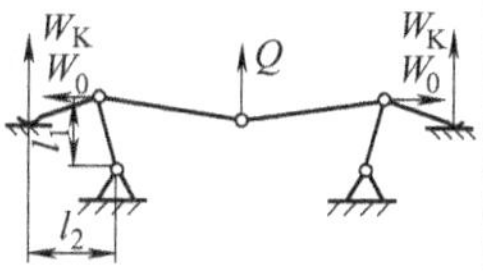	$Q=2W_K\tan(\alpha_j+\beta)\frac{l_2}{l_1}\times\frac{1}{\eta_0}$
	双臂双作用有滑柱	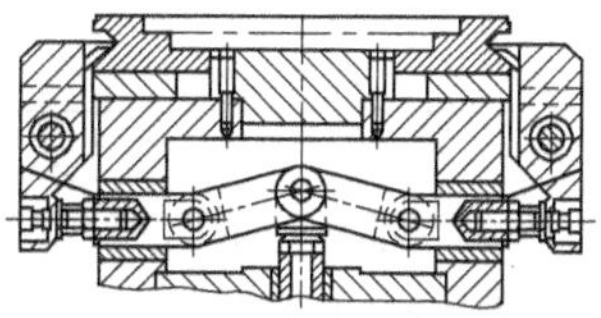	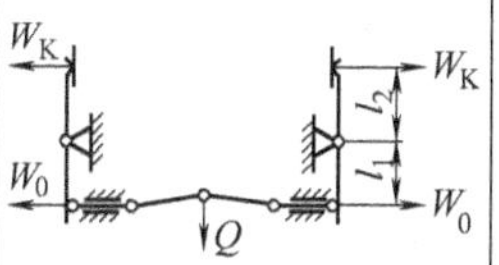	$Q=2W_K\frac{\tan(\alpha_j+\beta)}{1-\tan\varphi_2'\tan(\alpha_j+\beta)}\times\frac{l_2}{l_1}\times\frac{1}{\eta_0}$

续表

原动力分类计算	符号注释	W_K——实际所需夹紧力，N Q——原始作用力，N L——杠杆两头铰接点之间的距离，mm α_j——计算夹紧角(杠杆倾斜角)，(°) α_0——开始状态杆臂倾斜角，(°) α_c——夹紧储备角，(°) S_c——夹紧端的储备行程，mm S_0——受力点的行程，mm S_1——空行程，mm S_2——工件公差，mm S_3——系统变形量，mm，一般取 0.05～0.15 d——铰链孔直径，mm D——滚子直径，mm	β——铰链杠杆的摩擦角，$\beta=\arcsin\frac{d}{L}\mu$，(°) μ——摩擦系数 i_Q——增力比 $\tan\varphi_1'$——滚子支承面的当量摩擦系数，$\tan\varphi_1'=(d/D)\tan\varphi_1$，$d/D=0.5$ $\tan\varphi_2'$——滚子支承面的当量摩擦系数，$\tan\varphi_2'=(2l/h)\tan\varphi_2$，$l/h=0.7$ l——导向孔中点至铰链中心的距离，mm h——导向孔长度，mm X_0——气缸行程，mm η_0——除铰链外机构的效率，其值为 0.85～0.95，其余如图所示

(7) 钩形压板夹紧机构夹紧力的计算（见表 3-10）

表 3-10 钩形压板夹紧机构夹紧力的计算

钩形压板	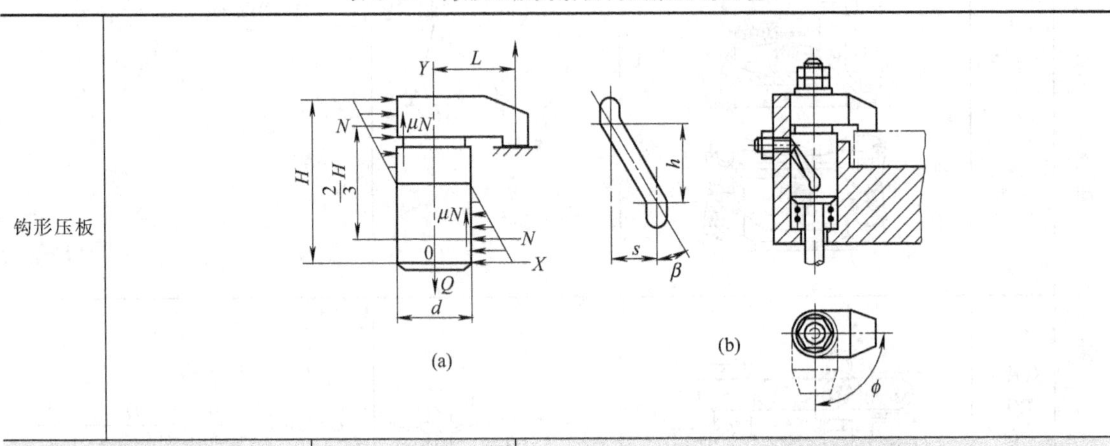

计算项目	符号	计算公式
所需拉力	Q	$Q=W_K\left(1+\frac{3L\mu}{H}\right)+q$ 式中 W_K——实际所需夹紧力，N L——夹压点到轴心线的距离，mm H——钩形压板的导向长度，mm μ——摩擦系数，0.1～0.15 q——弹簧作用力，N
压板回去转时沿圆柱转过的弧长(行程)	s	$s=\frac{\pi d\phi}{360°}$ 式中 d——钩形压板导向部分的直径，mm ϕ——压板的回转角度，(°)
压板回转时的升程	h	$h=\frac{s}{\tan\beta}=\frac{\pi d\phi}{360\tan\beta}=kd$ 式中 β——压板螺旋槽的螺旋角，(°) k——压板升程系数

续表

计算项目	符号	计算公式				
压板回转时的升程	h	螺旋角 β	升程系数 k			
			回转角度 ϕ			
			30°	45°	60°	90°
		30°	0.45	0.68	0.91	1.36
		35°	0.37	0.56	0.75	1.12
		40°	0.31	0.47	0.62	0.94

3.2　夹紧机构的设计

3.2.1　常用夹紧机构及其选用

机床夹具中所使用的夹紧机构绝大多数都是利用斜面将楔块的推力转变为夹紧力来夹紧工件的，其中最基本的形式就是直接利用有斜面的楔块，偏心轮、凸轮、螺钉等不过是楔块的变种。

（1）斜楔夹紧机构

斜楔是夹紧机构中最基本的增力和锁紧元件。斜楔夹紧机构是利用楔块上的斜面直接或间接（如用杠杆）地将工件夹紧的机构，如图 3-13 所示。

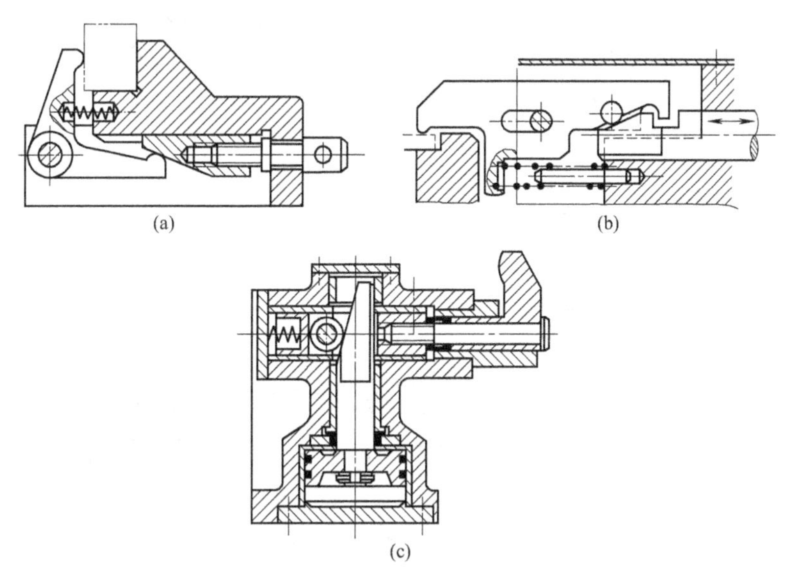

图 3-13　斜楔夹紧机构

选用斜楔夹紧机构时，应根据需要确定斜角 α。凡有自锁要求的楔块夹紧，其斜角 α 必须小于 2φ（φ 为摩擦角），为可靠起见，通常取 $\alpha=6°\sim8°$。在现代夹具中，斜楔夹紧机构常与气压、液压传动装置联合使用。由于气压和液压可保持一定压力，楔块斜角 α 不受此限，可取更大些，一般在 15°～30°内选择。斜楔夹紧机构结构简单，操作方便，但传力系数小，夹紧行程短，自锁能力差。

（2）螺旋夹紧机构

由螺钉、螺母、垫圈、压板等元件组成，采用螺旋直接夹紧或与其他元件组合实现夹紧工件作用的机构，统称为螺旋夹紧机构。螺旋夹紧机构不仅结构简单、容易制造，而且自锁性能好、夹紧可靠，夹紧力和夹紧行程都较大，是夹具中用得最多的一种夹紧机构。

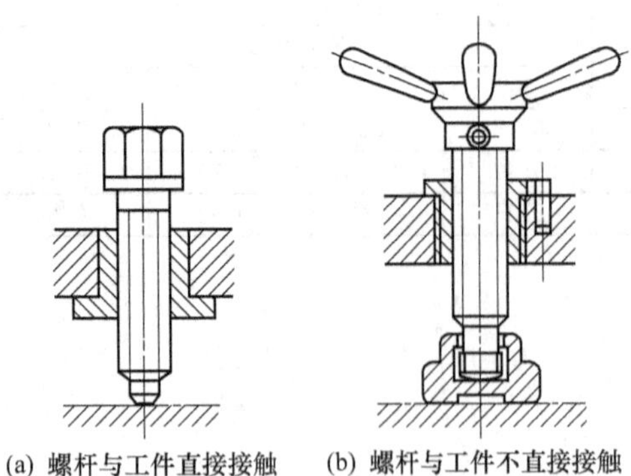

图 3-14 简单螺旋夹紧机构

① 简单螺旋夹紧机构。这种装置有两种形式。如图 3-14（a）所示的机构螺杆直接与工件接触，容易使工件受损害或移动，一般只用于毛坯和粗加工零件的夹紧。如图 3-14（b）所示的是常用的螺旋夹紧机构，其螺钉头部常装有摆动压块，可防止螺杆夹紧时带动工件转动和损伤工件表面，螺杆上部装有手柄，夹紧时不需要扳手，操作方便、迅速。当工件夹紧部分不宜使用扳手、且夹紧力要求不大的部位，可选用这种机构。简单螺旋夹紧机构的缺点是夹紧动作慢，工件装卸费时。为了克服这一缺点，可以采用如图 3-15 所示的快速螺旋夹紧机构。

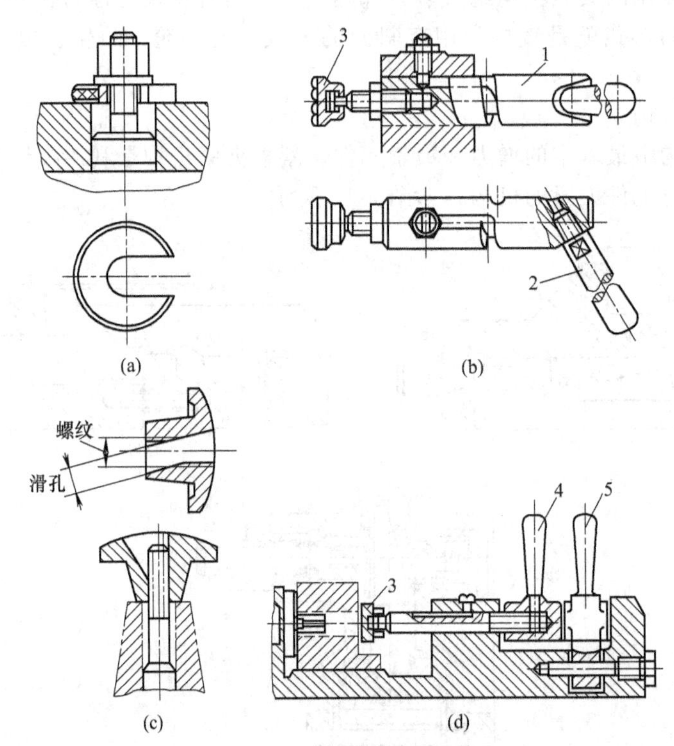

图 3-15 快速螺旋夹紧机构

1—夹紧轴；2,4,5—手柄；3—摆动压块

② 螺旋压板夹紧机构。在夹紧机构中，结构形式变化最多的是螺旋压板机构，常用的螺旋压板夹紧机构如图 3-16 所示。选用时，可根据夹紧力大小的要求、工作高度尺寸的变化范围、夹具上夹紧机构允许占有的部位和面积进行选择。例如，当夹具中只允许夹紧机构占很小面积，而夹紧力又要求不很大时，可选用如图 3-16（a）所示的螺旋钩形压板夹紧机构；又如工件夹紧高度变化较大的小批量、单件生产，可选用如图 3-16（e）、图 3-16（f）所示的通用压板夹紧机构。

(3) 偏心夹紧机构

偏心夹紧机构是由偏心元件直接夹紧或与其他元件组合而实现对工件夹紧的机构，它是利

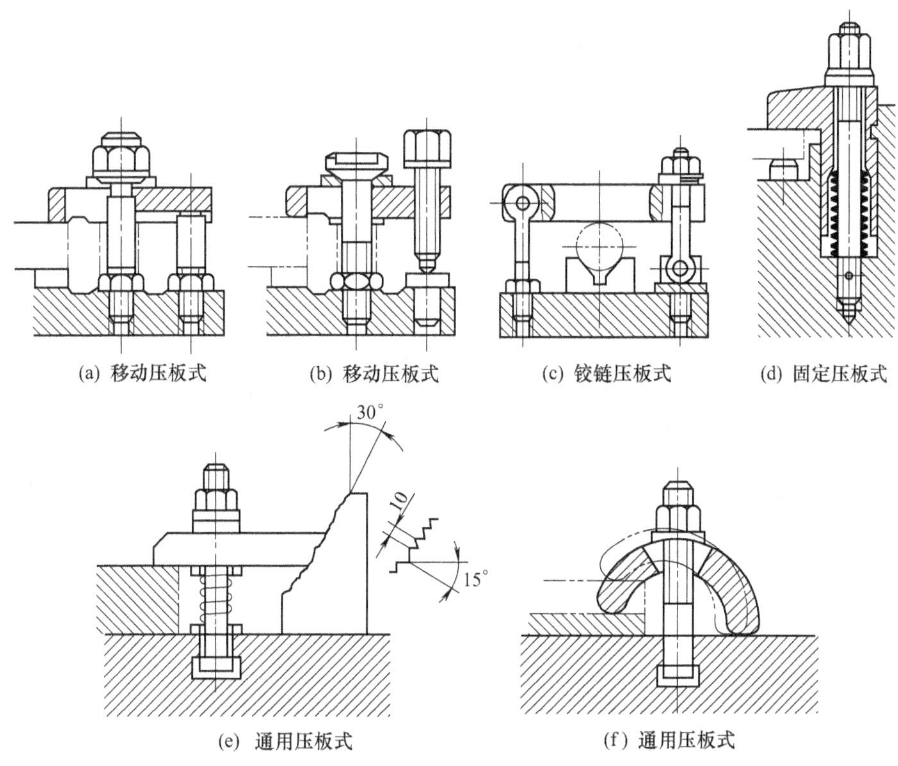

(a) 移动压板式　(b) 移动压板式　(c) 铰链压板式　(d) 固定压板式

(e) 通用压板式　(f) 通用压板式

图 3-16　螺旋压板夹紧机构

用转动中心与几何中心偏移的圆盘或轴作为夹紧元件。它的工作原理也是基于斜楔的工作原理，近似于把一个斜楔弯成圆盘形，如图 3-17（a）所示。偏心元件一般有圆偏心和曲线偏心两种类型，圆偏心因结构简单、容易制造而得到广泛应用。

偏心夹紧机构结构简单、制造方便，与螺旋夹紧机构相比，还具有夹紧迅速、操作方便等优点；其缺点是夹紧力和夹紧行程均不大，自锁能力差，结构不抗振，故一般适用于夹紧行程及切削负荷较小且平稳的场合。在实际使用中，偏心轮直接作用在工件上的偏心夹紧机构不多见。偏心夹紧机构一般多和其他夹紧元件联合使用。如图 3-17（b）所示是偏心压板夹紧机构。

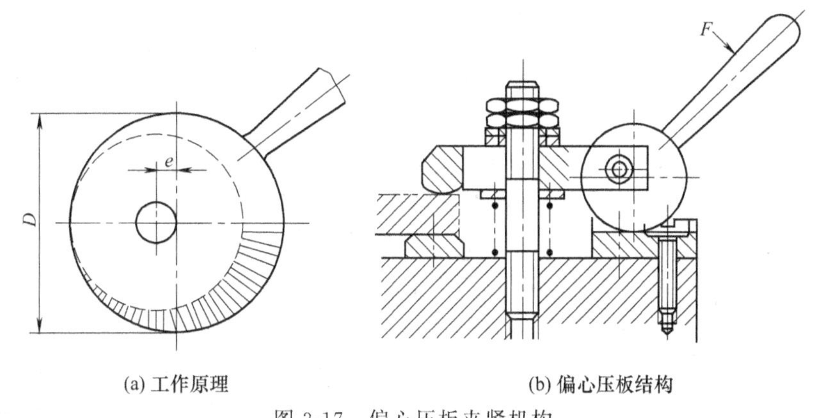

(a) 工作原理　(b) 偏心压板结构

图 3-17　偏心压板夹紧机构

（4）铰链夹紧机构

铰链夹紧机构是一种增力夹紧机构。由于其机构简单，增力倍数大，在气压夹具中获得较广泛的运用，以弥补气缸或气室力量的不足。如图 3-18 所示是铰链夹紧机构的三种基本结构。图 3-18（a）为单臂铰链夹紧机构，臂的两头是铰链的连线，一头带滚子。图 3-18（b）为双臂单作用铰链夹紧机构。图 3-18（c）为双臂双作用铰链夹紧机构。

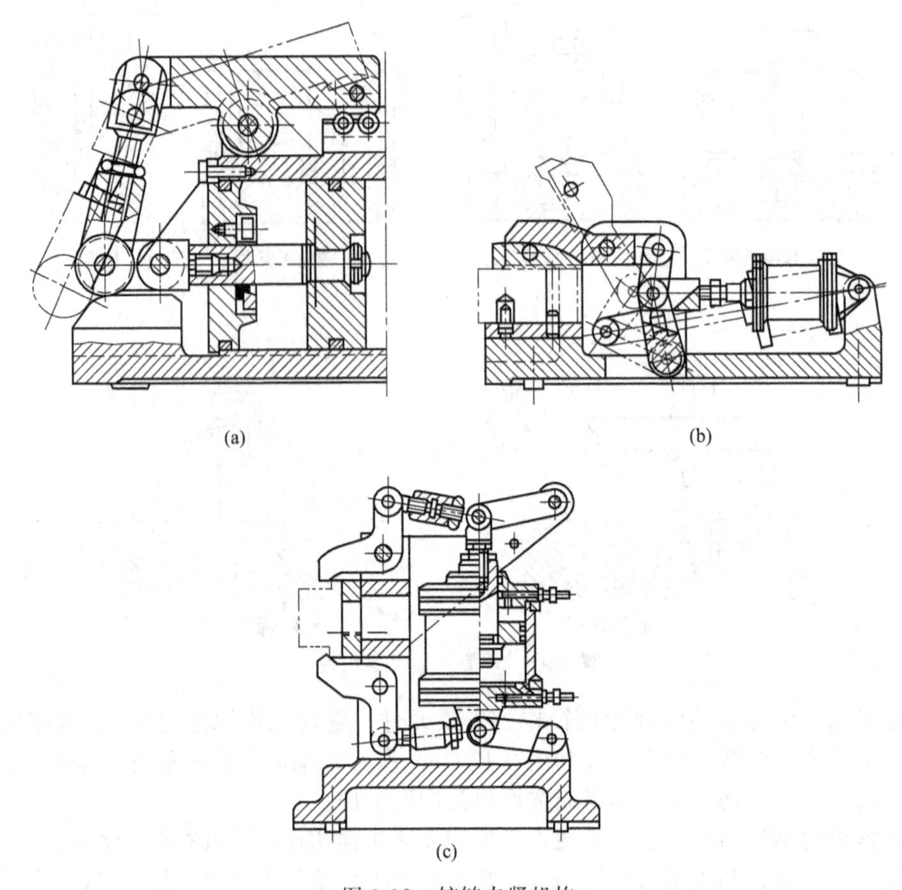

图 3-18 铰链夹紧机构

（5）杠杆夹紧机构

杠杆夹紧机构是利用杠杆原理直接夹紧工件，一般不能自锁，所以大多以气压或液压作为夹紧动力源。

如图 3-19 所示为一种大张量压板杠杆夹紧机构。夹紧动力源拉动推杆 1 上下，使压板 2 张开或压紧工件。

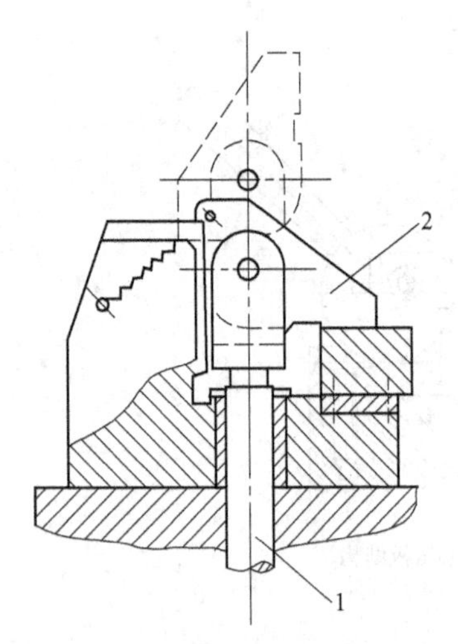

图 3-19 大张量压板杠杆夹紧机构

1—推杆；2—压板

如图 3-20 所示为回转式钩形压板夹紧机构。它是由夹紧动力源通过连接臂 4 使钩形压板 1 压紧工件，利用压板直杆上的螺旋槽 L 和钢球 3，使压板在上下移动时可以自动回转，以方便装卸工件。螺旋槽的 β 角一般取 30°～40°。支承套 2 用来防止压板在夹紧时向后变形。

如图 3-21 所示为可伸缩的内压式杠杆夹紧机构。工件由定位套 2 定位，伸缩压板 1 安置在定位套内部。当夹紧动力源带动拉杆 3 向上移动时，由于定位套是固定的，因此压板 1 便回转而缩进，这时便可卸下工件，另装待加工工件。工件装好后，夹紧动力源带动拉杆 3 向下移动，压板复位，夹紧工件。

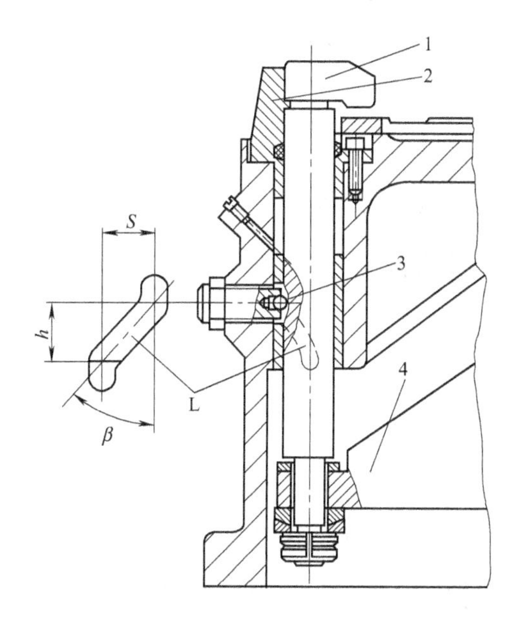

图 3-20 回转式钩形压板夹紧机构

1—钩形压板；2—支承套；3—钢球；4—连接臂

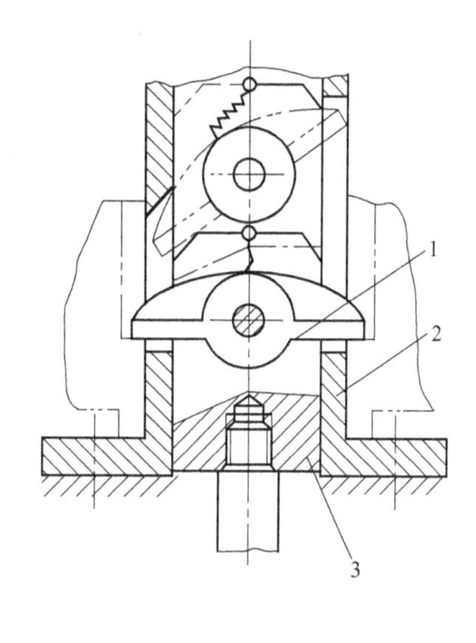

图 3-21 可伸缩内压式杠杆夹紧机构

1—伸缩压板；2—定位套；3—拉杆

杠杆夹紧机构结构紧凑，所占空间位置较小，而且利用杠杆的运动使压板自动进入或退出夹紧位置，便于装卸工件，但其夹紧行程较大，而且一般不增力。

(6) 定心夹紧机构

在工件定位时，常常将工件的定心定位和夹紧结合在一起，这种机构称为定心夹紧机构。定心夹紧机构的特点是：

a. 定位和夹紧是同一元件；

b. 元件之间有精确的联系；

c. 能同时等距离地移向或退离工件；

d. 能将工件定位基准的误差对称地分布开来。

常见的定心夹紧机构有：利用斜面作用的定心夹紧机构、利用杠杆作用的定心夹紧机构以及利用薄壁弹性元件的定心夹紧机构等。

① 斜面作用的定心夹紧机构。属于此类夹紧机构的有：螺旋式、偏心式、斜楔式以及弹簧夹头等。如图 3-22 所示为部分这类定心夹紧机构。如图 3-22 (a) 所示为螺旋式定心夹紧机构；如图 3-22 (b) 所示为偏心式定心夹紧机构；如图 3-22 (c) 所示为斜面（锥面）定心夹紧机构。

弹簧夹头亦属于利用斜面作用的定心夹紧机构。如图 3-23 所示为弹簧夹头的结构简图。图中 1 为夹紧元件——弹簧套筒，2 为操纵件——拉杆。

② 杠杆作用的定心夹紧机构。如图 3-24 所示的车床卡盘即属此类夹紧机构。气缸力作用于拉杆 1，拉杆 1 带动滑块 2 左移，通过三个钩形杠杆 3 同时收拢三个夹爪 4，对工件进行定心夹紧。夹爪的张开是靠滑块上的三个斜面推动的。

如图 3-25 所示为齿轮齿条传动的定心夹紧机构。气缸（或其他动力）通过拉杆推动右端钳口时，通过齿轮齿条传动，使左面钳口同步向心移动夹紧工件，使工件在 V 形块中自动定心。

③ 弹性定心夹紧机构。弹性定心夹紧机构是利用弹性元件受力后的均匀变形实现对工件的自动定心的。根据弹性元件的不同，有鼓膜式夹具、碟形弹簧夹具、液性塑料薄壁套筒夹具及折纹管夹具等。如图 3-26 所示为鼓膜式夹具。如图 3-27 所示为液性塑料定心夹具。

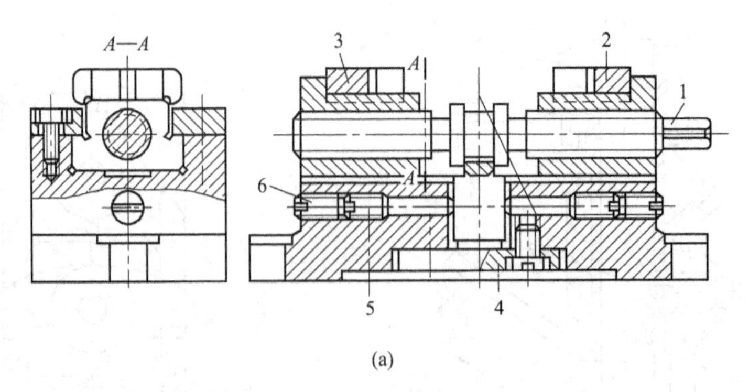

(a)

1—螺杆；2,3—V形块；4—叉形零件；5,6—螺钉

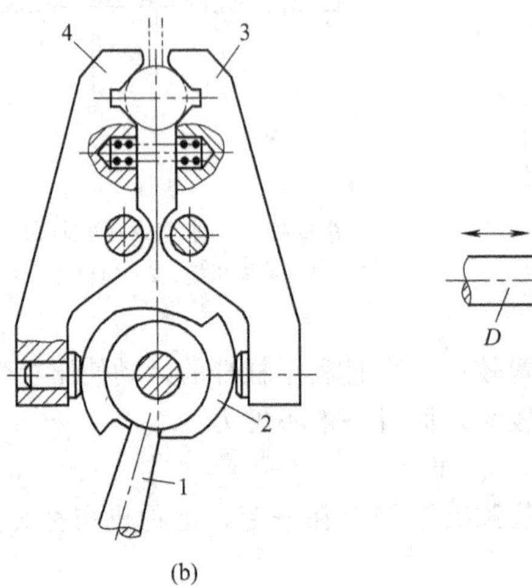

(b)

1—手柄；2—双面凸轮；3,4—夹爪

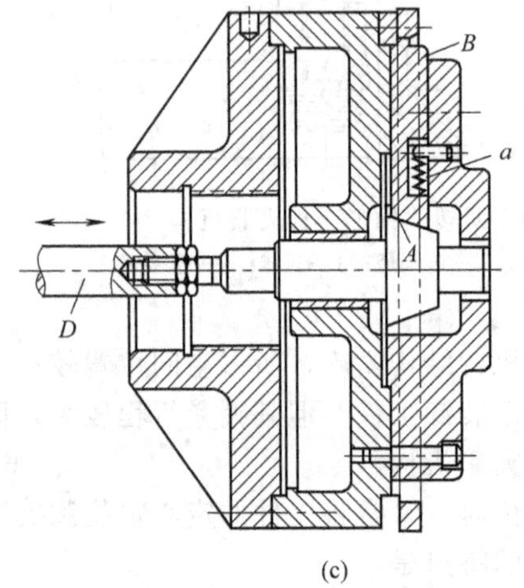

(c)

图 3-22 斜面定心夹紧机构

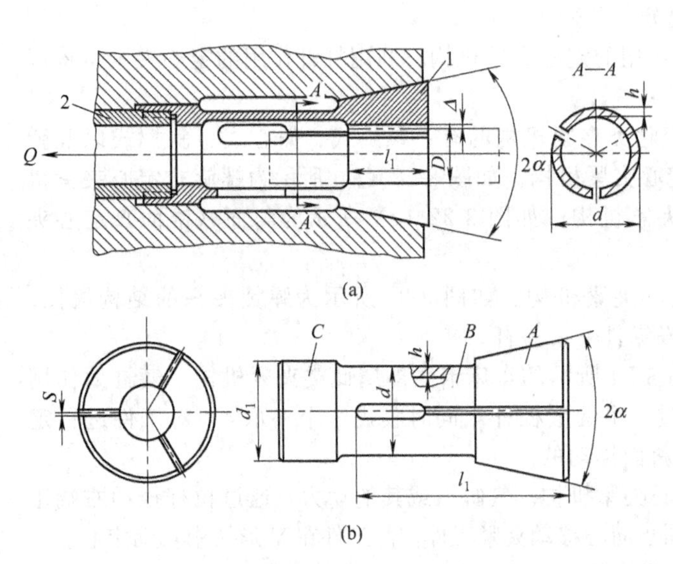

图 3-23 弹簧夹头的结构

1—弹簧套筒；2—拉杆

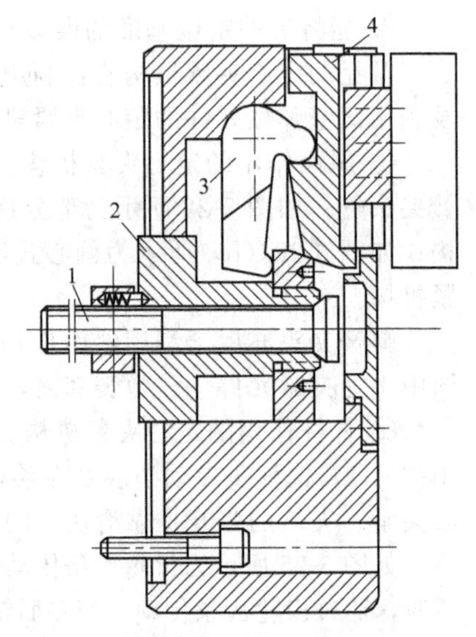

图 3-24 自动定心卡盘

1—拉杆；2—滑块；

3—钩形杠杆；4—夹爪

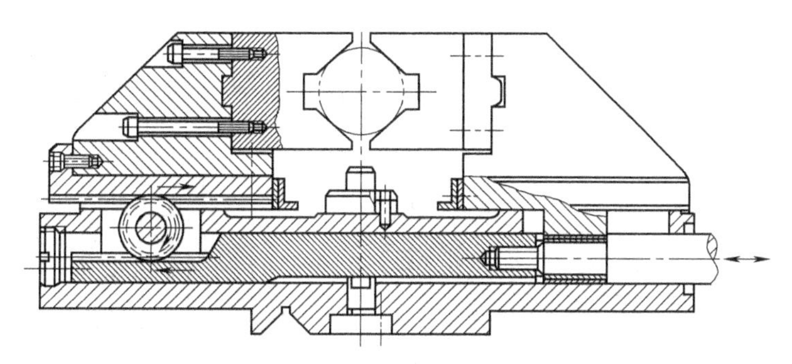

图 3-25 齿轮齿条定心夹紧机构

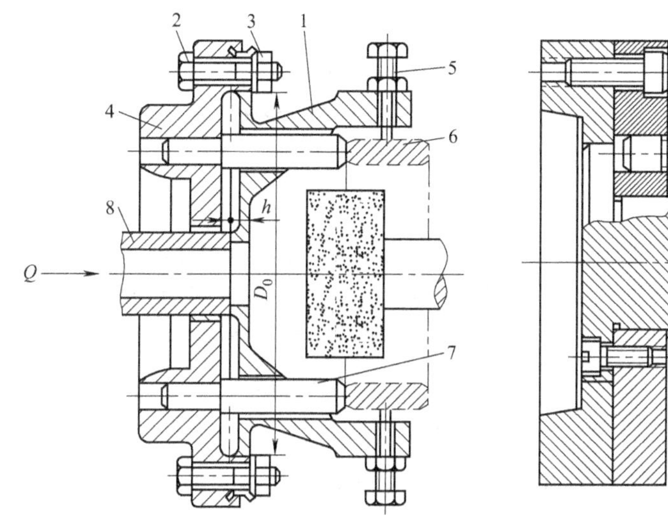

图 3-26 鼓膜式夹具

1—弹性盘；2—螺钉；3—螺母；4—夹具体；
5—可调螺钉；6—工件；7—顶杆；8—推杆

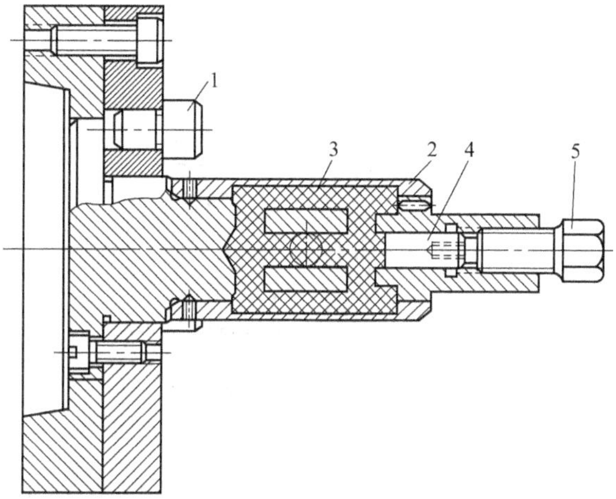

图 3-27 液性塑料定心夹具

1—支钉；2—薄壁套筒；3—液性塑料；
4—柱塞；5—螺钉

(7) 联动夹紧机构

在工件的装夹过程中，有时需要夹具同时有几个点对工件进行夹紧；有时则需要同时夹紧几个工件；而有些夹具除了夹紧动作外，还需要松开或固紧辅助支承等，这时为了提高生产率，减少工件装夹时间，可以采用各种联动机构。下面介绍一些常见的联动夹紧机构。

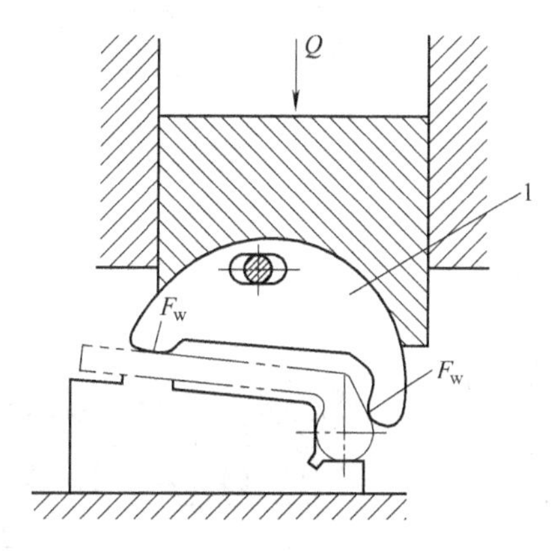

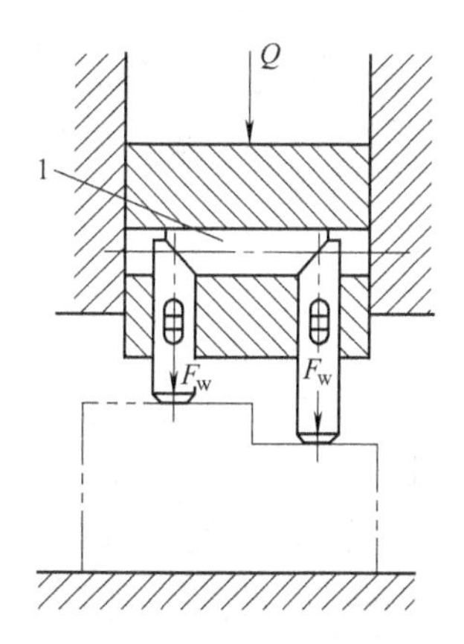

图 3-28 浮动压头

1—浮动零件

① 多点夹紧。多点夹紧是用一个原始作用力，通过一定的机构分散到数个点上对工件进行夹紧。如图 3-28 所示为两种常见的浮动压头。如图 3-29 所示为几种浮动夹紧机构。

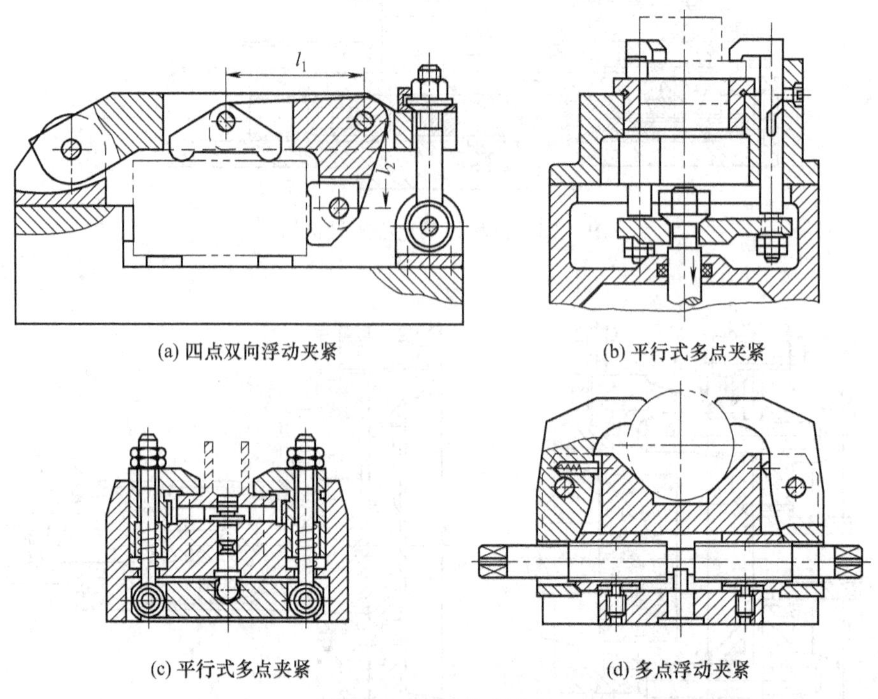

(a) 四点双向浮动夹紧　(b) 平行式多点夹紧　(c) 平行式多点夹紧　(d) 多点浮动夹紧

图 3-29　浮动夹紧机构

② 多件夹紧。多件夹紧是用一个原始作用力，通过一定的机构实现对数个相同或不同的工件进行夹紧。如图 3-30 所示为部分常见的多件夹紧机构。

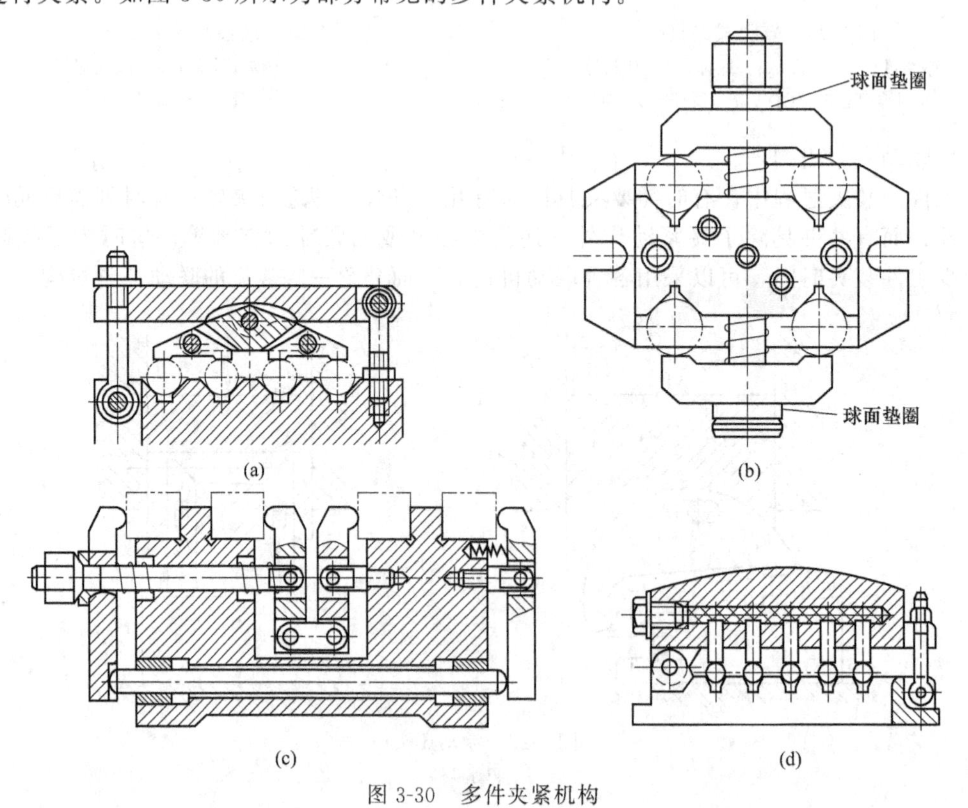

(a)　(b)　(c)　(d)

图 3-30　多件夹紧机构

③ 夹紧与其他动作联动。如图 3-31 所示为夹紧与移动压板联动的机构；如图 3-32 所示为夹紧与锁紧辅助支承联动的机构；如图 3-33 所示为先定位后夹紧的联动机构。

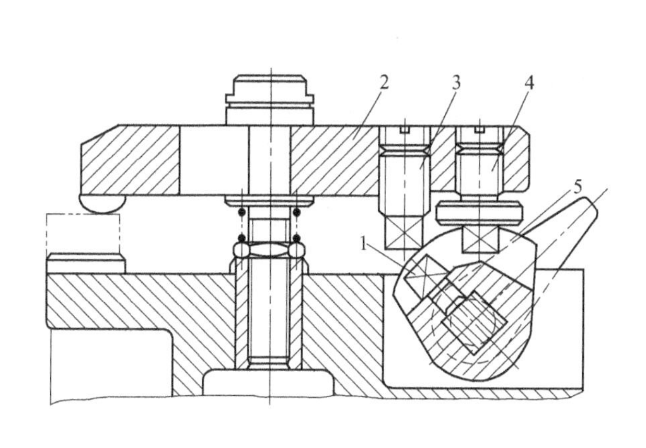

图 3-31 夹紧与移动压板联动
1—拔销；2—压板；3,4—螺钉；5—偏心轮

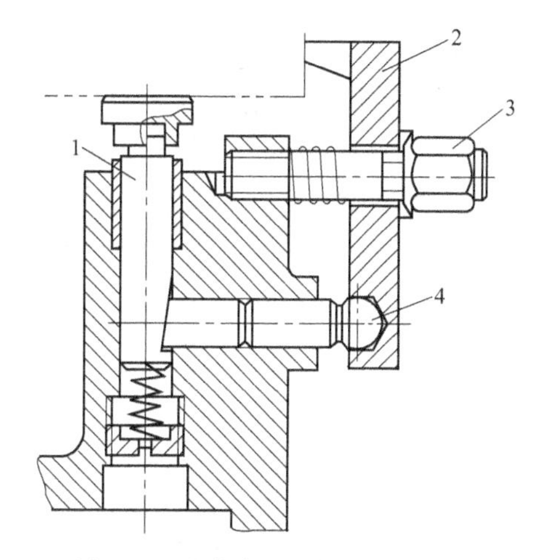

图 3-32 夹紧与锁紧辅助支承联动
1—辅助支承；2—压板；3—螺母；4—锁销

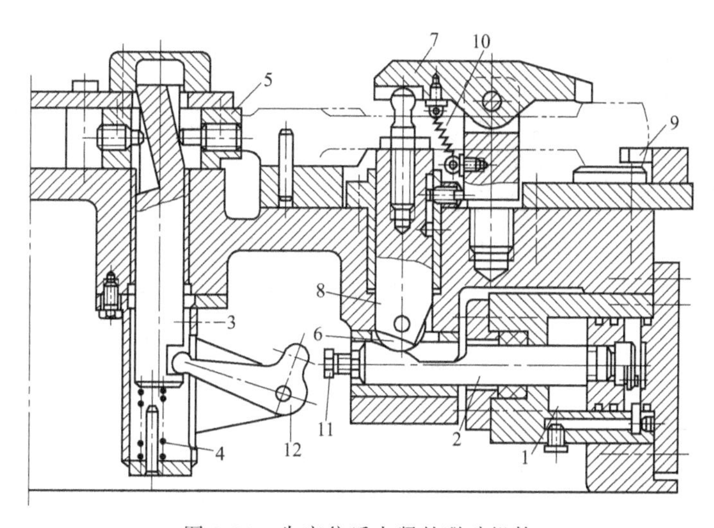

图 3-33 先定位后夹紧的联动机构
1—油缸；2—活塞杆；3,8—推杆；4,10—弹簧；5—活块；6—滚子；7—压板；9—定位块；11—螺钉；12—拨杆

3.2.2 夹紧机构的设计要求

夹紧机构是指能实现以一定的夹紧力夹紧工件、选定夹紧点等功能的完整结构。它主要包括与工件接触的压板、支承件和施力机构。对夹紧机构通常有如下要求。

① 可浮动。由于工件上各夹紧点之间总是存在位置误差，为了使压板可靠地夹紧工件或使用一块压板实现多点夹紧，一般要求夹紧机构和支承件等要有浮动自位的功能。要使压板及支承件等产生浮动，可用球面垫圈、球面支承及间隙连接销实现，如图 3-34 所示。

② 可联动。为了实现几个方向的夹紧力同时作用或顺序作用，并使操作简便，设计中广泛采用各种联动机构，如图 3-35～图 3-37 所示。

③ 可增力。为了减小动力源的作用力，在夹紧机构中常采用增力机构。最常用的增力机构有：螺旋、杠杆、斜面、铰链及其组合。

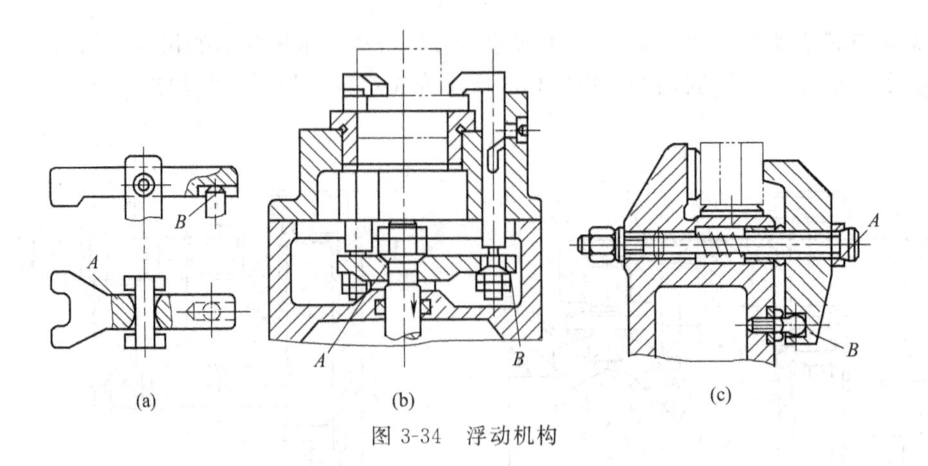

图 3-34 浮动机构

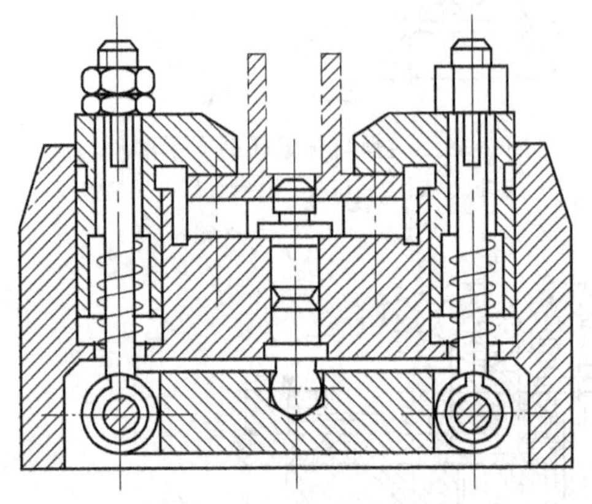

图 3-35 双件联动机构

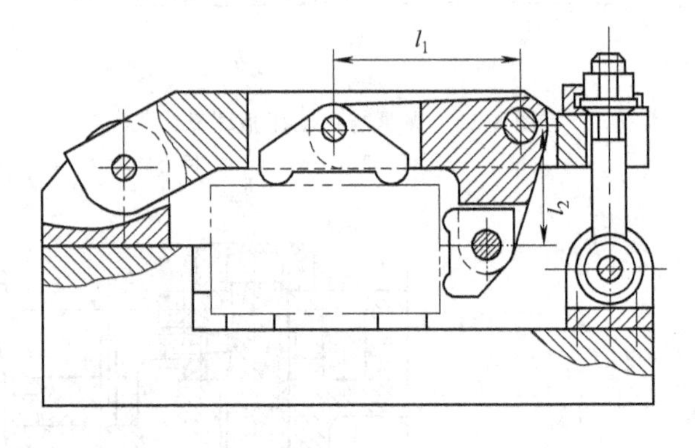

图 3-36 实现相互垂直作用力的联动机构

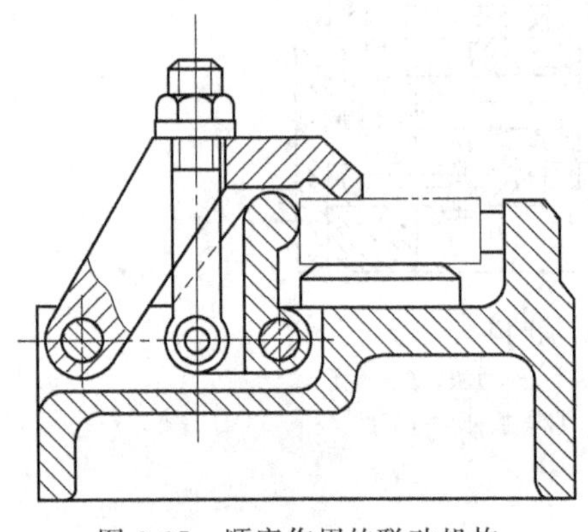

图 3-37 顺序作用的联动机构

杠杆增力机构的增力比及行程的适应范围较大，结构简单，如图 3-38 所示。

斜面增力机构的增力比较大，但行程较小，且结构复杂，多用于要求有稳定夹紧力的精加工夹具中，如图 3-39 所示。

螺旋的增力原理和斜面一样。此外，还有气动液压增力机构等。

铰链增力机构常和杠杆机构组合使用，称为铰链杠杆机构，它是气动夹具中常用的一种增力机构。其优点是增力比较大，而且摩擦损失较小。如图 3-40 所示为常用铰链杠杆增力机构的示意图。此外，还有气动液压增力机构等。

④ 可自锁。当去掉动力源的作用力之后，仍能保持对工件的夹紧状态，称为夹紧机构的自锁。自锁是夹紧机构的一种十分重要并且十分必要的特性。常用的自锁机构有螺旋、斜面及偏心机构等。

3.2.3 夹紧动力源装置

夹具的动力源有手动、气压、液压、电动、电磁、弹力、离心力、真空吸力等。随着机械制造工业的迅速发展、自动化和半自动化设备的推广，以及在大批量生产中要求尽量减轻操作人员的劳动强度，现在大多采用气动、液压等夹紧来代替人力夹紧，这类夹紧机构还能进行远

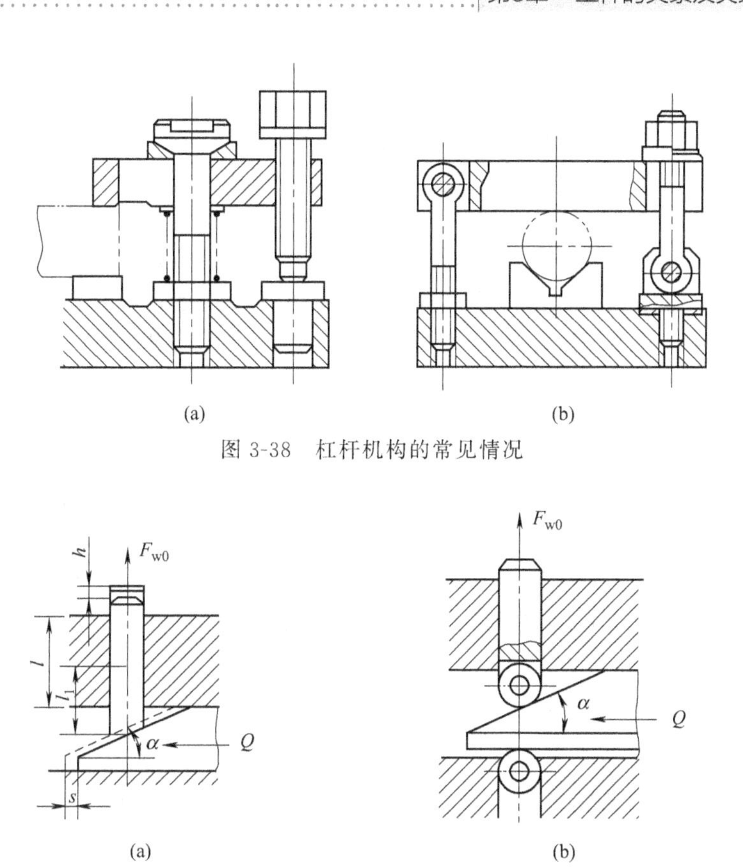

图 3-38　杠杆机构的常见情况

图 3-39　几种斜面增力机构

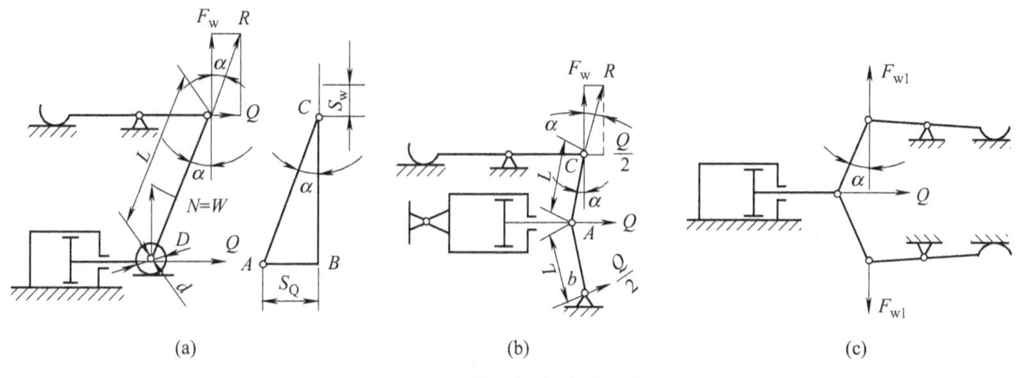

图 3-40　铰链杠杆增力机构

距离控制，其夹紧力可保持稳定，机构也不必考虑自锁，夹紧质量也比较高。

设计夹紧机构时，应同时考虑所采用的动力源。选择动力源时通常应遵循以下两条原则。

① 经济合理。采用某一种动力源时，首先应考虑使用的经济效益，不仅应使动力源设施的投资减少，而且应使夹具结构简化，降低夹具的成本。

② 与夹紧机构相适应。动力源的确定很大程度上决定了所采用的夹紧机构，因此动力源必须与夹紧机构结构特性、技术特性以及经济价值相适应。

（1）手动动力源

选用手动动力源的夹紧系统一定要具有可靠的自锁性能以及较小的原始作用力，故手动动力源多用于螺栓螺母施力机构和偏心施力机构的夹紧系统。设计这种夹紧装置时，应考虑操作者体力和情绪的波动对夹紧力大小波动的影响，应选用较大的裕度系数。

（2）气动动力源

气压动力源夹紧系统如图 3-41 所示。它包括三个组成部分：第一部分为气源，包括空气压缩机 2、冷却器 3、储气罐 4 等，这一部分一般集中在压缩空气站内。第二部分为控制部分，包括分水滤气器 6（降低湿度）、调压阀 7（调整与稳定工作压力）、油雾器 9（将油雾化润滑元件）、单向阀 10、配气阀 11（控制气缸进气与排气方向）、调速阀 12（调节压缩空气的流速和流量）等，这些气压元件一般安装在机床附近或机床上。第三部分为执行部分，如气缸 13 等，它们通常直接装在机床夹具上与夹紧机构相连。

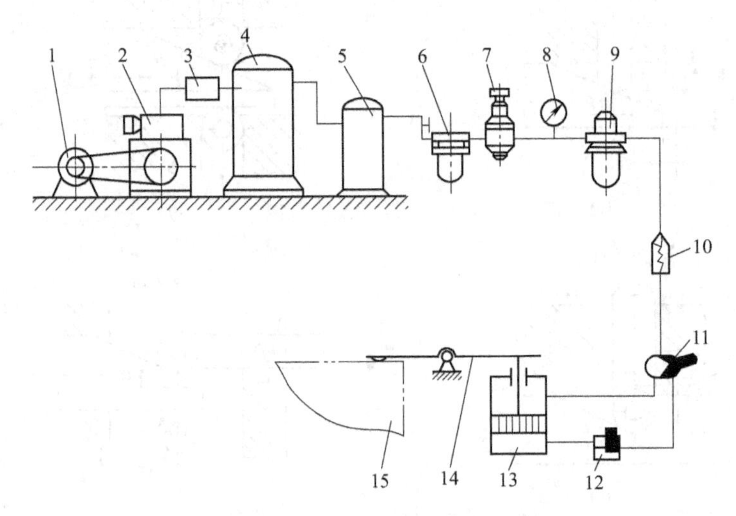

图 3-41 气压夹紧装置传动的组成

1—电动机；2—空气压缩机；3—冷却器；4—储气罐；5—过滤器；6—分水滤气器；7—调压阀；8—压力表；9—油雾器；10—单向阀；11—配气阀；12—调速阀；13—气缸；14—夹具示意图；15—工件

气缸是将压缩空气的工作压力转换为活塞的移动，以此驱动夹紧机构，实现对工件夹紧的执行元件。它的种类很多，按活塞的结构可分为活塞式和膜片式两大类；按安装方式可分固定式、摆动式和回转式等；按工作方式还可分为单向作用气缸和双向作用气缸。

气动动力源的介质是空气，故不会变质和不产生污染，且在管道中的压力损失小，但气压较低，一般为 0.4～0.6MPa。当需要较大的夹紧力时，气缸就要很大，致使夹具结构不紧凑。另外，由于空气的压缩性大，所以夹具的刚度和稳定性较差。此外，还有较大的排气噪声。

（3）液压动力源

液压动力源夹紧系统是利用液压油为工作介质来传力的一种装置。与气动夹紧机构比较，液压夹紧机构具有压力大、体积小、结构紧凑、夹紧力稳定、吸振能力强、不受外力变化的影响等优点，但结构比较复杂、制造成本较高，因此仅适用于大批量生产。液压夹紧的传动系统与普通液压系统类似，但系统中常设有蓄能器，用以储蓄压力油，以提高液压泵电动机的使用效率。在工件夹紧后，液压泵电动机可停止工作，靠蓄能器补偿漏油，保持夹紧状态。

（4）气-液组合动力源

气-液组合动力源夹紧系统的动力源为压缩空气，但要使用特殊的增压器，比气动夹紧装置复杂。它的工作原理如图 3-42 所示，压缩空气进入气缸 1 的右腔，推动增压器气缸活塞 3 左移，活塞杆 4 随之在增压缸 2 内左移。因活塞杆 4 的作用面积小，使增压缸 2 和工作缸 5 内的油压得到增加，并推动工作缸中的活塞 6 上抬，将工件夹紧。

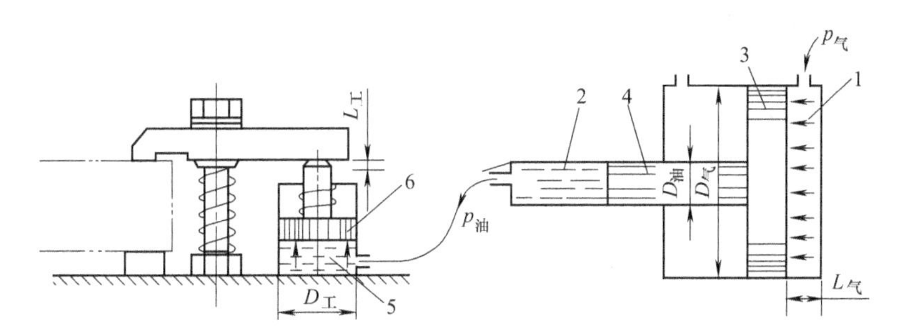

图 3-42　气-液组合夹紧工作原理

1—气缸；2—增压缸；3—气缸活塞；4—活塞杆；5—工作缸；6—工作缸活塞

（5）电动电磁动力源

电动扳手和电磁吸盘都属于硬特性动力源，在流水作业线常采用电动扳手代替手动，不仅提高了生产效率，而且克服了手动时施力的波动，并减轻了工人的劳动强度，是获得稳定夹紧力的方法之一。电磁吸盘动力源主要用于要求夹紧力稳定的精加工夹具中。

（6）自夹紧装置

生产实际中，另外还有一种不采用夹紧动力源，而是直接利用机床的运动或切削过程来实现夹紧的自夹紧装置。这种装置不但节省夹紧动力装置，而且操作快、节省辅助时间，能提高生产率。下面介绍两种典型的自夹紧装置。

① 切削力夹紧装置。如图 3-43 所示为切削力自紧心轴。1 是心轴体，中间部分铣出三平面；右端布螺纹，供螺母 7 并紧之用；三个滚柱置于三个平面上；隔离套 2 防止滚柱掉出；加工前先套上工件，朝机床主轴旋转相反方向略微转动一下，即可初步定位；开始切削后，工件受切削力作用，得到自动定心与夹紧。

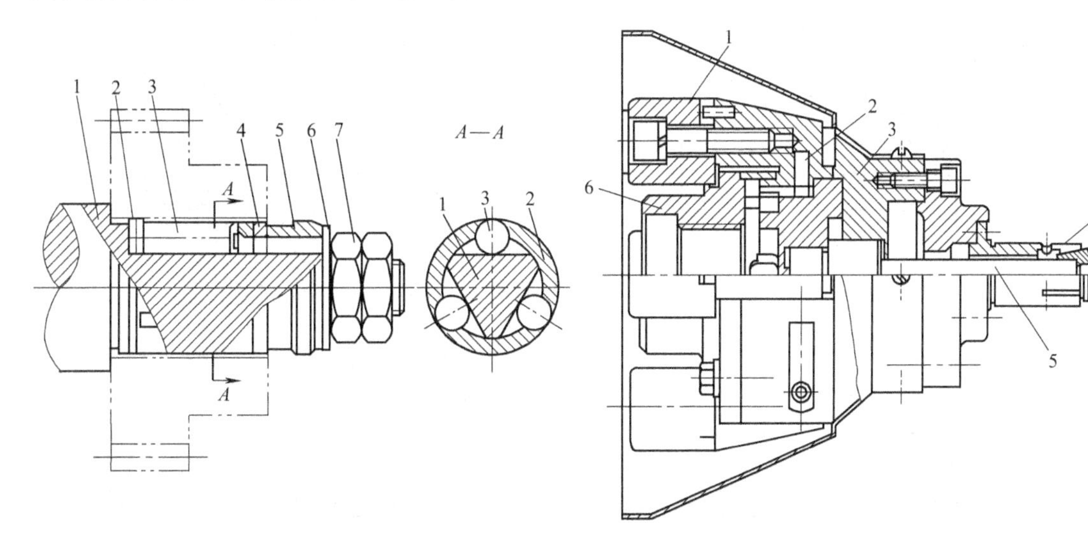

图 3-43　切削力自紧心轴

1—心轴体；2—隔离套；3—滚柱；4～6—垫圈；7—螺母

图 3-44　离心力夹紧装置

1—重块；2—销轴；3—滑块；4—弹簧夹头；5—拉杆；6—安装凸缘

② 离心力夹紧装置。如图 3-44 所示为利用离心力夹紧的夹具。夹具以凸缘与机床主轴连接；在机床主轴高速旋转时，四个重块 1 产生离心力，重块在离心力作用下向外绕销轴 2 转动，从而使滑块 3 向左移动；通过与滑块 3 相连的拉杆 5，使弹簧夹头 4 张开夹紧工件。离心夹具外面要有罩壳保护，以保证生产安全。

3.2.4 夹紧机构设计实例

(1) 外部夹紧

① 常见外部夹紧见图 3-45、图 3-46。

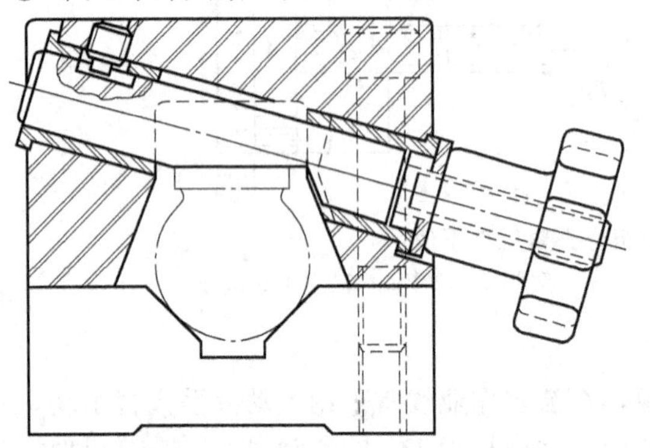

【说明】 夹紧轴的小斜角可牢固夹紧工件，带圆柱端的紧定螺钉防止夹紧轴转动。

图 3-45 常见外部夹紧 1

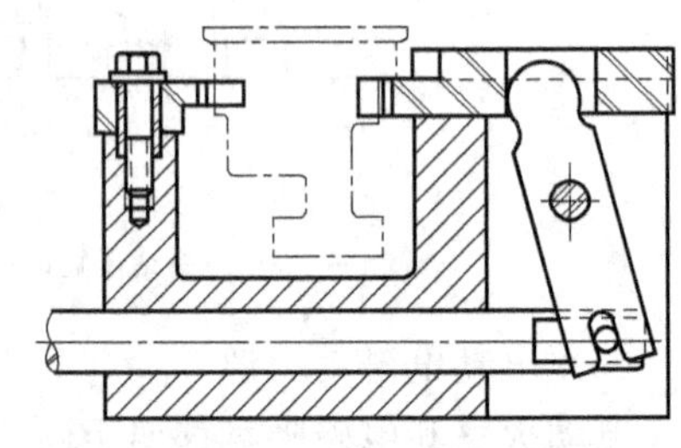

【说明】 这种夹紧作用不如设想的牢固。因夹紧时，夹紧箍只有不到一半的部位能变形。

图 3-46 常见外部夹紧 2

② 不带自锁的外部浮动夹紧。一个夹具可以由多个夹爪组成。一些夹爪用以确定工件的中心位置，或工件某重要部位的中心位置，另一些夹爪则按工件某个已定位的部分相互浮动夹紧。见图 3-47、图 3-48。

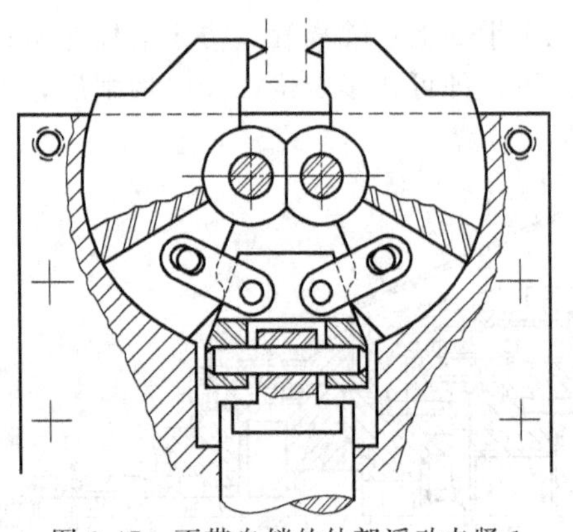

图 3-47 不带自锁的外部浮动夹紧 1

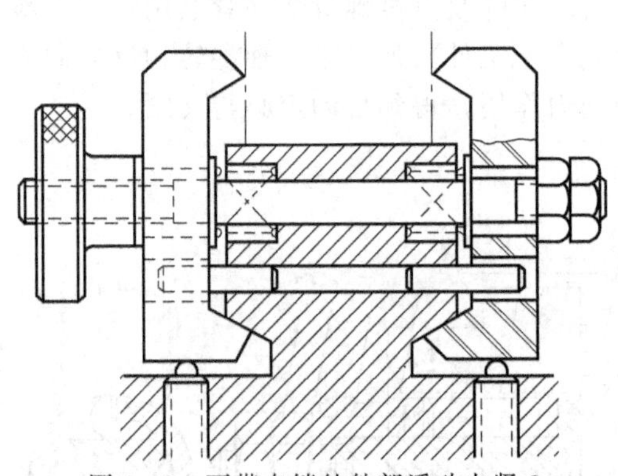

图 3-48 不带自锁的外部浮动夹紧 2

③ 带自锁的外部浮动夹紧。很多浮动夹紧装置，其刚度是有一定限度的。如果工件的夹紧部位承受重切削力，工件会使压板松动。在这种情况下，就可加设自锁装置。见图 3-49、图 3-50。

④ 外部拉压夹紧，见图 3-51、图 3-52。

⑤ 外部浮动拉压夹紧，见图 3-53、图 3-54。

⑥ 外部摆动夹紧。为装卸工件，夹爪经常要摆动或回转，使之离开或进入夹紧位置。这些夹爪可以手动或采用连杆系、齿轮、凸轮、退回块、摇臂或各种不同形式的弹簧，如夹紧盘簧、扭簧、拉簧或压簧等来改变位置。这就需使一些夹爪退移到与夹紧区域相距颇远的地方。见图 3-55、图 3-56。

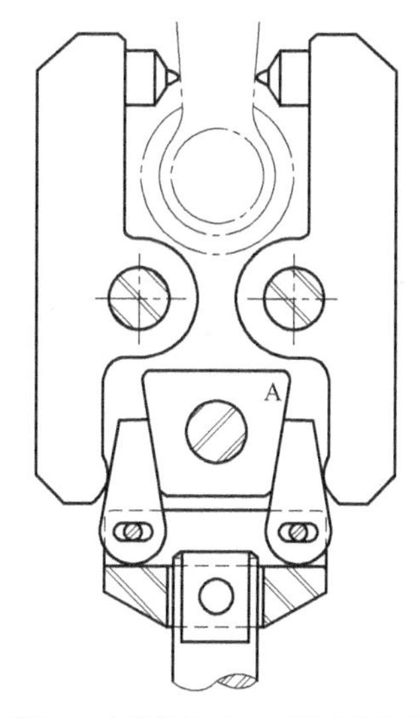

【说明】 在夹紧操作时，可摆动的楔块A起锁块作用。

图3-49　带自锁的外部浮动夹紧1

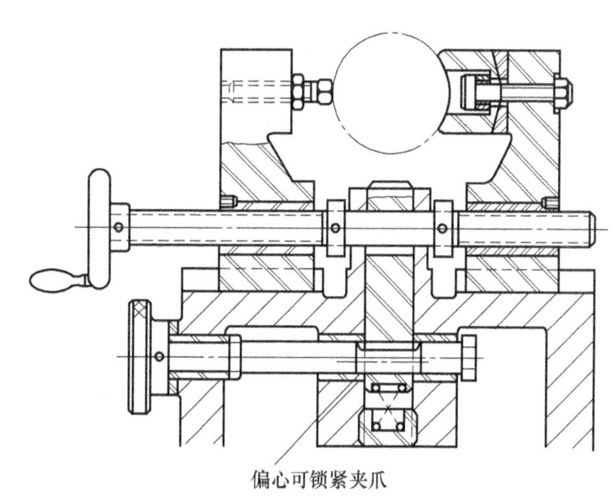

图3-50　带自锁的外部浮动夹紧2

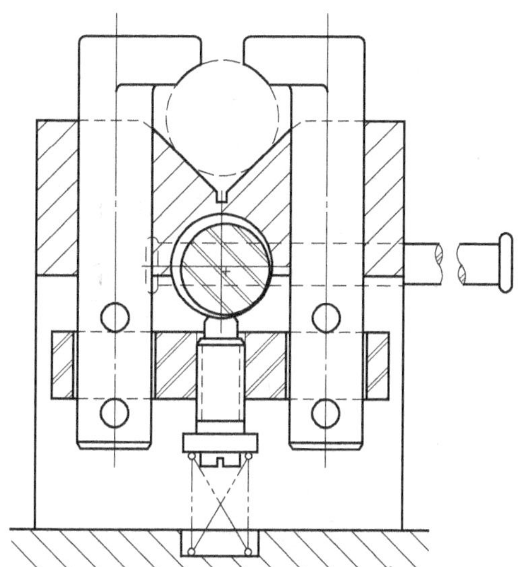

图3-51　外部拉压夹紧1

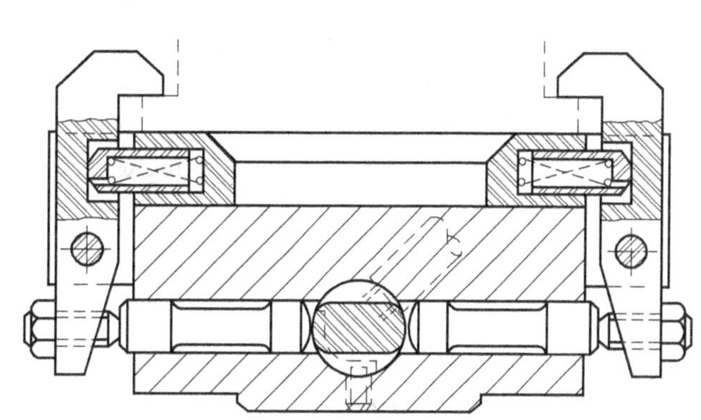

【说明】 紧定螺钉和槽用以限制凸轮的行程。

图3-52　外部拉压夹紧2

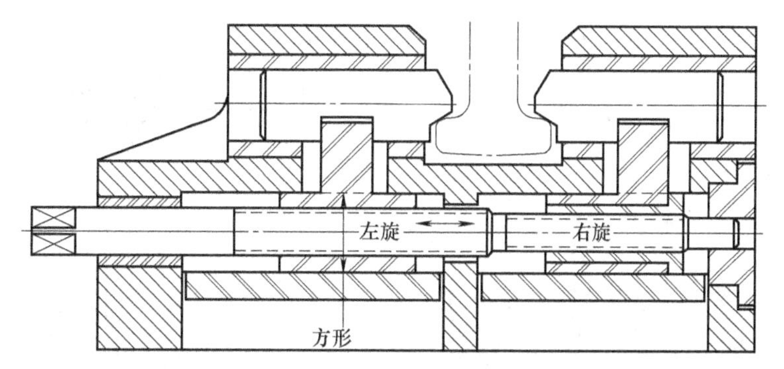

【说明】 为了进行装配，螺纹应制成不同的直径。轴端游隙可使之浮动夹紧。

图3-53　外部浮动拉压夹紧1

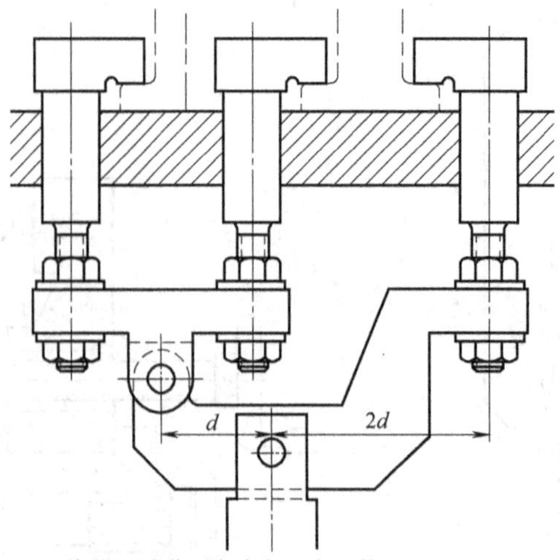

【说明】 多位平行夹紧一个工件。

图 3-54 外部浮动拉压夹紧 2

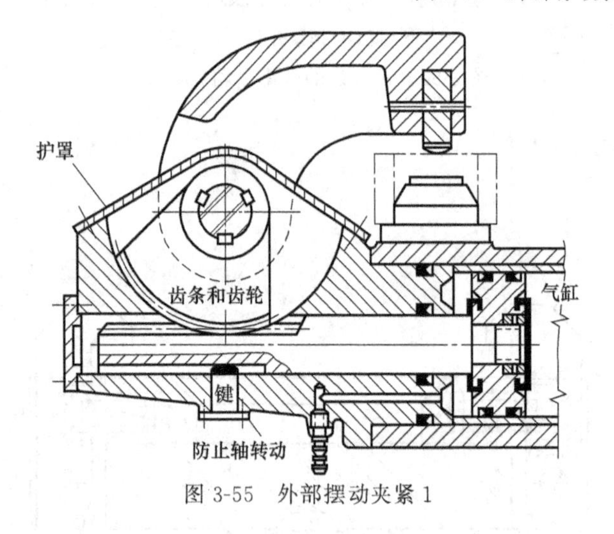

图 3-55 外部摆动夹紧 1

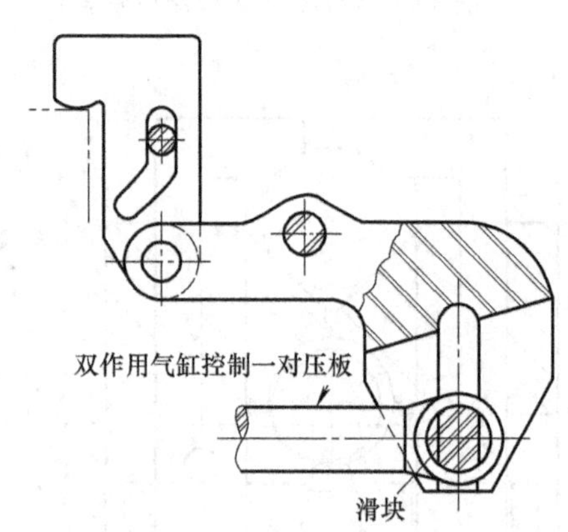

图 3-56 外部摆动夹紧 2

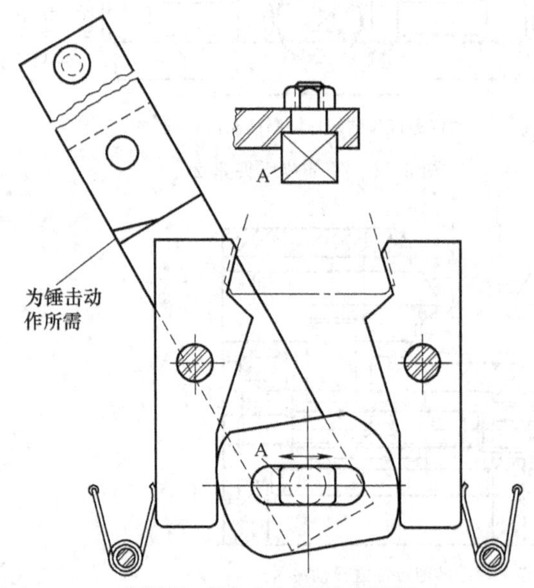

【说明】 锤击动作促使夹得更牢。

图 3-57 带浮动凸轮的外部浮动夹紧 1

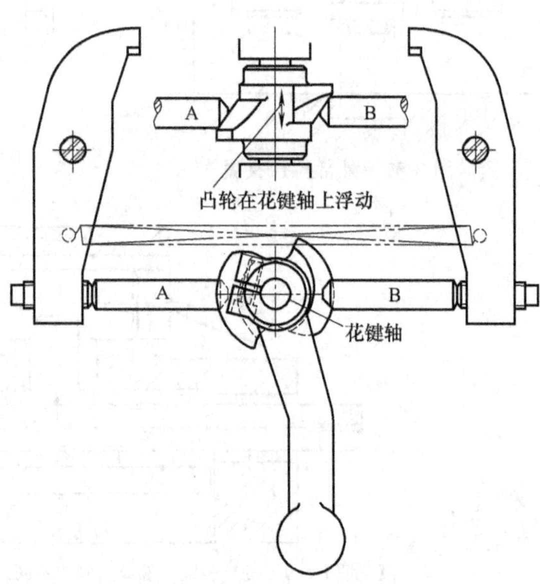

【说明】 凸轮沿着花键轴的移动，可使夹爪等压作用于工件上。

图 3-58 带浮动凸轮的外部浮动夹紧 2

⑦ 带浮动凸轮的外部浮动夹紧。浮动凸轮是浮动夹紧的一种结构方式，凸轮可自身调正以适应夹爪，而不是夹爪来适应凸轮。若采用相当于楔形凸轮的螺旋齿轮齿条副，则在齿轮轴上应留有端隙，它们和浮动凸轮浮动夹紧所起的作用相似，见图 3-57、图 3-58。

（2）内部夹紧

常用 120°分布的爪三个来夹紧圆孔，爪是由钢球、锥体、连杆、凸轮或球面零件来驱动。爪的退回则用退回块、T 形槽凸轮或是压簧、拉簧、夹紧盘簧或板簧。

① 常见内部夹紧，见图 3-59、图 3-60。

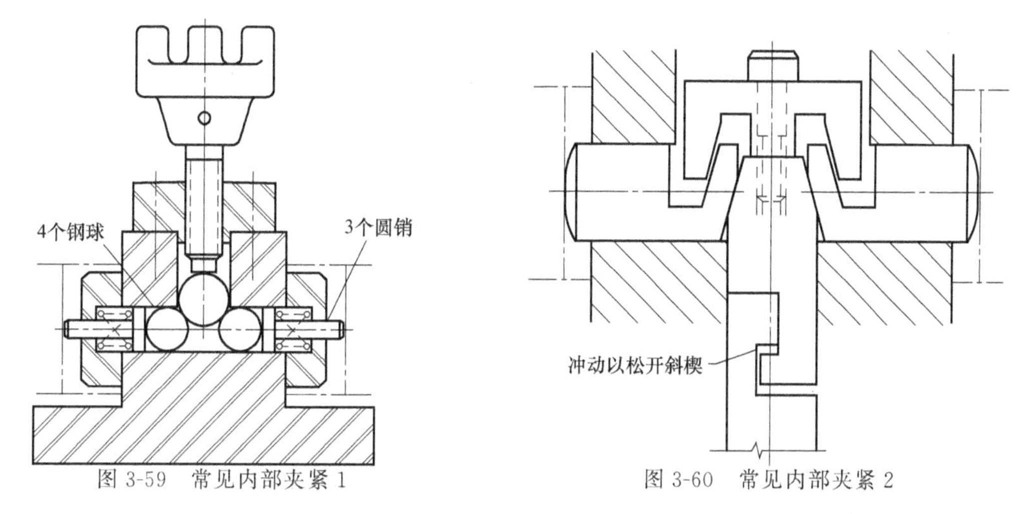

图 3-59 常见内部夹紧 1　　图 3-60 常见内部夹紧 2

② 内部拉压夹紧。内部拉压夹紧常用以钩住内肩面或顶面。在有需要时卡爪（钩）需能向内摆动或水平退回使之收缩。采用弹簧，凸轮、退回块，锥体或连杆来移动卡爪。见图 3-61、图 3-62。

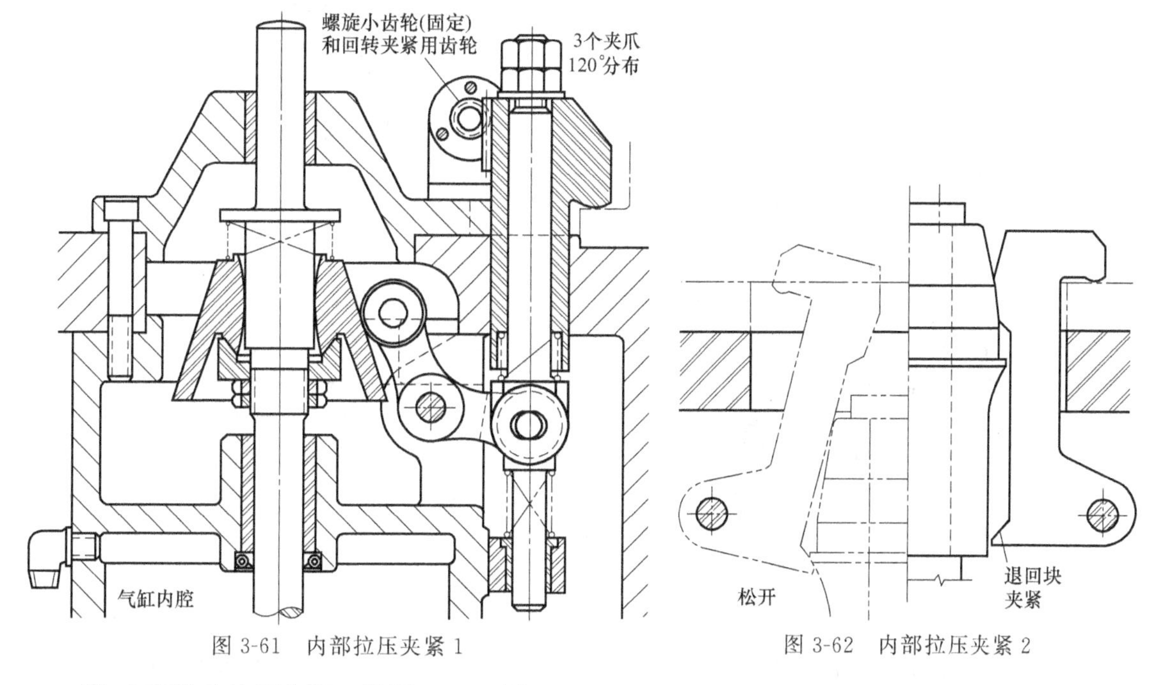

图 3-61 内部拉压夹紧 1　　图 3-62 内部拉压夹紧 2

③ 内部浮动拉压夹紧，见图 3-63、图 3-64。

④ 内部二位置夹紧。长孔和具有多个尺寸的内表面必须在两个位置夹紧。某些情况下，第二个夹紧位置由压簧来调节。见图 3-65、图 3-66。

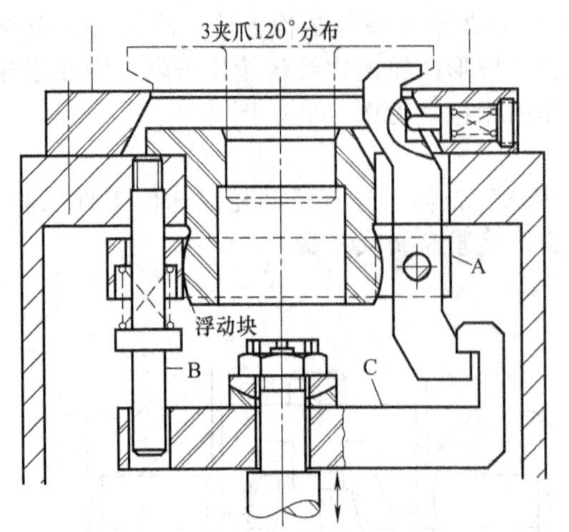

【说明】 在松开操作时，弹簧顶起托架 A，夹爪内摆。B是弹簧的基座并可防止 C 转动。

图 3-63 内部浮动拉压夹紧 1

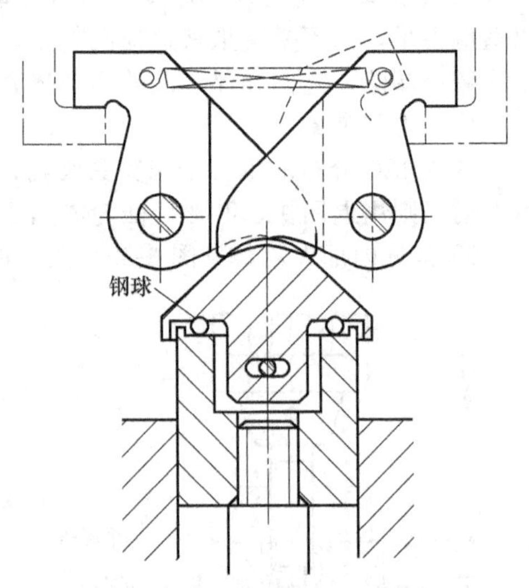

图 3-64 内部浮动拉压夹紧 2

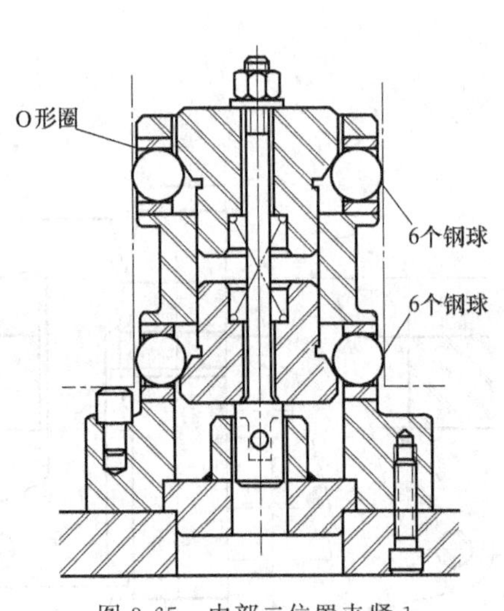

图 3-65 内部二位置夹紧 1

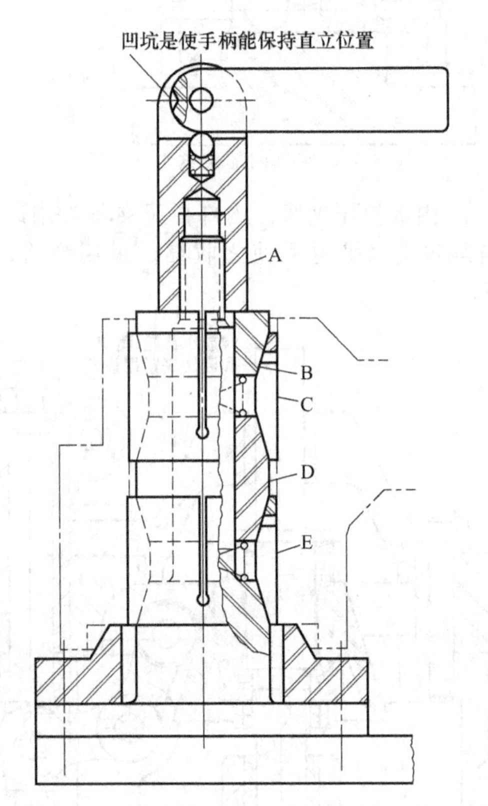

【说明】 A 迫使胀块 B 向下，胀开卡套 C。胀块 D 辅助胀开卡套 C 和 E。

图 3-66 内部二位置夹紧 2

(3) 定心夹紧

对工件进行定心夹紧所涉及的内容要比只对工件的圆柱部分在里边或在外边夹紧要广。定心夹紧的部分可以是多种形状。在这种操作中并不包括浮动夹紧，夹爪也是例外。采用普通的凸轮、锥体、钢球、楔或齿轮来驱动压板。其实例见图 3-67、图 3-68。

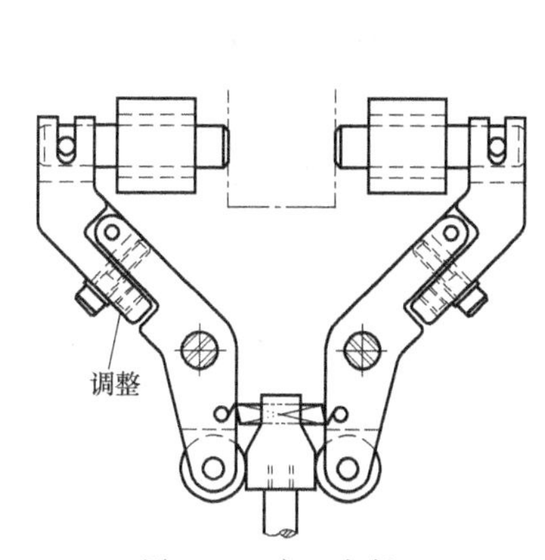

图 3-67　定心夹紧 1

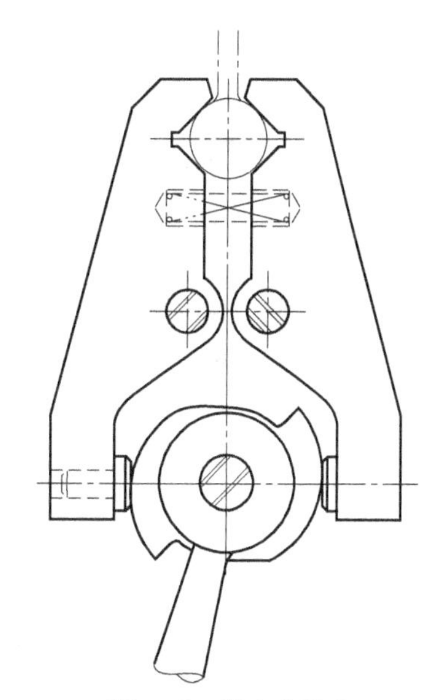
图 3-68　定心夹紧 2

（4）推力夹紧（见图 3-69、图 3-70）

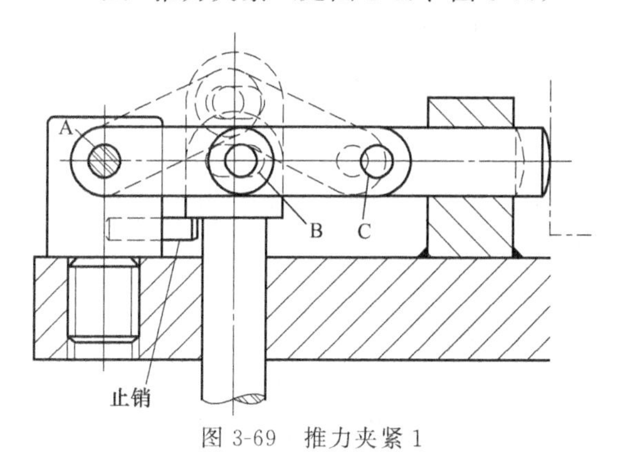

图 3-69　推力夹紧 1

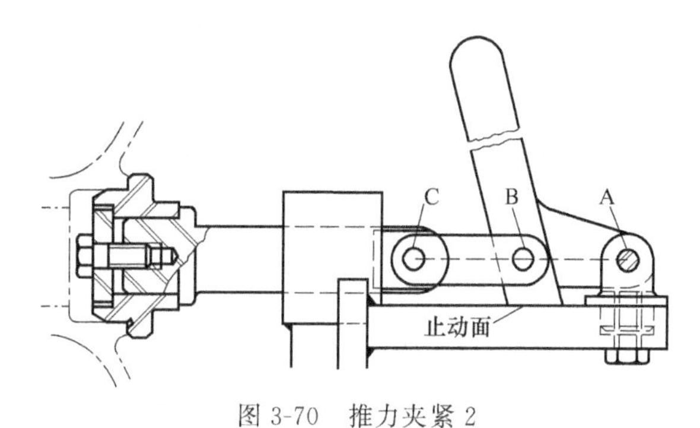

图 3-70　推力夹紧 2

（5）压板夹紧

① 常用压板夹紧。压板是用凸轮、螺母、螺钉或拉杆来夹紧的。压板可以用手退回，从工件上转离，或全部卸去以让开工件。其实例见图 3-71、图 3-72。

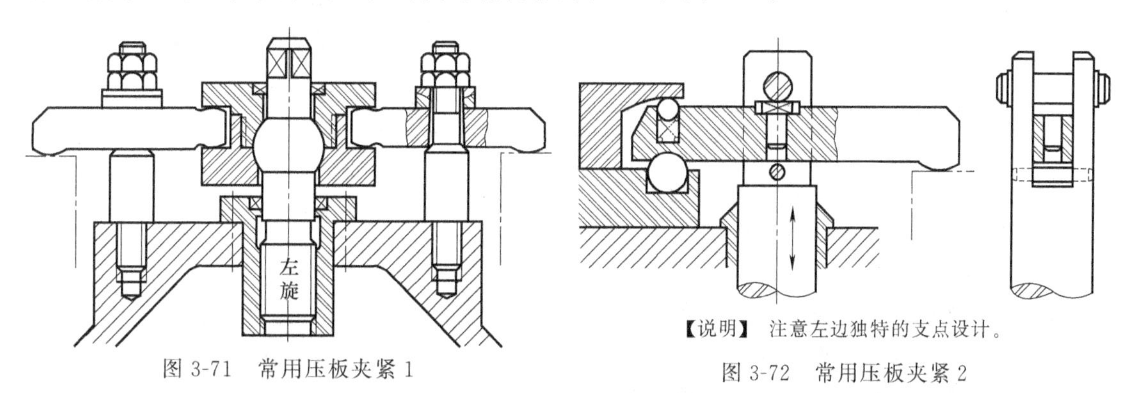

图 3-71　常用压板夹紧 1

【说明】 注意左边独特的支点设计。

图 3-72　常用压板夹紧 2

② 移动式压板夹紧。用于把压板夹紧的动力，无论是机动或手动，同时也用来把压板移到夹紧位置，其后还用来使它退回，作为同属一项操作来完成。注意观察移动式压板在移动特

点上的多种设计。

(6) 楔式夹紧

① 刀口夹紧。刀口夹紧仅适用于粗糙表面。圆形刀口的使用寿命长，因为它磨钝了一段后还可回转使用。其实例见图 3-73、图 3-74。

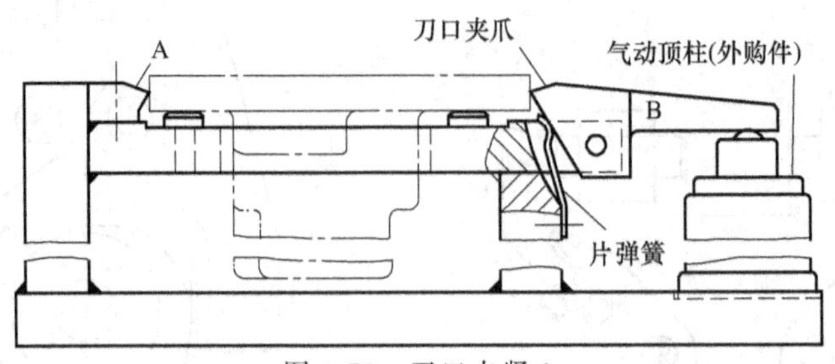

图 3-73 刀口夹紧 1

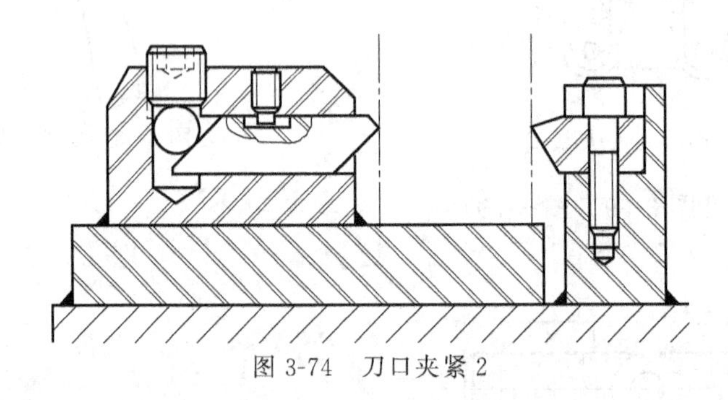

图 3-74 刀口夹紧 2

② 凸轮夹紧。使压板动作的凸轮的形式通常有偏心、楔形、径向和轴向凸轮，此外还有螺旋，它也是凸轮的一种形式。其实例见图 3-75、图 3-76。

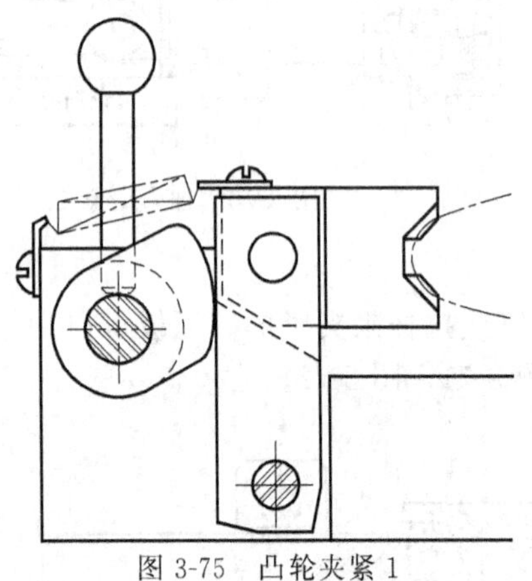

图 3-75 凸轮夹紧 1

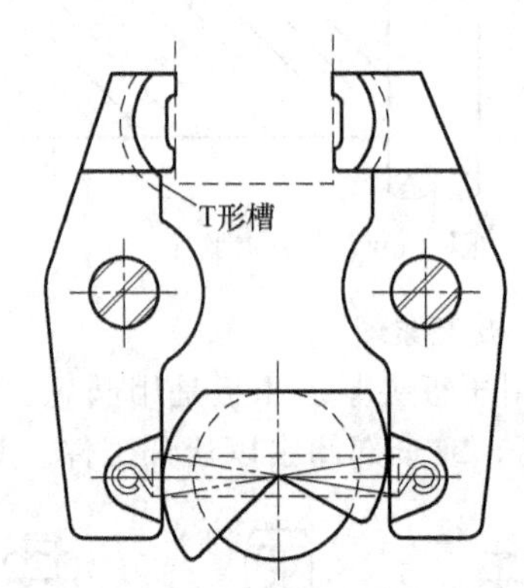

【说明】 切口允许夹爪有较大的摆动。

图 3-76 凸轮夹紧 2

③ 凸头夹紧，见图 3-77、图 3-78。

④ 斜楔夹紧，见图 3-79、图 3-80。

(7) 顶柱夹紧

① 内锁顶柱夹紧，见图 3-81、图 3-82。

② 复式顶柱夹紧，见图 3-83、图 3-84。

③ 浮动顶柱夹紧，见图 3-85、图 3-86。

④ 双浮动顶柱夹紧。经常遇到这种情况，顶柱要在两个或更多的部位支承一个工件，由于所支承的一个或多个表面未经加工，所以顶柱必须浮动。其实例见图 3-87、图 3-88。

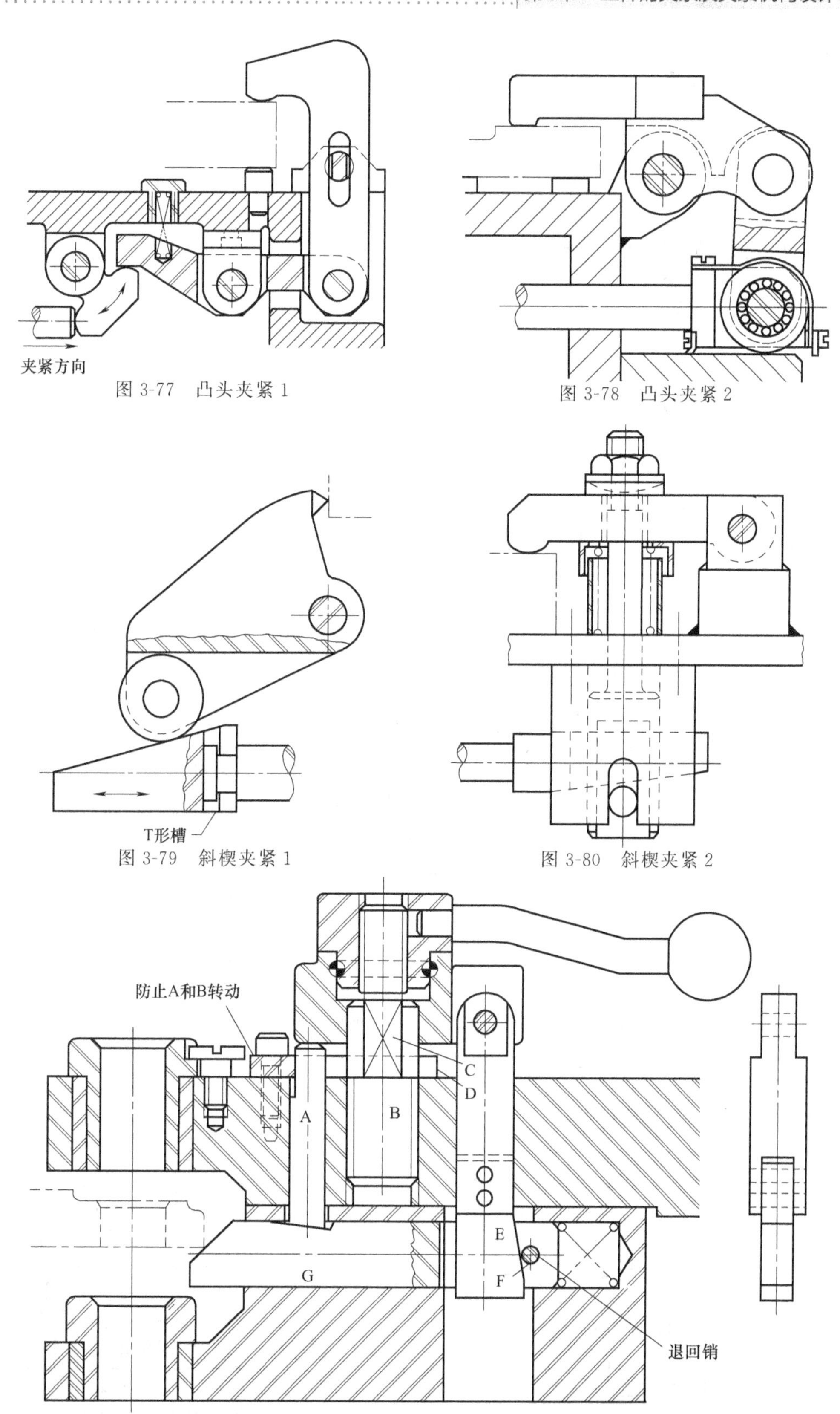

图 3-77　凸头夹紧 1

图 3-78　凸头夹紧 2

图 3-79　斜楔夹紧 1

图 3-80　斜楔夹紧 2

【说明】 平面C防止螺钉B转动，B装于D的槽内。锁紧块A用手柄夹紧。两个骑缝销可使手柄转动。在松开操作时，E被抬起后，即碰撞F并使G退回。

图 3-81　内锁顶柱夹紧 1

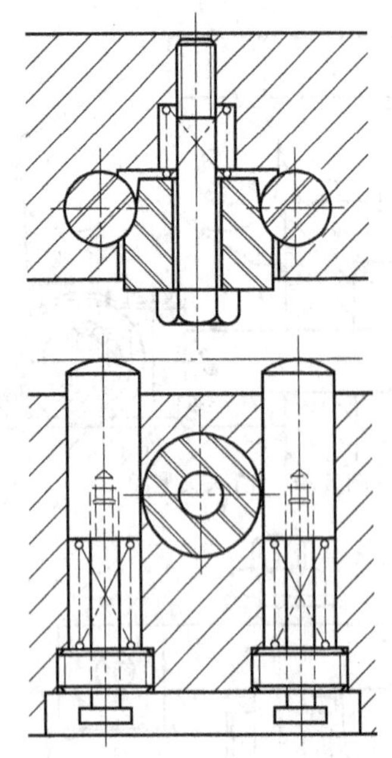

【说明】 两个顶柱同时锁紧。注意两个圆柱头螺钉限制顶柱自由移动。

图 3-82 内锁顶柱夹紧 2

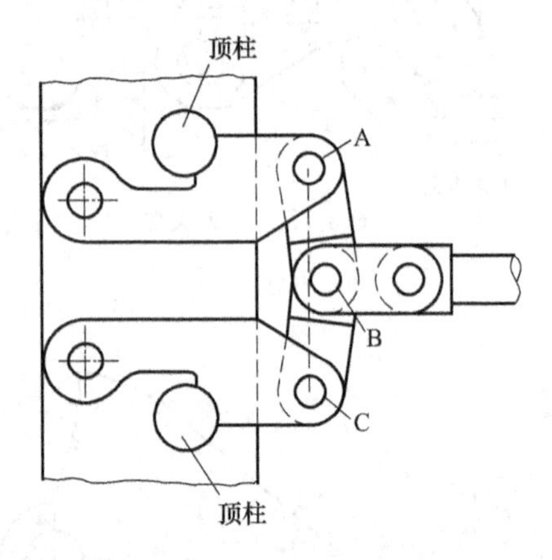

【说明】 两个顶柱由一浮动肘杆装置同时锁紧。

图 3-83 复式顶柱夹紧 1

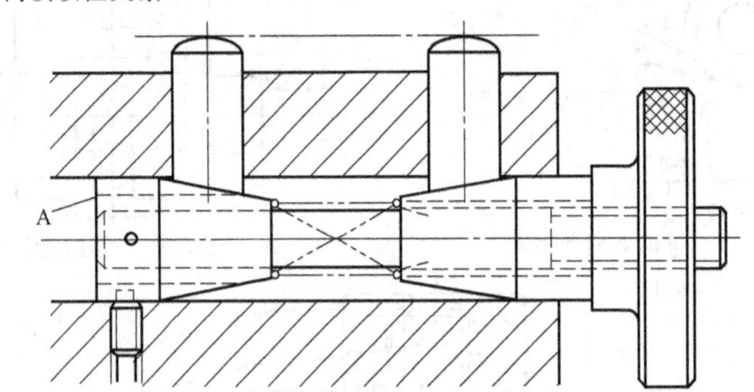

【说明】 铣有键槽的凸轮 A 连同紧定螺钉可防止与 A 销接的螺栓发生转动。

图 3-84 复式顶柱夹紧 2

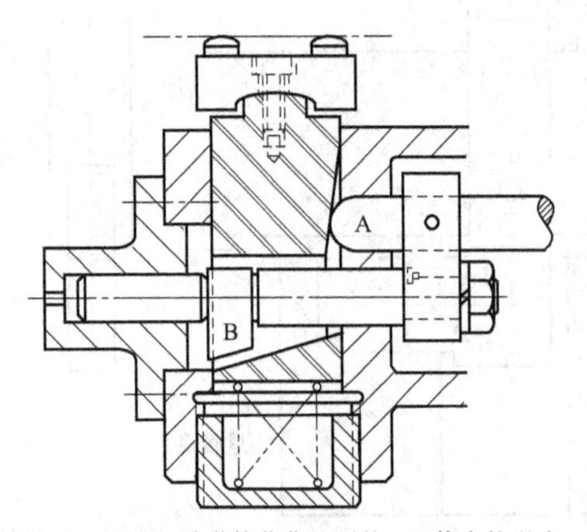

【说明】 A 锁紧受弹簧载荷的顶柱，B 使支柱退出。注意排气孔的习惯用法。

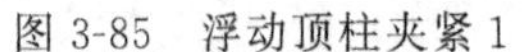
图 3-85 浮动顶柱夹紧 1

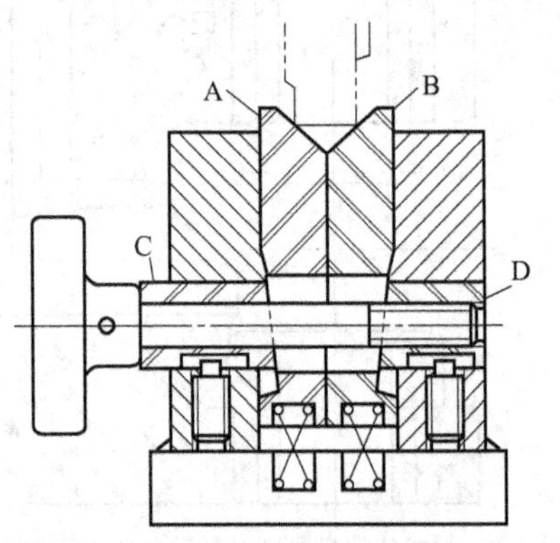

【说明】 顶柱两半都受弹簧载荷，而且分别锁紧。

图 3-86 浮动顶柱夹紧 2

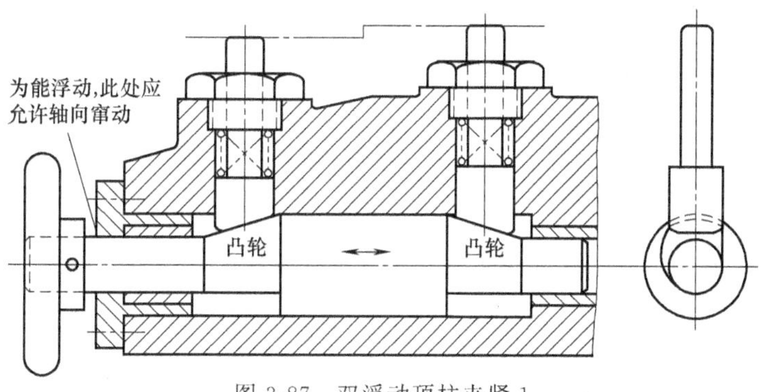

图 3-87　双浮动顶柱夹紧 1

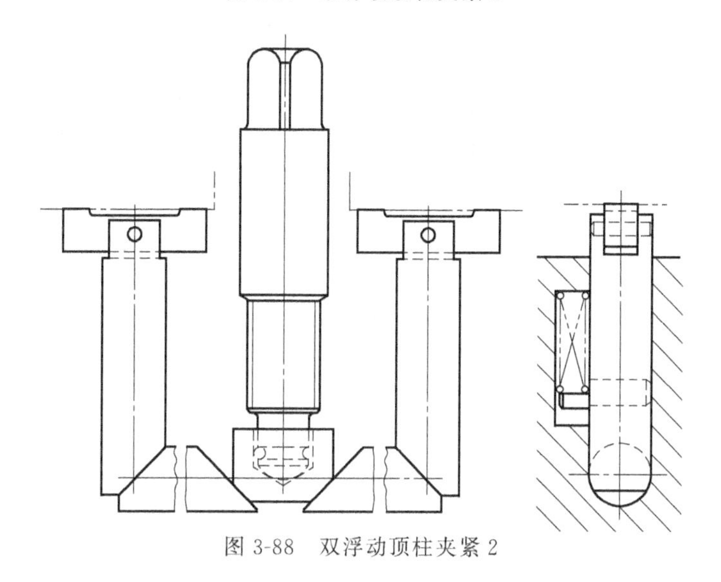

图 3-88　双浮动顶柱夹紧 2

（8）顶起工件夹紧（见图 3-89、图 3-90）

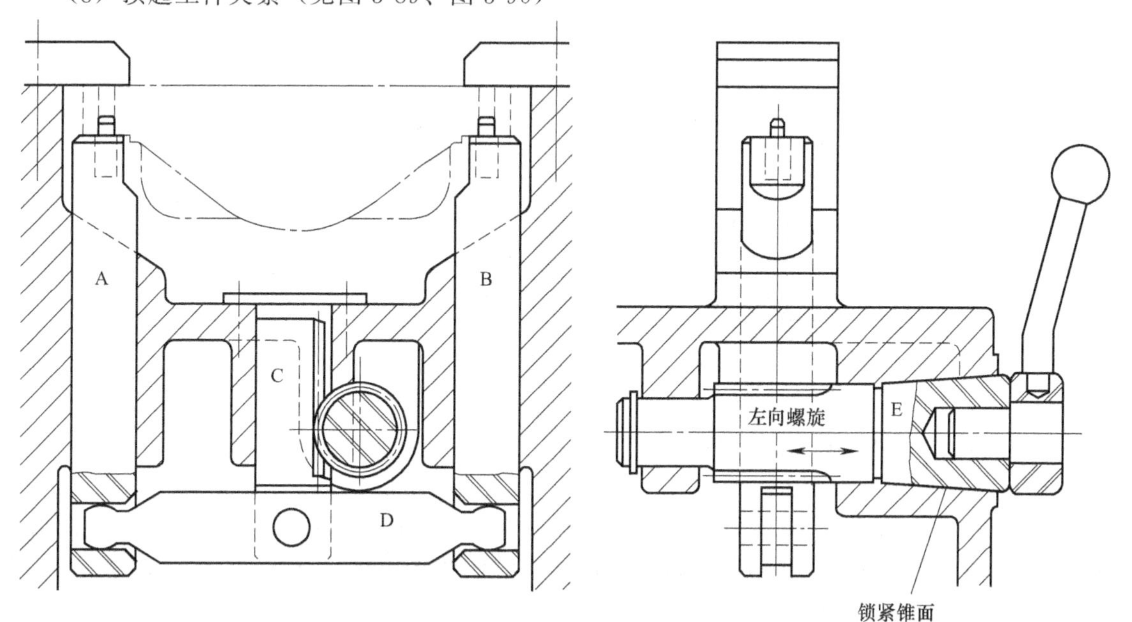

【说明】 齿轮 E 传动齿条 C，使摇臂 D 上升，D 使滑柱 A 和 B 浮动顶起工件。此装置夹紧后，螺旋齿轮向左滑动，把锥面拉进所配锥孔的锁紧位置。

图 3-89　顶起工件夹紧 1

很多工件，特别是需要钻孔或攻丝的工件，是置于平板上顶起到固定挡块而夹紧，这样就使钻床能保证钻头在工件上钻至规定的深度，准确地完成操作，排除了钻得太浅等误钻方面的任何可能性。

有些设计要求顶起工件的平板不仅是一个浮动板，还能在顶起工件时避免回转。

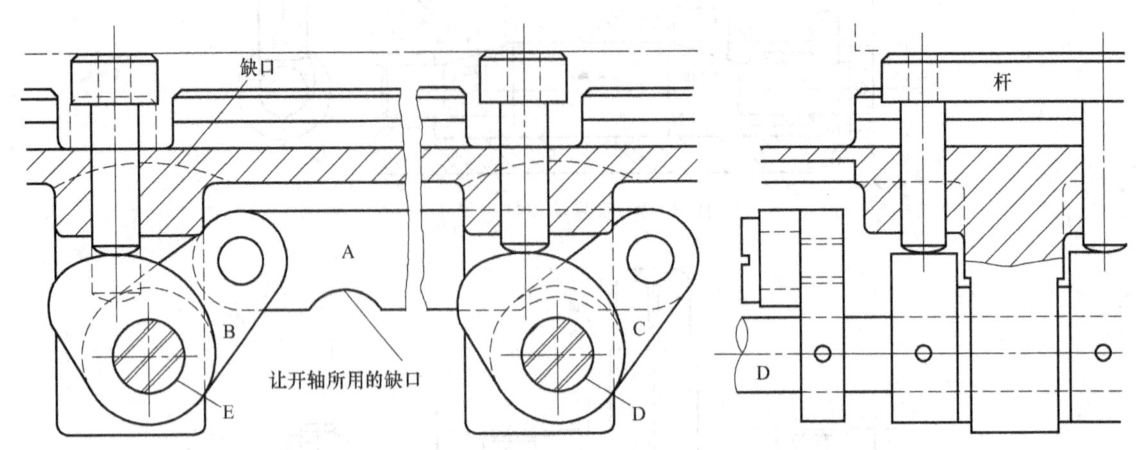

【说明】当转动轴 D，C 就推动连杆 A，使 B 转动轴 E。每个销子有一个凸轮，它把各该销子和连接这对销子的杆一同顶起。注意松开操作时所必需的缺口。

图 3-90 顶起工件夹紧 2

(9) 选定部位夹紧

① 下面夹紧（见图 3-91、图 3-92）

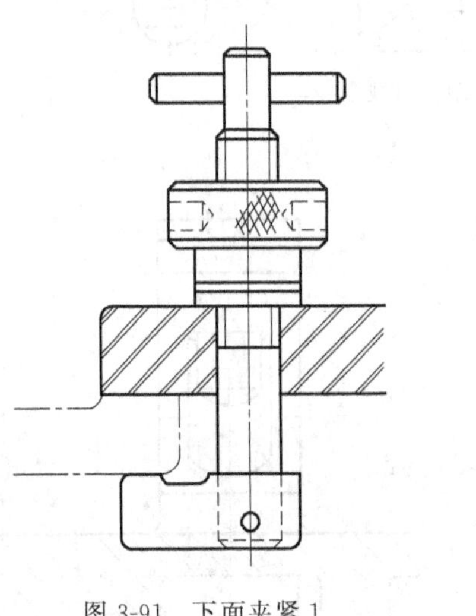

图 3-91 下面夹紧 1

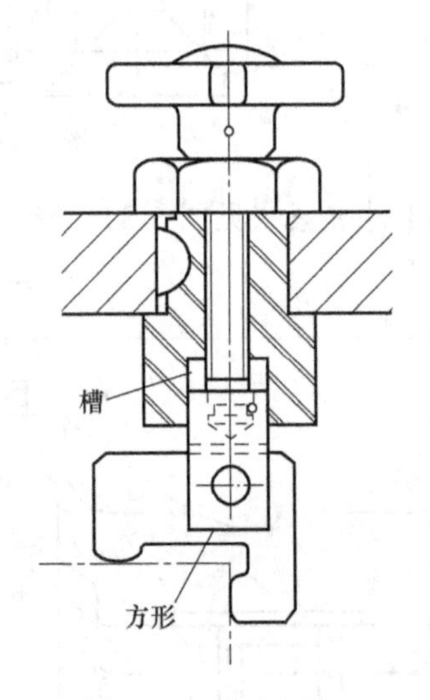

图 3-92 下面夹紧 2

② 在后部夹紧（见图 3-93、图 3-94）

(10) 联动夹紧

① 双向夹紧（见图 3-95、图 3-96）。在双向夹紧中，操作者施加的一个力就可达到工件的两个部位。这通常采用浮动装置来实现。在后面“肘杆夹紧装置”一节中所命名的 A、B、C 销同样适用于本节中的肘杆装置。

② 多位夹紧（见图 3-97、图 3-98）。两个或更多个工件同时夹紧，都是采用浮动装置。在此种夹紧装置中可设有弹簧或是各种不同形式的凸轮、钢球、弹性夹套，或左、右螺旋。

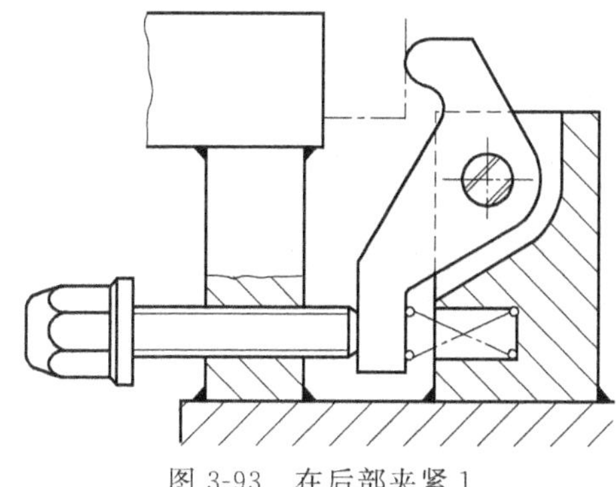

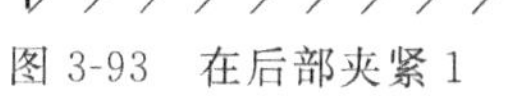
图 3-93　在后部夹紧 1

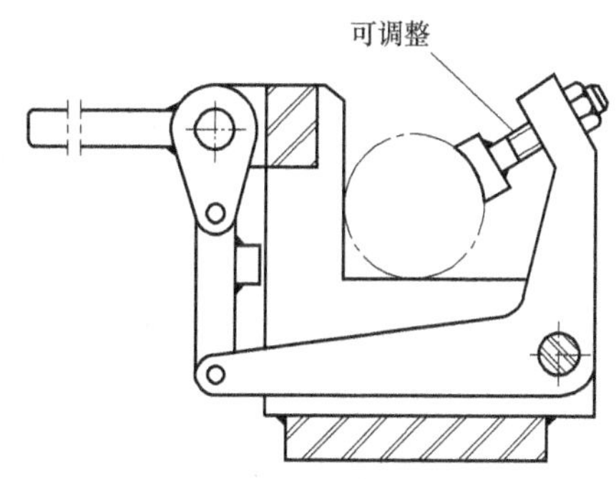

图 3-94　在后部夹紧 2

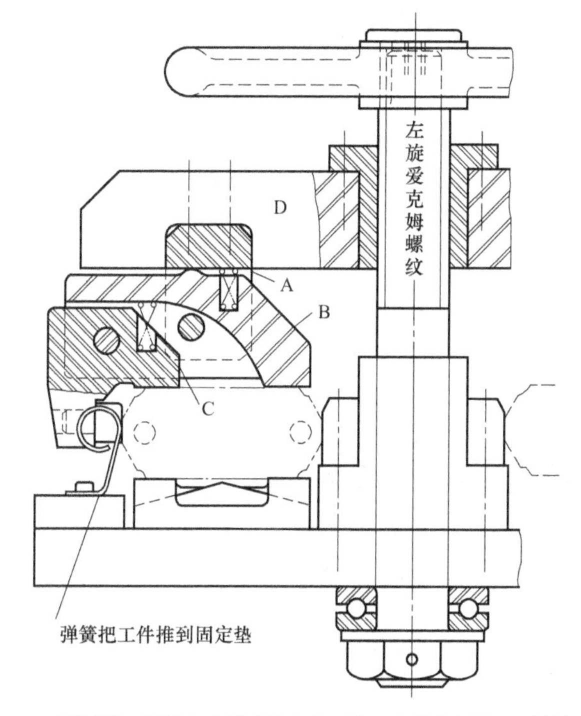

【说明】 压板 B 和浮动块 C 向工件三个部位加压。B 被销接在吊架 A 上，C 又销接在 B 上。为了适应夹紧时总是把手轮向右旋转的习惯，应采用左旋丝杠。此装置夹紧两个工件。

图 3-95　双向夹紧 1

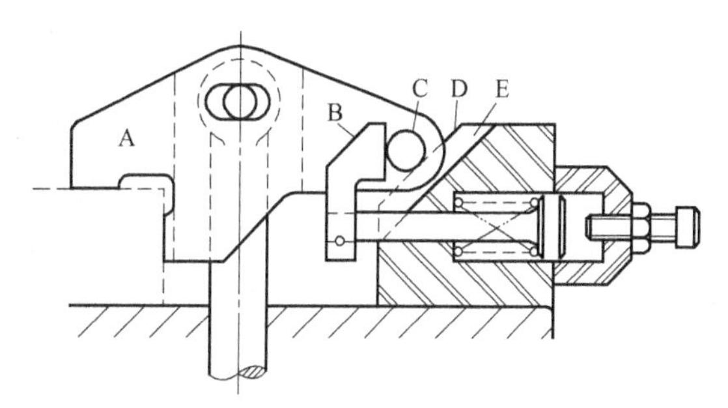

【说明】 压板 A 连同插在其中的圆销 C 沿凸轮 D 下滑，槽 E 防止 A 转动。受弹簧载荷的 B 使压板退回。

图 3-96　双向夹紧 2

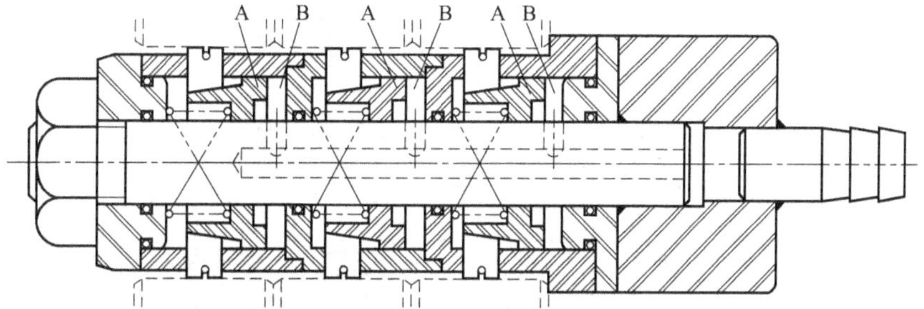

【说明】 压缩空气进入三个气室 B，驱动扩胀锥套 A 撑开三组（每组三个）夹爪。夹爪由弹簧退回。

图 3-97　多位夹紧 1

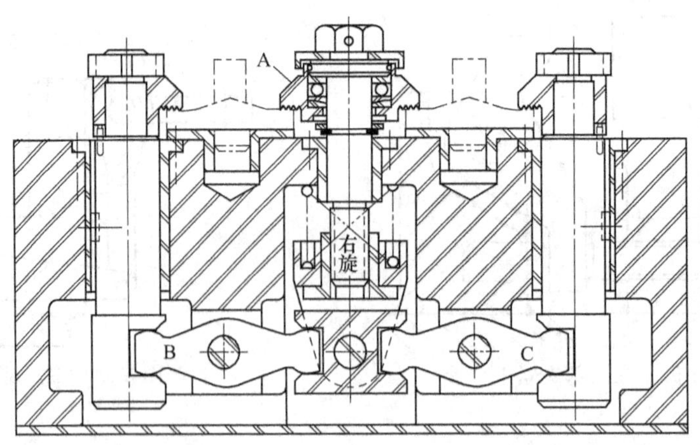

【说明】 转动螺母时，A夹紧两个工件，同时摇臂B和C拉下两个夹紧柱，也可夹紧两个工件。

图 3-98 多位夹紧 2

③ 复合夹紧（见图 3-99～图 3-102）。为缩短装夹辅助时间，两个或更多个不同的夹紧动作可以同时完成。在某些情况下，必须采用浮动夹紧，以避免夹紧过度。在这一节里不能只看“说明”之处，还需研究全部细节。注意观察怎样用圆销和槽来防止夹紧装置的一些部分的转动，以及怎样用弹簧来退回压板等。

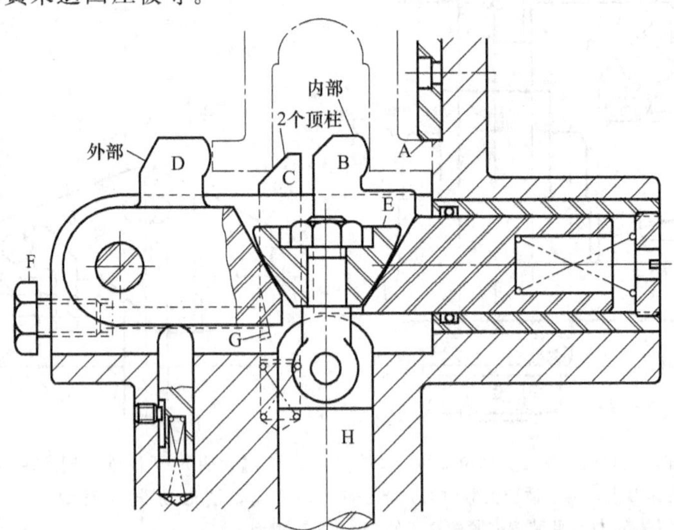

【说明】 工件以肩A定位。若拉下H，胀块E把压板B向右推，并使压板D回转而进入夹紧位置。两个顶柱由F分别锁紧。

图 3-99 复合夹紧 1（内部、外部、顶柱）

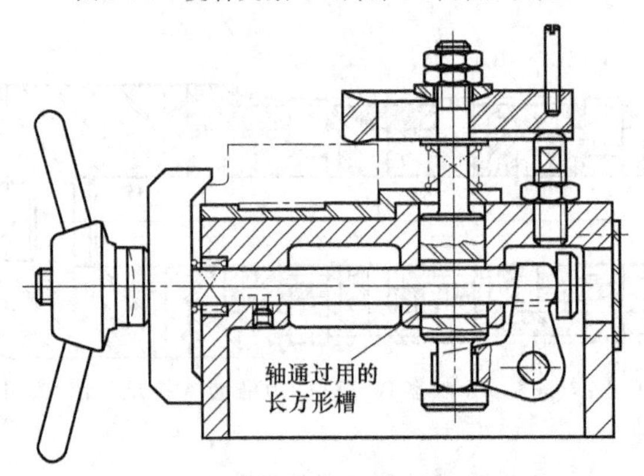

图 3-100 复合夹紧 2（凸头和后面夹紧）

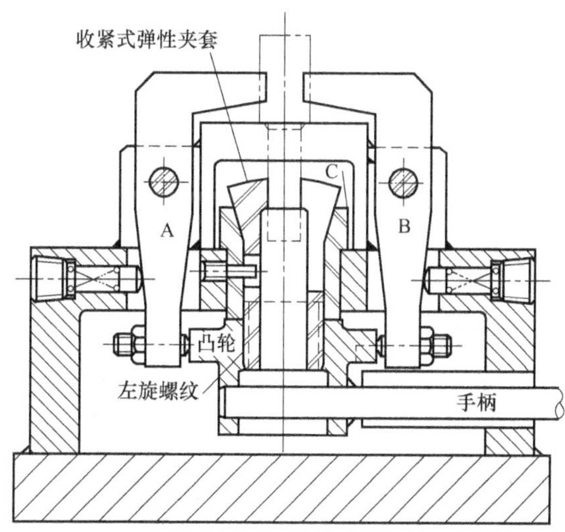

【说明】 当手柄转动凸轮时，凸轮推动夹爪 A 和 B，同时也使凸轮拧到弹性夹套上，把弹性夹套往下拉向挤压套 C，夹紧工件。

图 3-101 复合夹紧 3（外弹性夹套和外部夹紧）

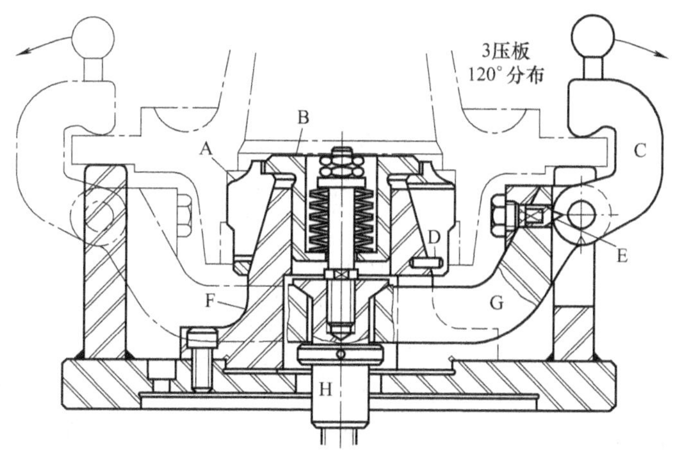

【说明】 拉下 H，受弹簧载荷的 B 迫使弹性夹套 A 向着胀块 F 撑开，在内部夹紧工件。H 也拉下托架 G，从外部夹紧工件。锁销 E 使压板保持在两个位置中的任何一个位置（即压板处于夹紧或松开的任一位置）。

图 3-102 复合夹紧 4（外部摆动和内弹性夹套夹紧）

（11）自动夹紧

当缺少夹紧用的动力源时，可用机械方法将自动夹紧装置保持在夹紧位置内。备有代用的动力源可避免工件在不再夹紧的状态下继续加工以及由此引起的损坏。

强力弹簧，肘杆机构，锥锁，扳手加压油，预加应力的膜片夹紧，小楔角凸轮或具有弹簧加载的弹性夹套或卡盘都是保持自动夹紧装置所用的机械方法。通常加有挡块以防止在夹紧操作时发生因工件未放入夹紧位置而使夹具损坏的事故。

① 外部夹紧（见图 3-103～图 3-105）

② 内部夹紧（见图 3-106、图 3-107）

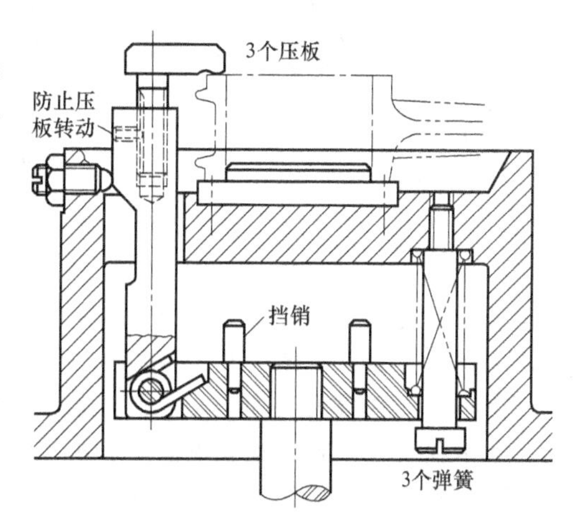

图 3-103 外部夹紧 1（外部摆动）

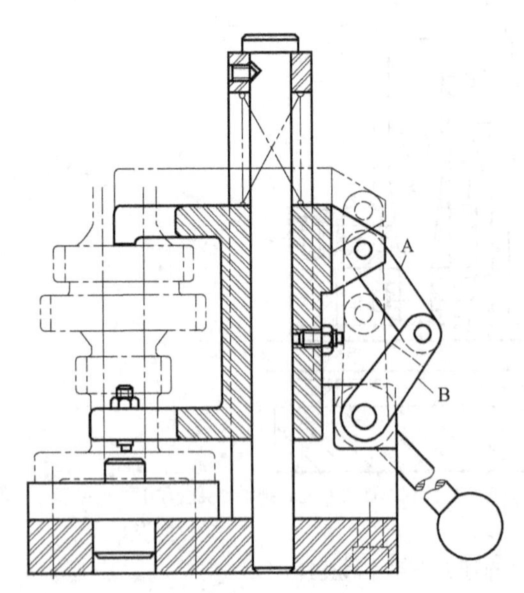

【说明】 肘杆 A 和 B 使夹爪处于开放位置。

图 3-104 外部夹紧 2（外部拉压）

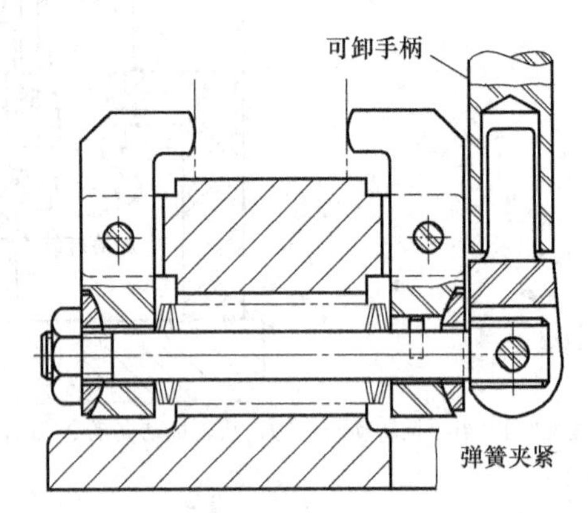

【说明】 用手柄驱动的凸轮松开具有弹簧加载的夹爪。

图 3-105 外部夹紧 3（外部浮动）

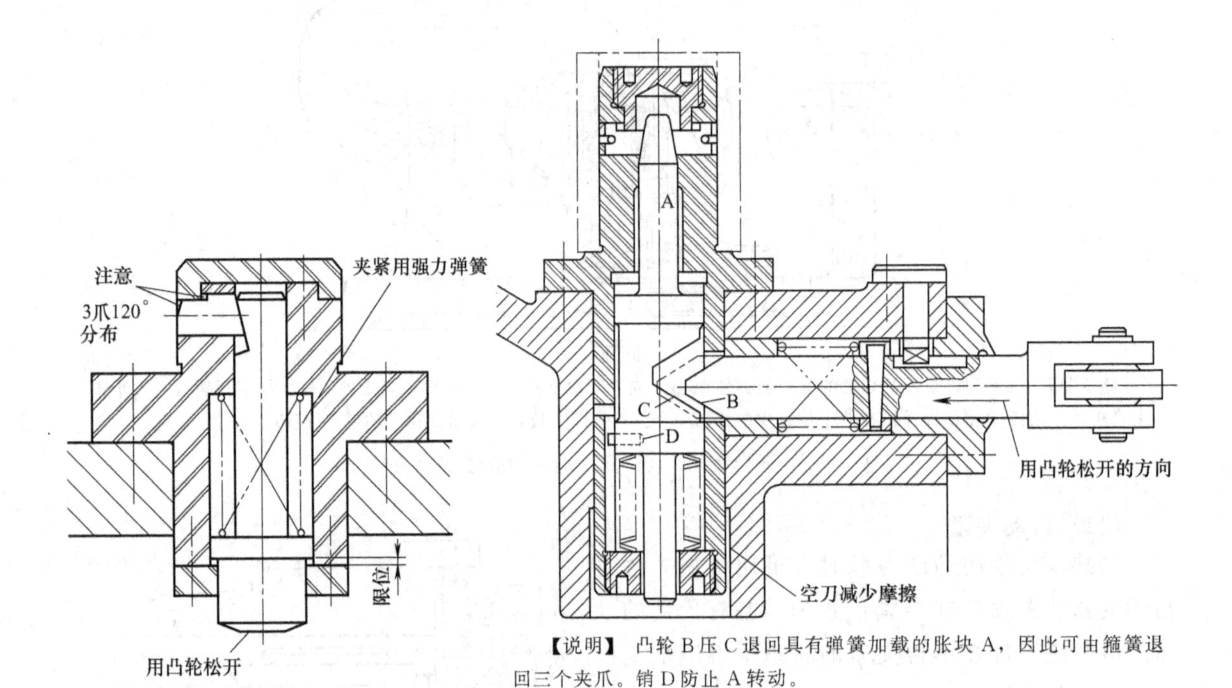

图 3-106 内部夹紧 1

【说明】 凸轮 B 压 C 退回具有弹簧加载的胀块 A，因此可由箍簧退回三个夹爪。销 D 防止 A 转动。

图 3-107 内部夹紧 2

③ 弹性夹紧（见图 3-108～图 3-111）
④ 楔式夹紧（见图 3-112、图 3-113）
⑤ 推力夹紧（见图 3-114、图 3-115）
⑥ 卡盘与虎钳式夹紧（见图 3-116、图 3-117）
⑦ 自定心与多位夹紧（见图 3-118、图 3-19）
⑧ 其他方式夹紧（见图 3-120～图 3-125）

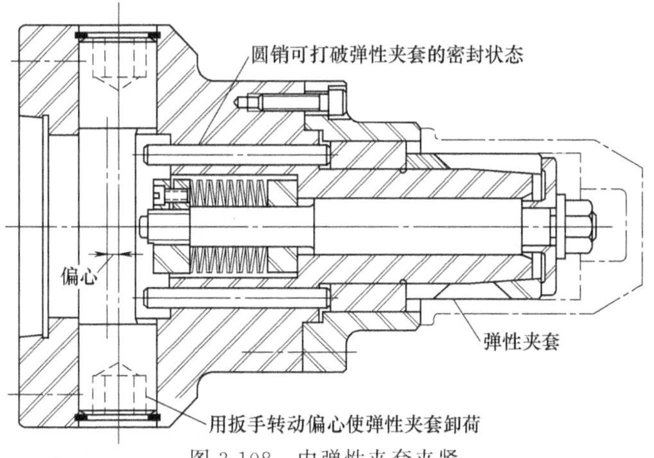

图 3-108　内弹性夹套夹紧

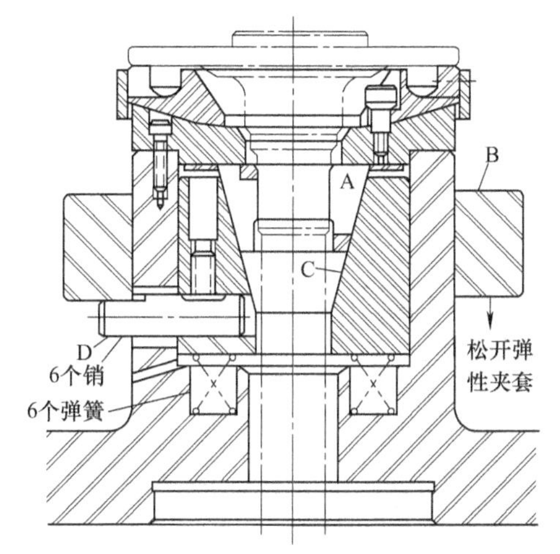

【说明】 六个弹簧顶起挤压块 C，C 迫使弹性夹套 A 夹紧。当 B 被推向下碰到六个销 D 时，将挤压块退回。

图 3-109　外弹性夹套夹紧

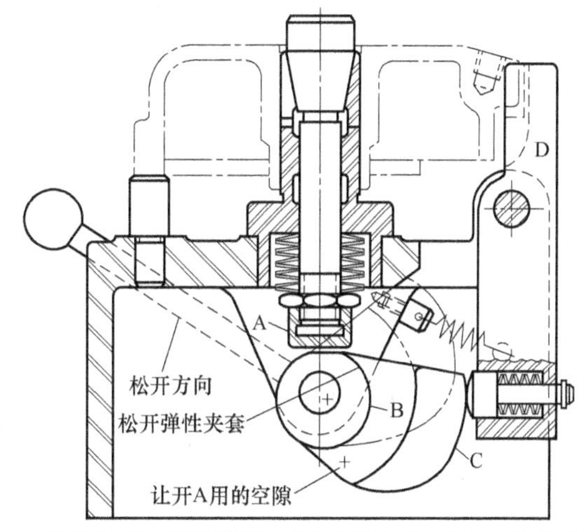

【说明】 在夹紧操作时，凸轮 B 离开 A，弹性夹套的弹簧就可夹紧弹性夹套。凸轮 C 驱动夹爪 D。在松开操作时，B 松开弹性夹套，而 C 离开夹爪 D。

图 3-110　外弹性夹套夹紧（和推力夹紧）

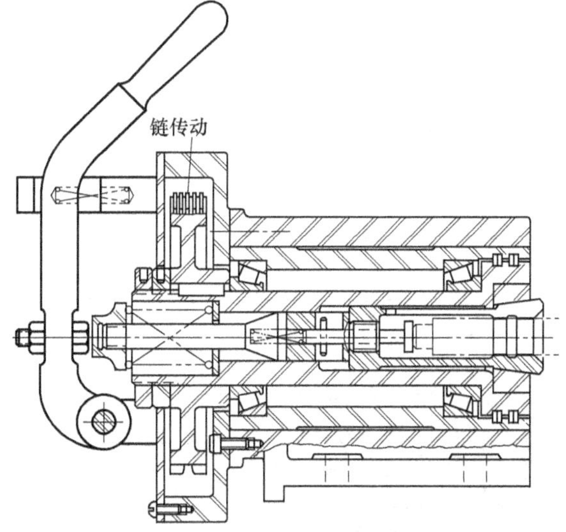

【说明】 通过链传动可转动具有弹簧加载的弹性夹套。手柄松开弹性夹套。

图 3-111　（回转式）外弹性夹套夹紧

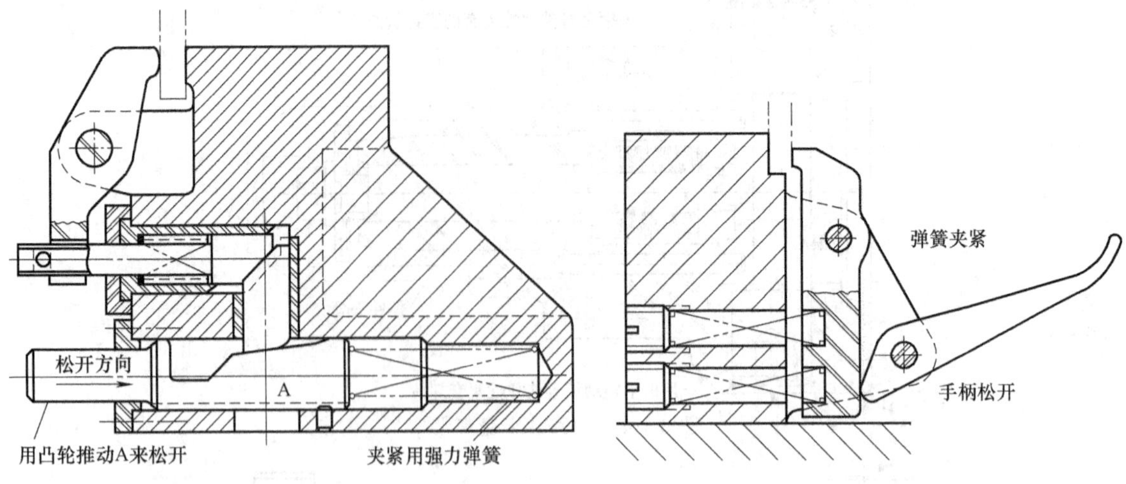

图 3-112　楔式夹紧 1　　　　图 3-113　楔式夹紧 2

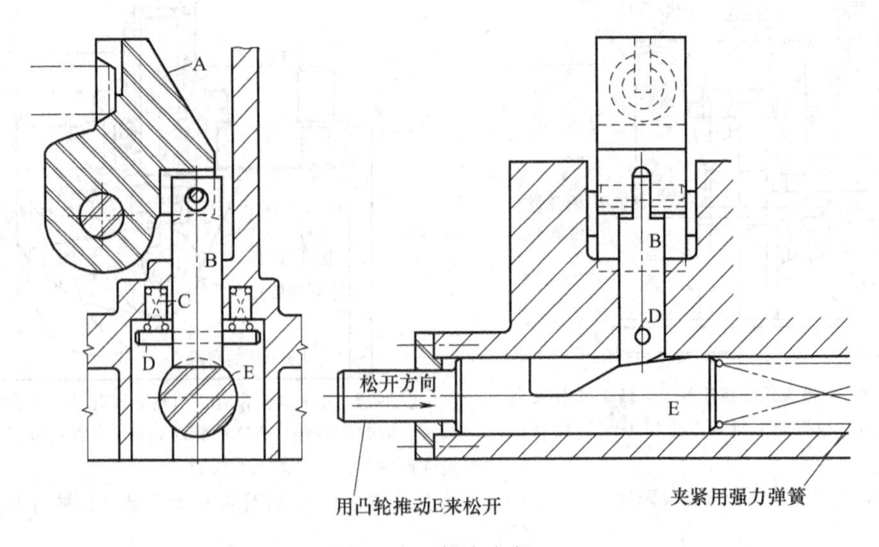

图 3-114　推力夹紧 1

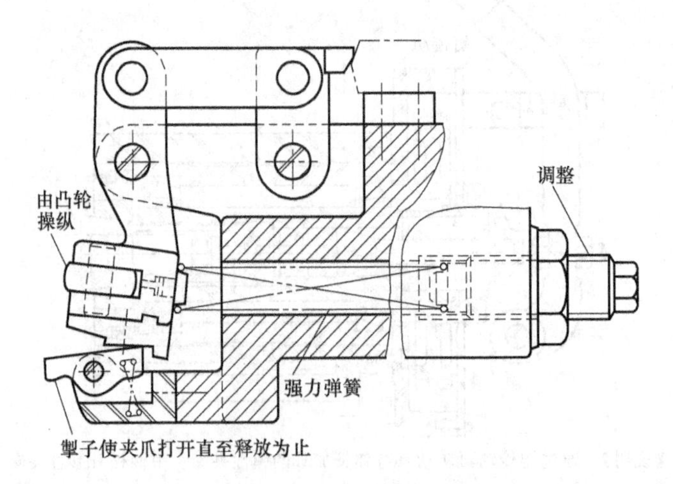

图 3-115　推力夹紧 2

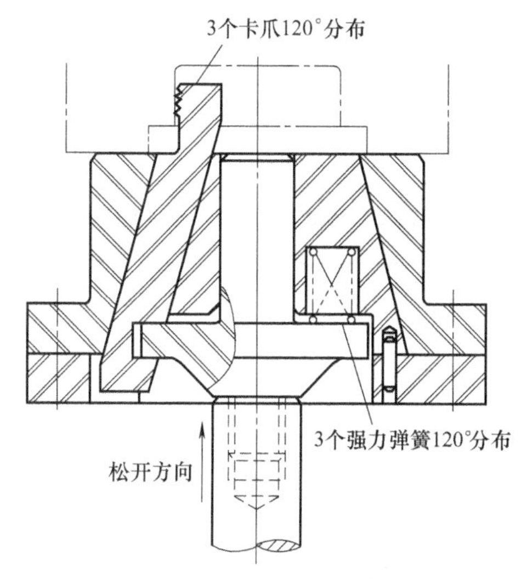

图 3-116 内卡盘夹紧

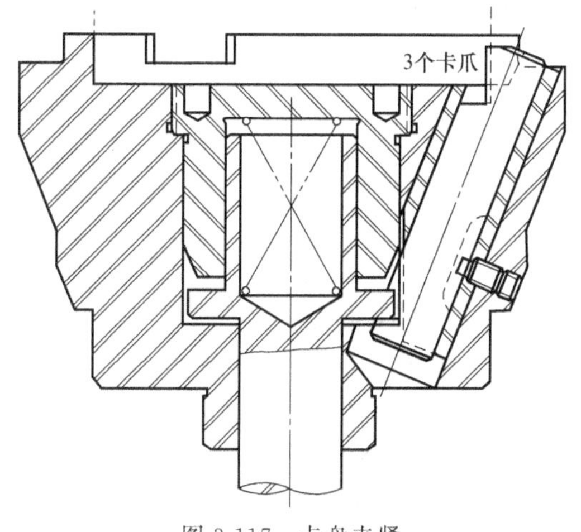

图 3-117 卡盘夹紧

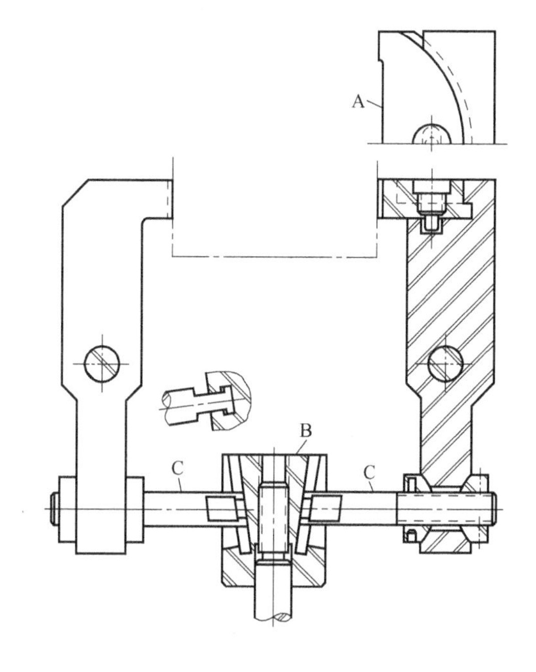

【说明】 B的两个T形槽凸轮推动杆C，C驱动夹爪。锁紧夹爪的凸轮角为7°。注意浮动夹爪A的结构。

图 3-118 自定心夹紧

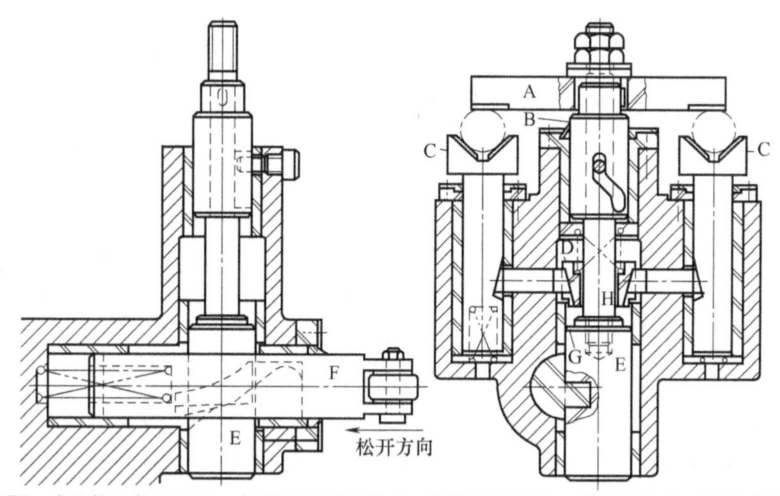

【说明】 当凸轮F拉下E时，轴肩G离开胀块D，弹簧就可迫使D胀开两个爪，此两爪锁紧两个顶柱C。B将压板A转到夹紧位置，由E和螺栓H拉下B以夹紧两个工件。

图 3-119 多位夹紧

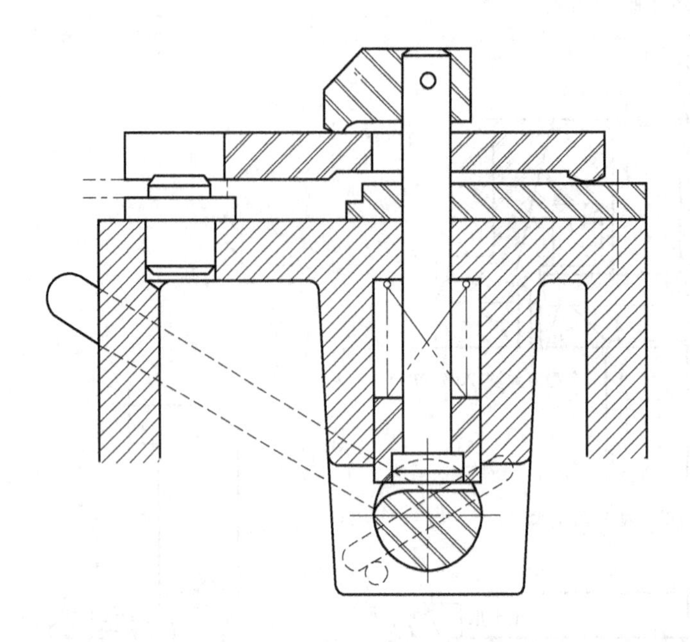

【说明】 弹簧夹紧；凸轮松开。

图 3-120 压板夹紧

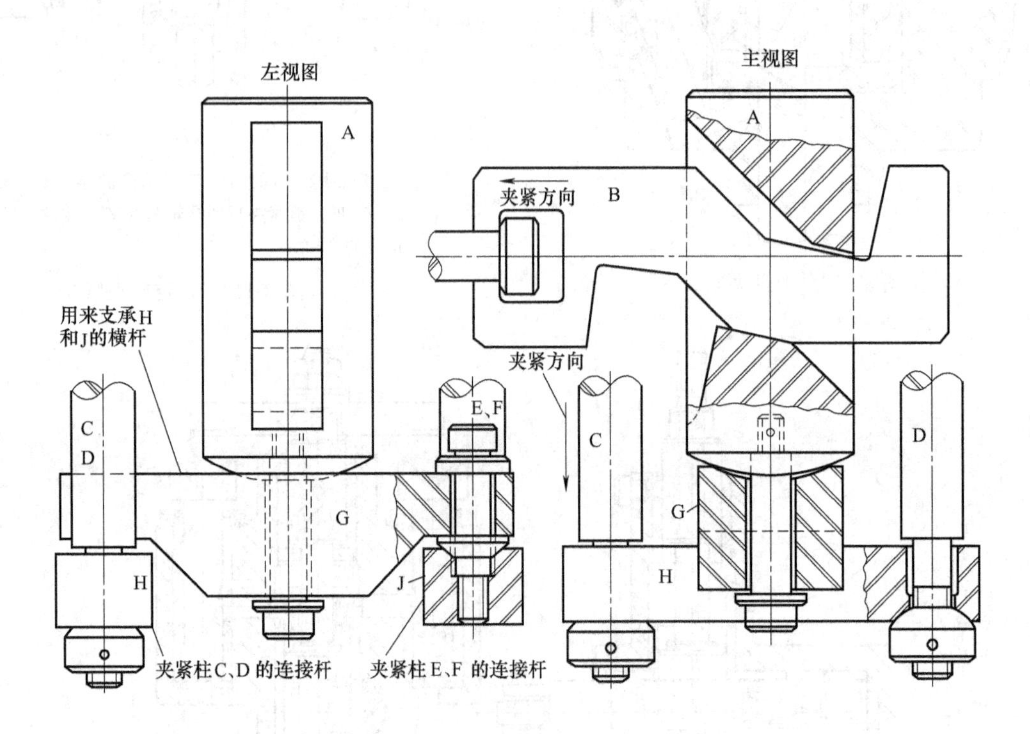

【说明】 凸轮B夹紧，其小夹紧角可锁住四个夹紧柱。摇臂G施力于其他两个摇臂H和J，并使之浮动。H浮动并拉下两个夹紧柱，J也是浮动并拉下另两个夹紧柱。在松开操作时，凸轮B提升A，A把四个夹紧柱全部提起。

图 3-121 四个夹紧柱浮动夹紧

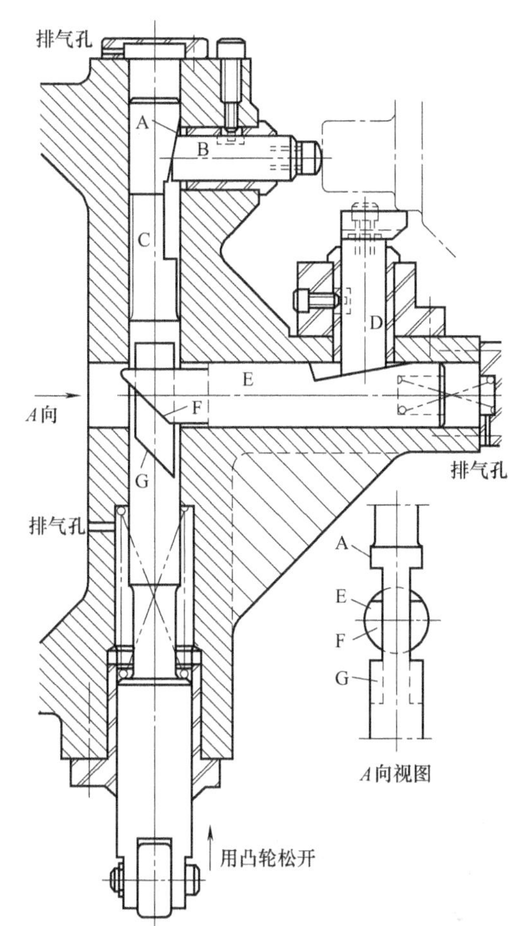

【说明】 在夹紧操作时，杆 C 的凸轮 A 移动并锁住顶柱 B，同时 E 抬起并锁住顶柱 D。在松开操作时，A 向上移动，松开 B，凸轮 G 迫使 E 的 F 松开 D。注意三个排气孔。

图 3-122 （双）顶柱夹紧

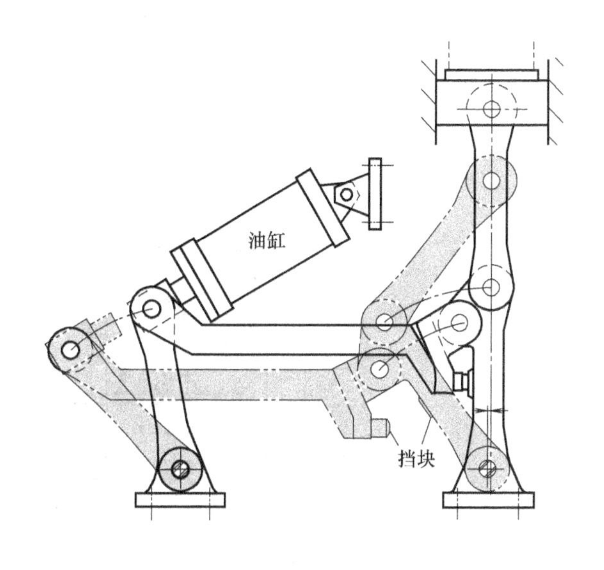

图 3-123 肘杆夹紧

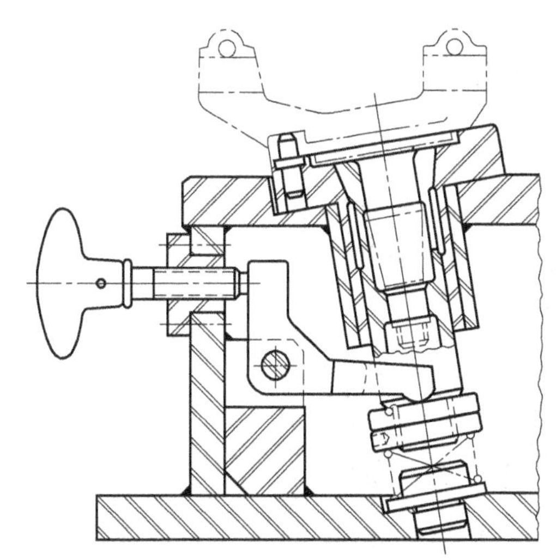

【说明】 用摇臂驱动弹性夹套。

图 3-124 外夹套夹紧 1

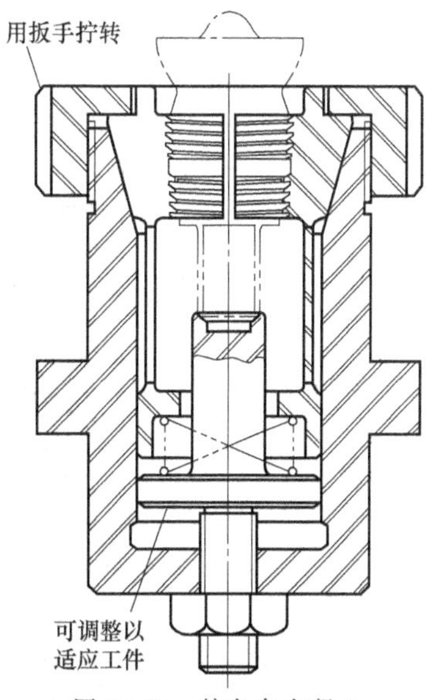

图 3-125 外夹套夹紧 2

(12) 弹性夹紧

① 外夹套夹紧。把弹性夹套拉向圆锥形挤压套或把挤压套拉向弹性夹套均可产生夹紧作用。弹性夹套不允许转动。锥体的工作角度在 7°～15°之间变化。角度小的时候，从挤压套中松开弹性夹套就更需要加力。

② 内夹套夹紧(见图 3-126、图 3-127)

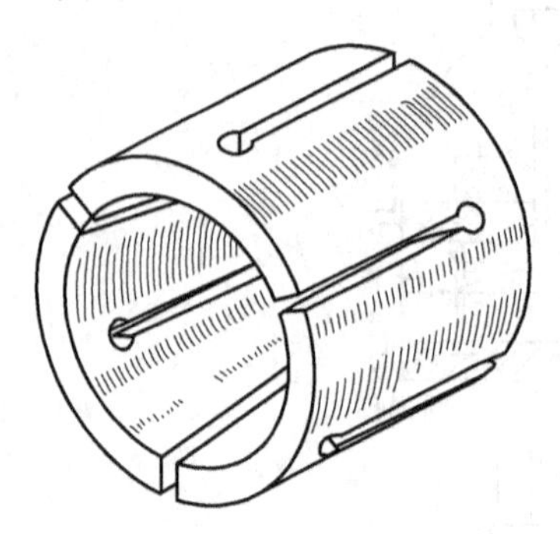

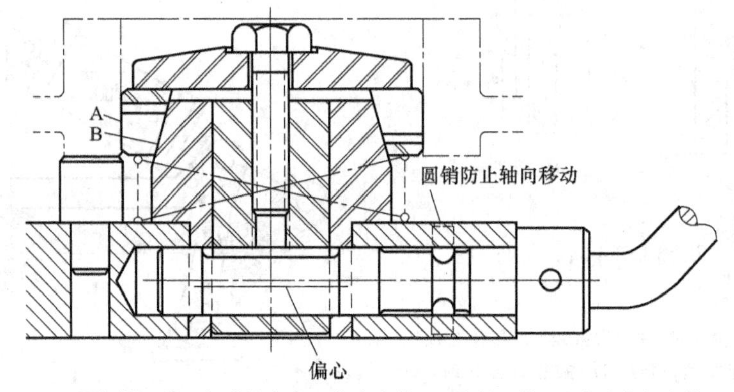

【说明】 偏心把弹性夹套 A 拉向胀体 B，夹紧工件。六角头螺钉也作调整螺钉用。

图 3-126　内夹套夹紧 1

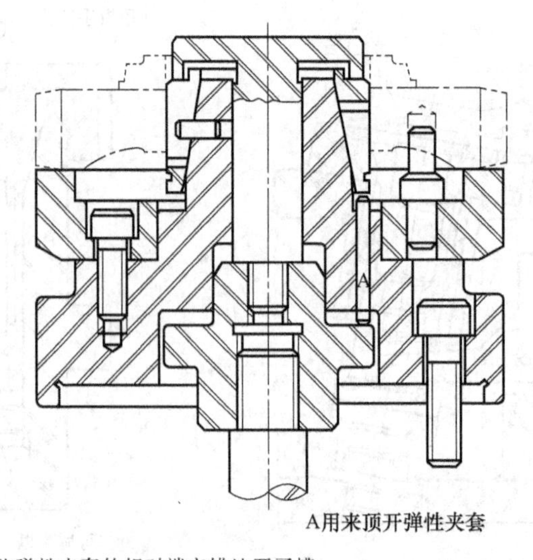

【说明】 此弹性夹套的相对端交错地开了槽。

图 3-127　内夹套夹紧 2

③ 膜片夹紧（见图 3-128、图 3-129）。膜片式卡盘是基于薄板受压变成碟形这个原理设计的。薄板（称为膜片）是圆形的。膜片的外缘比膜片本身厚，外缘是紧固在本体上的。

加力于薄板中央使其产生碟形，然后将工件插在卡爪之间，并卸去作用在膜片上的力，使此时具有预加应力的卡爪牢固地夹紧工件。重新加力于膜片，就可使卡爪松开，放松工件。

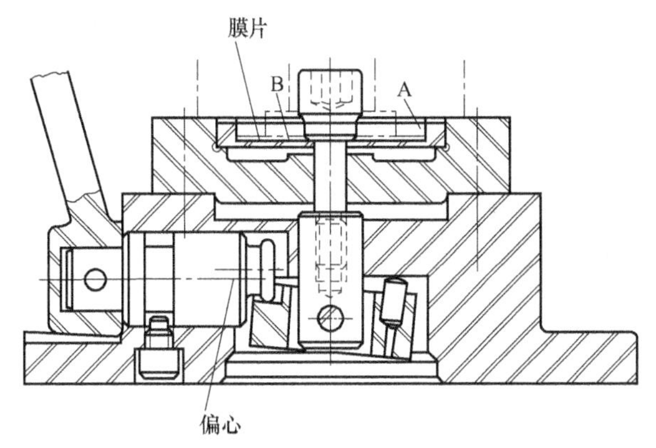

【说明】 偏心使膜片向下成碟形，驱动卡爪把工件夹紧在相当于 A 处的膜片内径上。B 控制膜片能形成碟形的范围。

图 3-128　膜片夹紧 1

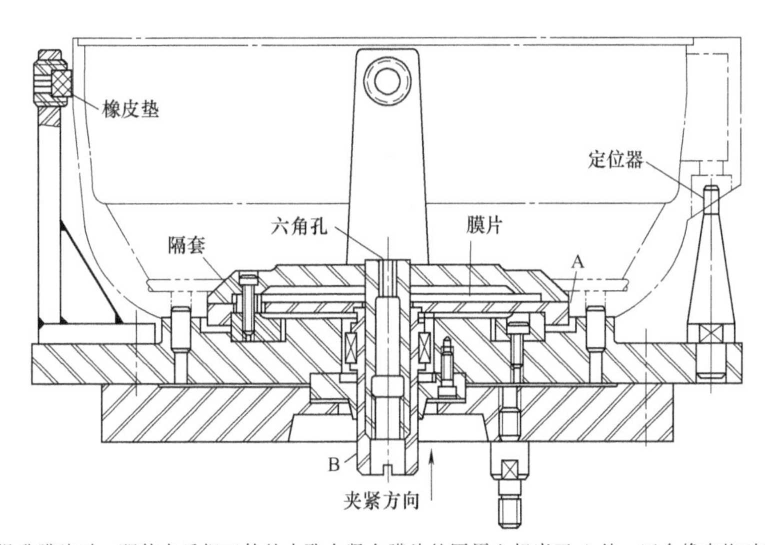

【说明】 当 B 提升膜片时，驱使卡爪把工件的内孔夹紧在膜片的圆周上相当于 A 处。四个橡皮垫对薄壁工件加工时的振动起阻尼作用。

图 3-129　膜片夹紧 2

（13）轴夹紧

轴夹紧可包括只在一个位置将轴夹紧；当轴转动或纵向移动时，在任意位置将轴夹紧；当轴只许纵向移动而不许转动时，在任意位置将轴夹紧；当轴只许转动而不许纵向移动时，在任意位置使轴分度。轴夹紧还可设计成便于对可拆轴的更换。

① 在任意位置将轴夹紧（见图 3-130、图 3-131）

② 在任意位置将轴稳固夹紧（见图 3-132～图 3-134）

③ 有纵向调整但无转动时将轴锁紧（见图 3-135、图 3-136）

④ 轴分度（见图 3-137、图 3-138）

⑤ 轴转动时在任意位置将轴夹紧（见图 3-139、图 3-140）

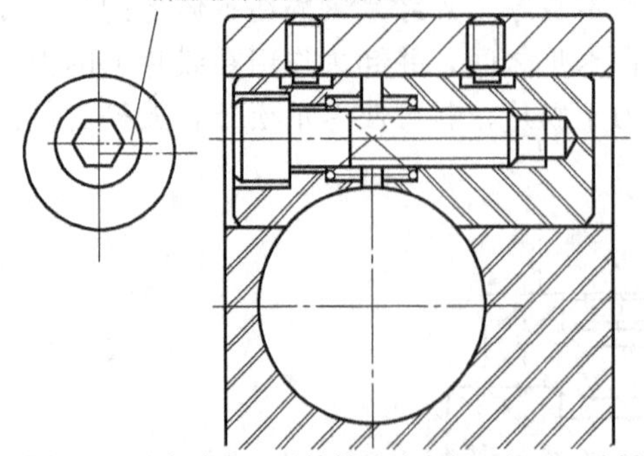

【说明】 在任意位置对轴做快速夹紧、松开以及拆装；把轴拆下时，需防止夹紧凸轮转动。

图 3-130 （任意位置）轴夹紧 1

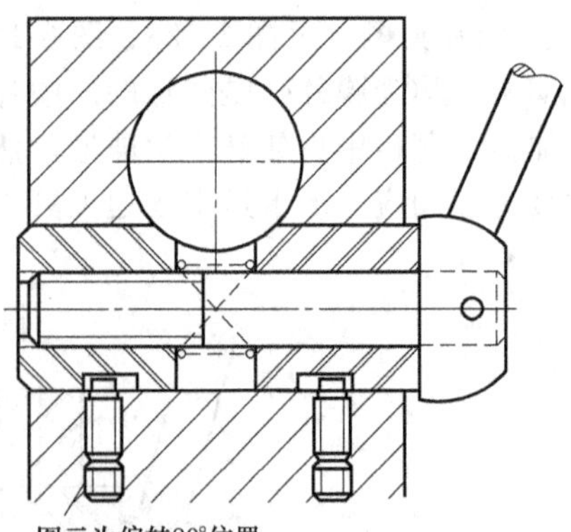

【说明】 在任意位置对轴做快速夹紧、松开以及拆装；把轴拆下时，需防止夹紧凸轮转动。

图 3-131 （任意位置）轴夹紧 2

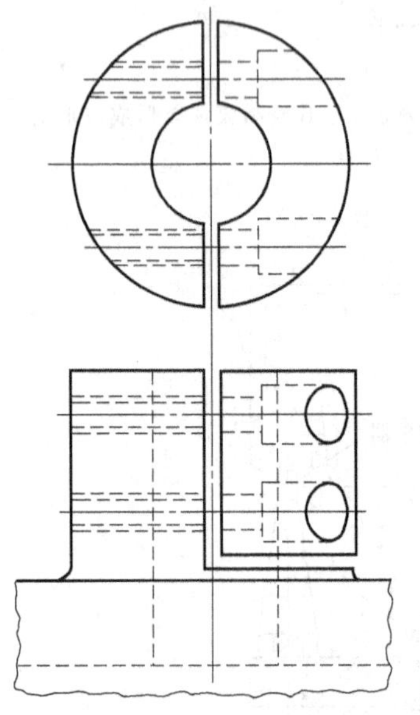

【说明】 将轴稳固夹紧在任意位置。

图 3-132 （任意位置稳固）轴夹紧 1

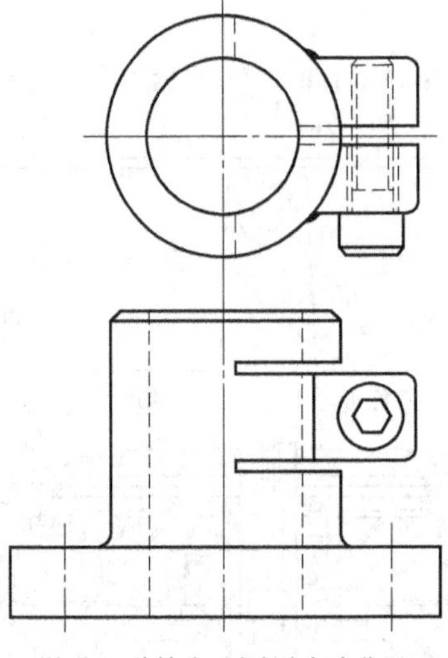

【说明】 将轴稳固夹紧在任意位置。

图 3-133 （任意位置稳固）轴夹紧 2

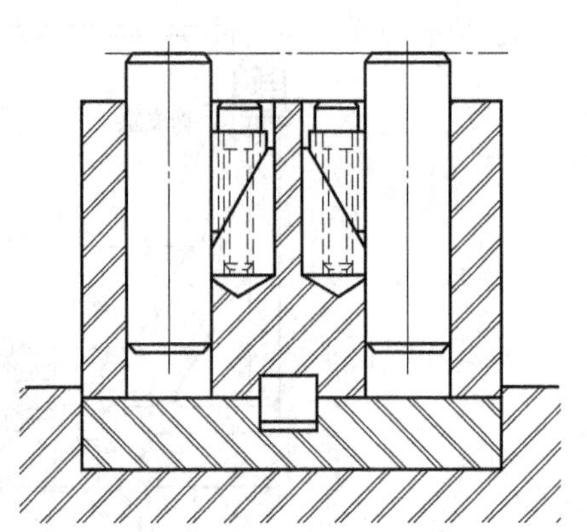

【说明】 将轴稳固夹紧在任意位置。

图 3-134 （任意位置稳固）轴夹紧 3

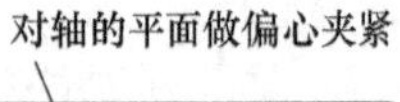

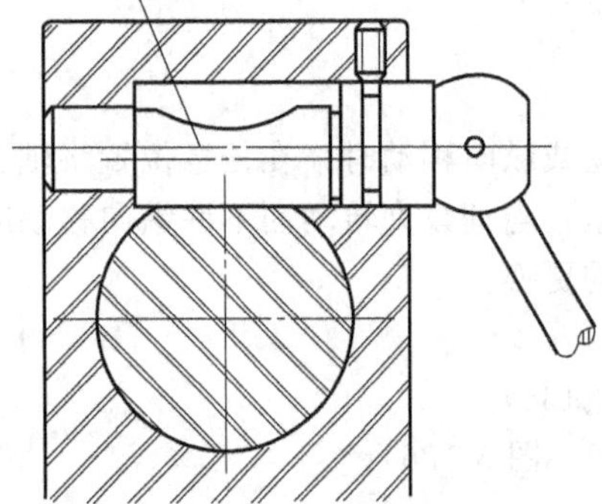

图 3-135 （有纵向调整但无转动时）轴夹紧 1

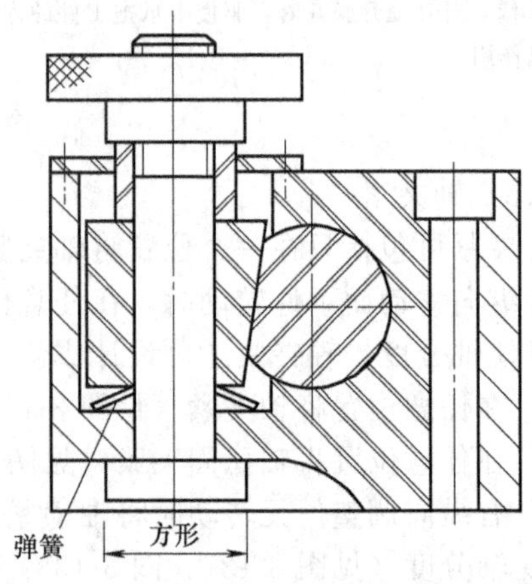

图 3-136 （有纵向调整但无转动时）轴夹紧 2

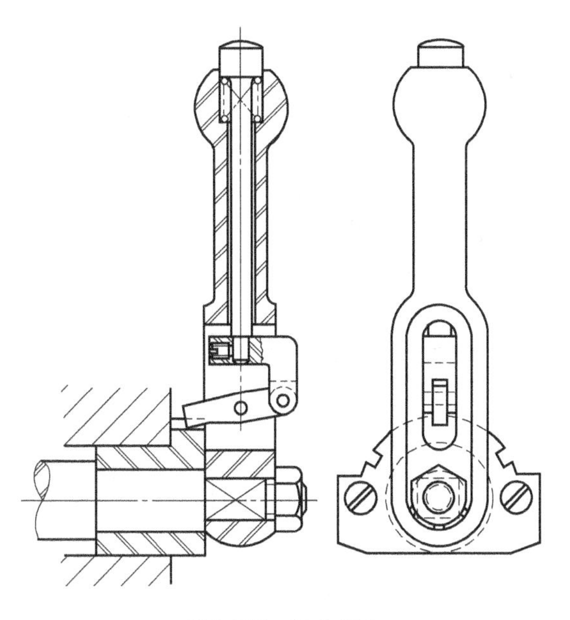

图 3-137 轴分度 1

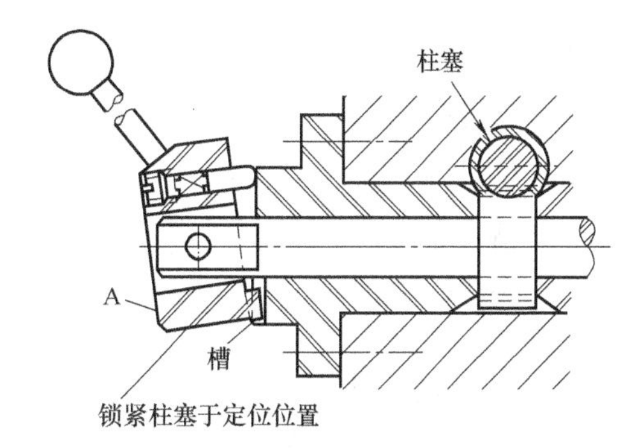

【说明】 把 A 上的键插入槽内，将轴锁紧于它的转动位置两端中的任一端。

图 3-138 轴分度 2

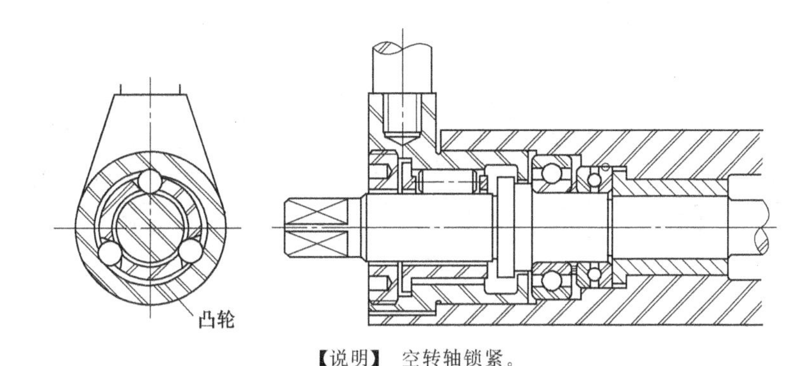

【说明】 空转轴锁紧。

图 3-139 （轴转动时在任意位置）轴夹紧 1

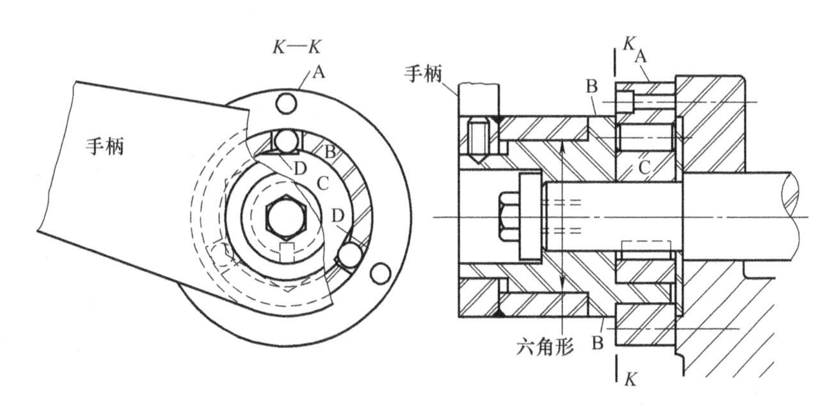

【说明】 空转轴锁紧；C 和轴用键连接，C 包括有三个滚柱用的凸轮 D。B 为三个滚柱的隔离圈，并具有一个可与手柄接合的六角形外表面。在轴和 C 达到固定位置后，推下手柄，使 B 推动三个滚柱。滚柱则楔进三个平面凸轮 D 的平面和 A 孔之间，从而使轴锁紧。

图 3-140 （轴转动时在任意位置）轴夹紧 2

⑥ 在某一位置将轴夹紧（见图 3-141）

(14) 虎钳式夹紧

虎钳式夹紧机构是由凸轮（包括楔式）、齿条、齿轮、螺旋、摇臂或肘杆机构来驱动。可把它们设计成能使工件定位或相对于另一种夹紧装置而实现工件浮动。见图 3-142、图 3-143。

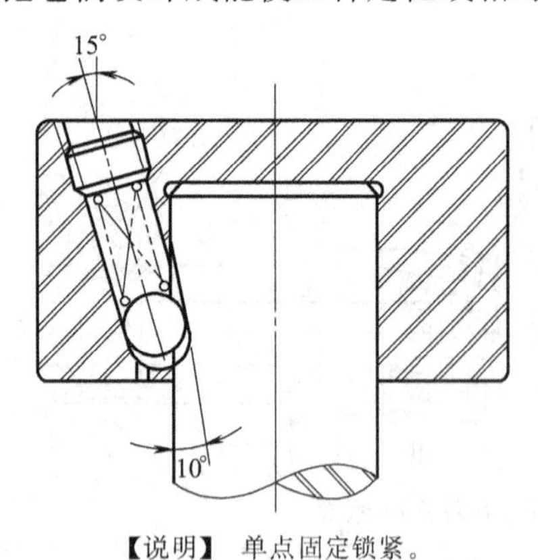

【说明】 单点固定锁紧。

图 3-141 （在某一位置）轴夹紧

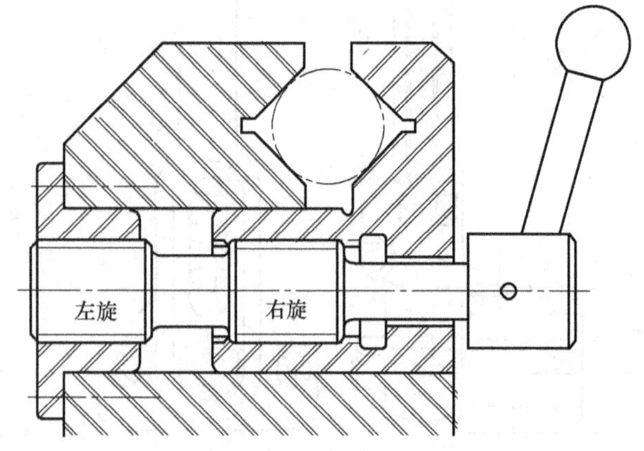

图 3-142 虎钳式夹紧 1

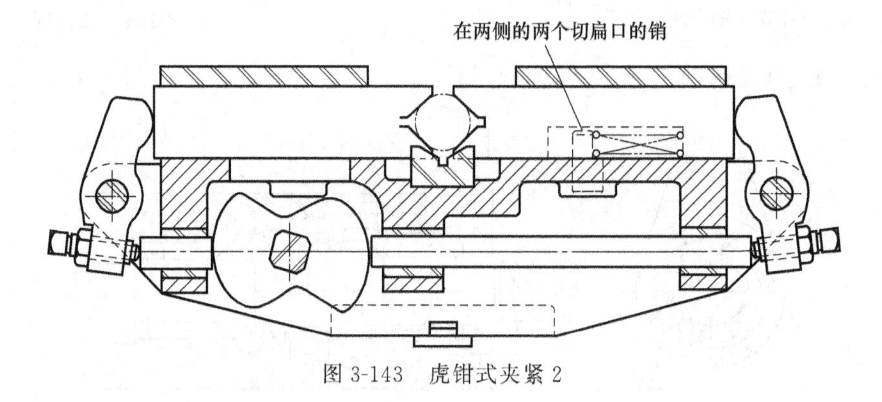

图 3-143 虎钳式夹紧 2

(15) 卡盘夹紧

卡盘的种类繁多。可由齿轮、凸轮、弹簧、拉杆或齿条和齿轮来驱动。它们能夹紧内表面以及外表面。卡爪可水平或倾斜移动或是向旁摆动。见图 3-144、图 3-145。

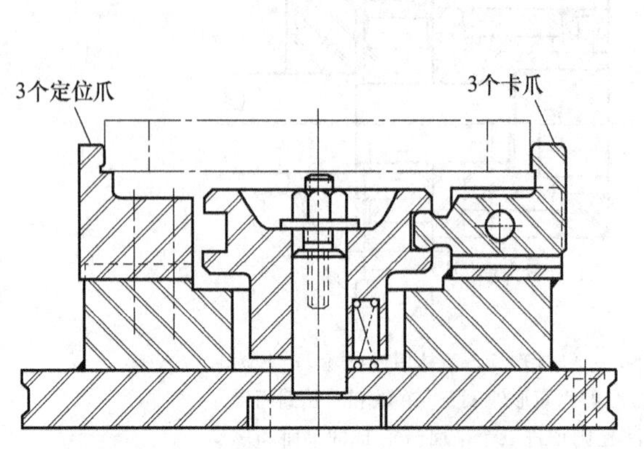

【说明】 三个定位爪与三个卡爪各错开 60°。

图 3-144 卡盘夹紧 1

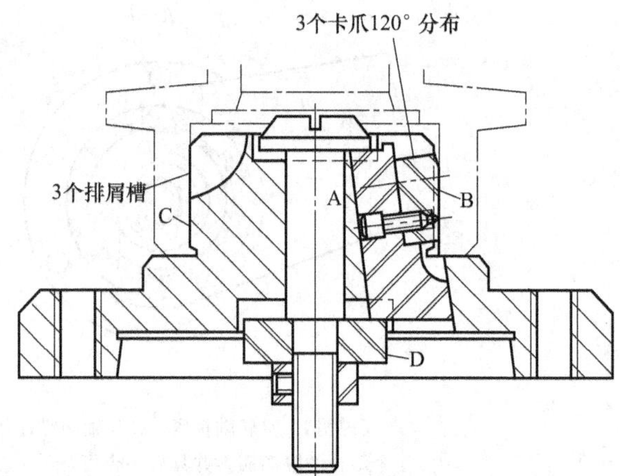

【说明】 拉下拉杆 A 时，就使在 C 的斜槽中滑行的三个卡爪 B 撑开，夹紧工件。松开时，垫圈 D 退回卡爪。

图 3-145 卡盘夹紧 2

(16) 肘杆夹紧装置

在虎钳式夹紧设计中应用的基本原理也可用于肘杆夹紧装置设计中。在肘杆夹紧装置的设计中，必须设置一个刚性的或可调整的挡块以防松夹。有些肘节夹紧装置装有加插进去的弹簧，以免夹紧压力过大。

以下各图例中，爪的夹紧连杆销都以 A 为标记，铰链或肘销都以 B 为标记（指直接加力的或通过附加连杆机构来加力的一种），固定销都以 C 为标记。

当销 B 位于销 A 和 C 的连线上时，产生的夹紧压力最大。一般经验是：在销 B 碰到挡块前使销 B 稍微偏离 A 和 C 所连成的直线，以防止由于振动而意外松夹。

图 3-146 和图 3-147 为肘杆夹紧装置（B 在 A、C 之外）。

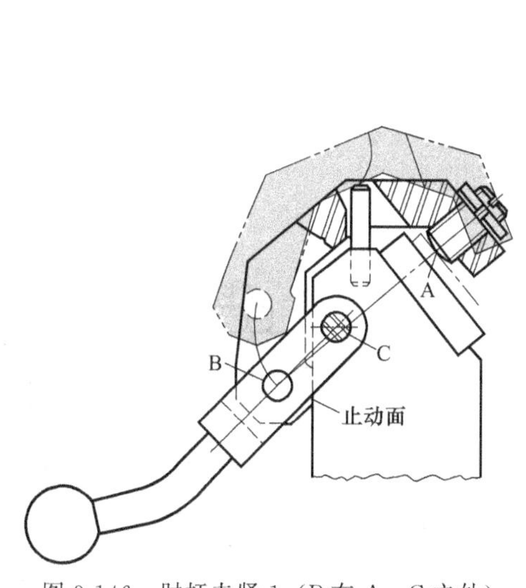

图 3-146 肘杆夹紧 1（B 在 A、C 之外）

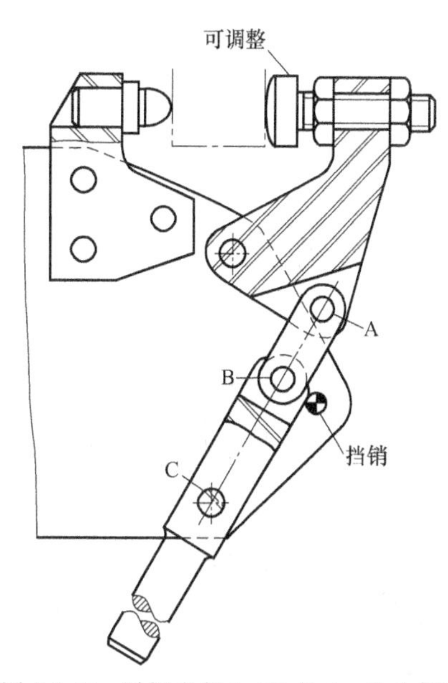

图 3-147 肘杆夹紧 2（B 在 A、C 之间）

(17) 工作台夹紧（见图 3-148、图 3-149）

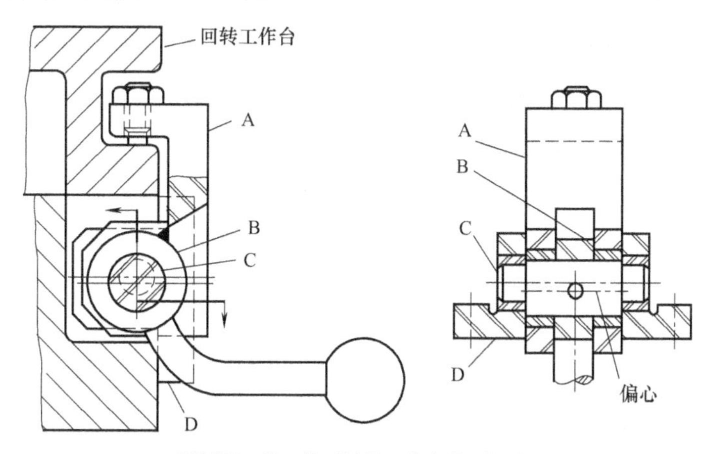

【说明】 偏心拉下锁紧工作台的可调臂。

图 3-148 工作台夹紧 1

(18) 快速松开装置

快速松开装置在设计上要求夹紧和松开迅速。插销式快速松开装置采用螺旋、凸轮，或销子来驱动。拉杆式快速松开装置则包括在拉杆端部的三个指形钩及其在快速松开装置上的三个

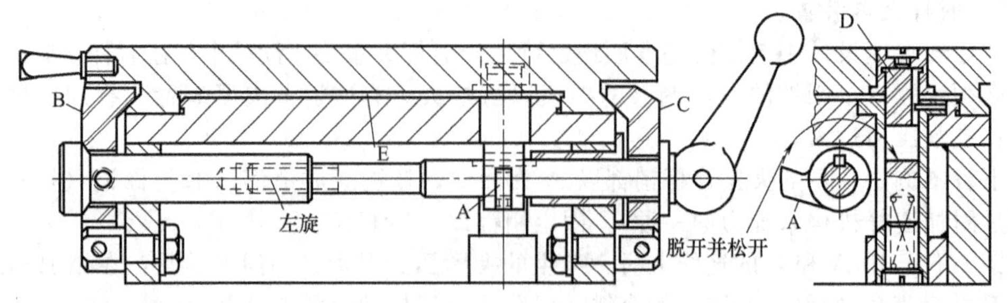

【说明】 当手柄顺时针转动时，拨爪A使柱塞D脱开并松开两个工作台压板B和C，从而使工作台得以用手来转动。间隙E用于减少摩擦。

图 3-149 工作台夹紧 2

配合槽；拉杆的指形钩就钩在快速松开装置的三个轴肩上，可使拉杆把快速松开装置拉向工件。其实例见图 3-150、图 3-151。

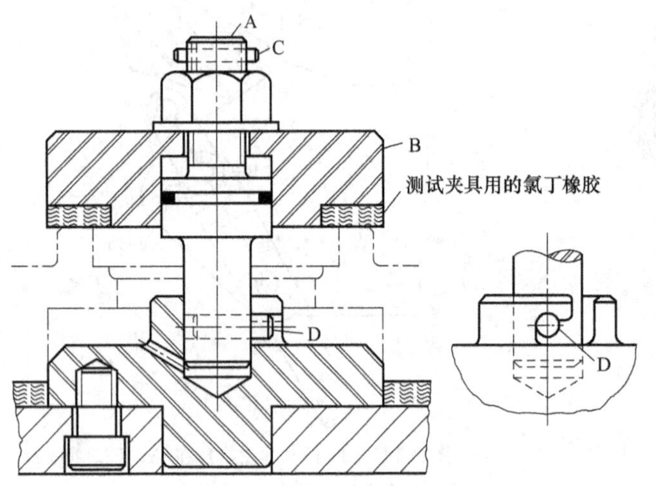

【说明】 销C限制螺母的移动范围并表示钩销D的方位。注意排气孔；松开螺母，旋转A，然后拆卸A和B。

图 3-150 快速松开装置 1

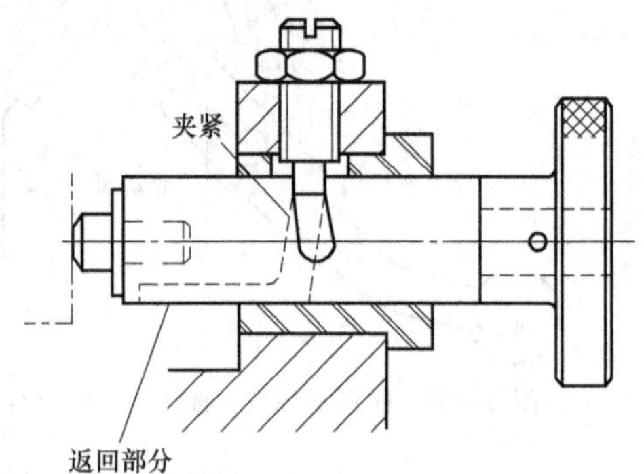

【说明】 槽的端部是一个内锁式制动器。

图 3-151 快速松开装置 2

第4章 刀具导向与夹具的对定

内容摘要

本章主要介绍刀具的导向和对定原理以及刀具对定方案的确定；介绍机床夹具在切削成形运动中的定位方法；介绍分度装置的工作原理以及精密分度方法，介绍靠模装置的工作原理及其设计。

4.1 刀具导向与对定

4.1.1 刀具导向方案的确定与导向装置的设计

(1) 刀具导向方案的确定

如图4-1所示为某车床的开合螺母操纵盘，现欲在立式铣床上铣两条曲线槽。本次以此为例展开讨论。

为能迅速、准确地确定刀具的运动轨迹，使之按要求铣削出两条形状对称的曲线槽，可以考虑采用靠模板导向的方式。

(2) 导向装置的设计

靠模板的设计如图4-2所示，靠模板安装在转盘上，可以绕轴心线旋转。靠模板始终靠在支架的滚动轴承上。由于铣削速度不可太快，因此靠模板可采用蜗轮机构带动。转动靠模板时，其曲面迫使拖板左右移动，从而铣出曲线槽。

4.1.2 刀具对定方案的确定与对定装置的设计

(1) 刀具对定方案的确定

由于开合螺母操纵盘的两条曲线槽形状对称，但并不连续，因此在铣削完第一段曲线之后，必须在退出铣刀并转动一定角度后，重新对定刀具，才能进刀铣削第二段曲线。对定装置可考虑采用结构简单、操作方便的对定销。

(2) 刀具对定装置的设计

对定装置的设计如图4-3所示。加工前，先将对刀块装在夹具的定位套上，用对刀块上的ϕ10mm孔确定铣刀的径向位置。加工时，先将对定销插入靠模板上的分度孔Ⅰ内，然后让铣刀垂直切入工件，达到既定深度后，转动靠模板进行铣削；当对定销靠弹簧的作用自动插入分度孔Ⅱ时，第一条曲线即加工完毕；此时再将对定销拔出，转动靠模板，待对定销插入分度孔Ⅲ后，按上述方法即可铣削第二条曲线槽。

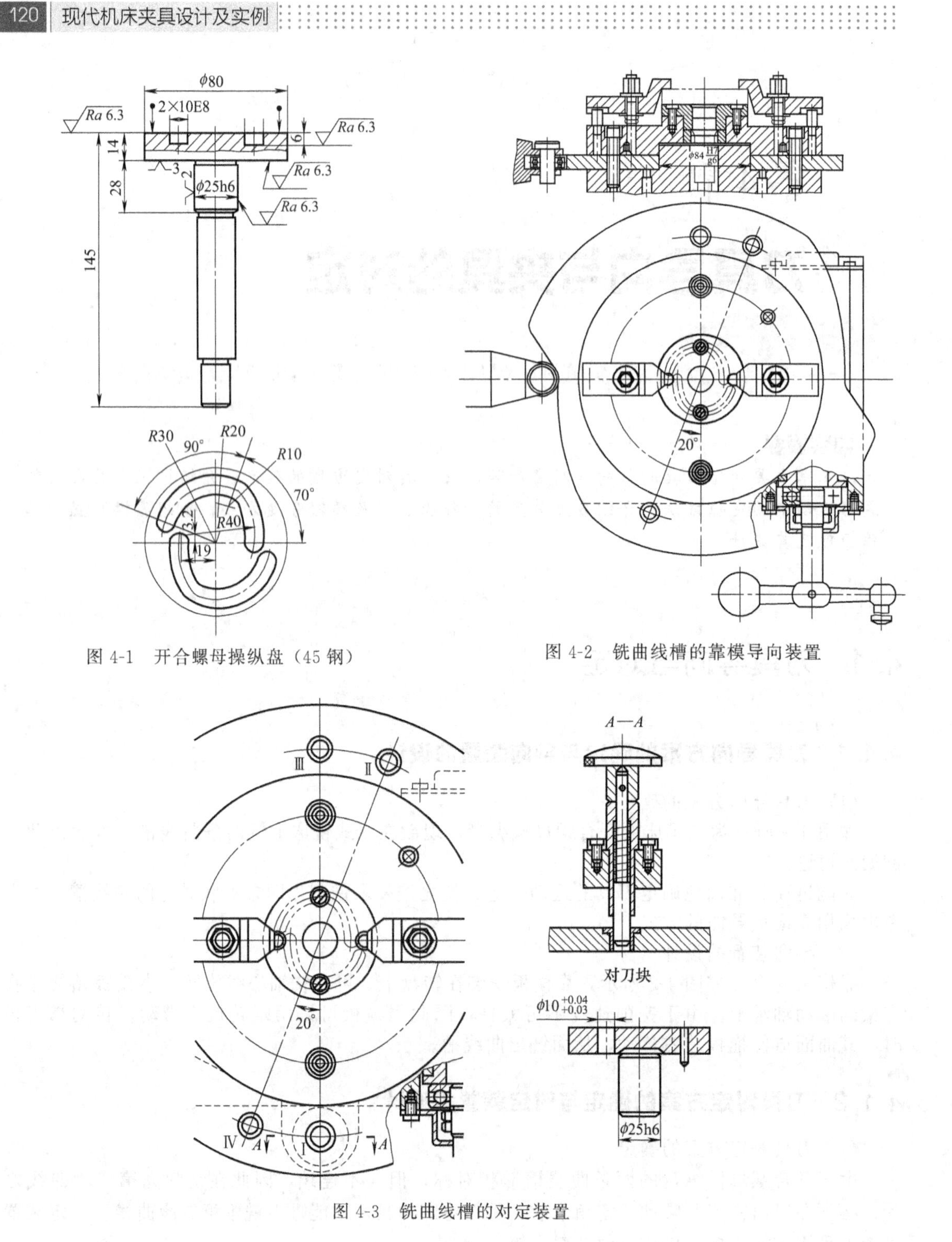

图 4-1　开合螺母操纵盘（45 钢）

图 4-2　铣曲线槽的靠模导向装置

图 4-3　铣曲线槽的对定装置

4.2　夹具的对定

工件在夹具中的位置是由与工件接触的定位元件的定位表面（简称元件定位面）所确定的。为了保证工件相对刀具及切削成形运动有正确的位置，还需要使夹具与机床连接和配合时所用的夹具定位表面（简称夹具定位面）相对刀具及切削成形运动处于理想的位置，这种过程称为夹具的对定。

夹具的对定包括三个方面：一是夹具的定位，即夹具对切削成形运动的定位；二是夹具的对刀，指夹具对刀具的对准；三是分度与转位的定位，这只有对分度和转位夹具才考虑。

4.2.1 夹具切削成形运动的定位

由于刀具相对工件所做的切削成形运动通常是由机床提供的，所以夹具对成形运动的定位即为夹具在机床上的定位，其本质则是对成形运动的定位。

（1）夹具对成形运动的定位

如图 4-4 所示为一铣键槽夹具。该夹具在机床上的定位如图 4-5 所示，需要保证 V 形块中心对成形运动（即铣床工作台的纵向走刀运动）平行。在垂直面内，这种平行度要求是依靠夹具的底平面 *A* 放置在机床工作台面上保证的，因此对夹具来说，应保证 V 形块中心对夹具底平面 *A* 平行；对机床来说，应保证工作台面与成形运动平行；夹具底平面与工作台面应有良好的接触。在水平面内，这种平行度要求是依靠夹具的两个定向键，嵌入机床工作台 T 形槽内保证的，因此对夹具来说，应保证 V 形块中心与两个定向键的中心线（或一侧）平行；对机床来说，应保证 T 形槽中心（或侧面）对纵向走刀方向平行；定向键应与 T 形槽有很好的配合。

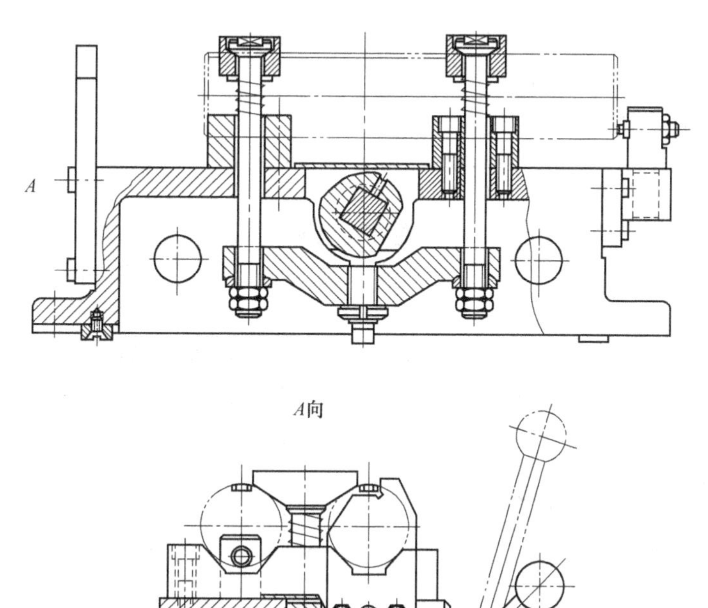

图 4-4 铣键槽夹具结构

这种夹具定位方法简单方便，不需要很高的技术水平，适用于在通用机床上用专用夹具进行多品种加工。但这种方法影响夹具对成形运动定位精度的环节较多，如元件定位面对夹具定位面的位置误差、机床上用于与夹具连接和配合的表面对成形运动的位置误差、连接处的配合误差等。因此要使元件定位面对机床成形运动占据准确位置，就要解决好夹具与机床的连接和

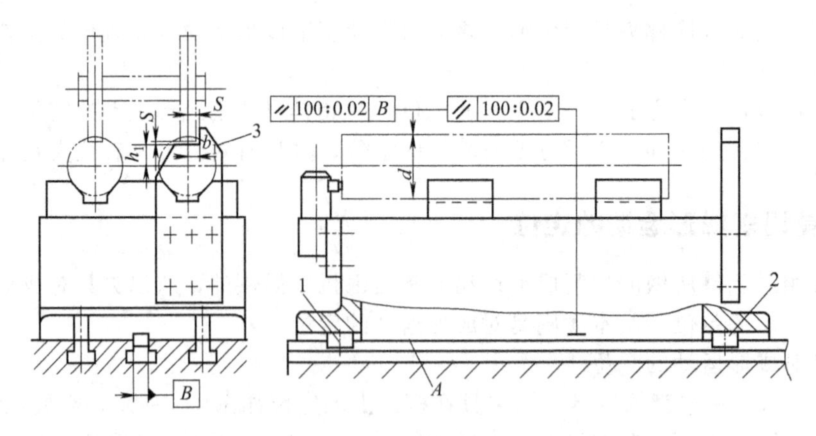

图 4-5 铣键槽夹具对成形运动的定位

1，2—定向键；3—定向件

配合问题，以及正确规定元件定位面对夹具定位面的位置要求，至于机床定位面对成形运动的位置误差则是由机床精度所决定的。

(2) 夹具与机床的连接

夹具与机床的连接，根据机床的工作特点，最基本的形式有两种：一种是夹具安装在机床的平面工作台上，如铣床、刨床、镗床、钻床、平面磨床等；另一种是夹具安装在机床的回转主轴上，如车床、外圆磨床、内圆磨床等。

夹具安装在机床的平面工作台上时，如图 4-5 所示，是用夹具定位面 A 定位的。为了保证底平面与工作台面有良好的接触，对较大的夹具来说，应采用如图 4-6 所示的周边接触［见图 4-6 (a)］、两端接触［见图 4-6 (b)］、四角接触［见图 4-6 (c)］等方式。夹具定位面应在一次同时磨出或刮研出。除了底面 A 外，夹具通常还通过两个定向键或销与工作台上的 T 形槽相连接，以保证夹具在工作台上的方向；为了提高定位精度，定向键与 T 形槽应有良好的配合，必要时定向键宽度应按工作台 T 形槽配作；两定向键之间的距离，在夹具底座允许的范围内应尽可能远些；安装夹具时，可让定向键靠向 T 形槽一侧，以消除间隙造成的误差。夹具定位后，应用螺栓将其固紧在工作台上，以提高其连接刚度。

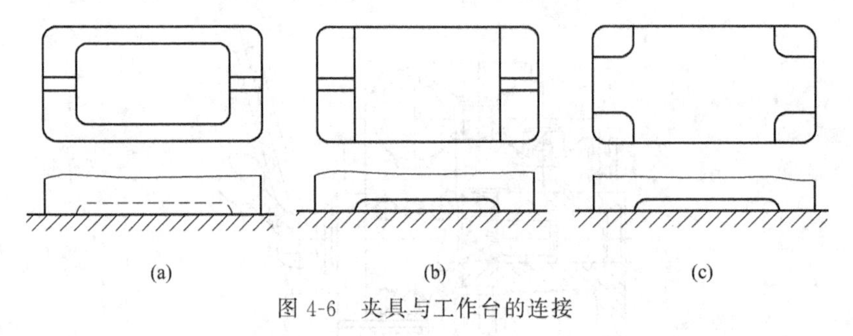

(a) (b) (c)

图 4-6 夹具与工作台的连接

夹具在机床的回转主轴上安装，取决于所使用机床主轴端部的结构，常见的形式有：以长锥柄（一般为莫氏锥度）安装在主轴锥孔内［见图 4-7 (a)］，这种定位迅速方便，定位精度高，但刚度较低；以端面 A 和短圆柱孔 D 在主轴上定位［见图 4-7 (b)］，孔和主轴轴颈的配合一般采用 D/d 或 D/gd，这种结构制造容易，但定位精度较低；用短锥 K 和端面 T 定位［见图 4-7 (c)］，这种定位方式因没有间隙而具有较高的定心精度，并且连接刚度较高；设计专门的过渡盘［见图 4-7 (d)］，过渡盘一面与夹具连接，一面与机床主轴连接，结构形式应满足所使用机床的主轴端部结构的要求，通常做成以平面（端面）和短圆柱面定位的形式，与

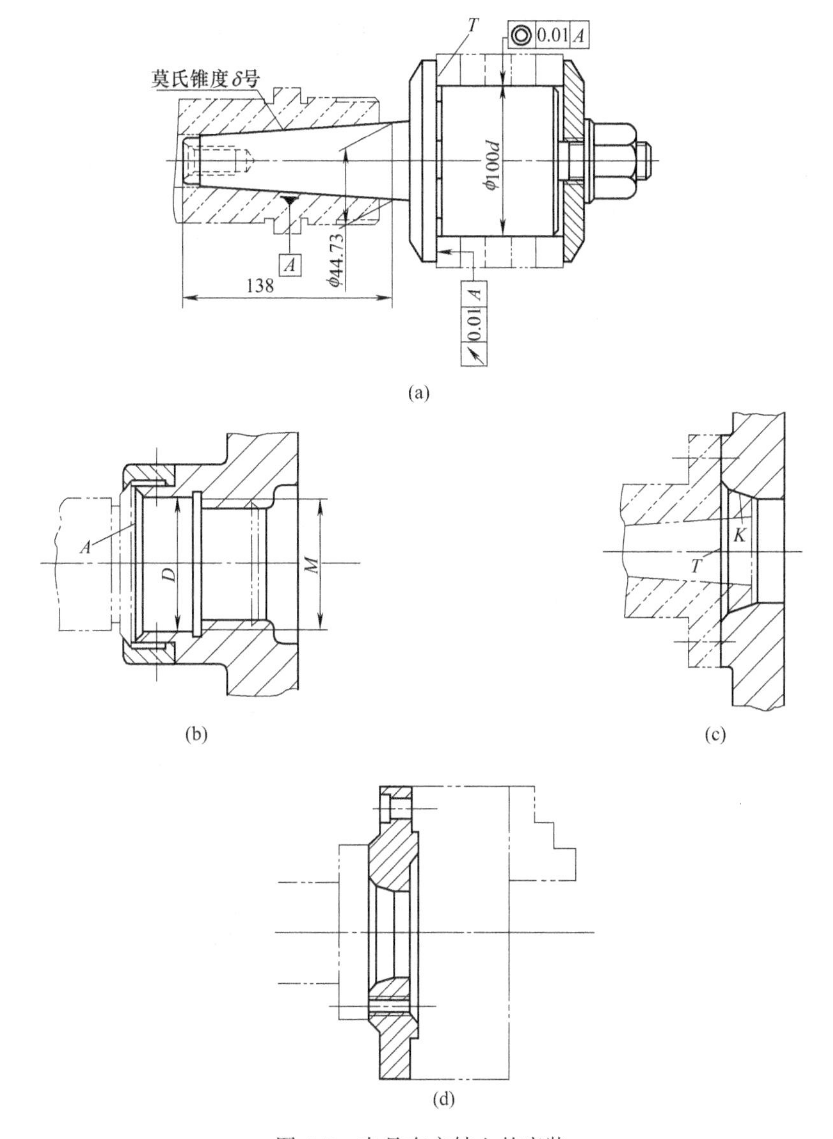

图 4-7 夹具在主轴上的安装

短圆柱面的配合常用 D/gc。

(3) 元件定位面对夹具定位面的位置要求

在设计夹具时，元件定位面对夹具定位面的位置要求，应在夹具装配图上标出，或以文字注明，作为夹具的验收标准。例如：图 4-5 中应标注定位元件 V 形块中心对底面 A 及定向键中心 B 的不平行度要求（图中各为 100∶0.02）。表 4-1 列举了几种常见元件定位面对夹具定位面技术要求的标注方法。

各项要求的允许误差取决于与工件有关的加工公差，总的原则是加工中各项误差造成的工件加工误差应小于或等于相应的工件给定误差。一般说来，对定误差应小于或等于工件加工允差的 1/3，而对定误差中还包括对刀误差，所以通常夹具定位时产生的位置误差 Δ_w 为

$$\Delta_w=\left(\frac{1}{6}\sim\frac{1}{3}\right)T \tag{4-1}$$

式中 T——工件的制造公差。

表 4-1 几种常见元件定位面对夹具定位面的技术要求

定位方式	技术要求	定位方式	技术要求
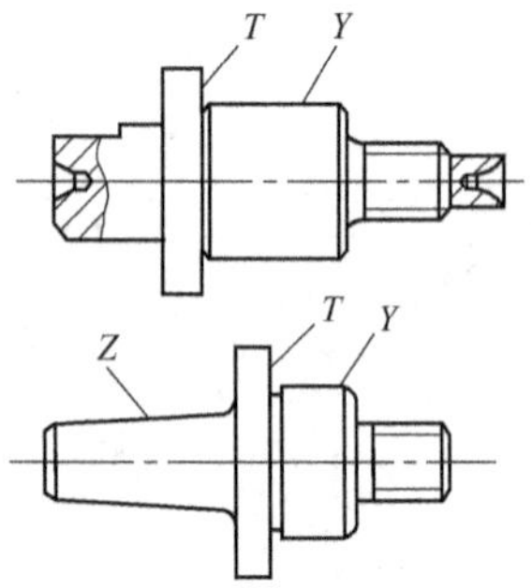	(1)表面 Y 对表面 Z(或顶尖孔中心)的跳动不大于…… (2)表面 T 对表面 Z(或顶尖孔中心)的跳动不大于……	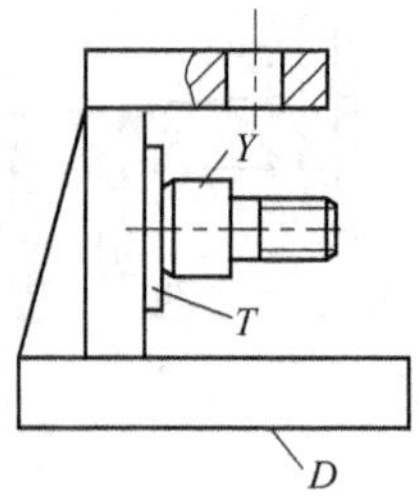	(1)表面 T 对表面 D 的不垂直度不大于…… (2)表面 Y 的中心线对表面 D 的不平行度不大于……
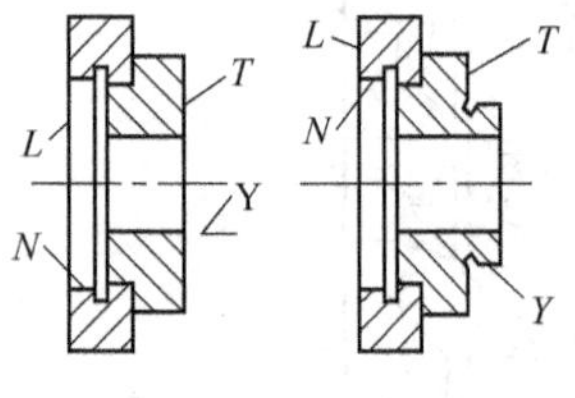	(1)表面 T 对表面 L 的不平行度不大于…… (2)表面 Y 对表面 L 的不垂直度不大于…… (3)表面 Y 对表面 N 的跳动不大于……	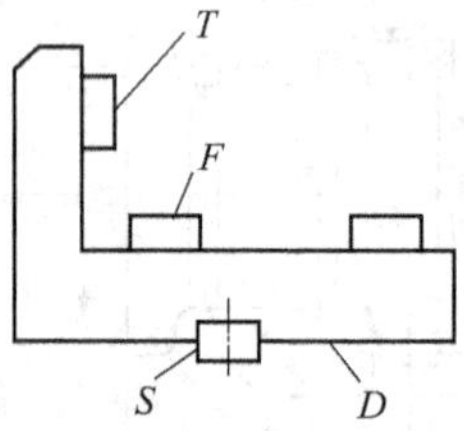	(1)表面 F 对表面 D 的不平行度不大于…… (2)表面 T 对表面 S 的不平行度不大于……
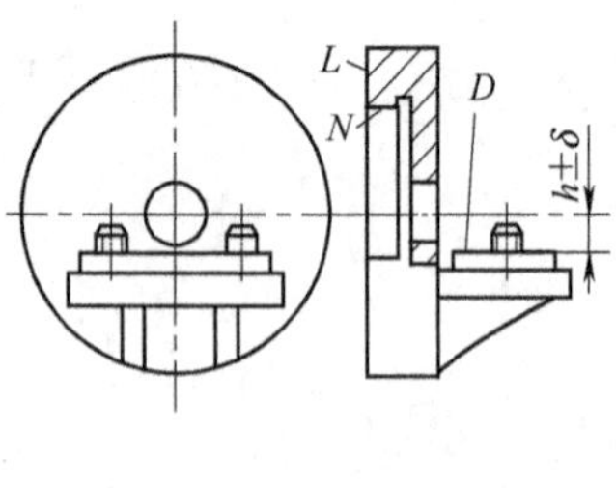	(1)表面 D 对表面 L 的不垂直度不大于…… (2)两定位销的中心连线对表面 L 的不平行度不大于……	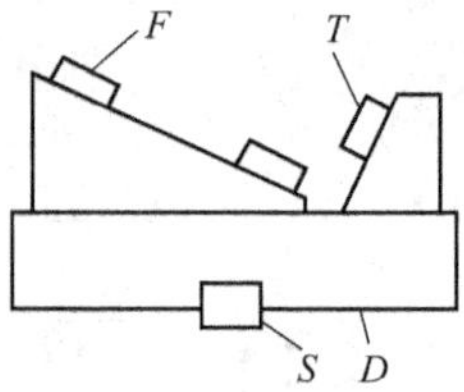	(1)表面 T 上平行于 D 的母线对表面 S 的不平行度不大于…… (2)表面 F 上平行于 S 的母线对表面 D 的不平行度不大于……

4.2.2 夹具的对刀

(1) 夹具对刀的方法

夹具在机床上定位后，接着进行的就是夹具的对刀。在如图 4-4 所示的铣键槽夹具对成形运动的定位中，一方面应使铣刀对称中心面与夹具 V 形块中心重合；另一方面应使铣刀的圆周刀刃最低点离心棒中心的距离为 h_1。

夹具对刀的方法通常有以下三种。

① 单件试切法。

② 每加工一批工件，安装调整一次夹具，刀具相对元件定位面的理想位置都是通过试切数个工件来对刀的。

③ 用样件或对刀装置对刀。这种方法只在制造样件和调整对刀装置时才需要试切一些工件，而在每次安装使用夹具时，并不需要再试切工件。显然，这种方法最为方便。

如图 4-8 所示为几种铣刀对刀装置。最常用的是高度对刀块 [见图 4-8 (a)] 和直角对刀块 [见图 4-8 (b)]，图 4-8 (c) 和图 4-8 (d) 是成形对刀装置，图 4-8 (e) 则是组合刀具对刀装置。根据加工和结构的需要，还可以设计其他一些非标准对刀装置。

如图 4-9 所示为对刀用的塞尺。图 4-9 (a) 为平面塞尺，厚度常用 1mm、2mm、3mm；

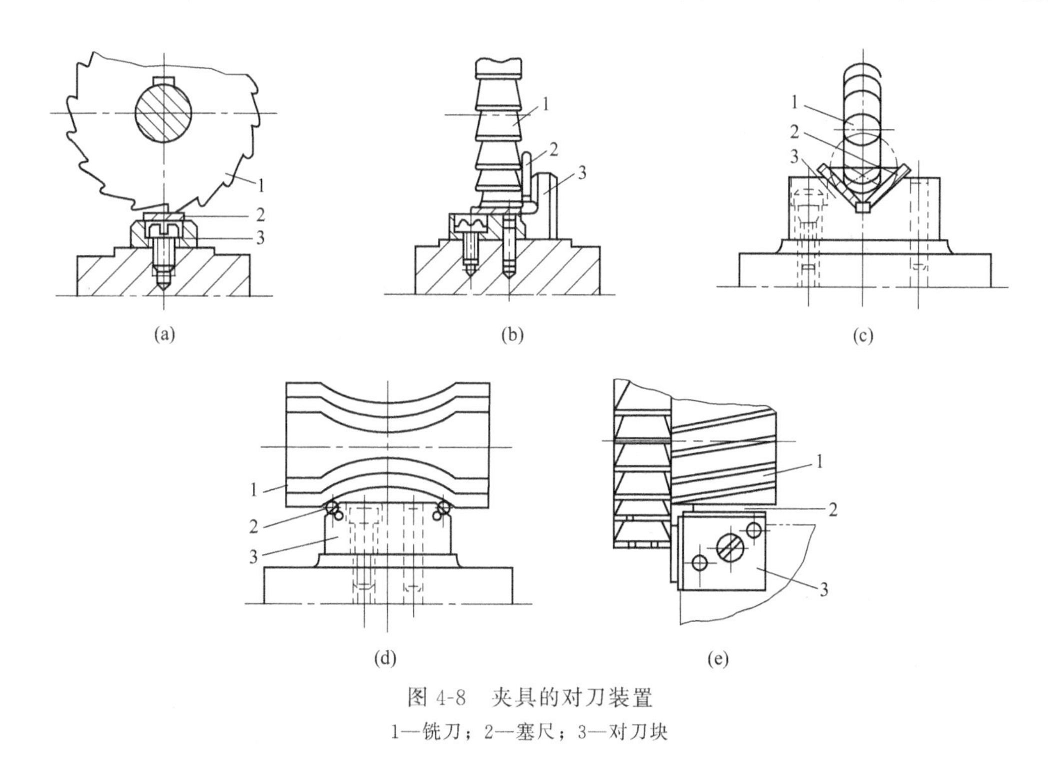

图 4-8 夹具的对刀装置

1—铣刀；2—塞尺；3—对刀块

图 4-9（b）为圆柱塞尺，多用于成形铣刀对刀，直径常用 3mm、5mm。两种塞尺的尺寸均按二级精度基准轴公差制造。对刀块和塞尺的材料可用 T7A，对刀块淬火 55～60HRC，塞尺淬火 60～64HRC。

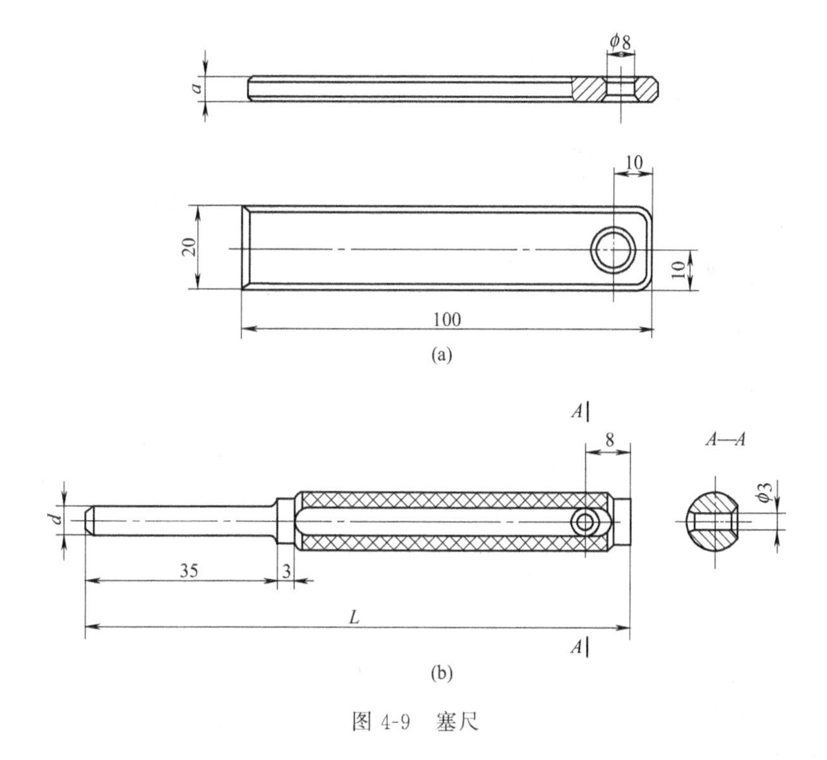

图 4-9 塞尺

在钻床夹具中，通常用钻套实现对刀，钻削时只要钻头对准钻套中心，钻出的孔的位置就能达到工序要求。

（2）影响对刀装置对准精度的因素

用对刀装置调整刀具对夹具的相对位置方便迅速，但其对准精度一般比试切法低。影响对刀装置对准精度的因素主要有：

① 对刀时的调整精度；

② 元件定位面相对对刀装置的位置误差。

因此，在设计夹具时，应正确确定对刀块对刀表面和导套中心线的位置尺寸及其公差，一般来说，这些位置尺寸都是以元件定位面作为基准来标注的，以减少基准变换带来误差。

当工件工序图中的工序基准与定位基准不重合时，则需要把工序尺寸换算到加工面离定位基准的尺寸。

4.3 夹具的分度装置

4.3.1 夹具的分度装置及其对定

（1）夹具分度装置

在生产中，经常会遇到一些工件需要加工一组按一定转角或一定距离均匀分布、形状和尺寸相同的表面，例如钻、铰一组等分孔，或铣一组等分槽等。为了能在一次装夹中完成这类等分表面的加工，于是便出现了在加工过程中需要分度的问题。夹具上这种转位或移位装置称为分度装置。如图 4-10 所示即为应用了分度转位机构的轴瓦铣开夹具。

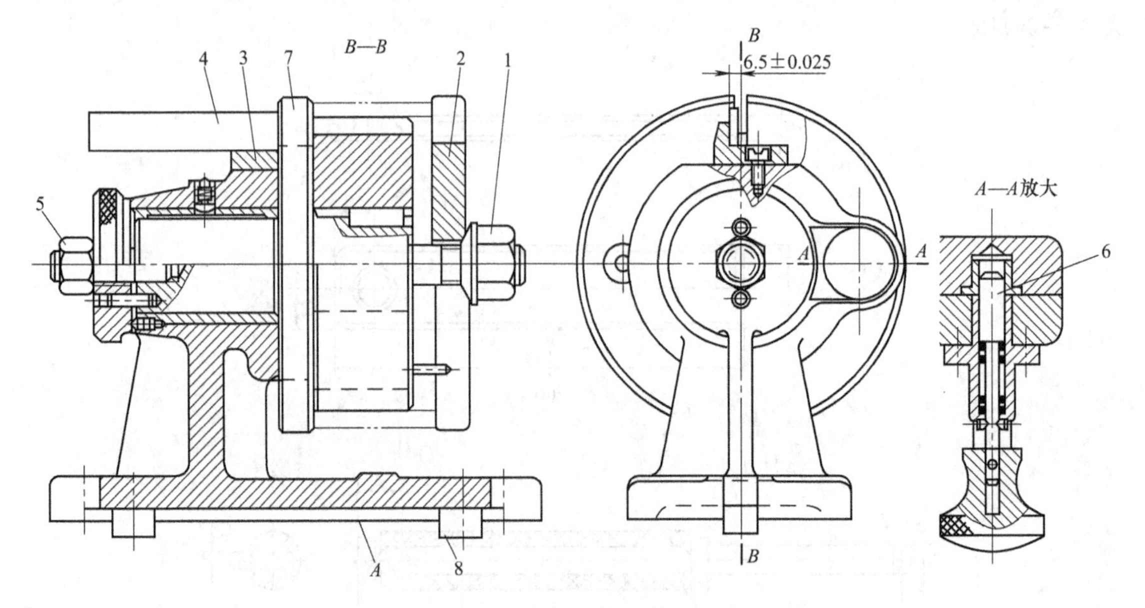

图 4-10 轴瓦铣开夹具

1—螺母；2—开口垫圈；3—对刀装置；4—导向件；5—螺母；6—对定销；7—分度盘；8—定向键

工件在具有分度转位装置的夹具上的每一个位置称为一个加工工位。通过分度装置采用多工位加工，能使加工工序集中，从而减轻工人的劳动强度，提高劳动生产率，因此分度转位夹具在生产中使用广泛。

（2）分度装置的对定

使用分度或转位夹具加工时，各工位加工获得的表面之间的相对位置精度与分度装置的分度定位精度有关，而分度定位精度与分度装置的结构形式及制造精度有关。分度装置的关键部分是对定机构。图 4-11 列举了几种常用的分度装置的对定机构。

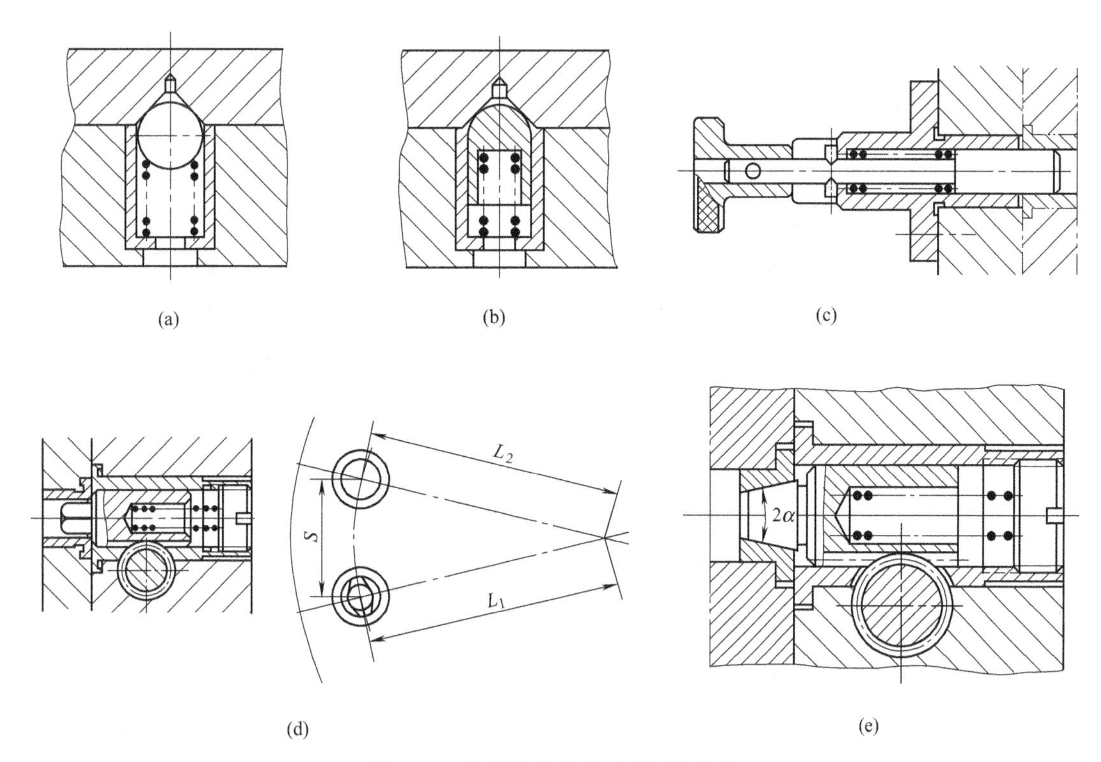

图 4-11　常用的分度装置的对定机构

对于位置精度要求不高的分度，可采用如图 4-11（a）、图 4-11（b）所示的最简单的对定机构，这类机构靠弹簧将钢球或圆头销压入分度盘锥孔内实现对定。如图 4-11（c）、图 4-11（d）所示为圆柱销对定机构，多用于中等精度的铣钻分度夹具；如图 4-11（d）所示采用削边销作为对定销，是为了避免对定销至分度盘回转中心距离与衬套孔中心至回转中心距离有误差时，对定销插不进衬套孔。为了减小和消除配合间隙，提高分度精度，可采用如图 4-11（e）所示的锥面对定，或采用如图 4-12 所示的斜面对定，这类对定方式理论上对定间隙为零，但需注意防尘，以免对定孔或槽中有细小脏物，影响对定精度。

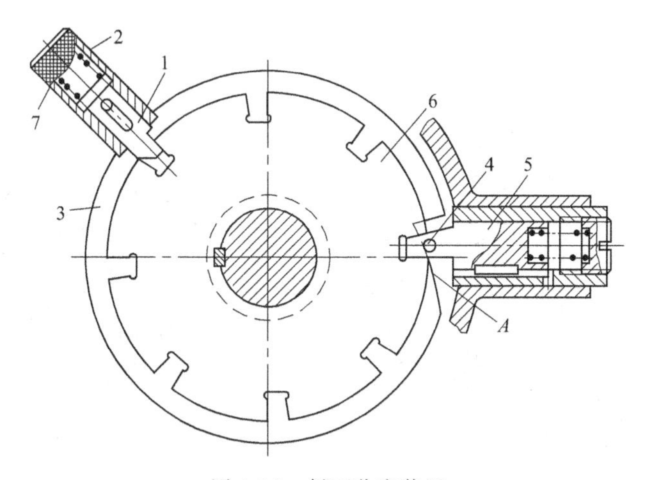

图 4-12　斜面分度装置

1—拔销；2—弹簧；3—凸轮；4—销子；5—对定销；6—分度盘；7—手柄

磨削加工用的分度装置，通常精度较高，可采用如图 4-13（a）所示的消除间隙的斜楔对定机构和如图 4-13（b）所示的精密滚珠或滚柱组合分度盘。

为了消除间隙对分度精度的影响，还可采用单面靠紧的办法，使间隙始终在一边。

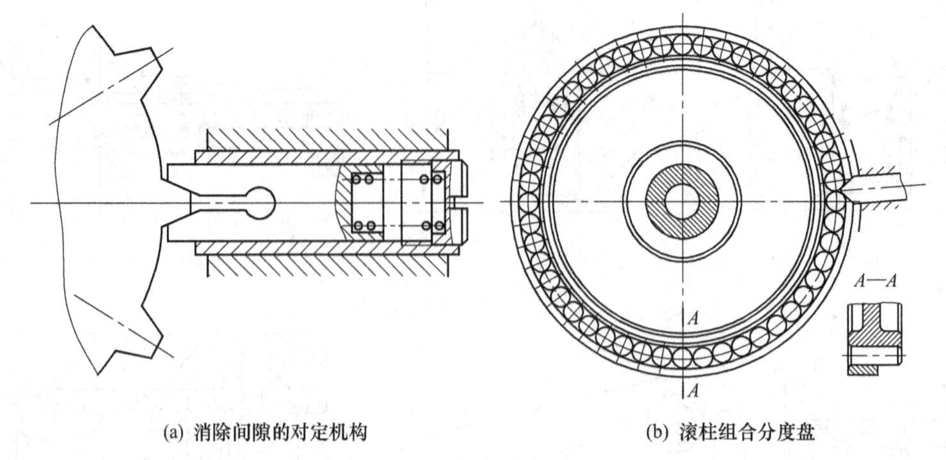

(a) 消除间隙的对定机构　　(b) 滚柱组合分度盘

图 4-13　精密分度装置

4.3.2 分度装置的常用机构

（1）分度装置的操纵机构

分度装置的操纵机构形式很多，有手动的、脚踏的、气动的、液压的、电动的等。各种对定机构除钢球、圆头对定机构外，均需设有拔销装置。以下仅介绍几种常用的人力操纵机构，至于机动的形式，则只需在施加人力的地方换用各种动力源即可。

① 手拉式对定机构。如图 4-11（c）所示即为手动直接拔销。这种机构由于手柄与定位销连接在一起，拉动手柄便可以将定位销从定位衬套中拉出。手拉式对定机构的结构尺寸已标准化，可参阅标准《夹具零部件》JB/T 8021.1—1999。

② 枪栓式对定机构。如图 4-14 所示的枪栓式对定机构的工作原理与手拉式的相似，只是拔销不是直接拉出，而是利用定位销外圆上的曲线槽的作用，拔出定位销。

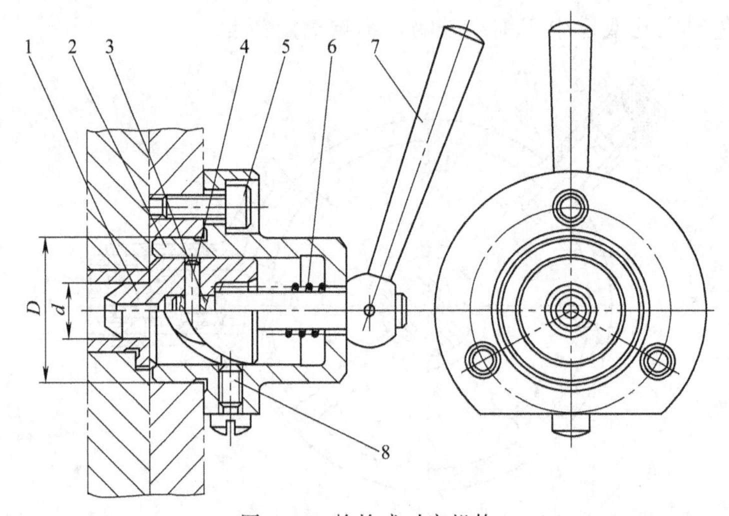

图 4-14　枪栓式对定机构

1—定位销；2—壳体；3—轴；4—销；5—固定螺钉；6—弹簧；7—手柄；8—定位螺钉

枪栓式对定机构的轴向尺寸比手拉式的小，但径向尺寸较大，其结构尺寸也已标准化，可参阅标准《夹具零部件》GB 2215—1999。

③ 齿轮-齿条式对定机构。如图 4-11（d）、图 4-11（e）所示的对定机构便是通过杠杆、齿轮齿条等传动机构拔销的。

④ 杠杆式对定机构。如图 4-15 所示即为杠杆式对定机构。当需要转位分度时，只需将手柄 5 绕支点螺钉 1 向下压，便可使定位销从分度槽中退出。手柄是通过螺钉 4 与定位销连接在一起的。

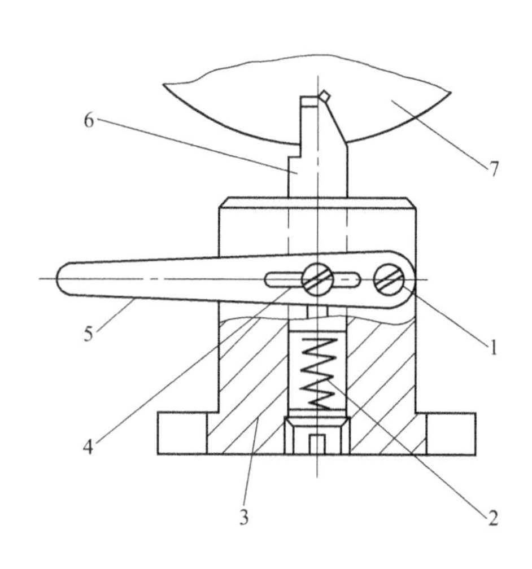

图 4-15　杠杆式对定机构

1—支点螺钉；2—弹簧；3—壳体；4—螺钉；5—手柄；6—定位销；7—分度板

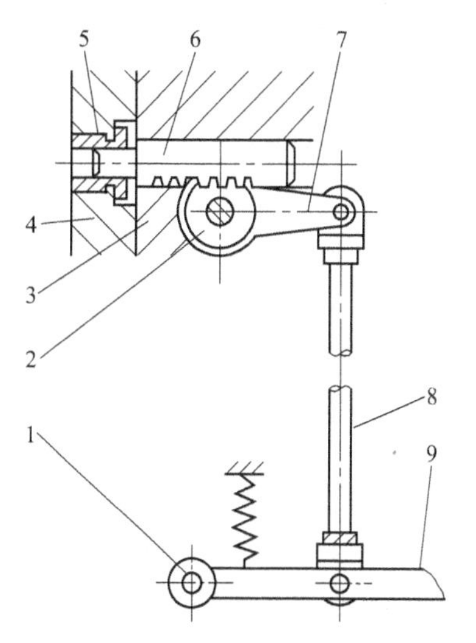

图 4-16　脚踏式齿轮-齿条对定机构

1—枢轴；2—齿轮；3—座梁；4—分度板；5—定位衬套；6—定位销；7—摇臂；8—连杆；9—踏板

⑤ 脚踏式对定机构。如图 4-16 所示即为脚踏式齿轮-齿条对定机构，主要用于大型分度装置上，例如用于大型摇臂钻钻等分孔等，因为这时操作者需要用双手转动分度装置的转位部分，所以只能用脚操纵定位销从定位衬套中退出的动作。

以上各种对定机构都是定位和分度两个动作分别进行操作的，这样比较费时。如图 4-12 所示的斜面对定机构则是将拔销与分度转位装置连在一起的结构。转位时，逆时针扳动手柄 7，拔销 1 在端部斜面作用下压缩弹簧 2 从分度槽中退出；手柄与凸轮 3 连接在一起，带动凸轮转动，凸轮上的斜面推动销子 4 把对定销 5 拔出；当手柄转动到下一个槽位时，拔销插入槽中，然后顺时针转动手柄，便带动分度盘 6 转位；转到一定位置后，对定销自动插入下一个分度槽中，即完成一次分度转位。

机动夹具中则可利用电磁力、液压或气动装置拔销。如图 4-17 所示即为利用压缩空气拔销和分度的气动分度台。其工作原理是：当活塞 7 左移时，活塞上的齿条 8 推动扇形凸轮 5 顺时针转动，此时凸轮上的上升曲线便将对定销 4 从分度盘 2 的槽口中拔出；扇形凸轮 5 活套在主轴 3 上，与分度盘 2 以棘轮棘爪相连接，当凸轮顺时针转动时，棘爪从分度盘 2 的棘轮上滑过，分度盘 2 不动；转过一个等分角后，活塞反向向右移动，凸轮则逆时针转动，此时由于棘爪的带动，分度盘 2 连同主轴也同时逆时针转动；当分度盘槽口正好与对定销 4 相遇时，在弹簧的作用下，对定销插入槽口，即完成一次分度转位。

（2）分度板的锁紧机构

分度装置中的分度副仅能起到转位分度和定位的作用，为了保证在工作过程中受到较大的力或力矩作用时仍能保持正确的分度位置，一般分度装置均设有分度板锁紧机构。

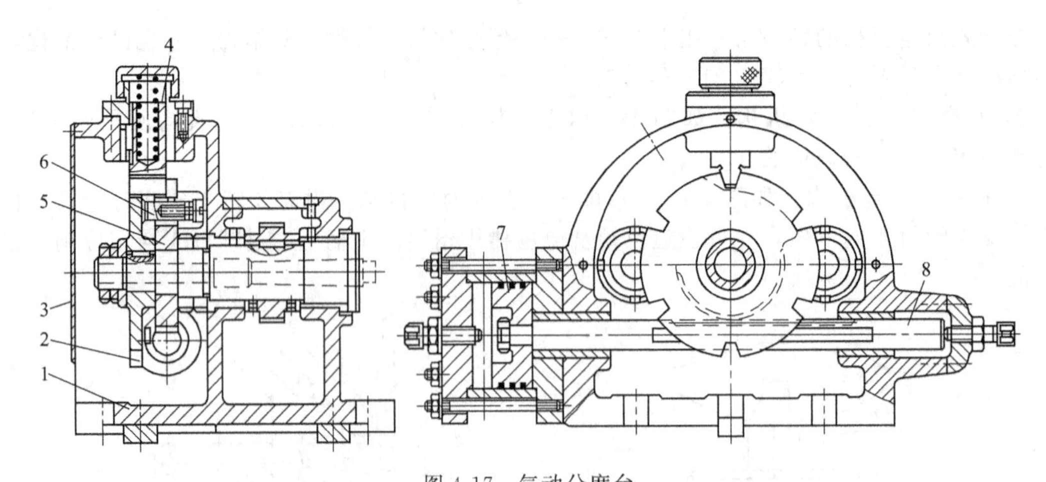

图 4-17 气动分度台

1—夹具体；2—分度盘；3—主轴；4—对定销；5—扇形凸轮；6—插销；7—活塞；8—齿条

如图 4-18 所示的锁紧机构是回转式分度夹具中应用最普遍的一种，它通过单手柄同时操纵分度副的对定机构和锁紧机构。

图 4-18 中 13 为分度台面，即分度板，其底面有一排分度孔。定位销操纵机构则安装在分度台的底座 14 上。夹紧箍 3 是一个带内锥面的开口环，它被套装在一个锥形轴圈 4 上，锥形轴圈则和分度台立轴相连。当顺时针转动手柄 9 时，通过螺杆 7 顶紧夹紧箍 3，夹紧箍收缩时因内锥面的作用使锥形轴圈 4 带动立轴向下，将分度台面压紧在底座 14 的支承面上，依靠摩擦力起到锁紧作用。

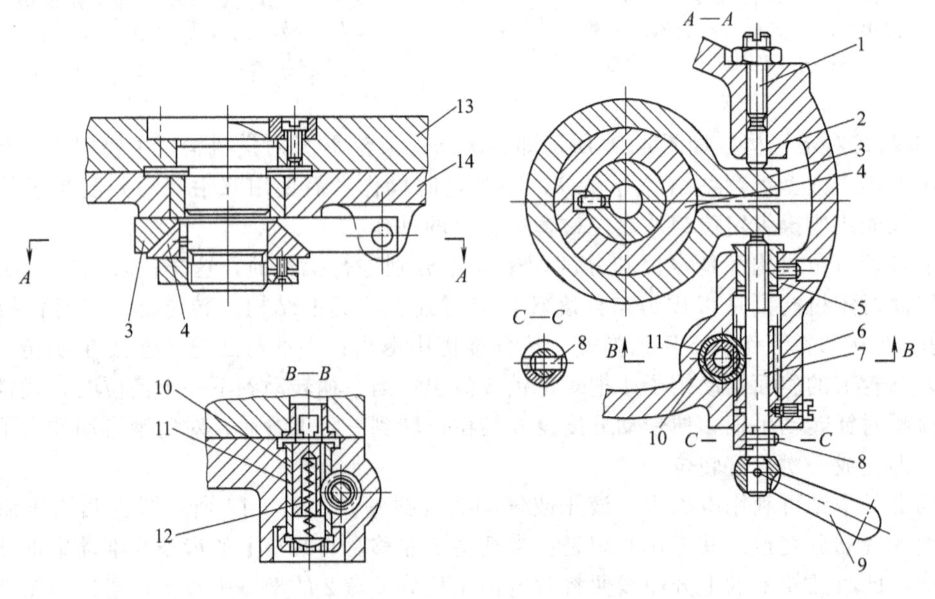

图 4-18 分度装置中的锁紧机构

1—定程螺钉；2—止动销；3—夹紧箍；4—锥形轴圈；5—螺纹套；6—齿轮套；7—螺杆；8—挡销；9—手柄；10—导套；11—定位销；12—弹簧；13—分度台面；14—底座

当转动手柄 9 时，通过挡销 8 带动齿轮套 6 旋转，与齿轮套相啮合的带齿条定位销 11 便插入定位孔中或从孔中拔出。由于齿轮套 6 的端部开有缺口（见 *C*—*C* 剖面），因而可以实现先松开工作台再拔销或先插入定位销再锁紧工作台的要求。其动作顺序是：逆时针方向转动手柄 9，先将分度台松开；再继续转动手柄，挡销 8 抵住了齿轮套缺口的左侧面，开始带动齿轮套回转，通过齿轮齿条啮合，使定位销 11 从定位孔中拔出，这时便可自由转动分度台面，进行分度；当下一个分度孔对准定位销时，在弹簧力的作用下，定位销插入分度孔中，完成对定动作，这时由于弹簧力的作用，通过挡销 8（此时仍抵在缺口的左侧面），会使手柄 9 按顺时针方向转动；再按顺时针方向继续转动手柄 9，又使分度台面销紧，由于缺口的关系，齿轮套 6 不会跟着回转，挡销 8 又回到缺口右侧的位置，为下一次分度做好准备。定程螺钉 1 用来调节夹紧箍的夹紧位置和行程，以协调销紧、松开工作台和插入、拔出定位销的动作。

（3）通用回转工作台

为了简化分度夹具的结构，可以将夹具安装在通用回转工作台上实现分度。通用回转工作台已经标准化，可以按规格选用。

如图 4-19 所示为立轴式回转工作台。对定机构采用圆柱削边销，用齿轮齿条拔销。转动手柄 1，使对定销 3 插入定位孔的同时，由于螺钉 2 的旋入，将锁紧环 4 抱紧，实现锁紧。

如图 4-20 所示为一种卧轴式回转工作台。对定机构也采用圆柱削边销，用拔销（见图 *A—A*）。分度完毕，转动手柄 2，对定销 3 在弹簧力的作用下插入定位孔内，继续转动手柄，通过偏心轴 4 调节螺钉 5 和回转轴 6，实现回转台的销紧。

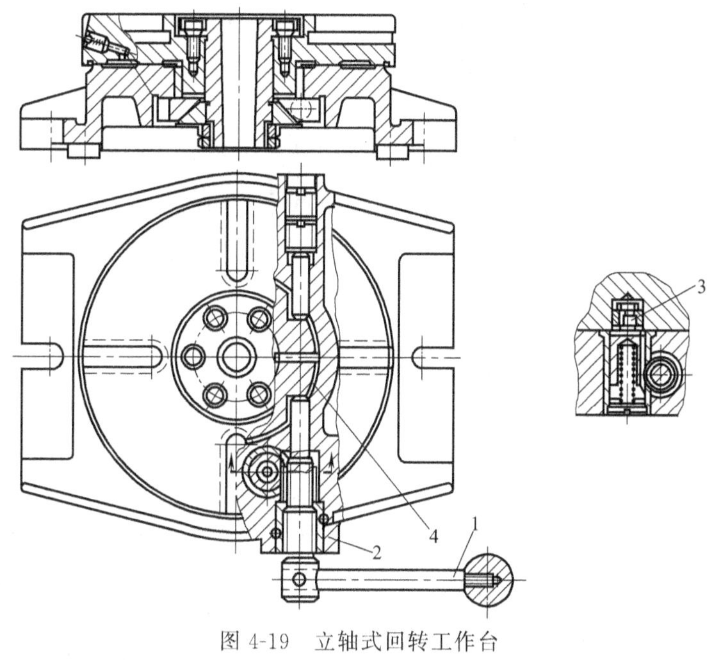

图 4-19　立轴式回转工作台

1—手柄；2—螺钉；3—对定销；4—锁紧环

4.3.3 精密分度

前面提及的各种分度装置都是以一个对定销依次对准分度盘上的销孔或槽口实现分度定位的。按照这种原理工作的分度装置的分度精度受到分度盘上销孔或槽口的等分误差的影响，较难达到更高精度。例如：对于航天飞行器中的控制和发讯器件、遥感-遥测装置、雷达跟踪系统、天文仪器设备乃至一般数控机床和加工中心的转位刀架或分度工作台等，都需要非常精密的分度或转位部件，不用特殊手段是很难达到要求的。以下介绍的两种分度装置，其对定原理与前面所述的不同，从理论上来说，分度精度可以不受分度盘上分度槽等分误差的影响，因此能达到很高的分度精度。

（1）电感分度装置

如图 4-21 所示为精密电感分度台。分度台转台 1 的内齿圈和两个嵌有线圈的齿轮 2、3 组

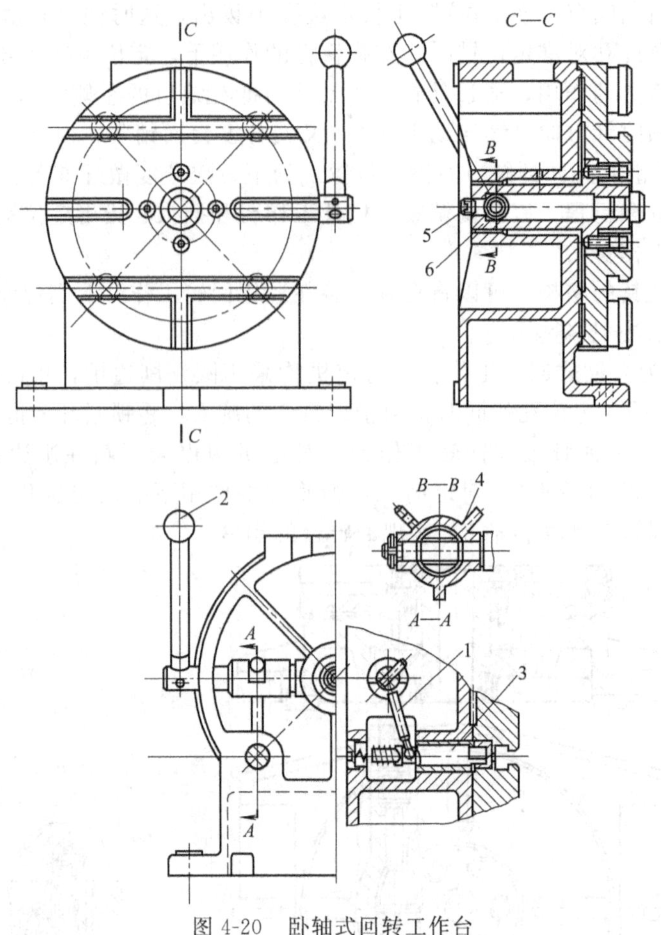

图 4-20 卧轴式回转工作台

1—拨杆；2—手柄；3—对定销；4—偏心轴；5—螺钉；6—回转轴

成电感发讯系统——分度对定装置。转台 1 的内齿圈与齿轮 2、3 的齿数 Z 相等，Z 根据分度要求而定，外齿用负变位，内齿用正变位。齿轮 2、3 装在转台底座上固定不动，每个齿轮都开有环形槽，内装线圈 L_1 和 L_2。安装时，齿轮 2 和 3 的齿错开半个齿距。线圈 L_1 和 L_2 接入如图 4-22 所示的电路中。L_1 和 L_2 的电流大小与各自的电感量有关，但 L_1 和 L_2 的电流方向相反，两者的电流差值为 i_1-i_2。分度时转台的内齿圈转动，L_1 和 L_2 的电感量将随着齿轮 2、3 与转台内齿圈的相对位置不同而变化。如图 4-22 所示，齿顶对齿顶时，电感量最大；齿顶对齿谷时，电感量最小。因此，转台转动时，L_1 和 L_2 的电感量将周期性变化。由于两个绕线齿轮在安装时错开半个齿距，所以一个线圈的电感量增加时，另一个的电感量必然减少，因而 i_1 和 i_2 也随之增加或减少，以致电流表指针在一定范围内左右摆动。当处于某一中间位置时，两个线圈的电感量相等，此时电流表示值为

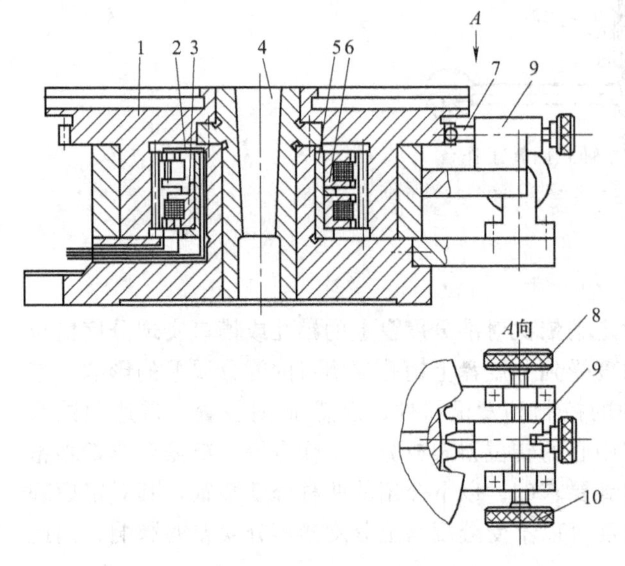

图 4-21 电感分度台

1—转台；2,3—齿轮；4—轴；5—衬套；6—青铜垫；7—插销；8,10—调整螺钉；9—插销座

零。转台每转过$\frac{1}{2Z}$转，电流表指针便回零一次。分度时通常以示值为零时作为起点，拔出插销7，按等分需要转动转台1至所需位置，然后再将插销插入转台1的外齿圈内（齿数与内齿圈相同），实现初对定后，再利用上述电感发讯原理，拧动调整螺钉8或10，通过插销座9和插销7，带动转台一起回转，进行微调，当电流表示值重新指在零位时，表示转台已精确定位，分度完成。

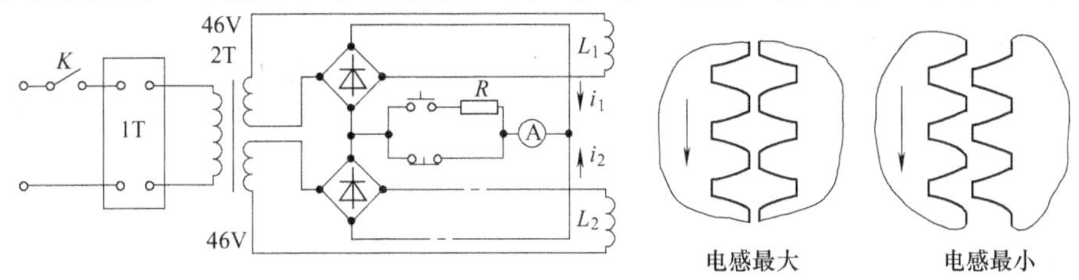

图4-22 电感分度台电路

由于电测系统可获得较高的灵敏度，而系统中的电感量是综合反映内外齿轮齿顶间隙变化的，因而齿不等分误差可以得到均化，故而分度精度较高。

（2）端齿分度装置

如图4-23所示为端面齿分度台（亦称鼠牙盘）。转盘10下面带有三角形端面齿，下齿盘8上亦有同样的三角形端面齿，齿形如D—D剖面所示，两者齿数相同，互相咬合。根据要求齿数Z可分为240、300、360、480等，分度台的最小分度值为$\frac{360}{Z}$。下齿盘8用螺钉和圆锥销紧固在底座上。分度时将手柄4顺时针方向转动，带动扇形齿轮3和齿轮螺母2，齿轮螺母2和移动轴1以螺纹连接，齿轮螺母2转动，使移动轴1上升，将转盘10升起，使之与下齿盘8脱开，这时转盘10即可任意回转分度。转至所需位置后，将手柄反转，工作台下降，直至转盘的端面齿与下齿盘8的端面齿紧密咬合并锁紧。为了便于将工作台转到所需角度，可利用定位器6和定位销7，使用时先按需要角度将定位销预先插入刻度盘5的相应小孔中，分度时就可用定位器根据插好的销实现预定位。因为转盘的端面齿与下齿盘的端面齿全部参加工作，各齿的不等分误差有正有负可以互相抵消，使误差得到均化，提高了分度精度。一般端面齿分度台的分度误差不大于

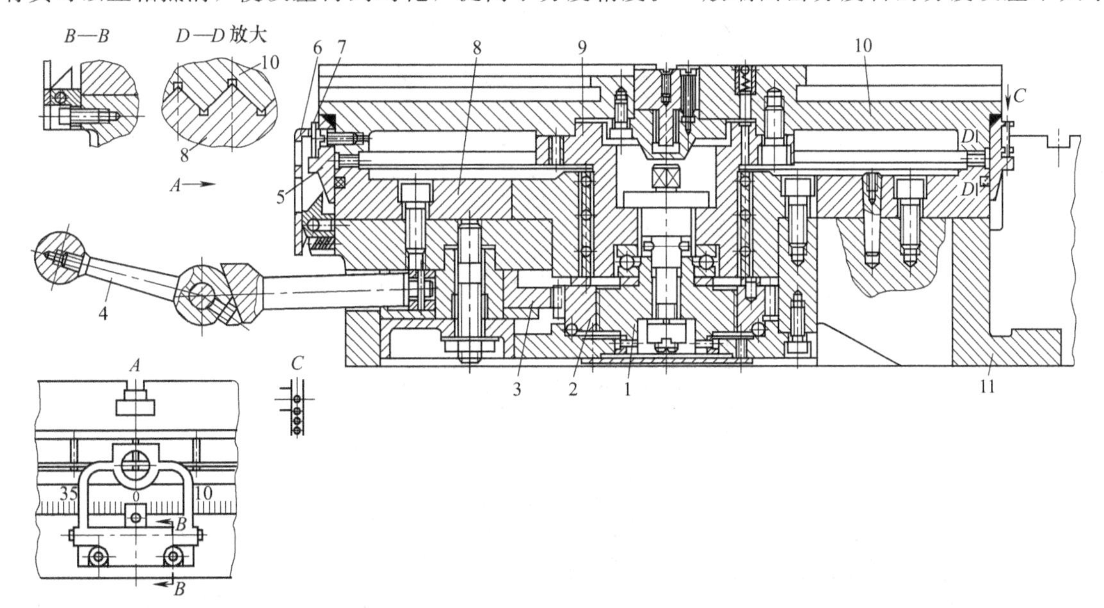

图4-23 端面齿分度台

1—移动轴；2—齿轮螺母；3—扇形齿轮；4—手柄；5—刻度盘；6—定位器；7—定位销；8—下齿盘；9—轴承内座圈；10—转盘（上齿盘）；11—底座

30″，高精度分度台误差不大于5″。

（3）钢球分度装置

如图4-24（a）所示为钢球分度盘。这种分度装置同样利用误差均化原理，上下两个钢球盘分别用一圈相互挤紧的钢球代替上述端面齿盘的端面齿，这些钢球的直径尺寸和几何形状精度以及钢球分布的均匀性，对分度精度和承载能力有很大影响，必须严格挑选，使其直径偏差以及球度误差均控制在0.3μm以内。这种分度装置的分度精度高，可达±1″，与端面齿分度装置相比较，还具有结构简单、制造方便的优点，其缺点是承载能力较低，且随着负荷的增大，其分度精度将受到影响，因此只适用于负荷小、分度精度要求高的场合。如图4-24（b）所示为钢球分度盘的工作原理图。

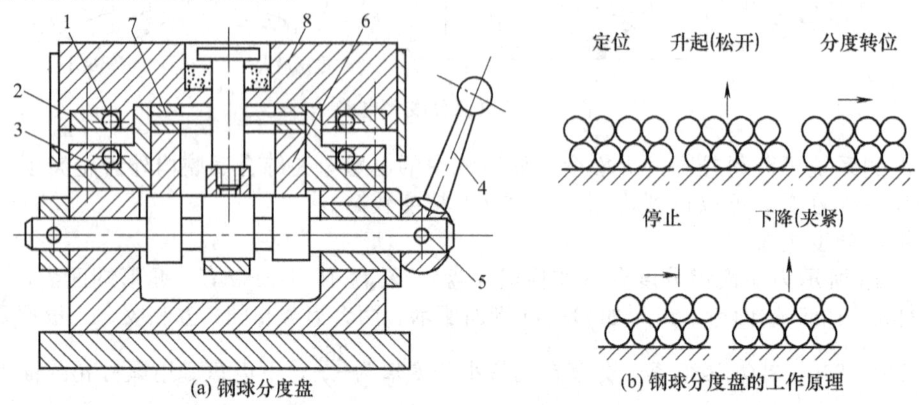

图4-24 钢球分度装置

1—钢球；2—上齿盘；3—下齿盘；4—手柄；5—偏心轴；6—套筒；7—止推轴承；8—工作台

4.3.4 分度装置设计实例

分度装置设计实例见图4-25～图4-28。

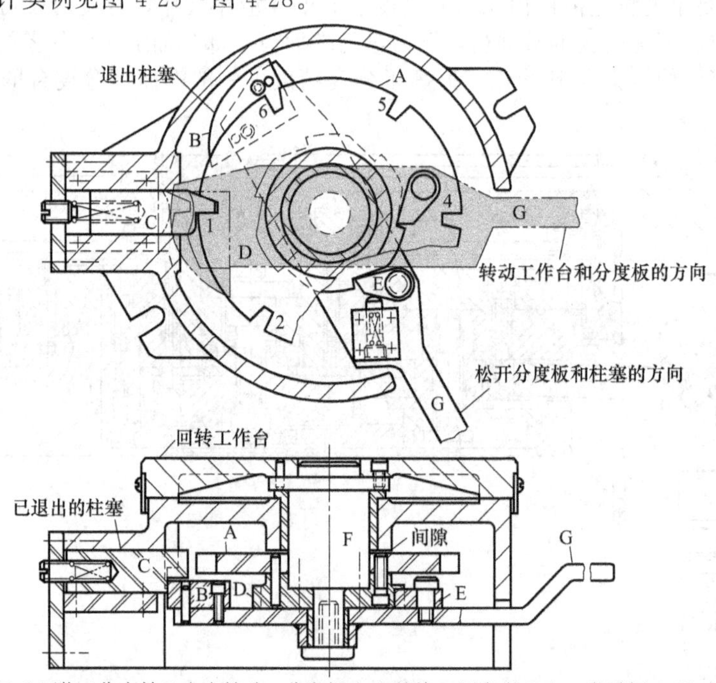

【说明】手柄G可绕工作台轴F自由转动，分度板A和棘轮D固定在F上。当手柄G反时针转动时，装在G上的凸轮B使柱塞C退出，而棘爪E落入棘轮的下一个缺口，如图所示。当手柄G顺时针转动时，就使棘轮D、分度板A和回转工作台转动。凸轮B使柱塞C松开并停留在A的圆周上，一直到落入凹槽2内。

图4-25 分度装置1

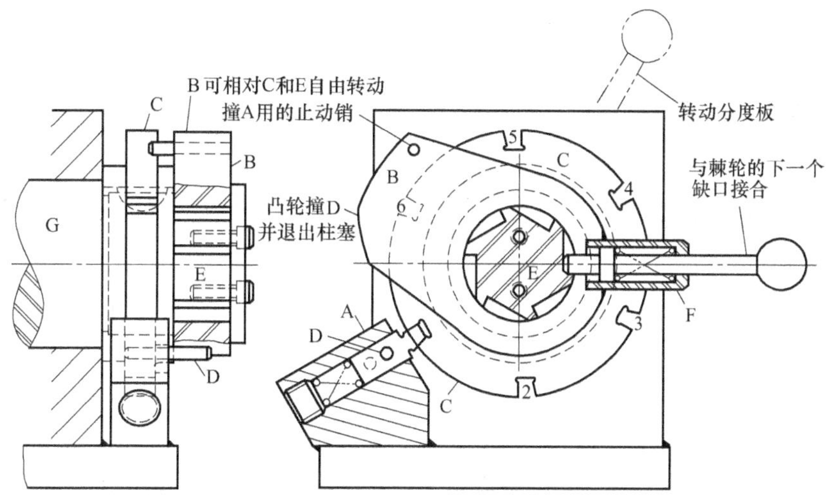

【说明】 手柄拉出并反时针转动，直至其上的销进入棘轮 E 的下一个缺口为止，E 用螺钉连接在分度板 C 上。同时，焊在手柄 F 上的凸轮 B 碰撞销 D 使柱塞退出。当手柄顺时针转动时，凸轮放开柱塞使其停留在 C 的圆周上，直至柱塞落入凹槽 2 内。棘轮 E 是轴 G 的一部分，G 装有分度板 C 和回转工作台。

图 4-26 分度装置 2

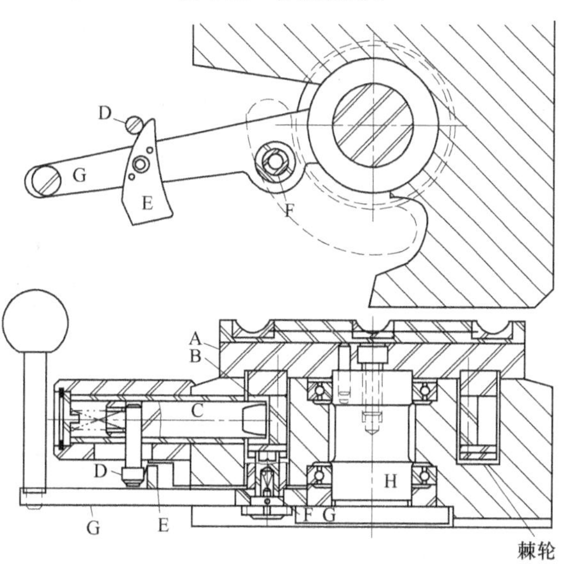

【说明】 当手柄 G 顺时针转动时，凸轮 E 碰撞柱塞 C 上的滚柱 D，使 C 退出，同时受弹簧载荷的棘爪 F 同棘轮的下一个缺口接合。然后手柄反向，转动工作台 A，直至已松开的柱塞 C 落入 B 的下一个分度凹槽内。分度板 B 和棘轮固定在工作台 A 上。手柄 G 可绕轴 H 自由转动。

图 4-27 分度装置 3

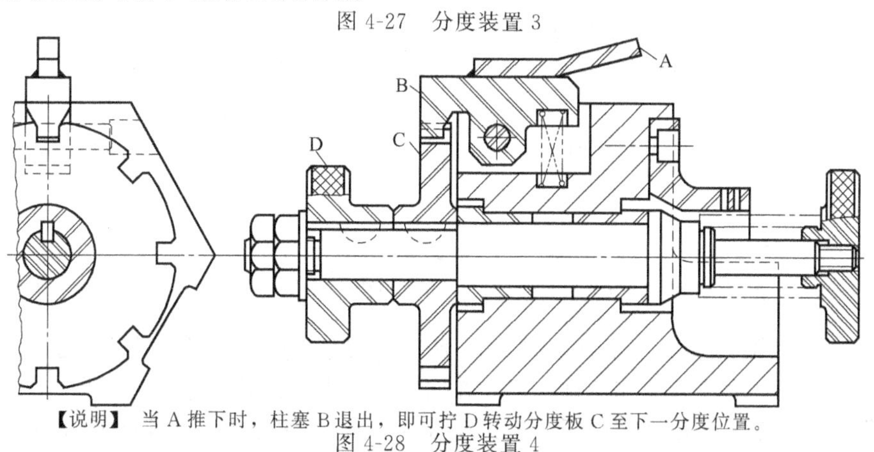

【说明】 当 A 推下时，柱塞 B 退出，即可拧 D 转动分度板 C 至下一分度位置。

图 4-28 分度装置 4

4.4 夹具的靠模装置

4.4.1 靠模装置及其类型

（1）夹具的靠模装置

在批量生产中，各种曲面的加工可以依靠数控机床加工，也可以设计靠模在通用机床上加工。零件上的回转曲面，可以通过靠模装置在车床上加工；直线曲面和空间曲面可以通过靠模装置在一般的万能铣床上加工。靠模装置的作用是使主进给运动和由靠模获得的辅助运动形成所需要的仿形运动。

（2）靠模装置的类型

直线曲面是最常见的一种曲面，是由直母线按照曲线轨迹做与其平行的运动而形成的。按照加工中的进给运动的走向，可以分为直线进给和圆周进给两种。

① 直线进给式靠模装置。如图 4-29（a）所示为直线进给式靠模装置的工作原理图。靠模板 2 和工件 4 分别装在机床工作台上的夹具中；滚柱滑座 5 和铣刀滑座 6 连成一个整体，它们的轴线间距 K 保持不变，在强力弹簧或重锤拉力的作用下，使滚柱始终压紧在靠模上。当工作台纵向进给时，滑座整体即获得一横向辅助运动，从而使铣刀按靠模轨迹在工件上加工出所需要的曲面轮廓。

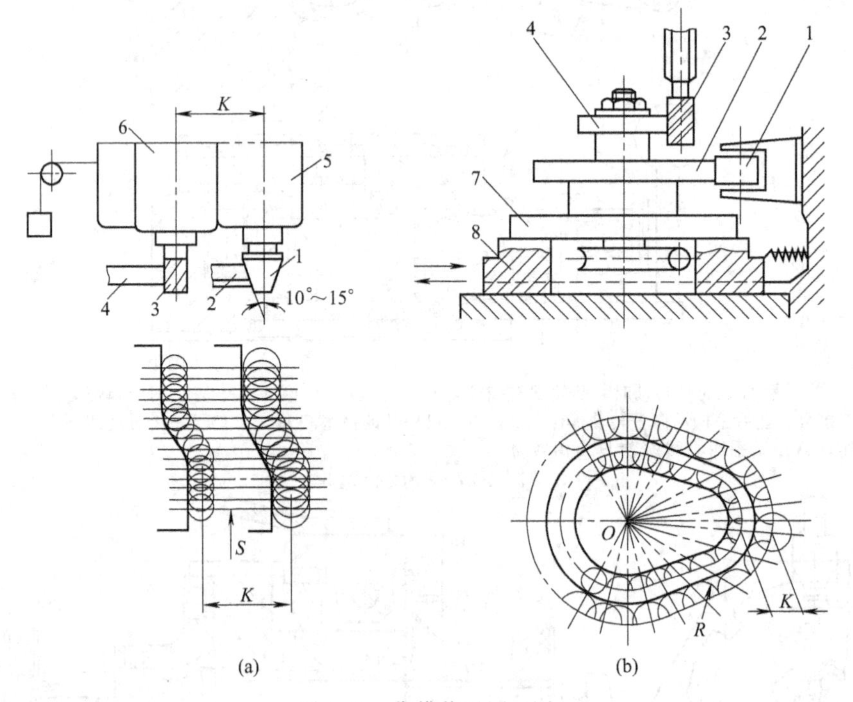

图 4-29 靠模装置原理图

1—滚柱；2—靠模板；3—铣刀；4—工件；5—滚柱滑座；6—铣刀滑座；7—回转台；8—溜板

② 圆周进给式靠模装置。如图 4-29（b）所示为安装在普通立式铣床上的圆周进给式靠模装置的工作原理图。靠模板 2 和工件 4 安装在回转台 7 上，回转台做等速圆周进给运动，在强力弹簧的作用下，滚子紧压在靠模板 2 上，溜板 8 带动工件相对于刀具做所需要的仿形运动，

因而可加工出与靠模相仿的成形表面。

4.4.2　靠模装置的设计

无论是直线进给式靠模还是圆周进给式靠模，它们的设计方法基本相同，通常都采用图解法。从图 4-29 下方的仿形过程原理图中，可以得出靠模工作型面的绘制过程如下。

① 准确绘制工件表面的外形轮廓；

② 从工件的外形轮廓面或者回转中心作等分平行线或辐射线；

③ 在平行线或辐射线上，以铣刀半径 r 作和工件外形轮廓面相切的圆，得到铣刀中心的运动轨迹；

④ 从铣刀中心在各平行线或辐射线上，截取长度 K 的线段，得到滚柱中心的运动轨迹，然后以滚柱半径 R 作圆弧，再作这些圆弧的包络线，即得到靠模的工作型面。

设计靠模时必须注意：靠模工作型面与工件外形轮廓、铣刀中心与滚柱中心间应保持一定的相对位置关系。同时，铣刀半径应等于或小于工件轮廓曲面的最小曲率半径。考虑到铣刀重磨后直径减小，通常将靠模型腔面和滚柱作成 10°～15°的斜角，以便获得补偿调整。

如图 4-30 所示为一仿形铣削夹具。工件（连杆）以一面两孔定位。工件与仿形靠模 5 一起安装在拖板 6 的两个定位圆柱上，由螺母 1 经开口垫圈 2 和 3 压紧；夹具的燕尾座 7 固定在铣床工作台上，仿形滚轮支架 9 固定在铣床立柱的燕尾导轨上，仿形滚轮 4 紧靠仿形靠模的表面。铣削时，铣床工作台连同仿形夹具做横向移动，由于悬挂重锤 8 的作用，迫使拖板根据仿形靠模的外形做相应的纵向移动，从而完成工件的单面仿形铣削。翻转工件，重新安装夹紧，即可进行另一面的仿形铣削。

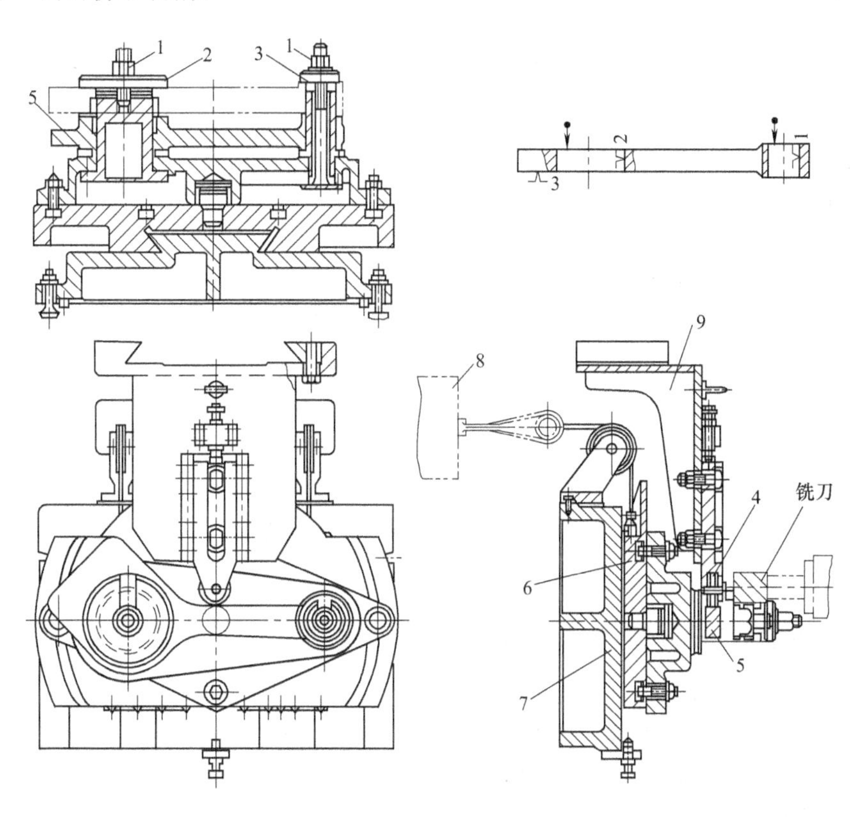

图 4-30　仿形铣削夹具

1—螺母；2,3—开口垫圈；4—仿形滚轮；5—靠模；6—拖板；7—燕尾座；8—悬挂重锤；9—支架

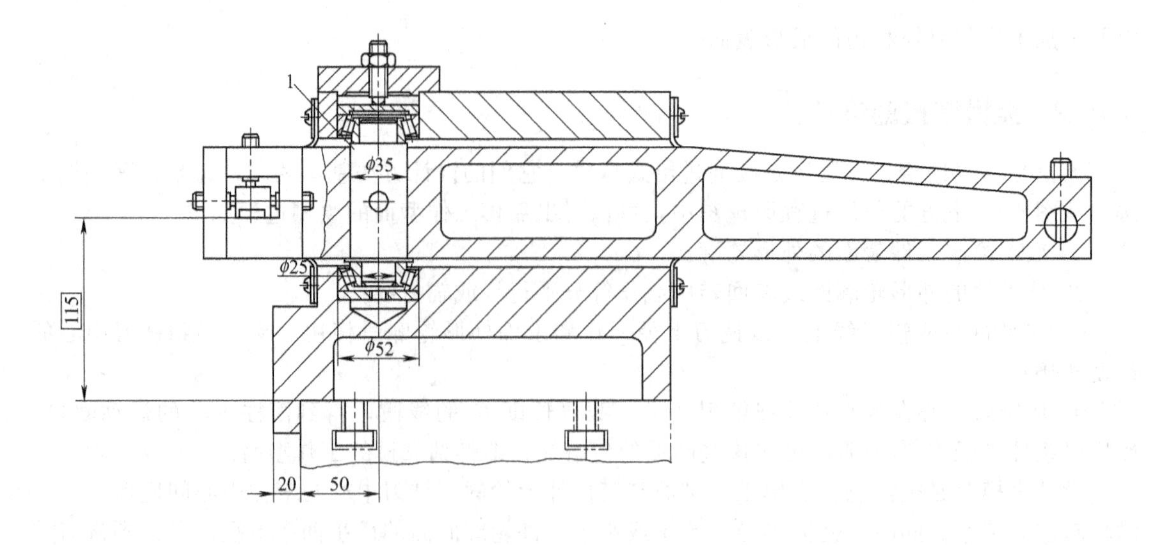

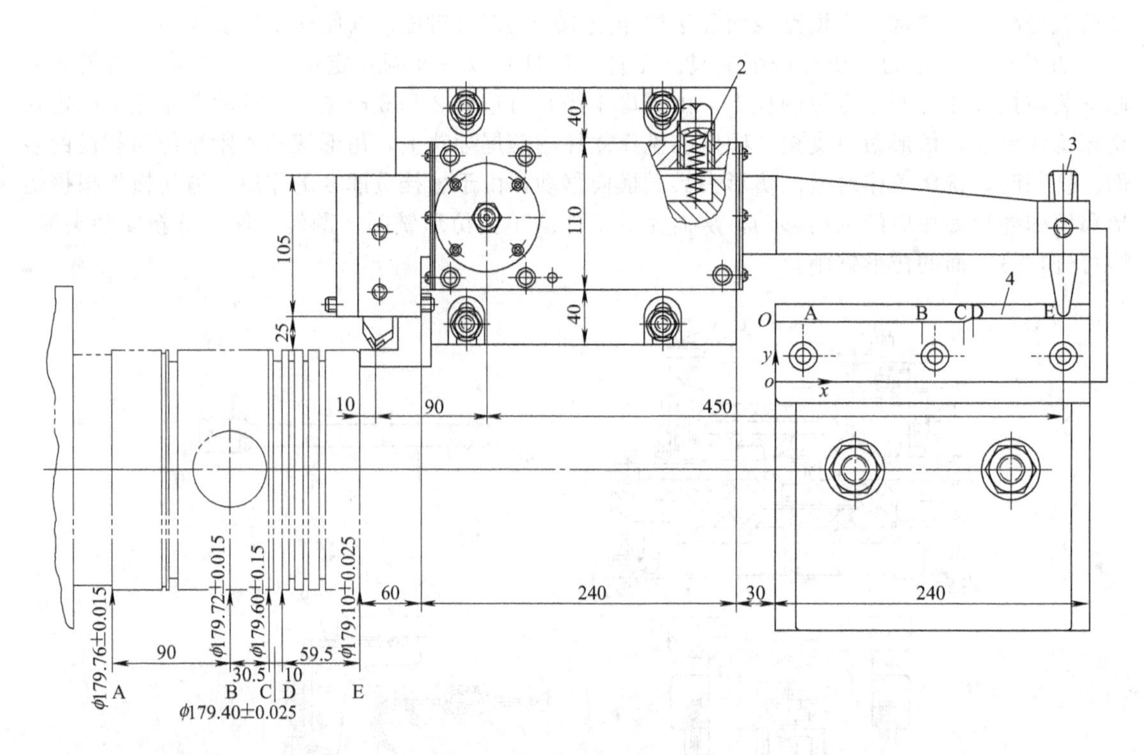

图 4-31 车活塞外圆锥面靠模

1—心轴；2—弹簧；3—靠模销；4—靠模板

4.4.3 靠模装置的设计实例

(1) 车活塞外圆锥面靠模（图 4-31）

靠模销 3 由于弹簧 2 的作用，紧靠在靠模板 4 上。整个刀架装在车床纵向拖板上，并可绕心轴 1 回转。由于其横向移动，完成对活塞外圆锥面的加工。图中刀尖与靠模销至心轴中心的距离为 1∶5，因此靠模板的尺寸应按比例缩小。

(2) 加工压缩机轮盘上正反曲面靠模铣夹具（图 4-32）

本夹具用于 X53 立式铣床上加工压缩机轮盘圆周上均布的长短各十条正反曲面。更换靠

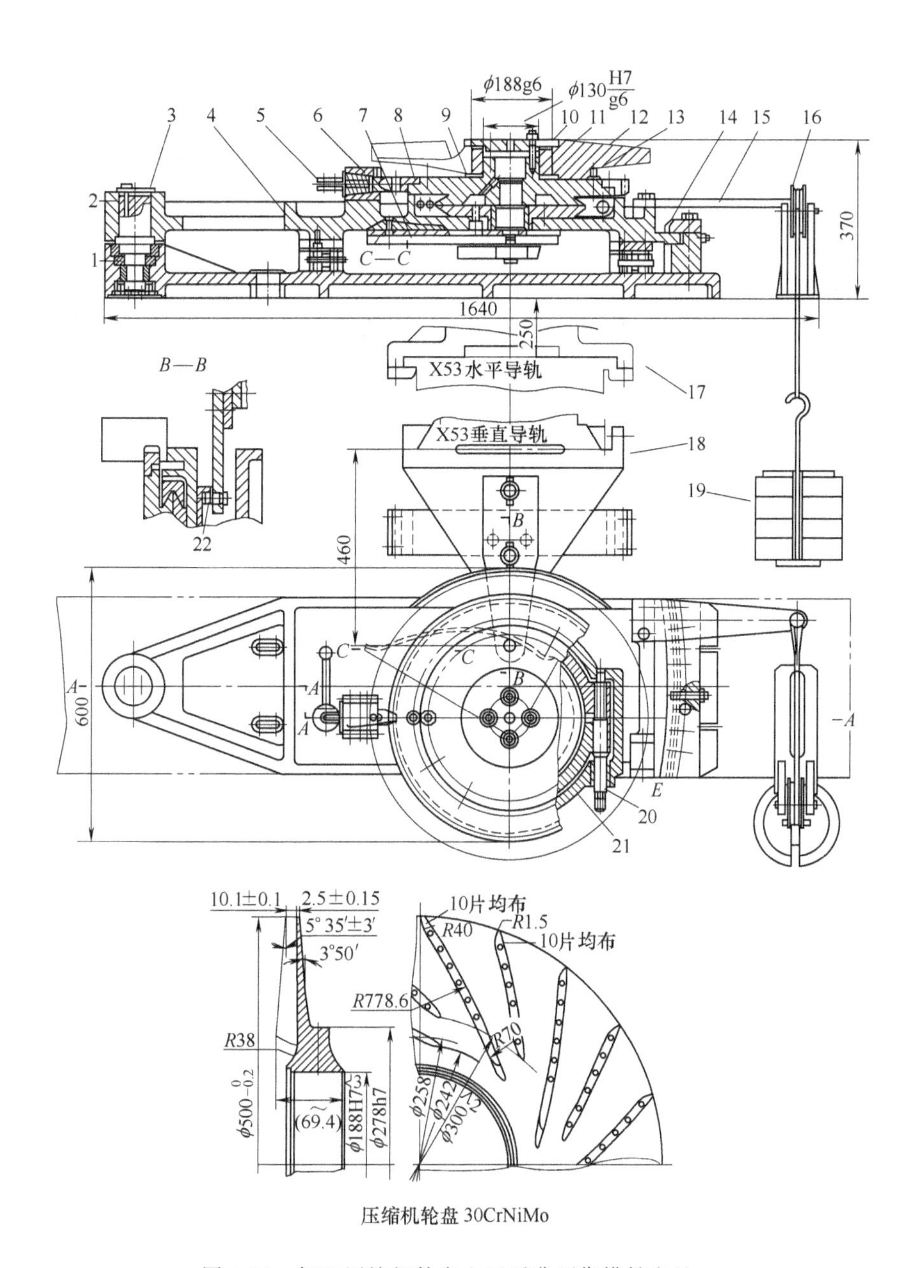

图 4-32 加工压缩机轮盘上正反曲面靠模铣夹具

1—底座；2—摆架；3—轴；4—滚动轴承；5—偏心轮；6—对定销；7—靠模板；8—齿形分度盘；9—支承板；10—压板；11—定位套；12—中心轴；13—辅助支承钉；14—圆弧压板；15—重锤支臂；16—滑轮；17—立架；18—滚子支架；19—重锤；20—丝杆；21—锁紧环；22—滚子

模板 7 及定位套 11，可加工多种规格的轮盘叶片。

工件以内孔 ϕ188H7 及底面定位于定位套 11 及支承板 9 上，限制五个自由度；为保证叶片两侧加工余量均匀，其回转方向自由度，可找正叶片位置确定。为了增加工件铣削时的刚性与稳定性，又在齿形分度盘 8 的盘体上增设了 12 个辅助支承钉 13，支承在工件背面，以减小工件加工时出现的振动。

工件由压板 10 夹紧于齿形分度盘 8 上。由于工件较大，故采用了四个螺栓，以增加夹紧力。

夹具底座 1 安装在铣床工作台上，摆架 2 通过轴 3 及弧形滚动导轨与底座 1 配在一起，并且在重锤 19 的作用下绕轴 3 顺时针转动，使装在摆架 2 下面的靠模板 7 以其内侧面与装在滚子支架 18 上的滚子 22 压靠在一起。当铣床工作台做纵向进给运动时，滚子 22 迫使摆架 2 按靠模板 7 内侧曲面的升程绕轴 3 摆动。两个运动合成的结果，形成了叶片内曲面的轨迹，由立铣刀将曲面加工出来。一个叶片内侧面铣完后，拧动丝杆 20，使锁紧环 21 松开，再转动偏心轮 5，拔出对定销 6，可将齿形分度盘 8 转动 36°至下一叶片位置，对定锁紧后，即可进行第二叶片内侧面的加工。

加工叶片外侧面时，可将滚子 22 靠在靠模板外侧面上，并将重锤支臂 15 装在摆架前端 E 面上。此时摆架 2 逆时针转动，使靠模板外侧面压靠在滚子 22 上，随着工作台及摆架的合成运动，形成了叶片的外侧曲面。

十条长（或短）叶片加工完成后，更换靠模板 7，可对另十条短（或长）叶片进行加工。

本夹具结构典型，构思合理，动作灵活，并通过更换及调整其中少数元件，能适应多种同类型不同规格零件的加工。

第5章 夹具体和夹具连接元件的设计

内容摘要

本章主要介绍夹具体的作用及结构特点、夹具体设计的基本要求、夹具体毛坯的类型、夹具体的技术要求、夹具连接元件的作用及其设计要求。

5.1 夹具体及其设计

5.1.1 夹具体的结构

夹具体是将夹具上的各种装置和元件连接成一个整体的最大、最复杂的基础件。夹具体的形状和尺寸取决于夹具上各种装置的布置以及夹具与机床的连接，而且在零件的加工过程中，夹具还要承受夹紧力、切削力以及由此产生的冲击和振动，因此夹具体必须具有必要的强度和刚度。切削加工过程中产生的切屑有一部分还会落在夹具体上，切屑积聚过多将影响工件可靠的定位和夹紧，因此设计夹具体时，必须考虑其结构应便于排屑。此外，夹具体结构的工艺性、经济性以及操作和装拆的便捷性等，在设计时也都必须认真加以考虑。

根据夹具的要求，夹具体可用铸件结构，也可用钢件或焊件结构。结构形式可采用底座形或箱形。

5.1.2 夹具体的设计

（1）夹具体设计的基本要求

① 应有适当的精度和尺寸稳定性。夹具体上的重要表面，如安装定位元件的表面、安装对刀或导向元件的表面以及夹具体的安装基面等，应有适当的尺寸精度和形状精度，它们之间应有适当的位置精度。

为使夹具体的尺寸保持稳定，铸造夹具体要进行时效处理，焊接和锻造夹具体要进行退火处理。

② 应有足够的强度和刚度。为了保证在加工过程中不因夹紧力、切削力等外力的作用而产生不允许的变形和振动，夹具体应有足够的壁厚，刚性不足处可适当增设加强筋。近年来许多工厂采用框形薄壁结构的夹具体，不仅减轻了重量，而且可以进一步提高其刚度和强度。

③ 应有良好的结构工艺性和使用性。夹具体一般外形尺寸较大，结构比较复杂，而且各

表面间的相互位置精度要求高，因此应特别注意其结构工艺性，应做到装卸工件方便、夹具维修方便。在满足刚度和强度的前提下，应尽可能减轻重量、缩小体积、力求简单，特别是对于手动、移动或翻转夹具，其总重量应不超过 10kg，以便于操作。

④ 应便于排除切屑。机械加工过程中，切屑会不断地积聚在夹具体周围，如不及时排除，切削热量的积累会破坏夹具的定位精度，切屑的抛甩可能缠绕定位元件，也会破坏定位精度，甚至发生安全事故。因此，对于加工过程中切屑产生不多的情况，可适当加大定位元件工作表面与夹具体之间的距离，以增大容屑空间；对于加工过程中切屑产生较多的情况，一般应在夹具体上设置排屑槽，图 5-1 所示，以利于切屑自动排出夹具体外。

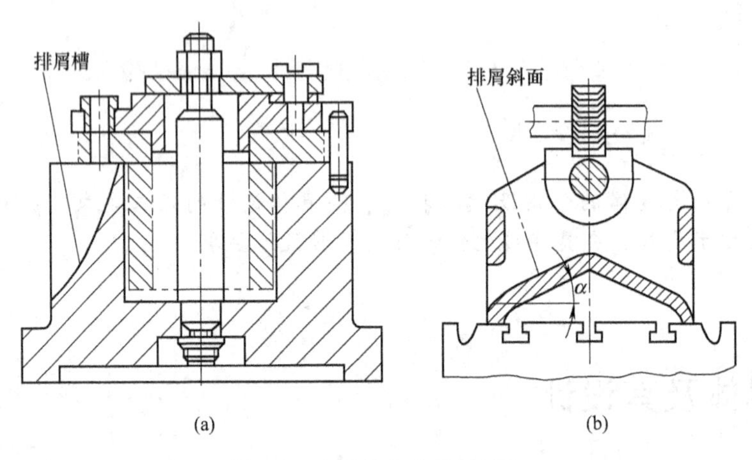

图 5-1 夹具体自动排屑结构

⑤ 在机床上的安装应稳定可靠。夹具在机床上的安装都是通过夹具体上的安装基面与机床上相应表面的接触或配合实现的。当夹具在机床工作台上安装时，夹具的重心应尽量低，支承面积应足够大，安装基面应有较高的配合精度，保证安装稳定可靠；夹体底部一般应中空，大型夹具还应设置吊环或起重孔。

（2）夹具体毛坯的类型

由于各类夹具结构变化多端，夹具难以标准化，但其基本结构形式不外乎如图 5-2 所示的三大类，即：开式结构［见图 5-2（a）］、半开式结构［见图 5-2（b）］和框式结构［见图 5-2（c）］。

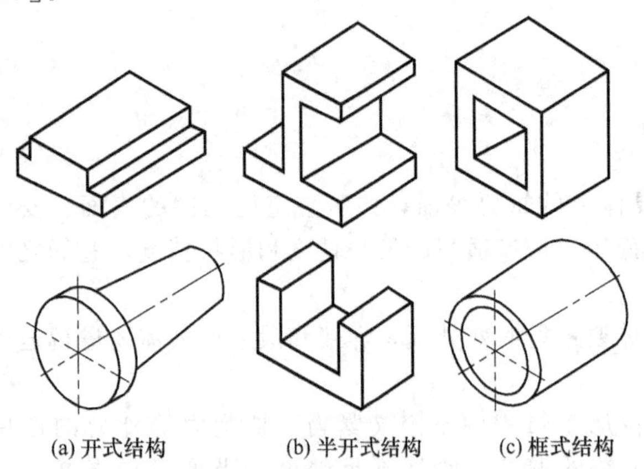

图 5-2 夹具体的结构

选择夹具体毛坯的制造方法，通常根据夹具体的结构形式以及工厂的生产条件决定。根据制造方法的不同，夹具体毛坯可分为以下四类。

① 铸造夹具体。铸造夹具体如图 5-3（a）所示，其优点是可铸出各种复杂形状，其工艺性好，并且具有较好的抗压强度、刚度和抗振性；但其生产周期较长，且需经时效处理，因而成本较高。

② 焊接夹具体。焊接夹具体如图 5-3（b）所示，其优点是容易制造、生产周期短、成本低、重量较轻；但焊接后需经退火处理，且难获得复杂形状。

③ 锻造夹具体。锻造夹具体如图 5-3（c）所示，适用于形状简单、尺寸不大、要求强度

和刚度大的的场合；锻造后需经退火处理。

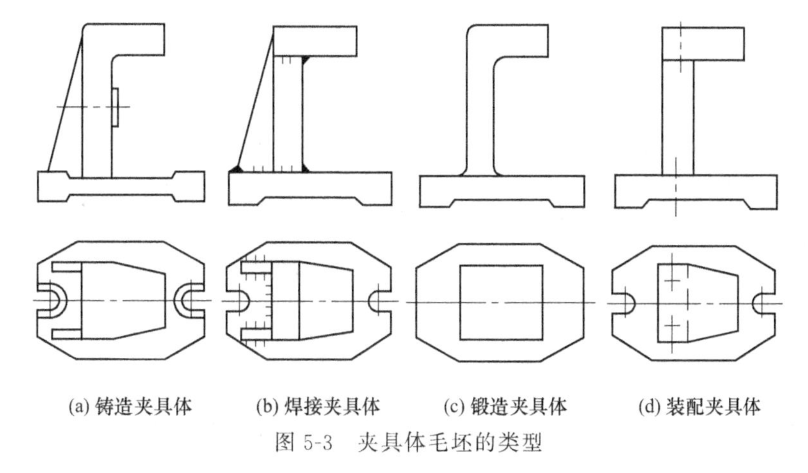

(a) 铸造夹具体　(b) 焊接夹具体　(c) 锻造夹具体　(d) 装配夹具体

图 5-3　夹具体毛坯的类型

④ 装配夹具体。装配夹具体如图 5-3（d）所示，由标准的毛坯件、零件及个别非标准件或者用型材、管料、棒料等加工成零部件，通过螺钉、销钉连接组装而成，其优点是制造成本低、周期短、精度稳定，有利于标准化和系列化，也便于夹具的计算机辅助设计。

（3）夹具体的技术要求

夹具体与各元件配合表面的尺寸精度和配合精度通常都较高，常用的夹具元件间配合的选择见表 5-1。

表 5-1　夹具元件间常用的配合选择

工作形式	精度要求		示例
	一般精度	较高精度	
定位元件与工件定位基面之间	$\frac{H7}{h6}$、$\frac{H7}{g6}$、$\frac{H7}{f7}$	$\frac{H6}{h5}$、$\frac{H6}{g5}$、$\frac{H6}{f5 \sim f6}$	定位销与工件基准孔
有引导作用，并有相对运动的元件之间	$\frac{H7}{h6}$、$\frac{H7}{g6}$、$\frac{H7}{f7}$ $\frac{H7}{h6}$、$\frac{G7}{h6}$、$\frac{F8}{h6}$	$\frac{H6}{h5}$、$\frac{H6}{g5}$、$\frac{H6}{f5 \sim f6}$ $\frac{H6}{h5}$、$\frac{G6}{h5}$、$\frac{F7}{h5}$	滑动定位元件、刀具与导套
无引导作用，但有相对运动的元件之间	$\frac{H7}{f9}$、$\frac{H7}{g9 \sim g10}$	$\frac{H7}{f8}$	滑动夹具底板
无相对运动的元件之间	$\frac{H7}{h6}$、$\frac{H7}{r6}$、$\frac{H7}{r6 \sim s6}$ $\frac{H7}{m6}$、$\frac{H7}{k6}$、$\frac{H7}{js6}$	（无紧固件） （有紧固件）	固定支承钉定位销

有时为了夹具在机床上找正方便，常在夹具体侧面或圆周上加工出一个专用于找正的基面，用以代替对元件定位基面的直接测量，这时对该找正基面与元件定位基面之间必须有严格的位置精度要求。

（4）夹具体设计实例

现以某车床开合螺母铣槽夹具为例，其夹具体（底座）设计如图 5-4 所示。

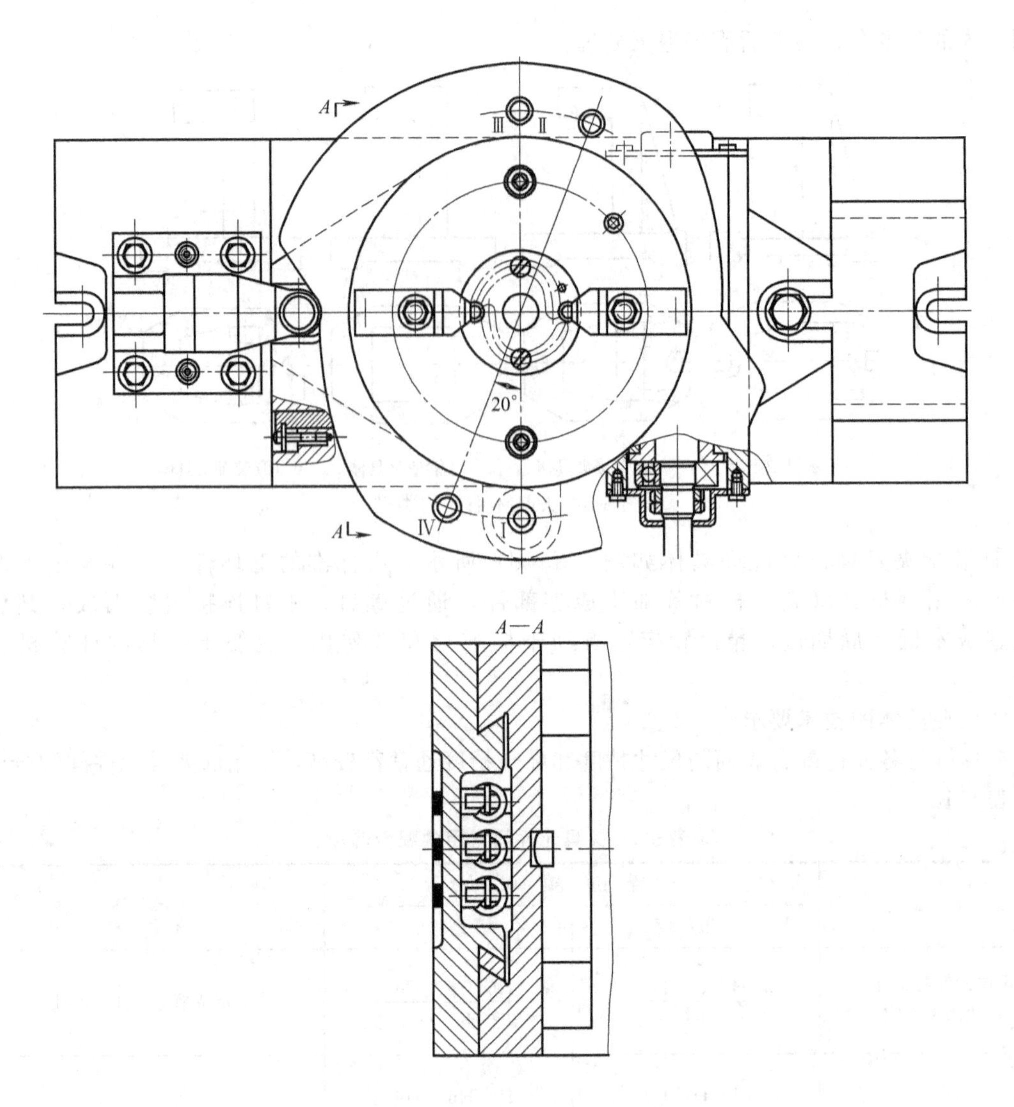

图 5-4 开合螺母铣夹具的底座

5.2 夹具连接元件及其设计

5.2.1 夹具的连接元件

夹具上设有定位装置、夹紧装置、导向元件，根据加工的需要，有些夹具上还设有分度装置、靠模装置、上下料装置、工件顶出机构、电动扳手、平衡块等，这些都必须采用适当的连接元件将其与夹具体牢固可靠地连接起来，使之组成一个动作协调、结构稳定、具有一定刚性的整体。

夹具的连接元件有的可采用标准件，有的可能需要根据具体情况加以设计制造。无论是选择标准件，还是自行设计，都必须保证连接元件的刚度，还要注意方便拆卸、更换，方便清除切屑。

5.2.2　夹具连接元件的设计

夹具与机床连接的元件，如导向键、定位键等，必须按国家标准设计，并注意安装位置应合理。此外还可能需要设计如安装滚动轴承的支架、承载靠模板和转动机构的拖板以及一些插销等。

上例某车床开合螺母铣槽夹具各装置的连接元件设计如图 5-5 所示。

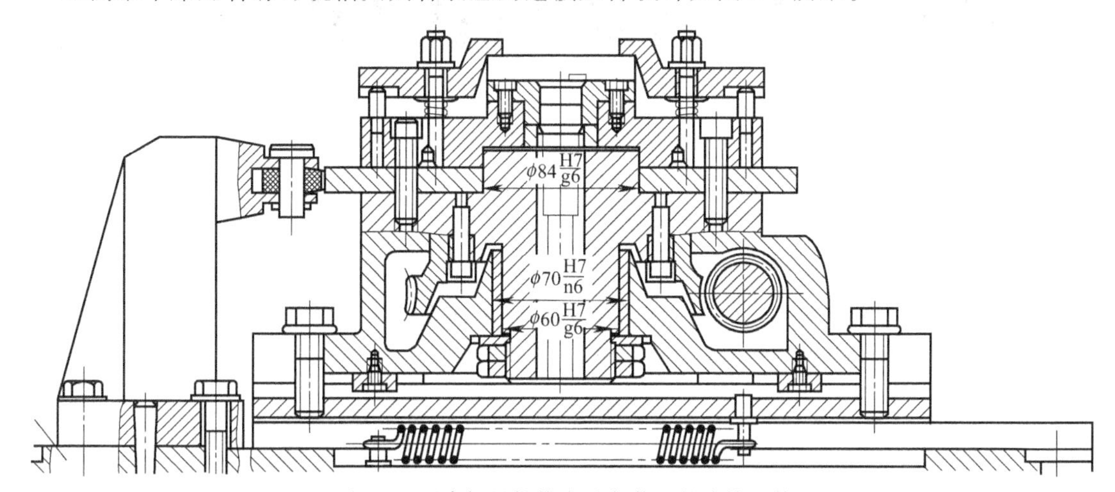

图 5-5　开合螺母铣槽夹具各装置的连接元件

第6章 夹具图样设计及夹具精度校核

内容摘要

本章主要介绍机床夹具总装图和工作图的绘制步骤、装夹表面可及性分析的概念、装夹刚度和装夹稳定性的概念、校验夹具稳定性的技术问题、夹具设计中干涉的类型及其校验、夹具精度分析方法和控制原理。

6.1 夹具总装图的设计

6.1.1 夹具总装图的设计

确认工件定位、工件夹紧、刀具导向、夹具体和夹具连接元件等装置的设计方案之后，即进入夹具总装图的设计。夹具总装图通常按定位元件、夹紧装置、刀具导向装置、夹具体等结构顺序绘制，特别应注意表达清楚定位元件、夹紧装置、夹具体的装配关系。

绘制夹具总装图通常按以下步骤进行。

① 遵循国家制图标准，绘图比例应尽可能选取 1∶1，根据工件的大小，也可用较大或较小的比例；通常选取操作位置为主视图，以便使所绘制的夹具总图具有良好的直观性；视图剖面应尽可能少，但必须能够清楚地表达夹具各部分的结构。

② 用双点画线绘出工件轮廓外形、定位基准和加工表面。将工件轮廓线视为“透明体”，并用网纹线表示出加工余量。

③ 根据工件定位基准的类型和主次，选择合适的定位元件，合理布置定位点，以满足定位设计的相容性。

④ 根据定位对夹紧的要求，按照夹紧五原则选择最佳夹紧状态及技术经济合理的夹紧系统，画出夹紧工件的状态。对空行和较大的夹紧机构，还应用双点画线画出放松位置，以表示出和其他部分的关系。

⑤ 围绕工件的几个视图依次绘出对刀、导向元件以及定向键等。

⑥ 最后绘制出夹具体及连接元件，把夹具的各组成元件和装置连成一体。

⑦ 确定并标注有关尺寸。夹具总图上应标注的有以下五类尺寸。

a. 夹具的轮廓尺寸：即夹具的长、宽、高尺寸。若夹具上有可动部分，应包括可动部分极限位置所占的空间尺寸。

b. 工件与定位元件的联系尺寸：常指工件以孔在心轴或定位销上（或工件以外圆在内孔

中）定位时，工件定位表面与夹具上定位元件间的配合尺寸。

c. 夹具与刀具的联系尺寸：用来确定夹具上对刀、导引元件位置的尺寸。对于铣、刨床夹具，是指对刀元件与定位元件的位置尺寸；对于钻、镗床夹具，则是指钻（镗）套与定位元件间的位置尺寸，钻（镗）套之间的位置尺寸，以及钻（镗）套与刀具导向部分的配合尺寸等。

d. 夹具内部的配合尺寸：它们与工件、机床、刀具无关，主要是为了保证夹具装置后能满足规定的使用要求。

e. 夹具与机床的联系尺寸：用于确定夹具在机床上正确位置的尺寸。对于车、磨床夹具，主要是指夹具与主轴端的配合尺寸；对于铣、刨床夹具，则是指夹具上的定向键与机床工作台上的T形槽的配合尺寸。标注尺寸时，常以夹具上的定位元件作为相互位置尺寸的基准。

上述尺寸公差的确定可分为两种情况处理：一是夹具上定位元件之间，对刀、导引元件之间的尺寸公差，直接对工件上相应的加工尺寸发生影响，因此可根据工件的加工尺寸公差确定，一般可取工件加工尺寸公差的1/5～1/3；二是定位元件与夹具体的配合尺寸公差，夹紧装置各组成零件间的配合尺寸公差等，则应根据其功用和装配要求，按一般公差与配合原则决定。

⑧ 规定总图上应控制的精度项目，标注相关的技术条件。夹具的安装基面、定向键侧面以及与其相垂直的平面（称为三基面体系）是夹具的安装基准，也是夹具的测量基准，因而应该以此作为夹具的精度控制基准来标注技术条件。在夹具总图上应标注的技术条件（位置精度要求）有如下几个方面。

a. 定位元件之间或定位元件与夹具体底面间的位置要求，其作用是保证工件加工面与工件定位基准面间的位置精度。

b. 定位元件与连接元件（或找正基面）间的位置要求。

c. 对刀元件与连接元件（或找正基面）间的位置要求。

d. 定位元件与导引元件的位置要求。

e. 夹具在机床上安装时位置精度要求。

上述技术条件是保证工件相应的加工要求所必需的，其数量应取工件相应技术要求所规定数值的1/5～1/3。当工件没注明要求时，夹具上的那些主要元件间的位置公差，可以按经验取为（100∶0.02）mm～（100∶0.05）mm，或在全长上不大于0.03～0.05mm。

⑨ 编制零件明细表。夹具总图上还应画出零件明细表和标题栏，写明夹具名称及零件明细表上所规定的内容。

现仍以某车床开合螺母操作盘上的两条曲线槽铣夹具为例加以说明。夹具的定位套和夹紧压板被安装在一个圆盘上；然后将圆盘和靠模板与转动机构的蜗轮连接到一起；蜗轮蜗杆转动机构安装在拖板上；拖板通过燕尾槽与夹具底座连接在一起；靠模导向支架直接安装在底座上，位于靠模的一侧。

本夹具的总装图如图6-1所示。

6.1.2　夹具工作原理

本夹具用于立式铣床上，加工开合螺母操纵盘上的两条曲线槽。

工件以ϕ25h6外圆及端面在定位套4上定位。用两块压板3夹紧。

夹具底座1安装在铣床工作台上。底座上的拖板10通过三根拉簧9，使靠模扳6始终靠在支架2的滚动轴承上，当摇动手柄15，通过蜗杆8和蜗轮7带动转盘5转动时，靠模板6的曲面迫使拖板左右移动，从而铣出工件要求的曲线槽。

加工前，先将对刀块13装在夹具的定位套4上，对刀块以ϕ25h6外圆、端面及圆销14定

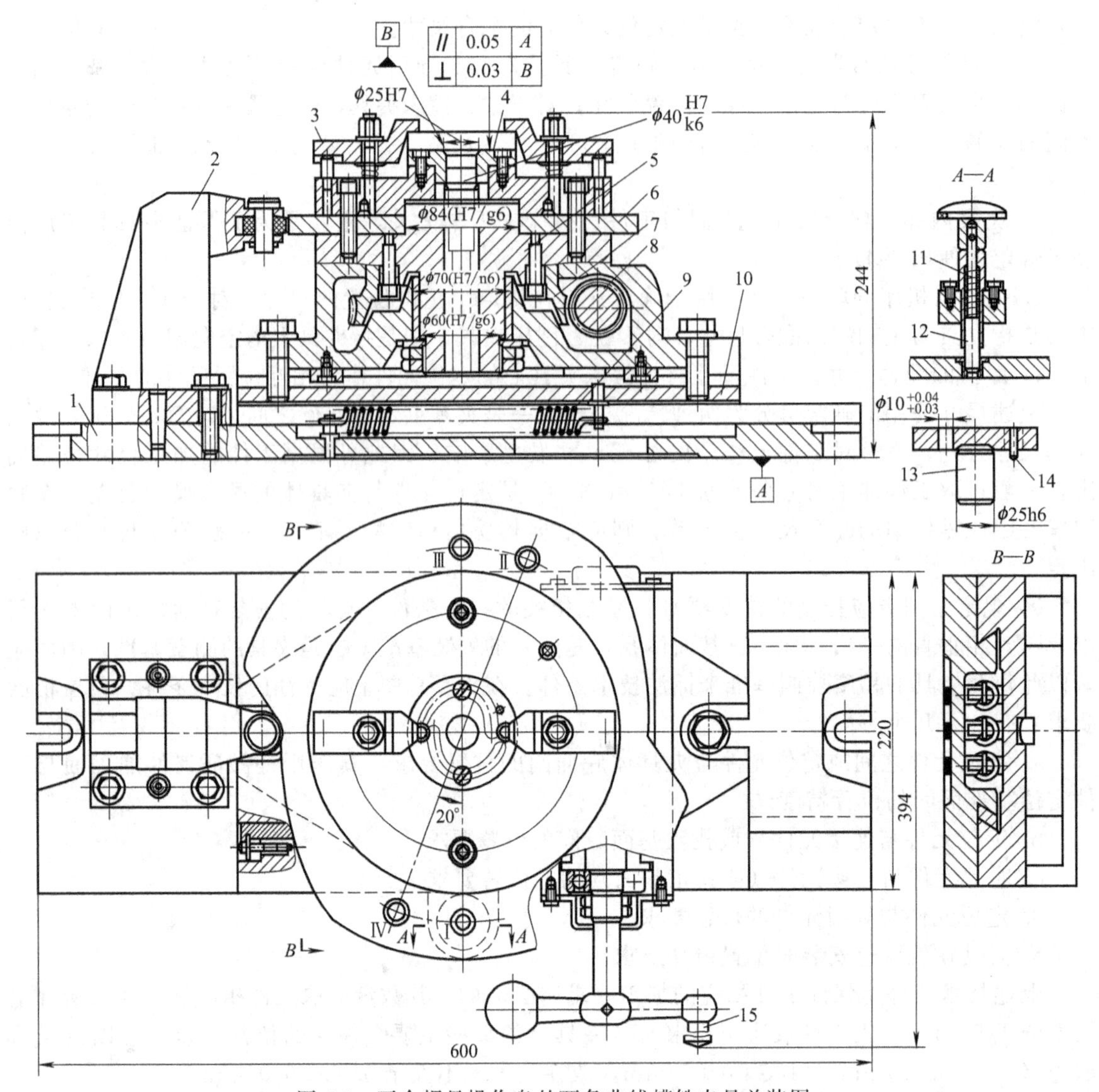

图 6-1 开合螺母操作盘的两条曲线槽铣夹具总装图

位。用对刀块上的 ϕ10mm 孔确定铣刀的径向位置。加工时，对定销 12 插入靠模板 6 上的分度孔Ⅰ中，铣刀垂直方向切入工件后，拔出对定销 12，摇手柄 15 进行铣削。当对定销 12 靠弹簧 11 的作用，自动插入分度孔Ⅱ时，一条曲线槽加工完成。退出铣刀，拔出对定销 12 后，再摇手柄 15，待对定销插入分度孔Ⅲ后，按上述方法铣削第二条曲线槽。故工件上两条加工槽的周向位置是靠对刀块 13、定位套 4、对定销 12、靠模板 6 之间的定位保证的。

6.2 夹具零件工作图的设计

夹具总图绘制完毕后，对夹具上的非标准件要绘制零件工作图。

零件工作图是设计部门提交给生产部门的重要技术文件。它不仅反映设计师的设计意图，而且还表达出各种技术要求，完整、准确、清晰地绘制零件图可以说是保证夹具质量的基础。

夹具零件工作图必须表达出以下内容。

① 用一组合适的视图表达零件的形状和结构；零件工艺结构性应合理，应便于制造和

检验。

② 完整、清晰地标注零件尺寸及其配合公差。

③ 应选择合适的材料及其热处理方法。

④ 规定相应的技术要求，对定位元件和导向元件尤其要规定得合理、正确。

零件工作图的绘制和标注都必须完全遵循国家标准。

在夹具设计图纸全部绘制完毕后，还有待于精心制造、实践和使用来验证设计的科学性。经试用后，有时还可能要对原设计做必要的修改。因此，要获得一项完善的优秀的夹具设计，设计人员通常应参与夹具的制造、装配，以及鉴定和使用的全过程。

6.3 装夹表面可及性分析及装夹稳定性校验

6.3.1 装夹表面可及性分析

装夹表面是指工件上用来定位和夹紧的表面。这些表面与夹具功能元件直接接触。显然，在一次安装中工件上需要进行加工的表面是不能作装夹表面的，也就是说装夹表面只能是非加工表面，这些表面可以是平面，也可以是圆柱面，这些表面必须是夹紧力的法向分力能够触及的表面，而且表面尺寸应足够大，这样才能保证定位和夹紧可靠。

夹具可及性是选择工件装夹（特别对于定位）面和点需要认真考虑的重要方面，它包括装夹表面可及性和工件装/卸载可及性两方面的内容，前者是工件每个单独表面的可到达性，它是定位和夹紧面选择的一个重要标准；后者是将工件从夹具上装/卸载的容易性。工件装夹表面可及性反映了将工件安装到夹具表面上的方便程度。在夹具设计过程中，必须认真提取工件及夹具的有关几何信息，不仅应使工件的安装、夹紧以及卸载是可行的，而且应当是方便的、无障碍的、可靠的。

夹具表面可及性是一个模糊概念，它和夹具设计中使用的夹具元件有关。为了决定工件上的一个表面是否对于一个常规的夹具元件存在可及性，并且能表示相应的可及性程度，应该考虑以下三个主要因素。

① 应考虑作为装夹表面所包含的表面积和形状的几何信息。在一个可行的夹具设计中，所选择的定位/夹紧点通常在装夹面以内，并且在装夹面的夹具接触区之内，这些区域应该超过夹具元件相关功能表面面积的一半以上。

② 应考虑沿装夹表面法方向或者围绕装夹表面几何区域有可能阻碍工件的几何信息。这些信息很大程度反映了装夹表面的实际可及性，因为沿装夹表面法方向或者围绕装夹表面几何区域有可能阻碍工件时，就可能妨碍夹具元件和装夹面某些表面子区域的接触，从而导致有效的可及性面积的减少。

③ 应考虑夹具功能元件的尺寸和形状。为了得到更加准确的可及性评价，指导后来的夹具结构设计，必须综合考虑夹具功能元件的尺寸和形状。

6.3.2 装夹刚度和装夹稳定性校验

夹具设计完成后就需要对夹具设计的质量做出评估，以校验夹具的性能。夹具性能除了主要用来保证工件加工精度的定位精度之外，还能保证装夹刚度、装夹稳定性和刀具切削路径不发生干涉，以及制造夹具的工艺性。

（1）装夹刚度

装夹刚度是指在单位外力作用下，夹具组件中夹具元件及其连接处在加工精度敏感方向上的全部变形。装夹刚度反映夹具及其元件抵抗受力变形的能力，它可以阻止加工过程中定位精度的变形，也是保证定位精度不变化的重要因素。工件的装夹刚度，特别是对航空航天工业中材料价格昂贵的薄壁高精度工件的加工有重要的技术经济意义。随着工件尺寸精度要求向微米级方向发展，夹具元件标准化程度的提高，夹具结构设计趋向轻便，组合夹具、可调夹具在生产中的广泛应用，研究夹具的装夹刚度也就提到议事日程上来了。

对装夹刚度的研究首先是从业已广泛使用的组合夹具开始的。组合夹具元件上开有很多T形槽（槽系组合夹具）或钻有很多孔（孔系组合夹具），因此其结构刚度是较低的。当工件定位在夹具中，切削力和其余外力作用其上，从而产生夹紧变形并引起定位件位置的偏移。夹具元件及其连接部位的变形对工件的加工误差，以及工艺系统的动态稳定性都有较大的影响，可能成为应用组合夹具的一个制约因素。

装夹刚度分为静态刚度和动态刚度。静态刚度是诸如夹紧力等静态外力作用下相关夹具元件的变形，或者是诸如切削力等动态外力中的常值分量所引起的变形。动态刚度则可用作用于夹具上的动态合力和夹具振动幅的比值来描述。因为动态刚度总是和夹具的静态刚度相关，所以研究静态刚度十分重要。

在夹紧力和切削力的作用下，夹具元件的变形影响到加工精度和稳定性。如图6-2（a）所示为槽系组合夹具元件组装的车床夹具的一例。由于在夹紧力作用下夹具元件的变形，在工件中心孔测量到的位移量可达10μm。为了保证要求的位置公差，必须加强夹具刚度。如图6-2（b）所示为改进V形块夹紧结构后，变形大大减小的车床夹具。

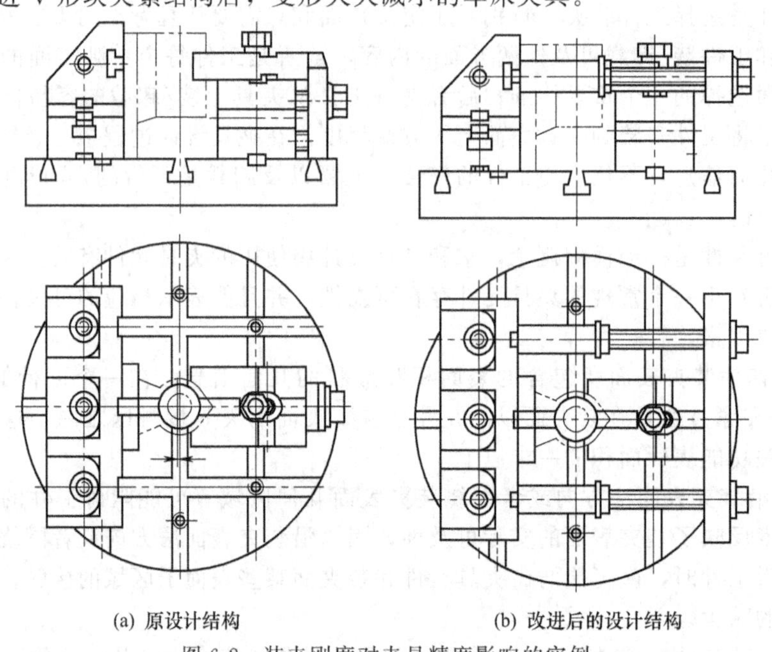

(a) 原设计结构　　(b) 改进后的设计结构

图6-2　装夹刚度对夹具精度影响的实例

此外，由于夹具组装中夹具元件之间的连接以及连接螺栓等原因，变形模态十分复杂，常规的结构分析方法和有限元法用于估算夹具刚度都不能得到满意的结果。所以，必须通过实验研究探索夹紧变形的性质，为进一步研究提供数据。

孔系组合夹具更适合用于CNC机床。因为孔系组合夹具在夹具元件的本体上用孔代替T形槽，所以它的刚度较槽系明显要高，但孔系组合夹具的刚度仍然存在一些问题，因为：

① 为了满足不同的装配和调整要求，夹具元件上必须加工出许多孔；

② 目前市场上孔系组合夹具元件大多用Cr钢制造，而槽系元件由CrNi钢制造，所以与

槽系夹具相比，孔系夹具由赫兹接触力引起的变形更大一些；

③ 通常孔系基础板厚度比槽系的要薄，基础板的变形在夹具总变形中占有较大比例；

④ 夹具元件的选择受到已有空间和元件类型的限制。

在外力作用下加载和卸载的过程中，夹具往往会出现残余变形。残余变形主要是由夹具元件之间的装配间隙所引起，也会由于接触区的塑性变形和部分弹性变形所引起。在夹具元件间用定位销连接，不仅保证了定位精度，通过减少夹具元件间的相对位移，还可使残余变形减少；另外，还可用一定的预载消除或减少残余变形的影响。

（2）装夹稳定性

夹具的定位可靠性需要对夹紧力和定位支承反作用力之间的平衡做出评估，假如定位件和支承元件的位置布置不当，夹紧力不仅保证不了定位，而且还会破坏定位。因此，校验夹具稳定性主要分析以下两个方面的技术问题：

① 夹紧力和定位反作用力的位置、方向；

② 夹具设计中夹紧平衡的评价。

工件和夹具的接触通常就是工件和定位/夹紧元件之间的接触，因此只需要对夹具设计中定位件和压板的位置和方向做出分析。

为了校验夹紧稳定性，首先要建立包括摩擦力在内的平衡方程。分析摩擦力时会存在某些不确定性，必须进行综合分析。对摩擦力方向需要辨认，通常在工件和夹具元件（即定位件和压板）的界面上，摩擦力方向应该和相对运动的趋向相反。摩擦的大小应为

$$0 \leqslant F_f \leqslant \mu F_n \tag{6-1}$$

式中 F_f——摩擦力，N；

μ——摩擦系数；

F_n——工件和夹具元件界面上的法向力，N。

为了分析方便，可以将所有夹紧力和定位支反力投影到三个正交平面上，也就是将三维稳定性问题转换为二维问题。如果所有力在各二维平面内的投影都在定位支承点组成的平面内，那么说明夹具二维情况下是稳定的；如果夹具在三个二维情况下都是稳定的，那么夹具在三维情况下肯定也是稳定的。

（3）夹具设计中干涉的校验

切削刀具与夹具组件之间不发生干涉以及各夹具组件之间没有干涉是夹具设计的一项主要要求。

加工过程中，夹具用于工件相对于刀具的定位。通常，在夹具设计时可能发生以下四种类型的干涉。

① A型干涉。由刀具产生的扫描体积和夹具元件之间的干涉，如图6-3所示。

② B型干涉。加工过程中，运动中的刀具与工件之间的干涉，如图6-4所示。

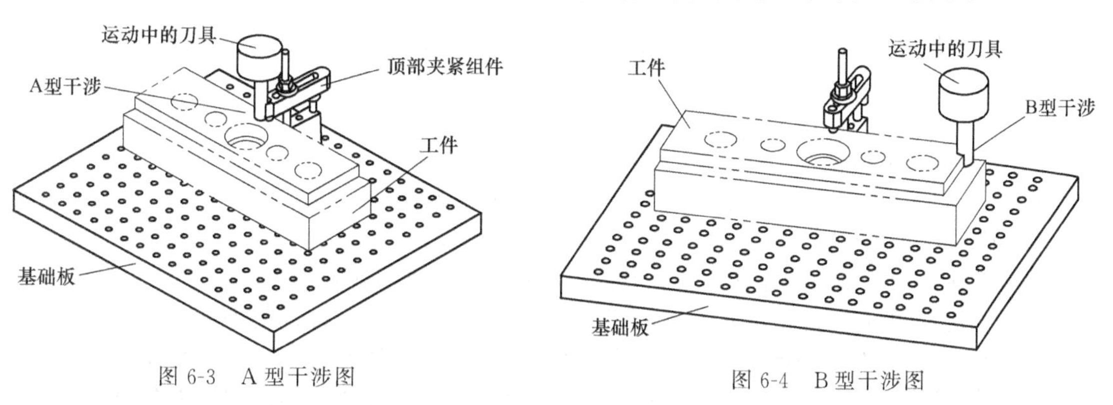

图6-3 A型干涉图

图6-4 B型干涉图

③ C 型干涉。夹具元件和元件之间的干涉，如图 6-5 所示。

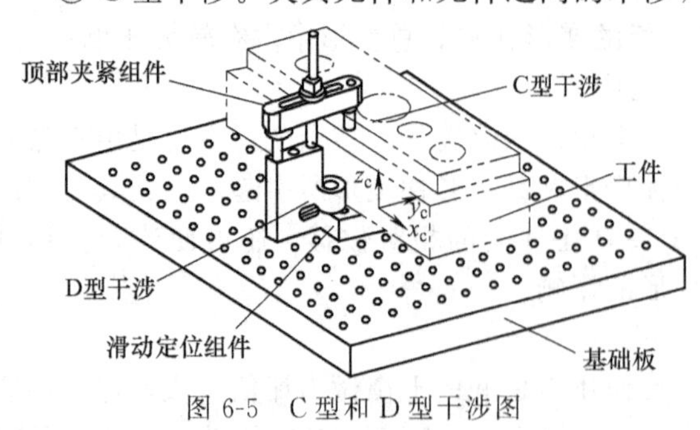

图 6-5　C 型和 D 型干涉图

④ D 型干涉。夹具组件之间的干涉，如图 6-5 所示。图中有两个夹具组件，一个是夹紧组件，另一个是侧面定位组件，都放在工件的同一边，但彼此没有足够的距离，所以发生干涉。

在夹具验证阶段，只考虑 A 型、C 型、D 型三种干涉，因为 B 型干涉未涉及夹具元件。

无论刀具和夹具元件多么复杂，都可以简化成圆柱形、块状形以及圆柱形-块状形的组合。因此在校验时，可将这些元件作出如此简化后，在刀具移动的路径中，将它们在三个投影面上投影，如果刀具高度和夹具元件高度发生重叠，就可能发生 A 型干涉。而对于夹具元件和夹具组件之间，如果两者的投影轮廓发生相交，则可能发生 C 型或 D 型干涉。

6.4　夹具精度校核

6.4.1　夹具精度分析与校核

使用夹具的首要目的在于保证工件的加工质量，具体来说，使用夹具加工时必须保证工件的尺寸精度、形状精度和位置精度。

在机械加工过程中，不可避免地会出现各种载荷和干扰，它们以不同形式、不同程度地反映为各种加工误差。工件的加工误差是工艺系统误差的综合反映，其中夹具的误差是加工误差直接的主要误差成分。

(1) 夹具精度的概念

夹具的误差分为静态误差和动态误差两部分，其中静态误差占重要的比例。因此，夹具的精度在无特殊注明时是指夹具的静态误差，或称静态精度，即指夹具非受力状态下的精度。

夹具的精度是由一组完备的测量项目决定的，具体说来包括以下内容。

① 定位及定位支承元件的工作表面对夹具底面（在机床上的安装基准面）的位置度（平行度、垂直度等）误差。

② 对刀和导向元件的工作表面或轴线（或中心线）对夹具底面和定向键中心平面或侧面的尺寸及位置误差。

③ 定位元件上工作面或轴线（或中心线）之间及对刀、导向元件工作面或轴线（或中心线）之间的尺寸及位置误差。

④ 定位元件及导向元件本身的尺寸。

⑤ 对于有分度或转位机构的夹具，还应有分度或转位误差。

其中①、②两项是定位、导向元件相对夹具安装基准的误差；③、④两项是定位、导向元件本身及相互位置误差。

如图 6-6 所示为一个简单钻床夹具，其需要测量控制的项目包含如下内容。

a. 属于第①项的有：定位轴 6（ϕ15.81h6）对夹具的安装基准面 C 的平行度100∶0.02。

b. 属于第②项的有：钻模套 ϕ8.4G7 的轴线对夹具的安装基准面 C 的垂直度 ϕ0.02mm。

c. 属于第③项的有：钻模套 ϕ8.4G7 的轴线及扁销 1 的轴线对定位轴 6 的轴线的位置度误

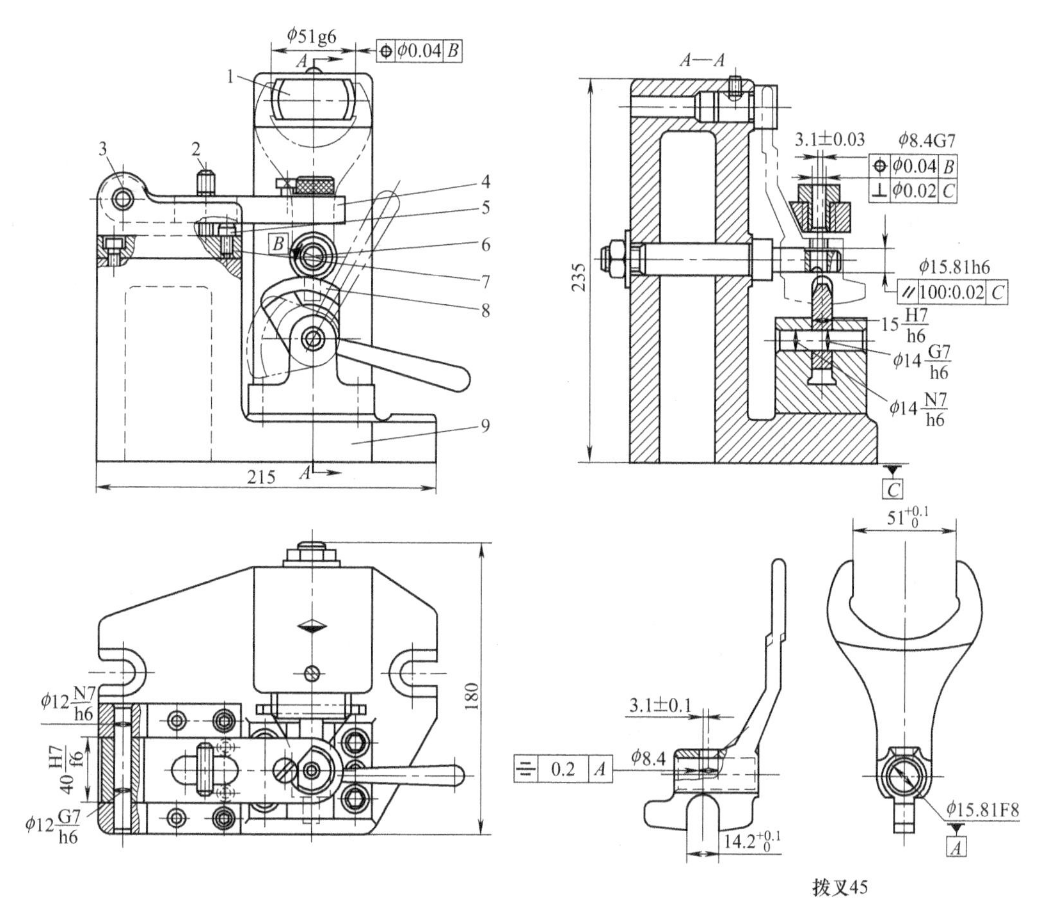

图 6-6 钻床夹具

1—扁销；2—紧定螺钉；3—销轴；4—钻模板；5—支承钉；6—定位轴；7—模板座；8—偏心轮；9—夹具体

差 0.04mm；钻模套 ϕ8.4G7 的轴线对偏心轮 8 厚度方向的对称中心平面的尺寸为（3.1±0.03）mm。

d. 属于第④项的有：定位轴 6 的直径 ϕ15.81h6、扁销 1 的直径 ϕ51g6 及钻套的直径 ϕ8.4G7。

如图 6-7 所示为一个简单铣床夹具，其需要测量控制的项目包含如下内容。

a. 属于第①项的有：定位衬套 6 的上端面对夹具的安装基准面 A 的平行度 100∶0.05；定位衬套 6 的轴线对夹具的安装基准面 A 的垂直度 ϕ0.05mm。

b. 属于第②项的有：对刀块 3 的工作面对夹具的安装基准面 A 的平行度 0.05mm；对刀块侧平面对夹具定向键中心平面的距离尺寸为（17.25±0.03)mm。

c. 属于第③项的有：定位夹紧装置的两个卡爪 8 的工作面同步对中移动对定位衬套 6 的轴线的对称度为 0.1；对刀块 3 的上平面与定位衬套 6 的上端面之间的尺寸为（48±0.05)mm。

d. 属于第④项的有：定位衬套 6 的直径 ϕ38H7。

夹具的静态精度就是用这些测量项目来描述的。完整地标注出这些项目是控制夹具精度的必要条件。由于每个测量项目都是各自独立的，都是直接或间接影响夹具加工精度的因素，因此夹具的精度就是这些测量项目的多元函数。

（2）夹具零件制造的平均经济精度

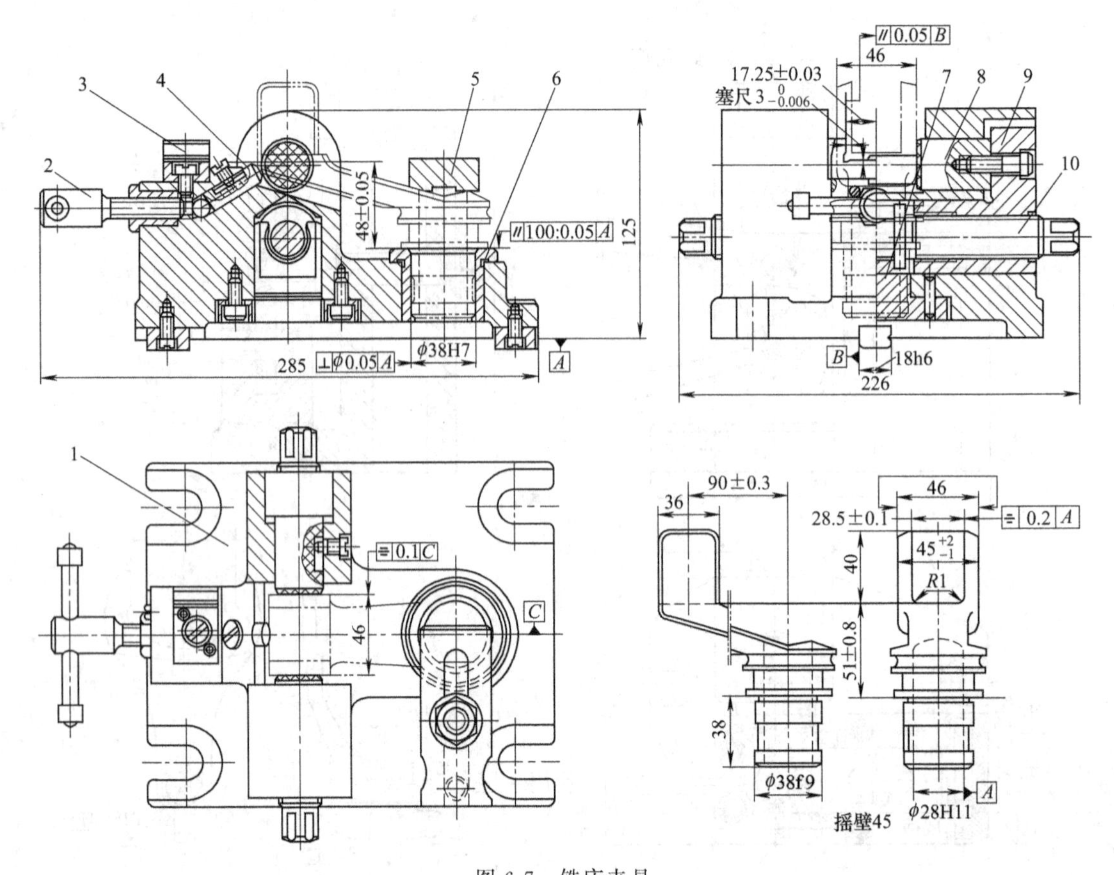

图 6-7 铣床夹具

1—夹具体；2—扳手螺钉；3—对刀块；4—滑柱；5,8—压板；6—定位衬套；7—限位卡箍；9—左右夹紧螺母；10—双头左右螺栓

为了使夹具制造尽量达到成本低、精度高的目的，需要研究夹具零件制造的平均经济精度的问题。由机械制造工艺学知识可知，零件的加工精度和加工费用是成正比的，即加工精度越高，误差越小，费用就越高。所谓平均经济精度，是对某种加工方法而言，费用较低而加工精度最高的一种合理加工精度。也就是说，对某种加工方法规定零件的加工精度比平均经济精度高，则加工费用会急剧增加；规定零件的加工精度比平均经济精度低很多，而加工费用也不会明显减少。夹具零件属单件小批量生产，精度要求较高，设计时应该十分重视零件加工的平均经济精度的问题，否则将急剧增加制造成本。

(3) 加工精度分析

机床夹具是用于保证工件相对于刀具的正确相对位置的，而产品的加工精度主要取决于机械加工过程中工件与刀具之间的相对位置，所以夹具的精度直接影响产品的质量。

夹具设计中，为了保证制造精度，必须将工件定位在一个合适的位置，并在一个或多个加工工序中保持位置不发生变化，首先应选择好定位表面（基准），其次应考虑定位点的合理分布。定位件的位置不准确，必然造成工件定位和方位的变化，进而引起工件产生几何误差，因此设计时必须认真分析，综合考虑各方面因素，包括受力变形、受热变形、磨损等动态因素对定位的影响。

夹具总图上标注的测量项目中的尺寸，都是由两个以上零件尺寸组合而成的。属于两组组合件之间距离的称为双组合；属于一支承和一组组合件之间距离的称为单组合。由于每一个零件都存在制造误差，组合后各零件的误差会以不同形式累积起来，这就形成了组合后的累积误差。累积误差直接影响夹具的精度，正确估计组合件的累积误差对夹具设计具有十分重要的意义。正确估计累积误差，一方面不会因为设计公差不合理而使得夹具无法按图样要求制造出来，发生设计与制造之间的矛盾；另一方面能使设计者掌握所设计的夹具能达到的精度极限，如果工件精度的要求过高，即加工误差小于累积误差时，则应从结构设计上另想办法，如减少组合件数量、利用配磨法等提高组合件精度等。

用夹具装夹工件进行机械加工时，影响精度的各种误差通常可分为三大类：即安装误差、对定误差和过程误差。

① 安装误差 Δ_{AZ}。由定位误差和夹紧误差组成，以 Δ_{AZ}来表示，$\Delta_{AZ}=\Delta_D+A_J$。

a. 定位误差 Δ_D。定位误差产生的原因大多由于工件逐个在夹具中定位时，各个工件的位置不一致，这主要是由于基准不重合，而基准不重合又分为两种情况：一是定位基准与限位基准不重合产生的基准位移误差；二是定位基准与工序基准不重合产生的基准不重合误差。这部分内容在第 2 章中已经讲过，不再重复。

夹具设计中，当定位基准与设计基准和测量基准不重合时，必须利用工艺尺寸链来分析和估算加工误差，然后决定夹具设计应选取的公差值。

b. 夹紧误差 Δ_J。夹紧机构的作用是使工件在全部加工过程始终保持正确的定位状态，以确保加工精度。但是，如果夹紧机构的结构不合理或使用不当，夹紧力也会导致工件偏离定位状态，使工件产生弹性变形，定位副产生接触变形，即产生夹紧误差。

一般情况下可视夹紧误差为零。

② 夹具的对定误差 Δ_{DD}。为了保证工件相对刀具及切削成形运动处于规定的正确位置，除了使工件得到正确定位之外，还要使夹具相对刀具及切削成形运动处于规定的正确位置。这种过程称为夹具的对定，由此产生的误差称为夹具的对定误差，以 Δ_{DD}来表示。夹具的对定包括三个方面：夹具与机床的对定、夹具与刀具的对定、分度与转位的对定。

a. 夹具与机床的对定误差 Δ_{JC}。根据机床工作的特点，夹具在机床上的对定有两种基本形式。

一种是夹具安装在机床的工作台上，如铣术、刨床、钻床、镗床、平面磨床等。该类夹具是依靠夹具底平面、定向键与机床工作台和 T 形槽相接触或配合实现的。安装夹具时，使定位键靠向 T 形槽一侧，以消除间隙造成的误差。夹具定位后，用螺钉将其压紧在工作台上，以提高连接刚度。为了保证夹具底平面与机床工作台面有良好的接触，对较大的夹具应采用周边接触、两端接触或四角接触等方式。夹具的安装基面一次同时磨出或刮研出，以提高其接触精度。

另一种是夹具安装在机床的回转主轴上。夹具在回转主轴上的安装取决于所使用机床的主轴端部结构。

夹具与机床的对定精度，直接影响工件的加工精度，且最终以夹具定位元件的工作表面相对夹具安装（找正）基面的位置精度体现出来。这种误差发生在车床夹具和磨床夹具在机床主轴上安装时。

b. 夹具与刀具的对定误差 Δ_{JD}。夹具在机床上定位后，还需保证夹具与刀具的相互位置正确，即进行夹具对刀。刀具相对于对刀或导向元件的位置不精确而造成的加工误差，称为对刀误差。例如，钻模中钻头与钻套间的间隙，会引起钻头的位移或倾斜，造成加工误差。

c. 分度与转位的对定误差 Δ_{FZ}。多工位加工时，各工位所得到的加工表面之间的位置精度与分度装置的分度精度有关，而分度精度取决于分度装置的结构形式与制造精度。

③ 过程误差 Δ_{GC}。因机床精度、刀具精度、刀具与机床的位置精度、工艺系统的受力变形和受热变形等因素造成的加工误差，统称为加工过程误差，用 Δ_{GC}表示。因该项误差影响因素多，又不便于计算，所以通常根据经验留出工件公差的 1/3，即通常取：

$$\Delta_{GC}=\delta/3 \tag{6-2}$$

式中　δ——工件尺寸的公差。

（4）保证加工精度的条件

工件在夹具中加工时，总加工误差$\Sigma\Delta$为上述各项加工误差之和。为了得到合格产品，必须使各项加工误差之和$\Sigma\Delta$不超过工件尺寸公差δ，工厂中称为三分法不等式：

$$\Delta_{AZ}+\Delta_{DD}+\Delta_{GC}\leqslant\delta \tag{6-3}$$

（5）夹具精度的校验

夹具精度的校验，主要是在夹具设计完成后对夹具定位精度的校验。

一旦夹具设计完成，就可以立即着手进行夹具精度校验。校验时，主要根据零件图样的设计要求和工艺规程，将加工误差分解成每次安装中的误差加以分析；由定位基准的变化造成的尺寸变化，可根据夹具结构和工件的几何尺寸通过尺寸链换算进行估算；由振动、受热变形、受力变形、刀具磨损及其他工艺因素引起的加工原始误差，可根据工艺规程的相关资料加以估算。通过相关的校验，综合估算出夹具可能出现的最大误差。如果最大误差值小于零件图样的设计值，则可以确定该夹具的设计方案是合理的，否则应该采取必要的工艺措施或结构修正措施。

6.4.2 夹具精度的控制

（1）夹具精度控制原理如前所述，夹具精度是用一组独立的测量项目来描述的，要控制夹具的精度，必须实现项目的完备性和数值的合理性。

① 项目的完备性。是指对上述五类测量项目的内容应逐一检查，不可遗漏。这是控制夹具精度的必要条件。

② 数值的合理性。是指每个测量项目的名义尺寸应标注正确，公差应选取合理，即按平均经济精度取值。否则会增加制造成本，甚至无法制造出来。

（2）控制夹具精度的方法

目前，夹具设计中广泛应用的控制精度的方法，也就是在夹具总图上标注测量项目的方法有如下几种。

① 经验控制法。经验控制法是指按设计者的经验提出一些测量项目及公差并标注于夹具总图上。该方法简单方便，但缺乏系统的理论指导，使测量项目的制定可能缺乏完备性，使各项公差数值的选取可能缺乏合理性，致使精度失控，使所设计的夹具抑或不易制造，抑或不能使用，而又无法查找原因。

② 单项因素控制法。单项因素控制法是指参照工件工序尺寸要求的各项内容，以缩小误差的办法制订夹具总图上标注的各测量项目尺寸公差。这是在关于夹具误差分析方面的理论和计算方法尚不完善条件下的一种最基本的方法。

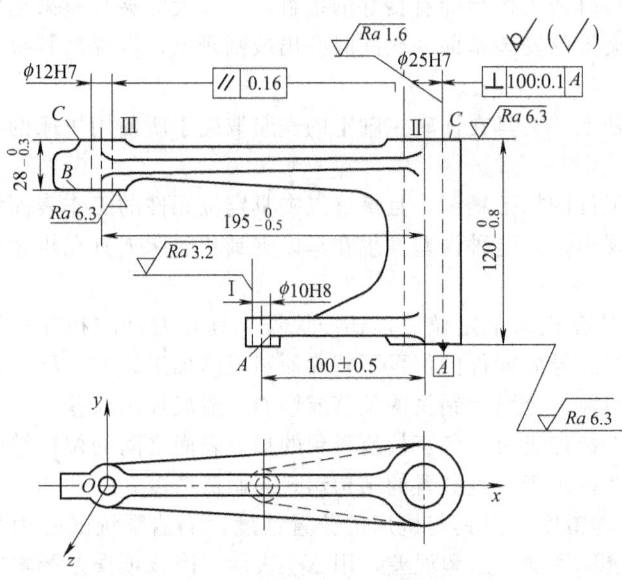

图 6-8　拨叉零件工序图

如图 6-8 所示为一铸铁拨叉零件加工工序图，要求设计一套摇臂钻床上加工 ϕ12H7 和 ϕ25H7 两孔的钻模夹具，并保证加工表面符合下列精度要求：

a. 待加工孔 ϕ25H7 和已加工孔 ϕ10H8 的中心距尺寸为（100±0.5)mm；

b. 两待加工孔的中心距为 $195_{-0.5}^{\ 0}$mm［或取（194.75±0.25)mm］；

c. 两待加工孔轴线的平行度误差为 0.16mm；

d. 孔 ϕ25H7 和端面 A 的垂直度误差为 100∶0.1；

e. 孔壁厚度均匀。

根据零件工序图设计的夹具如图 6-9 所示。夹具中与零件工序图各项要求相对应的标注尺寸公差即控制精度，需测量的尺寸及公差具体制定如下：

a. ϕ25F7 钻模套与 ϕ10f7 定位销的中心距取（100±0.1)mm$\left[取\left(\frac{1}{5}\sim\frac{1}{2}\right)\Delta_w\right]$；

b. $25_{+0.023}^{+0.045}$和 $12_{-0.018}^{+0.017}$两钻模套的中心距取（194.75±0.08)mm$\left[取\left(\frac{1}{3}\sim\frac{1}{2}\right)\Delta_w\right]$；

c. 两钻模套轴线的平行度公差取 0.03mm$\left[取\left(\frac{1}{3}\sim\frac{1}{2}\right)\Delta_w\right]$；

d. ϕ25F7 钻模套的轴线与支承面 A 的垂直度公差取 100∶0.03$\left[取\left(\frac{1}{3}\sim\frac{1}{2}\right)\Delta_w\right]$；

e. 定位销直径取 ϕ10f7，两钻模套直径分别取 ϕ25F7 和 ϕ12F7。

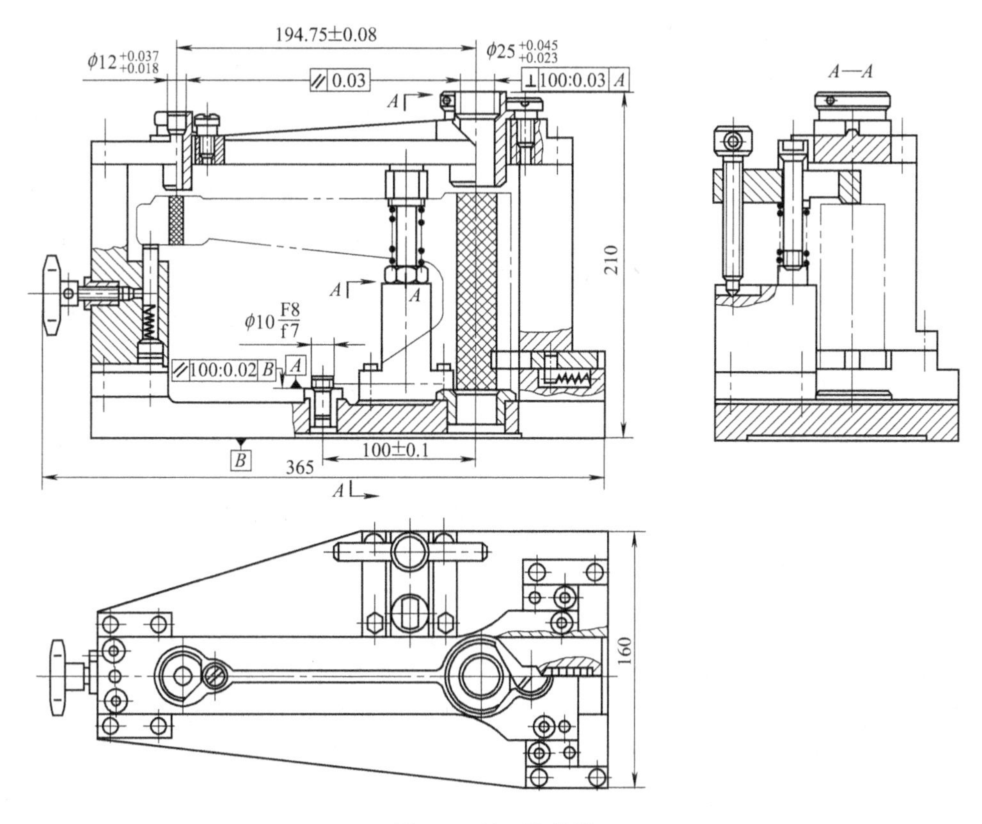

图 6-9　钻双孔钻模

制定了以上测量项目还不能完全控制夹具的精度，因为定位支承面 A 和夹具的安装基面 B 如果不平行，以上有些测量项目将失去作用，增大工件的加工误差，致使工件不合格或夹具不能使用。因此，还必须规定夹具的定位支承面 A 对夹具的安装基面 B 的平行度要求，取为 100∶0.02。然而，这样便增加了钻套轴线对夹具的安装基面 B 的垂直度误差，从而增加了夹具的对定误差和工件的加工误差。

上例说明，用单项因素控制法制定夹具精度控制项目时有所依据，但并不容易做到项目的完备性，也不容易做到数值的合理性，原因如下。

a. 有些测量项目是对工件的定位基准提出的，而不是直接对夹具的安装基准提出的，这时还需要补充工件的定位基准对夹具的安装基准的位置要求，其结果使夹具增大了误差，降低了精度；而且每项的公差数值都是独立制定的，无统一的测量基准，有可能会形成较大的累积误差，尽管每个数值看起来是合理的，但误差累积的结果可能会造成夹具精度的失控。

b. 因为各项公差制定无统一的测量基准，不容易进行综合误差的校核，而可能正是这个综合误差的影响，会使工件成为废品。

这些就是单项因素控制法的缺点。

(3) 三基面体系控制法

夹具的安装基面、定向键侧面以及与其相垂直的平面，是夹具的安装基准，也是夹具的测量基准，因而应该作为精度控制的基准。用这三个理想基准平面控制夹具精度，标注夹具的测量尺寸的方法称为三基面体系控制法。

三基面体系控制法的基本思想是：当工件安装于夹具之后，即将工件和夹具视为一个整体对象（即复合体）来进行研究；工件的工序尺寸精度要求仍然是制定控制尺寸公差的依据，而这时研究的问题是如何控制复合体对象处于工件理想的加工位置的项目及要求。

工件、夹具复合体安装在机床工作台上进行对定之后，复合体即处于三基面体系之中。在图 6-7 中，夹具的安装基面（机床工作台）为第一基面，铣床夹具的两个定向键的侧面（或两个定向键的理想中心平面）为第二基面，与这两个基面相互垂直的平面为第三基面。

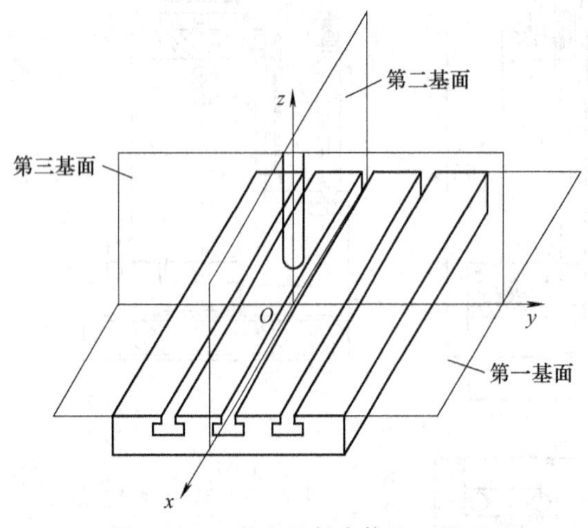

图 6-10　工件夹具复合体的三基面

如图 6-10 所示是按工件、夹具复合体定义的三基面。进行夹具设计时，首先将工件的主要形状和尺寸用双点画线绘制在设计总图上，因而实际上的夹具总图就是所称的工件、夹具复合体。按照前面所述的控制夹具精度的所有测量项目，即夹具上的定位、对刀以及导向元件都应直接而不是间接地对定义的三基面提出尺寸及位置精度要求。这样，所提的测量项目就具有完备性，而且各项数值也容易应用于综合误差分析和校核。

例如，对于如图 6-9 所示钻双孔钻模的对定精度，按照三基面体系控制法，只要制定钻套轴线和夹具的安装面的垂直度精度即可保证。按单项因素控制法，该项要求是经过两钻模套轴线的平行度精度（0.03mm）、ϕ25F7 钻模套的轴线与定位支承面 A 的垂直度精度（100∶0.03）以及补充夹具的定位支承面 A 对夹具的安装基面 B 的平行度精度（100∶0.02）间接提出的，这不仅增加了累积误差，而且分析这些误差对加工面的综合影响也很困难。

对于如图 6-7 所示的铣床夹具，应用三基面体系控制法则可提出如下精度要求：

① 定位衬套 6 的端面、对刀块 3 的水平面对夹具的安装基面 A（第一基准面）的平行度；

② 对刀块 3 的侧面对定向键的侧面 B（第二基准面）的平行度；

③ 左右压板 5 和 8 在压紧位置时，两压块端面对定位套的中心平面 C（第三基准面）的对称度。

其他定位、对刀元件的几何尺寸、位置尺寸及其公差均在三个基面的平行平面内标注。

（4）获得夹具精度的工艺方法

夹具的精度是由一组完备的测量尺寸精度保证的，然而这些测量尺寸精度一般都很高，有的不采取特殊的工艺手段是不容易达到的。了解达到这些要求的工艺方法，无疑对于提高夹具精度、降低夹具制造成本是十分必要的。

获得夹具测量尺寸精度的工艺方法通常有如下五种。

① 装配后加工法。为了达到钻套孔或镗套孔轴线对夹具安装基面的垂直度或平行度要求，唯一的工艺方法是采用装配后精镗孔。对于如图 6-11 所示的铰链式钻模夹具的活动钻模板上的钻套底孔，采用装配后精镗孔，其优点尤为明显。

图 6-11（a）中，钻套孔 ϕD_1 的轴线对安装基面 A 的垂直度精度和对 V 形定位块中心平面的位置度精度要求，都是在夹具零件装配后，拧紧翼形螺母 2，在坐标镗床上，找正 V 形块的中心平面，在钻模板 1 上镗钻套衬套 3 的底孔 D 而得到的。在作钻模板的零件图时，应在孔 D 上注明装配后精镗，如图 6-11（b）所示。

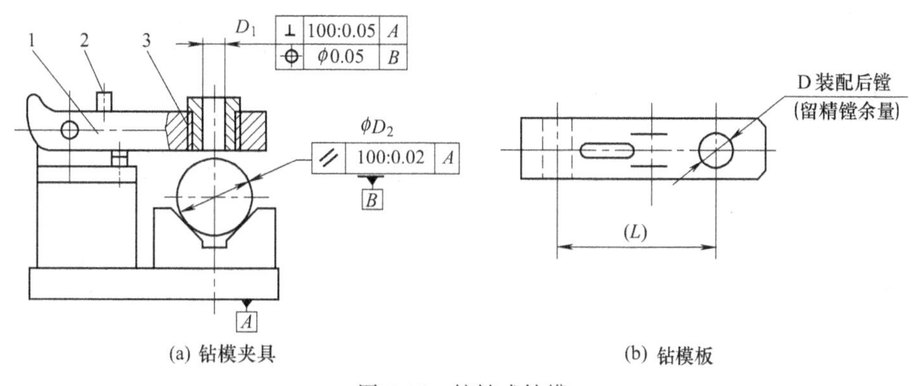

图 6-11　铰链式钻模

1—钻模板；2—翼形螺母；3—钻套衬套

这种工艺方法基本上是靠坐标镗床的精度直接保证夹具所要求的位置精度。因此，它是保证钻套或镗套轴线和夹具安装基面垂直或平行的最可靠、最简便的方法，所有钻镗类夹具的导向套底孔基本上都采用这种工艺方法加工。

② 找正固定法。找正固定法是指先找正位置，然后用螺钉紧固，再合件配钻、铰销钉孔并压入有过盈量的定位销，以实现最后的定位的方法。这是广泛应用于获得夹具形状和位置精度的方法。找正固定法常用于找正 V 形块、对刀块、定位用支座等元件的位置精度。

找正一般利用通用量具进行相对测量，如图 6-12 所示，细心地用百分表找正心轴的上母线 a—a 和侧母线 b—b，使其分别与定向键侧面（图 6-12 中的 T 形槽侧面）及夹具的安装基面平行。找正的过程是反复调整和修磨的过程，待调整满意后，拧紧螺钉，钻、铰两固定销孔并压入定位销。

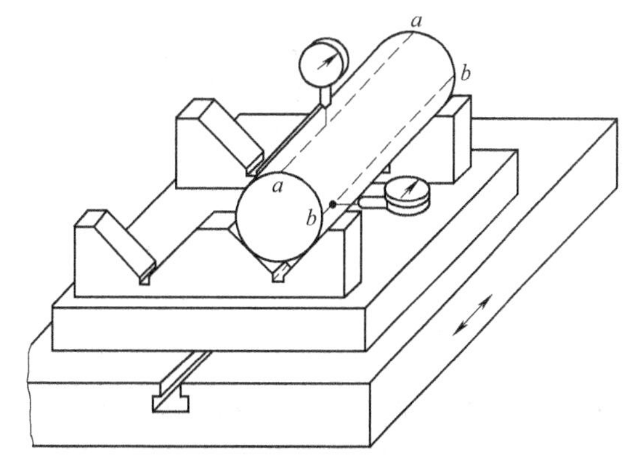

图 6-12　V 形块在夹具体上固定时的找正

找正的精度全靠工人的技术水平、量具和测量基准的精度来保证。夹具精度要求很高时，找正很费工时，所以考虑到各方面的误差因素和制造成本，取平均经济精度，不能要求过于苛刻。根据生产实践的经验，找正固定法的平均经济精度在±0.02mm～±0.05mm范围之内，对高精度的夹具取±0.02mm即可满足要求。

③ 就地加工法。就地加工法是指在使用该夹具的机床上直接进行最终加工来保证夹具精度的方法。这只有那些精度要求很高而结构比较简单的夹具，如一些内、外磨床和车床夹具才采用。直接用机床上的砂轮或刀具精加工夹具的定位元件工作表面，可以获得对安装基面极小的径向跳动和端面跳动。这种方法可以消除夹具的制造、装配、安装误差，以获得极高的精度。

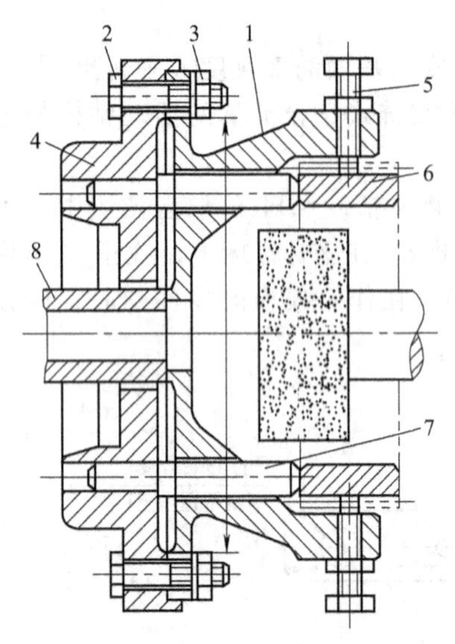

图 6-13 弹性卡盘夹具
1—弹性盘；2—螺钉；3—螺母；4—夹具体；5—可调螺钉；6—工件；7—定位销；8—推杆

如图6-13所示为磨内孔的弹性卡盘夹具，它是利用齿轮的分度圆定位精磨齿轮内孔的最终精加工夹具。其定位元件可调螺钉5及定位销7的工作面应采用就地加工法才能获得所需的精度。但值得注意的是，磨削时应根据夹紧力让卡爪有一定的预张量，工作时各卡爪均匀收缩便获得极高的定位精度和适当的夹紧力。

使用就地加工法的情况是有限的，只有具备就地加工条件的机床才能使用此法。设计人员要求使用此法时，在夹具设计总图上应予注明“按图样尺寸留精加工余量到使用机床上最终加工”。

④ 修磨调整法。如图6-14所示为定心V形钳口。使用此夹具加工时，转动螺杆3，在左右螺旋的作用下，两边的活动钳口1同步向定位中心——钻套孔轴线移动，定位并夹紧工件。为了在工件的轴线方向打中心孔，要求在夹紧状态下V形钳口定位中心线和钻套孔轴线应重合。为了获得较高的同轴度，只可采用修磨调整法获得。螺杆左右调整时，放松两端的螺母2，移动整个钳口，使其在支座面上的相对位置逐渐达到其定位中心线，直至与插入钻套孔中的心轴轴线同轴为止。上下调整时，可修磨钳口下的结合面A，直至与心轴轴线同轴为止。

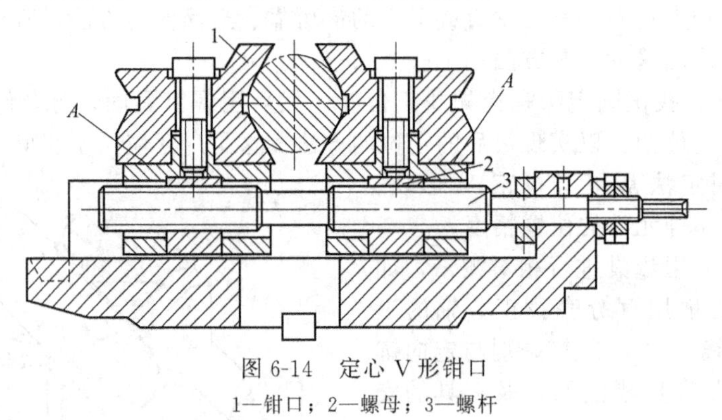

图 6-14 定心V形钳口
1—钳口；2—螺母；3—螺杆

这种调整法不能得出误差的具体数值，以量具检验合格为准，所以调整精度不高。

⑤ 组成零件精度保证法。以上四种都是利用特殊的工艺方法消除了各组成零件的误差积累而直接获得所需要的夹具精度，当然是获得夹具精度比较理想的方法。但是，在有些情况下，以上各种方法均无法采用，必须依靠组成零件的精度来获得零件组合之精度。如图6-15所示为组合机床自动线上常用的伸缩式定位机构的定位销结构。两伸缩式定位销之间的距离公差δL_j由组成零件的精度决定。设计夹具时，应根据累积误差的计算，合理确定

组成零件的精度。要提高两定位销的位置精度，就必须提高各组成零件的配合精度，这不仅会增加制造成本，有时甚至无法制造。一般说来，组成零件越少，累积误差也越小，精度也就越高。因此设计夹具时，为了提高组合件之间的位置精度，应尽量减少夹具的零件数目。

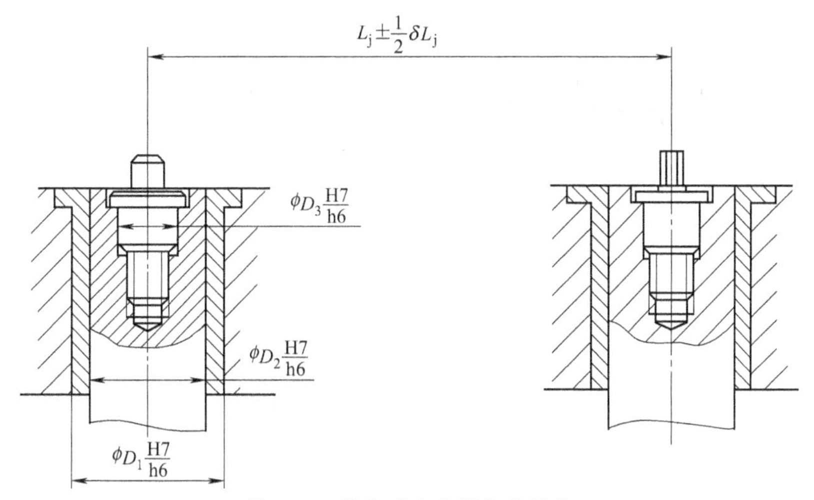

图 6-15　伸缩式定位销组合机构

第7章 机床夹具设计的相关资料

内容摘要

本章主要介绍机床夹具设计时常用的相关资料，包括机械加工定位、夹紧及常用装置符号，常用夹具元件的公差配合，夹具零件的材料与技术要求。

7.1 机械加工定位、夹紧及常用装置符号

JB/T 5601—1999 规定了机械加工定位支承符号（简称定位符号）、辅助支承符号、夹紧符号和常用定位、夹紧装置符号（简称装置符号）的类型、画法和使用要求，见表7-1～表7-5。

表7-1 定位支承符号

定位支承类型	符号			
	独立定位		联合定位	
	标注在视图轮廓线上	标注在视图正面	标注在视图轮廓线上	标注在视图正面
固定式				
活动式				

注：视图正面是指观察者面对的投影面。

表7-2 辅助支承符号

独立支承		联合支承	
标注在视图轮廓线上	标注在视图正面	标注在视图轮廓线上	标注在视图正面

表7-3 夹紧符号

夹紧动力源类型	符号			
	独立夹紧		联合夹紧	
	标注在视图轮廓线上	标注在视图正面	标注在视图轮廓线上	标注在视图正面
手动夹紧				
液压夹紧	Y	Y	Y	Y

续表

夹紧动力源类型	符号			
	独立夹紧		联合夹紧	
	标注在视图轮廓线上	标注在视图正面	标注在视图轮廓线上	标注在视图正面
气动夹紧	Q	Q	Q	Q
电磁夹紧	D	D	D	D

注：表中的字母代号为大写汉语拼音字母。

表 7-4 常用装置符号

序号	符号	名称	简图
1		固定顶尖	
2		内顶尖	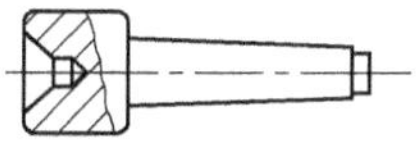
3	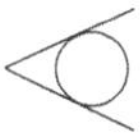	回转顶尖	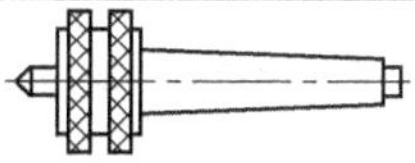
4		外拨顶尖	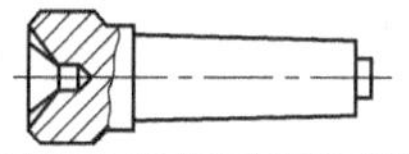
5		内拨顶尖	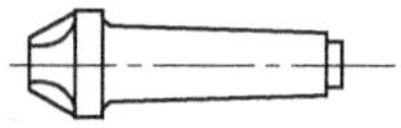
6		浮动顶尖	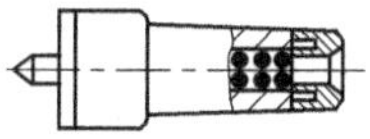
7		伞形顶尖	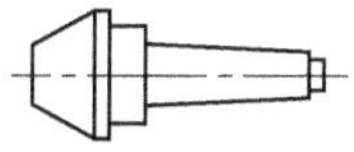
8	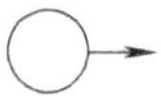	圆柱心轴	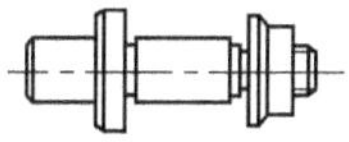
9	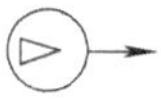	锥度心轴	
10	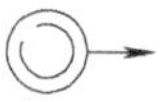	螺纹心轴	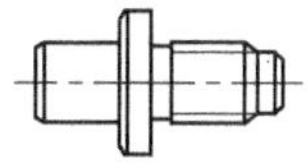 （花键心轴也用此符号）
11	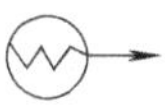	弹性心轴 弹簧夹头	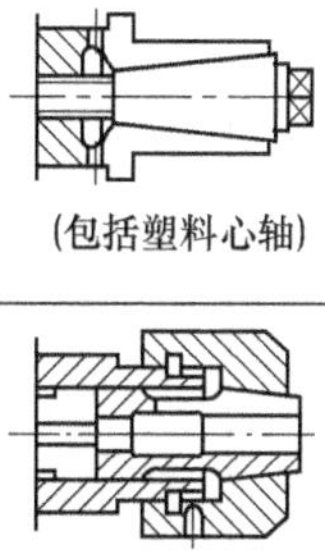 (包括塑料心轴)
12	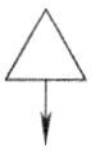	三爪卡盘	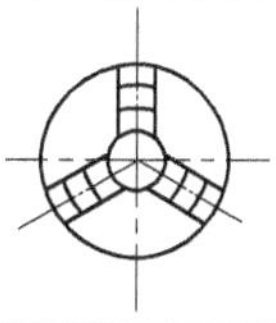
13	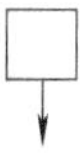	四爪卡盘	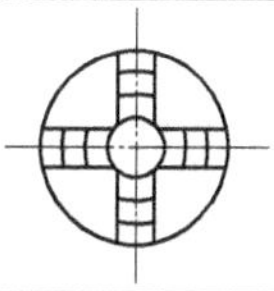
14		中心架	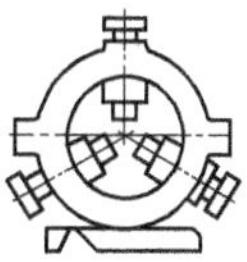
15	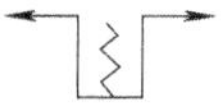	跟刀架	
16		圆柱衬套	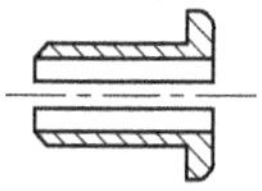
17	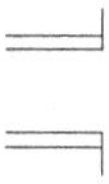	螺纹衬套	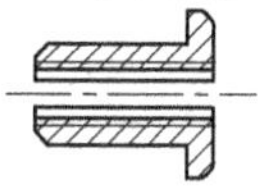
18		止口盘	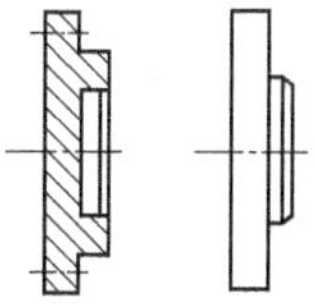
19		拨杆	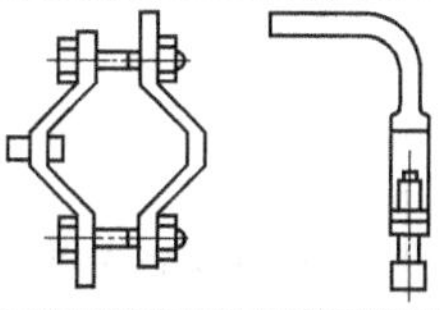
20		垫铁	

续表

序号	符号	名称	简图	序号	符号	名称	简图
21	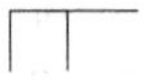	压板		25	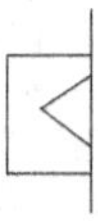	中心堵	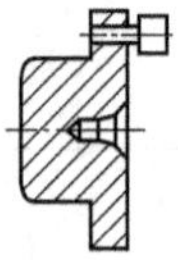
22	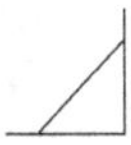	角铁					
23		可调支承		26		V形块	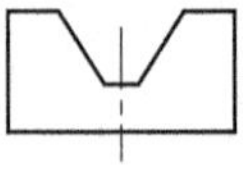
24	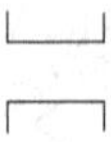	平口钳	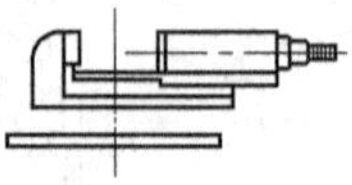	27		软爪	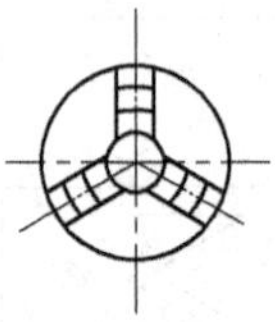

表 7-5 定位、夹紧符号与装置符号综合标注示例

序号	说明	定位、夹紧符号标注示意图	装置符号标注或与定位、夹紧符号联合标注示意图
1	床头固定顶尖、床尾固定顶尖定位，拨杆夹紧	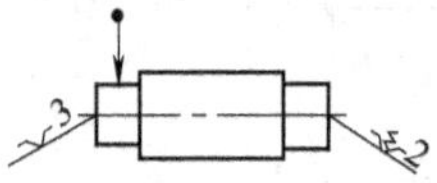 3 2	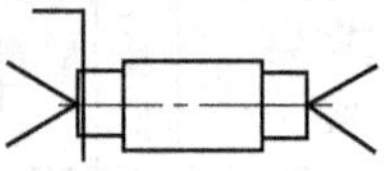
2	床头固定顶尖、床尾浮动顶尖定位，拨杆夹紧	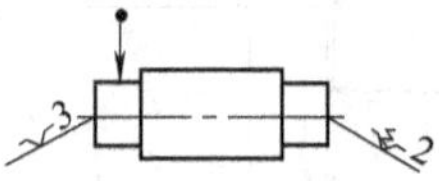 3 2	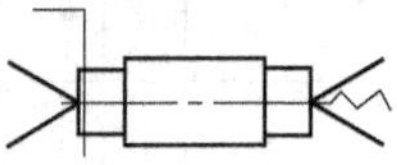
3	床头内拨顶尖、床尾回转顶尖定位、夹紧	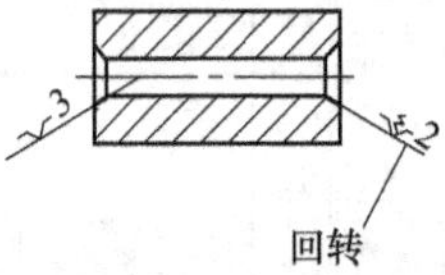 3 2 回转	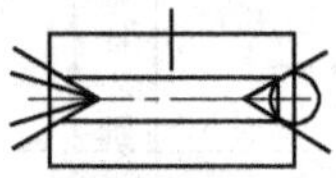
4	床头外拨顶尖，床尾回转顶尖定位、夹紧	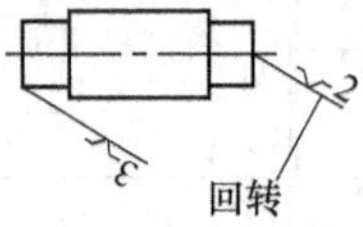 2 3 回转	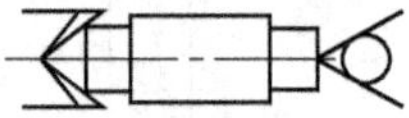
5	床头弹簧夹头定位夹紧，夹头内带有轴向定位，床尾内顶尖定位	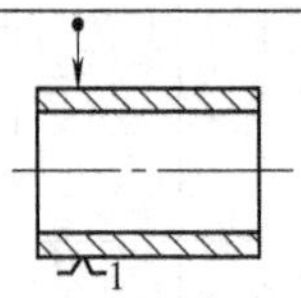 1	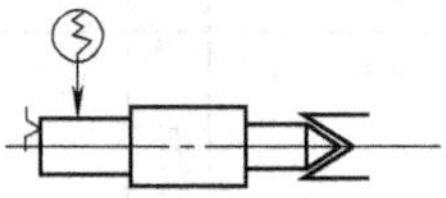
6	弹簧夹头定位、夹紧	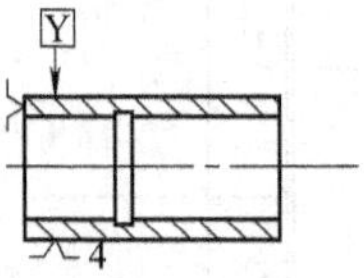 Y 4	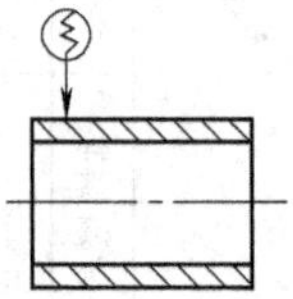

续表

序号	说　明	定位、夹紧符号标注示意图	装置符号标注或与定位、夹紧符号联合标注示意图
7	液压弹簧夹头定位、夹紧，夹头内带有轴向定位	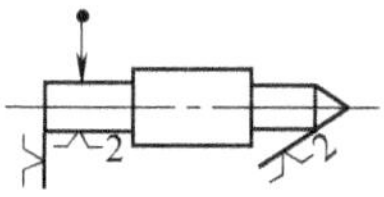	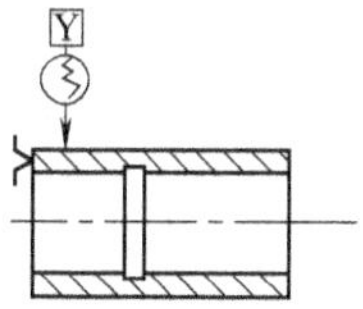
8	弹性心轴定位、夹紧	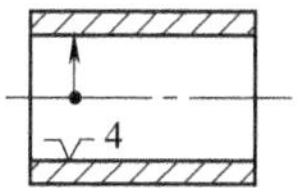	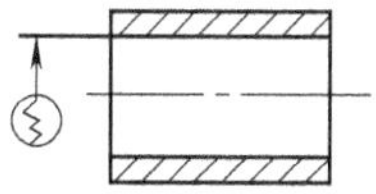
9	气动弹性心轴定位、夹紧，带端面定位	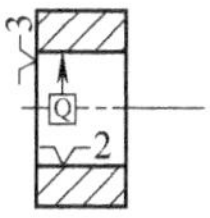	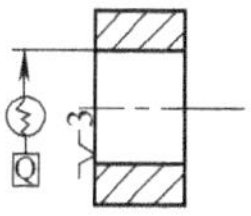
10	锥度心轴定位、夹紧	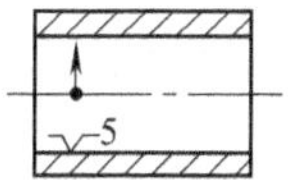	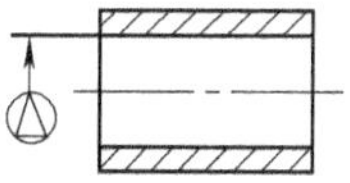
11	圆柱心轴定位、夹紧带端面定位	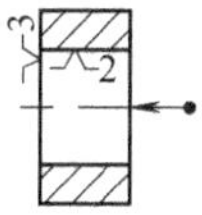	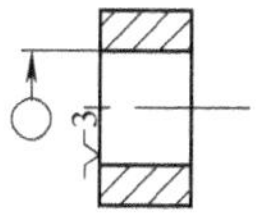
12	三爪卡盘定位、夹紧	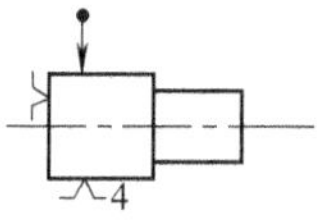	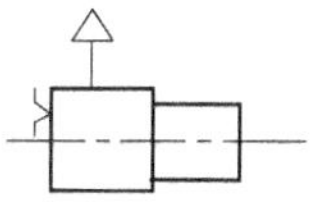
13	液压三爪卡盘定位、夹紧，带端面定位	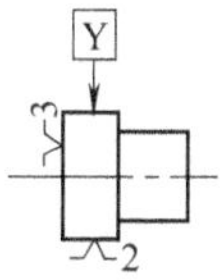	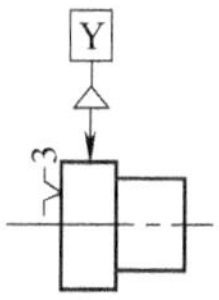
14	四爪卡盘定位、夹紧，带轴向定位	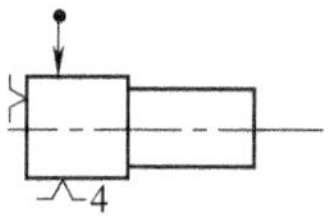	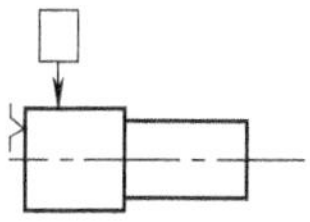
15	四爪卡盘定位、夹紧，带端面定位	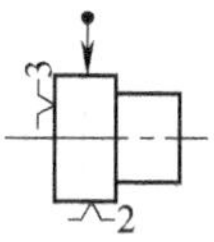	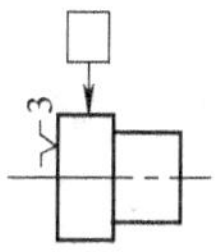

续表

序号	说　　明	定位、夹紧符号标注示意图	装置符号标注或与定位、夹紧符号联合标注示意图
16	床头固定顶尖，床尾浮动顶尖定位，中部有跟刀架辅助支承，拨杆夹紧(细长轴类零件)	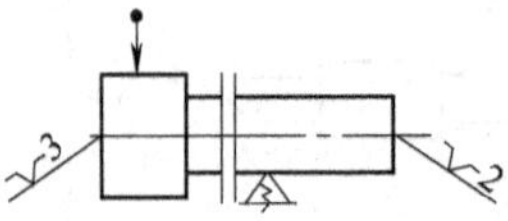	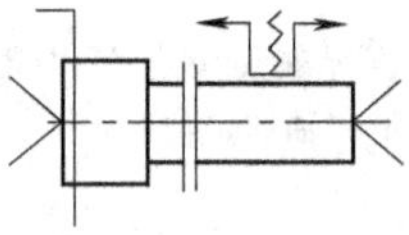
17	床头三爪卡盘带轴向定位夹紧，床尾中心架支承定位	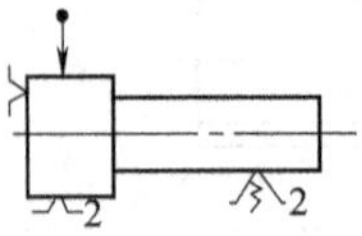	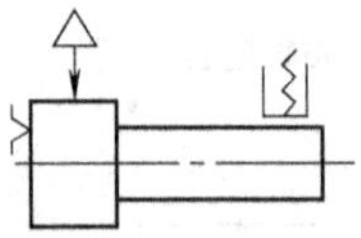
18	止口盘定位，螺栓压板夹紧	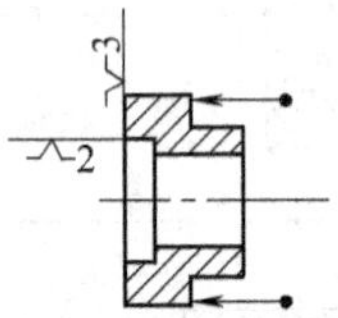	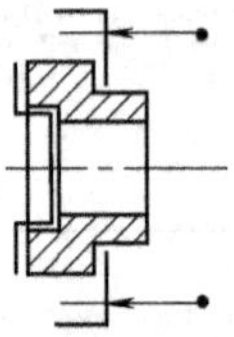
19	止口盘定位，气动压板联动夹紧	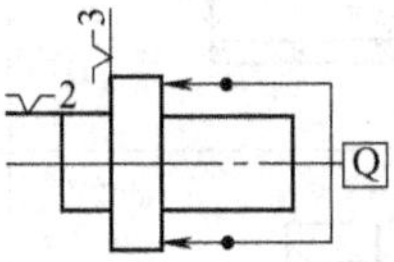	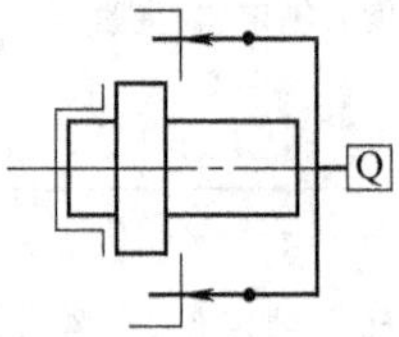
20	螺纹心轴定位、夹紧	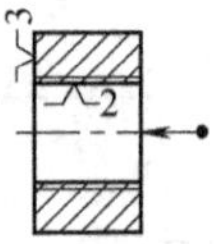	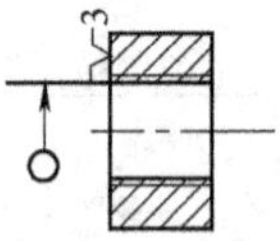
21	圆柱衬套带有轴向定位，外用三爪卡盘夹紧	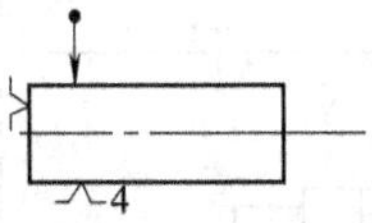	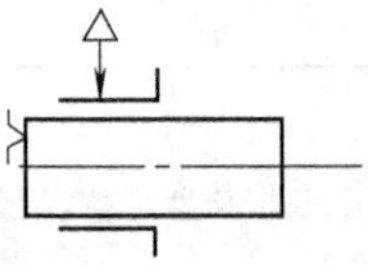
22	螺纹衬套定位，外用三爪卡盘夹紧	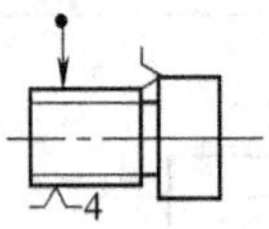	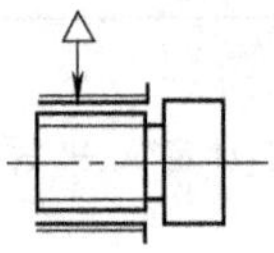
23	平口钳定位、夹紧	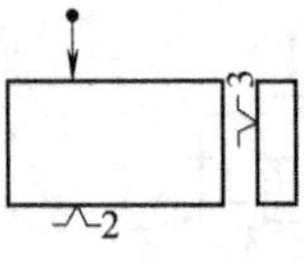	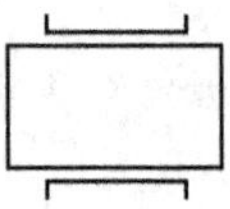

续表

序号	说明	定位、夹紧符号标注示意图	装置符号标注或与定位、夹紧符号联合标注示意图
24	电磁盘定位、夹紧	3 D	
25	软爪三爪卡盘定位、卡紧	4	A
26	床头伞形顶尖，床尾伞形顶尖定位，拨杆夹紧	3 2	
27	床头中心堵、床尾中心堵定位，拨杆夹紧	2 2	
28	角铁、V形块及可调支承定位，下部加辅助可调支承，压板联动夹紧	3 2	K
29	一端固定V形块，下平面垫铁定位，另一端可调V形块定位、夹紧		可调

7.2 常用夹具元件的公差配合

7.2.1 机床夹具公差与配合的制定（见表7-6～表7-9）

表7-6 按工件公差选取夹具公差

夹具类别	被加工工件的尺寸公差				
	0.03～0.10	0.10～0.20	0.20～0.30	0.30～0.50	自由尺寸
车床夹具	1/4	1/4	1/5	1/5	1/5
钻床夹具	1/3	1/3	1/4	1/4	1/5
镗床夹具	1/2	1/2	1/3	1/3	1/5

表7-7 按照工件的直线尺寸公差确定夹具相应尺寸公差的参考数值 mm

工件尺寸公差		夹具尺寸公差	工件尺寸公差		夹具尺寸公差
由	至		由	至	
0.008	0.01	0.005	0.20	0.24	0.08
0.01	0.02	0.006	0.24	0.28	0.09
0.02	0.03	0.010	0.28	0.34	0.10
0.03	0.05	0.015	0.34	0.45	0.15
0.05	0.06	0.025	0.45	0.65	0.20
0.06	0.07	0.030	0.65	0.90	0.30
0.07	0.08	0.035	0.90	1.30	0.40
0.08	0.09	0.040	1.30	1.50	0.50
0.09	0.10	0.045	1.50	1.80	0.60
0.10	0.12	0.050	1.80	2.00	0.70
0.12	0.16	0.060	2.00	2.50	0.80
0.16	0.20	0.070			

表7-8 按照工件的角度公差确定夹具相应角度公差的参考数值 mm

工件角度公差		夹具角度公差	工件角度公差		夹具角度公差
由	至		由	至	
0°00′50″	0°01′30″	0°00′30″	0°20′	0°25′	0°10′
0°01′30″	0°02′30″	0°01′00″	0°25′	0°35′	0°12′
0°02′30″	0°03′30″	0°01′30″	0°35′	0°50′	0°15′
0°03′30″	0°04′30″	0°02′00″	0°50′	1°00′	0°20′
0°04′30″	0°06′00″	0°02′30″	1°00′	1°35′	0°30′
0°06′00″	0°08′00″	0°03′00″	1°35′	2°00′	0°40′
0°08′00″	0°10′00″	0°04′00″	2°00′	3°00′	1°00′
0°10′00″	0°15′00″	0°05′00″	3°00′	4°00′	1°20′
0°15′00″	0°20′00″	0°08′00″	4°00′	5°00′	1°40′

表 7-9　夹具上常用配合的选择

工作形式	精度要求		示　例
	一般精度	较高精度	
定位元件与工件定位基准间	H7/h6，H7/g6，H7/f7	H6/h5，H6/g5，H6/f5	定位销与工件准孔
有引导作用并有相对运动的元件间	H7/h6，H7/g6，H7/f7，G7/h6，F7/h6	H6/h5，H6/g5，H6/f6，G6/h5，F6/h5	滑动定位件；刀具与导套
无引导作用但有相对运动的元件间	H7/f9，H9/d9	H7/d8	滑动夹具底座板
没有相对运动的元件间	H7/n6，H7/p6，H7/r6，H7/s6，H7/u6，H8/t7（无紧固件）；H7/m6，H7/k6，H7/js6，H7/m7，H8/k7（有紧固件）	H7/n6，H7/p6，H7/r6，H7/s6，H7/u6，H8/t7（无紧固件）；H7/m6，H7/k6，H7/js6，H7/m7，H8/k7（有紧固件）	固定支承钉定位

7.2.2　常用夹具元件的配合（见表 7-10、表 7-11）

表 7-10　常用夹具元件的配合

配合件名称与图例						
固定支承钉和定位销的典型配合	固定支承钉	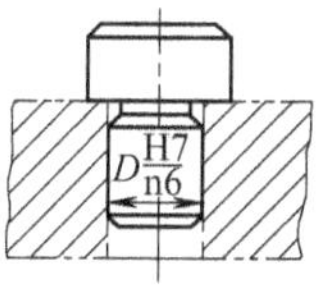 $D\frac{H7}{n6}$	定位销	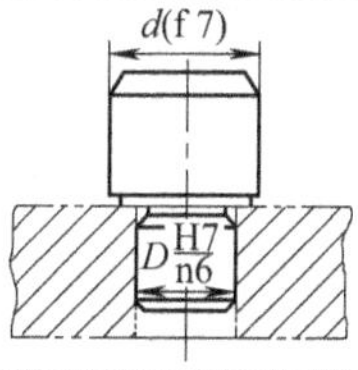 $d(f7)$；$D\frac{H7}{n6}$	盖板式钻模定位销	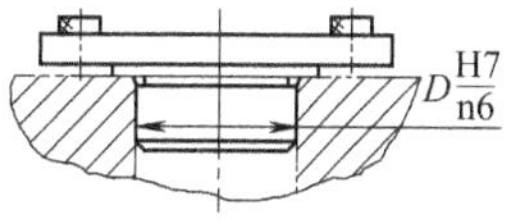 $D\frac{H7}{n6}$
	削边销	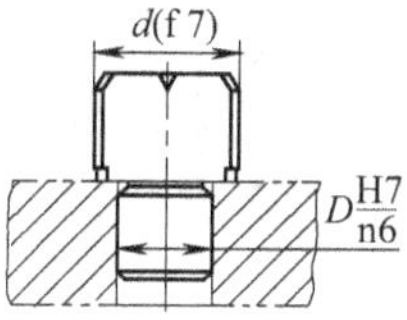 $d(f7)$；$D\frac{H7}{n6}$	大尺寸定位销	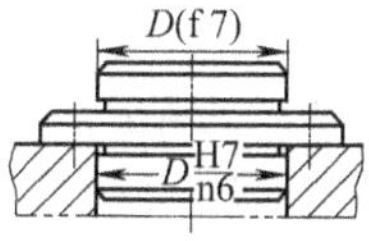 $D(f7)$；$D\frac{H7}{n6}$	可换定位销	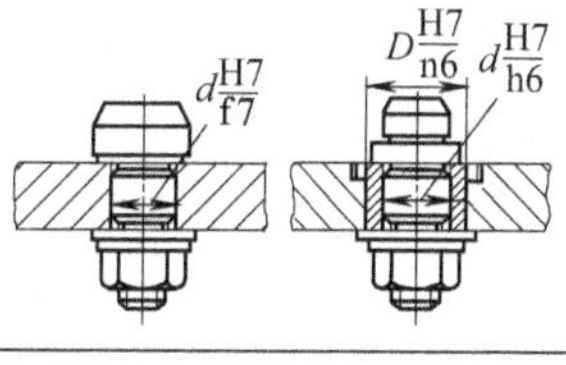 $d\frac{H7}{f7}$；$D\frac{H7}{n6}$；$d\frac{H7}{h6}$
固定棱柱体零件的典型配合	对刀块	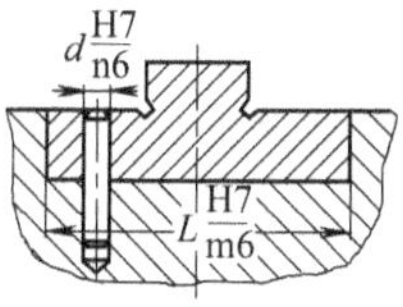 $d\frac{H7}{n6}$；$L\frac{H7}{m6}$	固定V形块	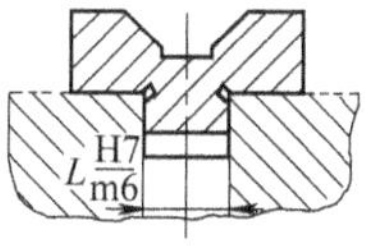 $L\frac{H7}{m6}$	钻模板	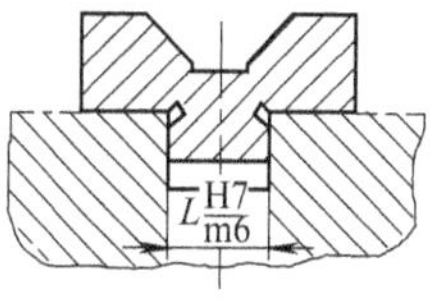 $L\frac{H7}{m6}$
可滑动棱柱体零件的典型配合	滑动钳口	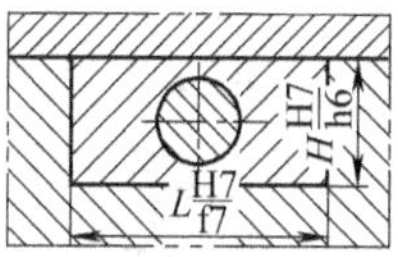 $H\frac{H7}{h6}$；$L\frac{H7}{f7}$	滑动V形块	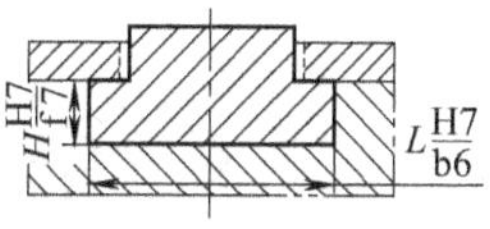 $H\frac{H7}{f7}$；$L\frac{H7}{b6}$	滑动夹具底座	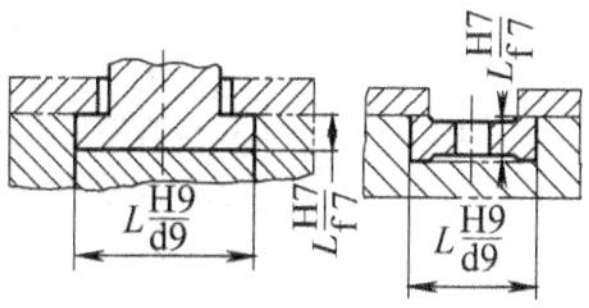 $L\frac{H9}{d9}$；$H\frac{H7}{f7}$；$L\frac{H7}{f7}$；$L\frac{H9}{d9}$

续表

配合件名称与图例						
辅助支承零件的典型配合	活动V形块	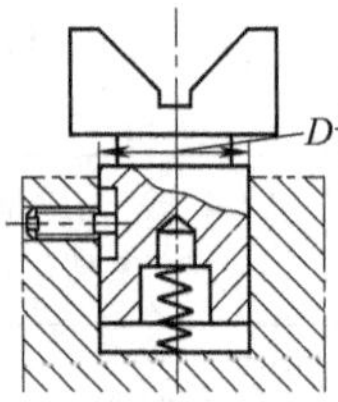 $D\frac{H7}{f7}$	辅助支承	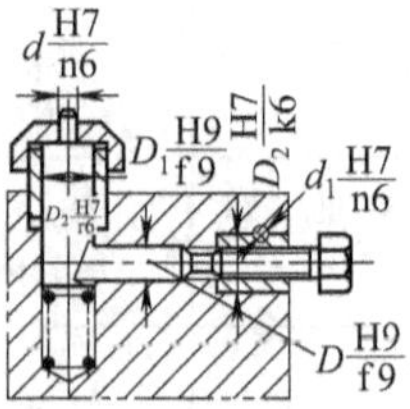 $d\frac{H7}{n6}$，$D_1\frac{H9}{f9}$，$D_2\frac{H7}{k6}$，$D_3\frac{H7}{n6}$，$d_1\frac{H7}{n6}$，$D\frac{H9}{f9}$	浮动锥形定位销	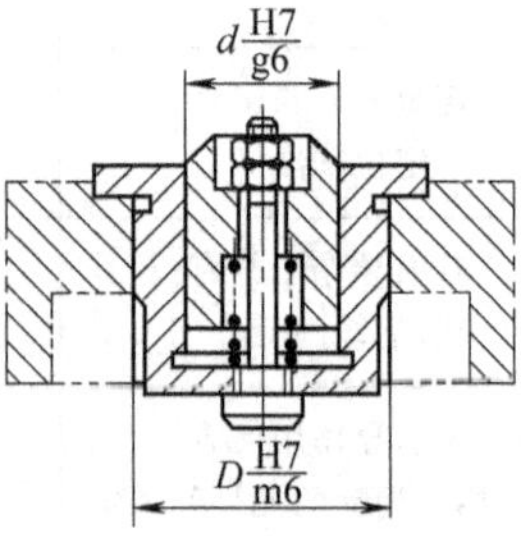 $d\frac{H7}{g6}$，$D\frac{H7}{m6}$
夹紧机构的典型配合	切向夹紧装置	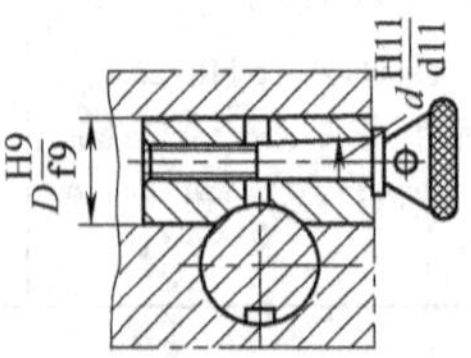 $D\frac{H9}{f9}$，$d\frac{H11}{d11}$			联动夹紧装置	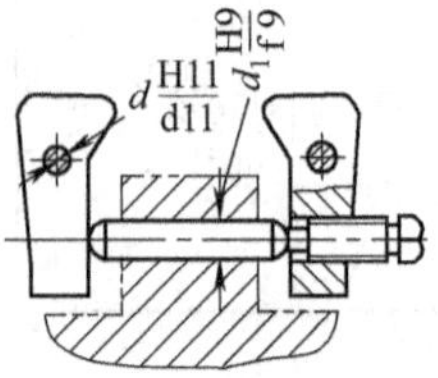 $d\frac{H11}{d11}$，$d_1\frac{H9}{f9}$
	双向夹紧压板	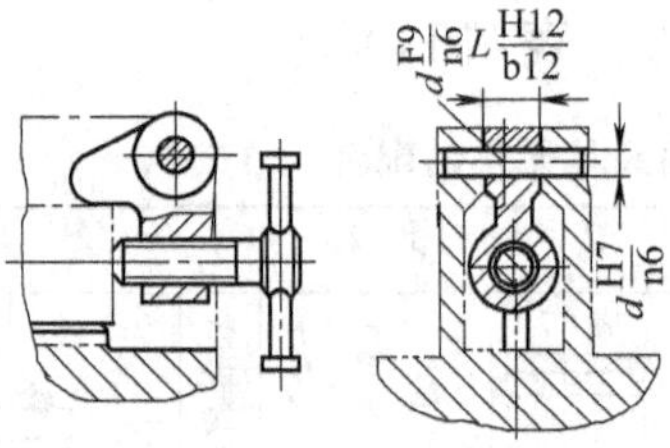 $d\frac{F9}{n6}$，$L\frac{H12}{b12}$，$d\frac{H7}{n6}$			钩形压板	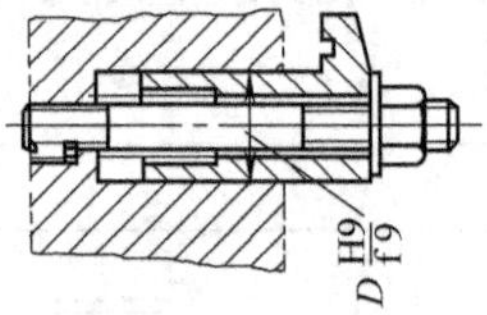 $D\frac{H9}{f9}$
	偏向夹紧装置	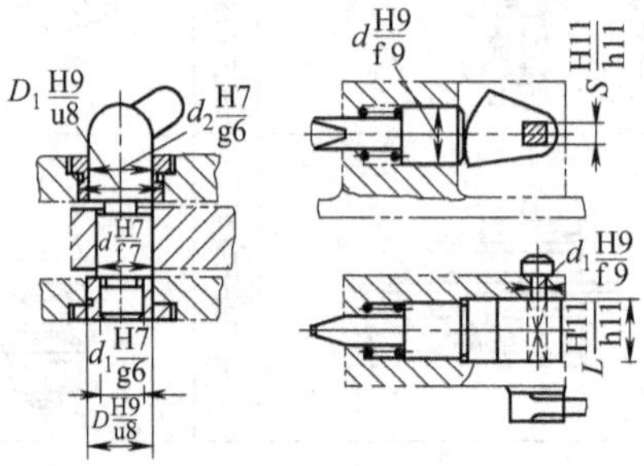 $D_1\frac{H9}{u8}$，$d_2\frac{H7}{g6}$，$\frac{H7}{f7}$，$d_1\frac{H7}{g6}$，$D\frac{H9}{u8}$，$d\frac{H9}{f9}$，$S\frac{H11}{h11}$，$d_1\frac{H9}{f9}$，$L\frac{H11}{h11}$			柱式夹紧装置	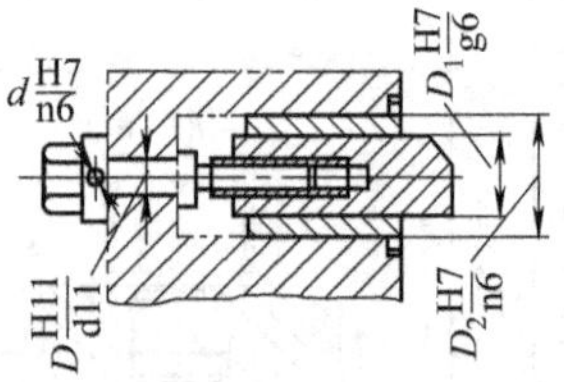 $d\frac{H7}{n6}$，$D_1\frac{H7}{g6}$，$D\frac{H11}{d11}$，$D_2\frac{H7}{n6}$
分度装置的典型配合	分度转轴	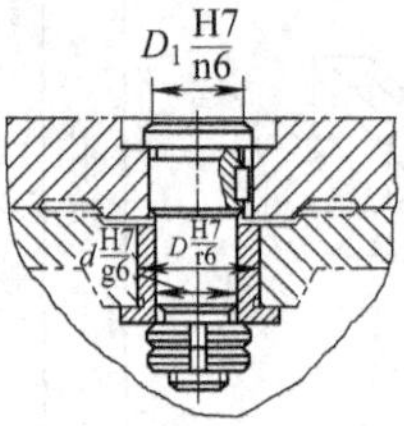 $D_1\frac{H7}{n6}$，$d\frac{H7}{g6}$，$D\frac{H7}{r6}$			分度插销	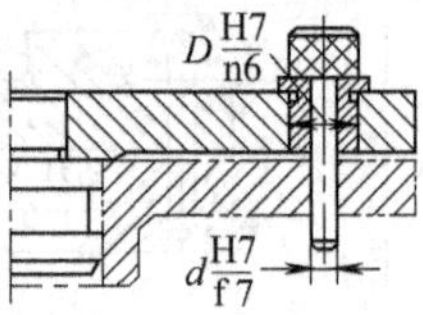 $D\frac{H7}{n6}$，$d\frac{H7}{f7}$
	偏心式定位器	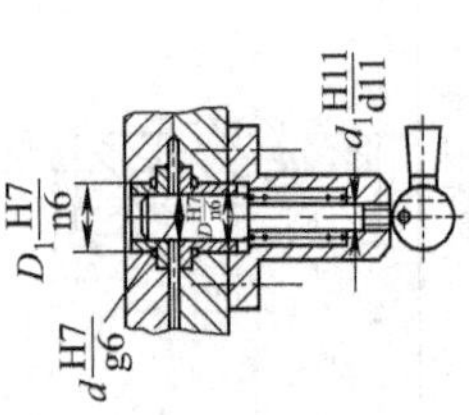 $d_1\frac{H11}{d11}$，$D_1\frac{H7}{n6}$，$D\frac{H7}{n6}$，$d\frac{H7}{g6}$	齿条定位销	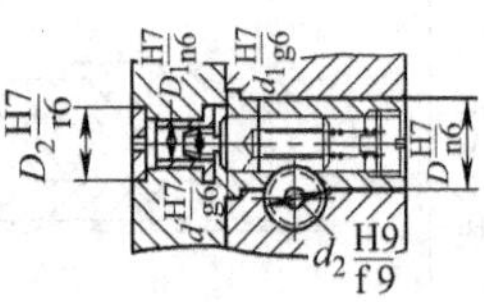 $D_2\frac{H7}{r6}$，$D_1\frac{H7}{n6}$，$d_1\frac{H7}{g6}$，$D\frac{H7}{n6}$，$d\frac{H7}{g6}$，$d_2\frac{H9}{f9}$	杠杆式定位器	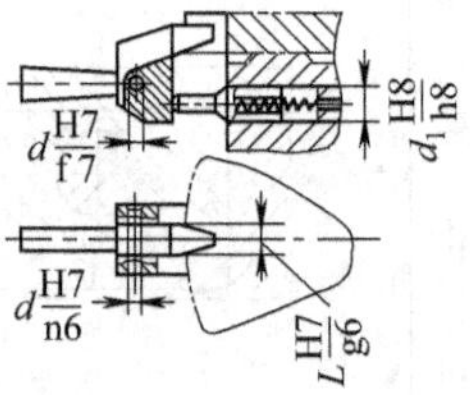 $d_1\frac{H8}{h8}$，$d\frac{H7}{f7}$，$d\frac{H7}{n6}$，$L\frac{H7}{g6}$

续表

配合件名称与图例		
其他机构的典型配合	铰链式钻模板	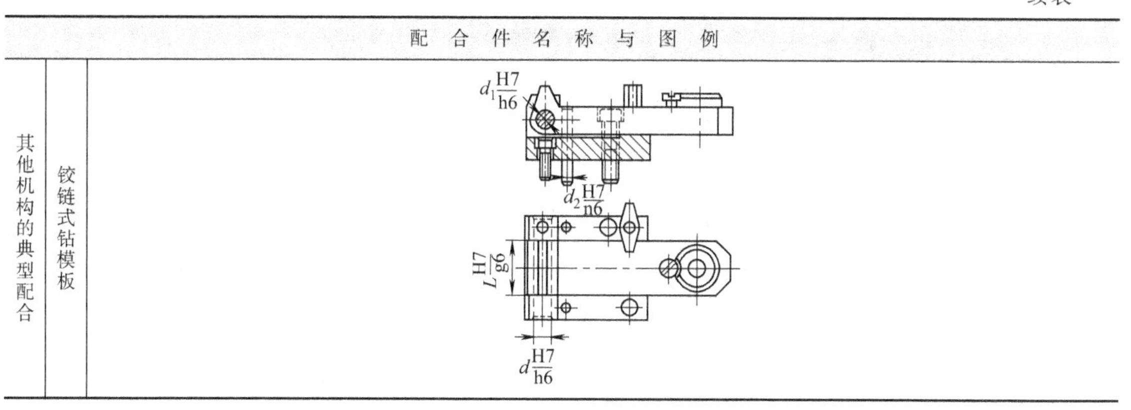

表 7-11 导套的配合

固定式导套的配合			
工艺方法	配合尺寸 d	配合尺寸 D	配合尺寸 D_1
钻孔 刀具切削部分引导	F8/h6,G7/h6	H7/g6,H7/f7	H7/r6,H7/s6,H7/n6
钻孔 刀具柄部或刀杆引导	H7/f7,H7/g6	H7/g6,H7/f7	H7/r6,H7/s6,H7/n6
铰孔 粗铰	G7/h6,H7/h6	H7/g6,H7/h6	H7/r6,H7/n6
铰孔 精铰	G6/h5,H6/h5	H6/g5,H6/h5	H7/r6,H7/n6
镗孔 粗镗	H7/h6	H7/g6,H7/h6	H7/r6,H7/n6
镗孔 精铰	H6/h5	H6/g5,H6/h5	H7/r6,H7/n6
图例	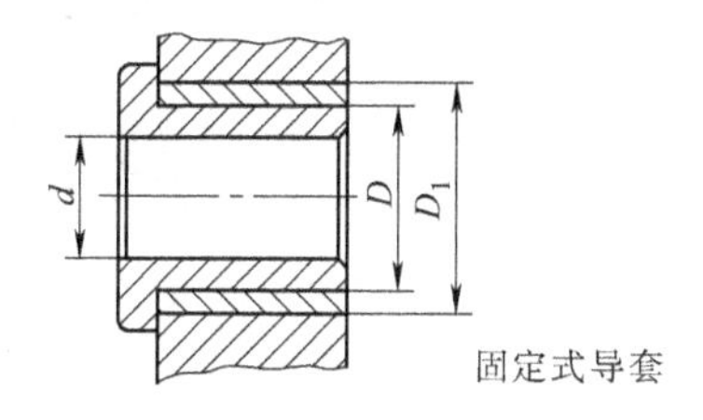 固定式导套		

外滚式导套的配合							
加工要求	导向长度 L	轴承形式	轴承精度	导向的配合			
				D	D_1	d	镗杆导向外径
粗加工	(2.5～3.5)D	单列向心球轴承,单列圆锥滚子轴承,滚针轴承	F,G	H7	J7	k6	g6 或 h6
半精加工	(2.5～3.5)D	单列向心球轴承,向心推力球轴承	D,E	H7	J7	k6	G5 或 h6
精加工	(2.5～3.5)D	向心推力球轴承	C,D	H6	K7	j5,k5	h6
图例	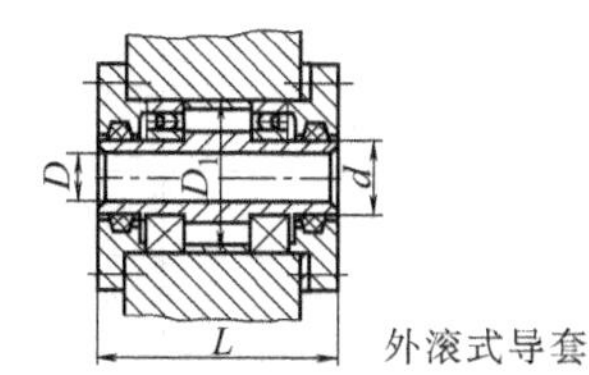 外滚式导套						

续表

内滚式导套的配合											
结　构		(a)		(b)			(c)			(d)	
常用于		精镗;铰		半精镗;半精、精扩			粗、半精镗;粗、半扩			扩;锪	
D	基本尺寸/mm	~80	>80~120	>80~120	>120~180	>180~260	>80~120	>120~180	>180~260	~80	>80~120
	公差/mm	−0.003 −0.016	−0.003 −0.018	−0.007 −0.030	−0.008 −0.035	−0.01 −0.04	−0.007 −0.030	−0.008 −0.035	−0.01 −0.04	−0.006 −0.026	−0.007 −0.030
D_1	配合	H7/k6		H7/k7			H7/k7			H7/h7	
d	配合	H6/g5		H6/js6			H6/js6			H6/h6	
装配后固定滑动套、刀杆的径向跳动/mm		0.015~0.025		0.025~0.04							
图例	注: (1)结构(a)前端1∶15圆锥部分铜套应与刀杆配研 (2)结构(b)用于精镗时,配合精度可适当提高 (3)D的公差应保持滑动套与夹具导套有间隙,其上限尺寸略小于基本尺寸,其公差值分别等于h5或h6	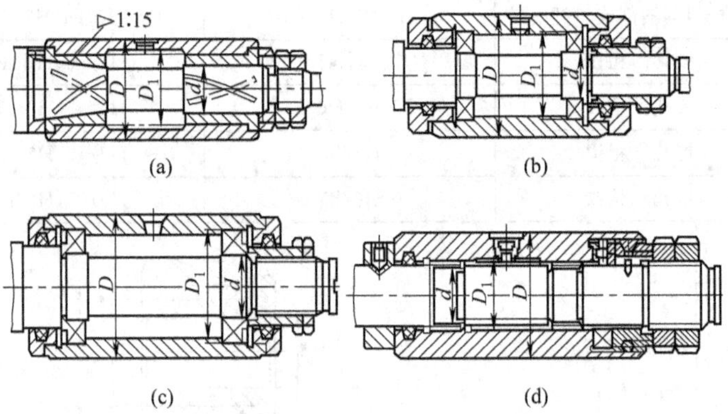 1:15 (a)　(b) (c)　(d) 内滚式导套									

7.3 夹具零件的材料与技术要求

7.3.1 夹具主要零件所采用的材料与热处理（见表7-12）

表7-12　夹具主要零件所采用的材料与热处理

元件种类	零件名称	材　料	说　　明
壳体零件	夹具壳体及形状复杂壳体	HT200	时效
	焊接壳体	A3	
	花盘和车床夹具壳体	HT300	时效
定位元件	定位心轴	D≤35mm　T8A	淬火　HRC55~60
	定位心轴	D>35mm　45	淬火　HRC43~48

续表

元件种类	零件名称	材料	说明
夹紧零件	斜楔	20	渗碳(t=0.8～1.2mm)、淬火-回火　HRC54～60
	各种形状的压板	45	淬火-回火　HRC40～45
	卡爪	20	渗碳(t=0.8～1.2mm)、淬火-回火　HRC54～60
	钳口	20	渗碳(t=0.8～1.2mm)、淬火-回火　HRC54～60
	虎钳丝杆	45	淬火-回火　HRC35～40
	切向夹紧用螺栓和衬套	45	调质　HB225～255
	弹簧夹头心轴用螺母	45	淬火-回火　HRC35～40
	弹性夹头	65Mn	夹持部分淬火-回火　HRC56～61 弹性部分淬火-回火　HRC43～48
其他零件	活动零件用导板	45	淬火-回火　HRC35～40
	靠模、凸轮	20	渗碳(t=0.8～1.2mm)、淬火-回火　HRC54～60
	分度盘	20	渗碳(t=0.8～1.2mm)、淬火-回火　HRC54～60
	低速运转轴承衬套和轴瓦	ZQSn6-6-3	
	低速运转轴承衬套和轴瓦	ZQPb12-8	

7.3.2 夹具零件的技术条件(见表7-13～表7-16)

表7-13　夹具技术条件数值

技术条件	参考数值/mm
同一平面上的支承钉或支承板的等高公差	不大于0.02
定位元件工作表面对定位键槽侧面的平行度或垂直度	不大于0.02∶100
定位元件工作表面对夹具体底面的平行度或垂直度	不大于0.02∶100
钻套轴线对夹具体底面的垂直度	不大于0.05∶100
镗模前后镗套的同轴度	不大于0.02
对刀块工作表面对定位元件工作表面的平行度或垂直度	不大于0.03∶100
对刀块工作表面对定位键槽侧面的平行度或垂直度	不大于0.03∶100
车磨夹具的找正基面对其回转中心的径向跳动	不大于0.02

表7-14　车磨夹具技术条件

工件上的定位直径	车床心轴制造公差/mm			
	刚性心轴		弹性胀开式心轴	
	精加工	一般加工	精加工	一般加工
0～10	−0.005　−0.015	−0.023　−0.045	−0.013　−0.027	−0.035　−0.060
10～18	−0.006　−0.018	−0.030　−0.055	−0.016　−0.033	−0.045　−0.075
18～30	−0.008　−0.022	−0.040　−0.070	−0.020　−0.040	−0.060　−0.095
30～50	−0.010　−0.027	−0.050　−0.085	−0.025　−0.050	−0.075　−0.115
50～80	−0.012　−0.032	−0.060　−0.105	−0.030　−0.060	−0.095　−0.145
80～120	−0.015　−0.038	−0.080　−0.125	−0.040　−0.075	−0.120　−0.175
120～180	−0.018　−0.045	−0.100　−0.155	−0.050　−0.0905	−0.150　−0.210
180～260	−0.022　−0.052	−0.120　−0.180	−0.060　−0.105	−0.180　−0.250

续表

车、磨床夹具径向全跳动公差/mm		
工件径向全跳动公差	心轴类夹具	一般车磨夹具
0.05～0.10	0.005～0.010	0.01～0.02
0.10～0.20	0.010～0.015	0.02～0.04
0.20 以上	0.015～0.030	0.04～0.06

车床、圆磨床夹具技术条件示例	
技术条件	夹具简图
表面 F 对中心孔轴线的径向跳动公差为……	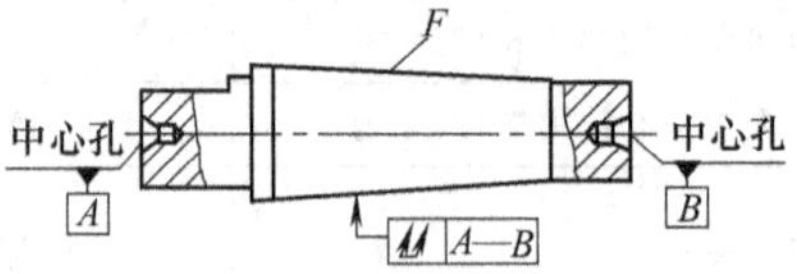 中心孔 A F A—B 中心孔 B
(1)表面 F 对中心孔轴线的径向跳动公差为…… (2)端面 R 对中心孔轴线的端面圆跳动公差为……	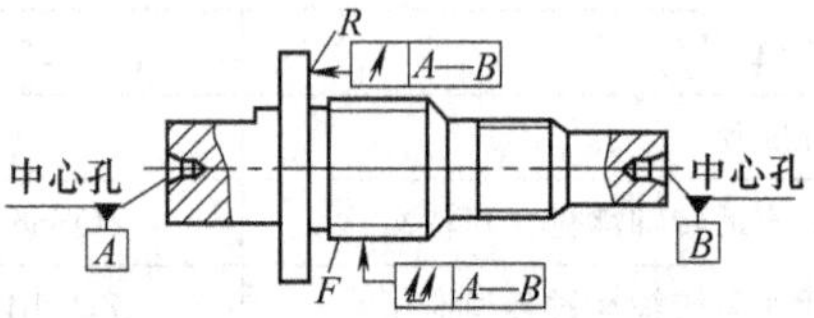 R A—B 中心孔 A F A—B 中心孔 B
(1)表面 F 对锥表面 N 的径向跳动公差为…… (2)端面 R 对锥表面 N 的端面圆跳动公差为……	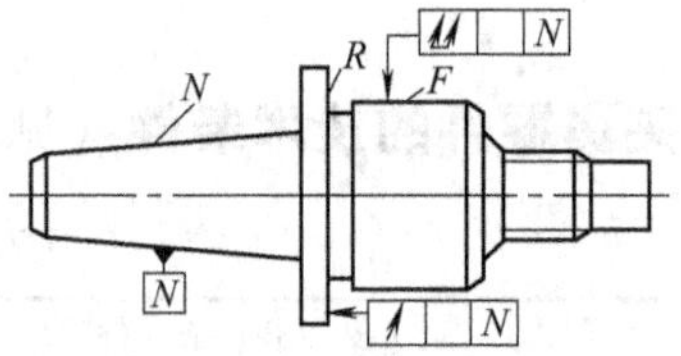 N R F N N N
(1)表面 F 对表面 N 的径向跳动公差为…… (2)表面 F 对平面 L 的垂直度公差为…… (3)表面 R 对平面 L 的平行度公差为……	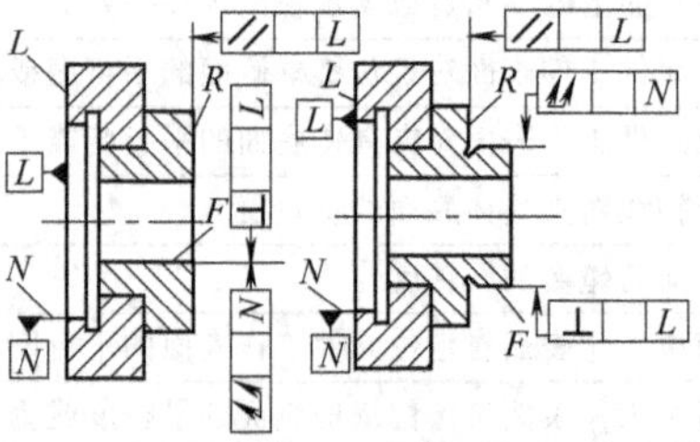 L R L F N N L R N L N F L N
(1)V 形块的轴线对表面 N 的轴线同轴度公差为…… (2)V 形块的轴线对表面 L 的垂直度公差为……	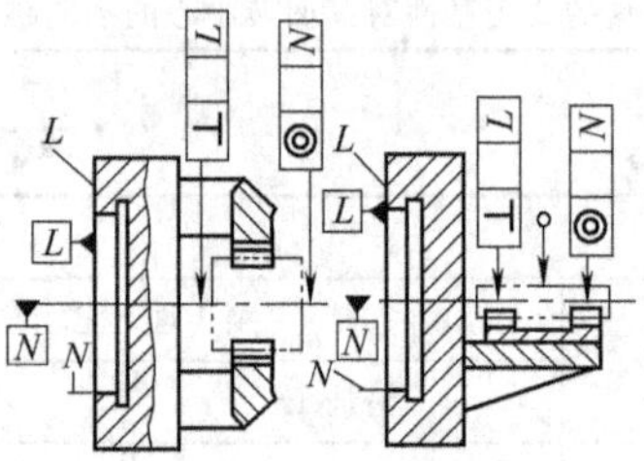 L L N N L N L L N N N
(1)通过表面 F 和 N 的轴线之平面对表面 V 的轴线的位置度公差为…… (2)表面 R 对端面 L 的垂直度公差为……	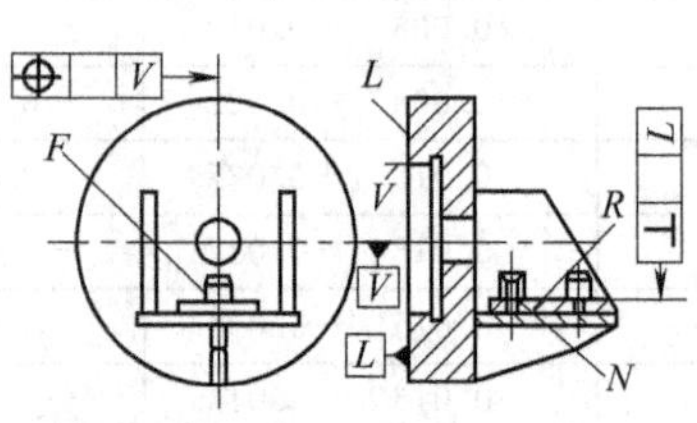 V F L V V L L R N

续表

技术条件	夹具简图
(1)表面 R 对表面 L 的平行度公差为…… (2)通过表面 F 和 N 的轴线之平面对表面 V 的轴线的位置度公差为……	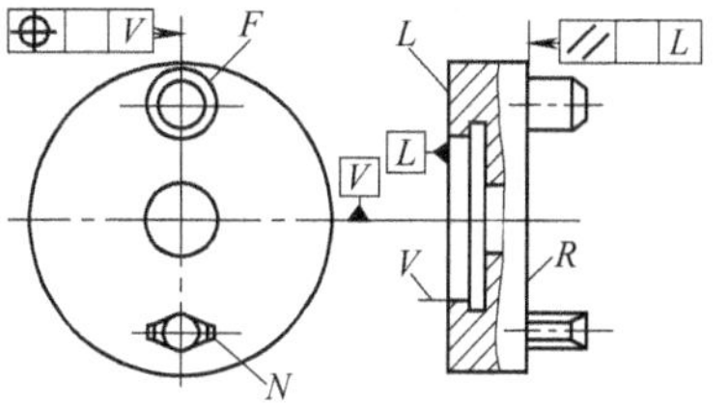
(1)V 形块的轴线对表面 N 的轴线共面且垂直,位置度公差为…… (2)V 形块的轴线对表面 L 的平行度公差为……	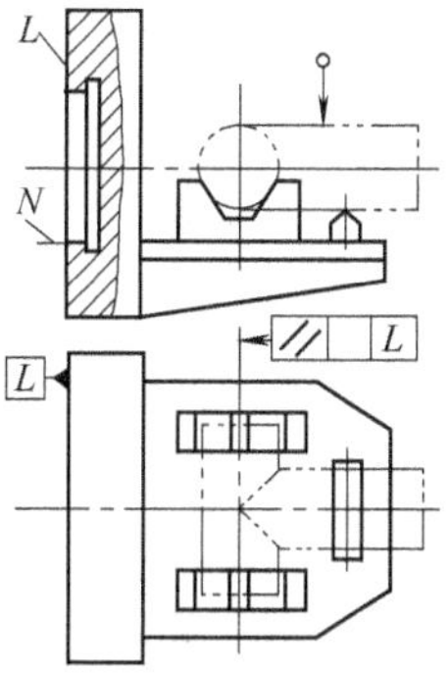
(1)表面 R 对表面 F 的垂直度公差为…… (2)表面 F 的轴线对表面 N 的轴线共面且垂直,位置度公差为……	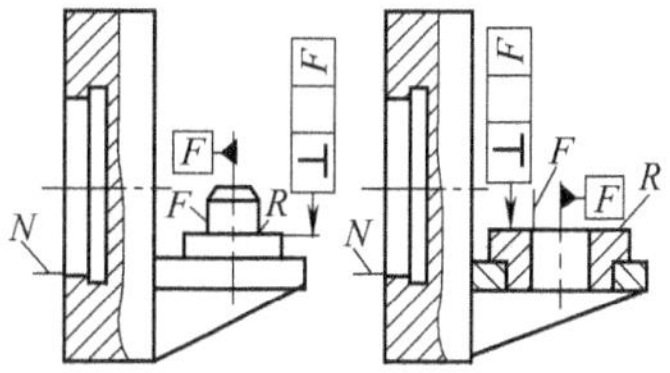
(1)通过表面 F 和 N 的轴线之平面,对表面 V 的轴线的位置度公差不大于…… (2)表面 R 对表面 F 的轴线的垂直度公差为…… (3)在通过表面 F 和 N 的轴线之平面相垂直的方向测量,表面 R 对表面 L 的平行度公差为……	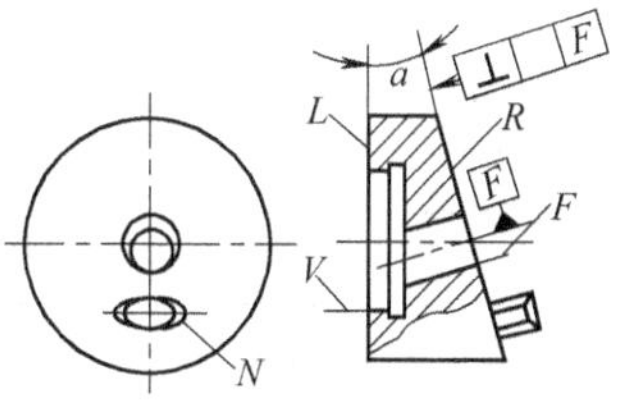
(1)通过表面 F 和 N 的轴线之平面,对表面 V 的轴线的位置度公差为…… (2)在通过表面 F 和 N 的轴线之平面相垂直的方向测量,表面 R 对表面 L 的平行度公差为……	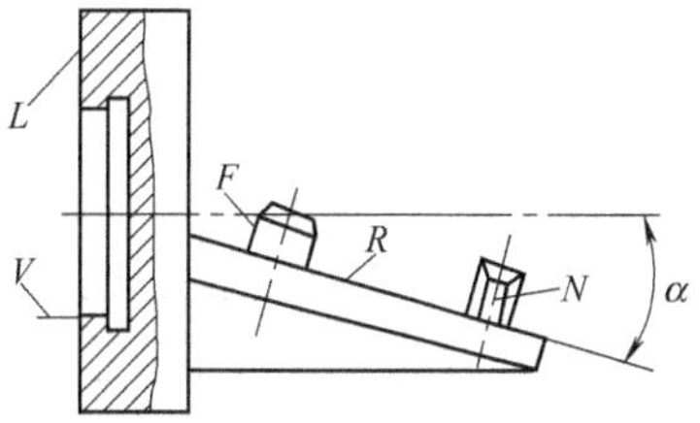

表 7-15 钻镗夹具技术条件

导套类型	配合类型	孔偏差	工件的名义尺寸						
			＞1～3	＞3～6	＞6～10	＞10～18	＞18～30	＞30～50	＞50～80
钻孔用导套	F8	上偏差	+0.022	+0.027	+0.033	+0.040	+0.050	+0.060	+0.070
		下偏差	+0.008	+0.010	+0.013	+0.016	+0.020	+0.025	+0.030
钻孔用导套	G7	上偏差	+0.013	+0.017	+0.021	+0.025	+0.030	+0.035	+0.042
		下偏差	+0.003	+0.004	+0.005	+0.006	+0.008	+0.010	+0.012
1号扩孔钻用导套	F8	上偏差			−0.137	−0.170	−0.020	−0.230	−0.280
		下偏差			−0.157	−0.194	−0.230	−0.265	−0.320
1号扩孔钻用导套	G7	上偏差			−0.149	−0.185	−0.220	−0.255	−0.308
		下偏差			−0.165	−0.204	−0.242	−0.280	−0.338
2号扩孔钻用导套	F8	上偏差			+0.093	+0.110	+0.130	+0.160	+0.190
		下偏差			+0.073	+0.086	+0.100	+0.125	+0.150
2号扩孔钻用导套	G7	上偏差			+0.081	+0.095	+0.110	+0.135	+0.162
		下偏差			+0.065	+0.076	+0.088	+0.110	+0.132
铰H10孔用导套(粗)	F8	上偏差	+0.052	+0.063	+0.077	+0.093	+0.113	+0.135	+0.162
		下偏差	+0.038	+0.046	+0.057	+0.069	+0.083	+0.100	+0.132
铰H10孔用导套(粗)	G7	上偏差	+0.043	+0.053	+0.065	+0.078	+0.093	+0.110	+0.132
		下偏差	+0.033	+0.040	+0.049	+0.059	+0.071	+0.085	+0.102
铰H9孔用导套	F8	上偏差	+0.037	+0.046	+0.056	+0.066	+0.084	+0.098	+0.115
		下偏差	+0.023	+0.029	+0.036	+0.042	+0.054	+0.063	+0.075
铰H9孔用导套	G7	上偏差	+0.028	+0.036	+0.044	+0.051	+0.064	+0.073	+0.087
		下偏差	+0.018	+0.023	+0.028	+0.032	+0.042	+0.048	+0.057
铰H7孔用导套	F8	上偏差	+0.021	+0.027	+0.034	+0.040	+0.048	+0.057	+0.066
		下偏差	+0.011	+0.014	+0.018	+0.021	+0.028	+0.032	+0.036
铰H7孔用导套	G6	上偏差	+0.018	+0.022	+0.027	+0.032	+0.038	+0.047	+0.053
		下偏差	+0.011	+0.014	+0.018	+0.021	+0.025	+0.031	+0.034

导套中心对夹具安装安装面的相互位置要求/(mm/100mm)	
孔对定位基面的垂直度要求	中线对定位基面的垂直度要求
0.05～0.10	0.01～0.02
0.10～0.25	0.02～0.05
0.25以上	0.05

导套中心距或导套中心到定位基面间的制造公差/mm		
孔中心距或中心到基面的公差	平行或垂直时	不平行、不垂直时
±0.05～0.10	±0.005～±0.02	±0.005～±0.015
±0.10～0.25	±0.02～±0.05	±0.015～±0.035
±0.25以上	±0.05～±0.10	±0.035～±0.080

续表

钻床、镗床夹具技术条件示例	
技 术 条 件	夹 具 简 图
(1)表面 F 的轴线(或钻套轴线)对表面 R 的垂直度公差为…… (2)表面 F 的轴线对表面 S 的轴线的同轴度公差为……	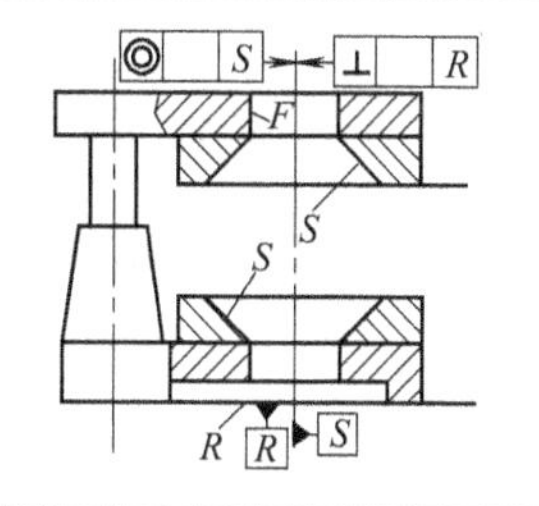
(1)表面 F 的轴线(或钻套轴线)对表面 R 的垂直度公差为…… (2)表面 F 的轴线对表面 S 的轴线的同轴度公差为…… (3)表面 L 对表面 R 的平行度公差为……	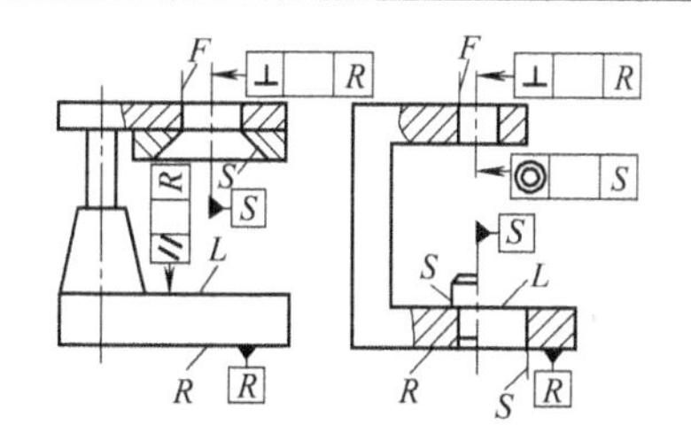
(1)表面 F 的轴线(或钻套轴线)对表面 R 的垂直度公差为…… (2)表面 L 对表面 R 的平行度公差为…… (3)通过两表面 F 的轴线之平面对表面 S 的轴线位置度公差为……	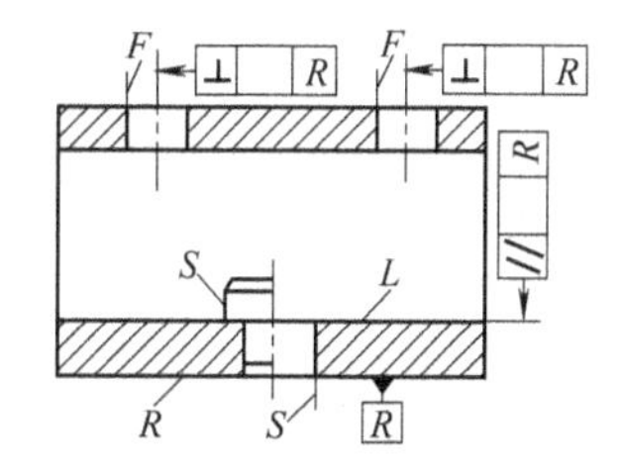
(1)表面 F 的轴线(或钻套轴线)对表面 R 的垂直度公差为…… (2)表面 F 的轴线对表面 S 的轴线共面且垂直，位置度公差为…… (3)表面 N 对表面 R 的垂直度公差为……	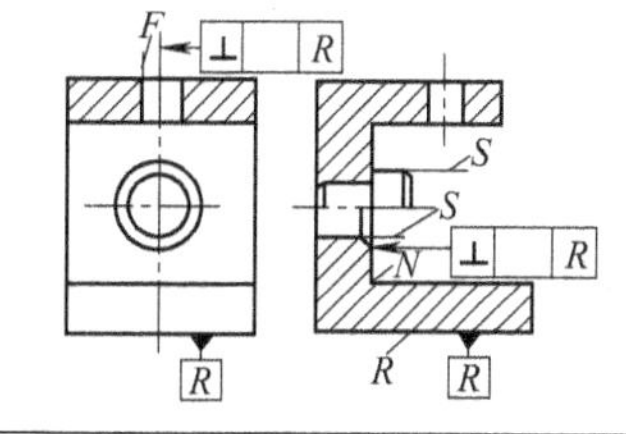
(1)表面 F 的轴线(或钻套轴线)对表面 R 的垂直度公差为…… (2)表面 F 的轴线对表面 S 的轴线共面且垂直，位置度公差为…… (3)表面 N 对表面 R 的垂直度公差为…… (4)通过表面 S 和 W 的轴线之平面对表面 R 的平行度公差为……	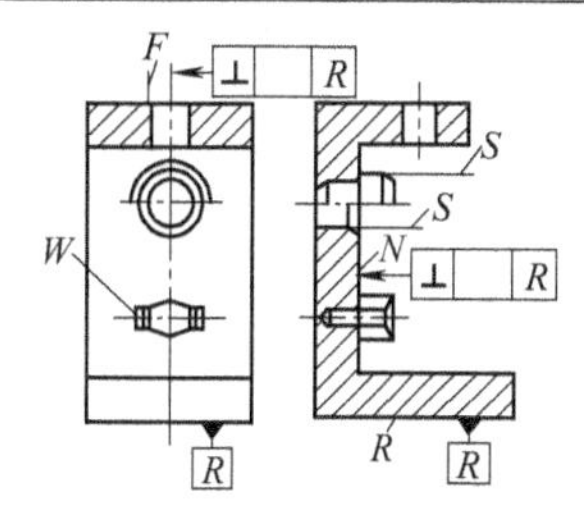
(1)表面 F 的轴线(或钻套轴线)对表面 R 的垂直度公差为…… (2)表面 F 的轴线对表面 S 的轴线共面且垂直，位置度公差为…… (3)表面 N 对表面 R 的垂直度公差为…… (4)通过表面 S 和 W 的轴线之平面对表面 R 的平行度公差为……	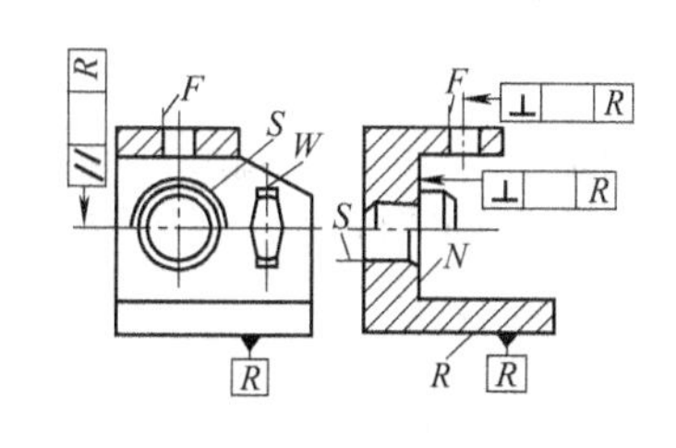

续表

钻床、镗床夹具技术条件示例	
技术条件	夹具简图
(1)表面 F 的轴线(或钻套轴线)对表面 R 的垂直度公差为…… (2)表面 F 的轴线(或各表面 F 的轴线)与V形块对称面共面且垂直,位置度公差为…… (3)V形块的轴线对表面 R 的平行度公差为……	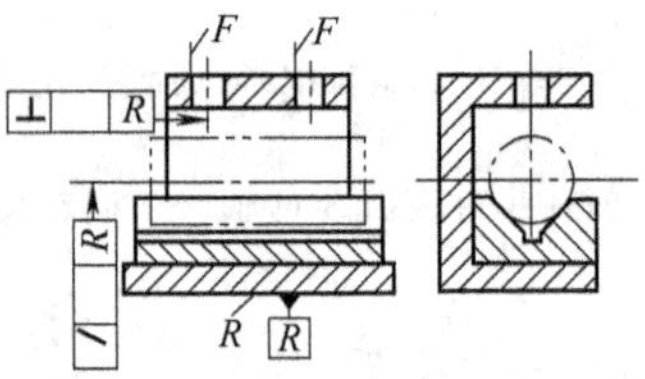
(1)表面 F 的轴线(或钻套轴线)对表面 R 的垂直度公差为…… (2)表面 L 对表面 R 的平行度公差为…… (3)表面 F 的轴线(或各表面 F 的轴线)与V形块对称面共面且垂直,位置度公差为……	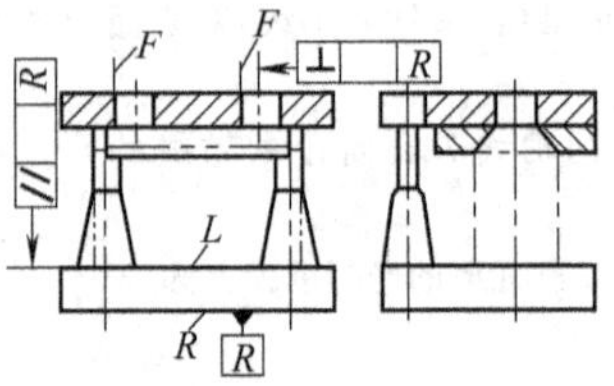
(1)表面 F 的轴线(或钻套轴线)对表面 R 的垂直度公差为…… (2)表面 L 对表面 R 的平行度公差为…… (3)表面 F 的轴线(或各表面 F 的轴线)与V形块对称面共面,位置度公差为……	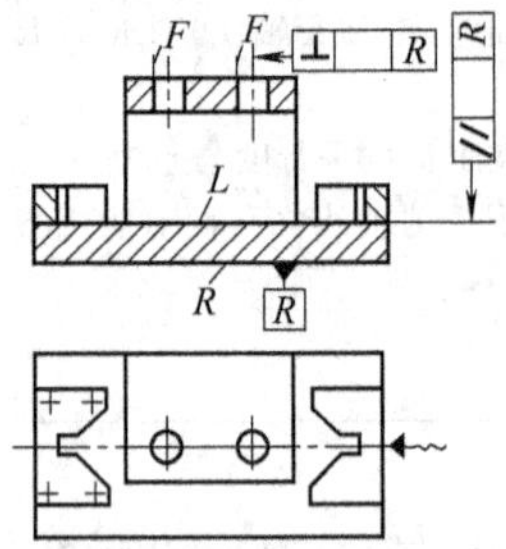
(1)表面 F 的轴线(或钻套轴线)对表面 R 的垂直度公差为…… (2)表面 L 对表面 R 的平行度公差为…… (3)表面 F 的轴线(或各表面 F 的轴线)与V形块对称面共面,位置度公差为……	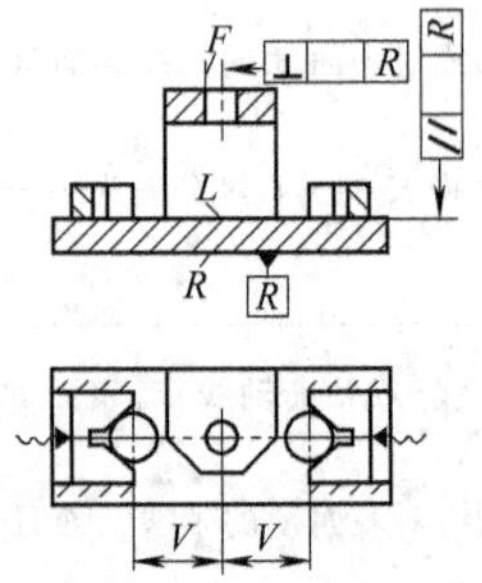
(1)表面 F 的轴线(或钻套轴线)对表面 R 的垂直度公差为…… (2)表面 L 对表面 R 的平行度公差为…… (3)表面 F 的轴线(或各表面 F 的轴线)与通过表面 S 的轴线和V形块对称面之平面共面,位置度公差为……	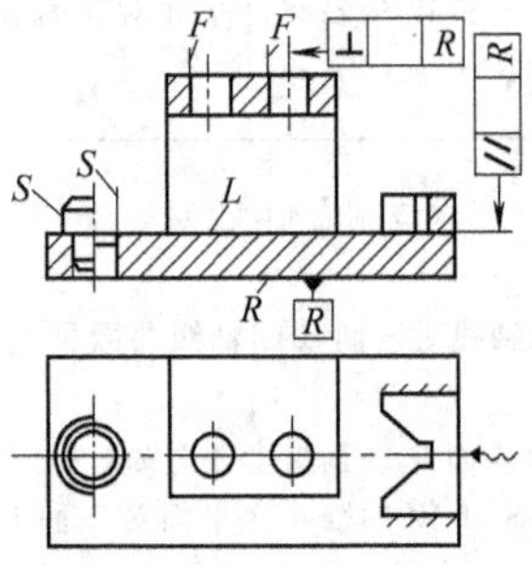

续表

钻床、镗床夹具技术条件示例	
技　术　条　件	夹 具 简 图
(1)表面 *B* 对表面 *A* 的平行度公差为…… (2)表面 *M* 和表面 *N* 的轴线对表面 *A* 的平行度公差为…… (3)表面 *M* 的轴线对表面 *N* 的轴线的平行度公差为…… (4)表面 *M* 的轴线和表面 *N* 的轴线对表面 *R* 的轴线垂直度公差为……	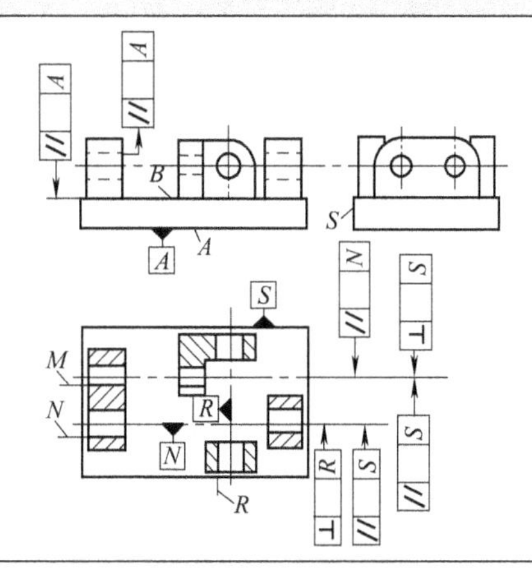
(1)表面 *F* 的轴线(或钻套轴线)对表面 *R* 的垂直度公差为…… (2)表面 *L* 对表面 *R* 的平行度公差为…… (3)表面 *F* 的轴线(或各表面 *F* 的轴线)与通过表面 *S* 和 *W* 的轴线之平面共面，位置度公差为……	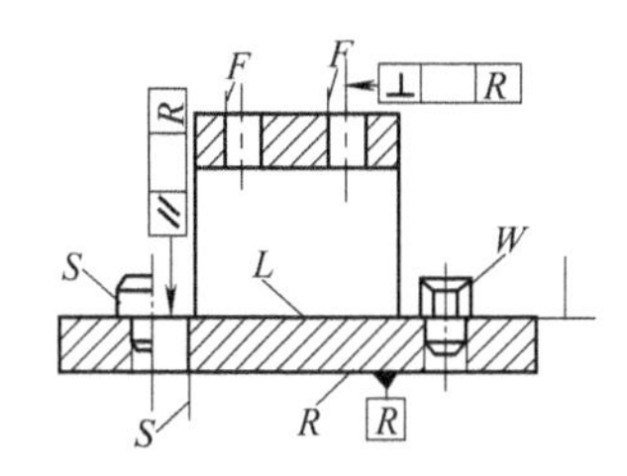
(1)表面 *F* 的轴线(或钻套轴线)对表面 *R* 的垂直度公差为…… (2)表面 *F* 的轴线对 V 形块的轴线的同轴度公差为……	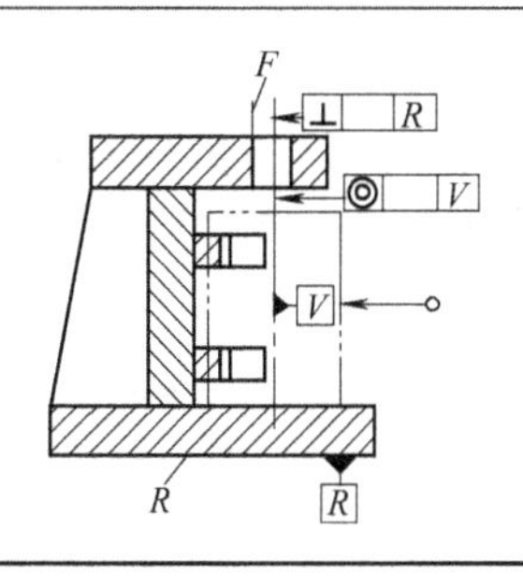

表 7-16　铣床、刨床及平面机床夹具技术条件

按工件公差确定夹具对刀块到定位表面制造公差/mm		
工 件 公 差	相 互 位 置	
	平行或垂直时	不平行或不垂直时
±0.1	±0.02	±0.015
±0.1～±0.25	±0.05	±0.035
±0.25 以上	±0.10	±0.08

对刀块工作面、定位表面和定位键侧面间的技术要求	
工作加工面对定位基准的技术要求/mm	对刀块工作面及定位键侧面对定位表面的垂直度或平行度/(mm/100mm)
0.05～0.10	0.01～0.02
0.10～0.20	0.02～0.05
0.20 以上	0.05～0.10

续表

铣床、刨床及平面机床夹具技术条件示例	
技术条件	夹具简图
表面 F 对表面 R 的平行度公差为……	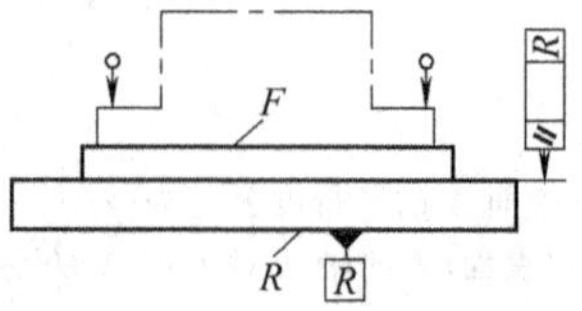
(1)表面 F 对表面 R 的平行度公差为…… (2)表面 N 对表面 F 的垂直度公差为……	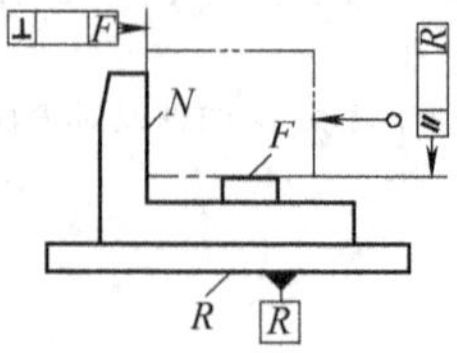
(1)表面 F 对表面 R 的平行度公差为…… (2)表面 N 对表面 S 的平行度公差为…… (3)表面 N 对表面 R 的垂直度公差为……	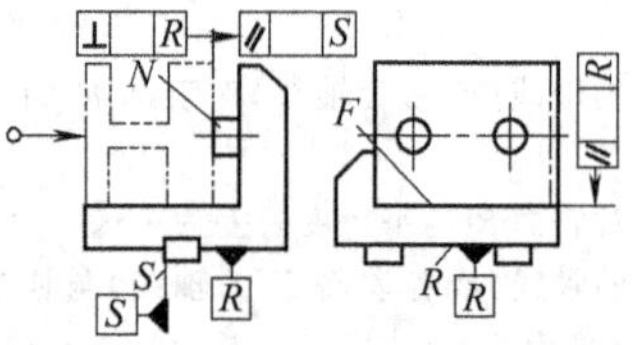
(1)表面 F 对表面 R 的平行度公差为…… (2)表面 N 对表面 S 的垂直度公差为…… (3)表面 N 对表面 R 的垂直度公差为……	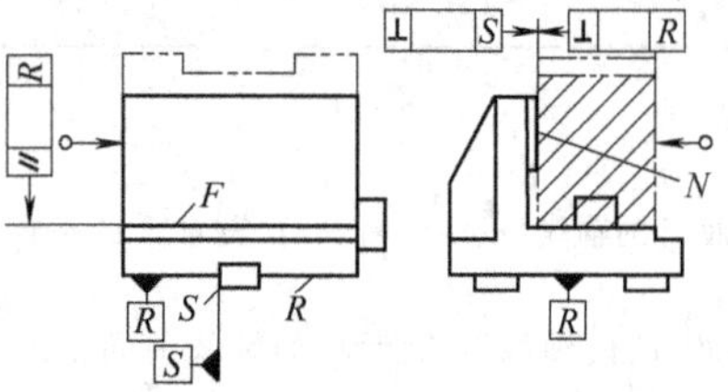
V 形块的轴线对表面 R(或 S 或 S 和 R)的平行度公差为……	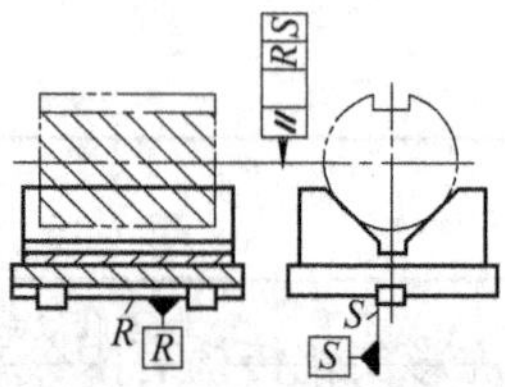
(1)V 形块的轴线对表面 R 的平行度公差为…… (2)V 形块的轴线对表面 S 的平行度公差为……	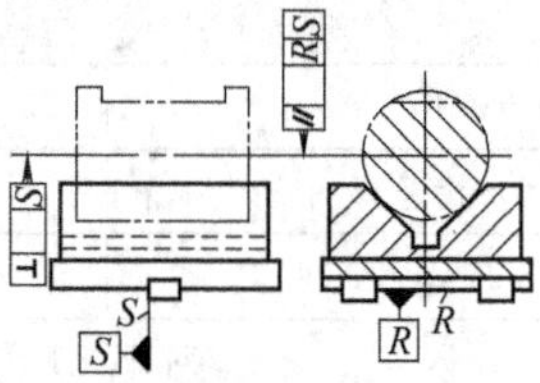
表面 N 的轴线对表面 R 的垂直度公差为……	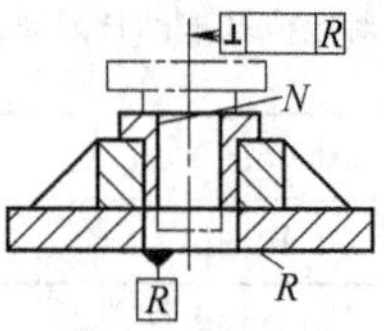

续表

铣床、刨床及平面机床夹具技术条件示例	
技 术 条 件	夹 具 简 图
(1)表面U、V、W、Y的轴线对表面R的垂直度公差为…… (2)表面U、V、W、Y的轴线在同一平面的位置度公差为…… (3)通过表面U和Y的轴线之平面对表面S的平行度公差为……	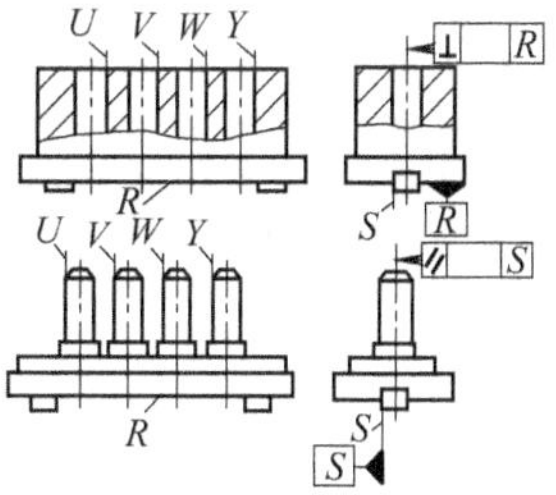
(1)通过装置在表面U和Y的检验棒轴线之平面对表面R的平行度公差为…… (2)装置在表面U、V、W和Y的检验棒轴线在同一平面内的位置度公差为…… (3)装置在表面U、V、W和Y的检验棒的轴线对表面S的垂直度公差为……	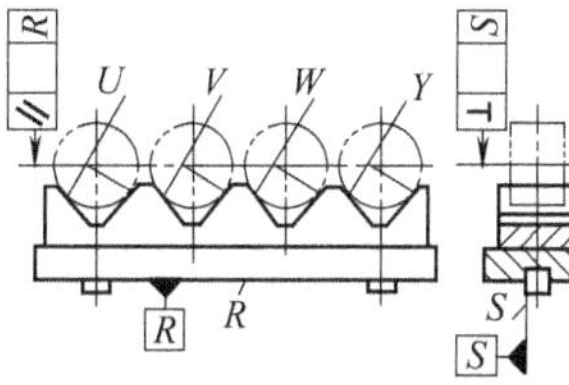
(1)通过装置在表面U和Y的检验棒轴线之平面对表面R的平行度公差为…… (2)装置在表面U、V、W和Y的检验棒轴线在同一平面内的位置度公差为…… (3)装置在表面U、V、W和Y的检验棒的轴线对表面R的垂直度公差为……	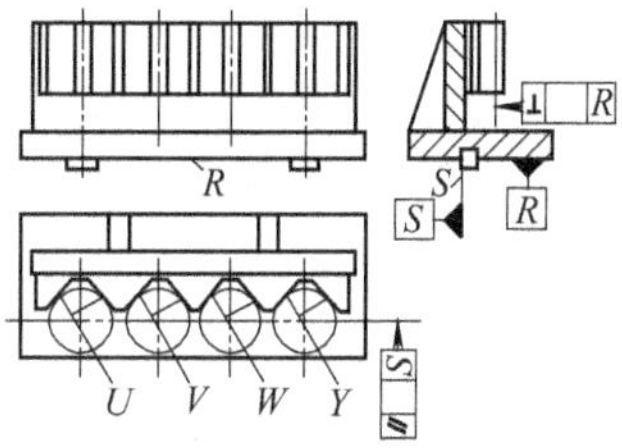
表面F的轴线对表面R(或S或S和R)的平行度公差为……	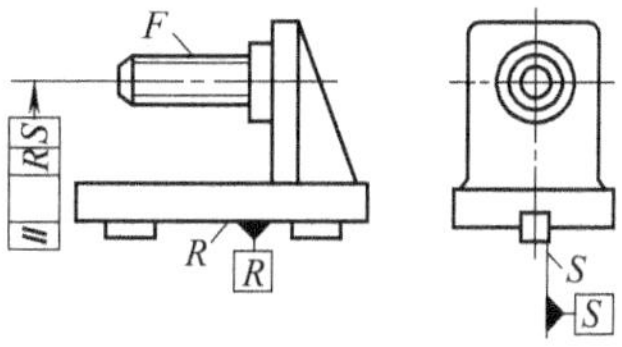
(1)表面F的轴线对表面R的平行度公差为…… (2)表面F的轴线对表面S的垂直度公差为……	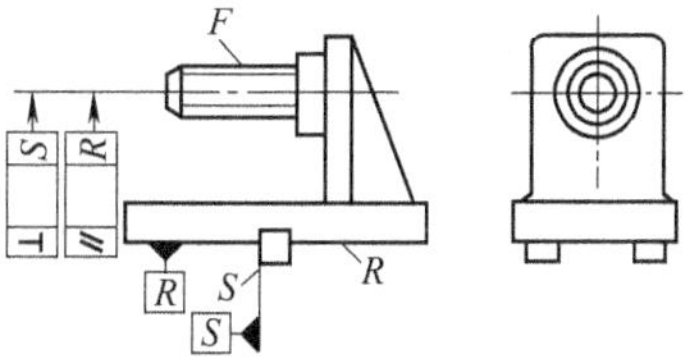
表面F的轴线对表面R(或N或N和R)的垂直度公差为……	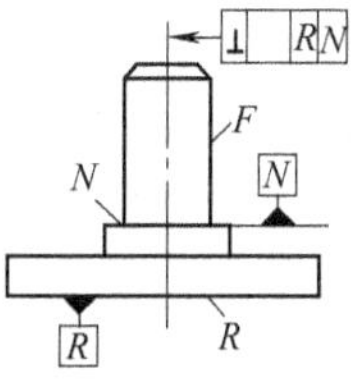

续表

铣床、刨床及平面机床夹具技术条件示例	
技术条件	夹具简图
(1)表面 F 对表面 R 的平行度公差为…… (2)表面 U 和 V 的轴线对表面 R 的垂直度公差为…… (3)通过表面 U 和 V 的轴线之平面对表面 S 的平行度公差为……	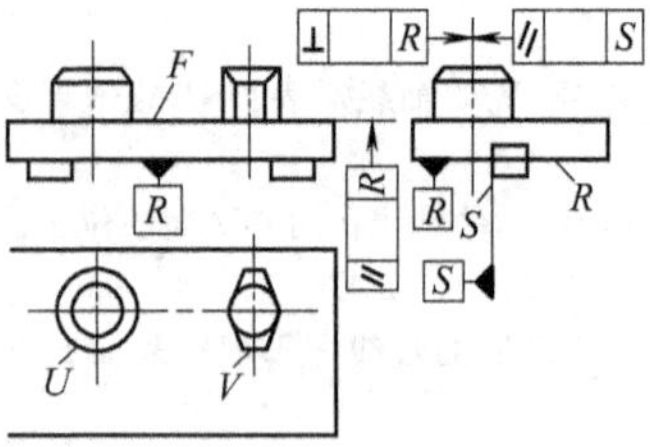
(1)表面 S 对表面 R 的垂直度公差为…… (2)通过表面 U 和 V 的轴线之平面对表面 R 的平行度公差为……	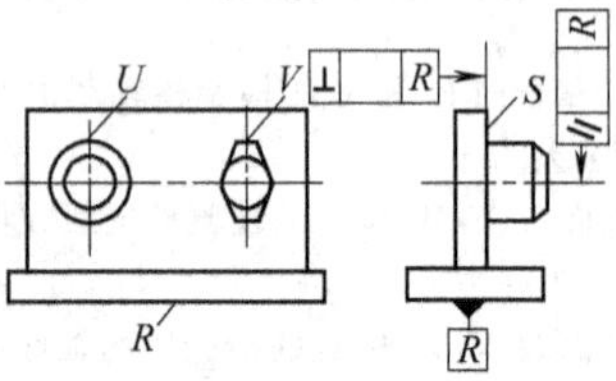
(1)表面 F 对表面 R 的垂直度公差为…… (2)通过表面 U 和 V 的轴线之平面对表面 $N(R)$ 的垂直度公差为……	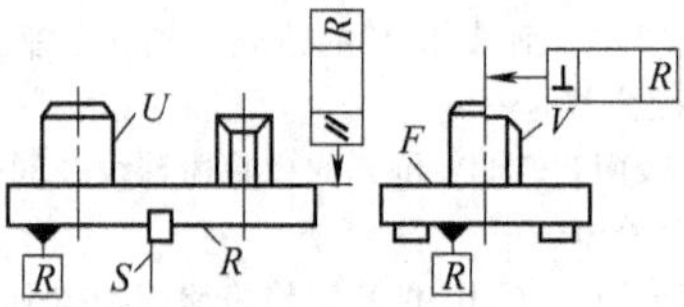
(1)表面 N 对表面 R 的垂直度公差为…… (2)表面 U 和 V 的轴线对表面 $N(R)$ 的垂直度公差为……	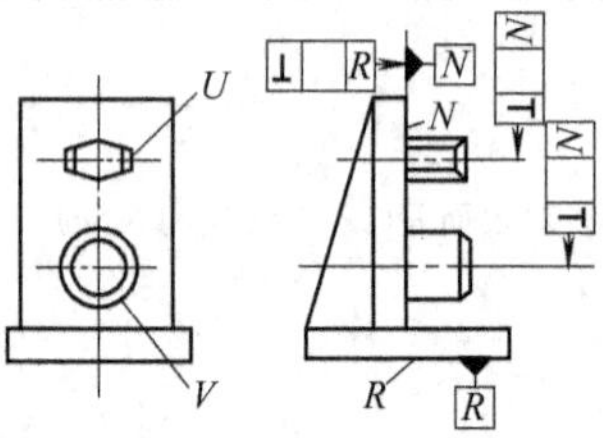
(1)平行于表面 F 的平面与表面 N 的交线对表面 S 的平行度公差为…… (2)平行于表面 F 的平面与表面 N 的交线对表面 R 的平行度公差为…… (3)表面 N 对表面 F 的垂直度公差为……	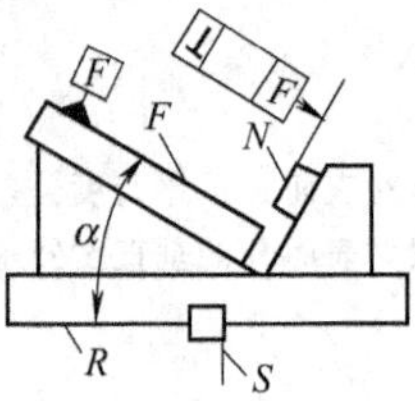
(1)表面 N 对表面 S 的垂直度公差为…… (2)平行于表面 N 的平面与表面 F 的交线对表面 R 的平行度公差为……	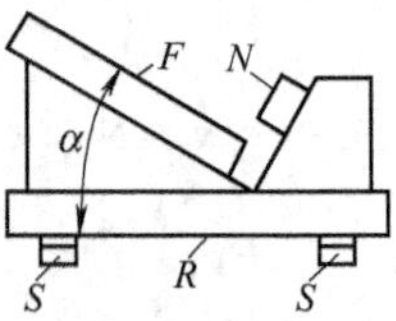

续表

铣床、刨床及平面机床夹具技术条件示例	
技术条件	夹具简图
(1)表面 F 的轴线在表面 R 内的投影对表面 S 的平行度公差为…… (2)表面 F 的轴线对表面 N 的垂直度公差为……	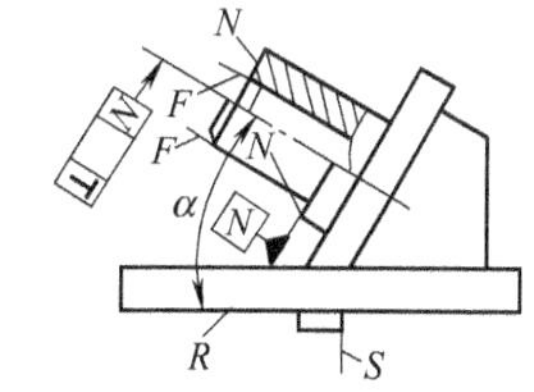
(1)表面 F 的轴线在表面 R 内的投影对表面 S 的平行度公差为…… (2)表面 F 的轴线对表面 N 的垂直度公差为……	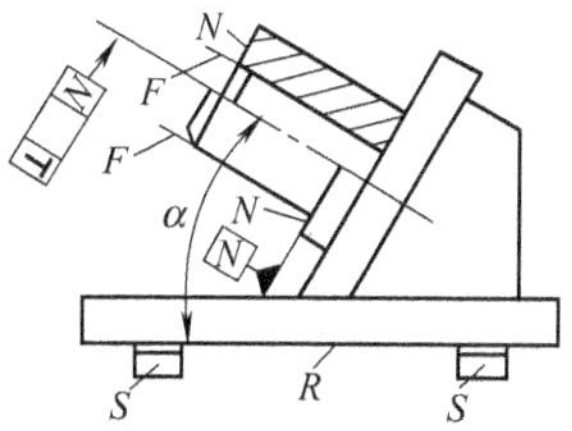

7.3.3 夹具零件的其他公差要求（见表 7-17）

表 7-17　夹具零件的其他公差要求

非配合的锥度和角度的自由角度公差/mm					
公称尺寸	公　差	公称尺寸	公　差	公称尺寸	公　差
≤3	±2°30′	>18～30	±1°	>120～180	±25′
>3～6	±2°	>30～50	±50′	>180～260	±20′
>6～10	±1°30′	>50～80	±40′		
>10～18	±1°15′	>80～120	±30′		

零件的滚花							
零件的网纹滚花				零件的直纹滚花			
滚花前的直径	工件宽度 t/mm			滚花前的直径	工件宽度/mm		
	≤6	>6～30	>30		≤6	>6～30	>30
	滚花节距 t/mm				滚花节距 t/mm		
≤8	0.6	0.6	0.6	≤16	0.6	0.6	0.6
>8～16	0.8	0.8	0.8	>16～65	0.8	0.8	0.8
>16～65	0.8	1.2	1.2				

螺栓和螺钉头部对螺杆轴线的同轴度/mm											
尺寸 d	4	5	6	8	10	12	16	20	24	30	36
同轴度	0.25	0.25	0.25	0.30	0.30	0.35	0.35	0.45	0.45	0.60	0.60

螺钉旋具槽对螺杆轴线的对称度/mm										
尺寸 d	4	5	6	8	10	12	16	20	24	30
对称度	0.25	0.25	0.25	0.30	0.30	0.35	0.35	0.45	0.45	0.45

续表

螺母的外廓对螺孔的同轴度/mm													
尺寸 d	3	4	5	6	8	10	12	16	20	24	30	36	42
同轴度	0.20	0.25	0.25	0.30	0.30	0.40	0.40	0.50	0.50	0.60	0.60	0.60	0.70

垫圈的外廓对内孔的同轴度/mm				
公称直径	4～8	10～12	16～20	＞24
同轴度	0.4	0.5	0.6	0.7

夹具零件的尺寸(角度)公差	
夹具零件的尺寸(角度)	公差数值
相应于工件无尺寸公差的直线尺寸	±0.1mm
相应于工件无角度公差的角度	±10′
相应于工件有尺寸公差的直线尺寸	(1/2～1/5)尺寸公差
紧固件用的孔中心距	±0.1mm L＜150mm；±0.15mm L＞150mm
夹具体上找正基面与安装元件的平面间的垂直度	≤0.01mm
找正基面的直线度与平面度	0.005mm
夹具体、模块、立柱、角铁、定位心轴等零件的平面之间、平面与孔之间、孔与孔之间的平行度、垂直度	取工件相应公差之半

夹具零件主要表面的粗糙度(Ra)/μm					
表面形状	表面名称	精度等级	外圆和外侧面	内孔和内侧面	举例
平面	有相对运动的一般配合表面	7	0.4(0.5,0.63)	0.4(0.5,0.63)	T形槽
		8,9	0.8(1.0,1.25)	0.8(1.0,1.25)	活动V形块、铰链两侧面
		11	1.6(2.0,2.5)	1.6(2.0,2.5)	叉头零件
	有相对运动的特殊配合表面	精确	0.4(0.5,0.63)	0.4(0.5,0.63)	燕尾导轨
		一般	1.6(2.0,2.5)	1.6(2.0,2.5)	燕尾导轨
	无相对运动的表面	8,9	0.8(1.0,1.25)	1.6(2.0,2.5)	定位键两侧面
		特殊	0.8(1.0,1.25)	1.6(2.0,2.5)	键两侧面
	有相对运动的导轨面	精确	0.4(0.5,0.63)	0.4(0.5,0.63)	导轨面
		一般	1.6(2.0,2.5)	1.6(2.0,2.5)	导轨面
	无相对运动夹具体基面	精确	0.4(0.5,0.63)	0.4(0.5,0.63)	夹具体安装面
		中等	0.8(1.0,1.25)	0.8(1.0,1.25)	夹具体安装面
		一般	1.6(2.0,2.5)	1.6(2.0,2.5)	夹具体安装面
	无相对运动安装夹具零件的基面	精确	0.4(0.5,0.63)	0.4(0.5,0.63)	安装元件的表面
		中等	1.6(2.0,2.5)	1.6(2.0,2.5)	安装元件的表面
		一般	3.2(4.0,5.0)	3.2(4.0,5.0)	安装元件的表面
圆柱面	有相对运动的配合表面	6	0.2(0.25,0.32)	0.2(0.25,0.32)	快换钻套、手动定位销
		7	0.2(0.25,0.32)	0.4(0.5,0.63)	导向销
		8,9	0.4(0.5,0.63)	0.4(0.5,0.63)	衬套定位销
		11	1.6(2.0,2.5)	1.6(2.0,2.5)	转动轴颈
	有相对运动的配合表面	7	0.4(0.5,0.63)	0.8(1.0,1.25)	圆柱销
		8,9	0.8(1.0,1.25)	1.6(2.0,2.5)	手柄
		自由	3.2(4.0,5.0)	3.2(4.0,5.0)	活动手柄、压板

续表

表面形状	表面名称	精度等级	外圆和外侧面	内孔和内侧面	举　例
			夹具零件主要表面的粗糙度(Ra)/μm		
锥形表面	顶尖孔	精确	0.4(0.5,0.63)	0.4(0.5,0.63)	顶尖、顶尖孔、铰链侧面
		一般	1.6(2.0,2.5)	1.6(2.0,2.5)	导向定位元件导向部分
	无相对运动安装锥柄刀具	精确	0.2(0.25,0.32)	0.4(0.5,0.63)	工具圆锥
		一般	0.4(0.5,0.63)	0.8(1.0,1.25)	弹簧夹头、圆锥销、轴
	固定紧固用		0.4(0.5,0.63)	0.8(1.0,1.25)	锥面锁紧表面
紧固表面	螺钉头部		3.2(4.0,5.0)	3.2(4.0,5.0)	螺栓、螺钉
	插件的内孔面		6.3(8.0,10.0)	6.3(8.0,10.0)	压板孔
密封性配合	有相对运动		0.1(0.125,0.16)	0.1(0.125,0.16)	缸体内表面
	软垫圈		1.6(2.0,2.5)	1.6(2.0,2.5)	缸盖端面
	金属垫圈		0.8(1.0,1.25)	0.8(1.0,1.25)	缸盖端面
定位平面		精确	0.4(0.5,0.63)	0.4(0.5,0.63)	定位件工作表面
		一般	1.6(2.0,2.5)	1.6(2.0,2.5)	定位件工作表面
孔面	径向轴承	D、E	0.4(0.5,0.63)	0.4(0.5,0.63)	安装轴承内孔
	径向轴承	D、E	0.8(1.0,1.25)	0.8(1.0,1.25)	安装轴承内孔
	滚针轴承		0.4(0.5,0.63)	0.4(0.5,0.63)	安装轴承内孔
端面	推力轴承		1.6(2.0,2.5)	1.6(2.0,2.5)	安装推力轴承端面
刮研平面	20～25点/(25mm×25mm)		0.05(0.063,0.080)	0.05(0.063,0.080)	结合面

第8章 各类机床夹具的典型结构及其设计要点

内容摘要

本章主要介绍各类机床夹具的分类、典型结构及其设计特点，并且列举了国内外机床夹具设计的众多优秀范例。

8.1 车床类夹具

8.1.1 车床类夹具的分类

车床主要用于加工零件的内、外圆柱面，圆锥面，回转成形面，螺纹以及端平面等。上述各种表面都是围绕机床主轴的旋转轴线而形成的。内圆磨床和外圆磨床也是一样。因此，可以车床夹具为例加以讨论。根据加工特点和夹具在机床上安装的位置，将车床夹具分为两种基本类型。

① 安装在车床主轴上的夹具。这类夹具中，除了各种卡盘、顶尖等通用夹具或其他机床附件外，往往根据加工的需要设计各种心轴或其他专用夹具，加工时夹具随机床主轴一起旋转，切削刀具做进给运动。

② 安装在拖板或床身上的夹具。对于某些形状不规则和尺寸较大的工件，常常把夹具安装在车床拖板上，刀具则安装在车床主轴上做旋转运动，夹具做进给运动。加工回转成形面的靠模属于此类夹具。

车床夹具按使用范围，可分为通用车夹具、专用车夹具和组合夹具三类。

生产中需要设计且用得较多的是安装在车床主轴上的各种夹具，故下面只介绍该类夹具的结构特点。

8.1.2 车床常用通用夹具的结构

(1) 三爪自定心卡盘

三爪自定心卡盘的三个卡爪是同步运动的，能自动定心，工件装夹后一般不需找正，装夹工件方便、省时，但夹紧力不太大，所以仅适用于装夹外形规则的中、小型工件，其结构如图8-1所示。

为了扩大三爪自定心卡盘的使用范围，可将卡盘上的三个卡爪换下来，装上专用卡爪，变为专用的三爪自定心卡盘。

(2) 四爪单动卡盘

由于四爪单动卡盘的四个卡爪各自独立运动，因此工件装夹时必须将加工部分的旋转中心找正到与车床主轴旋转中心重合后才可车削。四爪单动卡盘找正比较费时，但夹紧力较大，所以适用于装夹大型或形状不规则的工件。四爪单动卡盘可装成正爪或反爪两种形式，反爪用来装夹直径较大的工件。

图 8-2 是四爪单动卡盘上用 V 形架固定元件的方法，调好中心后，用三爪固定一个 V 形架，只用第四个卡爪夹紧和松开元件。

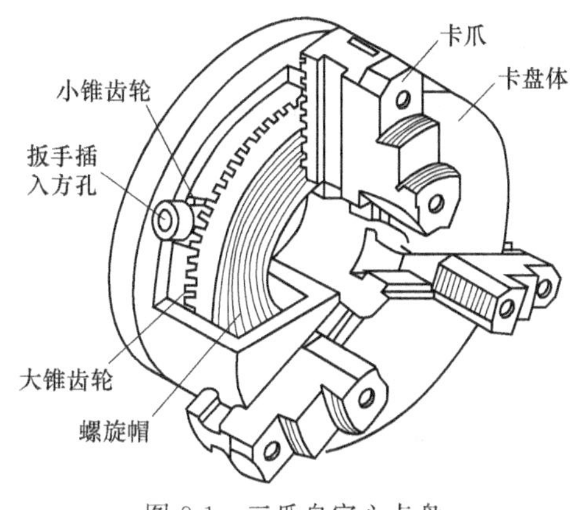

图 8-1　三爪自定心卡盘

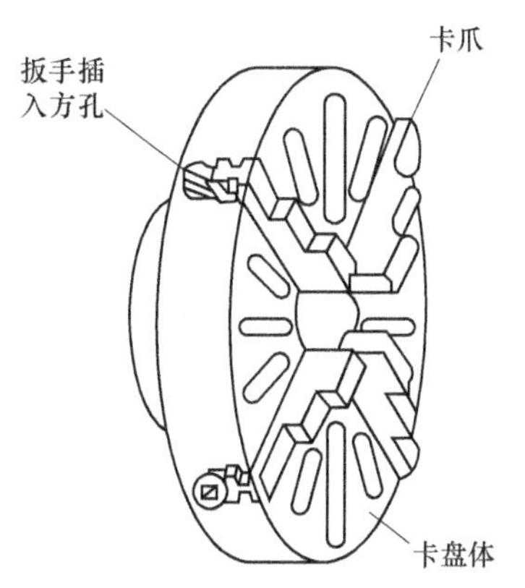

图 8-2　四爪单动卡盘

（3）拨动顶尖

为了缩短装夹时间，可采用内、外拨动顶尖，如图 8-3 所示。这种顶尖的锥面上的齿能嵌入工件，拨动工件旋转。圆锥角一般采用 60°，硬度为 58～60HRC。图 8-3（a）为外拨动顶尖，用于装夹套类工件，它能在一次装夹中加工外圆。图 8-3（b）为内拨动顶尖，用于装夹轴类工件。

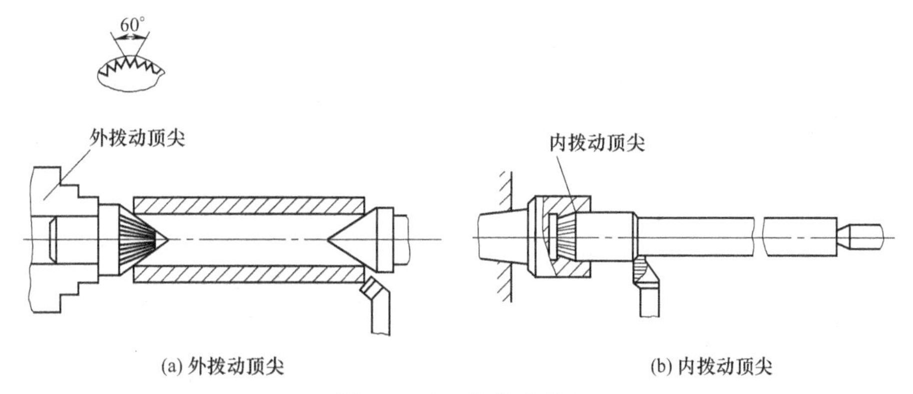

(a) 外拨动顶尖　(b) 内拨动顶尖

图 8-3　内、外拨动顶尖

端面拨动顶尖：这种前顶尖装夹工件时，利用端面拨动爪带动工件旋转，工件仍以中心孔定位。这种顶尖的优点是能快速装夹工件，并在一次安装中加工出全部外表面。适用于装夹外径为 ϕ50～150mm 的工件，其结构如图 8-4 所示。

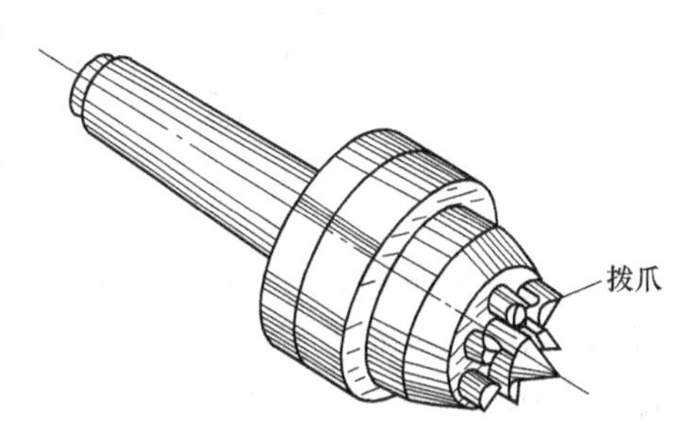

图 8-4　端面拨动顶尖

8.1.3　车床专用夹具的典型结构

（1）心轴类车床夹具

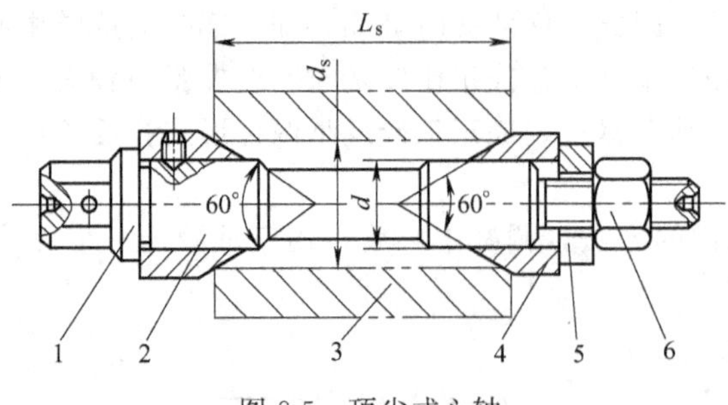

图 8-5　顶尖式心轴
1—轴肩；2—心轴；3—工件；4—顶尖；5—垫圈；6—螺母

心轴宜用于以孔作定位基准的工件，由于结构简单而常采用。按照与机床主轴的连接方式，心轴可分为顶尖式心轴和锥柄式心轴。

图 8-5 为顶尖式心轴，工件以孔口 60°角定位车削外圆表面。当旋转螺母 6，活动顶尖套 4 左移，从而使工件定心夹紧。顶尖式心轴结构简单、夹紧可靠、操作方便，适用于加工内、外圆无同轴度要求、或只需加工外圆的套筒类零件。被加工工件的内径 d_s 一般在 32～100mm 范围内，长度 L_s 在 120～780mm 范围内。

图 8-6 为锥柄式心轴，仅能加工短的套筒或盘状工件。锥柄式心轴应和机床主轴锥孔的锥度相一致。锥柄尾部的螺纹孔是当承受力较大时用拉杆拉紧心轴用的。

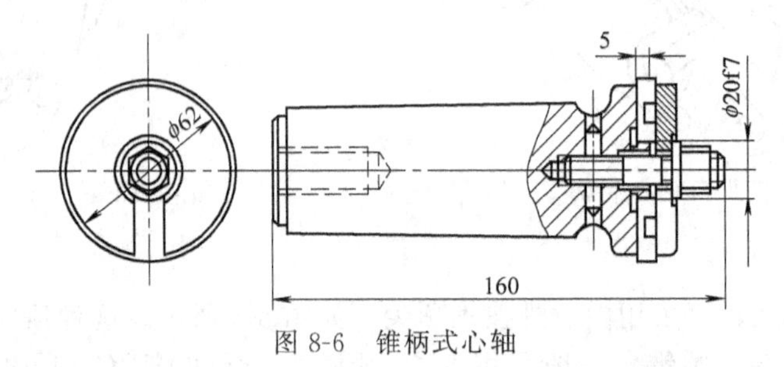

图 8-6　锥柄式心轴

(2) 角铁式车床夹具

角铁式车床夹具的结构特点是具有类似角铁的夹具体。它常用于加工壳体、支座、接头等零件上的圆柱面及端面。

如图 8-7 所示的夹具，工件以一平面和两孔为基准，在夹具倾斜的定位面和两个销子上定位，用两只钩形压板夹紧，被加工表面是孔和端面。为了便于在加工过程中检验所切端面的尺寸，靠近加工面处设计有测量基准面。此外，夹具上还装有配重和防护罩。

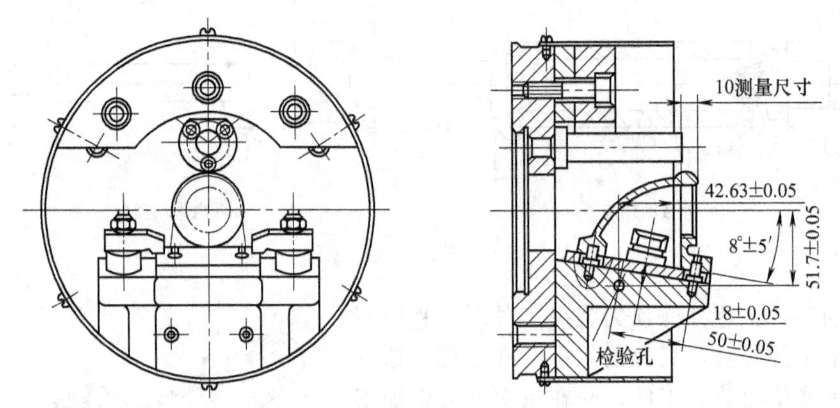

图 8-7　角铁式车床夹具

如图 8-8 所示的夹具是用来加工气门杆的端面，由于该工件是以细的外圆柱面为基准，这就很难采用自动定心装置，于是夹具就采用半圆孔定位，所以夹具体必然成角铁状。为了使夹具平衡，该夹具采用了在重的一侧钻平衡孔的办法。

由此可见，角铁式车床夹具主要应用于两种情况：第一是形状较特殊，被加工表面的轴线

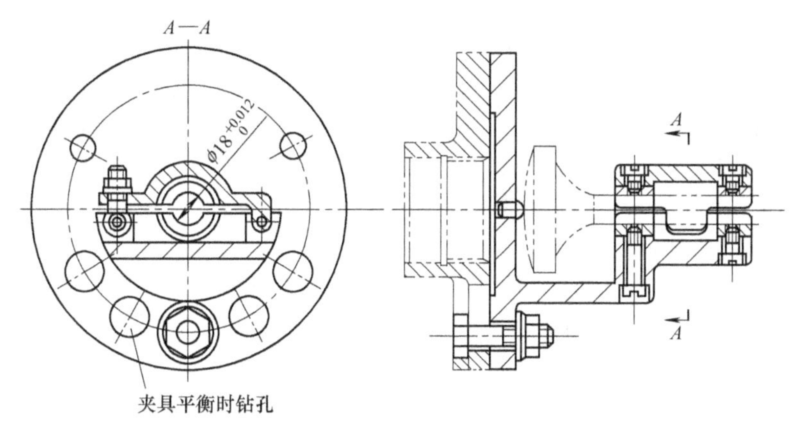

图 8-8　车气门杆的角铁式夹具

要求与定位基准面平行或成一定角度；第二是工件的形状虽不特殊，但却不宜设计成对称式夹具时，也可采用角铁式结构。

（3）花盘式车床夹具

花盘式车床夹具的基本特征是夹具体为一个大圆盘形零件，见图 8-9。在花盘式夹具上加工的工件一般形状都比较复杂，工件的定位基准大多为圆柱面和与其垂直的端面，因而夹具对工件多数也是端面定位和轴向夹紧的。

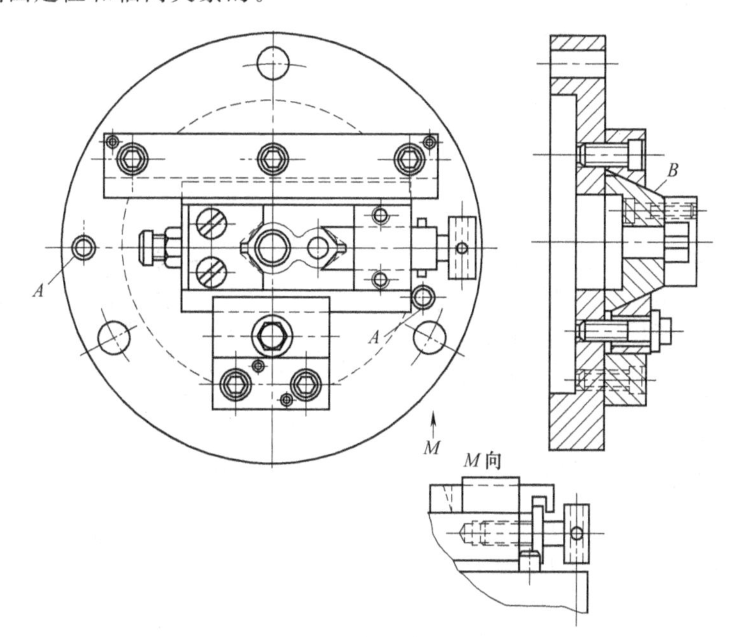

图 8-9　花盘式车床夹具

8.1.4　车床夹具的设计特点

① 因为整个车床夹具随机床主轴一起高速回转，所以要求它结构紧凑，轮廓尺寸尽可能小，重量要尽量轻，重心尽可能靠近回转轴线，以减小惯性力和回转力矩。

夹具悬伸长度 L 与其外廓直径尺寸 D 之比，可参照以下数值选取：

对直径在 150mm 以内的夹具，$L/D \leqslant 1.25$；

对直径在 150～300mm 间的夹具，$L/D \leqslant 0.9$；

对直径大于 300mm 的夹具，$L/D \leqslant 0.6$。

② 应有消除回转中的不平衡现象的平衡措施，以避免振动以及振动对加工质量和刀具寿命的影响，减少主轴轴承的不正常磨损等。一般设置配置块或减重孔以消除不平衡。

③ 夹紧装置除应使夹紧迅速、可靠外，还应注意夹具旋转惯性力可能使夹紧力有减小的趋势，应防止回转过程中夹紧元件松脱。

④ 与主轴连接部分是夹具的定位基准，应有较准确的圆柱孔（或圆锥孔），其结构形式和尺寸依照具体使用的机床而定。

⑤ 为使夹具使用安全，夹具上的定位、夹紧元件及其他装置不应大于夹具体的回转直径，靠近夹具体外缘的元件，应尽可能避免有尖角或凸起部分，必要时回转部分外面可加防护罩。夹紧力要足够大，自锁可靠。

⑥ 当主轴有高速旋转、急刹车等情况时，夹具与主轴之间的连接应有防松装置。

⑦ 夹具结构应便于对工件进行测量，还应便于清理和排除切屑。

8.1.5 车床夹具设计实例

8.1.5.1 心轴类车床夹具

（1）薄壁件弹性定心车夹具

① 夹具结构（图 8-10）

② 使用说明。该夹具以莫氏锥柄装于车床主轴锥孔中，车削薄壁套端面和外圆。

工件以阶梯内孔及端面在弹簧夹头 2 和基体 1 端面上定位。

使用时，拧动螺母 4，通过滑套 3 和弹簧夹头 2，将工件定心、夹紧。

（2）盖板孔离心车夹具

① 夹具结构（图 8-11）

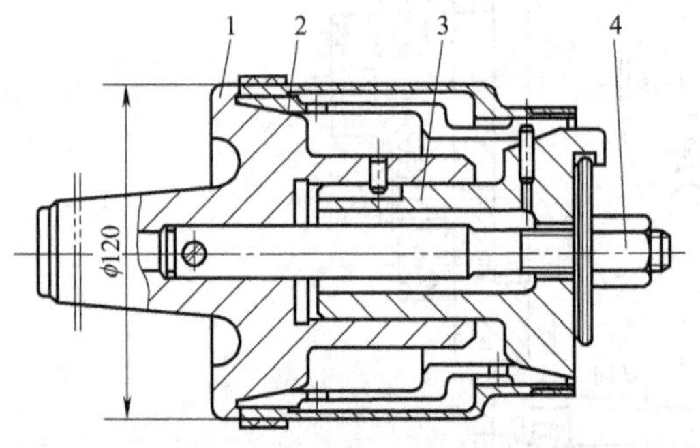

图 8-10 薄壁套弹性定心车夹具

1—基体；2—弹簧夹头；3—滑套；4—螺母

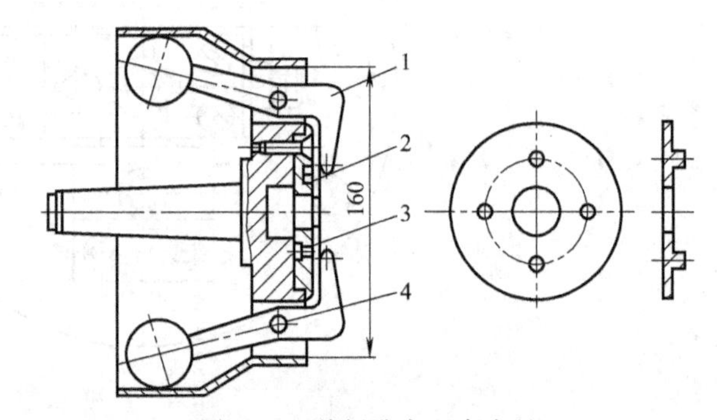

图 8-11 盖板孔离心车夹具

1—卡爪；2—定位盘；3—挡销；4—轴销

② 使用说明。该夹具用于普通车床，以莫氏锥柄装于主轴孔中，车削扬声器上盖板的内孔。

工件以端面和四个小凸台组成的外圆在定位盘 2 的端面、环形槽和挡销 3 上定位。

开车后，夹紧卡爪 1 的球体随主轴旋转产生离心力，卡爪 1 绕轴销 4 摆动而自动夹紧工件。

（3）双向胀紧弹性心轴

① 夹具结构（图 8-12）

② 使用说明。工件以精加工过的内孔及端面在弹性套和本体上定位。

当拉杆 1 左移时，弹性套将工件定心并胀紧，拉杆 1 右移时，前挡块 3 使弹性套复原，工件被松开。后挡块防止弹性套 4 从本体上脱落。

（4）液性塑料心轴

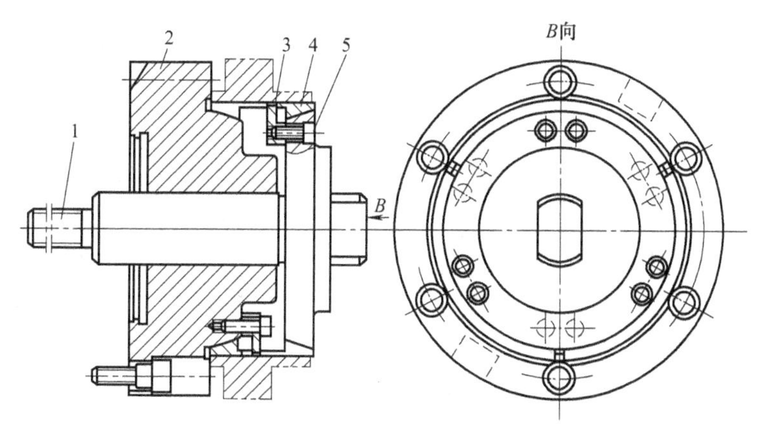

图 8-12 双向胀紧弹性心轴

1—拉杆；2—本体；3—前挡块；4—弹性套；5—后挡块

① 夹具结构（图 8-13）

② 使用说明。工件以内孔及端面在心轴上定位。转动有内六角的加压螺钉，推动柱塞加压，工件便自动定心夹紧。由于工件上有盲孔，为了装卸工件方便，心轴上设计有通气孔。

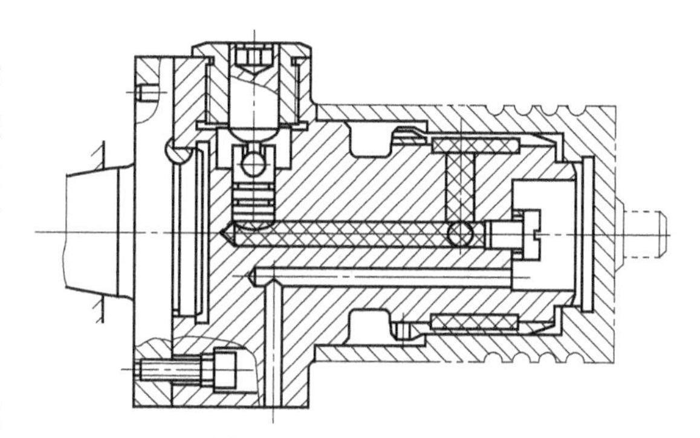

图 8-13 液性塑料心轴

（5）波纹套定心心轴

① 夹具结构（图 8-14）

② 使用说明。工件以内孔及端面为定位基准，在定位盘 3 和波纹套 2 上定位，并用键 4 传递扭矩。当拉杆 1 左移时，波纹套 2 被压缩，从而使工件定心并且被夹紧。

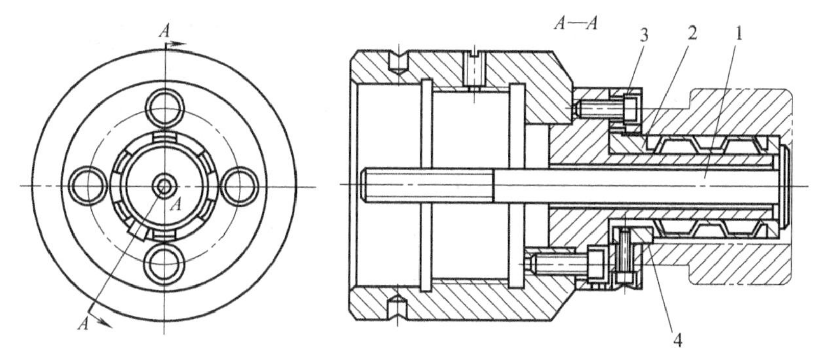

图 8-14 波纹套定心心轴

1—拉杆；2—波纹套；3—定位盘；4—键

（6）弹簧夹头

① 夹具结构（图 8-15）

② 使用说明。夹头与车床主轴法兰盘连接，当转动带有内齿轮的手轮 2 时，经过两对中间齿轮 3 和 4，转动与弹簧夹头尾部螺纹连接的有内螺纹的齿轮 5，使弹簧夹头 1 产生轴向位移，完成弹簧夹头的夹紧和松开动作。为了减少摩擦，齿轮螺母端面装有平面止推轴承 6。这种弹簧夹头一般用于夹紧力要求不是很大的场合。

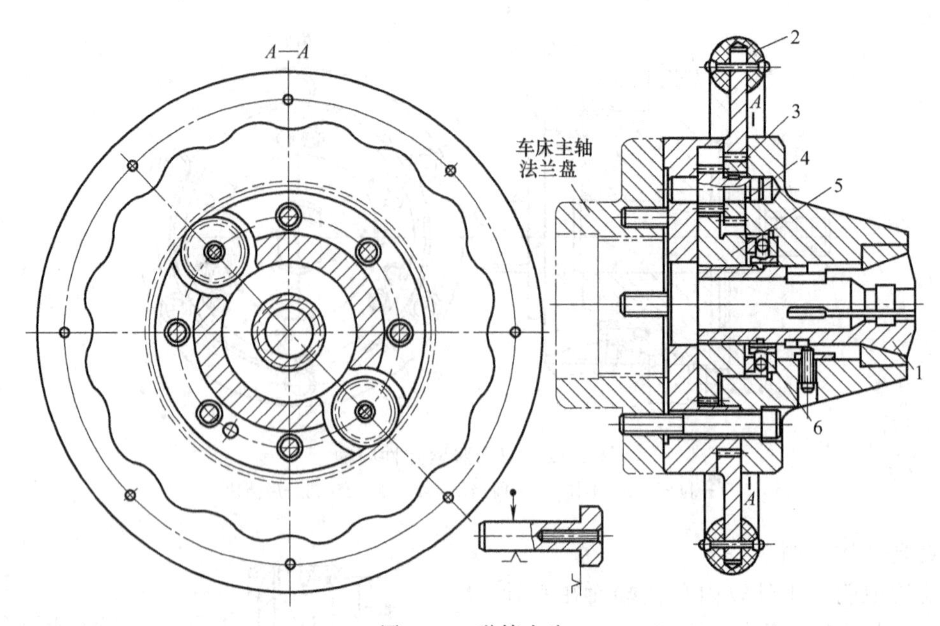

图 8-15 弹簧夹头

1—弹簧夹头；2—手轮；3～5—齿轮；6—平面止推轴承

8.1.5.2 卡盘类车床夹具

(1) 四爪定心夹紧车夹具

① 夹具结构（图 8-16）

② 使用说明。本夹具用于车床上加工汽车前钢板弹簧支架的内孔凸台和端面。

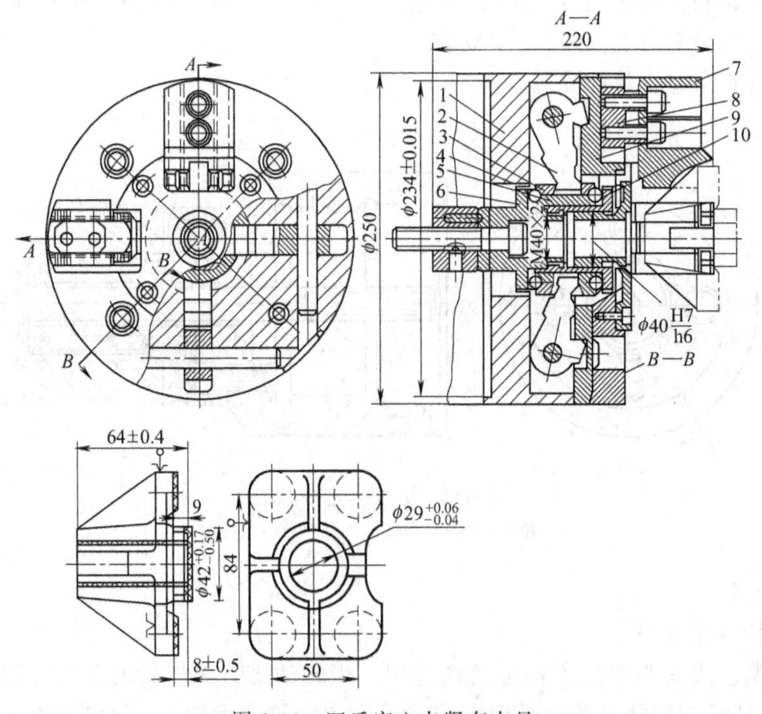

图 8-16 四爪定心夹紧车夹具

1—夹具体；2—杠杆；3—外锥套；4—钢球；5—内锥套；6—连接套；
7—可换卡爪；8—连接块；9—卡爪；10—压套

工件以后端面靠在可换卡爪内端面上，由另外四个侧面与四个卡爪接触定心夹紧。

当拉杆螺钉由气缸活塞杆带动左拉时，通过连接套6带动压套10左移，推动钢球4、外锥套3，使上下两杠杆2绕固定支点摆动，拨动上下两可换卡爪7同时向中心移动夹住工件；此时，外锥套3停止移动，由于压套10继续左移，迫使钢球4沿外锥套斜面向内滑动，压向内锥套5，迫使内锥套左移，从而左右两可换卡爪亦向中心移动，四卡爪同时定心并夹紧工件。

(2) 水泵壳体镗孔车夹具

① 夹具结构（图8-17）

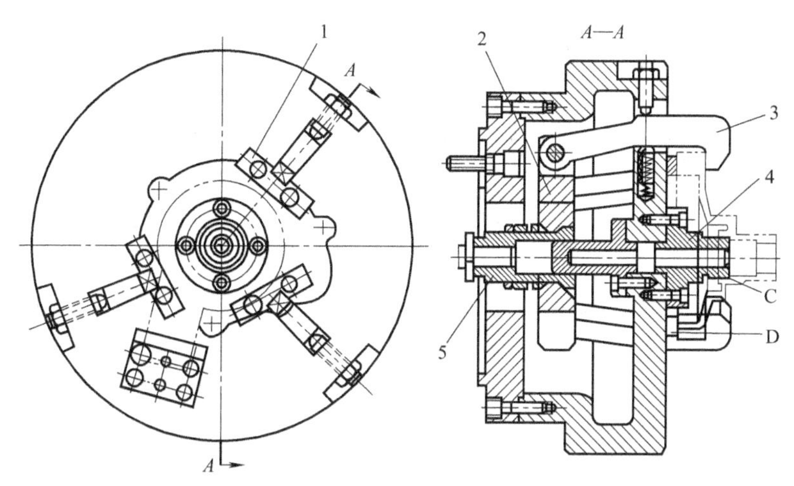

图8-17 水泵壳体镗孔车夹具

1—支承板；2—连接盘；3—夹爪；4—定位心轴；5—连接套

② 使用说明。本夹具用于加工水泵壳体。工件以孔C和端面D为基准，靠夹具定位心轴4及支承板1定位。用气动或液压装置向左拉动连接套5和连接盘2，带动三个夹爪3同时压紧工件。松开时夹爪可以自动张开。

(3) 车削万向节叉外圆和端面的卡盘

① 夹具结构（图8-18）

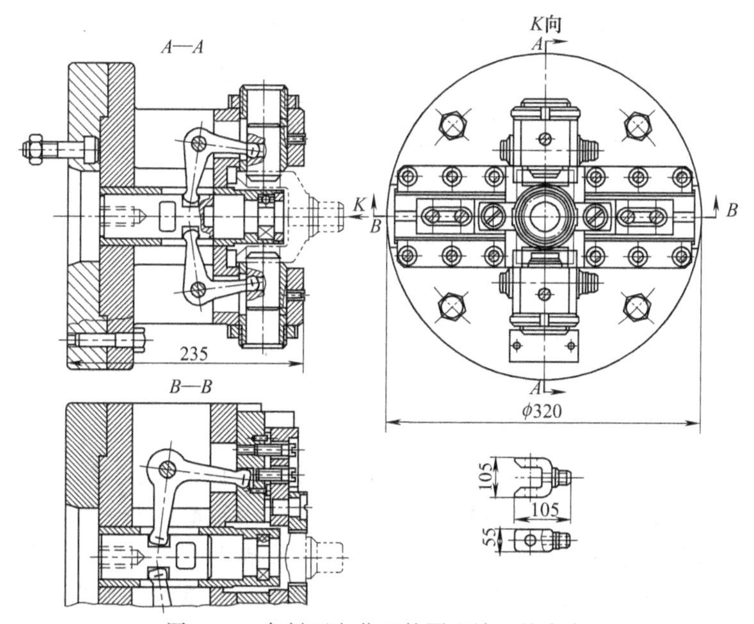

图8-18 车削万向节叉外圆和端面的卡盘

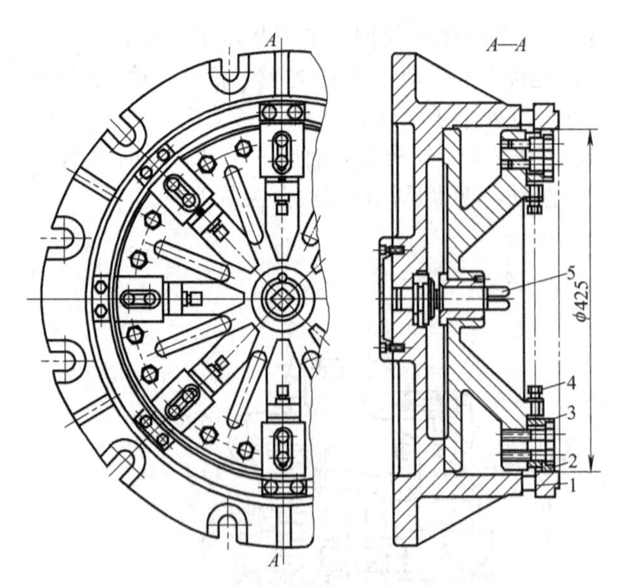

图 8-19 弹性薄壁夹盘
1—支承板；2—卡爪；3—弹性薄壁盘；4,5—螺钉

② 使用说明。工件安装在套筒的支承平面上并靠紧支承板的平面。在活塞杆向左运动时，两个柱塞在杠杆的作用下，与工件耳孔配合定位。夹爪在另一对杠杆的作用下，将工件定心、夹紧。夹具中心套中的滚动轴承为支承刀杆用。

为安全起见，卡盘在工作时应加外罩。

(4) 弹性薄壁夹盘

① 夹具结构（图 8-19）

② 使用说明。该夹具用于立式车床上加工环形工件。

工件以内孔的端面定位。使用时，拧紧螺钉 5，弹性薄壁盘 3 变形，使其 8 个卡爪 2 张开而夹紧工件。每个卡爪上开有长孔，可通过螺钉 4 的调节，以保证 8 个卡爪的夹持面位于同一圆周上。根据不同直径的工件，可以更换卡爪 2 和支承板 1。

(5) 不停车夹具

① 夹具结构（图 8-20）

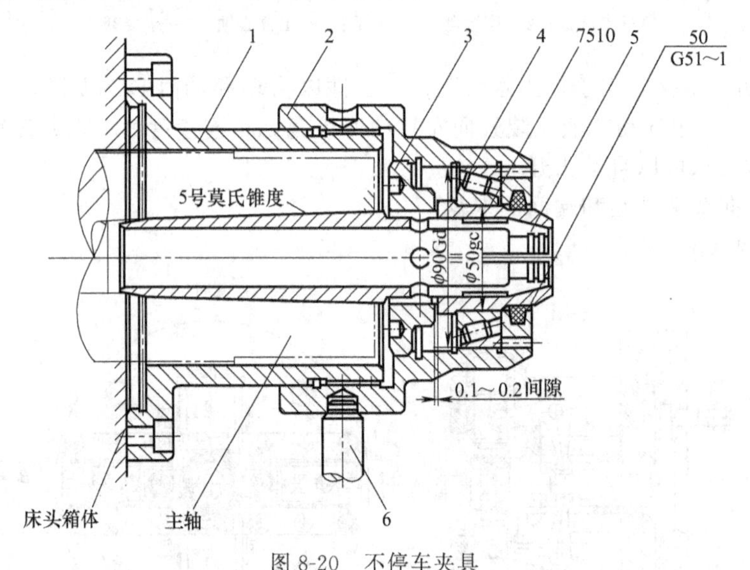

图 8-20 不停车夹具
1—外壳；2—止推套；3—螺纹挡圈；4—内锥套；5—弹簧夹头；6—手柄

② 使用说明。本夹具由外壳 1、止推套 2、螺纹挡圈 3，内锥套 4、弹簧夹头 5 等主要零件组成，适用于 C6140 车床。安装前，将车床上的三爪卡盘及法兰盘卸下，然后装上外壳 1，即利用原车床轴承挡圈之凸台定位，并借车床上四个 M10 的内六角螺钉固定在机床床头箱体上。弹簧夹头 5 插入车床主轴锥孔内。工作时，弹簧夹头 5、内锥套 4 与主轴同转，而外壳 1、螺纹挡圈 3、止推套 2 则固定不旋转。工件的夹紧是通过旋转止推套 2 以带动单列圆锥滚子轴承向主轴端移动，从而推动内锥套 4 来实现的。卸下工件时，只要反向旋转止推套 2，使螺纹挡圈 3 做轴向移动（离主轴端），从而推动内锥套 4，放松弹簧夹头。

(6) 内三爪卡盘

① 夹具结构（图 8-21）

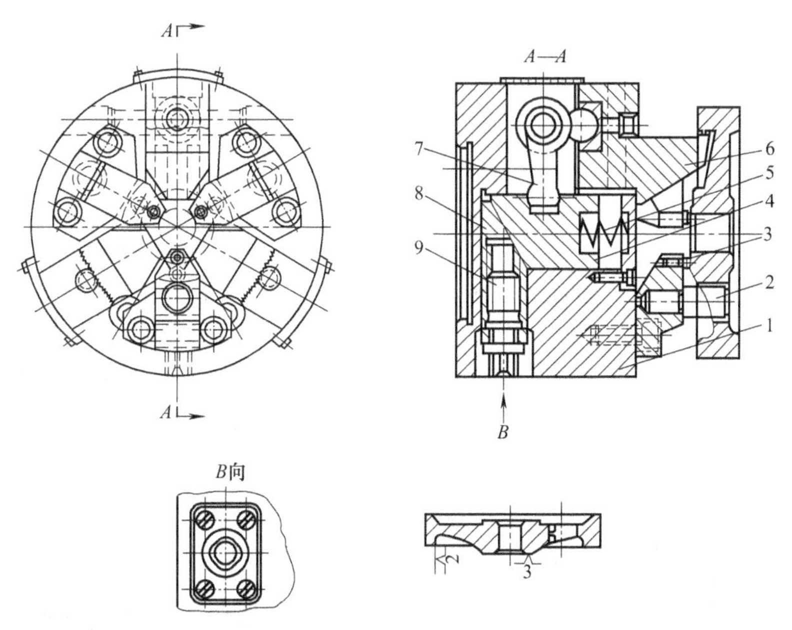

图 8-21　内三爪卡盘

1—夹具体；2—圆柱销；3—支承钉；4—斜块；5—弹簧；6—内卡爪；7—杠杆；8—楔块；9—螺栓

② 使用说明。该夹具加工齿轮内孔用夹具。

工件以内圆及待加工孔端面在内卡爪 6 及支承钉 3 和圆柱销 2 上定位，当用扳手转动螺栓 9 时，楔块 8 向心移动而迫使斜块 4 向右移动。由于杠杆 7 做逆时针转动而带动内卡爪向外移动，工件则被定心夹紧。当反向转动螺栓 9 时，弹簧 5 向左推回斜块 4 而放松工件。

(7) 轴瓦内孔气动液性塑料车夹具

① 夹具结构（图 8-22）

② 使用说明。该夹具用于普通车床上车削拖拉机连杆大头轴瓦内孔。

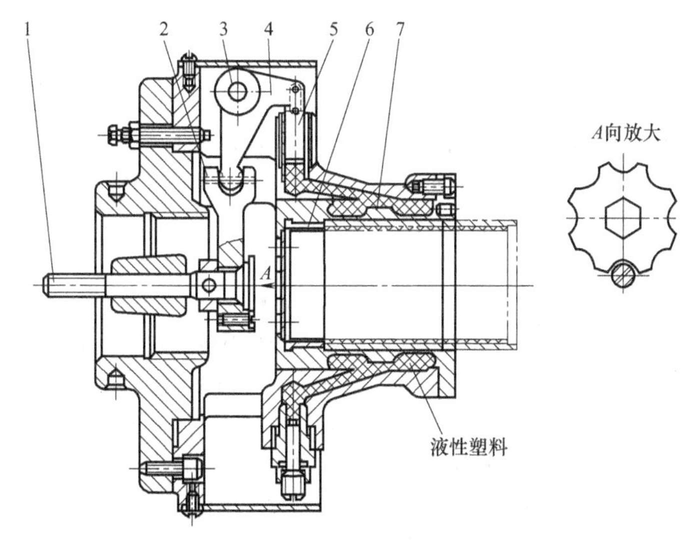

图 8-22　轴瓦内孔气动液性塑料车夹具

1—拉杆；2—拨杆；3—销；4—杠杆；5—柱塞；6—定位环；7—套筒

工件以端面和外圆在薄壁套筒 7 和定位环 6 上定位。

动力源使拉杆 1 左移，通过拨杆 2，使杠杆 4 绕销 3 摆动而压着柱塞 5 和液性塑料，迫使薄壁套筒 7 变形，将工件定心、夹紧。

该夹具装卸方便，定心精度高。

(8) 活塞内表面弹性车夹具

① 夹具结构（图 8-23）

② 使用说明。该夹具用于普通车床上车削活塞的内孔、槽及端面。

工件以端面和外圆在定位套 4 和过渡盘 3 上定位。

在定位套 4 与夹紧套 6 的三排滚针 5 与轴线有 1°42′的螺旋角，当顺时针转动带锥度的夹紧套 6 时，夹紧套 6 将同时沿滚针 5 形成的螺旋面左移，迫使定位套 4 收缩变形，从而将工件定心、夹紧。

该夹具装卸工件方便，定心精度高。螺钉 1、2 用于调整定位套 4 的端面及径向跳动。

(9) 气动不停车弹簧夹头

① 夹具结构（图 8-24）

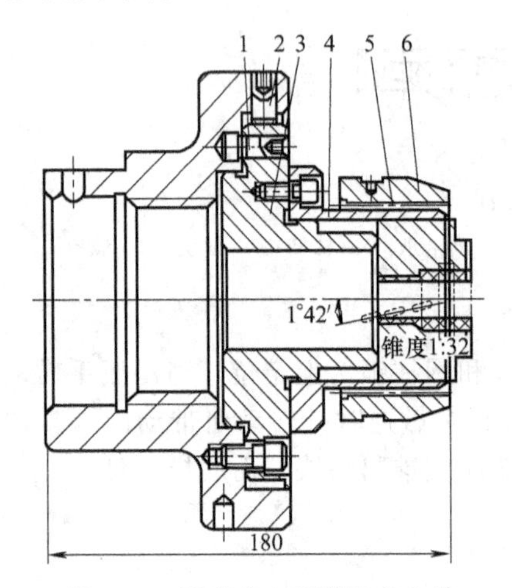

图 8-23 活塞内表面弹性车夹具
1,2—螺钉；3—过渡盘；4—定位套；
5—滚针；6—夹紧套

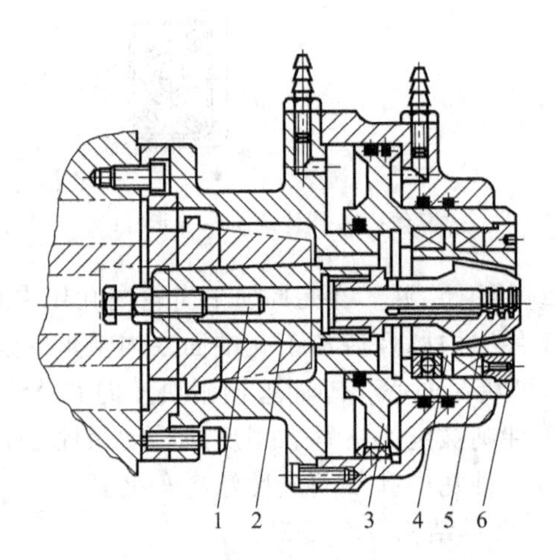

图 8-24 气动不停车弹簧夹头
1—定程杆；2—连接套；3—活塞；4—滑套；
5—筒夹；6—锁紧环

② 使用说明。筒夹 5 通过连接套 2 与机床主轴连接。滑套 4 通过一对推力轴承及锁紧环 6 固定在活塞 3 中。当滑套 4 随活塞做轴向移动时，其锥面迫使筒夹收缩（或张开）。件 1 为工件定程杆。

该夹具气缸固定，装卸工件方便。

(10) 车端面和镗孔回转夹具

① 夹具结构（图 8-25）

② 使用说明。工件以平面和两定位销 6 定位，然后用两块移动压板 1 压紧。夹具回转中心为 O_1，工件回转中心为 O_2。为了加工等距离的两个孔，在第一个孔加工结束后松开环形槽上的 T 形螺钉，拉出定位插销 5，将工件回转 180°，待定位锁紧后，再进行第二个孔的加工。压块 8 防止分度回转盘 7 松脱。铁块 2、3 是平衡重。车削工件端面时，为保证工件尺寸 26mm±0.05mm，用对刀柱 4 进行对刀。

(11) 立车夹具

① 夹具结构（图 8-26）

② 使用说明。工件以 $\phi530$ 止口及平面 N 定位，用三块压板 2 压紧。夹具的回转中心用

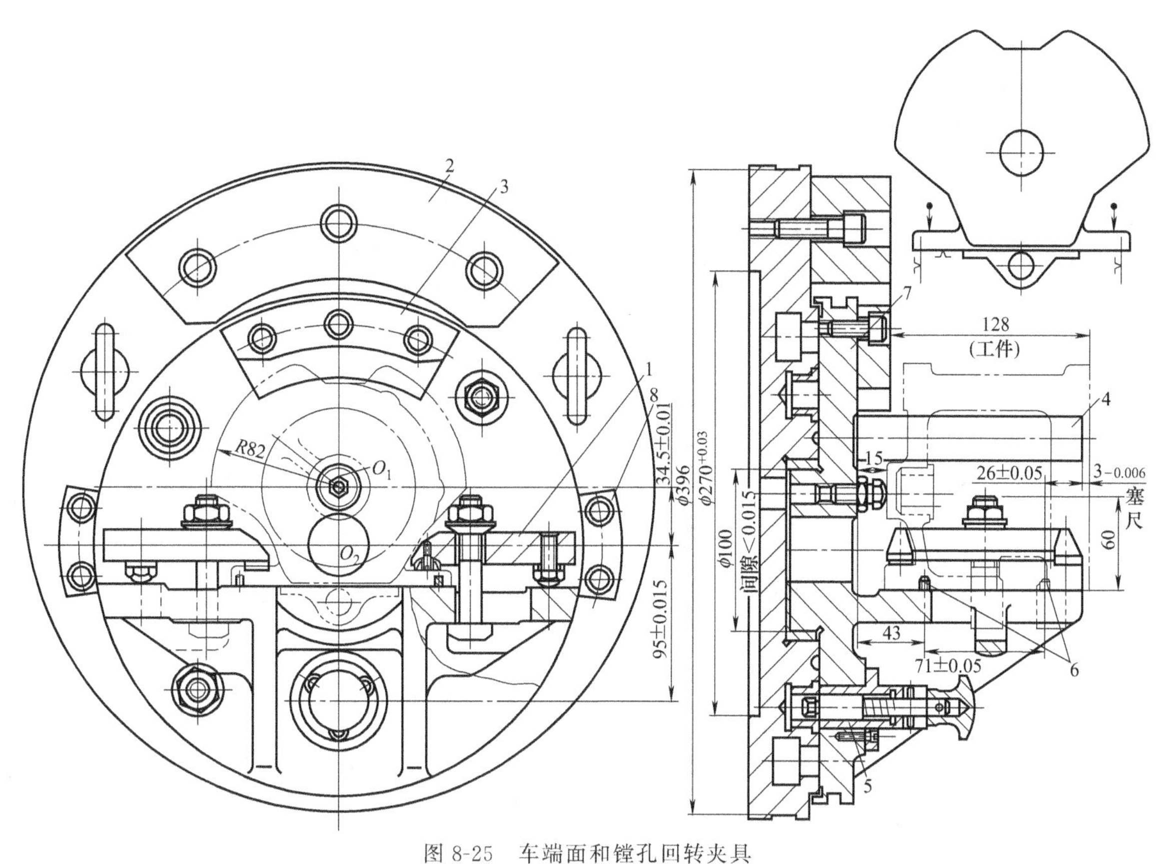

图 8-25　车端面和镗孔回转夹具

1—移动压板；2,3—平衡块；4—对刀柱；5—定位插销；6—定位销；7—分度回转盘；8—压块

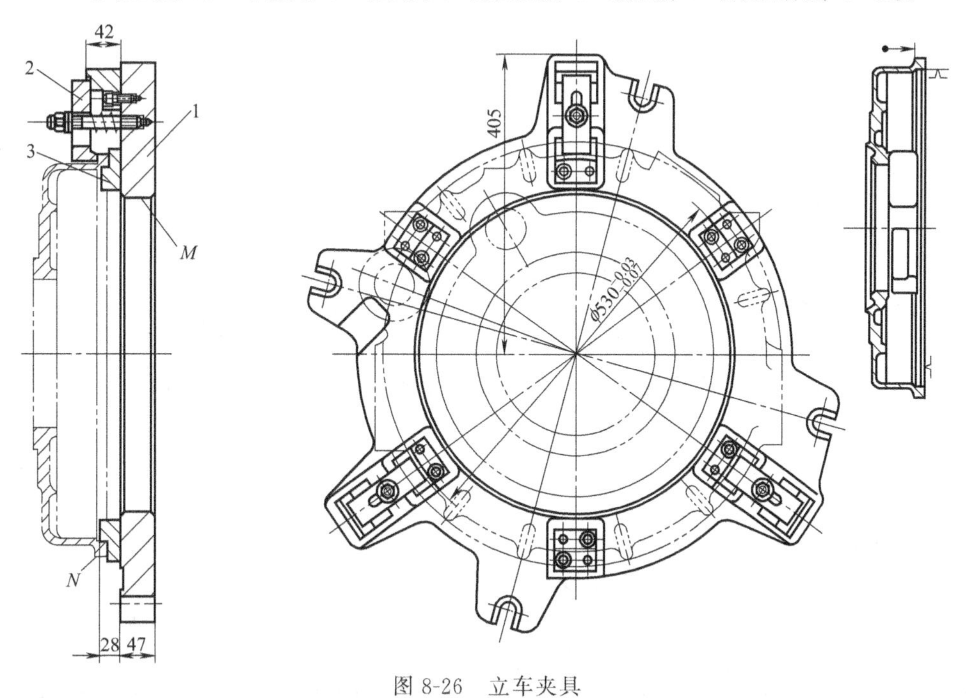

图 8-26　立车夹具

1—夹具体；2—压板；3—定位块

夹具体 1 的基准孔 M 校正。由于工件形状大，为减少定位面的接触面积，定位件做成六块单独的定位块 3。

8.1.5.3 角铁类车床夹具

（1）镗脱落蜗杆支架孔车夹具

① 夹具结构（图 8-27）

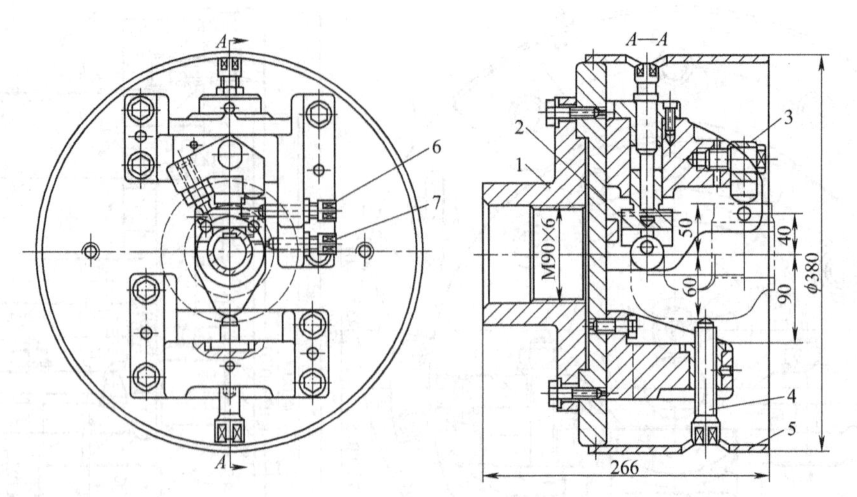

图 8-27 镗脱落蜗杆支架孔车夹具

1—法兰盘；2—V 形块；3—定位块；4—螺钉；5—防护罩；6,7—支承钉

② 使用说明。该夹具为在车床上镗 C630 脱落蜗杆支架 ϕ46H7 孔用夹具。工件以 ϕ35 外圆、端面和 ϕ65 外圆及凸台外形为定位基准，在 V 形块 2、定位块 3 及支承钉 6、7 上定位。拧螺钉 4，夹紧或松开工件。

夹具以过渡法兰盘 1 与机床主轴连接。为安全起见，设计有防护罩 5。

（2）车壳体零件夹具

① 夹具结构（图 8-28）

② 使用说明。本夹具用于车床上加工壳体上 ϕ145H10 孔及两端面。夹具体 2 通过过渡盘与机床主轴连接，并以基准套 5 的 ϕ35H7 孔和锥度心轴作为对机床主轴的安装基准。

工件以两个已加工的 ϕ11H8 孔及底平面为定位基准，在支承板 6、定位销 8 及菱形销 7 上定位。

工件定位后，拧紧两个球面厚螺母 12，两对钩形压板 11 通过杠杆 10 将工件分别在两处夹紧。当孔和一个端面加工完毕后，将工件翻转 180°重新定位、夹紧，即可加工另一端面。

测量板 4 与检验孔 ϕ16H7 中心保持尺寸 90mm±0.03mm，以控制工件两端面的对称性。

该夹具结构合理，加工质量稳定，装夹、调整方便，适用于批量不大而加工工件变换频繁的场合。

（3）方槽分度车夹具

① 夹具结构（图 8-29）

② 使用说明。该夹具用于车床上加工汽车十字轴上四个 $\phi16.3_{-0.012}^{\ 0}$mm、ϕ18mm 台阶外圆及其端面，夹具通过过渡盘与机床主轴相连接。

工件以三个外圆表面作为定位基准，分别在三个 V 形块 4 上定位，约束了六个自由度。为增加工件定位稳定性，另设置一辅助支承 5。

工件安放前，需将铰链支架 2 翻倒，工件定位后，翻上铰链支架，使铰链板 3 嵌入其槽中，然后拧紧螺钉 1。当工件一端加工完毕后，松开螺母 9，将转轴 6 提起离开分度块 8 之方槽。工件连同 V 形块等回转分度 90°，嵌入分度块的方槽中，再固紧螺母 9，即可依次加工另外三个轴颈。

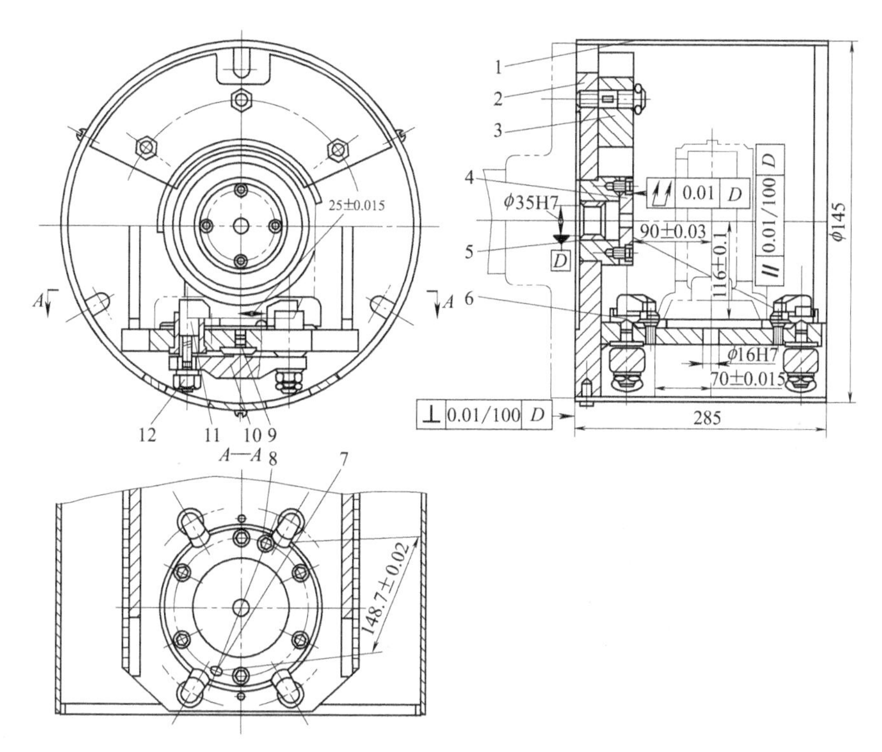

图 8-28 车壳体零件夹具

1—防护板；2—夹具体；3—平衡块；4—测量板；5—基准套；6—支承板；7—菱形销；8—定位销；9—支承销；10—杠杆；11—钩形压板；12—球面厚螺母

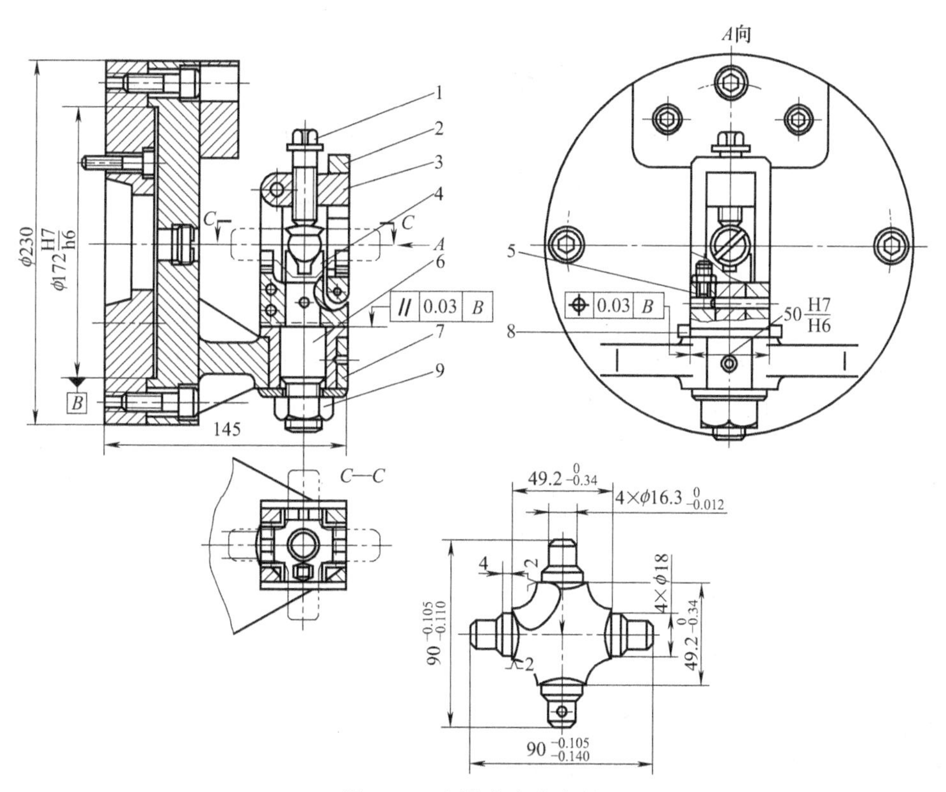

图 8-29 方槽分度车夹具

1—螺钉；2—铰链支架；3—铰链板；4—V形块；5—辅助支承；6—转轴；7—夹具体；8—分度块；9—螺母

为使工件安装时不致产生干涉，故将方形截面支架的中间部分做成圆弧形（见图 8-29 中 $C—C$）。

本夹具装夹迅速，分度简单、方便，适用于大批量生产。

8.1.5.4 花盘类车床夹具

（1）车削齿轮泵体两孔的车夹具

① 夹具结构（图 8-30）

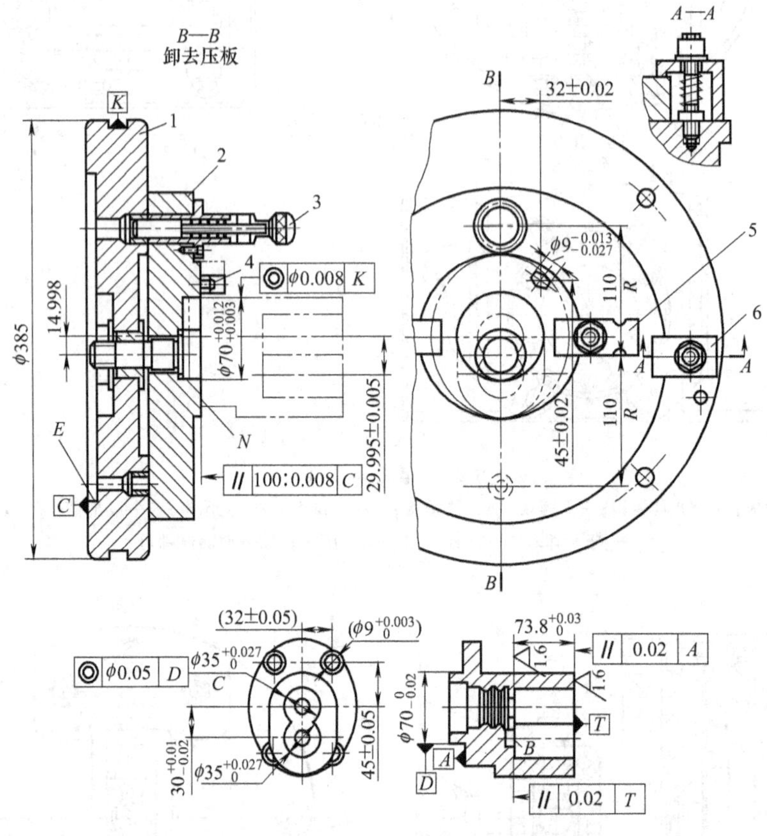

图 8-30 车削齿轮泵体两孔的车夹具

1—夹具体；2—转盘；3—对定销；4—削边销；5—螺旋压板；6—L 形压板

② 使用说明。该夹具用于车床上加工齿轮泵体上两个 ϕ35H7 的孔。

工件以端面 A、外圆 ϕ70mm 及角向小孔 $\phi 9^{+0.03}_{0}$ mm 为定位基准，夹具转盘上的 N 面、圆孔 ϕ70mm 和削边销 4 作为限位基面，用两副螺旋压板 5 压紧。转盘 2 则由两副 L 形压板 6 压紧在夹具体上。当第一个 ϕ35mm 孔加工好后，拔出对定销 3 并松开压板 6，将转盘连同工件一起回转 180°，对定销即在弹簧力作用下插入夹具体上另一分度孔中，再夹紧转盘后，即可加工第二孔。夹具利用本体上的止口 E 通过过渡盘与车床主轴连接，安装时可按找正圆 K 校正夹具与机床主轴的同轴度。

（2）镗输油泵两平行孔的车夹具

① 夹具结构（图 8-31）

② 使用说明。该夹具用于车床上加工输油泵两个 ϕ40H7 的孔。

工件以端面和两销孔为基准，在支承环 2 和两定位销上定位，采用钩形压板夹紧。为保证工件中心距尺寸，支承环 2 与夹具体 1 有 17.05mm±0.05mm 的偏心量。加工完一孔后，转位 180°即可加工另一孔。

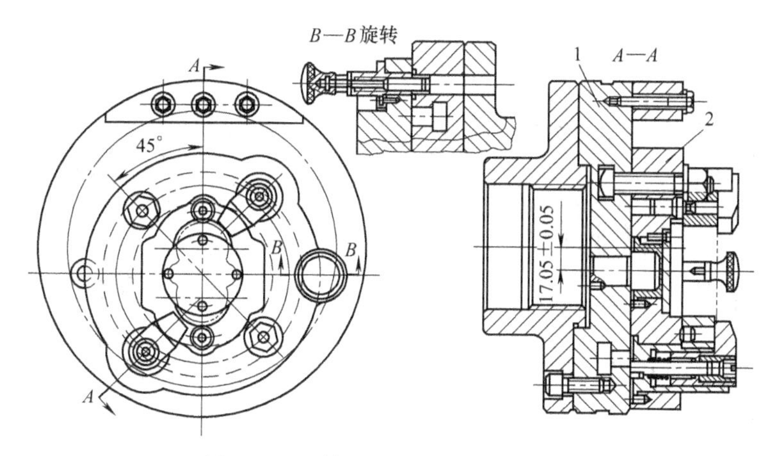

图 8-31 镗输油泵两平行孔的车夹具

1—夹具体；2—支承环

（3）镗机油泵壳体两平行孔的转位夹具

① 夹具结构（图 8-32）

② 使用说明。该夹具用于车床上镗柴油机机油泵体上的两平行孔。

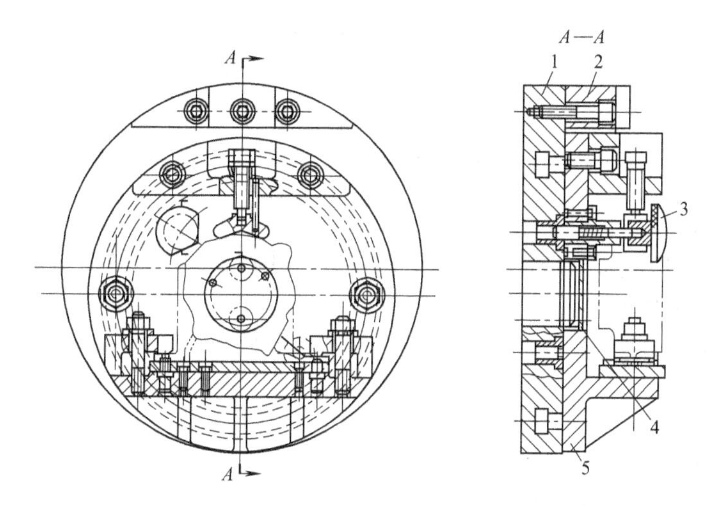

图 8-32 镗机油泵壳体两平行孔的转位夹具

1—过渡盘；2—配重块；3—对定销；4—防屑铁片；5—转盘

工件以底面和两孔定位，用两个转位压板及一个压块压紧。转盘 5 上有对定销 3，过渡盘 1 上有两个销孔。镗完一孔后，松开锁紧转盘的螺钉，拔出对定销 3，使转盘转动 180°，再将对定销插入另一销孔中，锁紧转盘，即可镗另一孔。件 4 为防屑铁片，件 2 为配重块。

8.1.5.5 其他车床夹具

（1）可调式车夹具

① 夹具结构（图 8-33）

② 使用说明。该夹具用来加工轴承架上 $\phi15^{+0.035}_{0}$mm 的圆孔。

工件以底面作为主要定位基准，上圆弧面为导向基准，后端面为止推基准，分别在夹具中定位板 5、活动 V 形块 3 及挡销 4 上定位。V 形块做成摆动式，使与工件前后两头都有良好接触，其位置度要求可用 $\phi26$mm 心轴检验。

工件的夹紧采用螺旋压板，其间装有球面垫圈以保证采压面接触可靠，并使双头螺栓免受

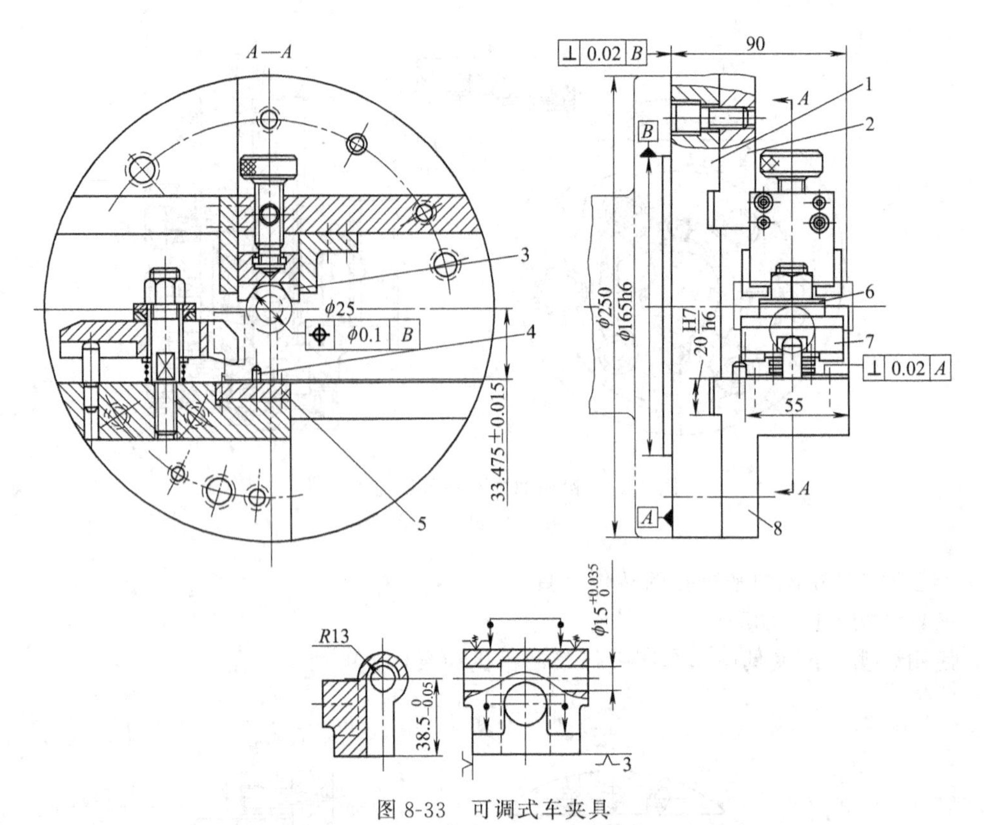

图 8-33 可调式车夹具

1—夹具体；2—上支承板；3—活动 V 形块；4—挡销；5—定位板；6—球面垫圈；7—压板；8—下支承板

弯曲力矩，压板中间开有长槽使工件装卸方便。

为了使同类型不同规格工件都能使用本夹具，夹具体 1 上开有两条通槽，使上、下支承板 2、8 能在槽中调节左右位置。

本夹具结构简单，操作方便，并可更换或调整其中某些元件，以适应多品种中小批量生产的需要。

（2）固定式车夹具

① 夹具结构（图 8-34）

② 使用说明。该夹具用于车床上镗削柱塞泵体圆周上七个均布 ϕ19mm±0.08mm 柱塞孔。此夹具的安装不同于一般的车床夹具，而是将刀具安装在机床主轴锥孔中，夹具则安装在车床中拖板上（拆去刀架和小拖板等），以三个螺钉 2 调整水平位置，并以四个 T 形螺栓 1 固定于中拖板 T 形槽中，使检验心轴保证与床身导轨平行且与机床主轴相距 28.5mm±0.03mm；其横向位置则可移动中拖板加以调整，然后锁紧。

该夹具结构简单，操作方便、安全，特别适用于工件形状不规则或不宜装在机床主轴上进行加工的车床夹具。

（3）弹性盘车夹具

① 夹具结构（图 8-35）

② 使用说明。夹具体安装于机床主轴上，杆 1 与机床主轴尾部的拉紧油缸相连接。油缸带动杆 1 拉紧伞形弹性盘 2，使其产生变形向外胀开，从而夹紧工件。油缸复位后弹性盘复原，松开工件。

（4）斜楔式车磨夹具

① 夹具结构（图 8-36）

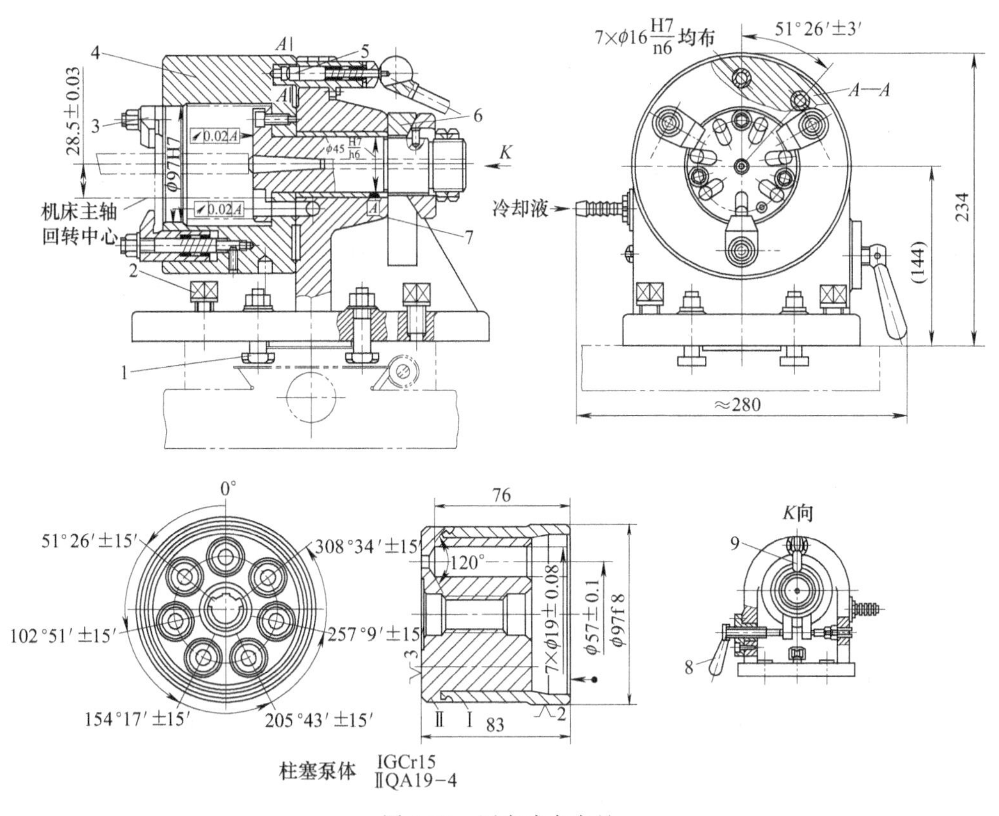

图 8-34　固定式车夹具

1—T形螺栓；2—螺钉；3—钩形压板；4—回转体；5—对定销；6—锁紧环；7—夹具体；8—锁紧手柄；9—偏心手柄

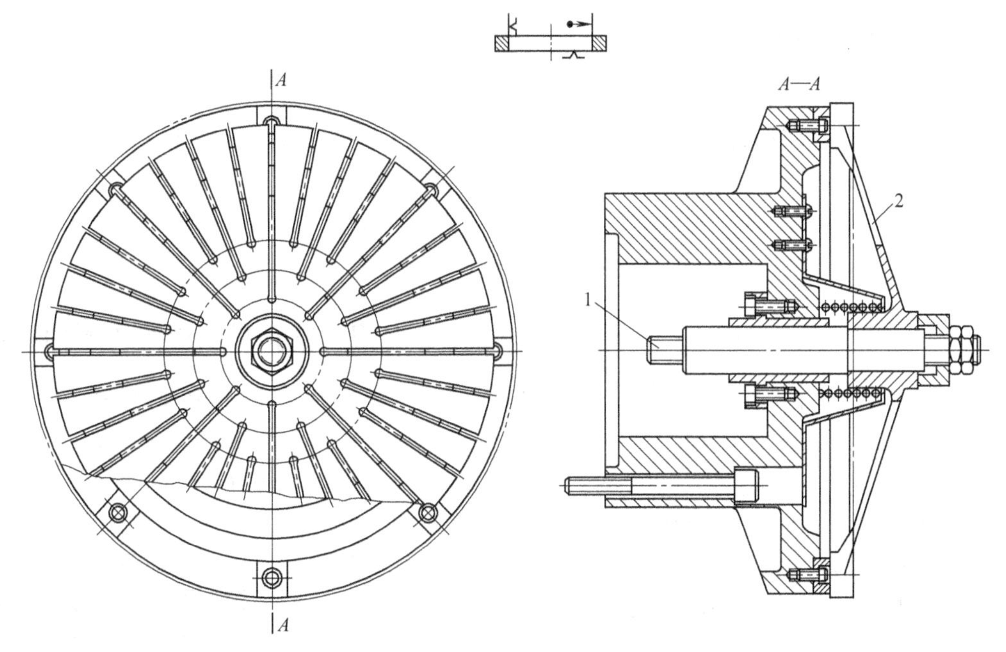

图 8-35　弹性盘车夹具

1—杆；2—伞形弹性盘

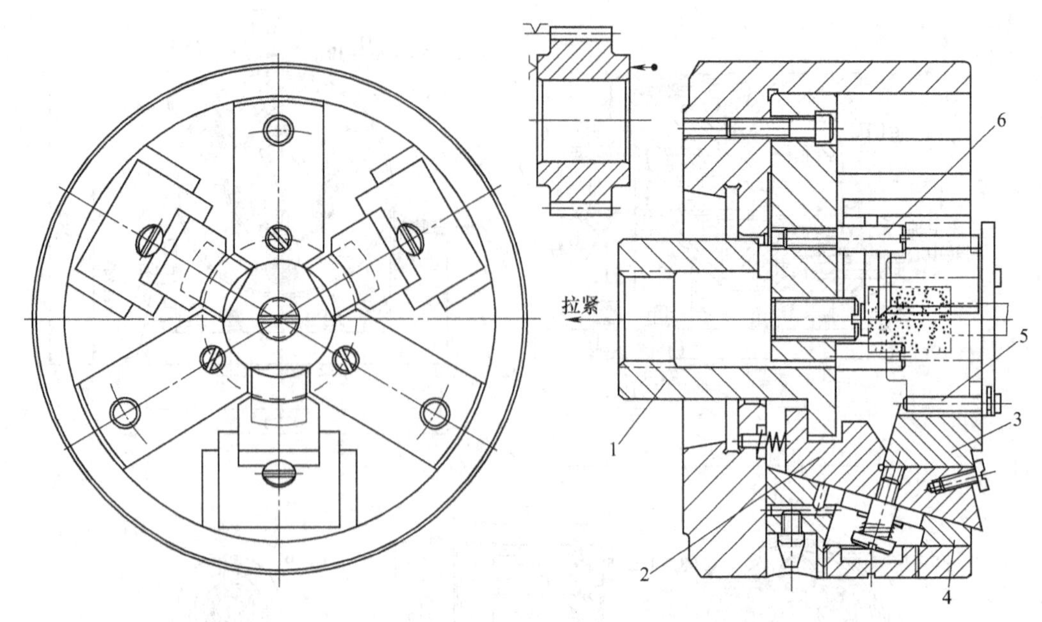

图 8-36 斜楔式车磨夹具

② 使用说明。工件（齿轮）以端面在同一平面内的三个支承钉 6 以及齿面与三个直径相等的定位滚柱 5 定位，当气缸拉杆向左拉动套筒 1 时，使三个斜块 2 与卡爪 3 一起向左移动。由于斜块与斜块座 4 之间的斜面作用，使定位滚柱产生径向移动，从而使工件夹紧并定位。

8.2 铣床类夹具

8.2.1 铣床夹具的分类

铣床夹具按使用范围，可分为通用铣夹具、专用铣夹具和组合铣夹具三类。按工件在铣床上加工的运动特点，可分为直线进给夹具、圆周进给夹具、沿曲线进给夹具（如仿形装置）三类；还可按自动化程度和夹紧动力源的不同（如：气动、电动、液压）以及装夹工件数量的多少（如：单件、双件、多件）等进行分类。其中，最常用的分类方法是按通用、专用和组合进行分类。

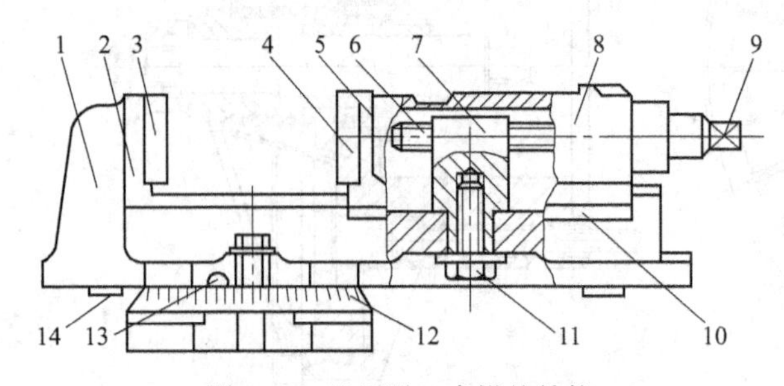

图 8-37 机用平口虎钳的结构

1—虎钳体；2—固定钳口；3,4—钳口铁；5—活动钳口；6—丝杆；7—螺母；8—活动座；9—方头；10—压板；11—紧固螺钉；12—回转底座；13—钳座零线；14—定位键

8.2.2 铣床常用通用夹具的结构

铣床常用的通用夹具主要有平口虎钳，它主要用于装夹长方形工件，也可用于装夹圆柱形工件。

机用平口虎钳的结构组成如图 8-37 所示。机用平口虎钳是通过虎钳体 1 固定在机床上。固定钳口 2 和钳口铁 3 起垂直定位作用，虎钳体 1 上的导轨平面起水平定位作用。活动座 8、螺母 7、丝杆 6（及方头 9）和紧固螺钉 11 可作为夹紧元件。回转底座 12 和定位键 14 分别起角度分度和夹具定位作用。固定钳口 2 上的钳口铁 3 上平面和侧平面也可作为对刀部位，但需用对刀规和塞尺配合使用。

8.2.3 典型铣床专用夹具结构

铣床专用夹具主要用于加工零件上的平面、沟槽、缺口、花键、直线成形面和立体成形面等。

如图 8-38 所示为加工壳体侧面棱边所用的铣床夹具。工件以端面、大孔和小孔作定位基准，定位元件为支承板 2 和安装在其上的大圆柱销 6 和菱形销 10。夹紧装置是采用螺旋压板的联动夹紧机构。操作时，只需拧紧螺母 4，就可使左右两个压板同时夹紧工件。夹具上还有对刀块 5，用来确定铣刀的位置。两个定向键 11 用来确定夹具在机床工作台上的位置。

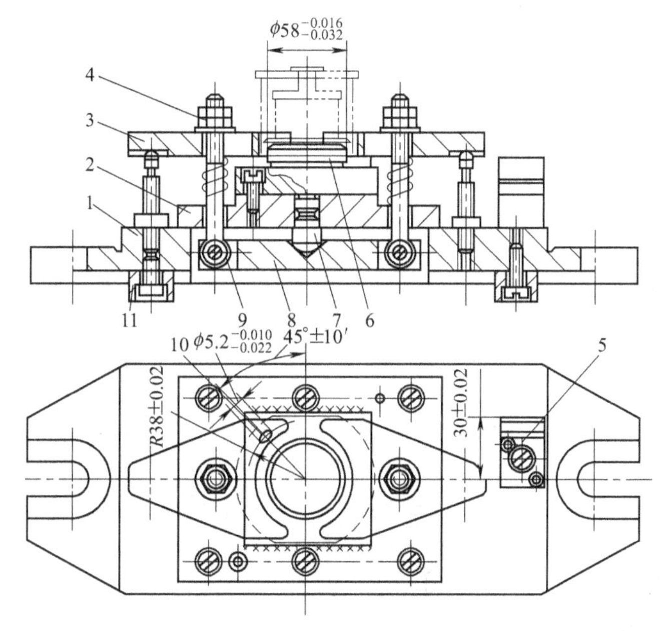

图 8-38　加工壳体的铣床夹具

1—夹具体；2—支承板；3—压板；4—螺母；5—对刀块；6—大圆柱销；7—球头钉；8—铰接板；9—螺杆；10—菱形销；11—定向键

由于在铣削加工中，多数情况是夹具和工作台一起做送进运动，而夹具的整体结构又在很大程度上取决于铣加工的送进方式，因此铣床夹具可分为直线送进式、圆周送进式和沿曲线靠模送进式三种类型。

(1) 直线送进式专用铣床夹具

这类夹具应用最为广泛，按夹具中一次装夹工件的数目，可分为单工位和多工位两种。

设计此类铣夹具时，通常采取以下措施提高生产效率：①采用联动夹紧机构；②采用气压、液压等传动装置；③使装卸工件的时间与加工的机动时间重合。

如图 8-39 所示为单工位铣斜面夹具，用于成批生产中加工杠杆零件上的斜面。如图 8-12 右下方工序简图所示，工件以已精加工的长孔 ϕ22H7 和端面在夹具的圆柱定位销 7 限位，约束工件的 5 个自由度；为了确保被加工斜面与圆柱体上削边平面的位置要求，用可调支承约束工件的转动自由度；工件的夹紧以钩形压板为主要作用力，并在接近加工表面处采用浮动的辅助夹紧机构，使之有足够的夹紧刚性，避免加工时产生振动。其结构和工作原理如下：当工件定位、夹紧后，机构中两个卡爪 2 和 3 能沿轴线对向移动，弹簧使两个卡爪张开；进行辅助夹

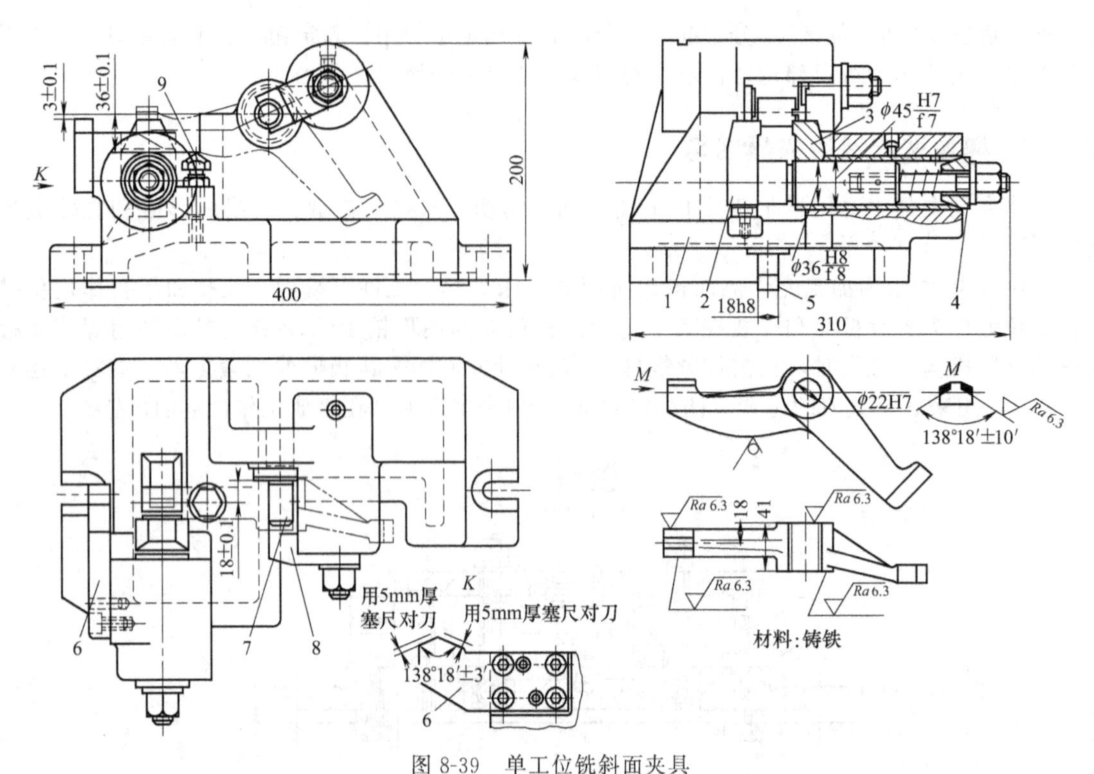

图 8-39 单工位铣斜面夹具

1—夹具体；2,3—卡爪；4—锥套；5—定向键；6—对刀块；7—定位销；8—钩形压板；9—支承钉

紧时，拧转螺母，使卡爪 2 向右移动并通过锥套 4 推动卡爪 3 向左移动，同时将工件上刚性较差的部分夹紧；继续拧转螺母，则锥套 4 使卡爪 3 末端的弹簧筒夹涨开，使之卡紧在夹具体 1 中，从而完成辅助夹紧及锁紧任务。

由于加工表面形状特殊，因而设计了如 K 向视图所示的非标准对刀块 6，并通过定向键 5 的 18h8 与机床工作台的 T 形槽连接。

(2) 圆周送进式专用铣床夹具

圆周铣削的送进运动通常是连续的，而且往往需要在不停机的情况下装卸工件，因此是一种生产效率很高的加工方法。

如图 8-40 所示为在立式铣床上连续铣削拨叉的夹具图。电动机、蜗杆-蜗轮机构带动转台 6 回转。夹具上能同时装夹 12 个工件。拨叉以圆孔及端面、外侧面在定位销 2 及挡销 4 上定位，由液压缸 5 驱动拉杆 1，通过开口垫圈 3 将拨叉夹紧。AB 为切削区域，CD 为装卸区域。

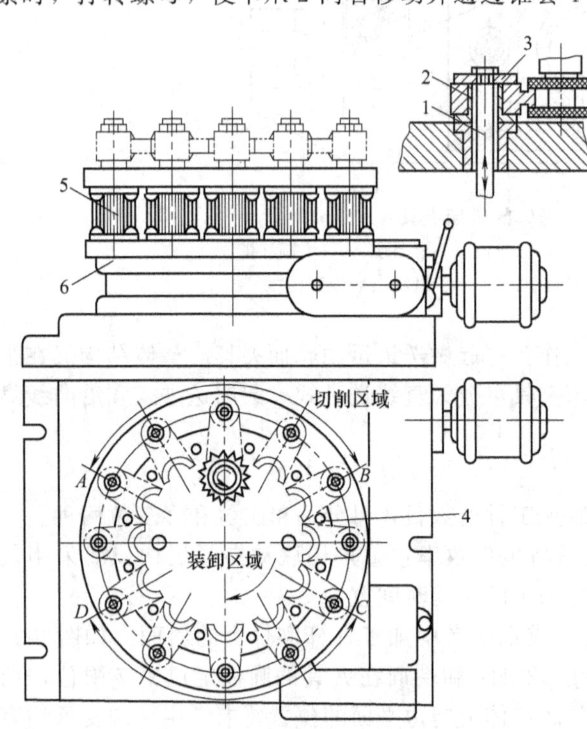

图 8-40 圆周送进的铣床夹具

1—驱动拉杆；2—定位销；3—开口垫圈；4—挡销；5—液压缸；6—转台

如图 8-41 所示的在立式铣床上铣削叶轮叶片的内外圆弧面的夹具为另一种圆周送进铣夹具，它与机床回转台一起使用。夹具以圆柱销 8 与机床回转台相连接，并用两螺栓将夹具体 10 固紧在转台上；铣削时，叶轮以 A 为轴心随转台一起回转，加工圆弧面；每加工完一片叶片的内圆弧面后，松开螺母 7 将分度盘 9 连同叶轮转过一个槽，对定好后再拧紧螺母，将分度盘夹紧，顺次铣削下一叶片；待所有内圆弧面加工完毕后，调整好立铣刀，依照相同方法加工每片叶片的外圆弧面。叶轮以内孔、端面和槽在夹具的心轴 3、支座 2 和销 5 上定位；旋转螺母 1 经传动销 6 和开口垫圈 4 将工件压紧。

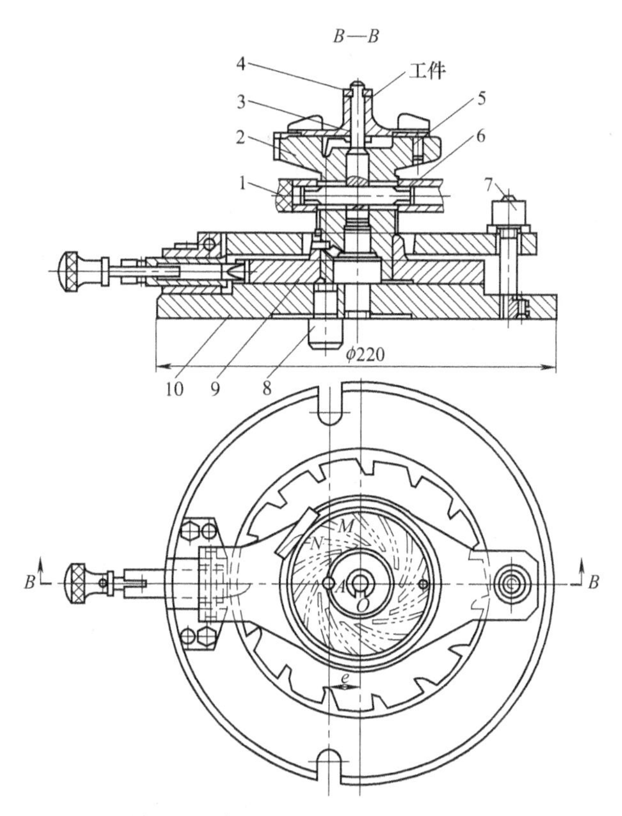

图 8-41　铣削叶片内外圆弧面的夹具

1—旋转螺母；2—支座；3—心轴；4—开口垫圈；5—销；6—传动销；7—螺母；8—圆柱销；9—分度盘；10—夹具体

(3) 靠模送进式专用铣床夹具

零件上的各种成形表面可以在靠模铣床上按照靠模仿形铣切，也可以设计专用靠模夹具在一般的万能铣床上加工。靠模夹具的作用是使主送进运动和由靠模获得的辅助运动合成为加工所需的仿形运动。

如图 8-42 (a) 所示为直线送进靠模

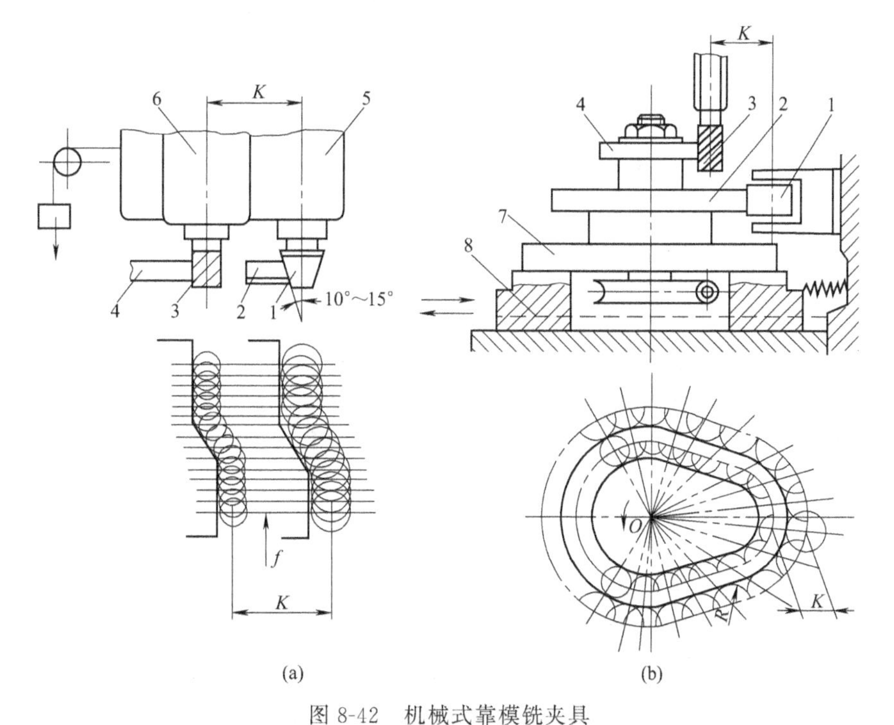

图 8-42　机械式靠模铣夹具

1—滚柱；2—靠模板；3—铣刀；4—工件；5—滚柱滑座；6—铣刀滑座；7—回转台；8—滑座

夹具的仿形部分。靠模板 2 和工件 4 分别安装在机床工作台的夹具中，滚柱滑座 5 和铣刀滑座 6 连成一组合体，它们的轴线距离 K 保持不变；滑座组合体在强力弹簧或重锤拉力的作用下，使滚柱 1 始终压在靠模板 2 上。因此，当工作台做纵向直线进给时，滑座体即获得一横向辅助运动，从而使铣刀 3 仿照靠模板 2 的曲线轨迹在工件上铣出需要的型面。如图 8-42（b）所示为安装在普通立铣上的圆周送进靠模夹具。靠模板 2 和工件 4 安装在回转台 7 上，分别与滚柱 1 和铣刀 3 接触，相距为 K，转台做等速圆周运动，在强力弹簧作用下，滑座 8 便带动工件相对于铣刀 3 做所需的仿形运动，从而加工出与靠模相仿的成形面。

8.2.4 铣床夹具的设计特点

铣床夹具与其他机床夹具的不同之处在于：它是通过定位键在机床上定位，用对刀装置决定铣刀相对于夹具的位置。

（1）铣床夹具的安装

铣床夹具在铣床工作台上的安装位置，直接影响被加工表面的位置精度，因而在设计时必须考虑其安装方法，一般是在夹具底座下面装两个定向键。定向键的结构尺寸已标准化，如图 8-43 所示为定向键的结构。定向键应按铣床工作台的 T 形槽尺寸选定，它和夹具底座以及工作台 T 形槽的配合为 H7/h6、H8/h8。两定向键的距离应力求最大，以利于提高安装精度。

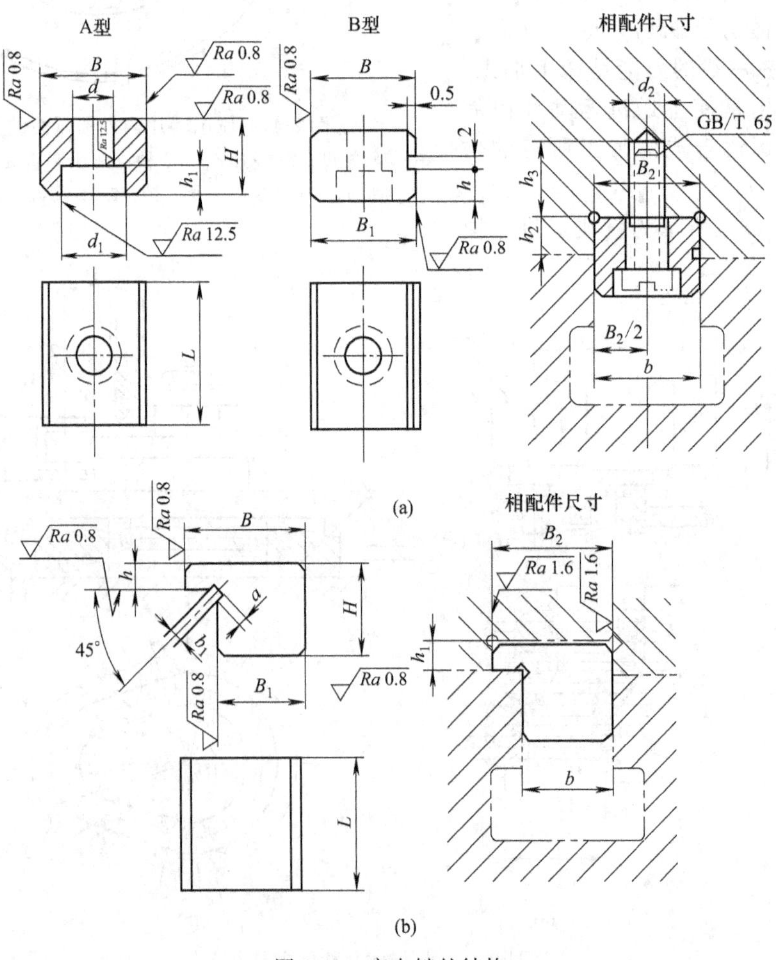

图 8-43 定向键的结构

如图 8-44 所示为定向键的安装情况。夹具通过两个定向键嵌入到铣床工作台的同一条 T 形槽中，再用 T 形螺栓和垫圈、螺母将夹具体紧固在工作台上，所以在夹具体上还需要提供两个穿 T 形螺栓的耳座。如果夹具宽度较大时，可在同侧设置两个耳座，两耳座的距离要和铣床工作台两个 T 形槽间的距离一致。

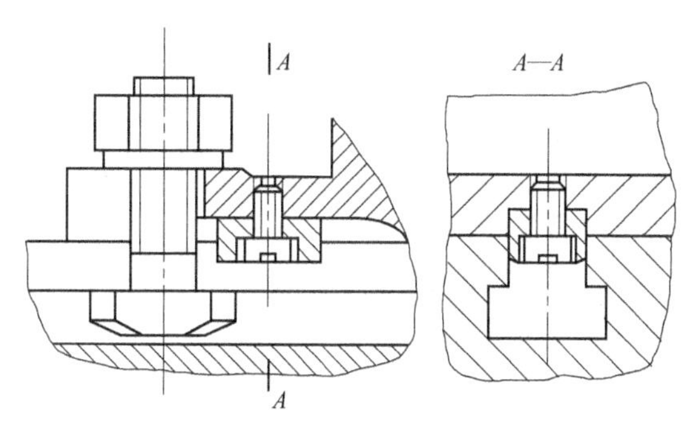

图 8-44　定向键及其连接

（2）铣床夹具的对刀装置

铣床夹具在工作台上安装好了以后，还要调整铣刀对夹具的相对位置，以便于进行定距加工。为了使刀具与工件被加工表面的相对位置能迅速而准确地对准，在夹具上可以采用对刀装置。对刀装置是由对刀块和塞尺等组成，其结构尺寸已标准化。各种对刀块的结构，可以根据工件的具体加工要求进行选择。如图 8-45 所示是对刀装置的使用简图。常用的塞尺有平塞尺和圆柱塞尺两种，其形状如图 8-46 所示。

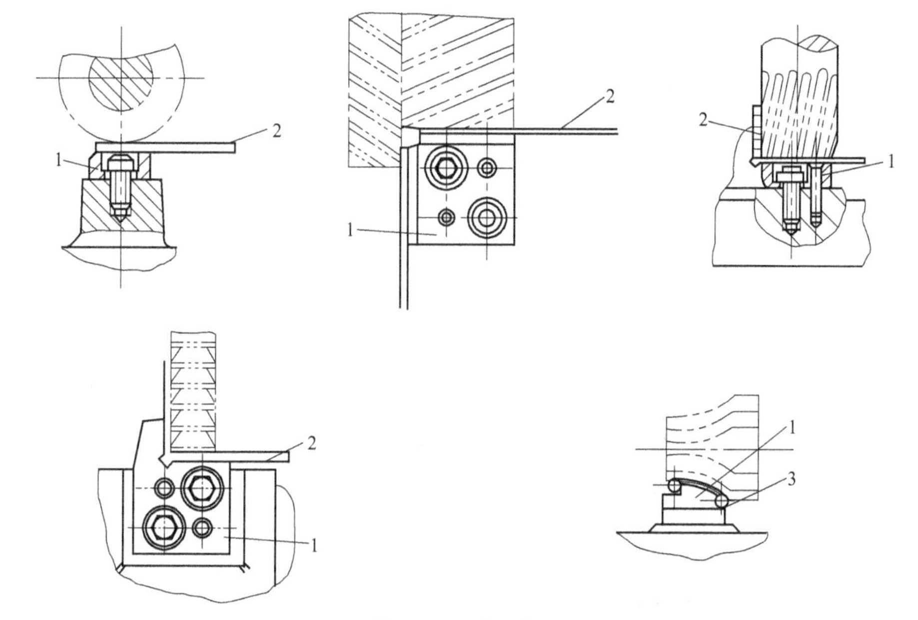

图 8-45　对刀装置

1—对刀块；2—对刀平塞尺；3—对刀圆柱塞尺

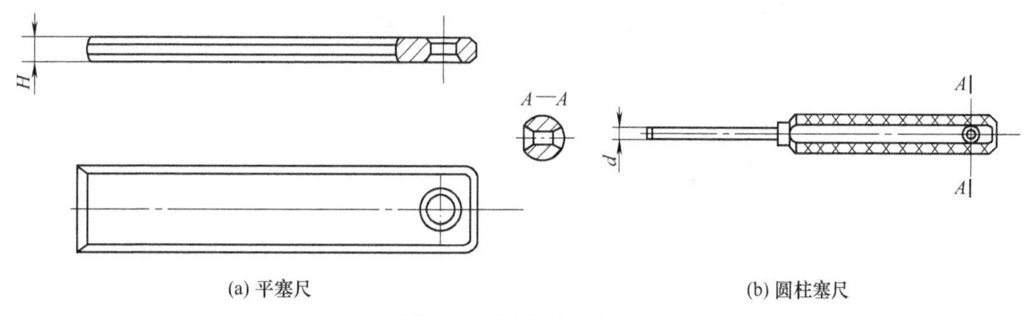

图 8-46　标准对刀塞尺

由于铣削时切削力较大，振动也大，夹具体应有足够的强度和刚度，还应尽可能降低夹具的重心，工件待加工表面应尽可能靠近工作台，以提高夹具的稳定性，通常夹具体的高宽比

$H/B \leqslant 1 \sim 1.25$ 为宜。

（3）铣床专用夹具的设计要点

① 铣削通常为断续切削，且加工余量较大，切削力较大而方向随时可能变化，因此夹具整体应有足够的刚度和强度，夹具的重心应尽可能低，夹具的高宽比一般为 1～1.25，并且应有足够的排屑空间。

② 夹紧装置应有足够的刚度和强度，保证必需的夹紧力，并有良好的自锁性能，一般铣床夹具不宜采用偏心夹紧机构，粗铣尤其如此。

③ 夹紧力应作用在工件刚度较大的部位上，工件与主要定位元件的定位表面接触刚度要大；当从侧面压紧工件时，压板在侧面的着力点应低于工件侧面支承点。

④ 为了调整和确定夹具与铣刀的相对位置，应正确选用对刀装置；对刀装置应设在方便使用塞尺和易于观察的位置，并应设在铣刀开始切入工件的一端。

⑤ 夹具结构应使切屑和冷却液能顺利排出，必要时应开排屑孔。

⑥ 为了调整和确定夹具与机床工作台轴线的相对位置，在夹具体的底面应具有两个定向键；定向键与工作台 T 形槽宜用单面贴合；精度高的或重型夹具宜采用夹具体上的找正基面。

由于刨床夹具的结构和动作原理与铣床夹具相近，因而其设计要点也如此。

8.2.5 铣床夹具设计实例

8.2.5.1 卧式铣床夹具

（1）小轴铣端面夹具

① 夹具结构（图 8-47）

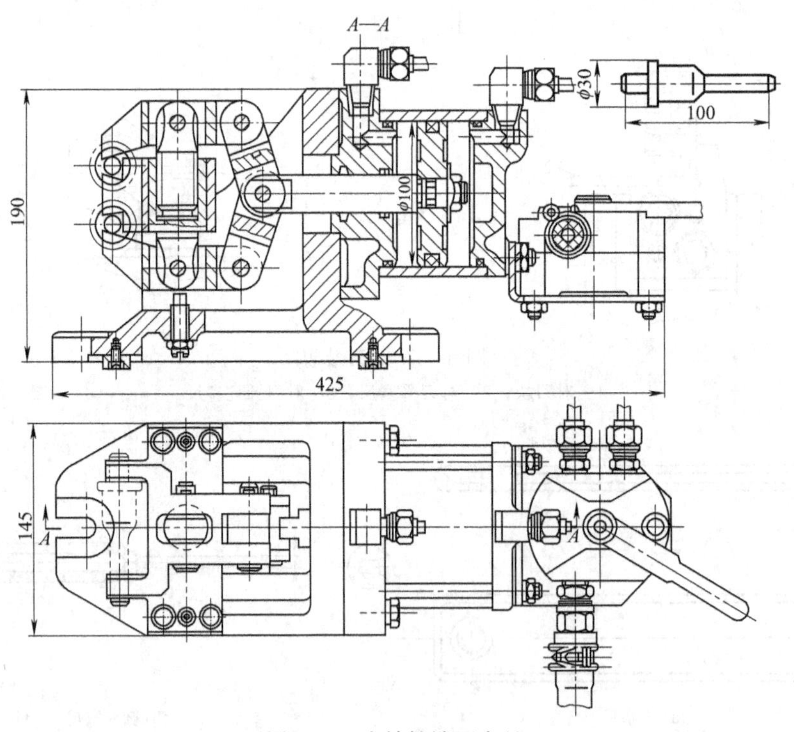

图 8-47 小轴铣端面夹具

② 使用说明。本夹具用于卧式铣床上铣削小轴端面。

两个工件安装在具有 V 形槽的支承块上，气缸通过铰链夹紧机构夹紧工件。

此夹具可用于成批生产。

(2) 壳体零件铣端面夹具

① 夹具结构(图 8-48)

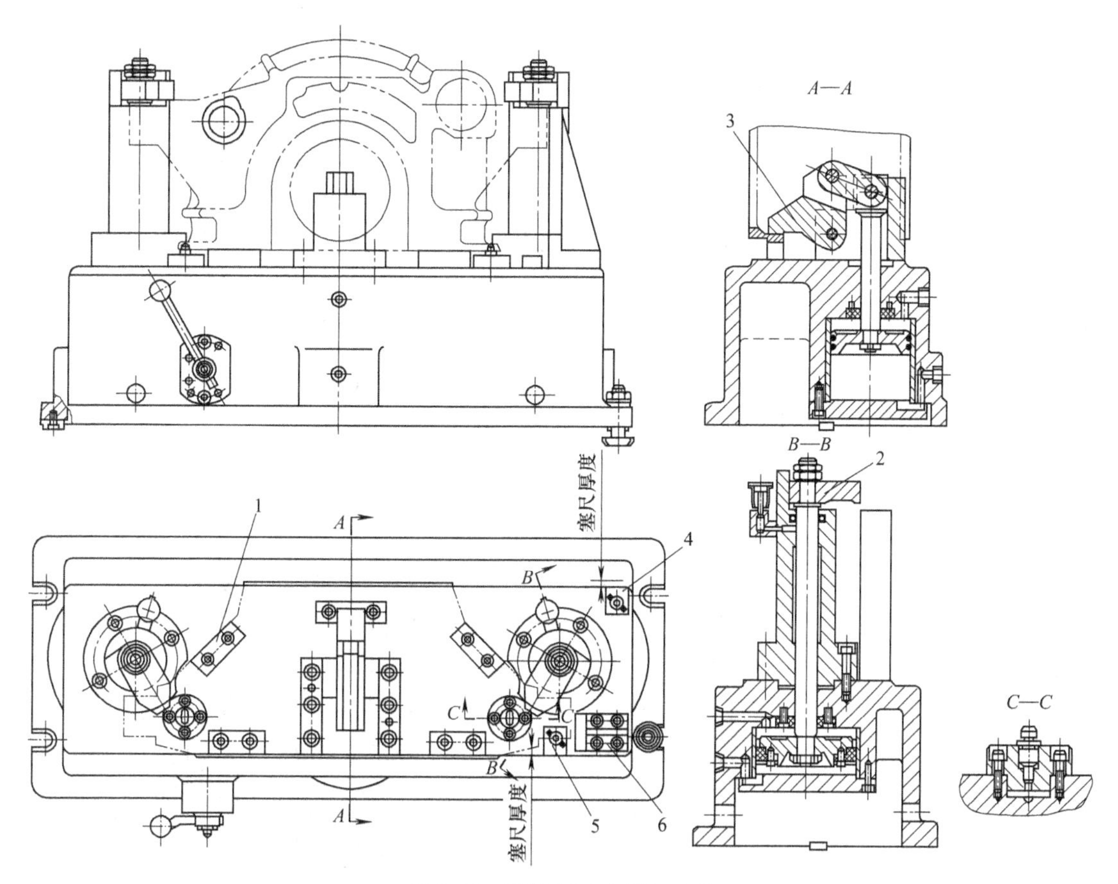

图 8-48 壳体零件铣端面夹具

1—支承板;2—钩形压板;3—压板;4,5—对刀块;6—定位件

② 使用说明。本夹具用于铣削壳体零件端面。

工件以底平面和两个销孔为基准,在夹具的五个支承板 1 和两个定位销上定位。用三个气缸同时驱动钩形压板 2 及压板 3 实现夹紧。件 4 和 5 为对刀块,件 6 为安放工件时初定位用。

(3) 支架铣开夹具

① 夹具结构(图 8-49)

② 使用说明。本夹具用于铣开支架。

工件以两孔和端面为基准,用夹具定位销 1 及削边销 4 或 5 定位,以开口垫圈 2、螺母 3 实现夹紧。

当铣开一切口后,松开工件,以工件孔和已铣开的切口为基准,在定位销 1 和定位块 6 上定位,夹紧后铣切另一切口。

(4) 加工凸轮轴半圆键槽铣床夹具

① 夹具结构(图 8-50)

② 使用说明。本夹具用于卧式铣床上加工凸轮轴的半圆形键槽。

工件以 $\phi40h6$ 及 $\phi28.45_{-0.1}^{\ 0}$mm 外圆放在两个 V 形块 4 和 6 上定位;另以后端面轴向定位于挡板 7 上;为控制凸轮与键槽的相对位置,由浮动的 V 形板 5 对工件凸轮表面做角向定位,从而完成六点定位。

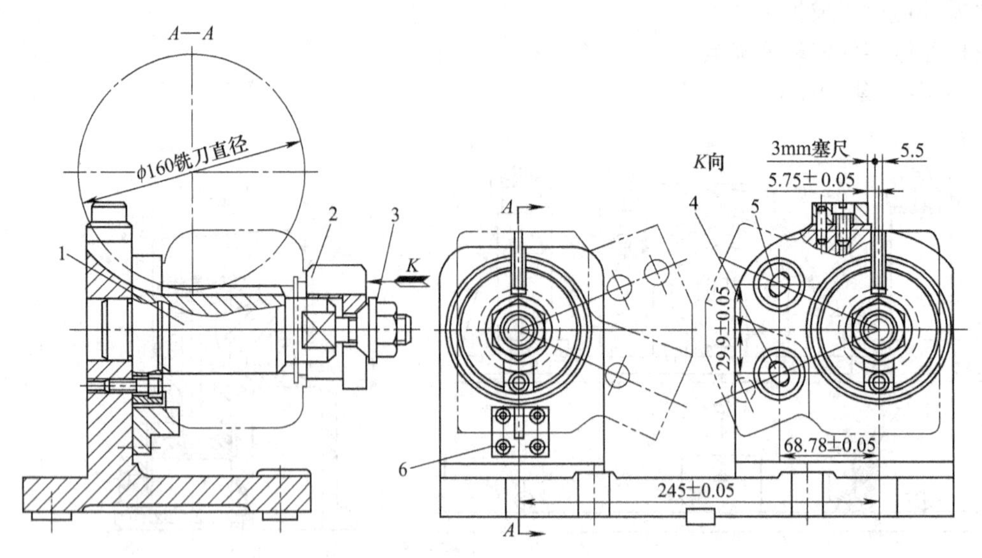

图 8-49 支架铣开夹具

1—定位销；2—开口垫圈；3—螺母；4,5—削边销；6—定位块

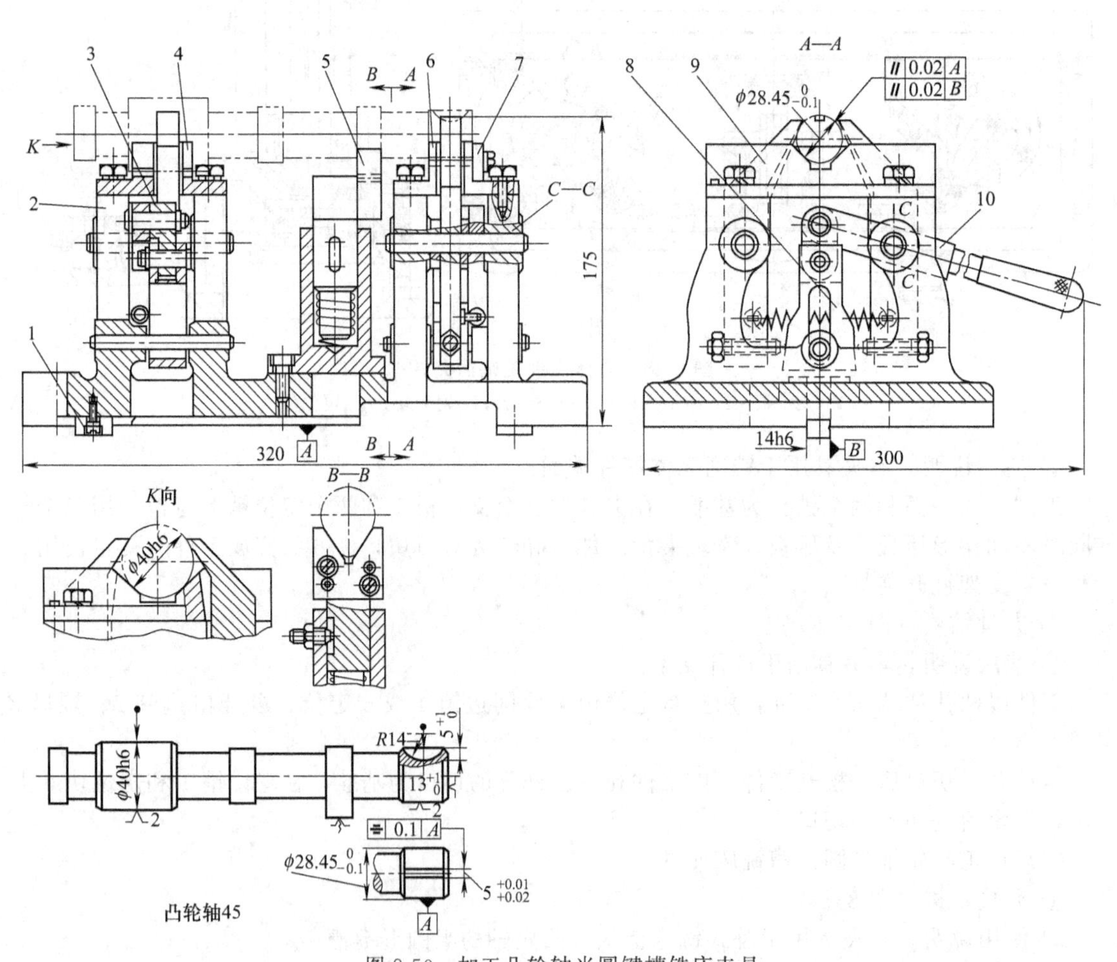

图 8-50 加工凸轮轴半圆键槽铣床夹具

1—定向键；2—夹具体；3—铰链板；4,6—V形块；5—V形板；7—挡板；8—楔块；9—压板；10—手柄

工件定位后向下扳动手柄 10，通过铰链板 3 带动楔块 8 上升，靠楔块两侧的斜面使左右两端的压板 9 绕支点回转，将工件夹紧。由于斜面倾斜角小于摩擦角，故压板在工作过程中不会自行松开。加工完毕后，向上扳动手柄 10，楔块下移，在拉簧的作用下，两压板绕支点转开，使工件松夹。手柄 10 共有两个，分别布置在工件两定位外圆处。

本夹具结构合理，操作迅速、方便，适用于成批生产。

（5）加工摇臂铣床夹具

① 夹具结构（图 8-51）

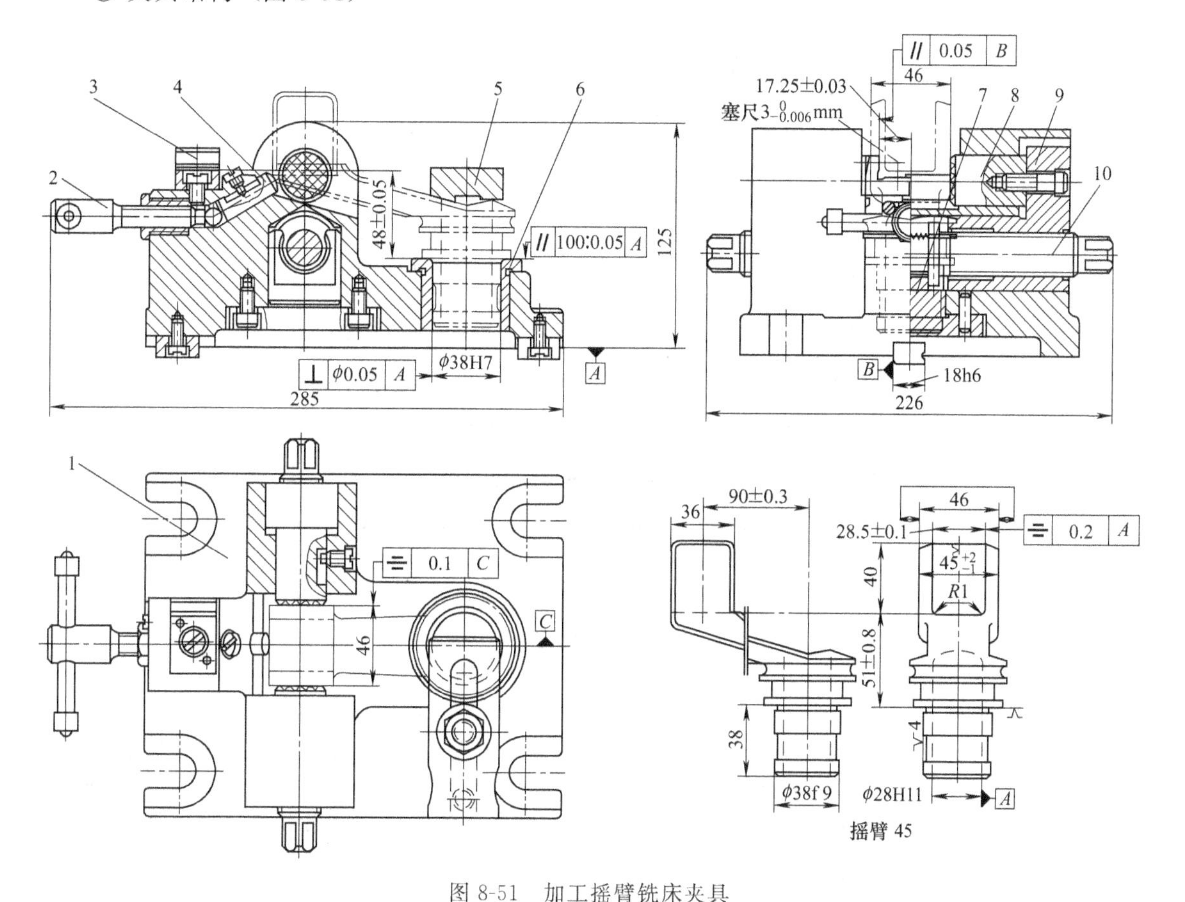

图 8-51 加工摇臂铣床夹具

1—夹具体；2—扳手螺钉；3—对刀块；4—滑柱；5—压板；6—定位衬套；7—限位卡箍；8—圆柱花纹压块；9—左右夹紧螺母；10—双头左右螺栓

② 使用说明。本夹具用于卧式铣床上加工摇臂 28.5mm±0.1mm 槽。

工件用 ϕ38f9 外圆及端面作定位基准，定位于定位衬套 6 的孔中和端面上，限制其五个自由度；并用双头左右螺栓 10 带动左右夹紧螺母 9 上的圆柱花纹压块 8 等速移动，实现定心夹紧，从而保证槽 28.5mm±0.1mm 对中心的对称度要求。由于切削用量较大，为了夹紧可靠、保证加工刚性，使工件在加工过程中不致产生振动，不仅在 ϕ38f9 的上端用压板 5 夹牢，而且在槽底附近的斜面上设置辅助支承，以扳手螺钉 2 通过钢球顶起滑柱 4，使其与工件接触。

本夹具设置了直角对刀块 3，借助 $3_{-0.006}^{\ 0}$ mm 的平塞尺进行对刀，控制三面刃铣刀的中心位置和铣削深度。

本夹具定位合理，夹紧可靠，结构完善，操作方便，适用于成批生产。

8.2.5.2 立式铣床夹具

（1）溜板油槽靠模铣夹具

① 夹具结构（图 8-52）

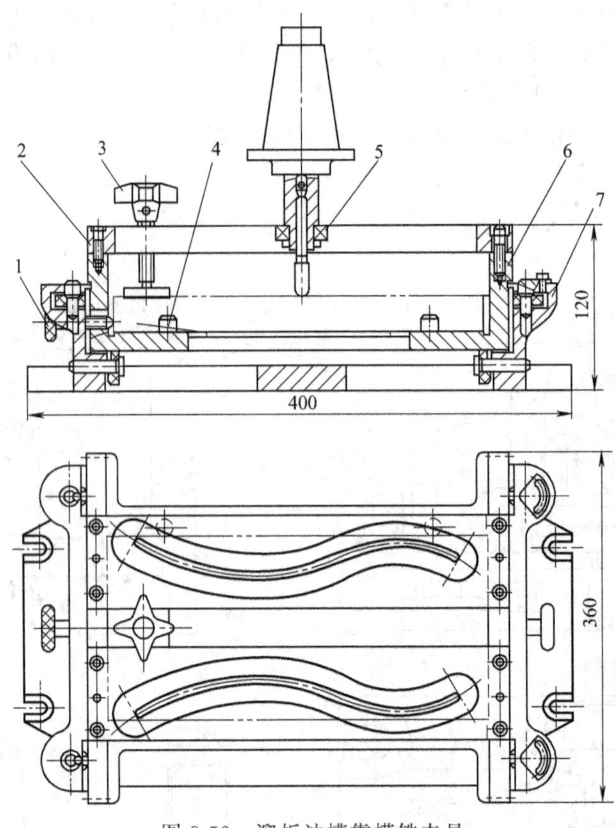

图 8-52 溜板油槽靠模铣夹具

1,3—手把；2—靠模板；4—挡销；5—靠模滚轮；6—滑座；7—底座

② 使用说明。本夹具用于立式铣床上铣削 C6132 车床溜板底部油槽。

工件以底面和侧面在滑座 6 和两个挡销 4 上定位。操纵手把 1 和 3 可将工件夹紧。

滑座 6 安置在装有 8 个轴承的底座 7 上，移动灵活，底座 7 固定在铣床工作台上。滑座 6 的上方装有两个靠模板 2，靠模滚轮 5 装在刀杆上，和靠模板槽的两侧保持接触。当工作台做纵向运动时，靠模滚轮 5 迫使滑座按靠模曲线横向运动，即加工出曲线油槽。两个油槽分两次加工。

（2）加工压缩机轮盘上正反曲面的靠模铣夹具

① 夹具结构（图 8-53）

② 使用说明。本夹具用于 X53 立式铣床上加工压缩机轮盘圆周上均布的长短各十条正反曲面。更换靠模板 7 及定位套 11，可加工多种规格的轮盘叶片。

工件以内孔 ϕ188H7 及底面定位于定位套 11 及支承板 9 上，限制五个自由度。为保证叶片两侧加工余量均匀，其回转方向自由度，可由找正叶片位置确定。为了增加工件铣削时的刚性与稳定性，又在齿形分度盘 8 的盘体上增设了 12 个辅助支承钉 13，支承在工件背面，以减小工件加工时出现的振动。

工件由压板 10 夹紧于齿形分度盘 8 上。由于工件较大，故采用了四个螺栓，以增加夹紧力。

夹具底座 1 安装在铣床工作台上，摆架 2 通过轴 3 及弧形滚动导板与底座 1 配在一起，并且在重锤 19 的作用下绕轴 3 顺时针转动，使装在摆架 2 下面的靠模板 7 以其内侧面与装在滚子支架 18 上的滚子 22 压靠在一起。当铣床工作台做纵向进给运动时，滚子 22 迫使摆架 2 按靠模板 7 内侧曲面的升程绕轴 3 摆动。两个运动合成的结果，形成了叶片内曲面的轨迹，由立铣刀将曲面加工出来。一个叶片内侧面铣完后，拧动丝杆 20，使锁紧环 21 松开，再转动偏心

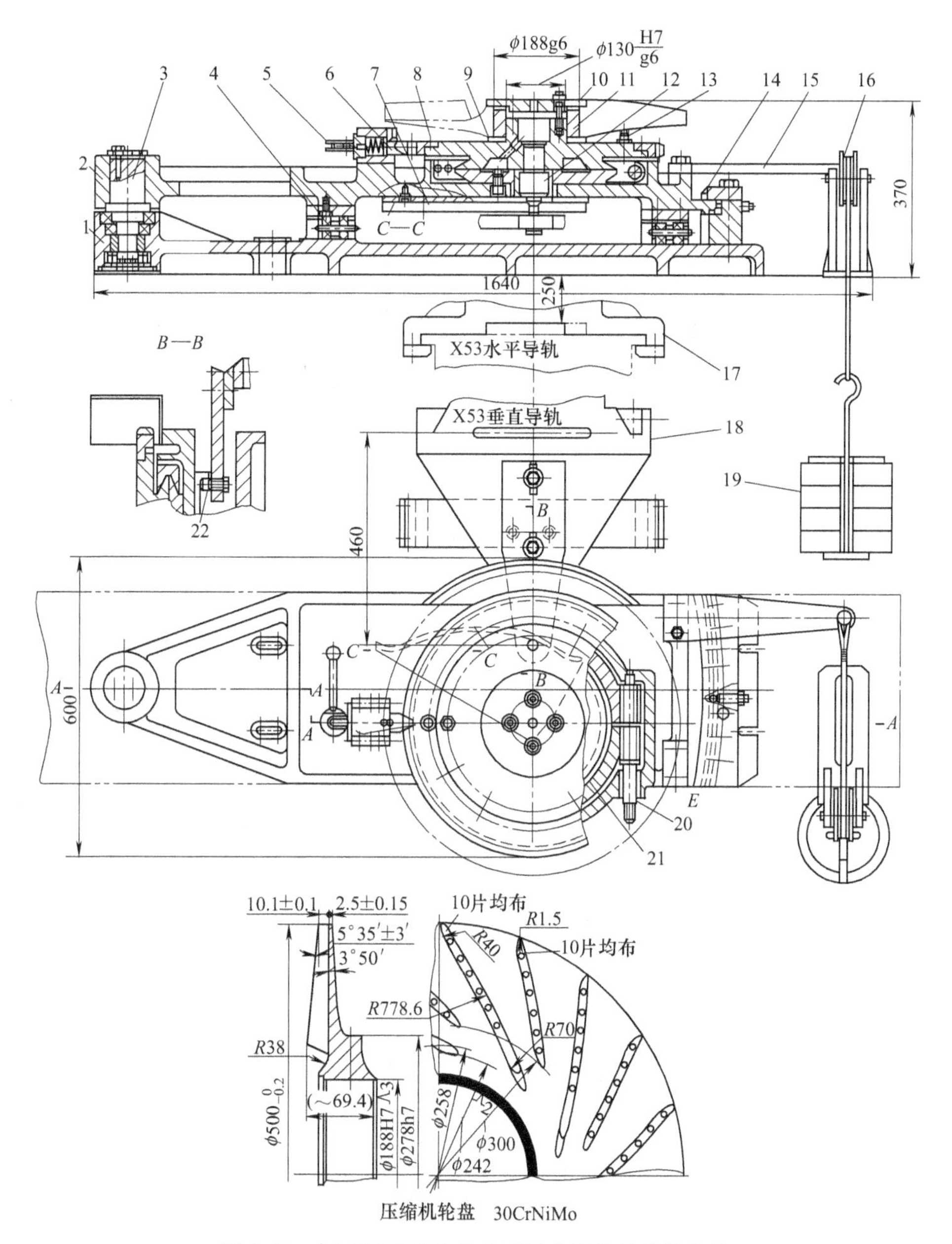

图 8-53　加工压缩机轮盘上正反曲面的靠模铣夹具

1—底座；2—摆架；3—轴；4—滚动轴承；5—偏心轮；6—对定销；7—靠模板；8—齿形分度盘；9—支承板；10—压板；11—定位套；12—中心轴；13—辅助支承钉；14—圆弧压板；15—重锤支臂；16—滑轮；17—立架；18—滚子支架；19—重锤；20—丝杆；21—锁紧环；22—滚子

轮 5，拔出对定销 6，可将齿形分度盘 8 转动 36°至下一叶片位置，对定锁紧后，即可进行第二叶片内侧面的加工。

加工叶片外侧面时，可将滚子 22 靠在靠模板外侧面上，并将重锤支臂 15 装在摆架前端 E 面上。此时摆架 2 逆时针转动，使靠模板外侧面压靠在滚子 22 上，随着工作台及摆架的合成运动，形成了叶片的外侧曲面。

十条长（或短）叶片加工完成后，更换靠模板 7，可对另十条短（或长）叶片进行加工。

本夹具结构典型，构思合理，动作灵活，并通过更换及调整其中少数元件，能适应多种同类型不同规格零件的加工。

8.2.5.3 其他铣削夹具

(1) 组合机床铣削拨叉气动夹紧夹具

① 夹具结构（图 8-54）

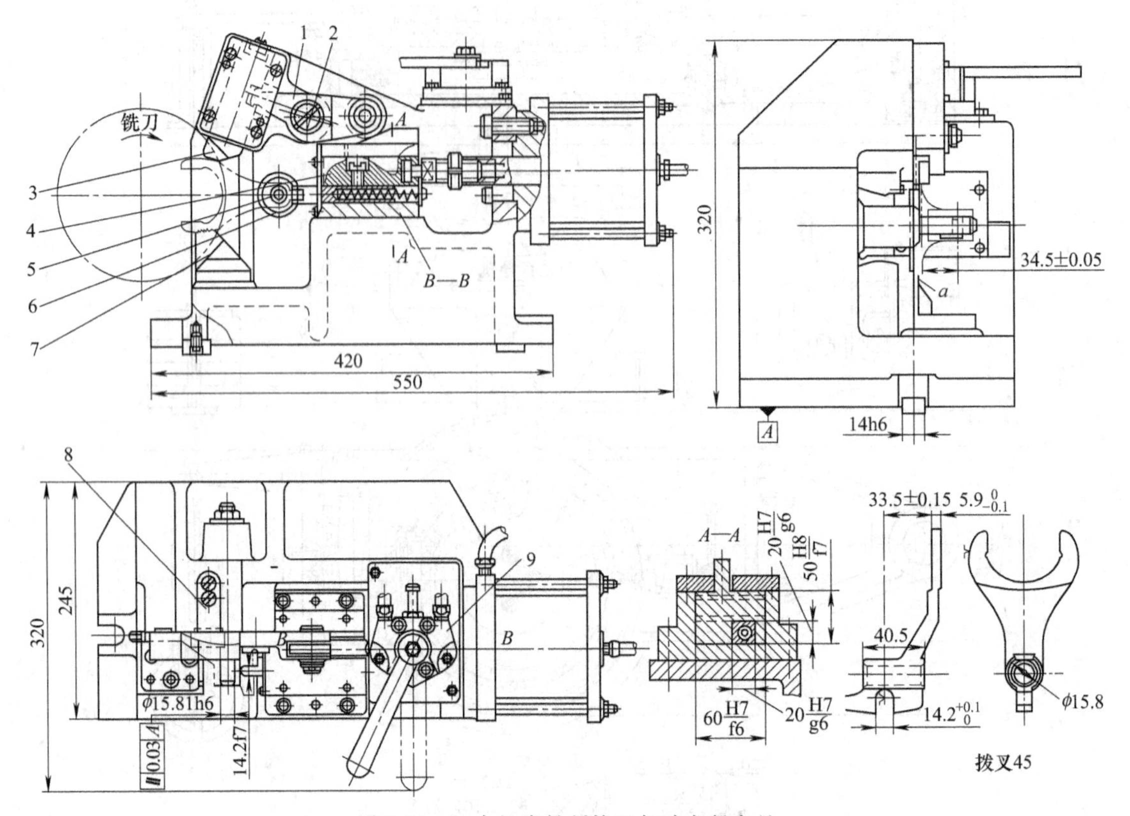

图 8-54 组合机床铣削拨叉气动夹紧夹具

1—摆杆；2—偏心销；3—夹紧块；4—滑块；5—定位销；6—定位块；7—支承块；8—弹簧片；9—配气阀

② 使用说明。本夹具用在组合机床上由两把三面刃铣刀铣削拨叉的两个端面。

工件以 ϕ18.51F8 圆孔在定位销 5 上作主要定位，另以 $14.2^{+0.1}_{0}$mm 槽及侧面外形在定位块 6 及支承块 7 上做轴向及角向定位。

工件的夹紧由气压传动装置完成。操纵配气阀 9，活塞杆向前推动滑块 4，首先带动定位块 6 插入工件 $14.2^{+0.1}_{0}$mm 槽中定位，随后通过滑块上斜楔和摆杆 1 作用，拨动夹紧块 3 夹紧工件。加工完毕后，转动配气阀，活塞杆带动滑块退回，卡在夹紧块上的弹簧片 8 复位，拉动夹紧块后退松开工件。

摆杆 1 上的偏心销 2 的作用是夹紧时可适当转动加以调整，以根据一批工件坯件尺寸的不同改变夹紧行程。

支承块 7 的侧面 a 为对刀表面，一批工件首件加工时，用 1mm 塞尺控制其与铣刀侧面刃的位置。

该夹具装夹工件迅速，操作方便，有利于减轻劳动强度和提高生产率，适宜于大批、大量生产。

(2) 发动机油底壳结合面铣夹具（箱体平面铣夹具）

① 夹具结构（图 8-55）

② 使用说明。工件为薄壳结构，以周边定位置于支承钉上，并在适当位置增加了可调节的支承点，侧面压板 1 采用斜式楔口，以免工件被压紧时向上抬起。右侧及前侧各二点为夹紧力作用点。为防止工件在夹紧时变形，工件中间由两根可调节的顶杆 2 撑紧。正中间设有一个

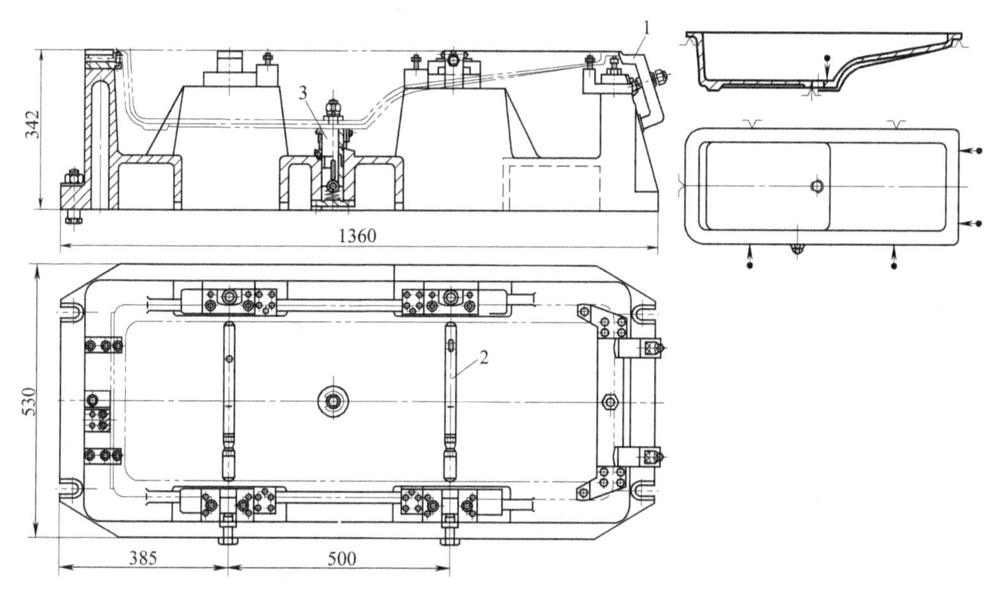

图 8-55 发动机油底壳结合面铣夹具

1—侧面压板；2—顶杆；3—浮动支承

浮动支承 3，待旋紧螺母后即成为一固定支承，因此大大加强了工件在加工时的刚性。

(3) 转向拉杆臂气动铣夹具（带对刀块铣夹具）

① 夹具结构（图 8-56）

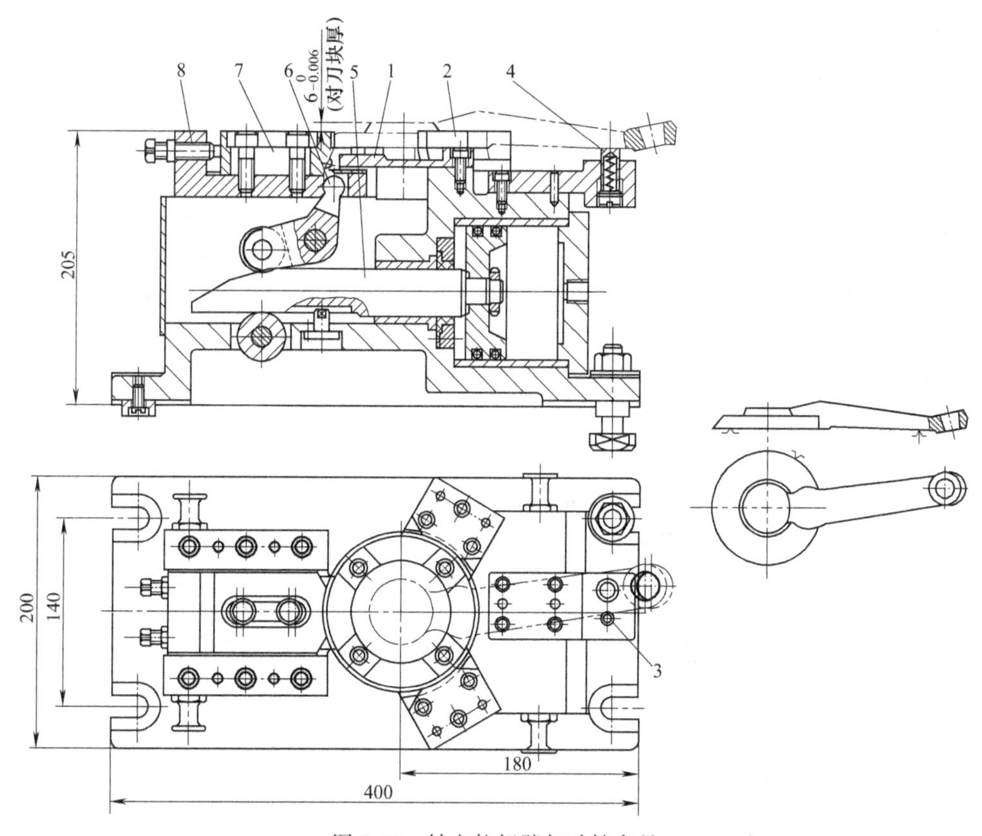

图 8-56 转向拉杆臂气动铣夹具

1—定位环；2,7—卡爪；3—挡销；4—弹簧销；5—活塞杆；6—杠杆；8—滑块

② 使用说明。工件的大头平面及外圆以定位环 1 和卡爪 2 定位，挡销 3 防止工件转动，弹簧销 4 作辅助支承。当活塞杆 5 左移时，经杠杆 6 拉滑块 8 连同卡爪 7 将工件夹紧。

(4) 柱塞螺旋槽铣夹具（螺旋槽铣夹具）

① 夹具结构（图 8-57）

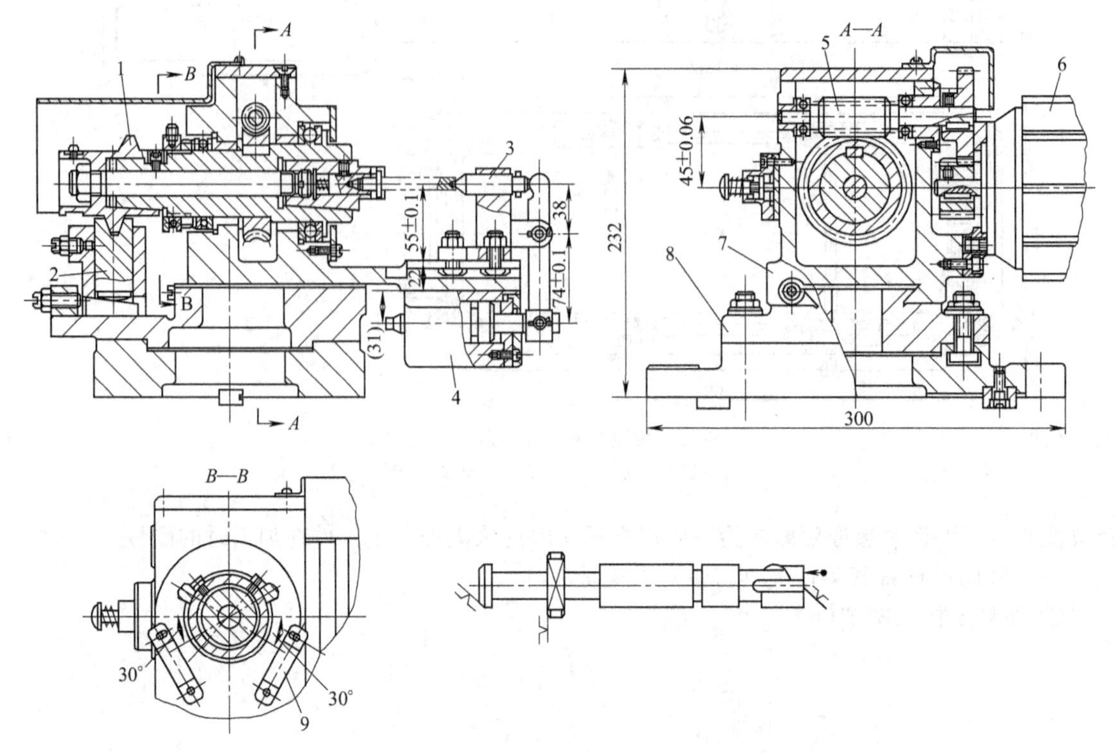

图 8-57 柱塞螺旋槽铣夹具

1—螺旋轮；2—导块；3—顶尖；4—气缸；5—蜗轮副；6—微型电动机；7—主轴座；8—燕尾座；9—限位开关

② 使用说明。主轴头装在滑台上。工件放入主轴头锥孔后由顶尖 3 顶紧。顶尖的压紧力来自气缸 4，主轴的另一端装有螺旋轮 1，其螺旋的导程等于工件螺旋槽的导程。加工时，微型电动机 6 驱动蜗轮副 5 使主轴旋转。因螺旋轮与固定在燕尾座 8 上的导块 2 相啮合，因此当螺旋轮在导块槽内转动时，通过螺旋轮带动主轴座 7 连同工件在旋转的同时在燕尾座上作轴向运动，完成螺旋槽的铣削。螺旋角由限位开关 9 控制。

(5) 仿形铣夹具

① 夹具结构（图 8-58）

② 使用说明。本夹具由仿形夹具和仿形滚轮支架两部分组成。工件以两孔及其端面定位。工件与仿形靠模 5 一起安装在燕尾槽拖板 6 的两个定位圆柱上，由螺母 1 经开口垫圈 2 和 3 压紧。夹具的燕尾座 7 固定在铣床工作台上。仿形滚轮支架通过燕尾槽固定在铣床立柱的燕尾上。仿形滚轮 4 紧靠仿形靠模的表面。铣削时，铣床工作台连同仿形夹具做横向移动。由于拖板悬挂重锤 8 的作用，迫使拖板根据仿形靠模的外形做相应的纵向移动，从而完成工件的单面仿形铣削。翻转工件，重新安装夹紧，即可进行另一面的仿形铣削。

8.2.5.4 多件夹紧铣夹具

(1) 心轴多件装夹铣床夹具

① 夹具结构（图 8-59）

② 使用说明。本夹具用于卧式铣床上加工气门摇臂的 $R12.5$mm 圆弧面。

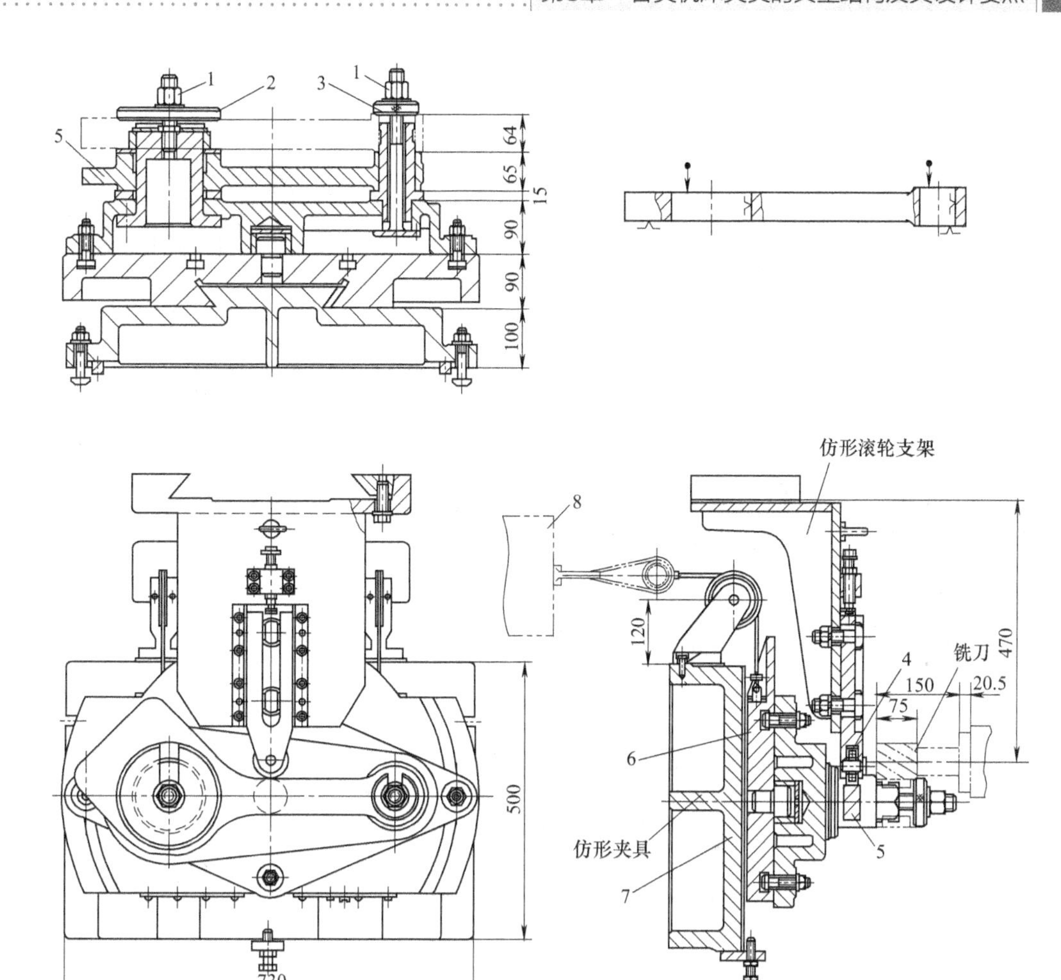

图 8-58　仿形铣夹具

1—螺母；2,3—开口垫圈；4—仿形滚轮；5—仿形靠模；6—燕尾槽拖板；7—燕尾座；8—重锤

工件以 ϕ21H7 圆孔及其端面套在心轴 3 外圆和台肩上定位，并以 R12.5mm 的底面靠在支承板 5 上，实现六点定位。

安装前先在两根心轴 3 上各装五个工件，要注意的是：这两根心轴的台肩厚度做得厚薄不一样，工件之间用尺寸一致的垫圈隔开，以保持适当距离；然后将心轴装在夹具顶尖 2 和支承轴 10 之间，并使两根心轴上工件的加工部位分别交叉靠在支承板 5 上；拧动夹紧螺钉 9，通过液性塑料使十个柱塞 4 上升，分别将十个工件顶紧在支承板 5 上；最后扳动球面螺母 11，通过联动压板推动两根支承轴，把两列工件依次轴向夹紧。

心轴 3 可以做成两套，在加工过程中，另一套两根心轴可事先装上或拆下工件，以节约辅助时间。

工件是采用圆弧成形铣刀进行加工，为便于对刀，夹具上设有 V 形对刀块 7，调整时用 ϕ25mm 检验棒放在对刀块与成形铣刀间，以确定刀具与加工面的正确相对位置。

本夹具结构合理，设计构思周密，操作方便，多件装夹使生产效率提高，故适用于较大批量生产。

(2) 调速器手柄铣夹具

① 夹具结构（图 8-60）

② 使用说明。工件分别放入具有六个定位孔的弹簧夹头 1 后，插入定位销 2，然后旋紧螺

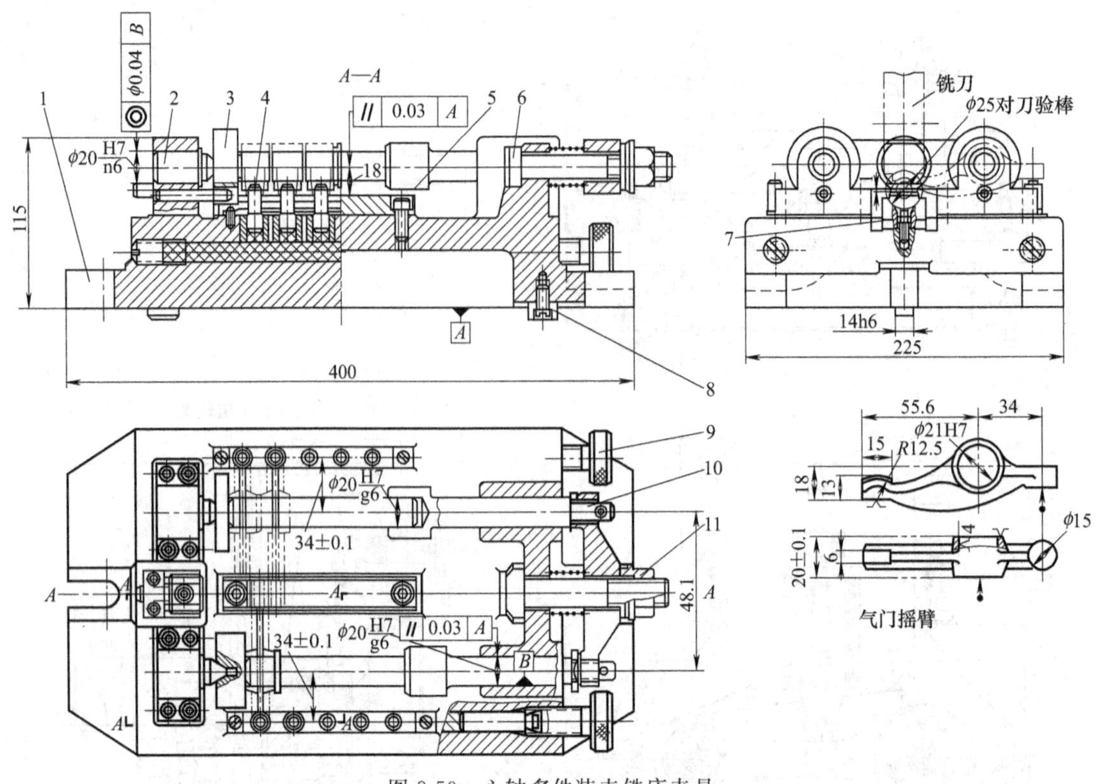

图 8-59 心轴多件装夹铣床夹具

1—夹具体；2—顶尖；3—心轴；4—柱塞；5—支承板；6—螺钉；7—V形对刀块；8—定向键；9—夹紧螺钉；10—支承轴；11—球面螺母

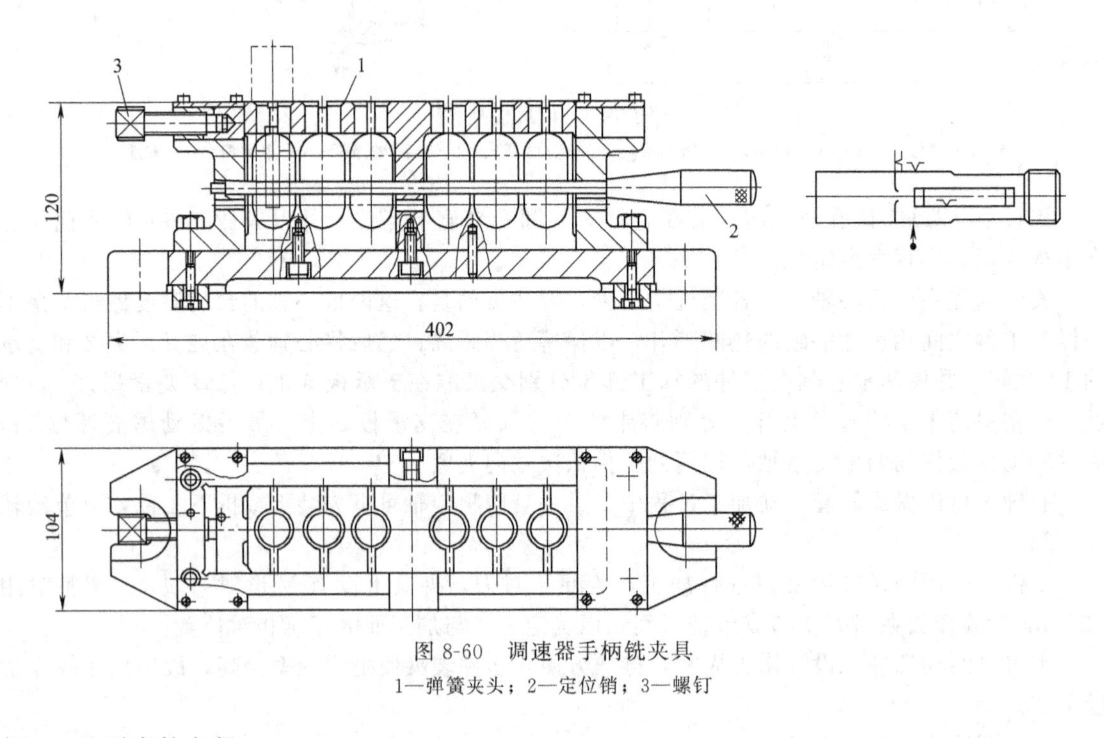

图 8-60 调速器手柄铣夹具

1—弹簧夹头；2—定位销；3—螺钉

钉 3，达到多件夹紧。

(3) 气门脚铣夹具

① 夹具结构（图 8-61）

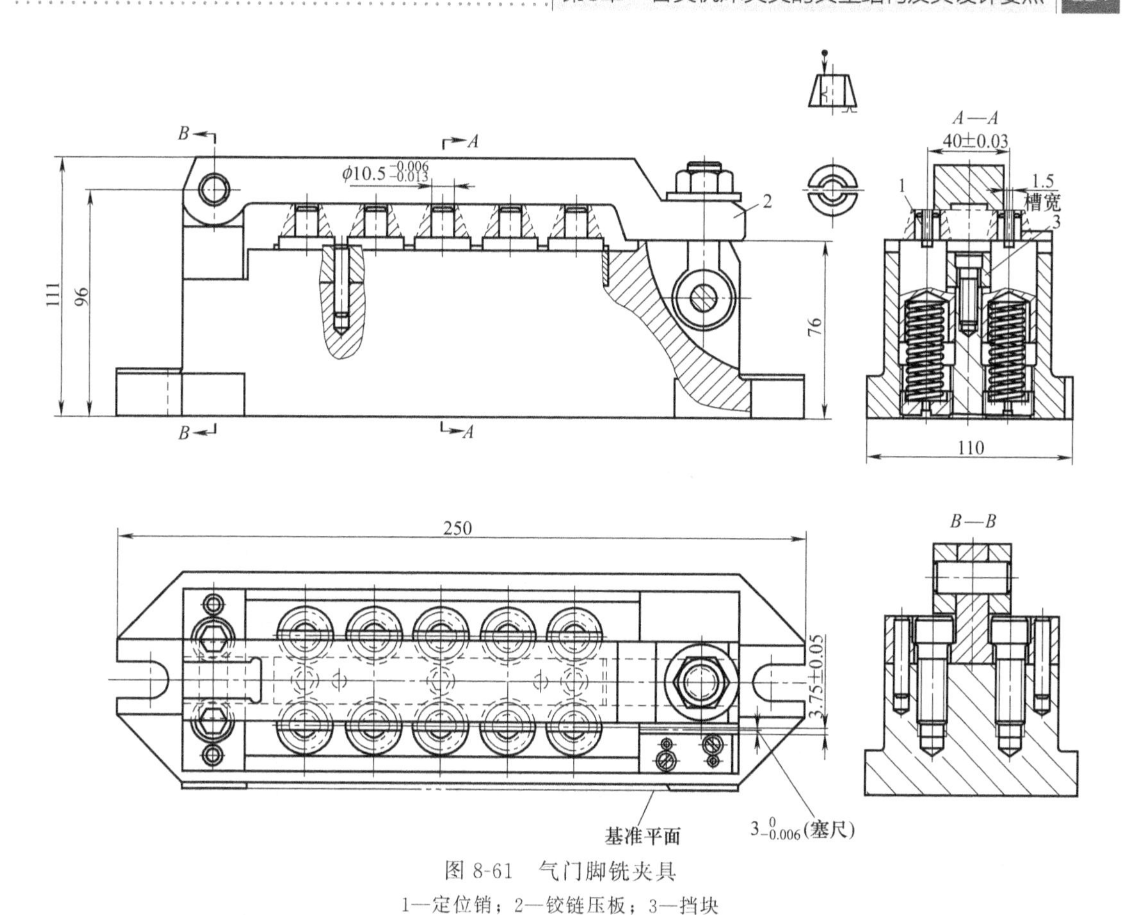

图 8-61 气门脚铣夹具

1—定位销；2—铰链压板；3—挡块

② 使用说明。工件装于带有槽子（为通过刀具用）的定位销 1 上，然后用铰链压板 2 压紧。由于定位销下端弹簧的作用，所以使每一个工件均紧压在压板下，达到了多件夹紧的目的。件 3 用以防止定位销产生转动。

（4）液性塑料多件夹紧铣夹具

① 夹具结构（图 8-62）

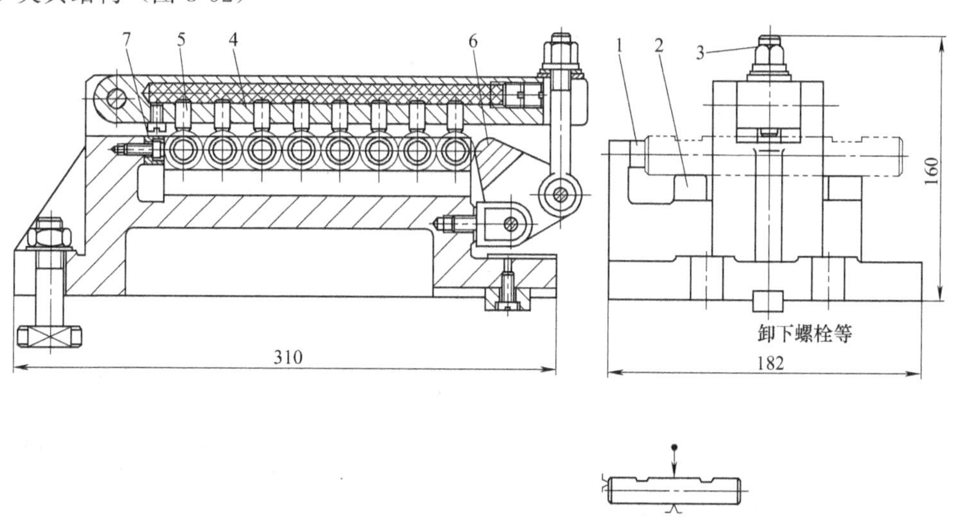

图 8-62 液性塑料多件夹紧铣夹具

1，2，7—定位块；3—螺母；4—铰链压板；5—柱塞；6—压块

② 使用说明。该夹具用于棒状零件的多件铣削。工件的外圆和一端面以定位块 1 和 2 定

位。旋紧铰链螺钉上的螺母 3，铰链压板 4 中的液性塑料受压，使八个柱塞 5 均匀地压紧工件，同时通过压块 6 施压，将八个工件相贴并紧压在侧面的定位块 7 上。

8.3 钻镗夹具

8.3.1 钻床夹具

在钻床上进行孔的钻、扩、铰、锪、攻螺纹加工所用的夹具，称为钻床夹具。钻床夹具是用钻套引导刀具进行加工的，所以简称为钻模。钻模有利于保证被加工孔对其定位基准和各孔之间的尺寸精度和位置精度，并可显著提高劳动生产率。

（1）钻床夹具的分类

钻床夹具的种类繁多，根据被加工孔的分布情况和钻模板的特点，一般分为固定式、回转式、移动式、翻转式、盖板式和滑柱式六种类型。

① 固定式钻模。在使用过程中，夹具和工件在机床上的位置固定不变，常用于在立式钻床上加工较大的单孔或在摇臂钻床上加工平行孔系。

在立式钻床上安装钻模时，一般先将装在主轴上的定尺寸刀具（精度要求高时用心轴）伸入钻套中，以确定钻模的位置，然后将其紧固。这种加工方式的钻孔精度较高。图 8-63 为一固定式钻模，工件用一个平面、一个外凸圆柱及一个小孔作定位基准，用开口垫圈和螺母夹紧。

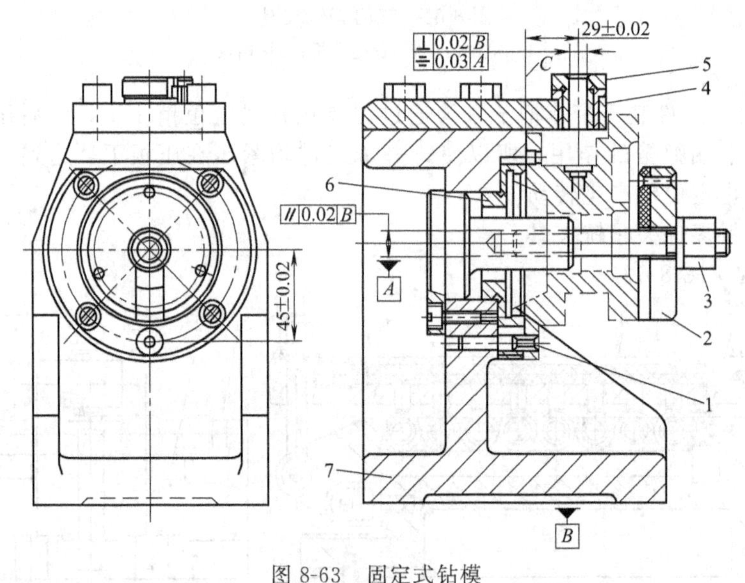

图 8-63 固定式钻模

1—削边定位销；2—开口垫圈；3—螺母；4—钻模板；5—钻套；6—定位盘；7—夹具体

② 回转式钻模。在钻削加工中，回转式钻模使用较多，它用于加工同一圆周上的平行孔系，或分布在圆周上的径向孔。它包括立轴、卧轴和斜轴回转三种基本形式。由于回转台已经标准化，故回转式夹具的设计，在一般情况下是设计专用的工作夹具和标准回转台联合使用，必要时才设计专用的回转式钻模。图 8-64 为一卧轴式回转钻模，用其加工工件上均布的径向孔。

图 8-65 为一斜轴式回转钻模。此外，还有立轴式回转钻模。

③ 移动式钻模。这类钻模用于钻削中、小型工件同一表面上的多个孔。图 8-66 为移动式

钻模，用于加工连杆大、小头上的孔。工件以端面及大、小头圆弧面作为定位基面，在定位套12、13，固定V形块2及活动V形块7上定位。先通过手轮8推动活动V形块7压紧工件。然后转动手轮8带动螺钉11转动，压迫钢球10，使两片半月键9向外胀开而锁紧。V形块带有斜面，使工件在夹紧分力作用下与定式钻位套贴紧。通过移动钻模，使钻头分别在两个钻套4、5中导入，从而加工工件上的两个孔。

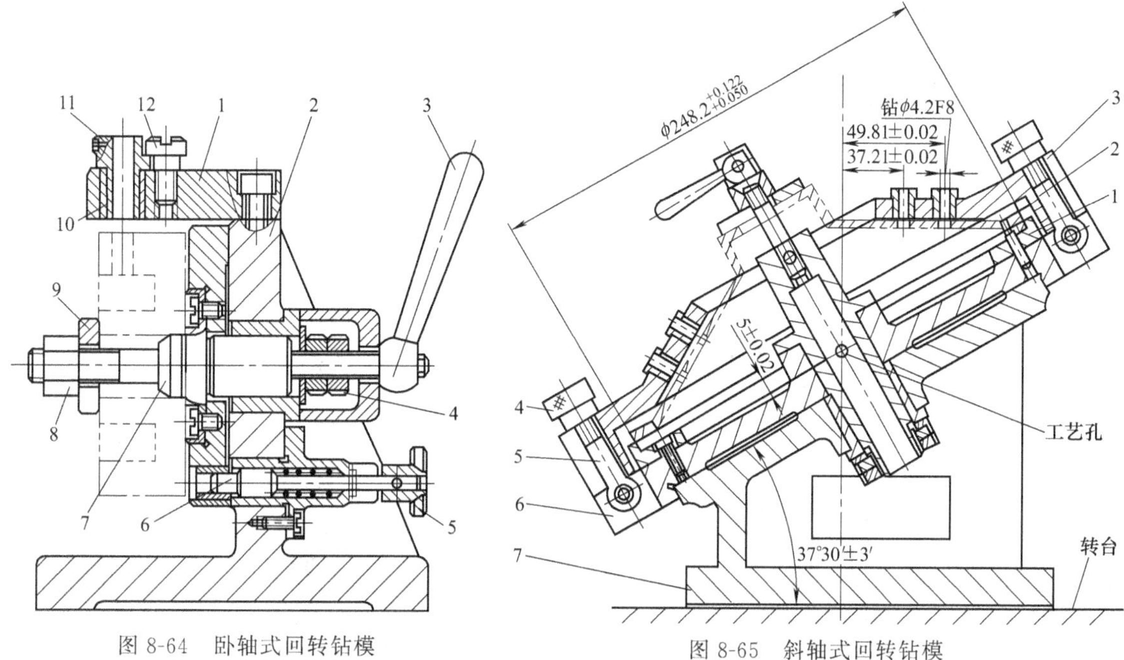

图8-64　卧轴式回转钻模

1—钻模板；2—夹具体；3—手柄；4,8—螺母；5—把手；6—对定销；7—圆柱销；9—快换垫圈；10—衬套；11—钻套；12—螺钉

图8-65　斜轴式回转钻模

1—定位环；2—削边定位销；3—钻模板；4—螺母；5—铰链螺栓；6—转盘；7—底座

④ 翻转式钻模。这类钻模主要用于加工中、小型工件分布在不同表面上的孔，图8-67为加工套筒上四个径向孔的翻转式钻模。工件以内孔及端面在台肩销1上定位，用快换垫圈2和螺母3夹紧。钻完一组孔后，翻转60°钻另一组孔。该夹具的结构比较简单，但每次钻孔都需找正钻套相对钻头的位置，所以辅助时间较长，而且翻转费力。因此，夹具连同工件的总重量不能太重，其加工批量也不宜过大。

⑤ 盖板式钻模。这类钻模没有夹具体，钻模板上除钻套外，一般还装有定位元件和夹紧装置，只要将它覆盖在工件上即可进行加工。

如图8-68所示为加工车床溜板箱上多个小孔的盖板式钻模。在钻模盖板1上不仅装有钻套，还装有定位用的圆柱销2、削边销3和支承钉4。因钻小孔，钻削力矩小，故未设置夹紧装置。

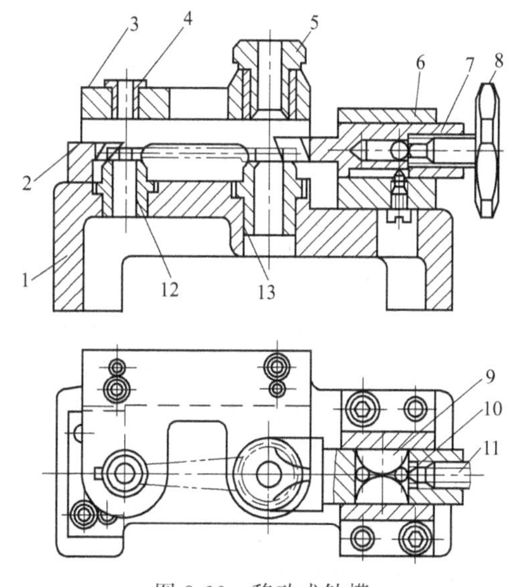

图8-66　移动式钻模

1—夹具体；2—固定V形块；3—钻模板；4,5—钻套；6—支座；7—活动V形块；8—手轮；9—半月键；10—钢球；11—螺钉；12,13—定位套

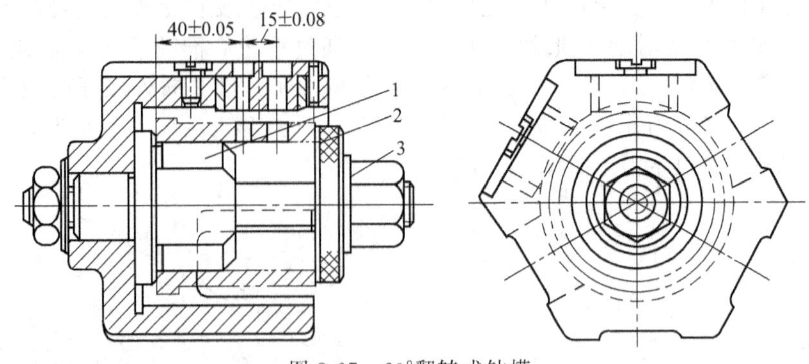

图 8-67 60°翻转式钻模

1—台肩销；2—快换垫圈；3—螺母

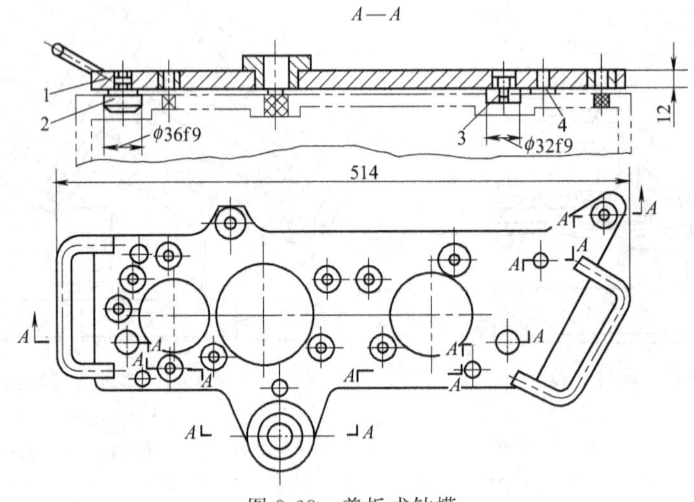

图 8-68 盖板式钻模

1—钻模盖板；2—圆柱销；3—削边销；4—支承钉

盖板式钻模结构简单，一般多用于加工大型工件上的小孔。因夹具在使用时经常搬动，故盖板式钻模所产生的重力不宜超过 100N。为了减轻重量，可通过在盖板上设置加强肋而减小其厚度，设置减轻窗孔或用铸铝件。

⑥ 滑柱式钻模。滑柱式钻模是一种带有升降钻模板的通用可调夹具。图 8-69 为手动滑柱式钻模的通用结构，由夹具体 1、三根滑柱 2、钻模板 4 和传动、锁紧机构所组成。使用时，只要根据工件的形状、尺寸和加工要求等具体情况，专门设计制造相应的定位、夹紧装置和钻套等，装在夹具体的平台和钻模板上的适当位置，就可用于加工。转动手柄 6，经过齿轮条的传动和左右滑柱的导向，便能顺利地带动钻模板升降，将工件夹紧或松开。

这种手动滑柱钻模的机械效率较低，夹紧力不大，此外，由于滑柱和导孔为间隙配合（一般为 H7/f7），因此被加工孔的垂直度和孔的位置尺寸难以达到较高的精度。但是其自锁性能可靠，结构简单，操作迅速，具有通用可调的优点，所以不仅广泛使用于大批量生产，而且也已推广到小批量生产中。它适用于一般中、小件加工。

（2）钻床夹具的设计特点

钻床夹具的主要特点是都有一个安装钻套的钻模板。钻套和钻模板是钻床夹具的特殊元件。钻套装配在钻模板或夹具体上，其作用是确定被加工孔的位置和引导刀具加工。

① 钻套的类型。钻套按其结构和使用特点可分为以下四种类型。

a. 固定钻套。如图 8-70（a）、图 8-70（b）所示，它分为 A、B 型两种。钻套安装在钻模板或夹具体中，其配合为 H7/nb 或 H7/rb。固定钻套的结构简单，钻孔精度高，适用于单一钻孔工序和小批生产。

b. 可换钻套。如图 8-70（c）所示。当工件为单一钻孔工序的大批量生产时，为便于更换磨损的钻套，选用可换钻套。钻套与衬套之间采用 F7/m6 或 F7/k6 配合，衬套与钻模板之间采用 H7/n6 配合。当钻套磨损后，可卸下螺钉，更换新的钻套。螺钉能防止加工时钻套的转动，或退刀时随刀具自行拔出。

c. 快换钻套。如图 8-70（d）所示。当工件需钻、扩、铰多工序加工时，为能快速更换不同孔径的钻套，应选用快换钻套。快换钻套的有关配合同可换钻套。更换钻套时，将钻套削边转至螺钉处，即可取出钻套。削边的方向应考虑刀具的旋向，以免钻套随刀具自行拔出。

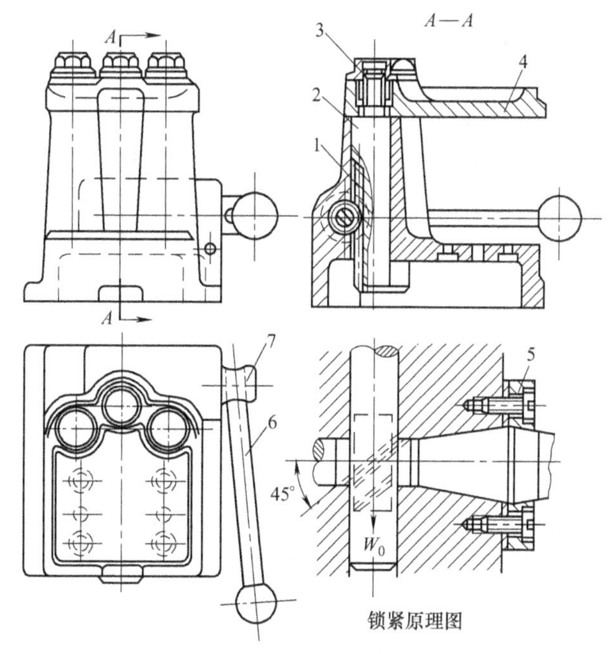

图 8-69　滑柱钻模的通用结构

1—夹具体；2—滑柱；3—锁紧螺母；4—钻模板；5—套环；6—手柄；7—螺旋齿轮轴

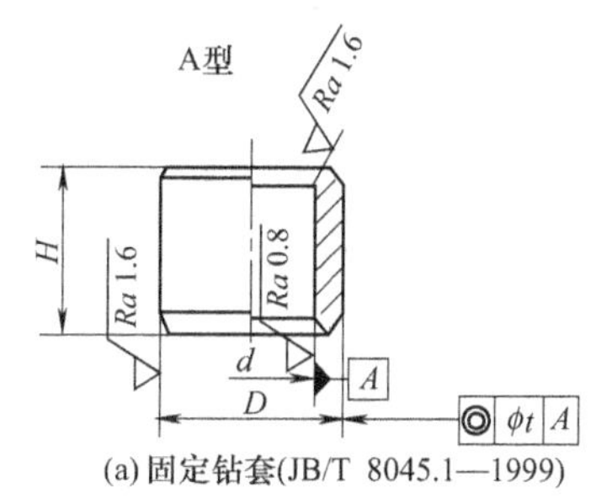

(a) 固定钻套(JB/T 8045.1—1999)

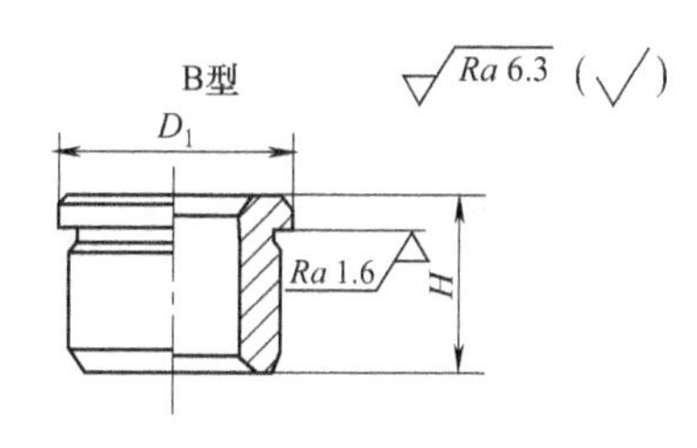

(b) 固定钻套(JB/T 8045.1—1999)

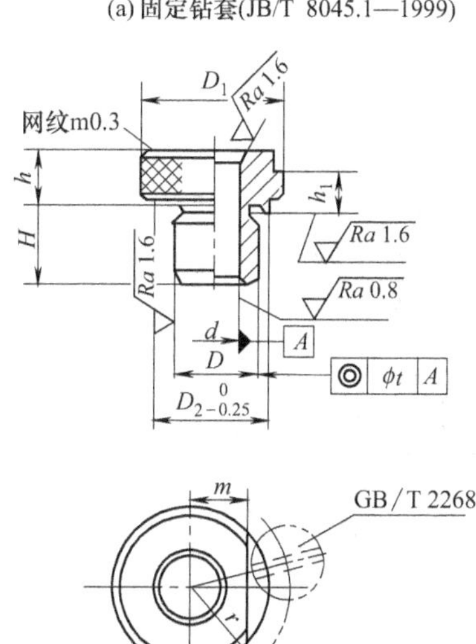

(c) 可换钻套(JB/T 8045.2—1999)

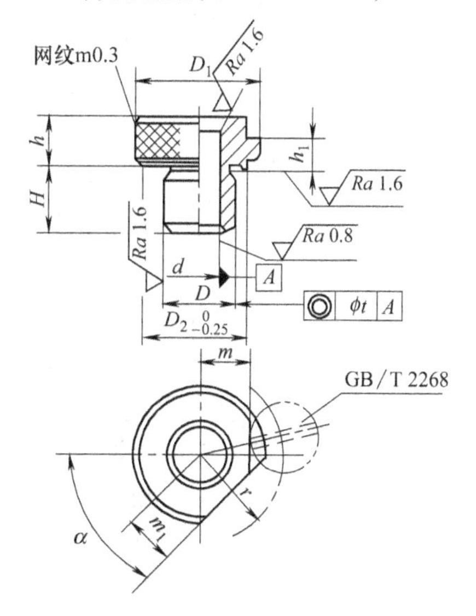

(d) 快换钻套(JB/T 8045.3—1999)

图 8-70　标准钻套

以上三类钻套已标准化，其结构参数、材料、热处理方法等，可查阅有关手册。

d. 特殊钻套。由于工件形状或被加工孔位置的特殊性，需要设计特殊结构的钻套。如图8-71所示是几种特殊钻套的结构。

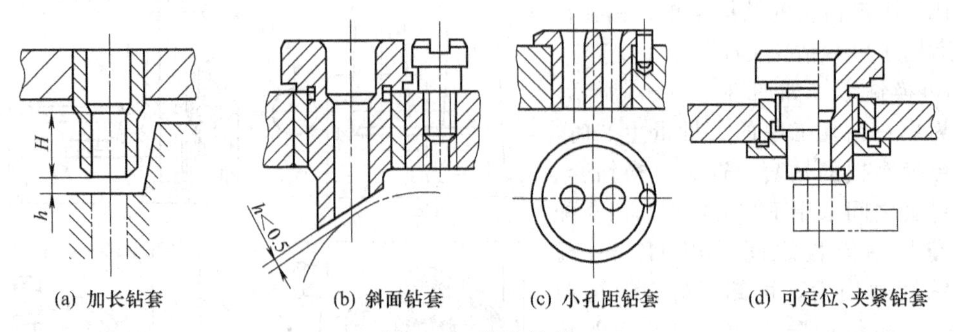

(a) 加长钻套　(b) 斜面钻套　(c) 小孔距钻套　(d) 可定位、夹紧钻套

图 8-71　特殊钻套

图8-71（a）为加长钻套，在加工凹面上的孔时使用，为减少刀具与钻套的摩擦，可将钻套引导高度 H 以上的孔径放大。图8-71（b）为斜面钻套，用于在斜面或圆弧面上钻孔，排屑空间的高 $h<0.5$mm，可增加钻头刚度，避免钻头引偏或折断。图8-71（c）为小孔距钻套，用圆销确定钻套位置。图8-71（d）为兼有定位与夹紧功能的钻套，在钻套与衬套之间，一段

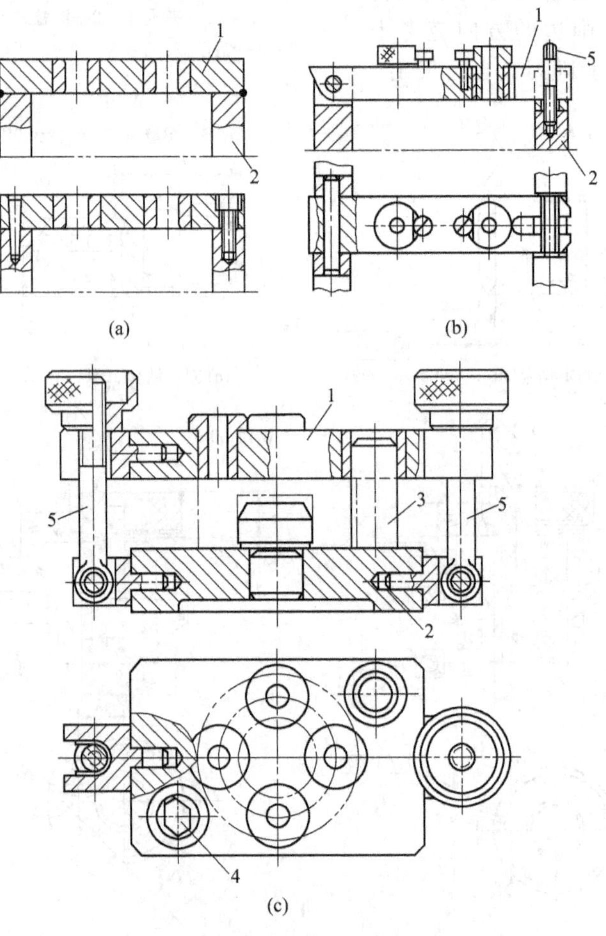

图 8-72　钻模板的形式

1—钻模板；2—夹具体（支架）；3—圆柱销；4—削边销；5—螺栓

为圆柱间隙配合，一段为螺纹连接，钻套下端为内锥面，可使工件定位。

② 钻模板的设计。钻模板大多装配在夹具体或支架上，或与夹具体其他元件相连接。常见的钻模板有如下几种。

a. 固定式钻模板［见图 8-72（a）］。钻模板 1 与夹具体 2 可以铸成一体，也可以焊接或装配在夹具体上，钻套的位置精度较高，但要注意不得妨碍工件的装卸。

b. 铰链式钻模板［见图 8-72（b）］。钻模板 1 与夹具体 2 为铰链连接，铰链轴与孔的配合按基轴制配合 G7/h6，钻模板和支座上的凹槽应配制，间隙应控制在 0.01～0.02mm，并保证钻模板处于水平位置，加工时钻模板需用菱形螺栓 5 锁紧。

c. 可卸式钻模板［见图 8-72（c）］。钻模板 1 以两对角孔与夹具体 2 上的圆柱销 3 和削边销 4 定位，并用两个铰链螺栓 5 将钻模板和工件一起夹紧。加工完毕需将钻模板卸下，才能装卸工件。这种钻模板装卸费力费时，且钻套的位置精度较低，故应用较少。

d. 悬挂式钻模板（见图 8-73）。在立式钻床上采用多轴传动头进行平行孔系加工时，所用的钻模板就连接在传动箱上，并随机床主轴往复运动，这种钻模板称为悬挂式钻模板。如图 8-73 所示，工件材料为铸铁，以其外圆 $\phi110.5$ 和端面在定位盘 6 上定位，加工 $8\times\phi12.5$ 孔及 $2\times\phi8.5$ 孔。传动头以锥柄和钻床主轴连接并用铁锲卡紧。

③ 钻模板上安装钻套的座孔距离定位元件的位置应具有足够的精度，对于铰链式和悬挂式钻模板尤其如此。

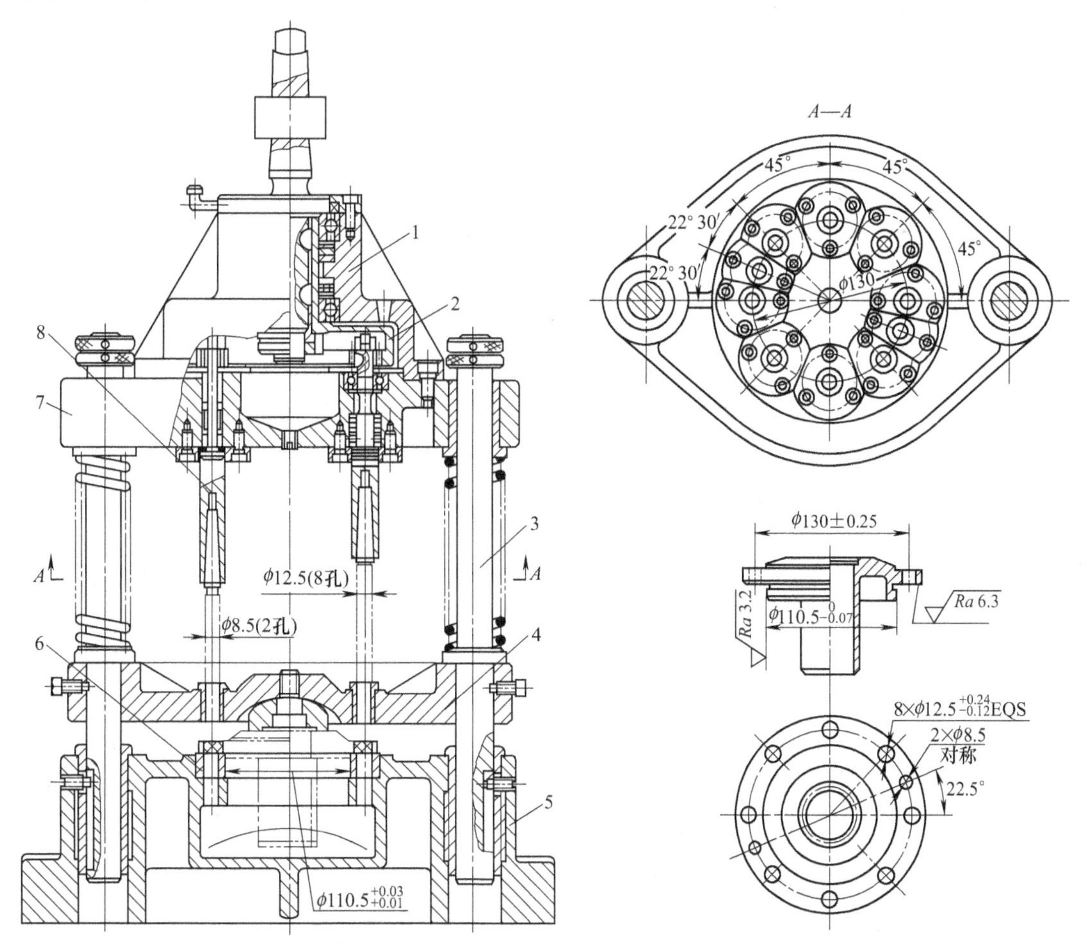

图 8-73　悬挂式钻模板

1—传动轴；2—内齿轮；3—导杆；4—钻模板；5—夹具体；6—定位盘；7—盖板；8—主轴

④ 钻模板是供安装钻套用的，应有一定的强度和刚度，以保证钻套轴线位置的准确性，防止因变形而影响钻套的位置和引导精度。

⑤ 被钻孔直径大于10mm（特别是加工钢件）以及孔距与孔和基面公差小于0.05mm时，宜采用固定式钻模；翻转式钻模适用于加工包括工件在内的总重量不超过10kg的中小件；钻模板和夹具体为焊接式的钻模，因焊接应力不能彻底消除，精度不能长期保持，因此一般在工件孔距公差要求不高时才采用。

⑥ 夹具体上应设置支脚。为减少夹具底面与机床工作台的接触面积，使夹具放置平稳，一般都在相对钻头送进方向的夹具体上设置四个支脚。

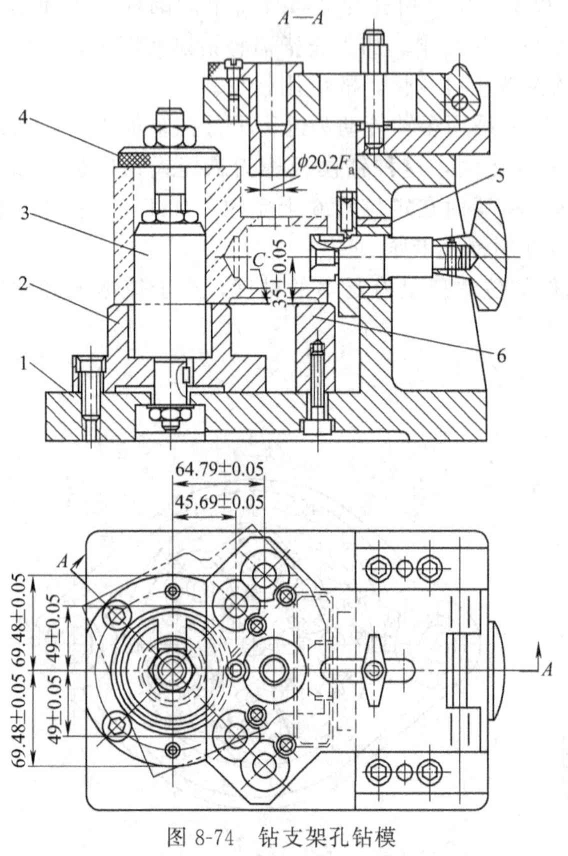

图 8-74 钻支架孔钻模

1—夹具体；2—圆环支承板；3—圆销；4—开口垫圈；5—削边销；6—支承板

8.3.2 铅床夹具设计实例

8.3.2.1 固定式钻模

（1）钻支架孔钻模

① 夹具结构（图 8-74）

② 使用说明。该夹具为加工左、右支架的钻模。工件以端平面和相互垂直的两孔为基准，以夹具圆环支承板2、支承板6、圆销3和削边销5定位，用开口垫圈4通过螺母将工件夹紧。

（2）钻拖拉机制动器杠杆壳 $\phi16$ 孔钻模

① 夹具结构（图 8-75）

② 使用说明。该夹具用于立式钻床上加工拖拉机制动器杠杆壳 $\phi16$ 孔。

工件以底面和两个 $\phi13$ 孔在支承板2、圆柱销1和削边销3上定位，无需用专门的夹紧元件将其压紧，即可进行加工。

（3）钻柱塞径向孔半自动钻模

① 夹具结构（图 8-76）

② 使用说明。该夹具用于立式钻床上钻削油调节阀柱塞上的径向孔。

工件以外圆和端面在夹具体2上的V形槽和挡板3上定位。

当一个工件加工完后，逆时针转动手柄1，带动轴9转动，使杠杆8推动滑块7向左移动，工件经过钻模板6上的缺口进入夹具体2的V形槽中。与此同时，杠杆4使挡板3绕轴转动向上抬起。反向转动手柄1，带动轴9通过杠杆8使滑块7向右移动，推动未加工过的工件，将已加工好的工件推出。同时，杠杆4使拉杆5向下，带动挡板3向下移动，正好挡住待加工的工件，这时滑块7继续向右运动，将工件压紧在挡板3的端面上，即可进行钻孔。

本夹具具有自动上下料装置，生产效率高。

8.3.2.2 回转式钻模

（1）带有四轴传动头的回转钻模

① 夹具结构（图 8-77）

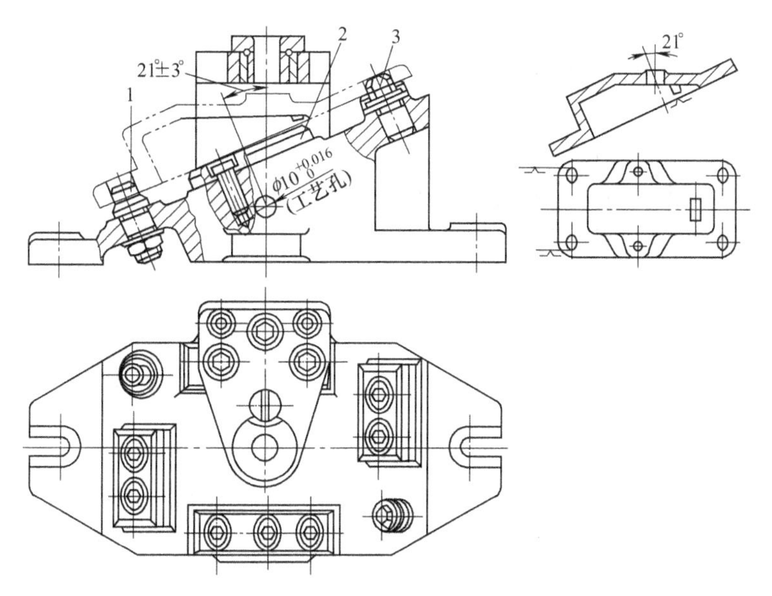

图 8-75 钻拖拉机制动器杠杆壳 $\phi16$ 孔钻模

1—圆柱销；2—支承板；3—削边销

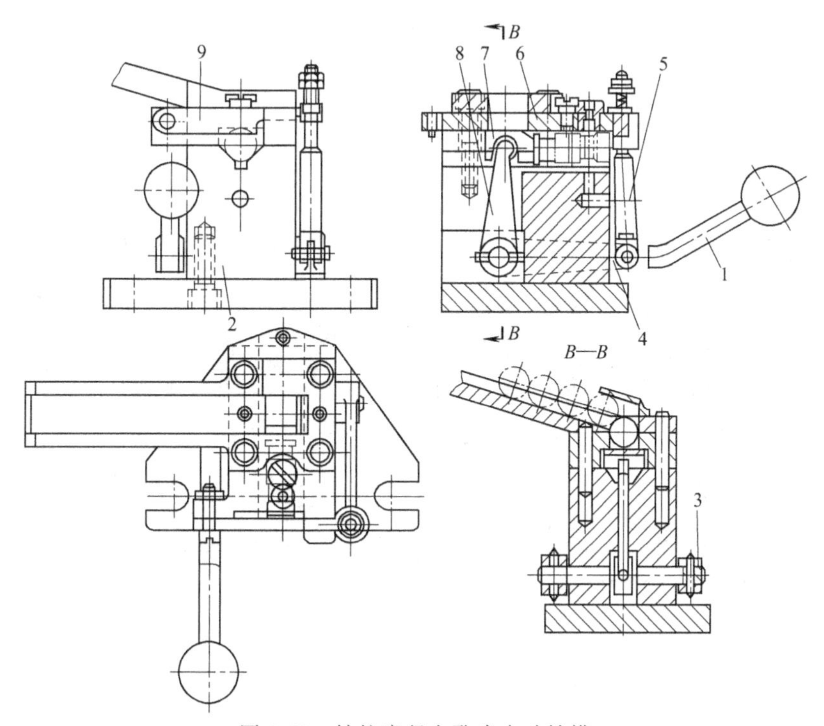

图 8-76 钻柱塞径向孔半自动钻模

1—手柄；2—夹具体；3—挡板；4,8—杠杆；5—拉杆；6—钻模板；7—滑块；9—轴

② 使用说明。该夹具用于立式钻床上钻削拖拉机加油口接管四个 $\phi11$ 孔。

工件以削过的平面和法兰外形在支承钉 14 和可调螺钉 6 上定位，转动螺母 13，用开口垫圈 12 压紧，即可钻孔。夹具上有两个工位，第一个工件加工完毕，夹具体 7 旋转 180°，即可加工另外的工件。转动齿轮轴 11，将对定销 9 退出，绕轴 8 转动夹具本体至另一工件处于工作位置时，对定后夹具分度即完成。

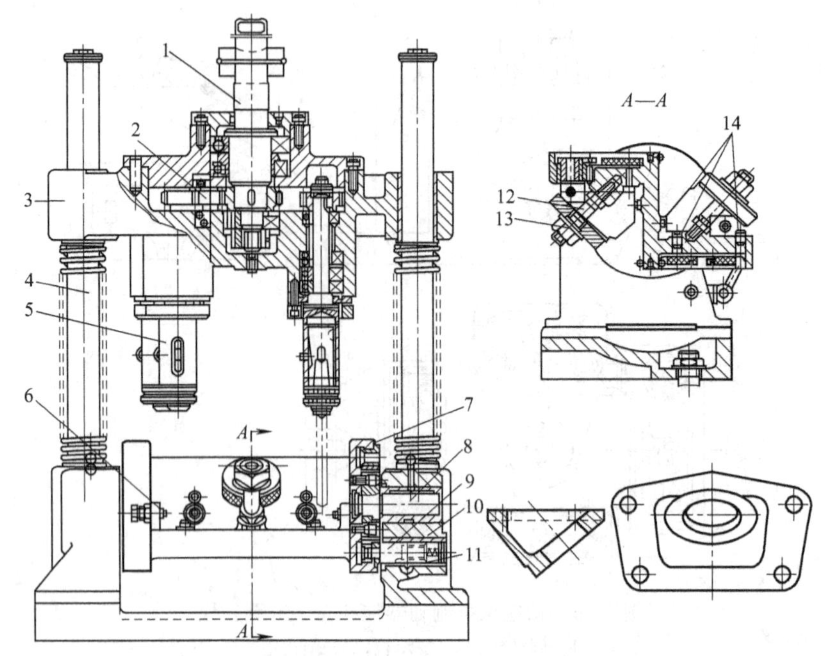

图 8-77 带有四轴传动头的回转钻模

1—传动轴；2—齿轮；3—壳体；4—导向柱；5—工作轴；6—可调螺钉；7—夹具体；8—轴；9—对定销；10—支座；11—齿轮轴；12—开口垫圈；13—螺母；14—支承钉

(2) 钻转向节孔用回转钻模

① 夹具结构（图 8-78）

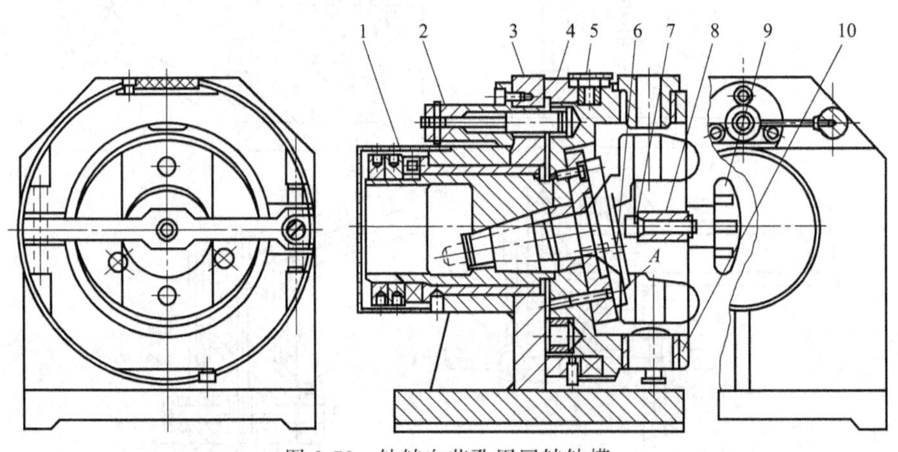

图 8-78 钻转向节孔用回转钻模

1—螺母；2,5—套筒；3—固定座；4—对定销；6—削边销；7—支承钉；8—铰链压板；9—手轮；10—回转座

② 使用说明。工件以尾柄在套筒 2 和 5 中定心，并以凸缘支承在套筒 5 的端面上。工件又以法兰上的孔为基准装在削边销 6 上，工件用装置在铰链压板 8 上的摆动支承钉 7、并用星形手轮 9 夹紧。固定座 3 和回转座 10 之间由两个螺母 1 控制轴向间隙。用对定销 4 保证回转座 10 到所需的位置。

此钻模适用于大批量生产。

(3) 油盘上两孔的立轴回转式钻模

① 夹具结构（图 8-79）

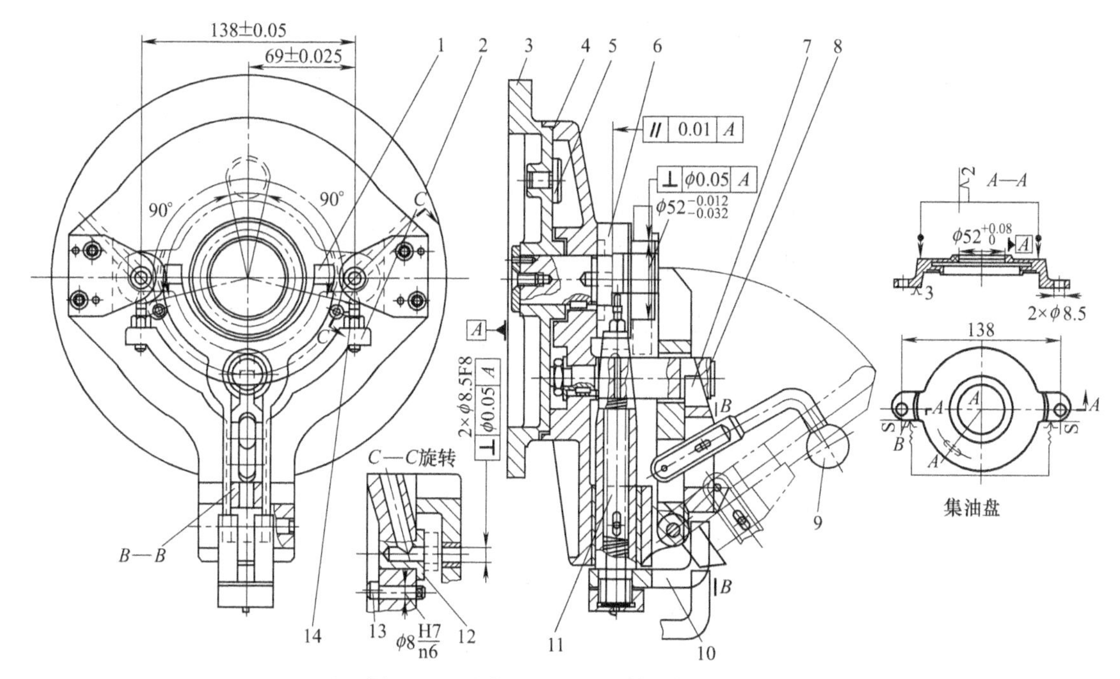

图 8-79 油盘上两孔的立轴回转式钻模

1—叉形压板；2—定位支架；3—夹具体；4—转盘；5—分度挡销；6—定位销；7—斜楔；8—拉杆；9—手柄；10—弯形拉杆；11—拉簧；12—支承板；13—偏心对定销；14—可调支承钉

② 使用说明。本夹具用于加工柴油机集油盘上两个 $\phi8.5$mm 孔。

工件以底平面和 $\phi52^{+0.08}_{0}$mm 中心孔及 B 面作定位基准；工件先按图 8-79 所示位置偏转 45°，以 $\phi52^{+0.08}_{0}$mm 孔套在定位销 6 上，然后再转至图 8-79 所示位置，使底平面在支承板 12 上定位。随后向前扳动手柄 9，放松拉簧 11，使定位支架 2 带动两个可调支承钉 14 向前与 B 面接触，消除工件回转方向自由度。继续向前扳动手柄 9，通过斜楔 7、拉杆 8 使叉形压板 1 把工件压紧。

加工时将转盘 4 转动 90°，使偏心对定销 13 中的一个与分度挡销 5 侧面接触，此时钻床主轴中心与钻套中心重合。当加工完一个孔后，将转盘反向转动 180°，使另一个偏心对定销与分度挡销接触，即可进行另一个孔的加工。

完成加工后，向后扳动手柄 9，斜楔后移，叉形压板松开工件。继续扳动手柄，斜楔后面的凸块迫使弯形拉杆 10 后移，可调支承钉 14 脱离工件定位表面，即可取下工件。

夹具体 3 用螺旋压板固定在钻床工作台上。

(4) 加工盘盖类零件上等分或不等分孔的回转式钻模

① 夹具结构（图 8-80）

② 使用说明。本夹具可用于加工盘、盖类工件的等分孔或不等分孔。

工件在夹具上配备的三爪卡盘中定位夹紧。工件直径的变化可控制在三爪的伸缩范围内；工件高度尺寸变化时，可将螺钉 E 松开，使支架 9 通过齿轮齿条上下移动，调整到适当高度，再拧紧螺钉 E；所加工孔心圆半径的大小，则可通过调节钻模板的距离获得。

使用时，先将钻套 1 轴线和三爪卡盘轴线的同轴度调整到允许的范围，使丝杆刻度盘对准零位。然后根据工件待加工孔的孔心圆半径大小要求，旋转手轮，按丝杠螺距及刻度盘读数调整钻套位置，最后用螺钉 D 固定。

工件上各加工孔的角度位置，依靠一个分度齿轮 5 或改用一个不等分的可换分度盘获得。分度时，可先旋松拔销手柄 11，使对定销 10 退出，再旋松锁紧手柄 12，使锁紧环松开，然后

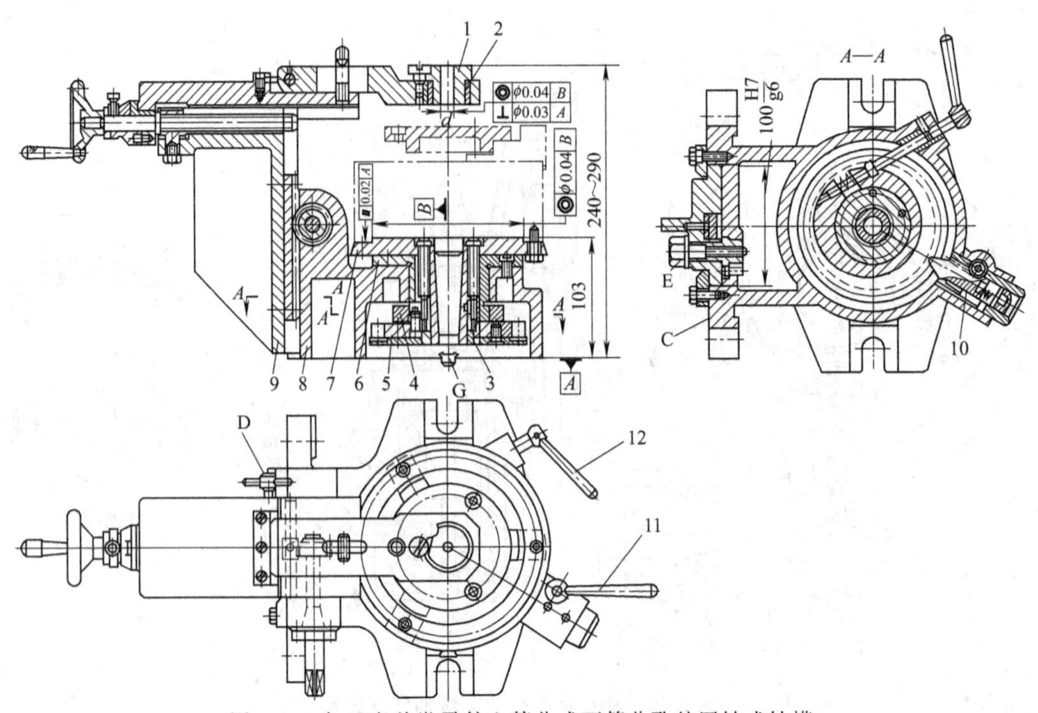

图 8-80 加工盘盖类零件上等分或不等分孔的回转式钻模

1—钻套；2,6—衬套；3—套；4—锁紧环；5—分度齿轮；7—刻度盘；8—底座；9—支架；10—对定销；11—拔销手柄；12—锁紧手柄

用扳手扳动三爪卡盘连同分度齿轮 5 回转分度。分度完毕，再依次旋紧手柄 11 和 12，使对定销插入齿槽，锁紧环抱紧回转部件。当加工孔距不能用分度齿轮或可换分度盘分度时，则可直接按刻度盘 7 上的刻度值分度。

该夹具还可用于卧轴分度加工，此时拆去支架 9，将 *C* 面安放在钻床工作台上，另通过定向键 G 在 *A* 面上安装另一套钻模板支架，即可加工径向等分或不等分孔。

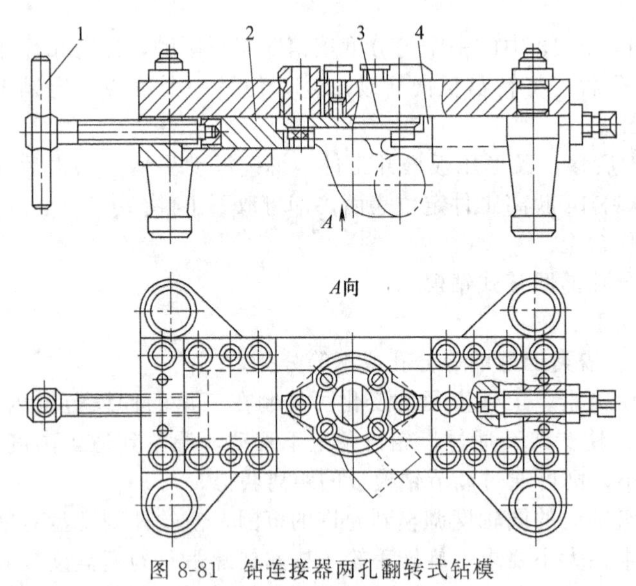

图 8-81 钻连接器两孔翻转式钻模

1—手柄；2,4—V 形块；3—支承板

8.3.2.3 翻转式钻模

(1) 钻连接器两孔翻转式钻模

① 夹具结构（图 8-81）

② 使用说明。本夹具用于立式钻床钻拖拉机消声器连接器上的两个孔。

工件以法兰平面及两端面凸台外形在支承板 3 及可调 V 形块 2 和 4 上定位。旋转手柄 1 便推动 V 形块 2 将工件夹紧。

(2) 钻排气管 180°翻转式钻模

① 夹具结构（图 8-82）

② 使用说明。本夹具用于钻排气管的四个孔。

工件以端面及其外圆柱面为基准，在夹具定位支承套 1 和 V 形模架 3 上定位，以叉口内颊面在活动定位件 2 上实现角向定位。由铰链压板和浮动压块 4 夹紧。钻完两孔后，翻转钻模 180°钻另外两孔。

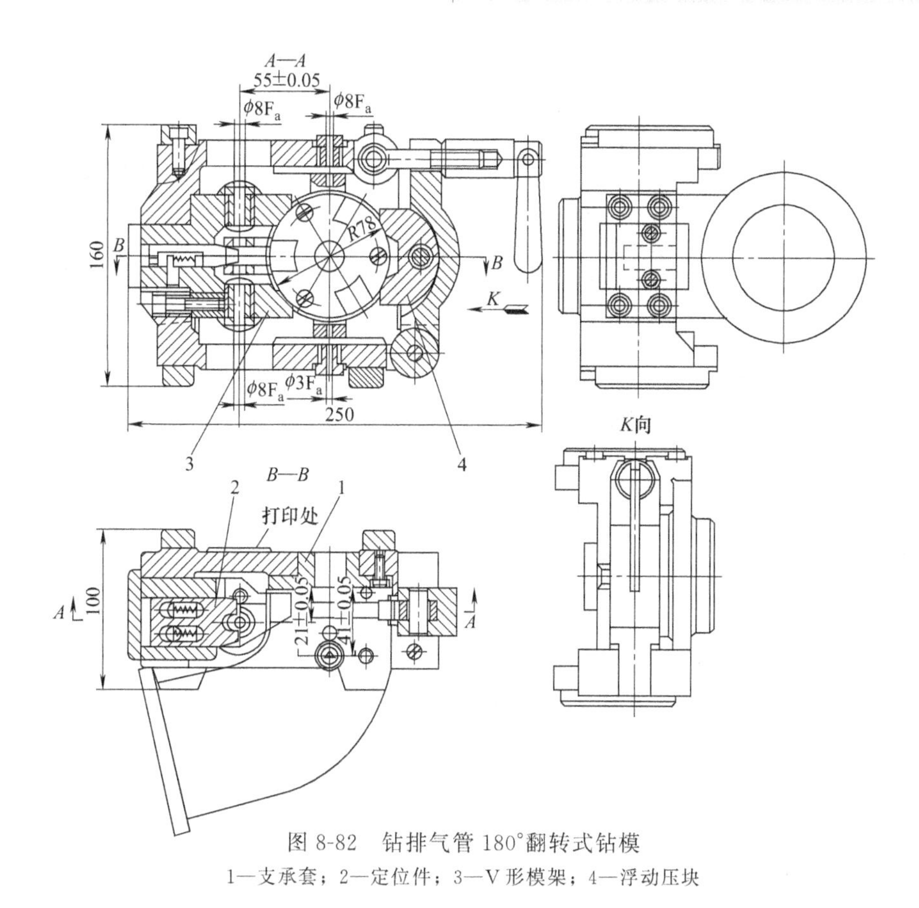

图 8-82　钻排气管 180°翻转式钻模

1—支承套；2—定位件；3—V 形模架；4—浮动压块

8.3.2.4　盖板式钻模

（1）筒状零件可卸钻模板钻模

① 夹具结构（图 8-83）

② 使用说明。工件以底面、台肩和一孔在底板上定位。钻模板以工件内孔、顶面和键槽定位。旋动螺钉 1，压钢球 2 推动三只径向柱塞 3，使钻模板与工件定心夹紧。

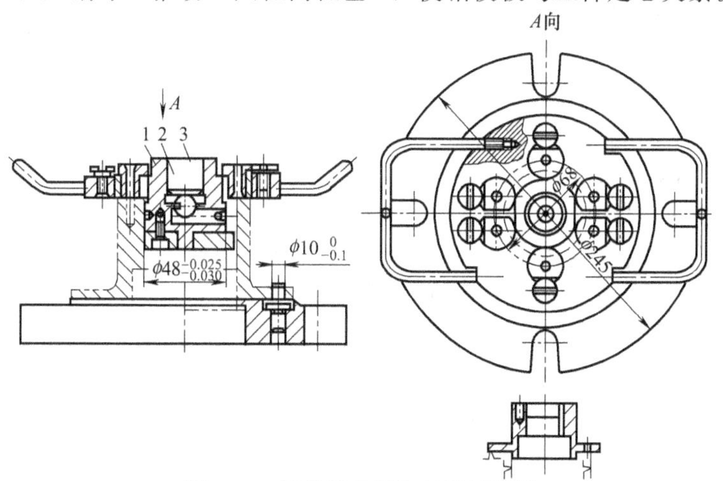

图 8-83　筒状零件可卸钻模板钻模

1—螺钉；2—钢球；3—柱塞

（2）齿轮壳钻模板

① 夹具结构（图 8-84）

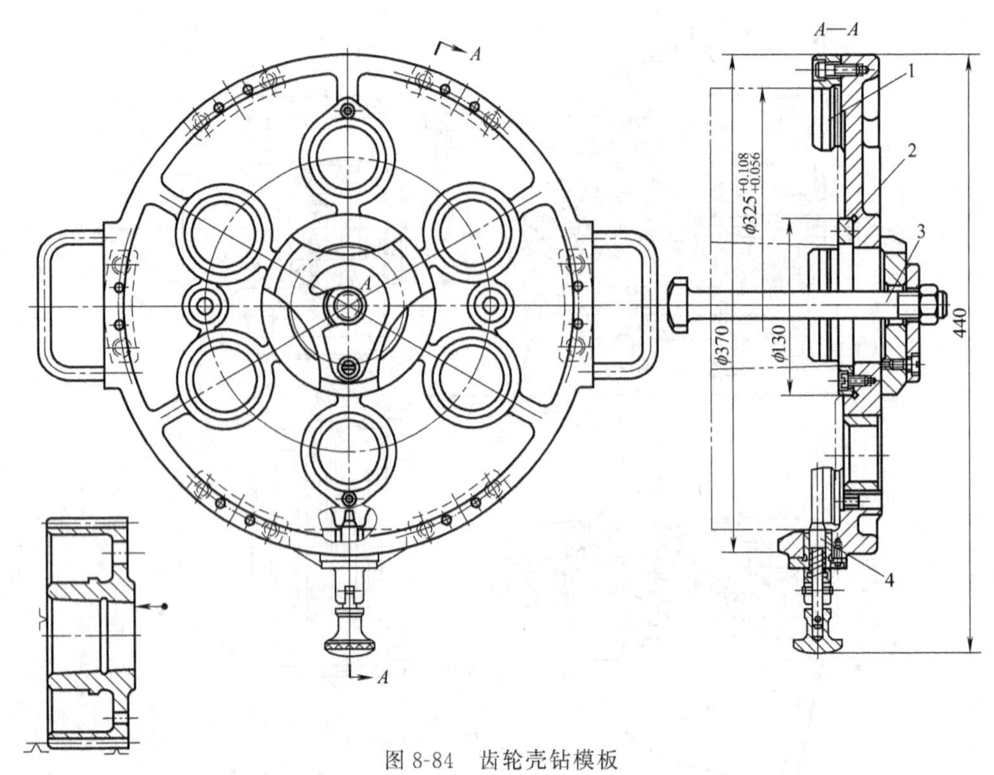

图 8-84 齿轮壳钻模板

1—定位块；2—支承板；3—T形螺钉；4—齿形定向插销

② 使用说明。钻模板直接放在工件上，工件由支承板 2 及六块径向定位块 1 来定位。当齿形定向插销 4 插入工件齿槽使工件无径向位移后，用 T 形螺钉 3 将钻模板和工件一起紧固在钻床台面上。

(3) 下盖板钻模

① 夹具结构（图 8-85）

② 使用说明。工件以三个可调节的偏心块 4 和底座 7 上的平面定位。用钩形压板 2 压紧工件。钻模板 1 是可卸的，它以两个定位销孔套在钻模底座上的定位销 5、6 上，然后用紧定螺钉 3 压紧。钻孔结束后，先取下钻模板，再取工件。

8.3.2.5 滑柱式钻模

(1) 钻摇臂大端面四孔滑柱式钻模

① 夹具结构（图 8-86）

② 使用说明。该夹具由标准手动滑柱钻模加专用件构成。

工件以法兰底面和小端圆柱面在浮动支承板 4 及挡销 1 和 5 上预定位。

操纵手柄 6，压下钻模板 3 并由其上的三个支承钉 2 将工件正式定位并由浮动的支承板 4 将工件夹紧。

(2) 钻变速叉轴向孔滑柱式钻模

① 夹具结构（图 8-87）

② 使用说明。该夹具用于立式钻床。两套同时装于 $\phi450$ 回转工作台上与双轴钻孔头配套使用，扩削变速叉上的轴孔。当一套扩孔时，另一套可装卸工件。

工件以端面和侧面在支座 1 和圆柱销 7 上预定位。转动左右手柄 5，使升降杆 4 带动钻模板 3 下降，带内锥面的压爪 2 使工件定心并夹紧。当齿轮轴 6 转动时，其上的斜齿轮产生轴向分力，将轴锁紧在锥孔内，从而锁紧钻模板。

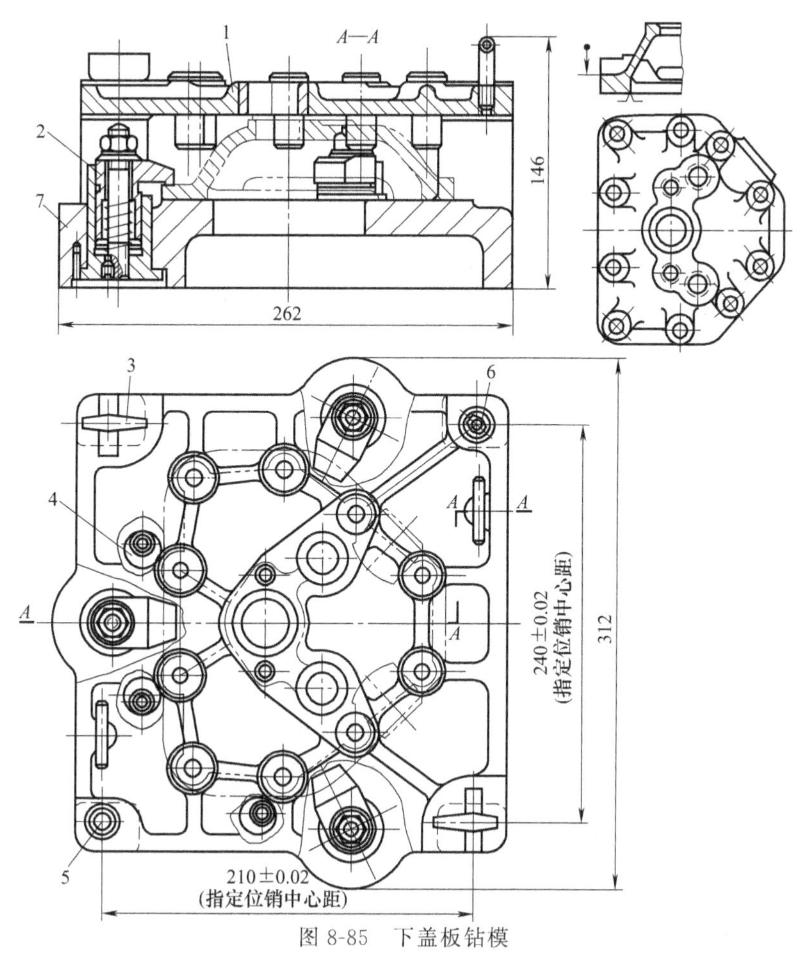

图 8-85 下盖板钻模

1—钻模板；2—钩形压板；3—紧定螺钉；4—偏心块；5,6—定位销；7—底座

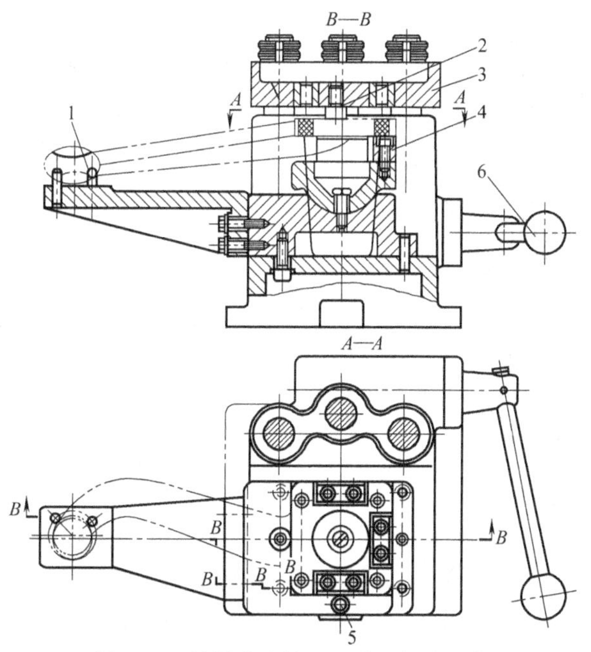

图 8-86 钻摇臂大端面四孔滑柱式钻模

1,5—挡销；2—支承钉；3—钻模板；4—支承板；6—手柄

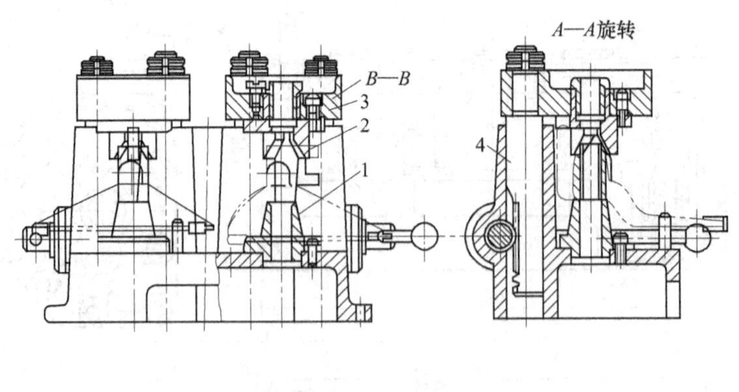

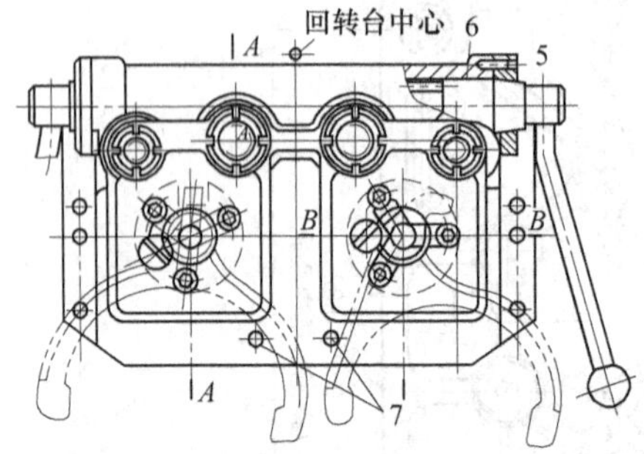

图 8-87 钻变速叉轴向孔滑柱式钻模

1—支座；2—压爪；3—钻模板；4—升降杆；5—手柄；6—齿轮轴；7—圆柱销

(3) 钻泵体三孔滑柱式钻模

① 夹具结构（图 8-88）

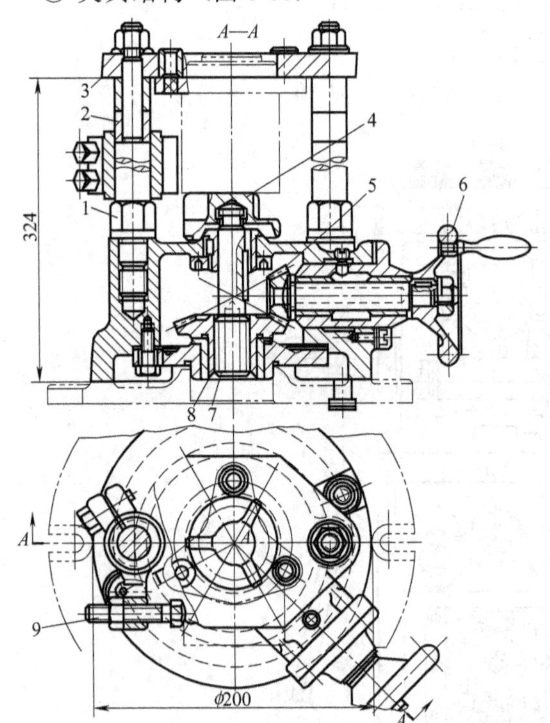

图 8-88 钻泵体三孔滑柱式钻模

1—螺杆；2—衬套；3—钻模板；4—压脚；5,8—锥齿轮；6—手轮；7—顶杆；9—可调支承

② 使用说明。该夹具用于立式钻床，与回转工作台配套使用，钻总泵缸体上的三个孔。

工件以止口外圆、法兰端面和一侧面在钻模板 3 和可调支承 9 上定位。

工件安放于浮动压脚 4 上后，转动手轮 6，经锥齿轮 5 使带内螺纹的锥齿轮 8 旋转，带动顶杆 7 向上移动，由浮动压脚 4 夹紧工件。

该夹具除钻孔外，还可用作铰孔、攻丝等。根据工件的不同高度，可更换螺杆 1 或衬套 2，即可加工不同规格的泵体。

8.3.2.6 其他特殊钻模

(1) 轴承盖钻模

① 夹具结构（图 8-89）

② 使用说明。工件孔以定位销 1 定位。旋转手柄 6 使压板 5 绕支点 4 回转，而将工件的下部压紧在定位钉 7 上。当钻完孔再攻螺纹时应松开锁紧螺钉 3，翻起铰链钻模板 2。

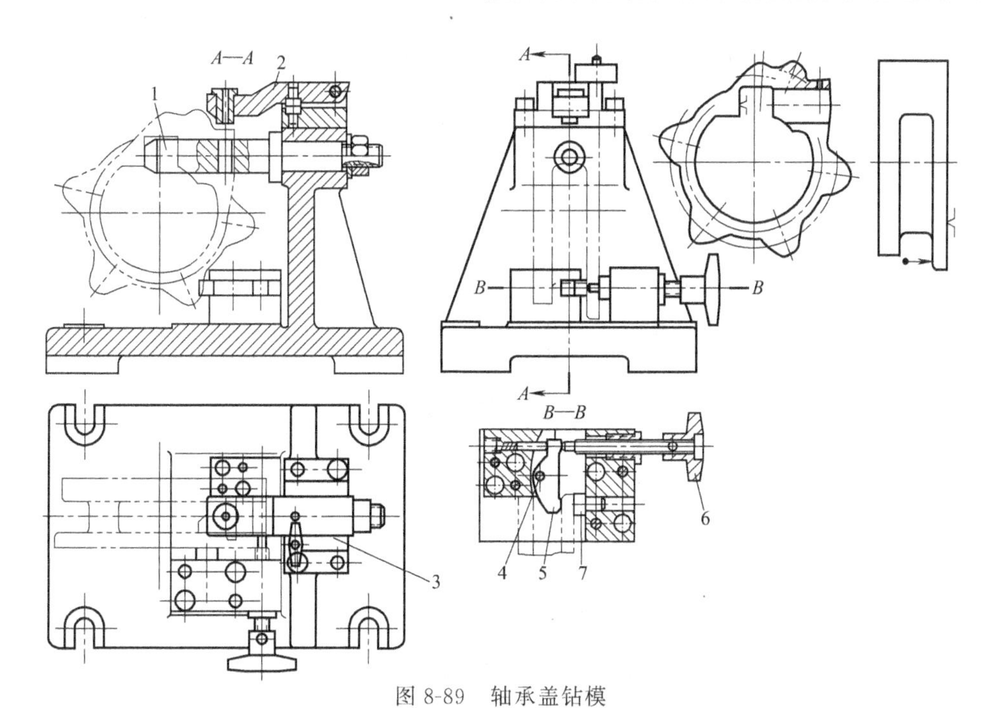

图 8-89 轴承盖钻模

1—定位销；2—铰链钻模板；3—螺钉；4—支点；5—压板；6—手柄；7—定位钉

(2) 滑柱式多轴头

① 夹具结构（图 8-90）

② 使用说明。本夹具用于立式钻床加工法兰类零件及多孔零件。钻模体 1 固定在钻床工作台上。多轴头输入轴的锥体 2 装在钻床主轴中，并用斜楔 7 锁紧。经齿轮副传动圆周分布的几根主轴 3。钻孔时多轴头箱体 4 和滑动钻模板 5 随机床主轴沿两根导柱 6 向下，借弹簧力使钻模板压紧工件。加工结束时多轴头连同钻模板复位。工件在钻模体中用 V 形虎钳定位并夹紧（图中未画出）。本夹具适用于成批生产。

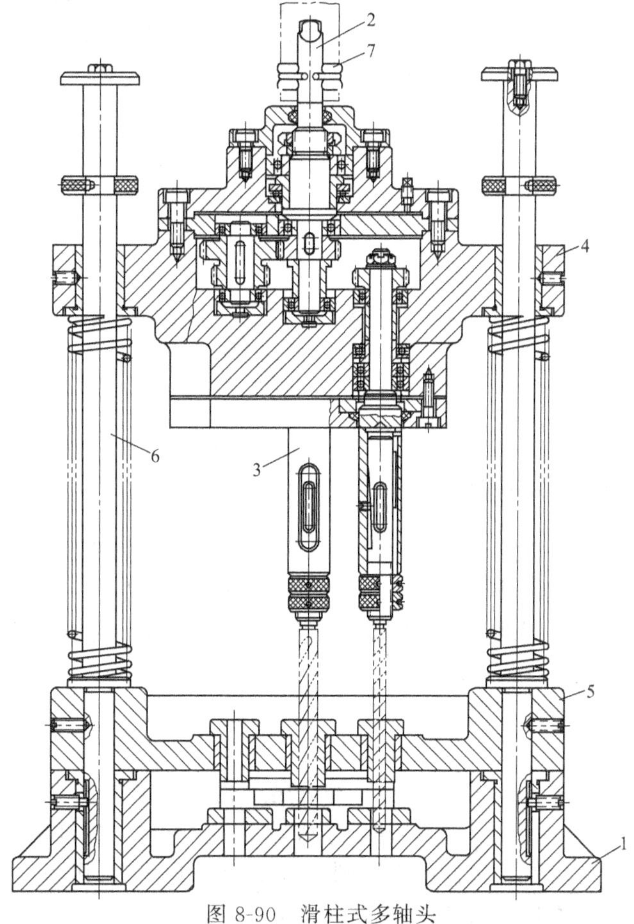

图 8-90 滑柱式多轴头

1—钻模体；2—锥体；3—主轴；4—多轴头箱体；5—滑动钻模板；6—导柱；7—斜楔

(3) 回转多轴头

① 夹具结构（图 8-91）

② 使用说明。本夹具用于立式钻床进行多工序孔的加工（一般为六轴）。本体 1 套装在钻床主轴上，旋转运动由心轴 2 经离合器 3 传至刀杆主轴 4。第一工序加工后，多轴头退回，撞块 5 连同顶杆 6 被钻床传动箱端面压下，经拨块 7 和 11 使定位销 8 拨出和离合器脱开。继而撞块 9 压

下，经齿条-齿轮副、圆锥齿轮副及棘轮机构（图中未画出）使分度回转体10转过一个等分，即更换另一种加工刀具。多轴头向下时，重新插入定位销，合上离合器，继续进行下一工序的加工。

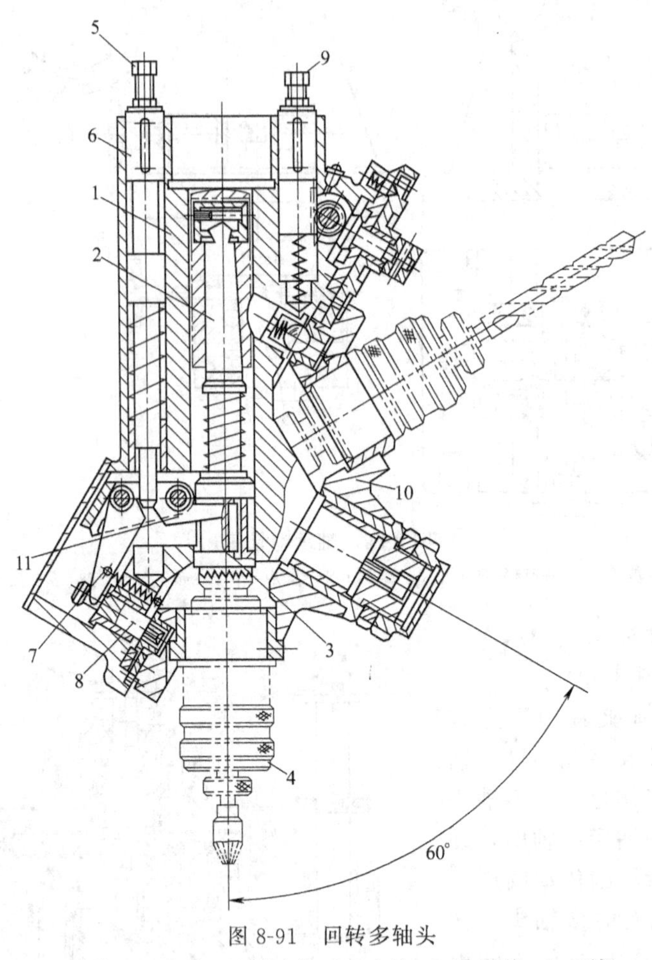

图8-91 回转多轴头

1—本体；2—心轴；3—离合器；4—主轴；5,9—撞块；6—顶杆；7,11—拨块；8—定位销；10—分度回转体

8.3.3 镗床夹具

镗床夹具通常称为镗模。镗模是一种精密夹具，它主要用来加工箱体类零件上的精密孔系。镗模和钻模一样，是依靠专门的导引元件——镗套来导引镗杆，从而保证所镗的孔具有很高的位置精度。采用镗模后，镗孔的精度可不受机床精度的影响。

（1）镗模的组成

一般镗模由定位元件、夹紧装置、导引元件（镗套）、夹具体（镗模支架和镗模底座）四个部分组成。

如图8-92所示为加工磨床尾架孔用的镗模。工件以夹具体的底座上的定位斜块9和支承板10作主要定位。转动压紧螺钉6，便可将工件推向支承钉3，并保证两者接触，以实现工件的轴向定位。工件的夹紧则是依靠铰链压板5。压板通过活节螺栓8和螺母7来操纵。镗杆是由装在镗模支架2上的镗套1来导向的。镗模支架则用销钉和螺钉准确地固定在夹具体底座上。

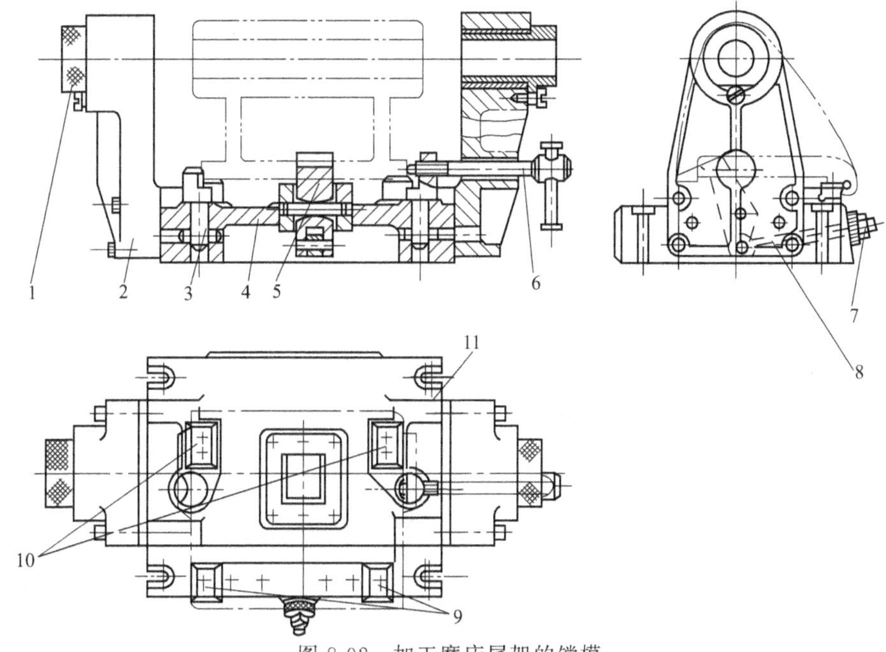

图 8-92　加工磨床尾架的镗模

1—镗套；2—镗模支架；3—支承钉；4—夹具底座；5—铰链压板；6—压紧螺钉；7—螺母；8—活节螺栓；9—定位斜块；10—支承板；11—固定耳座

（2）镗套

镗套结构对于被镗孔的几何形状、尺寸精度以及表面粗糙度有很大影响，因为镗套结构决定了镗套位置的准确度和稳定性。镗套材料用渗碳钢（20、20Cr 钢）；渗碳深度 0.8～1.2mm，淬火硬度 55～60HRC，一般镗套硬度应比镗杆低。对于高速镗孔，生产批量较大时，镗套的材料可用磷表面铜制造；对于大直径的镗套，生产批量较小时，也可用铸铁制造。

常用的镗套结构形式有以下两类。

① 固定式镗套。固定式镗套的结构和前面介绍的钻套基本相似，它固定在镗模支架上而不能随镗杆一起转动，因此镗杆和镗套之间有相对运动，存在摩擦。固定式镗套外形尺寸小、结构紧凑、制造简单、容易保证镗套中心位置的准确度，但固定式镗套只适用于低速加工。

② 回转式镗套。回转式镗套在镗孔过程中是随镗杆一起转动的，所以镗杆与镗套之间无相对转动，只有相对移动。当高速镗孔时，可以避免镗杆与镗套发热而咬死，而且改善了镗杆的磨损状况。由于回转式镗套要随镗杆一起转动，所以镗套必须另用轴承支承。按所用轴承形式的不同，回转式镗套可分为滑动镗套［如图 8-93（a）所示］和滚动镗套［如图 8-93（b）所示］。

表 8-1 列举镗套的基本类型及其使用说明。

表 8-1　镗套的基本类型及其使用说明

基本类型	结构简图	使用说明
固定式镗套	A型　B型	外形尺寸小，结构简单，中心位置准确。适用于低速扩孔、镗孔

续表

基本类型		结构简图		使用说明
回转式镗套	外滚式滚动镗套	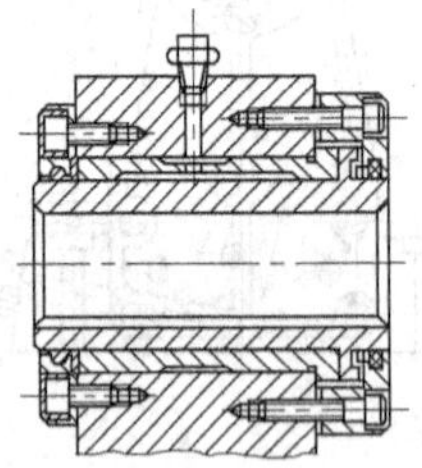	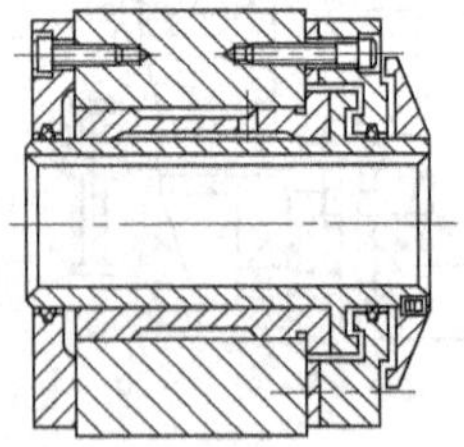	径向尺寸较小，抗振性好，承载能力大，回转线速度低于0.4m/s。适用于精加工
		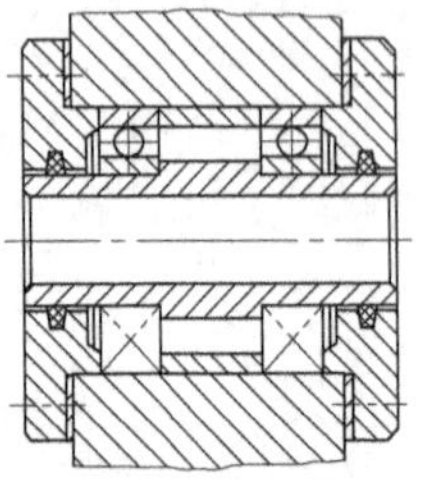	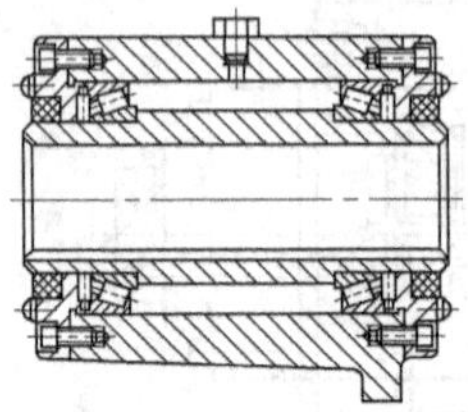	径向尺寸较大，回转精度不高。适用于粗加工或半精加工
		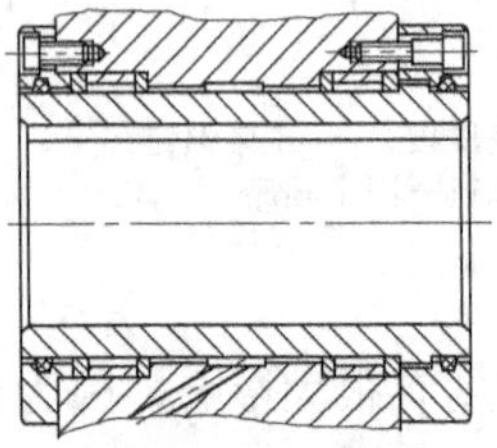	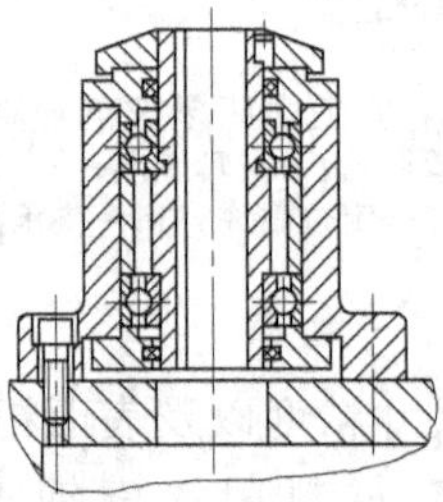	
		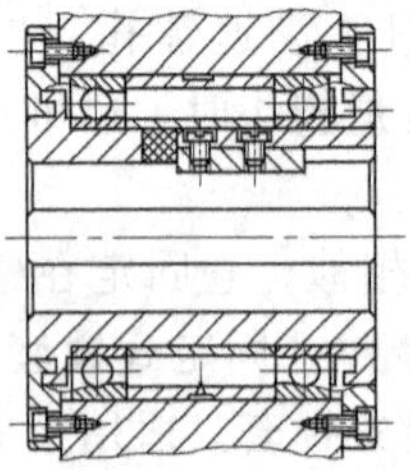	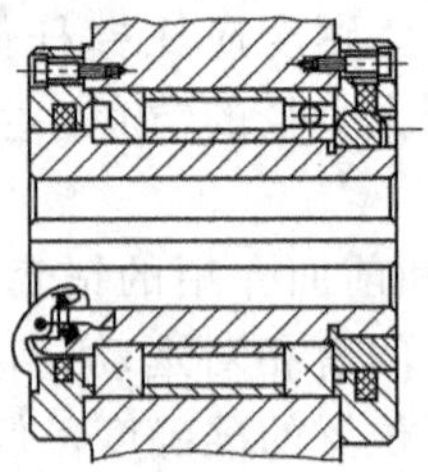	用于机床主轴有定位装置的情形，以保证工作过程中镗刀与引刀槽的位置关系正确。左图为尖头定向键，右图为弹簧钩头键
	内滚式滑动镗套	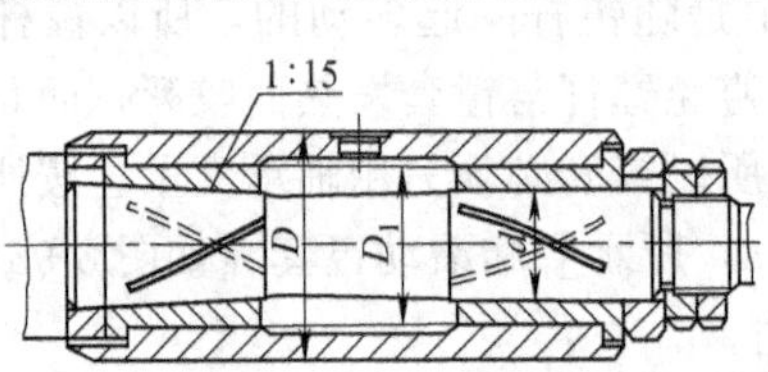		抗振性较好，一般用于铰孔、半精镗或精镗孔
		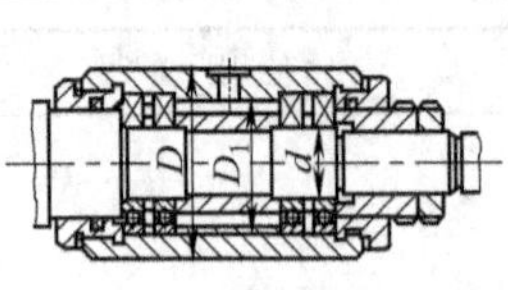	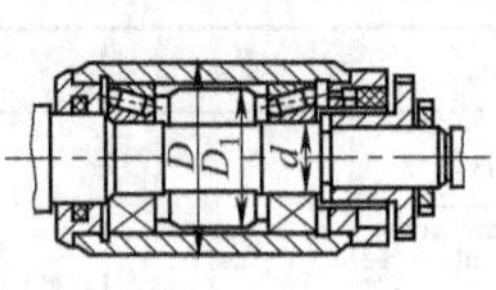	适用于切削负荷较重的场合
		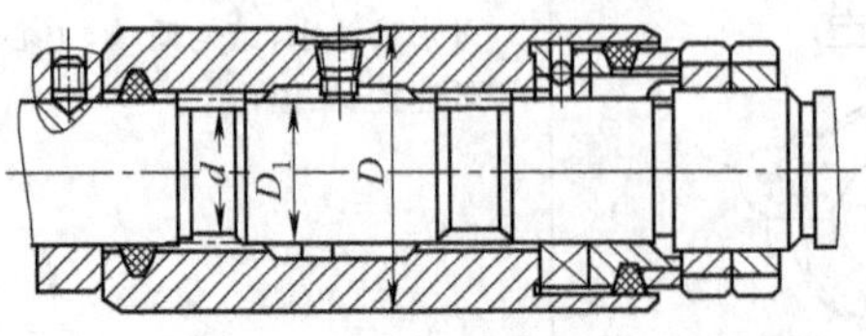		刚性和精度不高，只是在尺寸受到限制的情况下才采用

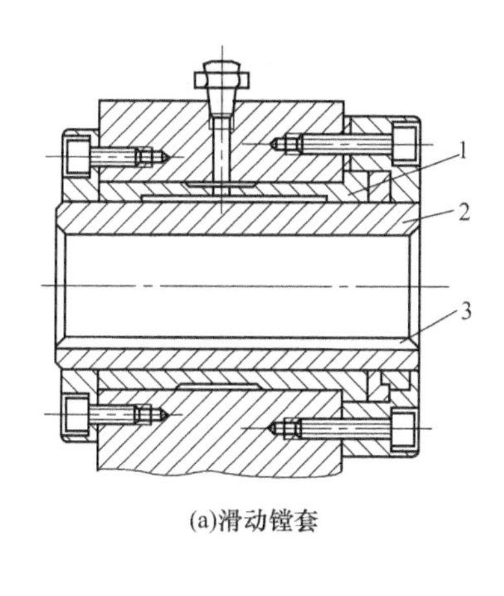

(a)滑动镗套

1—轴承套；2—镗套；3—键槽

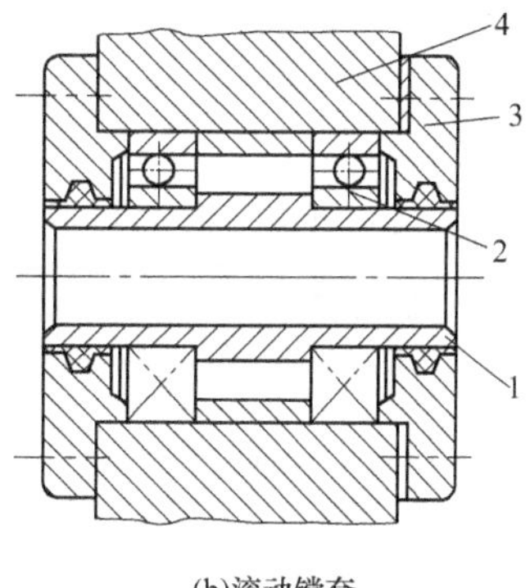

(b)滚动镗套

1—镗套；2—滚动轴承；
3—轴承盖；4—镗模支架

图 8-93 回转式镗套

（3）镗模导向支架

镗床夹具的结构类型主要取决于导向支架的布置形式。导向支架的布置形式分为以下几种。

① 单面导向。镗杆在镗模中只用一个位于刀具前面或后面的镗套引导；镗杆与机床主轴采用刚性连接，镗杆的一端为锥柄，直接插入机床主轴莫氏锥孔中，镗套中心线应和机床主轴轴线重合。

单面前导向指支架布置在刀具的前方，适用于加工孔径 $D>60$mm、长径比 $L/D<1$ 的通孔。这种方式便于在加工过程中进行观察和测量。

单面后导向指支架布置在刀具的后方，主要用于镗削孔径 $D<60$mm 的通孔或盲孔。这种方式装卸工件和刀具较方便。

单面双导向指两个支架布置在刀具的后方。采用这种方式是由于镗杆为悬臂梁，因此要求镗杆伸出支承的距离一般不大于镗杆直径的 5 倍。

② 双面导向。采用双面导向的镗模，其镗杆与机床主轴采用浮动连接，所镗孔的位置精度主要取决于镗模板上镗套位置的准确度。

双面导向支架的布置有以下两种形式。

a. 双面单导向。主要用于加工孔径较大，孔的长径比 $L/D>1.5$ 的孔，或一组同轴孔。这种方式的缺点是镗杆较长，刚性差，更换刀具不太方便。

b. 双面双导向。主要用于专用的联动镗床上从两面加工精度要求较高的工件。

表 8-2 为导向支架的布置形式及选择。

表 8-2 导向支架的布置形式及选择

布置形式	导向支架示意图	使用说明
单面前导向	D d L h H	导向支架布置在刀具的前方，刀具与机床主轴刚性连接。适用于加工孔径 $D>60$mm、$L<D$ 的通孔。一般情况下，$h=(0.5\sim1)D$，但 h 不应小于 20mm $H=(1.5\sim3)d$

续表

布置形式	导向支架示意图	使用说明
单面后导向	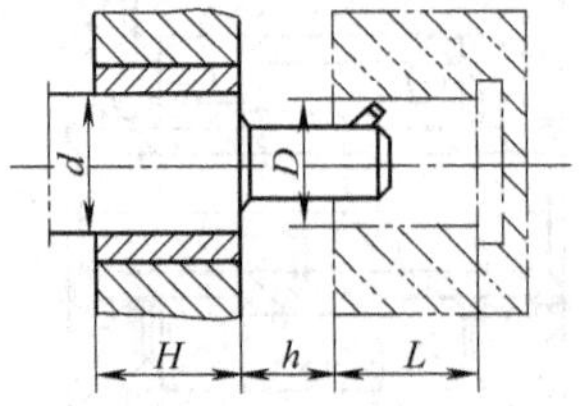 $L<D$ $L>D$ 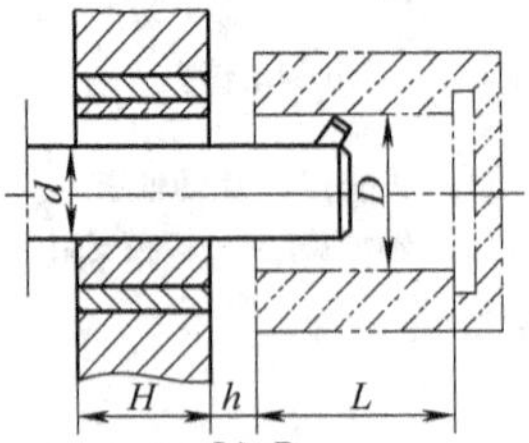	导向支架布置在刀具的前方，刀具与机床主轴刚性连接。$L<D$ 时，刀具导向部分直径 d 可大于所加工孔的直径 D。刀杆刚度好，加工精度高。$L>D$ 时，刀具导向部分直径 d 应小于所加工孔的直径 D。镗杆能进入孔内，可以减小镗杆的悬伸量和利于缩短镗杆长度 $H=(1.5\sim3)d$
单面双导向	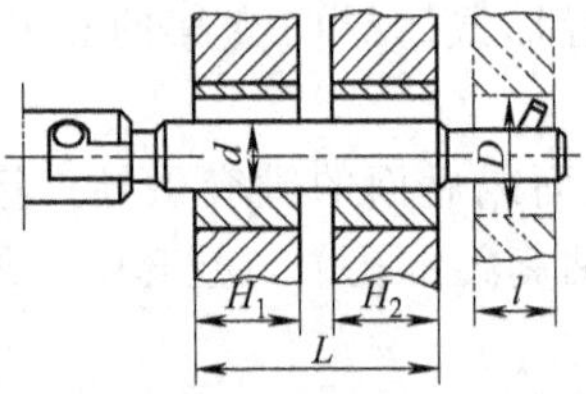	在工件的一侧装有两个导向支架。镗杆与机床主轴浮动连接 $L\geqslant(1.5\sim5)l$ $H_1=H_2=(1\sim2)d$
双面单导向	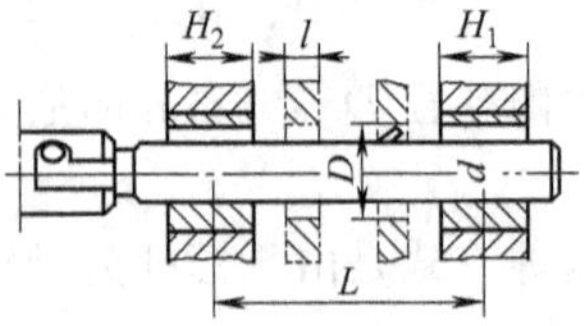	导向支架分别装在工件的两侧。镗杆与机床主轴刚性连接。适用于加工孔长度 $l<1.5D$ 的通孔或同轴孔，且孔间中心距或同轴度要求较高的情形 当 $L>10D$ 时，应加中间导向支架。镗套高度 H 一般取 固定式镗套　$H_1=H_2=(1.5\sim2)d$ 滑动式镗套　$H_1=H_2=(1.5\sim3)d$ 滚动式镗套　$H_1=H_2=0.75d$
双面双导向	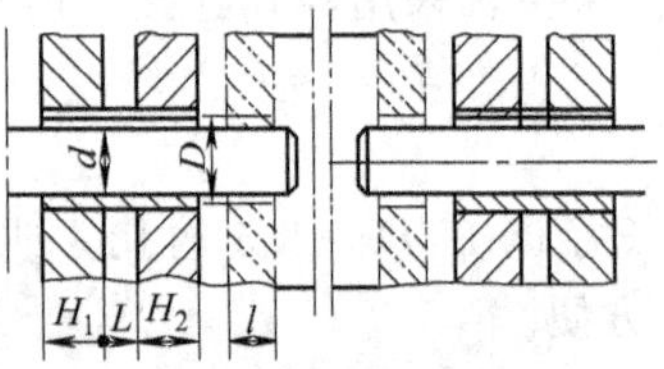	适用于在专用的联动镗床上加工或加工精度要求高而需要从两面镗孔的情形。在大批量生产中应用较广

8.3.4 镗床夹具设计实例

8.3.4.1 金刚镗床夹具

(1) 金刚镗活塞销孔夹具

① 夹具结构（图 8-94）

② 使用说明。本夹具为镗启动机活塞销孔用金刚镗床夹具。

工件在过渡卡爪中以定位销 9 的上端面预定位，以活塞销孔和装于镗杆上的定位销 10 准确定位。夹紧时，通过油缸活塞 1、滑柱 2、塑料 3 使薄壁套 4 的薄壁部分产生弹性变形，由过渡卡爪 8 夹紧工件。更换过渡卡爪 8 可加工不同外径的活塞。

件 5 为防止工件变形的塞环，件 6 为不装工件时放入的保护塞规。

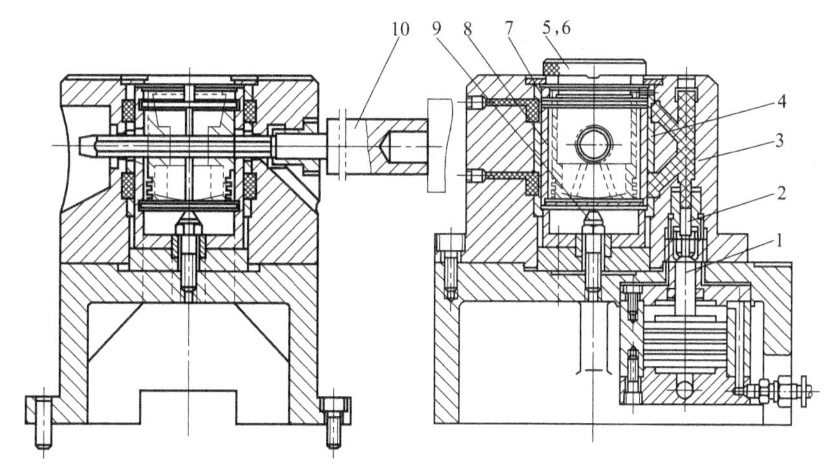

图 8-94 金刚镗活塞销孔夹具

1—活塞；2—滑柱；3—塑料；4—薄壁套；5—塞环；6—保护塞规；7—垫圈；8—卡爪；9,10—定位销

(2) 气动液性塑料金刚镗夹具

① 夹具结构（图 8-95）

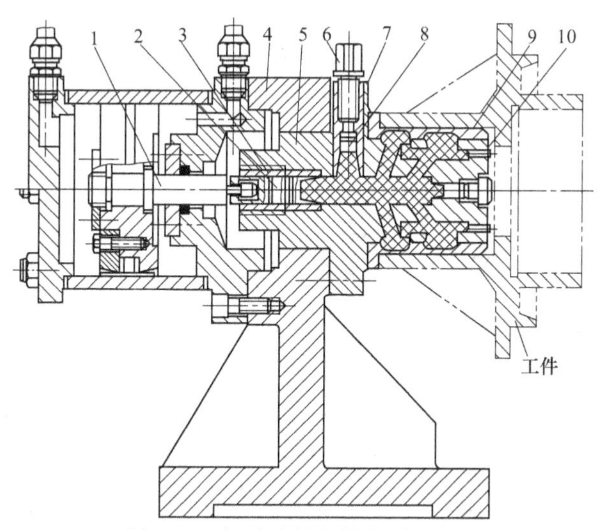

图 8-95 气动液性塑料金刚镗夹具

1—活塞杆；2,8—柱塞；3—缸；4—夹具体；5—心轴；6—螺钉；7—调节套；9—薄壁套筒；10—调节螺钉

② 使用说明。本夹具用于卧式金刚镗床上镗削工件内孔。

工件以内孔端面安装在心轴 5 的薄壁套筒 9 上定位。活塞杆 1 的推力通过柱塞 2 和液性塑料的传动，使薄壁套筒 9 变形而定心和夹紧工件。必要时也可以通过螺钉 6 和柱塞 8 进行手动夹紧。

(3) 金刚镗连杆大小头孔夹具

① 夹具结构（图 8-96）

② 使用说明。本夹具用于双头专用金刚镗床上精镗连杆大、小头孔。

工件以大头端面工艺搭子及精镗过的小头孔在支承环 4、支承钉 5 和由小头插入的销子 3 上定位。夹紧时，油缸的活塞动作带动压板 6 将工件夹紧，再拧动星形捏手使浮动定心夹紧装置夹紧杆身，并通过锥套 2 锁紧。抽出插销 3 即可进行加工。

(4) 连杆大小头孔镗夹具

① 夹具结构（图 8-97）

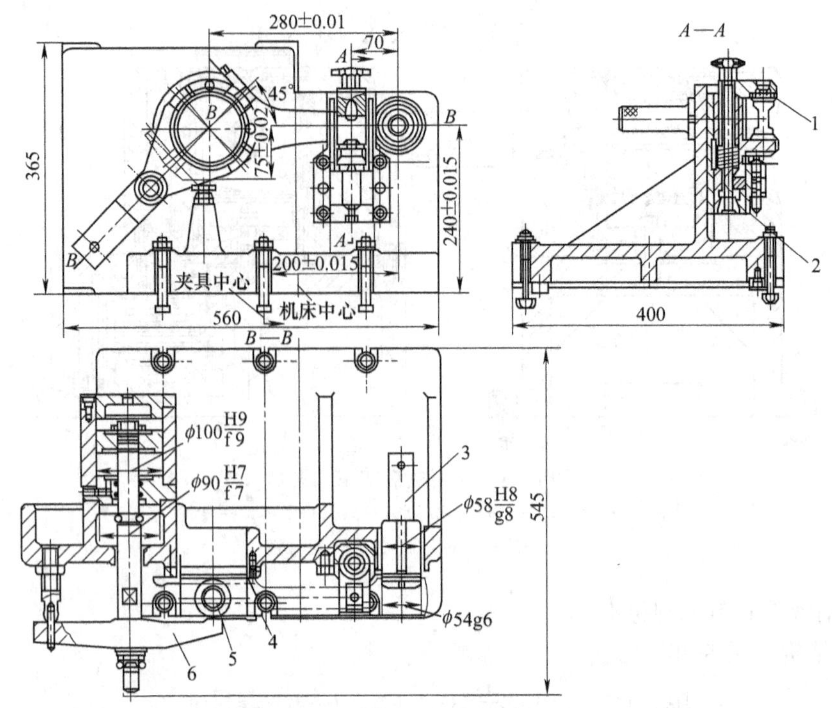

图 8-96　金刚镗连杆大小头孔夹具

1—球形压块；2—锥套；3—销；4—支承环；5—支承钉；6—压板

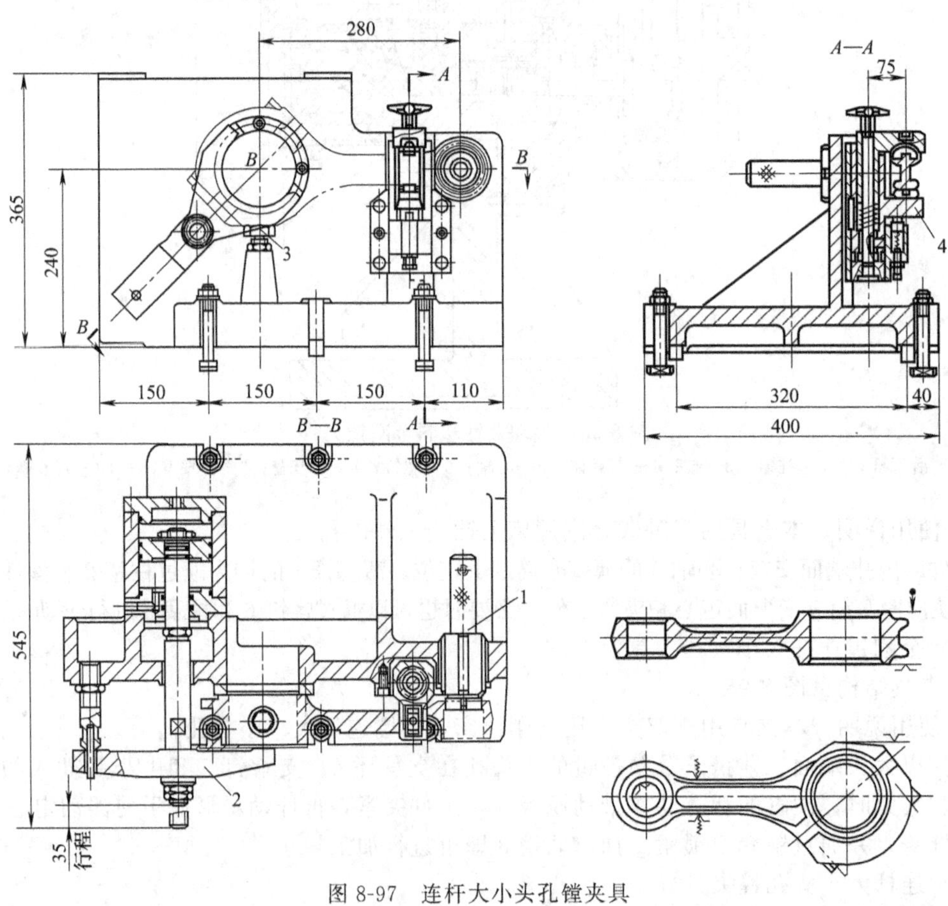

图 8-97　连杆大小头孔镗夹具

1—定位插销；2—叉形压板；3—可调支承；4—浮动压板

② 使用说明。工件以小头孔和大头处的搭子面以及连杆大头的一个侧面定位。小头孔用定位插销 1 定位（待工件压紧后取下），为使镗孔时工件不产生振动，所施加的夹紧力集中在大头处。叉形压板 2 由油缸驱动。大头处的搭子面靠可调支承 3 支承。工件杆身由浮动压板 4 固定。

8.3.4.2 卧式镗床夹具

(1) 精镗车床尾座体镗模

① 夹具结构（图 8-98）

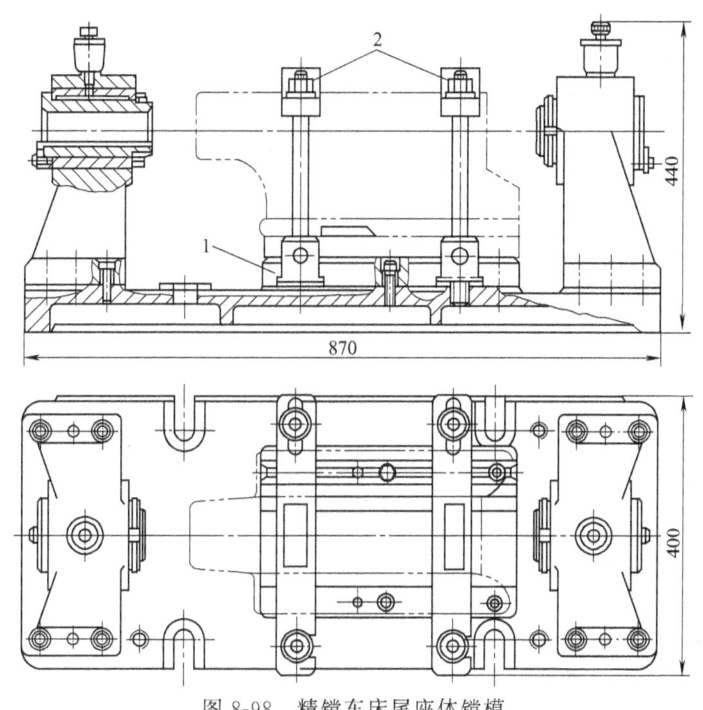

图 8-98 精镗车床尾座体镗模

1—支承板；2—压板

② 使用说明。本夹具为精镗车床尾座体 ϕ60H6 孔的镗模。

为了保证尾座孔中心线与车床主轴中心线的等高性，将尾座体与底板拼成一体加工。部件以尾座底板底平面和 V 形导轨面为基面安放在支承板 1 上定位，用两个压板夹紧。

(2) 双镗杆联动镗床夹具

① 夹具结构（图 8-99）

② 使用说明。本夹具用于普通卧式镗床上加工滚齿机滚刀箱壳体。工件由四个零件（工序图中Ⅰ、Ⅱ、Ⅲ、Ⅳ）组装而成，在一次加工中完成两列平行孔系。

工件以 ϕ450mm±0.16mm 圆盘平面及 ϕ115H7 圆孔为定位基准，定位于定位块 4 及定位圆柱 5 上；再用千分表触头贴住工件右端面，使千分表架 8 沿基准板 9 水平移动，以便对定工件角向位置；然后拧紧两对联动压板 3 把工件初步夹紧。为增加工件定位稳定性与刚性，在框架 7 上设有辅助支承及夹紧装置，当工件初步夹紧后，可用千分表架沿基准板 9 的垂直平面上下移动，检查工件是否变形，最后利用这些夹紧装置把工件夹紧。

工作中，前支架 1 上面的齿轮镗套 2 在带键镗杆带动下回转，并通过齿轮传动，使下面的齿轮镗套带动下镗杆也同步回转，实现主切削运动。为了提高齿轮镗套与后镗套 11 的同轴度，两个上下的后镗套采用多列滚动轴承支承，在装配调整中，除一对轴承为固定轴不能调节外，其他各对轴承均可适当转动偏心锥形轴 10，凭借其偏心部分使轴承贴紧镗套外圆。由于镗杆

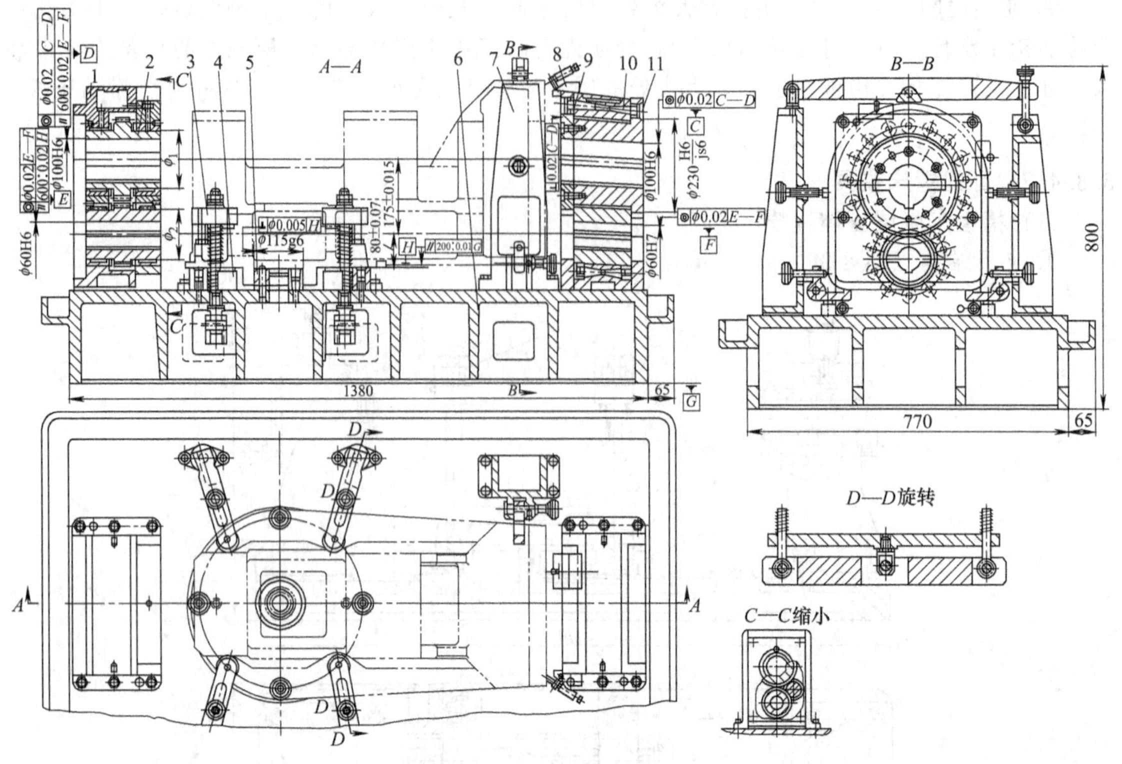

技术要求

1.图中φ1、φ2基本尺寸分别为140mm、120mm，且必须配作，保证间隙0.015～0.02mm。

2.通过偏心锥形轴10调整滚动轴承，使后支架中的上后镗套及下后镗套均符合所标形位公差要求。

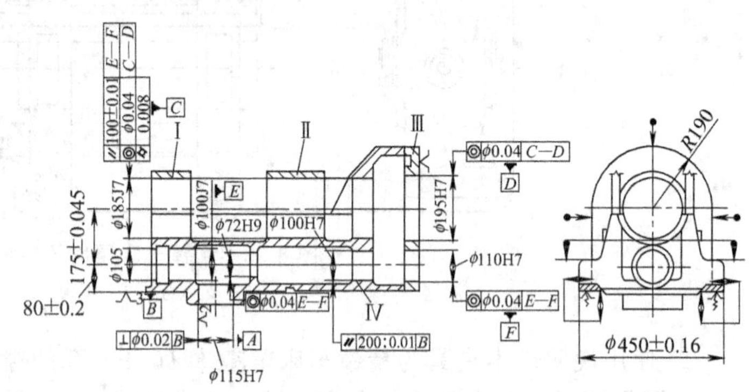

滚刀箱壳体（Ⅰ、Ⅱ、Ⅲ、Ⅳ件组装）

图 8-99　双镗杆联动镗床夹具

1—前支架；2—齿轮镗套；3—联动压板；4—定位块；5—定位圆柱；6—底座；7—框架；8—千分表架；9—基准板；10—偏心锥形轴；11—后镗套

较长，故每一根镗杆各做成前后两段，分别连同镗刀穿过前后镗套，在中间部分利用锥面配合在一起，使之形成一根镗杆。镗孔加工完成后，前后两段镗杆拆卸开分别取出。

夹具的底座 6 尺寸较厚，但中间挖空，铸有加强筋以提高刚性，四周铸有集屑槽。

该夹具加工精度高，刚性好；由于采用双镗杆联动加工，因此生产效率高。

(3) 泵体镗夹具

① 夹具结构（图 8-100）

② 使用说明。该夹具用来镗削锯床泵体两个相互垂直的孔及端面。工件以法兰面 A 和底面 B 在支承板 1、2 和 3 上定位，侧面 C 在定位挡铁 4 上定位，先用螺钉 6 将工件预压定位后，再用四个钩形压板 5 压紧。两镗杆的两端均有导套支承，镗好一个孔后，镗床工作台回转 90°，再镗第二个孔。镗刀块的装拆在导套和工件间的空当内进行。

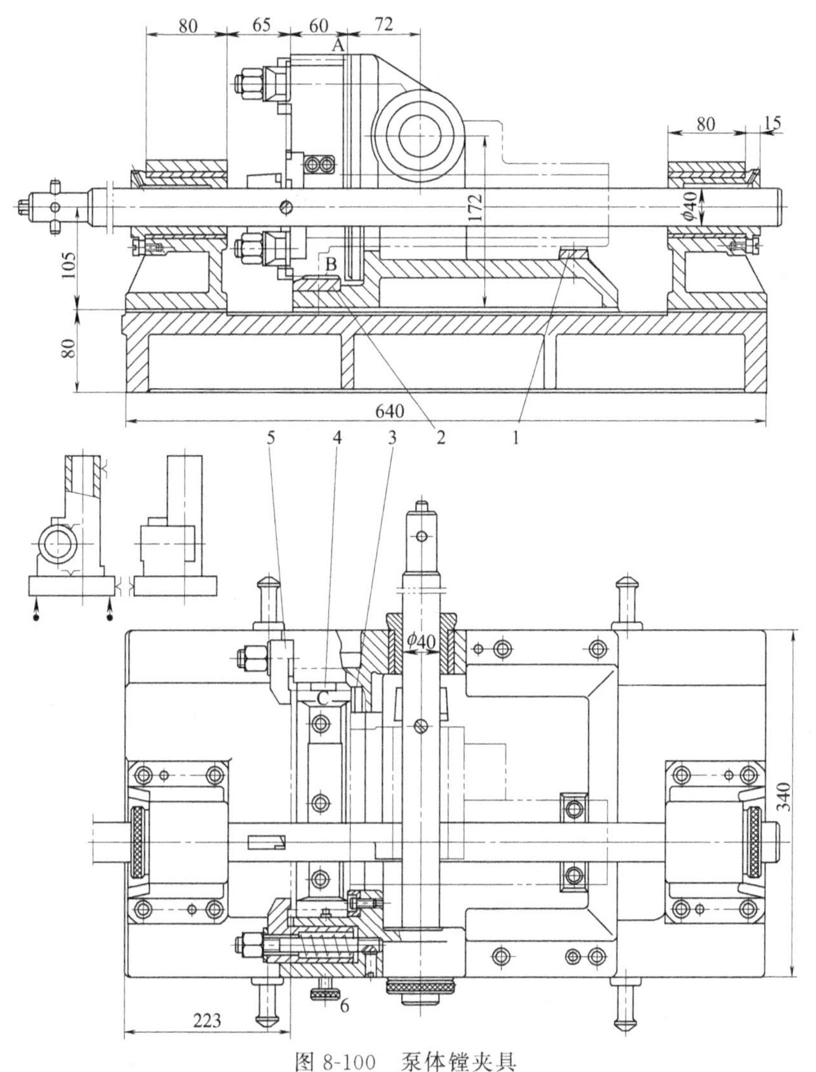

图 8-100　泵体镗夹具
1～3—支承板；4—挡块；5—钩形压板；6—螺钉

(4) 发动机机体凸轮轴孔镗夹具

① 夹具结构（图 8-101）

② 使用说明。工件以底面及两定位销孔定位，定位销 1 和 2 由手柄 10 控制。机体顶面由灯头连接式拉杆 8 经爪形压板 9 压紧。镗杆由滚动导套 3 和 4 支承，为防止镗杆弯曲、中间设置支承导套 5。在镗刀杆未进入工件前安装工件时，先将工件向前移一位置（由粗定位块限止），待镗杆输送机构将镗刀杆推至加工位置后，再使工件正确定位。加工结束后，由镗杆输送机构将镗刀杆拉出工件。手柄 6 和 7 用以控制二缸、四缸机体加工的菱形定位销。夹具左端与机床传动箱的主轴相连接。右端与镗杆输送机构相连接。本夹具加工二、四、六缸机体时都能使用。

8.3.4.3　立式镗床夹具

主要介绍立式镗床加工箱体盖两孔夹具。

① 夹具结构（图 8-102）

② 使用说明。本夹具用于立式镗床或摇臂钻床上加工箱体盖的两个 ϕ100H9 平行孔。

工件以底平面（精基准）为主要定位基准，安放在夹具体 3 的平面上，另以两侧面

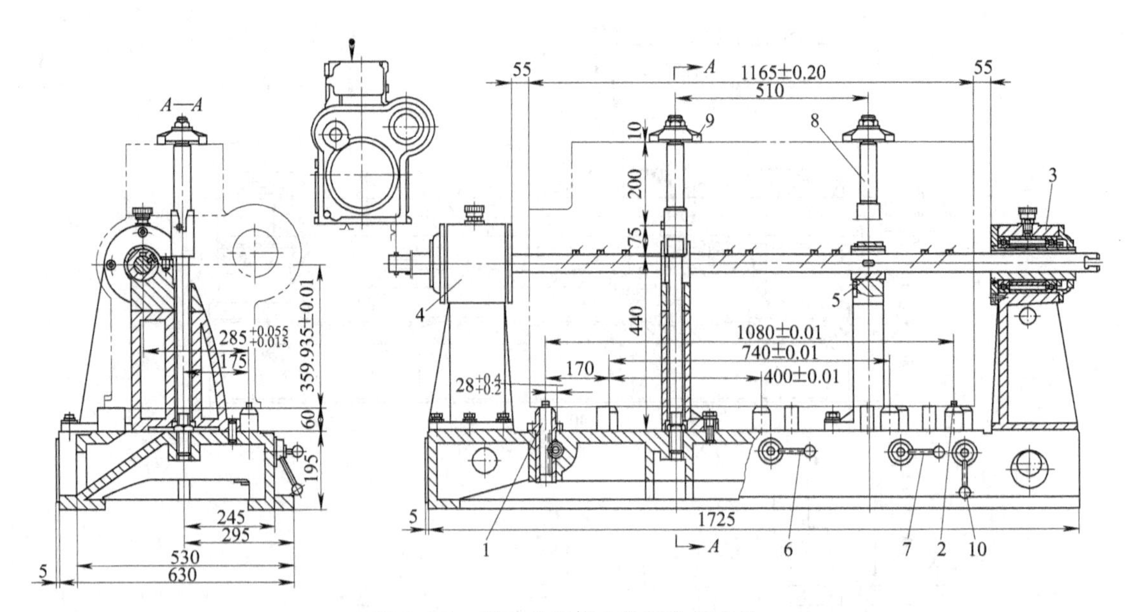

图 8-101　发动机机体凸轮轴孔镗夹具

1,2—定位销；3,4—滚动导套；5—支承导套；6,7,10—手柄；8—拉杆；9—爪形压板

（粗基准）分别为导向、止推定位基准，定位在三个可调支承钉 8 上，从而实现六点定位。

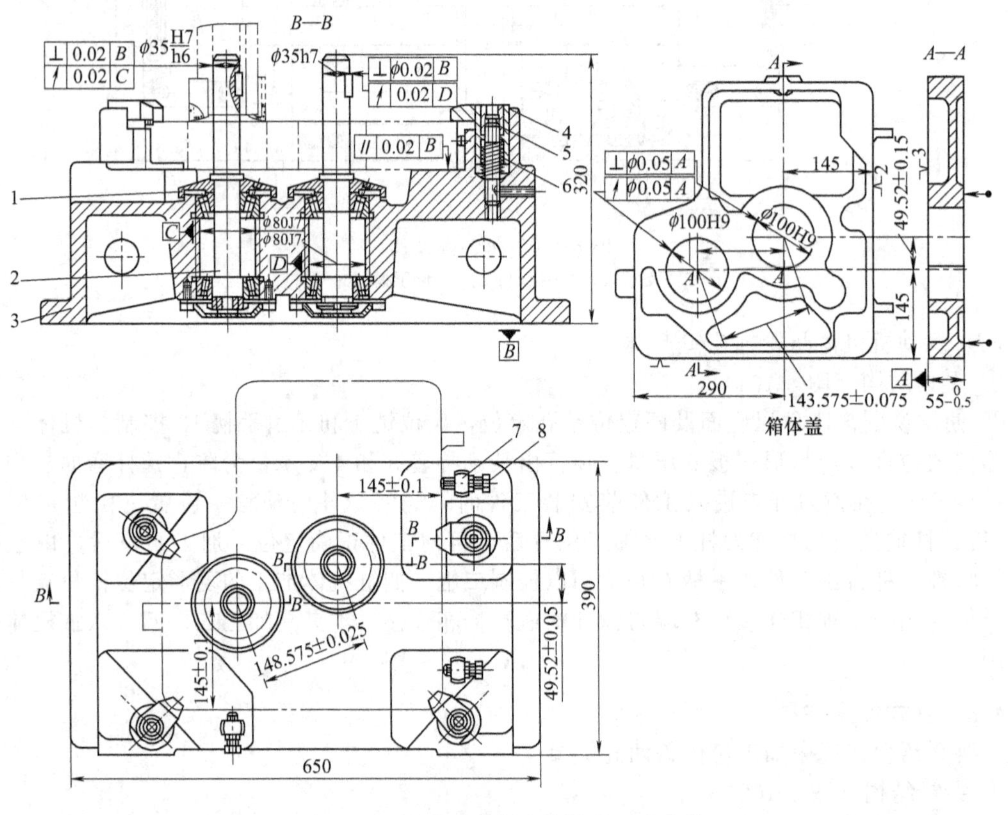

图 8-102　立式镗床加工箱体盖两孔夹具

1—护盖；2—导向轴；3—夹具体；4—钩形压板；5—螺母；6—螺栓；7—支架；8—可调支承钉

工件定位后，转动四个螺母 5，即可通过四副钩形压板 4 将工件夹紧。

加工过程中，镗刀杆上端与机床主轴浮动连接，下端以 ϕ35H7 圆孔与导向轴 2 配合，对镗刀杆起导向作用。当一个孔加工完毕后，镗刀杆再与另一导向轴配合，即可完成第二孔的加工。

本夹具定位合理，夹紧可靠，其主要特点是导向元件不采用一般的镗套形式，而以导向轴来代替，从而使工件安装方便，夹具结构简单。

8.3.4.4 其他镗床夹具

(1) 有下引导的镗夹具

① 夹具结构（图 8-103）

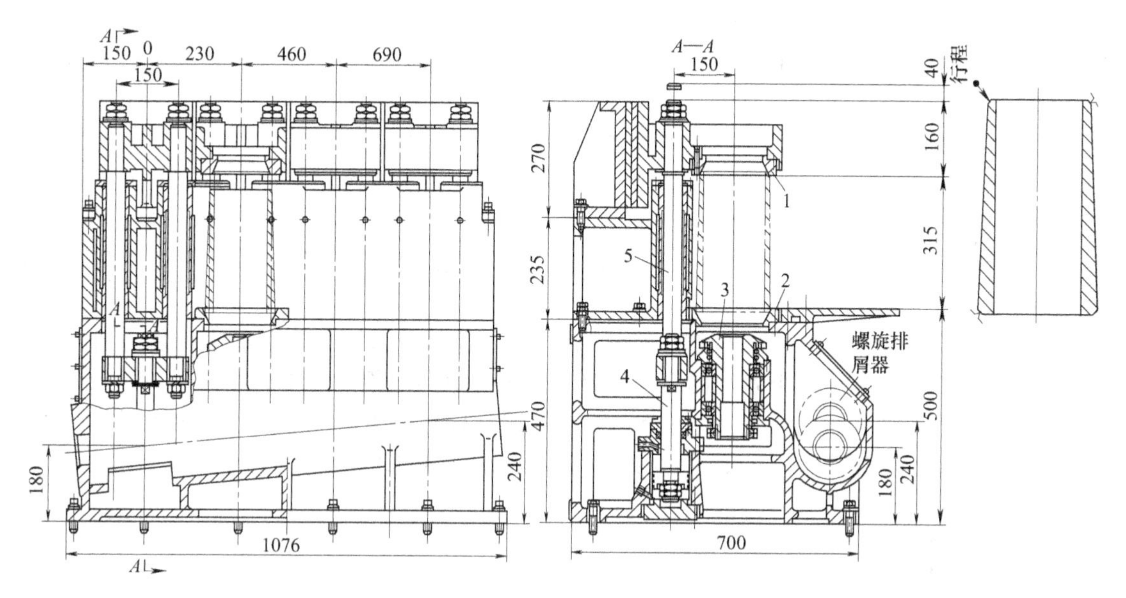

图 8-103 有下引导的镗夹具

1,2—内锥孔块；3—滚动导向套；4—活塞杆；5—双导柱

② 使用说明。工件（发动机气缸套）以夹具上的上、下两个内锥孔块 1、2 定位，由油缸活塞杆 4 带动双导柱 5 使上方的内锥孔块压紧工件。为不使镗刀杆在加工时产生挠度，下设滚动导向套 3 作为引导。为防止铁屑进入导向套的滚动轴承，导向套上部设有防尘装置。本夹具同时夹紧四个气缸套。切屑由夹具前侧的螺旋排屑器（图中未画出）排出。

(2) 液性塑料镗夹具

① 夹具结构（图 8-104）

② 使用说明。当装在机床主轴末端的气缸将拉杆 1 向左拉动时，杠杆 2 拨动摇臂 3 绕小轴顺时针方向转动。通过柱塞 4 挤压夹具腔内的液性塑料，迫使套筒薄壁均匀地产生径向变形，从而使工件得到正确的定位并夹紧。

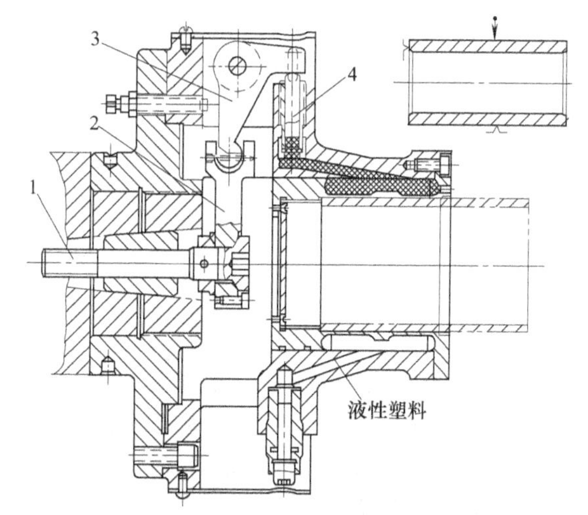

图 8-104 液性塑料镗夹具

1—拉杆；2—杠杆；3—摇臂；4—柱塞

8.4 现代机床夹具及其设计

8.4.1 数控机床夹具

数控加工具有工序集中的特点，较少出现工序间的频繁转换，而且工序基准确定之后，一般不能变动，因为数控加工的基准大多以坐标确立，一旦卸下工件，便无法再找到原坐标零点。因此，即使是批量生产，数控加工也大多使用可调夹具、成组夹具和模块化夹具，尤其是加工中心的夹具更为简单，通常仅由支承件、压板、夹紧件、紧固件等组成。

数控机床夹具具有高效化、柔性化和高精度等特点，设计时，除了应遵循一般夹具设计的原则外，还应注意以下几点。

① 数控机床夹具应有较高的精度，以满足数控加工的精度要求。

② 数控机床夹具应有利于实现加工工序的集中，即可使工件在一次装夹后能进行多个表面的加工，以减少工件装夹次数。

③ 数控机床夹具的夹紧应牢固可靠、操作方便；夹紧元件的位置应固定不变，防止在自动加工过程中，元件与刀具相碰。

如图 8-105 所示为用于数控车床的液动自定心三爪卡盘，在高速车削时平衡块 1 所产生的离心力经杠杆 2 给卡爪 3 一个附加的力，以补偿卡爪夹紧力的损失。卡爪由活塞 5 经拉杆和楔槽轴 4 的作用将工件夹紧。如图 8-106 所示为数控铣镗床夹具的局部结构，要防止刀具（主轴端）进入夹紧装置所处的区域，通常应对该区域确定一个极限值。

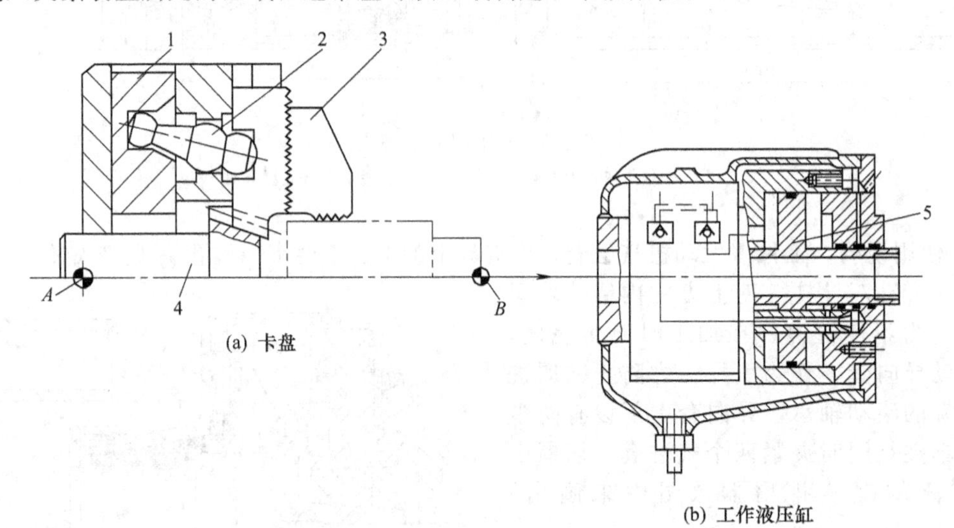

(a) 卡盘

(b) 工作液压缸

图 8-105 液动三爪自定心卡盘

1—平衡块；2—杠杆；3—卡爪；4—楔槽轴；5—活塞

④ 每种数控机床都有自己的坐标系和坐标原点，它们是编制程序的重要依据之一。设计数控机床夹具时，应按坐标图上规定的定位和夹紧表面以及机床坐标的起始点，确定夹具坐标原点的位置。如图 8-105 所示的 A 为机床原点，B 为工件在夹具上的原点。

(1) 数控车床夹具

数控车床所加工的各种表面和普通车床一样，都是绕机床主轴旋转轴心形成的，根据这一加工特点以及夹具在车床上安装的位置，通常将数控车床夹具分为两种基本类型。一类是安装在主轴上的夹具，这类夹具和主轴连接并带动工件随主轴一起旋转，除了三爪卡盘、四爪卡盘、顶尖等通用夹具外，往往根据需要设计各种心轴或其他专用夹具。另一类是安装在滑板或床身上的夹具，用于某些形状不规则、尺寸较大的工件，这种情况下，刀具安装在车床主轴上做旋转运动，夹具做进给运动。这类夹具一般只在缺少镗床的场合下使用。

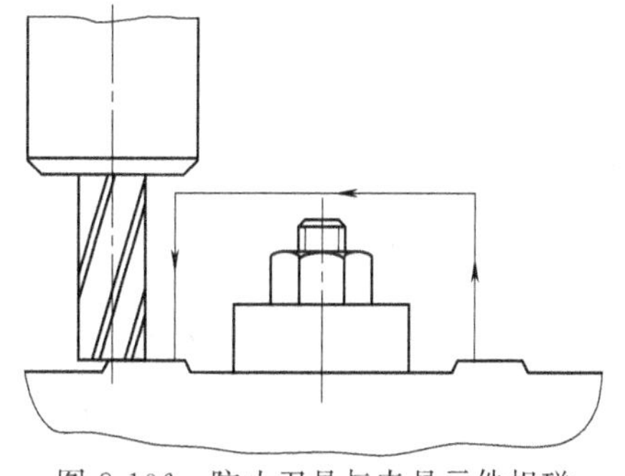

图 8-106　防止刀具与夹具元件相碰

（2）数控铣床夹具

1）对数控铣床夹具的基本要求

实际上，数控铣削加工时一般不要求很复杂的夹具，只要求有简单的定位、夹紧机构就可以了。其设计原理也和通用铣床夹具相同，结合数控铣削加工的特点，这里只提出几点基本要求。

① 为保持零件安装方位与机床坐标系及程编坐标系方向的一致性，夹具应能保证在机床上实现定向安装，还要求能协调零件定位面与机床之间保持一定的坐标尺寸联系。

② 为保持工件在本工序中所有需要完成的待加工面充分暴露在外，夹具要做得尽可能开敞，因此夹紧机构元件与加工面之间应保持一定的安全距离，同时要求夹紧机构元件能低则低，以防止夹具与铣床主轴套筒或刀套、刀具在加工过程中发生碰撞。

③ 夹具的刚性与稳定性要好。尽量不采用在加工过程中更换夹紧点的设计，当非要加工过程中更换夹紧点不可时，要特别注意不能因更换夹紧点而破坏夹具或工件定位精度。

2）常用数控铣床夹具种类

数控铣削加工常用的夹具大致有下几种。

① 组合夹具。适用于小批量生产或研制时的中、小型工件在数控铣床上进行铣加工。

② 专用铣削夹具。指特别为某一项或类似的几项工件设计制造的夹具，一般在批量生产或研制时非要不可时采用。

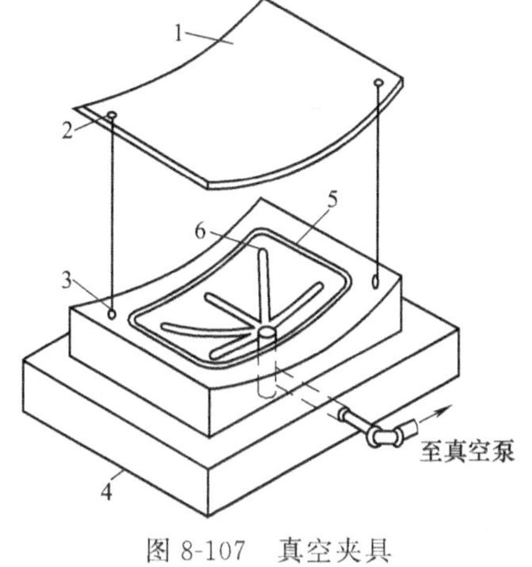

图 8-107　真空夹具

1—待加工零件；2—定位孔；3—定位销；4—夹具体；5—密封槽；6—空气槽

③ 多工位夹具。可以同时装夹多个工件，可减少换刀次数，也便于一面加工，一面装卸工件，有利于缩短准备时间，提高生产率，较适宜于中批量生产。

④ 气动或液压夹具。适用于生产批量较大，采用其他夹具又特别费工、费力的工件。这类夹具能减轻工人的劳动强度和提高生产率，但其结构较复杂，造价往往较高，而且制造周期长。

⑤ 真空夹具。适用于有较大定位平面或具有较大可密封面积的工件。有的数控铣床（如壁板铣床）自身带有通用真空夹具，如图 8-107 所示，工件利用定位销定位，通过夹具体上的环形密封槽中的密封条与夹具密封。启动真空泵，使夹具定位面上的沟槽成为真空，工件在大气压力的作用下被夹紧在夹具体中。

除上述几种夹具外，数控铣削加工中也经常采用机用平口虎钳、分度头和三爪自定心卡盘等通用夹具。

（3）数控钻床夹具

数控钻床是数字控制的以钻削为主的孔加工机床。在数控机床的发展过程中，数控钻床的出现是较早的，其夹具设计原理与通用钻床相同，结合数控钻削加工的特点，在夹具的选用上应注意以下几个问题。

① 优先选用组合夹具。对中小批量又经常变换品种的加工，使用组合夹具可节省夹具费用和准备时间，应首选。

② 选择合理的定位点及夹紧点。在保证零件的加工精度及夹具刚性的情况下，尽量减少夹压变形，选择合理的定位点及夹紧点。

③ 设法提高生产效率。对于单件加工工时较短的中小零件，应尽量减少装卸夹压时间，采用各种气压、液压夹具和快速联动夹紧方法以提高生产效率。

④ 充分利用工作台的有效面积。为了充分利用工作台的有效面积，对中小型零件可考虑在工作台面上同时装夹几个零件进行加工。

⑤ 避免干涉。在切削加工时，绝对不允许刀具或刀柄与夹具发生碰撞。

⑥ 必要时可在夹具上设置对刀点。如有必要，可在夹具上设置对刀点。对刀点实际是用来确定工件坐标与机床坐标系之间的关系。对刀点可在零件上，也可以在夹具或机床上，但必须与零件定位基准有一定的坐标关系。

(4) 加工中心机床夹具

加工中心机床是一种功能较全的数控加工机床。在加工中心上，夹具的任务不仅是夹紧工件，而且还要以各个方向的定位面为参考基准，确定工件编程的零点。在加工中心上加工的零件一般都比较复杂。零件在一次装夹中，既要粗铣、粗镗，又要精铣、精镗，需要多种多样的刀具，这就要求夹具既能承受大切削力，又要满足定位精度要求。加工中心的自动换刀(ATC)功能又决定了在加工中不能使用支架、位置检测及对刀等夹具元件。加工中心的高柔性要求其夹具比普通机床结构紧凑、简单，夹紧动作迅速、准确，尽量减少辅助时间，操作方便、省力、安全，而且要保证足够的刚性，还要灵活多变。根据加工中心机床特点和加工需要，目前常用的夹具结构类型有专用夹具、组合夹具、可调整夹具和成组夹具。

加工中心上零件夹具的选择要根据零件精度等级、零件结构特点、产品批量及机床精度等情况综合考虑。在此，推荐以下选择顺序：优先考虑组合夹具，其次考虑可调整夹具，最后考虑专用夹具、成组夹具。当然，还可使用三爪自定心卡盘、机床用平口虎钳等大家熟悉的通用夹具。

8.4.2 组合夹具

组合夹具早在20世纪50年代便已出现，现在已是一种标准化、系列化、柔性化程度很高的夹具。它由一套预先制造好的具有不同几何形状、不同尺寸的高精度元件与合件组成，包括基础件、支承件、定位件、导向件、压紧件、紧固件、其他件、合件等。使用时按照工件的加工要求，采用组合的方式组装成所需的夹具。根据组合夹具组装连接基面的形状，可将其分为槽系和孔系两大类。槽系组合夹具的连接基面为T形槽，元件由键和螺栓等元件定位紧固连接。孔系组合夹具的连接基面为圆柱孔组成的坐标孔系。

(1) T形槽系组合夹具

T形槽系组合夹具按其尺寸系列有小型、中型和大型三种，其区别主要在于元件的外形尺寸、T形槽宽度和螺栓及螺孔的直径规格不同。

小型系列组合夹具主要适用于仪器、仪表和电信、电子工业，也可用于较小工件的加工。这种系列元件的螺栓直径为M8mm×1.25mm，定位键与键槽宽的配合尺寸为8H7/h6，T形槽之间的距离为30mm。

中型系列组合夹具主要适用于机械制造工业，这种系列元件的螺栓直径为M12mm×1.5mm，定位键与键槽宽的配合尺寸为12H7/h6，T形槽之间的距离为60mm。这是目前应用最广泛的一个系列。

大型系列组合夹具主要适用于重型机械制造工业，这种系列元件的螺栓直径为M16mm×

2mm，定位键与键槽宽的配合尺寸为16H7/h6，T形槽之间的距离为60mm。

如图8-108所示为T形槽系组合夹具的元件。

图8-108　T形槽系组合夹具的元件

如图8-109所示为盘形零件钻径向分度孔的T形槽系组合夹具的实例。

(2) 孔系组合夹具

孔系组合夹具元件的连接用两个圆柱销定位，一个螺钉紧固。孔系组合夹具较槽系组合夹具具有更高的刚度，且结构紧凑。如图8-110所示为我国近年制造的KD型孔系组合夹具。其定位孔径为ϕ16.01H6，孔距为(50±0.01)mm，定位销直径为ϕ16k5，用M16mm的螺钉连接。孔系组合夹具用于装夹小型精密工件。由于它便于计算机编程，所以特别适用于加工中心、数控机床等。

(3) 组合夹具的特点

组合夹具具有以下特点。

① 组合夹具元件可以多次使用，在变换加工对象后，可以全部拆装，重新组装成新的夹具结构，以满足新工件的加工要求，但一旦组装成某个夹具，则该夹具便成为专用夹具。

② 和专用夹具一样，组合夹具的最终精度是靠组成元件的精度直接保证的，不允许进行任何补充加工，否则将无法保证元件的互换性，因此组合夹具元件本身的尺寸、形状和位置精度以及表面质量要求高。因为组合夹具需要多次装拆、重复使用，故要求有较高的耐磨性。

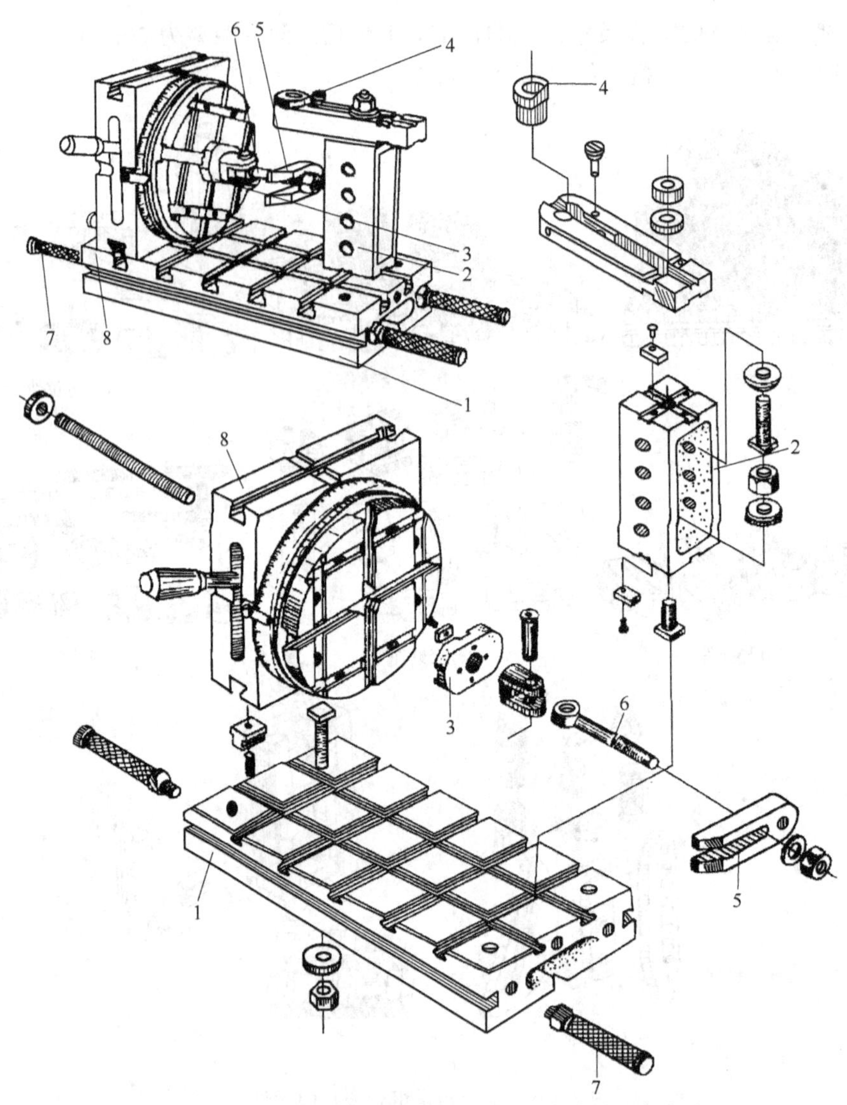

图 8-109 盘形零件钻径向分度孔的 T 形槽系组合夹具

1—基础件；2—支承件；3—定位件；4—导向件；5—夹紧件；6—紧固件；7—其他件；8—合件

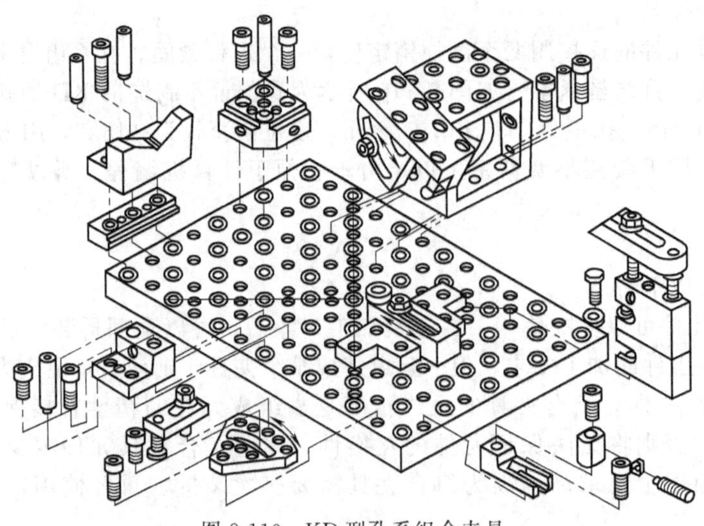

图 8-110 KD 型孔系组合夹具

③ 这种夹具不受生产类型的限制，可以随时组装，以应生产之急，可以适应新产品试制中改型的变化等。

④ 由于组合夹具是由各标准件组合的，因此刚性差，尤其是元件连接的接合面接触刚度对加工精度影响较大。

⑤ 一般组合夹具的外形尺寸较大，不及专用夹具那样紧凑。

8.4.3 可调夹具

在多品种、小批量生产中，由于每种产品的持续生产周期短，夹具更换比较频繁，为了减少夹具设计和制造的工作量，缩短生产技术准备时间，要求一个夹具不能只用于一种工件，而要能适应结构形状相似的若干种类的工件的加工，即对于不同尺寸或种类的相似工作，只需要调整或更换个别定位元件或夹紧元件即可使用，这类夹具称为通用可调夹具。通用可调夹具既具有通用夹具的通用性特点，又具有专用夹具效率高的长处。

用于成组工艺中的通用可调夹具称为成组夹具。通用可调夹具和成组夹具在结构上十分相似，都是应用夹具结构可适当调整的原理设计的。只是前者的加工对象不很明确，通用范围较大；而后者是根据工件按成组工艺所分的组，为每一组工件所设计的，加工对象明确，其调整范围仅限于本组内的工件。

下面以成组夹具为例说明可调夹具的特点及应用。

（1）成组夹具的结构特点

成组夹具在结构上由基础部分和调整部分组成。基础部分是成组夹具的通用部分，在使用中固定不变，主要包括夹具体、夹紧传动装置和操纵机构等，该部分结构主要根据零件组内各零件的轮廓尺寸、夹紧方式及加工要求等因素确定。调整部分通常包括定位元件、夹紧元件和刀具引导元件等，更换工作品种时，只需对该部分进行调整或更换元件，即可进行新的加工。

如图 8-111（a）所示为一成组车床夹具，用于精车一组套类零件的外圆和端面；如图 8-111（b）所示为该组部分零件的工序示意图。零件以内孔及一端面定位，用弹簧胀套径向夹紧。在该组夹具中，夹具体 1 和接头是夹具的基础部分；其余各件均为可换件，构成夹具的可调整部分。零件组内的零件根据定位孔径大小分成五个组，每个组均对应一套可换的夹具元件（包括夹紧螺钉、定位锥体、顶环和定位环），而弹簧胀套则根据零件的定位

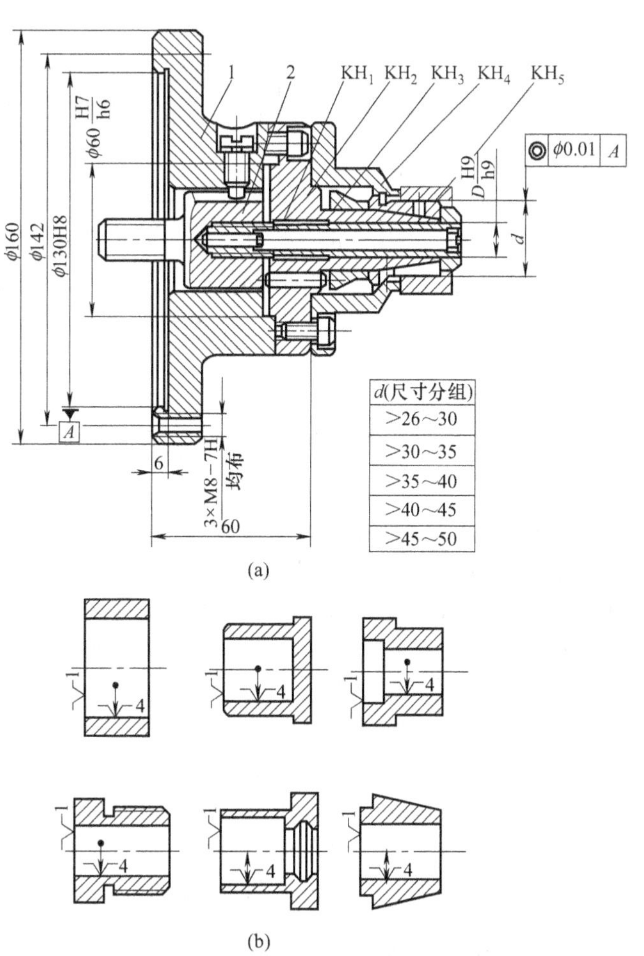

图 8-111　成组车床夹具

1—夹具体；2—接头；KH_1—夹紧螺钉；KH_2—定位锥体；KH_3—顶环；KH_4—定位环；KH_5—弹簧胀套

孔径来确定。

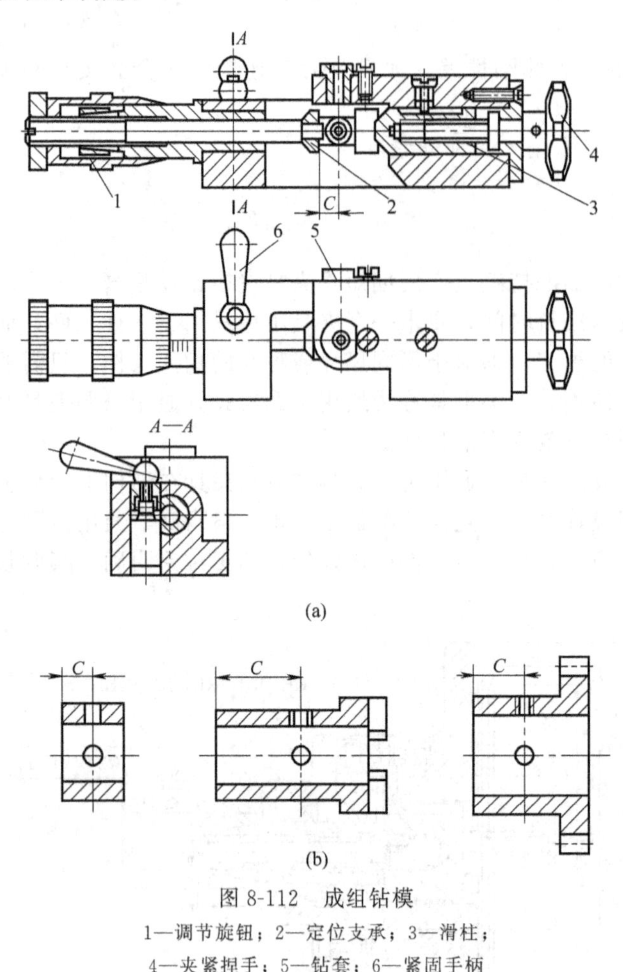

图 8-112 成组钻模

1—调节旋钮；2—定位支承；3—滑柱；4—夹紧捏手；5—钻套；6—紧固手柄

如图 8-112（a）所示为一成组钻模，用于加工如图 8-112（b）所示的零件组内各零件上垂直相交的两径向孔。工件以内孔和端面在定位支承 2 上定位，旋转夹紧捏手 4，带动锥头滑柱 3 将工件夹紧。转动调节旋钮 1，带动微分螺杆，可调整定位支承端面到钻套中心的距离 C，此值可直接从刻度盘上读出。微分螺杆用紧固手柄 6 锁紧。该夹具的基础部分包括夹具体、钻模板、调节旋钮、夹紧捏手、紧固手柄等；夹具的调整部分包括定位支承、滑柱、钻套等。更换定位支承 2 并调整其位置，可适应不同零件的定位要求；更换滑柱 3，可适应不同零件的夹紧要求；更换钻套 5，则可加工不同零件的孔。

（2）成组夹具的调整方式

成组夹具的调整方式可分为更换式、调节式、综合式和组成式四种形式。

① 更换式。采用更换调整部分元件来实现组内不同零件的定位、夹紧、对刀或导向的方法，如图 8-111 所示即为此例。采用这种方法的优点是适用范围广、使用方法可靠，而且易于获得较高的精度。缺点是夹具所需更换的元件数量较多，会使夹具制造费用增加，并给保管带来不便。此法多用于夹具精度要求较高的定位和导向元件。

② 调节式。借助改变夹具上可调元件位置来实现组内不同零件的装夹和导向的方法。如图 8-112 所示的钻模中，位置尺寸 C 就是通过调节螺钉来保证的。采用这种方法所需的元件数量少，制造成本低，但调整所需时间较多，且夹具精度受调整精度的影响，此外，活动的调整元件有时会降低夹具的刚度。此法用于加工精度要求不高和切削力较小的场合。

③ 综合式。将上述两种方法综合起来，在同一套成组夹具中，既采用更换元件，又采用调节的方法。在实际生产中应用较多。如图 8-112 所示的成组钻模即为综合式的成组夹具。

④ 组合式。将一组零件的有关定位或导向元件同时组合在一个夹具体上，以适应不同零件的加工需要的方法。一个零件加工时只使用其中的一套元件，占据一个相应的位置。组合式成组夹具由于避免了元件的更换和调节，因而节省了夹具的调整时间。此类夹具通常只适用于零件组内零件数较少而数量又较大的场合。

8.4.4 模块化夹具

模块化夹具是一种柔性化的夹具，通常由基础件和其他模块元件组成。

所谓模块化是指将同一功能的单元，设计成具有不同用途或性能的、且可以相互交换使用的模块，以满足加工需要的一种方法。同一功能单元中的模块，是一组具有同一功能和相同连接要素的元件，也包括能增加夹具功能的小单元。这种夹具加工对象十分明确，调整范围只限于本组内的工件。

模块化夹具与组合夹具之间有许多共同点：它们都具有方形、矩形和圆形基础件；在基础件表面有坐标孔系。两种夹具的不同点是组合夹具的万能性好，标准化程度高；而模块化夹具则为非标准的，一般是为本企业产品工件的加工需要而设计的。产品品种不同或加工方式不同的企业，所使用的模块结构会有较大差别。

图 8-113 为一种模块化钻模，主要由基础板 7、滑柱式钻模板 1 和模块 4、5、6 等组成。基础板 7 上有坐标系孔 c 和螺孔 d，在其平面 e 和侧面 a、b 上可拼装模块元件。图 8-113 中所配置的 V 形模块 6 和板形模块 4 的作用是使工件定位。按照被加工孔的位置要求用方形模块 5 可调整模块 4 的轴向位置。可换钻套 3 和可换钻模板 2 按工件的加工需要加以更换调整。

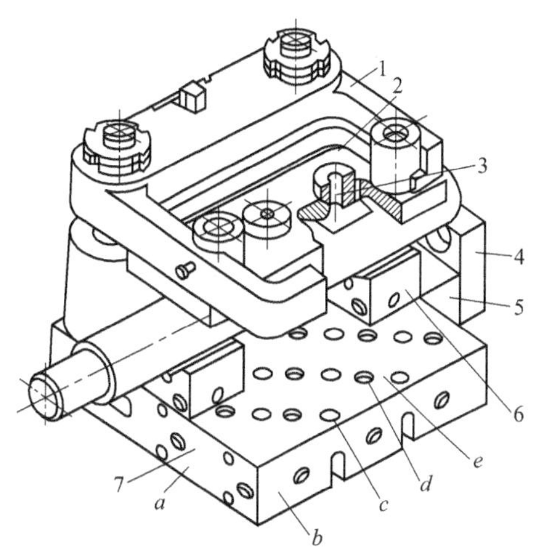

图 8-113　模块化钻模

1—滑柱式钻模板；2—可换钻模板；3—可换钻套；4—板形模块；5—方形模块；6—V 形模块；7—基础板

模块化夹具适用于成批生产的企业。使用模块化夹具可大大减少专用夹具的数量，缩短生产周期，提高企业的经济效益。模块化夹具的设计依赖于对本企业产品结构和加工工艺的深入分析研究，如对产品加工工艺进行典型化分析等。在此基础上，合理确定模块的基本单元，以建立完整的模块功能系统。模块化元件应有较高的强度、刚度和耐用性，常用 20CrMnTi、40Cr 等材料制造。

8.4.5　自动线夹具

8.4.5.1　自动线夹具的结构

自动线是由多台自动化单机借助工件自动传输系统、自动线夹具、控制系统等组成的一种加工系统。常见的自动线夹具有随行夹具和固定自动线夹具两种。

现以随行夹具为例介绍自动线夹具的结构。随行夹具常用于形状复杂且无良好输送基面，或虽有良好的输送基面，但材质较软的工件。工件安装在随行夹具上，随行夹具除了完成对工件的定位和夹紧外，还带动工件按照自动线的工艺流程由自动线运输机构运送到各台机床的机床夹具上。工件在随行夹具上通过自动线上的各台机床完成全部工序的加工。

图 8-114 为随行夹具在自动线机床上工作的结构简图。随行夹具 4 由自动线上带棘爪或摆杆的输送带运送到自动线上的各台机床上；带棘爪的步伐式输送带 5 被支承在支承滚 3 上；自动线各机床上都有一个相同的机床夹具 7，它除了要对随行夹具进行定位和夹紧外，还要提供一个输送支承 6；随行夹具在机床夹具上的定位采用一面两销的定位方法；1 为液压操纵的定位机构；四个钩形压板 2 将随行夹具的下部底板压住，钩形压板由油缸 9 通过杠杆 8 带动。

8.4.5.2　工件在随行夹具上的定位和夹紧

工件在随行夹具上的定位与在一般夹具上的定位一样。

工件在随行夹具上的夹紧，应考虑到随行夹具在运进、提升、转向、翻转倒屑和清洗等过程中，由于振动所产生的松动现象。一般工件在随行夹具上夹紧多采用自锁夹紧机构，其中以

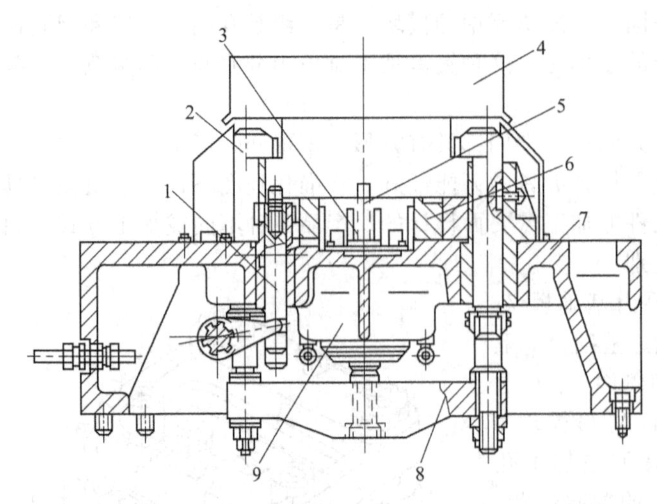

图 8-114 随行夹具与机床夹具在自动线机床上的工作简图

1—定位机构；2—钩形压板；3—支承滚；4—随行夹具；5—带棘爪的步伐式输送带；6—输送支承；7—机床夹具；8—杠杆；9—油缸

螺旋夹紧机构为主，因为这种夹紧机构简单可靠。它可以手动夹紧，也可以用自动扳手进行夹紧，实现自动化操作。因此，在有随行夹具的自动线上，有相当一部分采用了自动扳手装卸工件。自动扳手按其动力源可分为机械、气动与液压扳手。

自动扳手的施力元件常用的形式有两种。如图 8-115 所示为自动扳手施力元件的常用形式。图 8-115（a）为锥形六角头螺栓，图 8-115（b）为与锥形六角头配用的内六角扳手头，图 8-115（c）为切向施力的夹紧螺母，图 8-115（d）为与切向施力的夹紧螺母配用的带弹簧键的扳手头。锥形六角头与直六角头比较，更易于进入扳手头，但有时需用手旋转扳手头，使其与扳手头的棱边相对时才能顺利地套入。切向施力螺母，它有四个用于传递转矩的工作面，其中两个用于夹紧，另两个用于松开，这种扳手头可以任意方位套入螺母，此时弹簧键被压入，待扳手头回转至相应方位时，弹簧键弹出并施力进行夹紧。

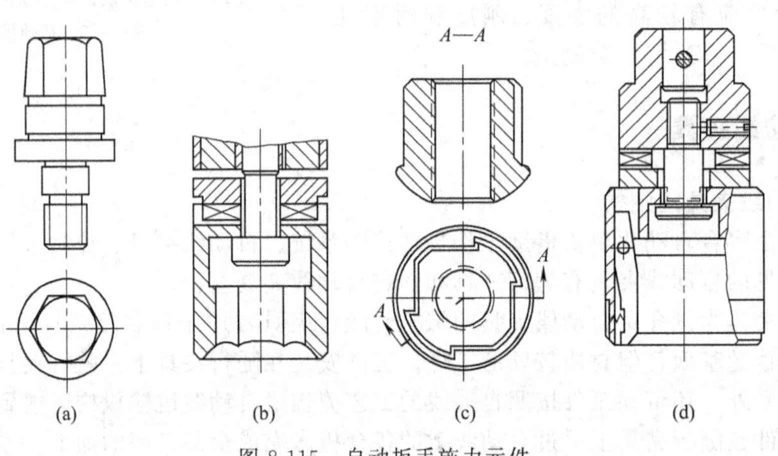

图 8-115 自动扳手施力元件

采用自动扳手进行夹紧时，对随行夹具上的夹紧机构的设计要求：一是即使在要求多点夹紧的情况下，也要力求采用联动压板机构将它集中成为一个螺旋施力机构，以便扳手头施力进行夹紧；二是有时为了操作的方便或受机构配置的限制，自动扳手不能直接旋紧夹紧机构上的螺母，而要通过一定的传动机构带动压板夹紧工件。

如图 8-116 所示为自动扳手施力机构的基本形式。用自动扳手 1 旋转螺杆 2，使拉杆 4 产生轴向位移，并带动夹紧机构进行夹紧。推力球轴承 3 用以减小在很大轴向力作用下两端面上的摩擦损失，提高夹紧效率。

如图 8-117 所示为采用杠杆传动的自动扳手施力机构。旋转螺母 4，使螺杆 3 产生轴向移动，借助杠杆 2 对压板 1 施力进行联动夹紧。

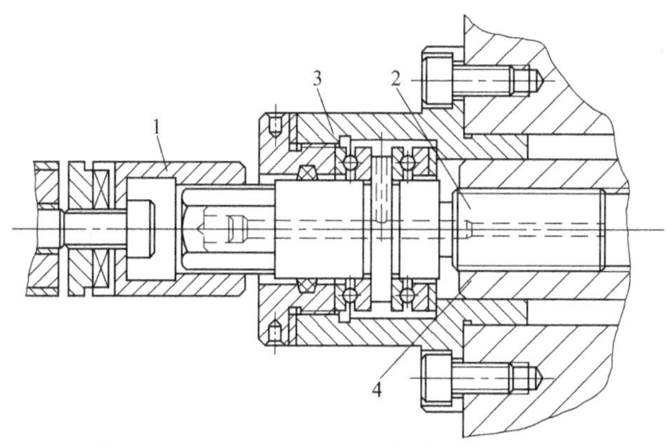

图 8-116　自动扳手施力机构的基本结构形式

1—自动扳手；2—螺杆；3—推力球轴承；4—拉杆

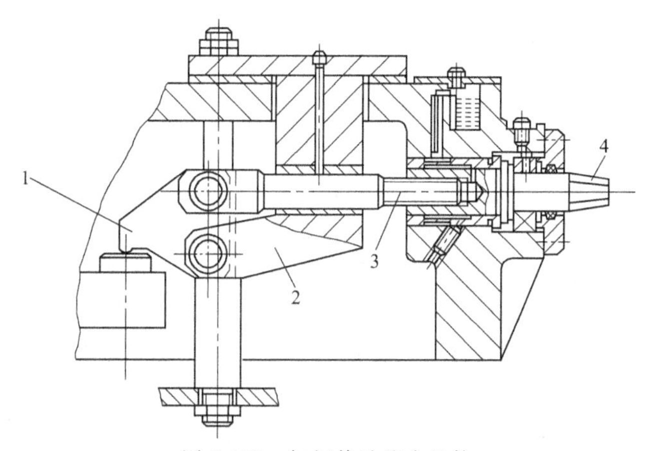

图 8-117　杠杆传动施力机构

1—压板；2—杠杆；3—螺杆；4—旋转螺母

如图 8-118 所示为锥齿轮传动的自动扳手施力机构。旋转轴 1，通过锥齿轮将运动传至螺母 2，使螺杆 3 向下运动并带动压板 4 进行夹紧。

采用杠杆机构传动或锥齿轮传动可以改变施力方向，便于安排自动扳手的安装位置。

由于随行夹具在自动线上有运送、倒屑、翻转、转位、提升、回送等运动，因此在随行夹具上一般不宜采用一个统一的气压或液压动力源，而是在每台随行夹具上装置一个单独的专为夹紧用的液压泵作为动力源夹紧工件，这对于进一步提高随行夹具装夹工件的自动化程度是很有益的。

8.4.5.3　随行夹具定位和输送基面的设计

随行夹具的底板是随行夹具的一个重要零件，它的底平面是用于定位和输送的。随行夹具的定位和输送基面一般都设计在它的底平面上，因此它直接影响着随行夹具的定位精度和工作效率，设计时必须给以足够的重视。

随行夹具底板在工厂一般被定为通用化部件，并根据需要设计成几种规格以供选用。

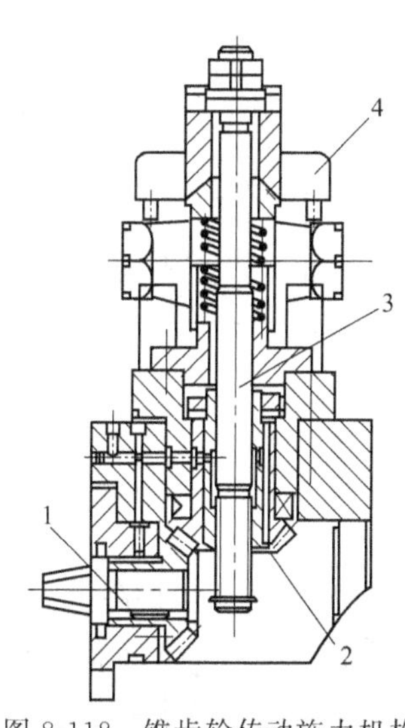

图 8-118　锥齿轮传动施力机构

1—轴；2—螺母；3—螺杆；4—压板

由于底板是根据自动线的需要专门设计的，因此可以设计得更为合理和完善。

(1) 随行夹具在机床夹具上的定位

随行夹具在机床夹具上的定位，大多采用“一面两销”的定位方法。这种定位方法有如下特点。

① 有利于达到随行夹具的开放性要求，对于安装在随行夹具上的工件，在一次定位中有可能同时加工五个面，这样既能高度集中加工工序，又能提高各加工面的位置精度。

② 有利于达到随行夹具在工位上定位时基准统一的要求，使整个工艺过程实现基准统一。

③ 有利于实现随行夹具在机床夹具上定位和夹紧的自动化要求，容易使夹紧力的着力点对准定位支承，消除夹紧力引起的夹具变形对加工精度的影响。

④ 有利于防止切屑落入随行夹具的定位基面。

采用这种定位方法时，要在随行夹具的底板上设计一个定位平面和两个定位销孔。在设计底板的定位基面时应注意以下几点。

① 当被加工工件的加工精度要求不高时，可以考虑定位基面和输送基面合一。因为随行夹具在自动线机床间的运送以及返回的过程中，定位基面的磨损对加工精度影响不大，所以可以在底板的底面上装两块支承板，用作定位基面和输送基面。

② 当被加工工件加工精度要求很高时，尤其是工序尺寸在高度方向上有严格要求时，必须考虑随行夹具由于运送和多次定位所造成的定位基面的磨损对加工精度的影响。因此在设计底板时，要采取定位基面和输送基面分开的原则，粗、精定位销孔分开的原则。

如图 8-119 所示为随行夹具底板的底平面图。当随行夹具送到机床夹具上时，略低于输送支承板 2（一般低于 0.1～0.2mm）的机床夹具上的定位块，便支承住随行夹具上的定位支承板 1，并且机床夹具上的定位机构向随行夹具插入两个定位销，使随行夹具完成定位，实现了定位基面与输送基面分开的原则。随行夹具在粗加工机床上加工时用粗加工定位销孔 3 进行定位，在精加工机床上加工时则换用精加工定位销孔 4 定位，从而实现了粗、精销孔分开的原则，保证了精加工时提高定位精度的要求。

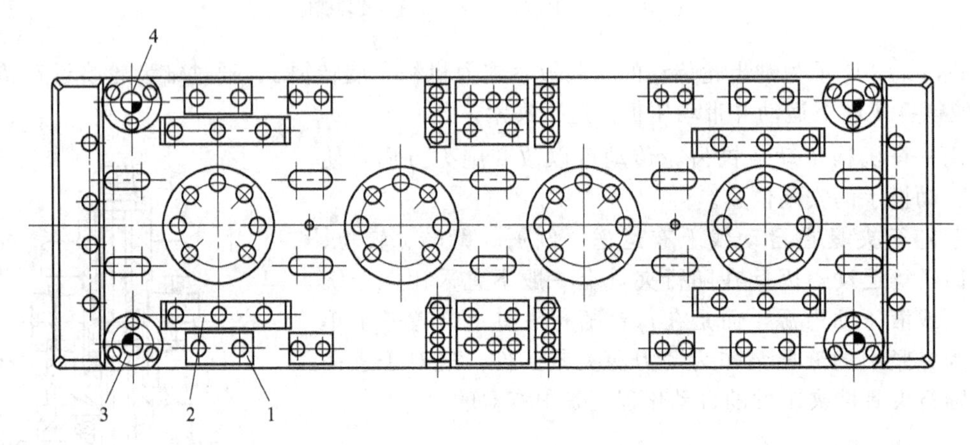

图 8-119 随行夹具的底板的底平面

1—定位支承板；2—输送支承板；3—粗加工定位销孔；4—精加工定位销孔

③ 为了进一步提高随行夹具在机床夹具上的定位精度，除了采用上述粗、精加工定位销孔分开的措施外，还可根据被加工工件的具体要求，提高定位销孔与定位销配合精度和适当加大两个定位销之间的距离，以减少定位系统间隙；还可以在半精加工和辅加工工序的机床夹具上增设附加装置，将工件推靠在定位销的同一侧，以减少因定位间隙而造成的误差。

随行夹具在机床夹具上的定位，除了“一面两销”的方法外还可采用其他方法。如图 8-120 所示为另一种定位方法。当液压锥形销 3 插入随行夹具底板 1 的侧面 V 形槽 5 的同时，由于油缸 2 的推力，使随行夹具底板的侧面靠紧在机床夹具的侧面定位支承板 4 上。随行夹具以一个底平面、一个侧面和一个 V 形槽（与锥销接触约束一个自由度）为定位基准，与机床夹具上的相应定位元件接触，约束了六个自由度，从而完成了在机床夹具上的定位。

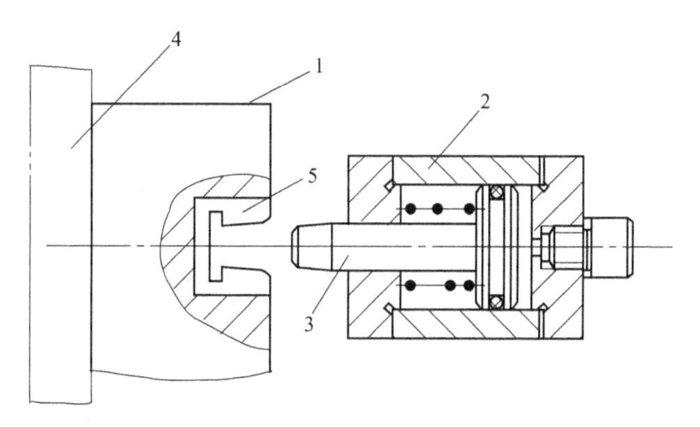

图 8-120　随行夹具在机床夹具上定位方法简图（俯视）
1—随行夹具底板；2—油缸；3—锥形销；4—支承板；5—V 形槽

（2）随行夹具的输送基面

随行夹具的输送基面有以下两种结构形式。

① 采用带滑动输送基面的结构。如图 8-119 所示为这种结构形式的底板平面图。在底板上安装有四块输送支承板 2，构成了随行夹具底板上的输送基面。采用这种滑动面输送的方法，输送阻力较大，一般多用在中小型随行夹具上。

② 采用带滚动输送基面的结构。如图 8-121 所示为这种结构形式的底平面图。为了减少运送阻力，在随行夹具底板上设有两排各四个纵向输送滚子 5 和另两排各四个横向输送滚子 4，用作纵向及横向输送基面。在设计这种结构时，要使滚子高出底板上的定位基面一个距离（1～3mm）。随行夹具在机床夹具上定位时，随行夹具运动方向上的滚子应落入到机床夹具支承板上的相应槽中，使定位基面相接触。为了减少随行夹具在运送过程中滚子落入槽中的次数，设计时应使同向的四个滚子前后两组间距不等。滚子一般不宜采用滚动轴承，而应采用滑动轴承。这是因为随行夹具较重，输送速度较大，在随行夹具输送支承板的接头处产生冲击，致使轴承破碎。这种结构形式一般用在重量在 200kg 以上的随行夹具上。

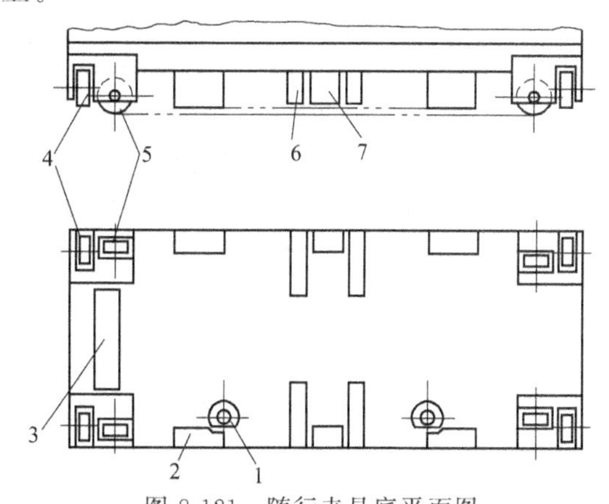

图 8-121　随行夹具底平面图
1—定位销孔；2—定位块；3—纵向输送牵引块；
4—横向输送滚子；5—纵向输送滚子；
6—横向输送导向块；7—横向输送牵引块

（3）随行夹具在输送中的引导

为了使随行夹具定向输送，并能较准确地接通机床夹具的定位机构，在随行夹具上还必须有输送的导向机构。目前常用的有侧限位板、导向块和支承导向板三种。图 8-122 为利用侧限位板导向的随行夹具。侧限位板 4 固定在机床夹具的侧面，与随行夹具 3 之间留有 1mm 的间隙。当随行夹具被输送装置6送到机床夹具1时，由于侧限位板的导向，保证了定位时所要求的位置。这种导向机构结构简单，但对机床排屑不利，设计时必须给予足够的重视。

如图8-123所示为带导向块的随行夹具的导向方法。这种方法是把导向块3安装在随行夹具的底面上，导向块与机床夹具支承板5之间留有1mm间隙。这种导向方法的优点是不妨碍机床的排屑，也不会因侧限位板变形夹住工件而增加运送阻力，但在自动线总装时必须将各机床及中间支承板调整在一条直线上。

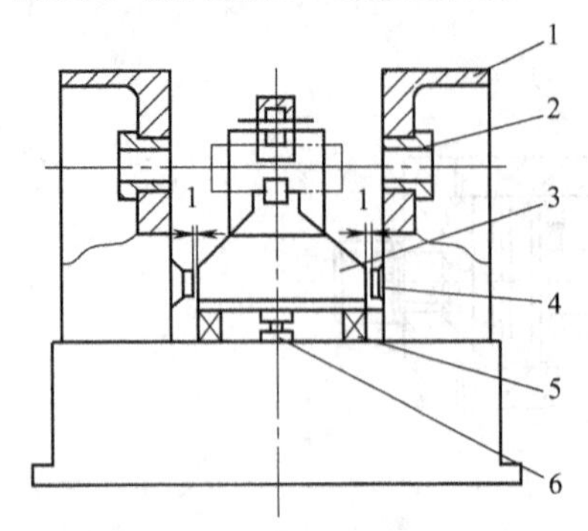

图8-122 利用侧限位板导向的随行夹具

1—机床夹具；2—镗套；3—随行夹具；4—侧限位板；5—支承板；6—输送装置

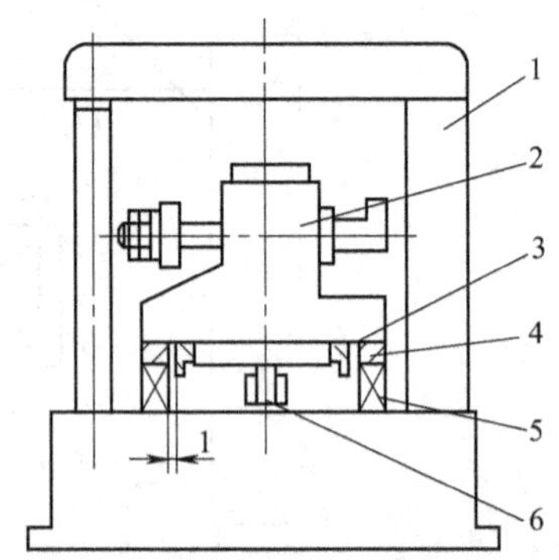

图8-123 带导向块的随行夹具导向方法

1—机床夹具；2—随行夹具；3—导向块；4—随行夹具支承板；5—机床夹具支承板；6—输送带

当随行夹具在机床夹具上采用下方夹压的方案时，如图8-124所示，就不必另外再专门设计导向机构，机床夹具的支承导向板5的两个侧面即可起导向作用。

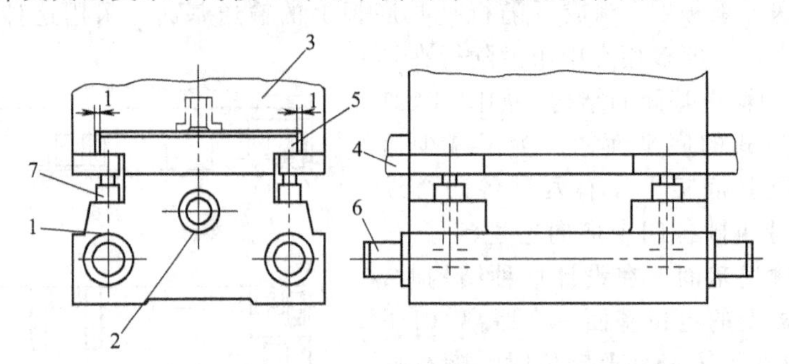

图8-124 从下方夹压的结构原理图

1—机床夹具；2—定位机构；3—随行夹具；4—中间支承板；5—机床夹具的支承导向板；6—夹紧油缸；7—楔铁夹紧机构

8.4.5.4 随行夹具在机床夹具上的夹紧

目前，在自动生产线上常用的夹紧方式有三种：一是夹在随行夹具的底板上；二是从上方夹在工件上或随行夹具的机构上；三是由下往上夹紧。

如图8-114所示为用机床夹具上的四个钩形压板夹紧在随行夹具底板上。这种夹紧方式的优点是使自动线具有很好的敞开性，便于观察刀具的工作情况和进行调整工作，而且这些钩形压板在松开状态下距底板平面只有一个很小的距离，这样可防止随行夹具在插定位销时可能被抬起。其不足之处是夹紧机构及其联动元件往往设在机床夹具的底座内，这就给维护、维修及调整带来了不便，同时也不利于排屑。为了解决上述问题，可以采用从上方直接夹紧的方式。

如图8-125所示为阀体加工自动线随行夹具从上方夹紧的结构示意图。这里被加工工件阀体3以外圆柱面与V形块接触定位。通过杠杆压板上的压头2把工件夹压在随行夹具上，工件在夹紧状态下和随行夹具4一起运送到自动线上的各台机床上，随后通过机床夹具上的夹紧机构杠杆压板1将工件和随行夹具一起夹紧在机床夹具上。

如图8-124所示为随行夹具在机床夹具上从下方夹紧的结构原理图，这种夹压方法是先由定位机构2进行插销定位，然后四个夹紧油缸6通过楔铁夹紧机构7将随行夹具夹紧在支承导向板5上。这种夹紧方法具有以下优点：既解决了输送基面与定位基面分开，使随行夹具能持久地保持精度的问题，同时也解决了随行夹具的定位基面与机床夹具上的定位支承板间夹杂有切屑的问题。

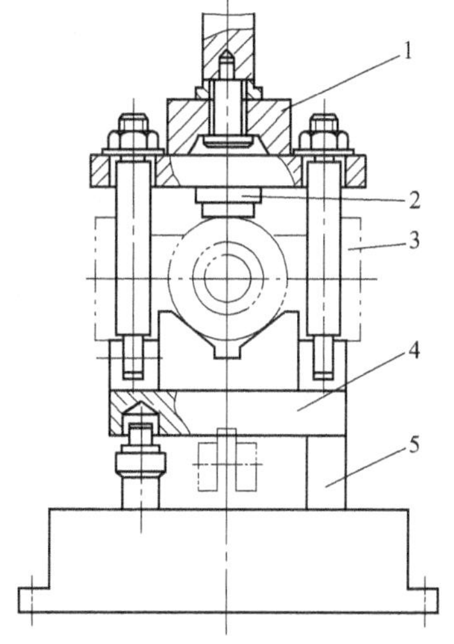

图8-125 从上方夹压的结构原理图
1—杠杆压板；2—压头；3—工件；4—随行夹具；5—机床夹具

8.4.5.5 提高随行夹具加工精度的措施

随行夹具是保证工件加工精度的重要部件。用随行夹具加工工件时所产生的定位误差与在一般夹具上加工时所产生的定位误差比较，增加了随行夹具在机床夹具上定位时产生的误差，因而总的误差增加了。一般地说，带有随行夹具的自动线的加工精度不高。不过，可以通过分析精度不高的原因，采取相应措施提高精度。提高随行夹具加工精度的措施主要有如下几种。

① 减少随行夹具定位的定位次数。对孔距精度要求较高的孔，在制订工艺规程时，尽可能安排在同一工位进行加工，以减少因随行夹具多次定位所产生的误差对孔距精度的影响。

对同轴度要求较高的孔，应尽可能安排在同一工位上从两面加工，以减少随行夹具多次定位的误差对同轴度的影响。

② 提高随行夹具的定位精度。除了在前面已谈到的保证随行夹具持久精度的措施外，随行夹具的定位平面应由四块支承板组成。对其定位平面的不平度、平面间的不平行度以及不垂直度都要提出相应的技术要求，一般在300mm长度上为0.01mm，粗糙度Ra值为0.4μm。定位支承块和随行夹具的定位销、定位套的材料应采用变形小的合金工具钢，热处理硬度为60～62HRC。定位套与底板上的定位套孔的配合为D1/ga1，孔距精度公差一般不大于±0.02mm。定位套装入底板上后，应在坐标磨床上进行最后精磨，磨后的孔距精度可达到±0.008mm以内。定位套经标准研磨棒研磨，其配合间隙可达到0.005mm以内。

③ 在随行夹具上设工艺孔。工艺孔主要用作测量基准、装配基准及调整基准。在随行夹具中心上的工艺孔，用于测量主轴中心对夹具中心在左、右方向上的位置偏差。在底板上平面的工艺孔，用于调整各个随行夹具底板的直线性。总之，在随行夹具上设有工艺孔是保证自动线上全部随行夹具精度的重要措施。

④ 以一随行夹具为基准，安装调整滑台及其他随行夹具。在装配时，为了保证滑台对随行夹具的位置精度和各个随行夹具的精度一致，可先将一个随行夹具装在第一工位上，并以这个夹具为基准，安装调整第一工位的滑台，然后再以第一工位的滑台为基准，安装调整其余的随行夹具，再以这些安装调整好的随行夹具为基准，安装调整相应工位的滑台。为了保证主轴对各个随行夹具的位置精度一致，应将滑台上的平面留有0.3mm的修磨量。

8.4.5.6 随行夹具的通用化

目前，随行夹具都是专门设计的，而且多数是整体结构。但实践证明，随行夹具做成整体专用结构，不利于随行夹具及其输送装置的通用化。根据对现有自动线随行夹具的分析，随行夹具上用于实现工件定位和夹紧的机构必须按具体加工对象专门进行设计，但随行夹具的底板、定位支承和输送基面，以及运送的导向结构等，都可以设计为通用化的独立部件。在对需用随行夹具进行加工的工件加以分析的基础上，可以设计几种规格尺寸以供选用。

如图 8-126 所示即为一种通用的随行夹具。这种通用的随行夹具，它的优点不仅在于随行夹具本身可以进行通用化设计，而且采用这种随行夹具的自动线上的机床夹具以及随行夹具的输送装置都可以设计为通用部件，以利于提高自动线的通用化程度，降低自动线的制造成本，缩短自动线的设计制造周期，并提高自动线的工作可靠性。

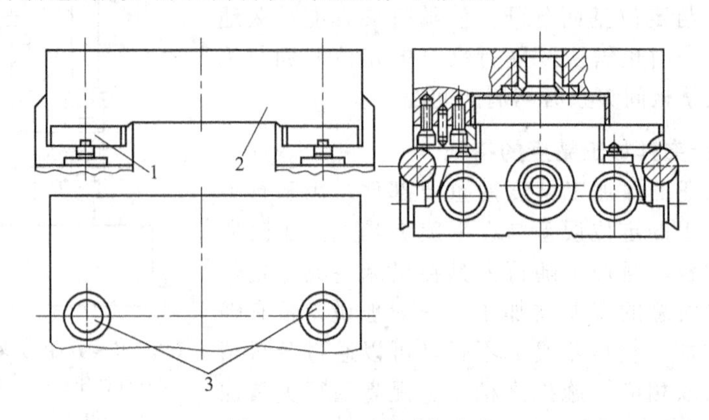

图 8-126　通用的随行夹具

1—定位支承板；2—随行夹具底板；3—定位销套

如图 8-127 所示为采用随行夹具的自动线上通用的机床夹具的典型结构。随行夹具 1 在机床夹具 2 上用定位销 3 进行定位。定位销的伸缩是由全线统一操纵的杆 8 推动带有斜槽的推杆 9 及圆柱销 5 实现的。采用这种统一操纵实现定位销伸缩，可以减少定位销动作的控制开关。当自动线较长时，操纵杆应做成几节。为了防止切屑掉到定位支承上，随行夹具在油缸 7 经过楔铁 6 的作用下，向上夹紧在机床夹具的定位支承板 4 上。

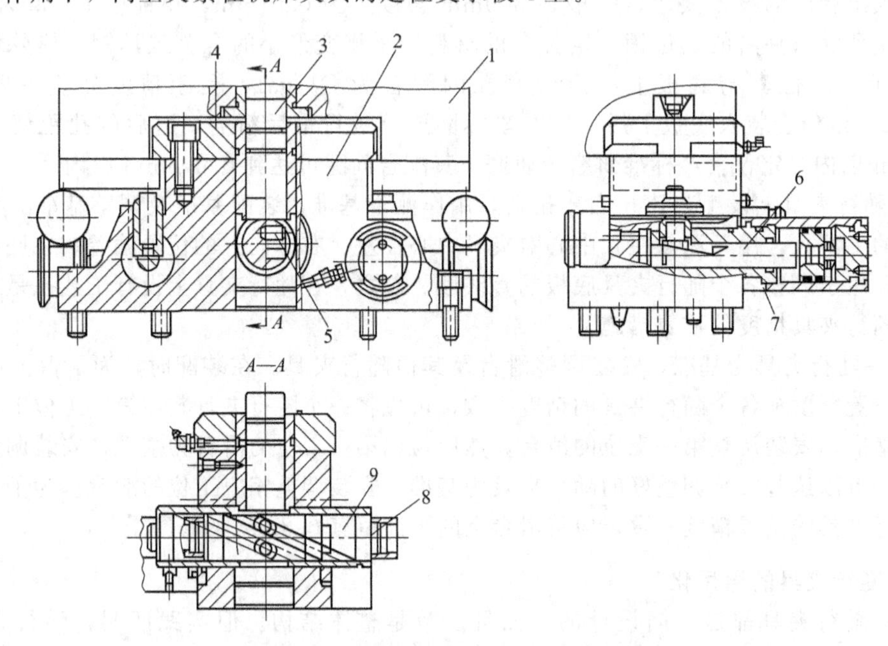

图 8-127　通用的机床夹具典型结构图

1—随行夹具；2—机床夹具；3—定位销；4—定位支承板；5—圆柱销；6—楔铁；7—油缸；8—操纵杆；9—推杆

8.5 其他机床夹具

8.5.1 齿轮加工机床夹具

齿轮加工时，对盘形齿轮一般以内孔及端面定位，轴齿轮则以轴端中心孔或轴颈定位。

如图 8-128 所示为用于 Y38-1 滚齿机床的滚齿夹具。工件以花键孔及端面定位，每次加工工件时，旋转螺母 1 通过压套 2 夹紧工件。

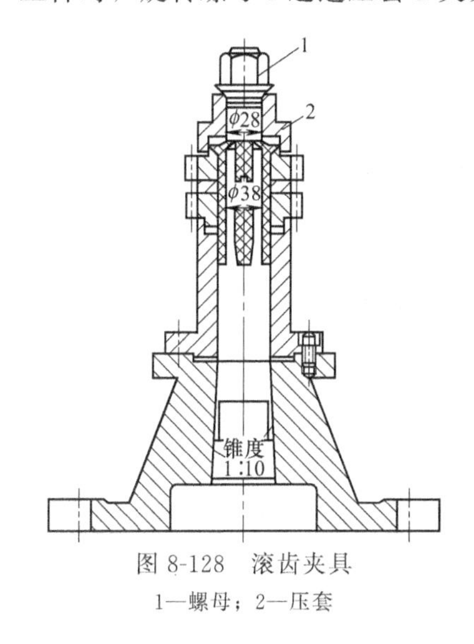

图 8-128 滚齿夹具

1—螺母；2—压套

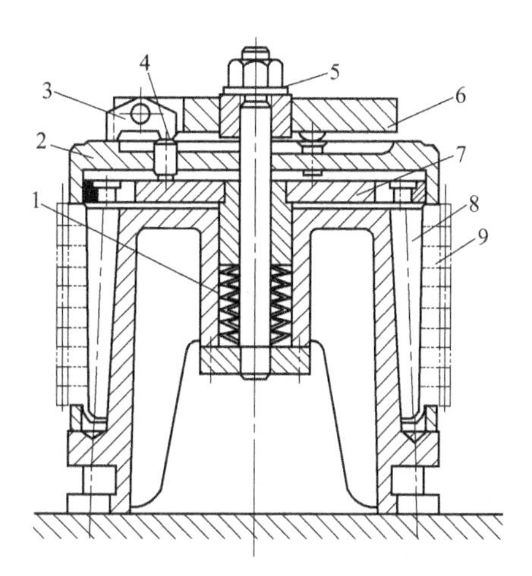

图 8-129 加工大型齿圈用滚齿夹具

1—碟形弹簧；2—盘形压板；3—压爪；4—滑柱；5—螺母；6—压板；7—圆板；8—长斜条；9—工件

如图 8-129 所示为用于加工大型齿轮的滚齿夹具。工件 9 以内孔端面定位。拧紧螺母 5 时，叉形压板 6 向下移动，其上三个摆动压爪 3 分别推动滑柱 4 下压圆板 7，带动三个长斜条 8 下移，工件内孔被定心夹紧，同时压爪推动盘形压板 2 轴向夹紧工件。松开螺母时，借碟形弹簧 1 的弹性恢复力，使环形压板和长斜条向上移动，取下盘形压板即可装卸工件。

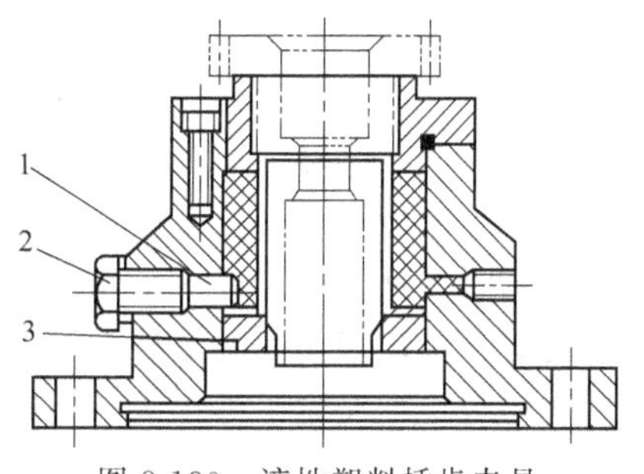

图 8-130 液性塑料插齿夹具

1—柱塞；2—螺钉；3—薄壁套筒

如图 8-130 所示为轴齿轮插齿夹具。工件以外圆柱面及端面为基准安装在薄壁套筒 3 内定位，拧紧螺钉 2，柱塞 1 向右移动，使液性塑料受力，此时套筒薄壁产生均匀的弹性变形，将工件定心夹紧。夹具借助底座下面的内止口和端面，安装在插齿机工作台上并用紧固件加以压紧。

采用液性塑料定心夹紧传动方式，其定心精度高，使用方便，工件内、外圈同轴度可达到 0.005～0.01mm。因此，在齿轮精加工中得到广泛的应用。

8.5.2 拉床夹具

拉削加工是一种高生产率、高精度的加工方法，广泛应用于成批、大量生产，加工圆孔、

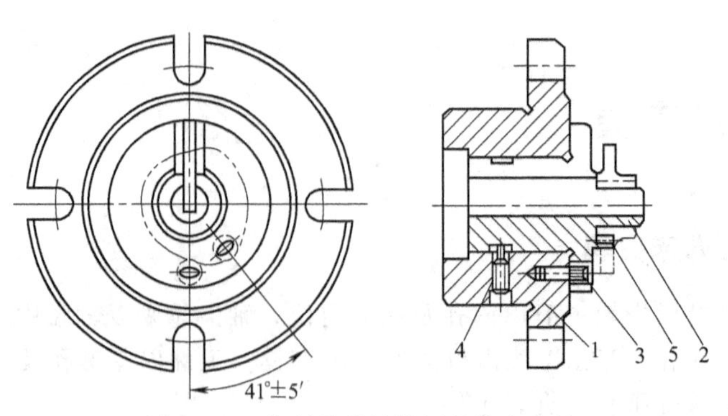

图 8-131 拉削凸轮键槽用的拉床夹具

1—过渡定位套；2—定位套；3—削边销；4—螺钉；5—削边销

内外成形表面及平面。根据拉削加工的特点，其夹具通常都比较简单。

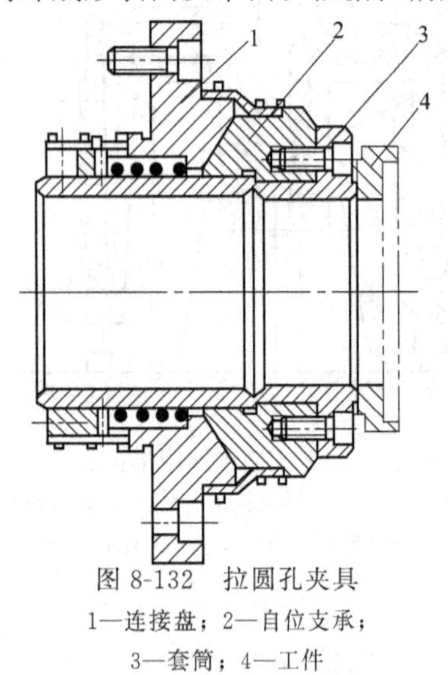

图 8-132 拉圆孔夹具

1—连接盘；2—自位支承；3—套筒；4—工件

如图 8-131 所示为拉削凸轮键槽用拉床夹具。工件以端面及两孔在定位套 2 上定位，定位套设计成可换式，依靠过渡定位套 1 上的内孔和端面以及削边销 3 对定位套进行定位，并用螺钉 4 固定，这样用于其他类似工件加工时，只需更换一个定位套即可。

如图 8-132 所示为拉圆孔夹具。拉削时，工件以端面在套筒 3 上定位，并用拉刀自动找正定心，拉削力使工件紧靠在套筒 3 的端面上；套筒安装在可以自动调节位置的自位支承 2 上，当工件的内孔和定位端面不垂直或端面为毛坯面时，可自动调节，以保证孔中心线与拉刀的进给方向一致。该夹具由于拉削力垂直指向支承面，因此无需夹紧工件。

当工件形状复杂或比较笨重时，应设计更加完善的拉床夹具，以保证拉削精度。例如：在外表面拉削时，其夹具结构与其他种类机床夹具基本相同，同样应具有定位、夹紧装置。

如图 8-133 所示为拉削连杆大端剖分面和半圆孔的夹具。连杆以小头孔和大小头端面在定位销 8 和支承板 3 上定位；浮动定位块 4 限制大端凸缘角向位置；夹紧气缸 1 装在杠杆压板 5 上，夹紧时气缸和活塞杆 2 沿相反方向受力移动，分别使压板 5 和 6 绕其铰链转动，压板 6 向下转动时，推动带斜面的滑柱 9 轴向移动，使浮动定位块 4 左移，实现工件角向定位；压板 6 继续转动时，则夹紧工件小头，同时气缸上移，使杠杆压板 5 转动压紧工件大端。

8.5.3 其他夹具设计实例

8.5.3.1 磨床专用夹具

1）外圆磨床专用夹具

(1) 外圆磨弹性波纹套心轴

① 夹具结构（图 8-134）

② 使用说明。该心轴可在外圆磨床或车床上精加工盘套类工件。

如图 8-134（a）所示为工件以内孔和端面定位。旋紧螺母 3，使弹性波纹套 2 变形胀大而夹紧工件。根据工件的不同孔径，可选用相应的弹性波纹套和支承件 1，所以具有一定的通用性。

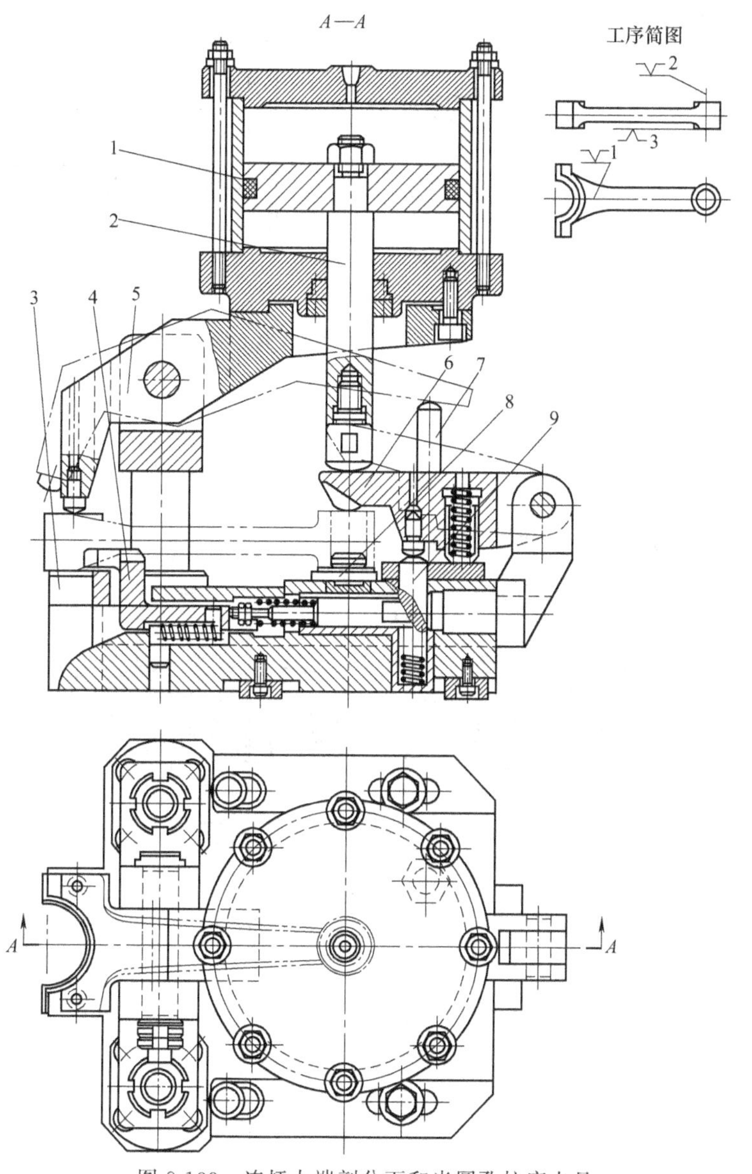

图 8-133 连杆大端剖分面和半圆孔拉床夹具

1—气缸；2—活塞杆；3—支承板；4—浮动定位块；5—杠杆压板；6—压板；7—限位杆；8—定位销；9—滑柱

如图 8-134（b）所示的弹性碟形盘心轴，结构原理与使用范围和图 8-134（a）所示心轴相同，这种弹性碟形盘还可以用作大直径的环形工件定心。由于定位面积较大，所以不会损坏工件的定位基准面。

（2）外圆磨电磁吸盘

① 夹具结构（图 8-135）

② 使用说明。本夹具多用于磨削类机床上，也可用于车床，因产生的夹紧力不大且分布均匀，适用于切削力不大和要求变形小的精加工工件。

当线圈通入直流电后，在铁芯上产生一定数量的磁通 ϕ，磁力线避开隔磁圈 3，通过工件 2 形成闭合回路，如图 8-135 中虚线所示。由于磁力线在工件中通过，工件被吸在盘面上。当断开线圈中的电源时，电磁吸力消失，即可卸下工件。

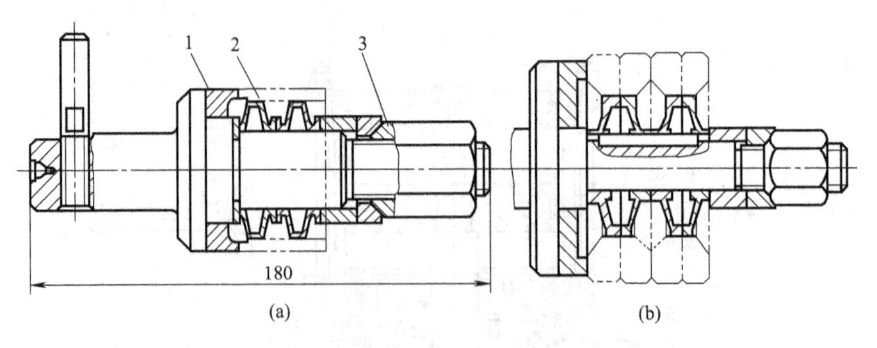

图 8-134 外圆磨弹性波纹套心轴

1—支承件；2—弹性波纹套；3—螺母

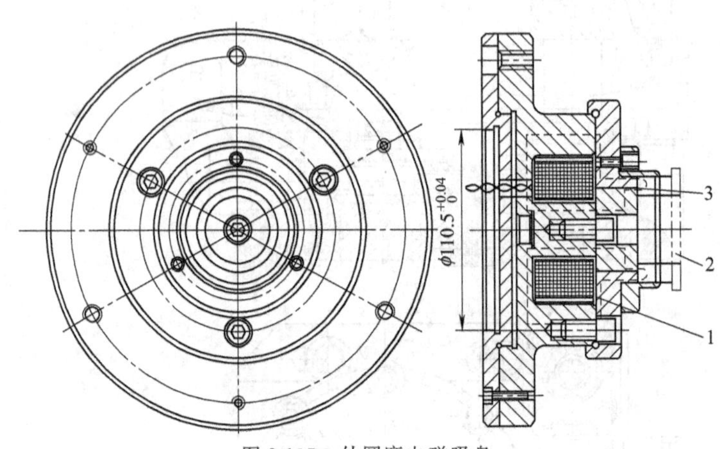

图 8-135 外圆磨电磁吸盘

1—线圈；2—工件；3—隔磁圈

（3）弹性薄膜磨夹具

① 夹具结构（图 8-136）

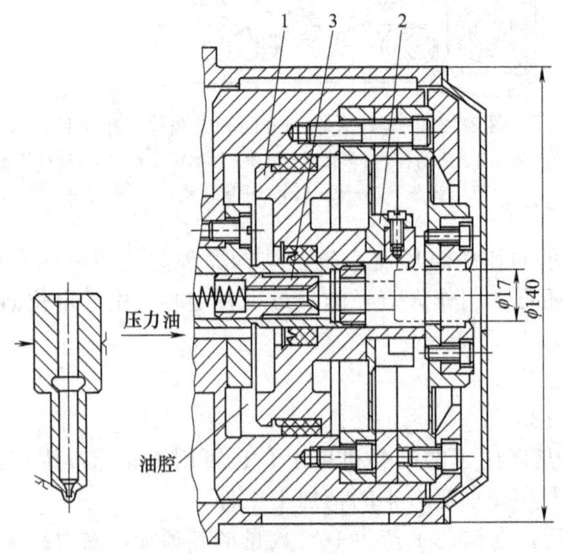

图 8-136 弹性薄膜磨夹具

1—活塞；2—弹性薄片；3—弹性座

② 使用说明。工件（喷油嘴）以小端锥面及大端外径定位。压力油进入油腔后活塞 1 向右移动，使弹性薄片 2 胀开，工件由弹簧座 3 顶出夹具。当工件由上料机械手定程送入胀套后，活塞向左移动使弹性薄片恢复原状从而夹紧工件，进行中孔及座面的精密同心磨削。

2）内圆磨床专用夹具

（1）内圆磨液性塑料夹头

① 夹具结构（图 8-137）

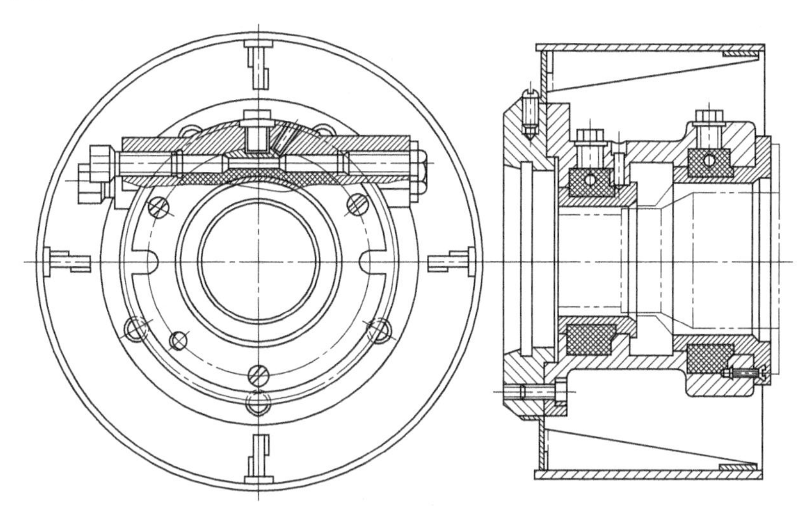

图 8-137　内圆磨液性塑料夹头

② 使用说明。本夹具用于磨削工件内孔。

工件由两个薄壁套筒在其两端自动定心并夹紧。

使用时分别操纵两个加压螺钉。为避免夹紧力过大，加压螺钉的行程由可调的柱销限制。为操作安全，夹具加有防护罩。

（2）圆锥齿轮磨内孔夹具

① 夹具结构（图 8-138）

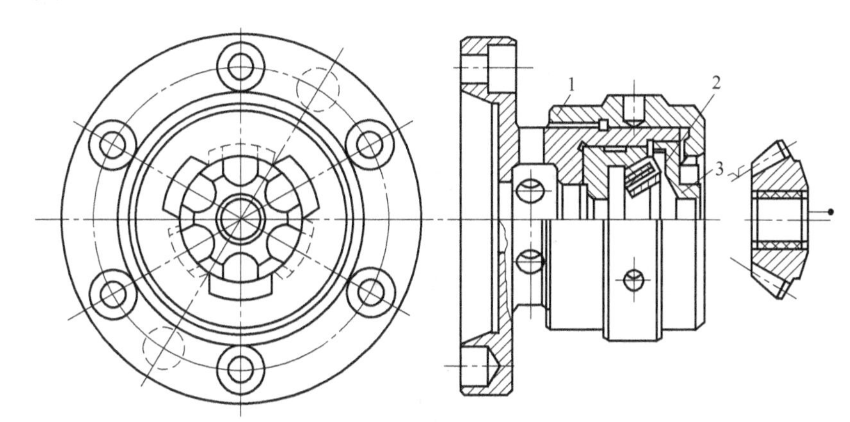

图 8-138　圆锥齿轮磨内孔夹具
1—螺母；2—圆柱棒；3—快卸压板

② 使用说明。本夹具用于内圆磨床上磨削圆锥齿轮内孔。

工件以齿面在圆柱棒 2 上定位。

工件定位后，将快卸压板 3 装进螺母 1 内，旋轩螺母 1，通过快卸压板 3 将工件夹紧。

该夹具结构合理，装卸工件方便，定位精度高。

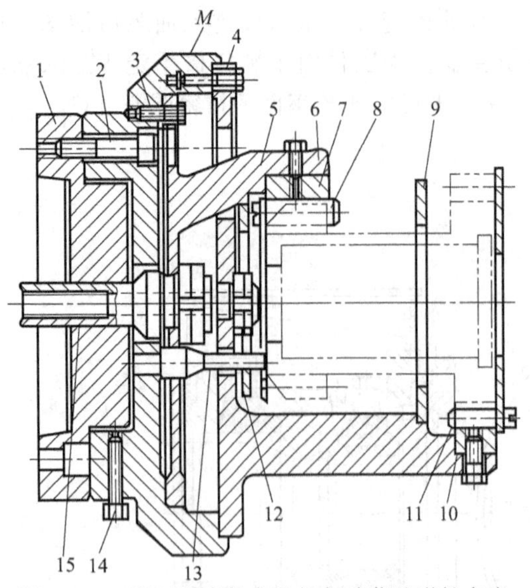

图 8-139　磨双联齿轮内孔的气动薄壁弹性卡盘

1—过渡盘；2～4—紧固螺钉；5,6—薄壁弹性卡盘；7—卡爪；8—圆棒；9,11—环形件；10—卡爪；12—支承板；13—顶销；14—调节螺钉；15—拉杆

(3) 磨双联齿轮内孔的气动薄壁弹性卡盘

① 夹具结构（图 8-139）

② 使用说明。本气动薄壁弹性卡盘用于内圆磨上磨双联齿轮内孔。

该夹具具有两层薄壁卡盘，使用同一夹紧动力。安装时，通过调节螺钉 14 以 M 面找正并与接盘固定在一起。工作时，气动拉杆向左，使薄盘变形，通过卡爪而定心和夹紧工件。加工完后，拉杆向右，薄盘恢复弹性变形，卡爪回到原来位置，从而松开工件。

这种卡盘结构简单，定心精度高。环形件 9 和 11 供在机床上修磨卡爪时定位用。

(4) 电磁无心磨内圆夹具

① 夹具结构（图 8-140）

② 使用说明。此夹具用于滚动轴承内圈精磨内圆工序。由于精密轴承内圈内孔轴心线对端面的垂直度要求不大于 0.3μm，所以对机床主轴旋转精度要求特别高。此夹具利用电磁无心原理，使主轴旋转的侧摆误差不传递给工件。图中端面磁极 5 由两平行簧片 2 支承，安装于接盘 7 中。平行簧片使端面磁极在轴向有浮动性能。主轴 6 通过柔性的平行簧片把旋转运动传递给工件 1。工件在电磁吸力和平行簧片的反力作用下，在轴向方向始终靠在三个可调整的固定支承 3 上。在径向方向紧靠在两个可调整的固定支承 4 上。这样，工件旋转完全由五个固定支承所决定，使工件绕垂直于自己端面的中心旋转，从而保证了磨削孔径对基准端面的高精度的垂直度要求。

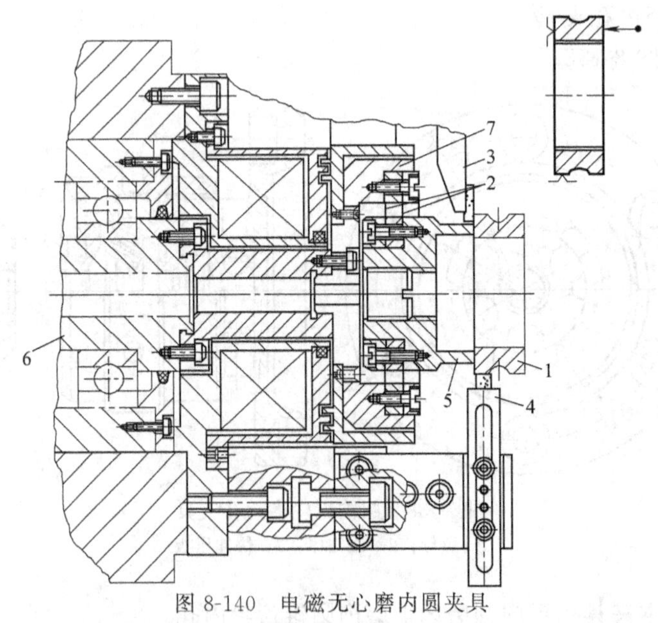

图 8-140　电磁无心磨内圆夹具

1—工件；2—簧片；3,4—固定支承；5—端面磁极；6—主轴；7—接盘

3) 平面磨床专用夹具

(1) 磨小轴端面夹具

① 夹具结构（图 8-141）

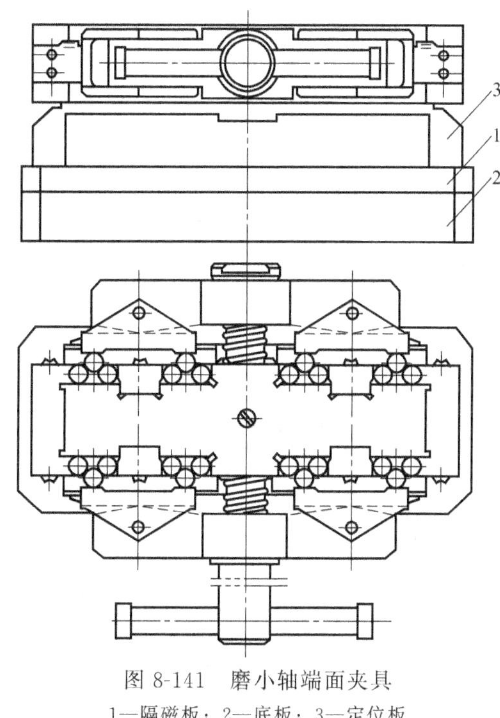

图 8-141 磨小轴端面夹具

1—隔磁板；2—底板；3—定位板

② 使用说明。本夹具用于平面磨床上多件磨削小轴端平面。为了防止零件磁化，在底板 2 与定位板 3 之间放有隔磁板 1。

(2) 多件平磨夹具

① 夹具结构（图 8-142）

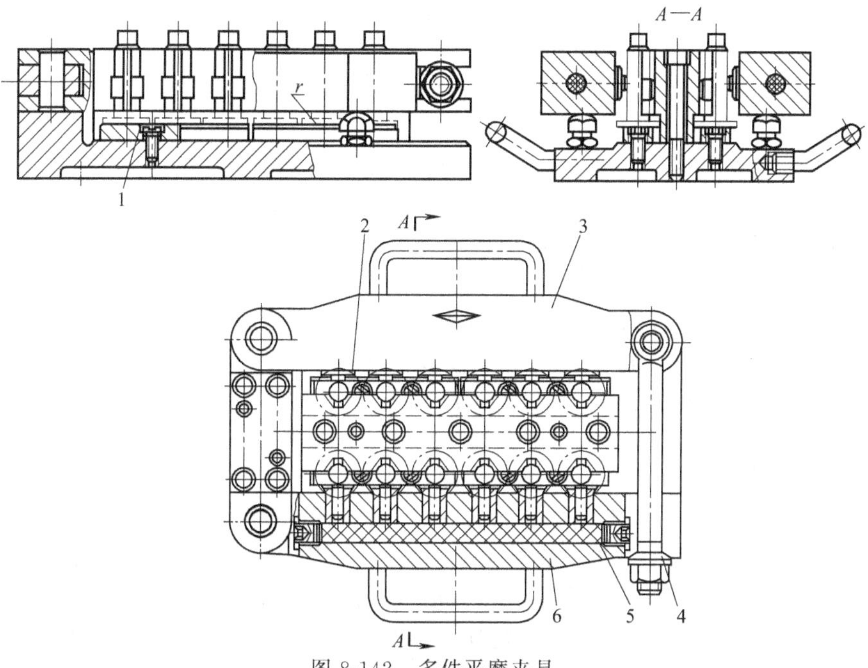

图 8-142 多件平磨夹具

1—支承板；2—V 形块；3，6—铰链压板；4—螺母；5—柱塞

② 使用说明。本夹具用于平面磨床上磨气门挺杆小端平面。

工件以支承板 1 和 V 形块 2 定位。旋紧螺母 4 时，铰链压板 3 和 6 上的柱塞 5 将工件夹紧。由于液性塑料的传力作用，各工件的夹紧力较均匀。

(3) 叶片侧面磨夹具

① 夹具结构（图 8-143）

② 使用说明。该夹具用于磨削 YB 系列油泵叶片的三个侧面。叶片为薄片零件，三个侧面 a、b 和 c 的相互垂直度要求不超过 0.05mm，工件成组叠齐，压紧于夹具块 1 上，旋转螺钉 2 经钢球 3 推顶块 4 夹紧工件。图示夹具是磨削上侧面 a 时的夹具块安装位置，将夹具块装在夹具座 5 的顶面时，即可磨削叶片的另外两个侧面 b 和 c。

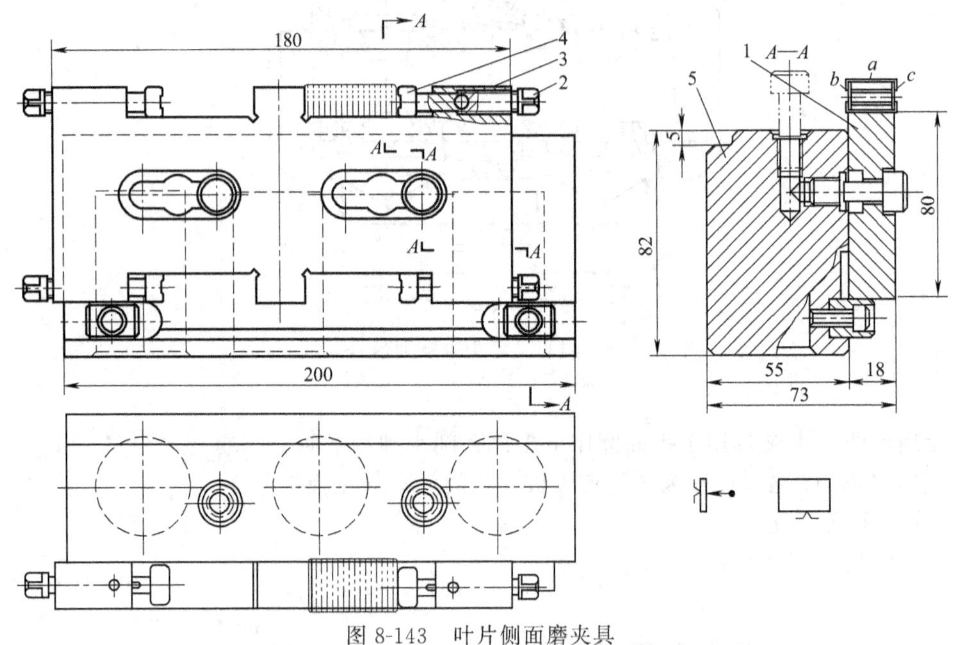

图 8-143　叶片侧面磨夹具

1—夹具块；2—螺钉；3—钢球；4—顶块；5—夹具座

4) 齿轮加工磨床专用夹具

(1) 直线分度磨齿条夹具

① 夹具结构（图 8-144）

② 使用说明。本夹具用于磨床上磨削齿套类工件。工件上共 11 个齿，可在一次安装中通过直线分度磨出。

工件以 $\phi 31.3_{-0.025}^{\ 0}$ mm 外圆定位在弹性支架 7 的圆孔中，另以端面靠在支架 5 的平面上控制轴向位置，最后以塞块 8 沿工件 3.2mm±0.05mm 长方槽插入叉形件 6 的槽中，确定工件角向位置，从而完成六点定位。工件定位后，扳紧螺钉 12，开槽的弹性支架即可将工件夹紧。

当第一齿加工完毕后，逆时针转动手柄 14，棘爪 11 拨动棘轮螺栓 10 使它旋转并后移，于是滑板 9 在压缩弹簧 13 作用下也后退，使圆头销 4 与分度销 3 脱离接触；此时转动分度盘 2，使钢球 1 嵌入分度盘下一个锥坑中；然后顺时针转动分度手柄，棘爪拨动棘轮螺栓旋转并前移，滑板克服弹簧力量向前推进，直至圆头销与下一个分度销接触；继续转动手柄，由于棘轮螺栓不再旋转向前，棘爪在斜面作用下与棘轮螺栓脱开，从而控制圆头销与分度销之间的接触压力。按照上述工作过程，在 11 个等差分度销的控制下，使滑板实现等距直线分度，依次将工件上 11 个齿加工完毕。

该夹具分度精度主要取决于 11 个分度销的长度等差尺寸，由于制造方便，故易获得较高的分度精度。另外，可根据工件的形状调换定位、夹紧元件以及根据等分要求更换分度角，即可加工某种不同形状和不同等分要求的直线分度工件，因此本夹具具有一定的通用性。

（2）螺旋圆柱齿轮内孔磨夹具

① 夹具结构（图 8-145）

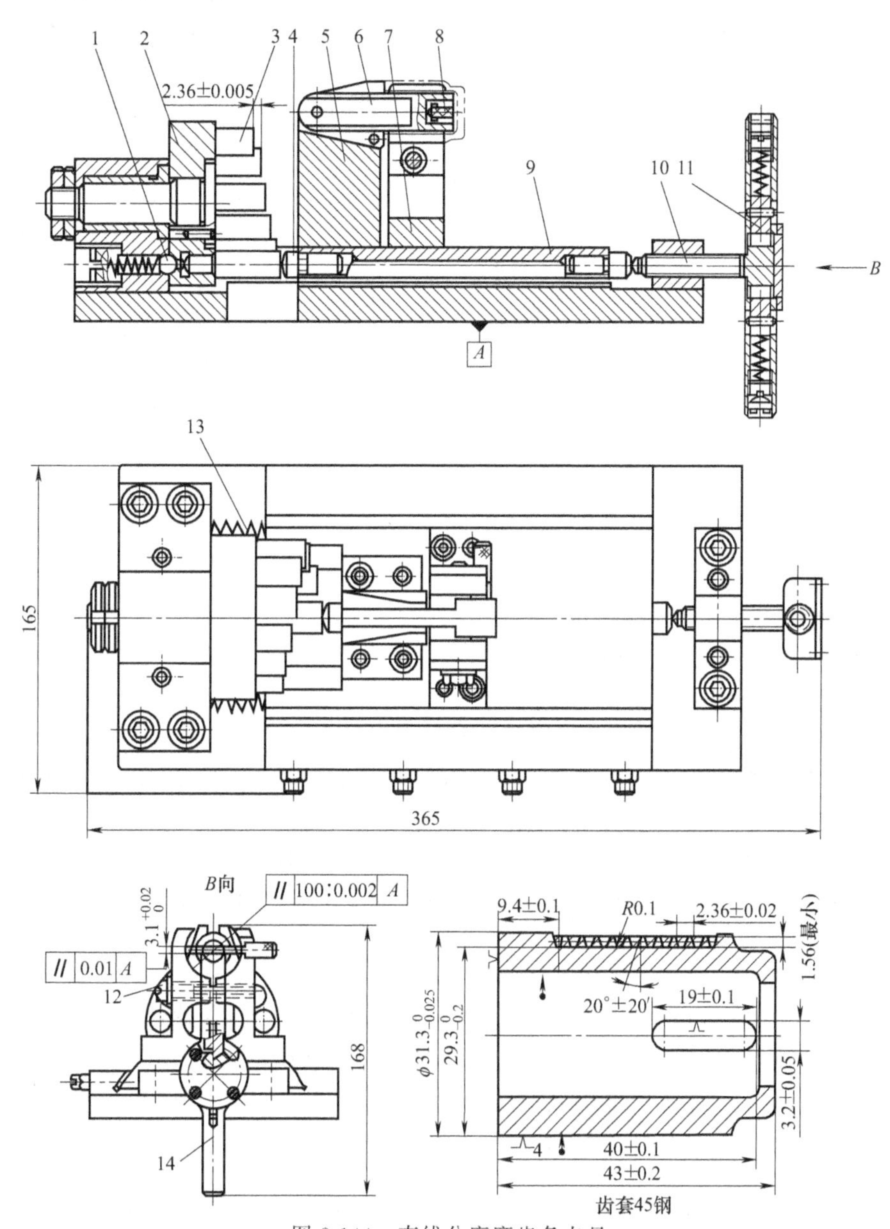

图 8-144　直线分度磨齿条夹具

1—钢球；2—分度盘；3—分度销；4—圆头销；5—支架；6—叉形件；7—弹性支架；8—塞块；9—滑板；10—棘轮螺栓；11—棘爪；12—螺钉；13—压缩弹簧；14—手柄

② 使用说明。工件由在齿槽内等分分布的三个直径相等的弹性滚柱 1 定位，其端面靠在位于同一平面的三个定位柱 3 的端面上。气缸拉动弹性锥套 2 使三个滚柱夹紧工件

（3）薄膜卡盘式齿轮内孔磨夹具

① 夹具结构（图 8-146）

② 使用说明。本夹具用于内圆磨床。工件以三个直径相等的滚柱（放在一保持架内）和

一端面定位。当气缸拉杆向左退回时，弹性卡盘产生变形，经三个爪将三个滚柱和工件夹紧。

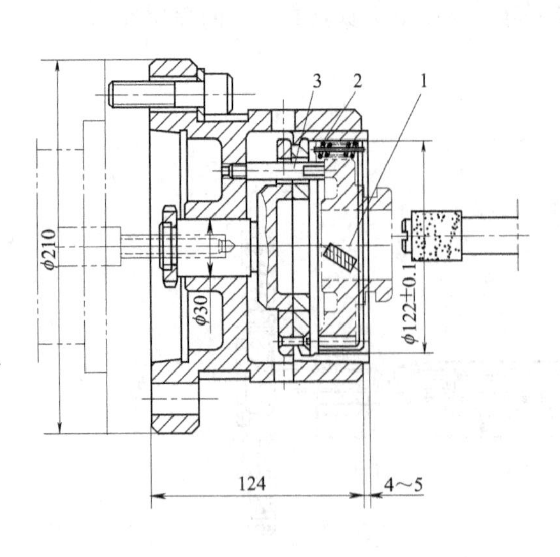

图 8-145 螺旋圆柱齿轮内孔磨夹具

1—弹性滚柱；2—弹性锥套；3—定位柱

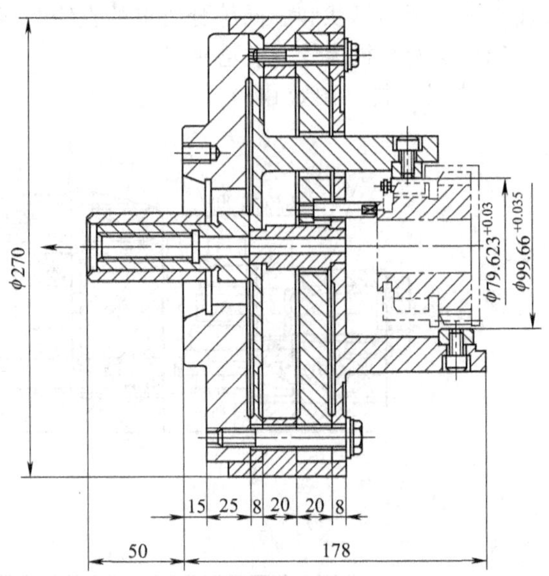

图 8-146 薄膜卡盘式齿轮内孔磨夹具

8.5.3.2 刨床专用夹具

1）牛头刨床专用夹具

（1）上刀架座粗、精刨燕尾槽夹具

① 夹具结构（图 8-147）

② 使用说明。本夹具用于粗、精刨上刀架座燕尾槽。

工件以上平面和侧平面为定位基准，在支承板 4～8 上定位。拧紧螺钉 15 和 17，带动压板 14 和 16 夹紧工件。为使夹紧可靠，两块压板必须均匀施力。刨完直槽面后，松动螺母 3 和 10，操纵手柄 12，由偏心轴 13 带动夹具体 2 绕心轴 11 在底座 1 上转动，由定位销 18 和 19 限位，再拧紧螺母 3、10，以刨斜槽面。件 9 为对刀装置，以调整刀具位置。

（2）转位式牛头刨床夹具

① 夹具结构（图 8-148）

② 使用说明。本夹具用于牛头刨床上加工车床小刀架上体两条燕尾导轨面，其中一条是直导轨面，另一条则是 1∶50 斜导轨面。夹具上可同时安装两个工件。

工件以互相垂直的底平面、侧面及端面为定位基准，放在回转体 10 的平面和侧面上定位，另以止推销 8 起到承受部分切削力作用。然后拧动压板 1 上螺母、内六角螺钉 6 和滚花螺钉 3 把工件夹紧。

加工直导轨面时，回转体 10 一侧与支承钉 2 接触，然后拧紧滚花螺钉 7 和两个锁紧螺母 9，使回转体与刨床滑枕运动方向一致并固定在底座 11 上。

当加工 1∶50 斜导轨面时，可松开滚花螺钉 7 和两个锁紧螺母，使回转体另一侧与支承钉 4 接触，然后拧紧滚花螺钉 5 和两个锁紧螺母 9，即可进行加工。

工件加工方法既可采用每个工件依次加工两导轨面，也可采用一批工件分别加工，但以后者为合理。支承钉 2 和 4 的正确位置，可事先加以调整。

整个夹具是以两个定向键定位在刨床工作台上，并以四个 T 形螺钉加以固定的。

本夹具结构简单，使用方便，适宜于中、小批生产。

2）龙门刨床专用夹具

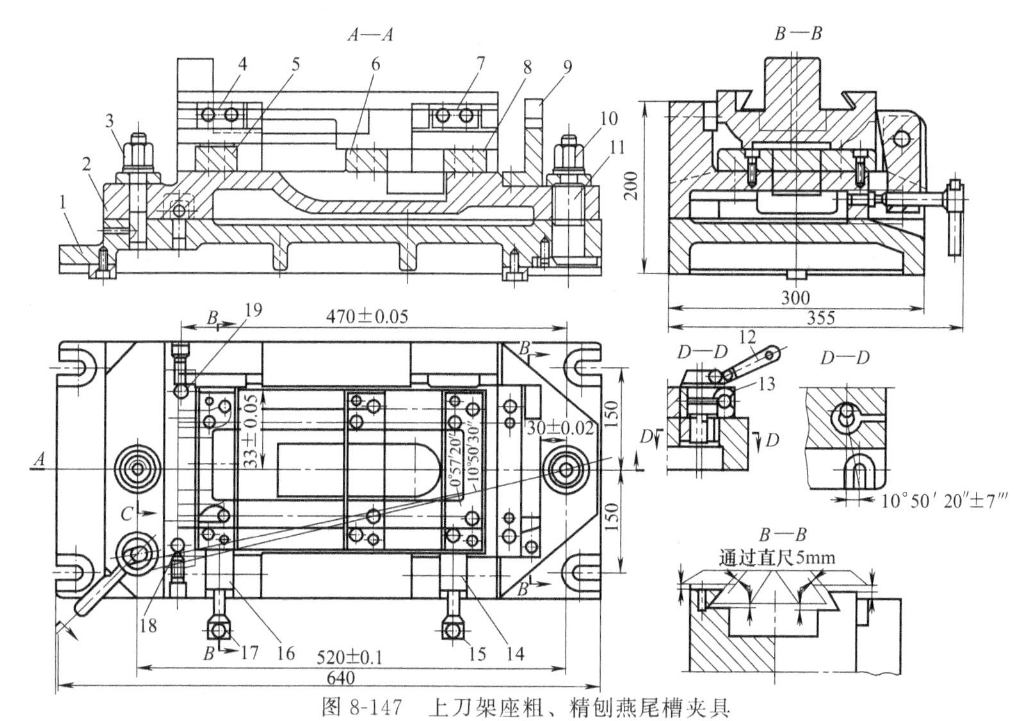

图 8-147　上刀架座粗、精刨燕尾槽夹具

1—底座；2—夹具体；3,10—螺母；4～8—支承板；9—对刀装置；11—心轴；12—手柄；13—偏心轴；14,16—压板；15,17—螺钉；18,19—定位销

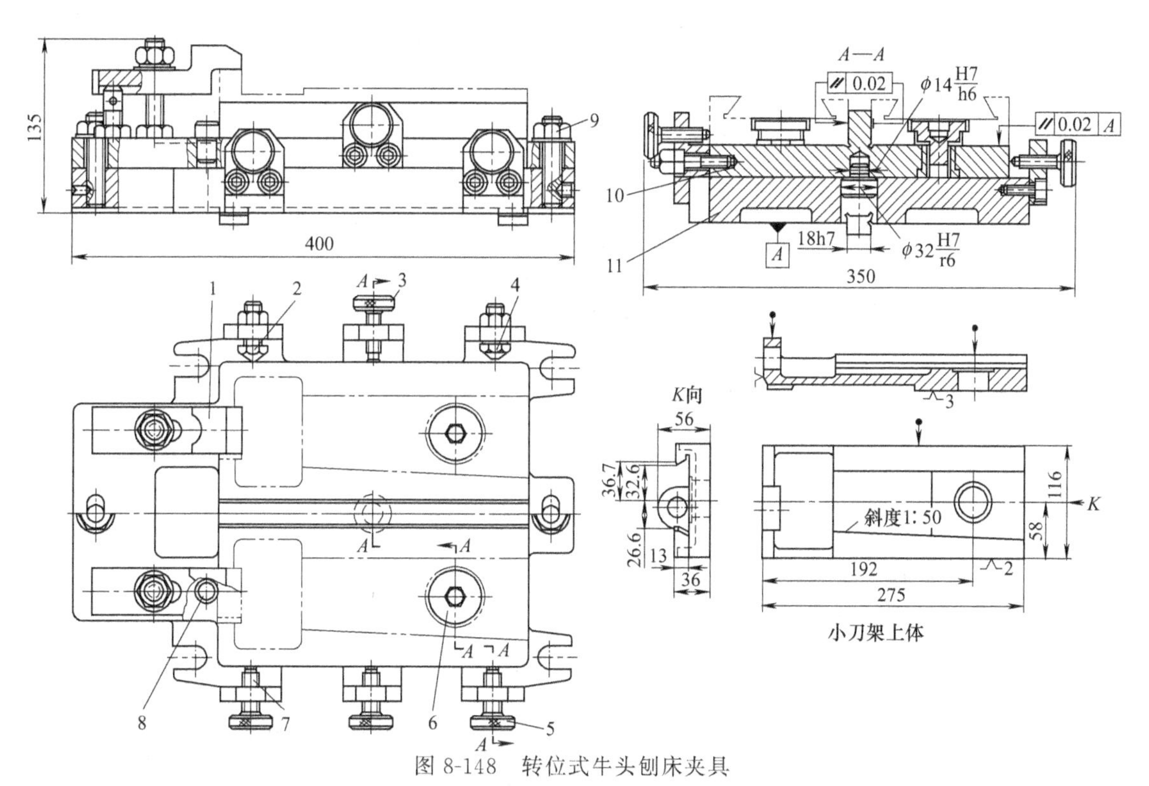

图 8-148　转位式牛头刨床夹具

1—压板；2,4—支承钉；3,5,7—滚花螺钉；6—内六角螺钉；8—止推销；9—锁紧螺母；10—回转体；11—底座

主要介绍液压夹紧龙门刨床夹具。

① 夹具结构（图 8-149）

② 使用说明。本夹具用于龙门刨床上刨削车床尾座底面，为该工件加工的头道工序，在夹具上可同时安装三个工件。

工件以 ϕ60mm 铸造毛坯孔的两端为主要定位基准，在两个短顶锥套 8 个定位限制四个自由度，另以端面靠在花纹支承 10 上，限制一个移动自由度，再以侧面和一个可调支承钉 7 接触，限制最后一个转动自由度，实现六点定位。

安装时，先将工件安放在夹具体 5 底面上的两个可调支承钉 1 上预定位。随即扳动转阀手柄使低压油进入两水平油缸 4，推动短顶锥套 8 把工件抬起并定心（工件在轴向仍处于浮动状态），再拧动螺钉 6 使工件端面紧贴花纹支承 10，然后扳转工件紧靠可调支承钉 7，并调节辅助支承钉 9 使之与工件接触，最后再扳动转阀手柄，两个水平油缸 4 及一个垂直油缸 3 在高压油的压力推动下同时工作，通过短顶锥套 8 和摆动压板 2 夹紧工件。

本夹具结构紧凑，定位合理，夹紧可靠，操作简便，在成批生产中能获得较高的生产率。

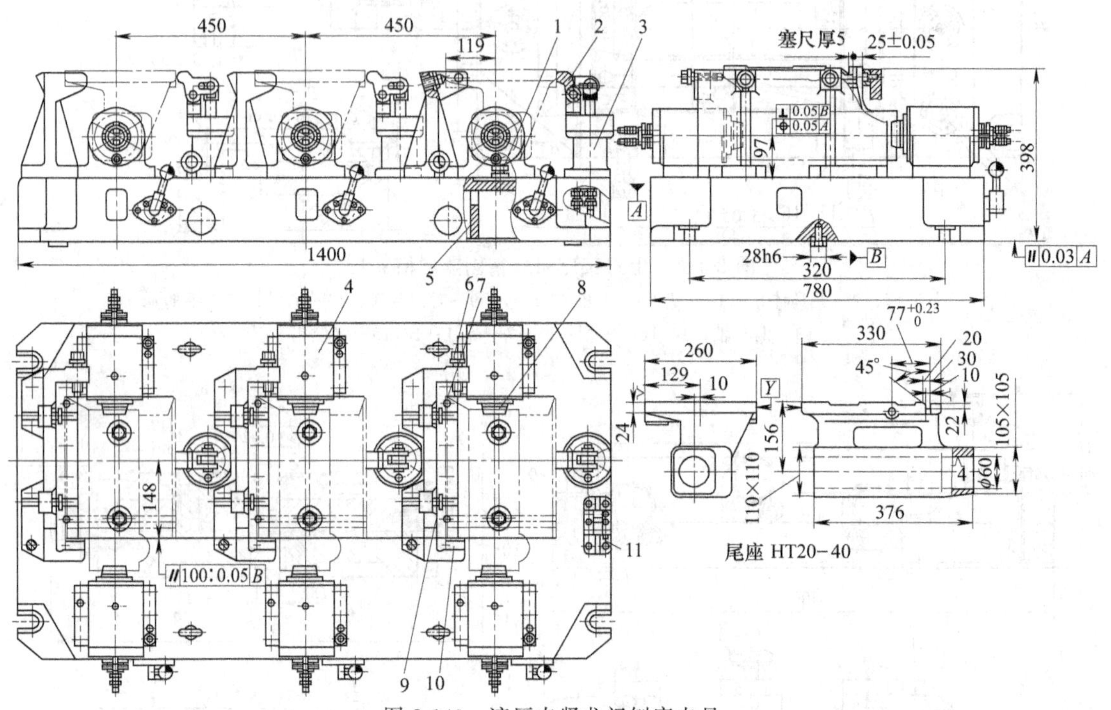

图 8-149 液压夹紧龙门刨床夹具

1—可调支承钉；2—摆动压板；3—垂直油缸；4—水平油缸；5—夹具体；6—螺钉；7—可调支承钉；8—短顶锥套；9—辅助支承钉；10—花纹支承；11—对刀块

8.5.3.3 拉床专用夹具

1）拉孔夹具

（1）盘类零件拉孔夹具

① 夹具结构（图 8-150）

② 使用说明。本夹具用于卧式拉床上拉削盘类工件的内孔。

拉削时，工件以一端面支承在导套 3 的 M 面上定位，并用拉刀自动找正定心，拉削力使工件紧靠于导套的 M 面上。连接盘 1 装于机床上，在六个弹簧 5 的作用下，通过顶销 4 使球面自位支承 2 的球面紧靠在连接盘 1 的球面上起浮动作用。

该夹具适用于拉削支承面为粗基准的工件。

（2）拉削吊环两孔夹具

① 夹具结构（图 8-151）

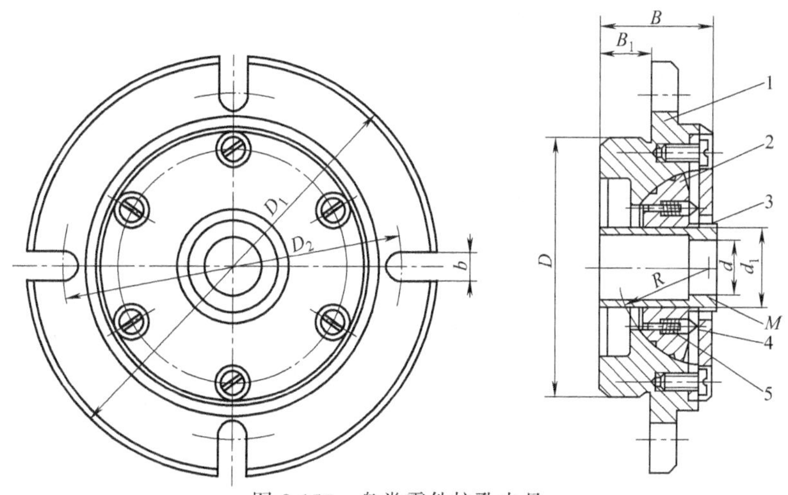

图 8-150　盘类零件拉孔夹具

1—连接盘；2—自位支承；3—导套；4—顶销；5—弹簧

② 使用说明。本夹具用于卧式拉床上拉削吊环的两孔。

工件以 $\phi 37$ 孔及端面为基准装于定位销 2 上定位，螺钉 6 用于使工件角向定位。转动手柄 1 经楔块 3～5，使 A、B 两面紧贴在吊环的两内侧面上，以防止拉削时工件变形。

夹具结构（图 8-151）。

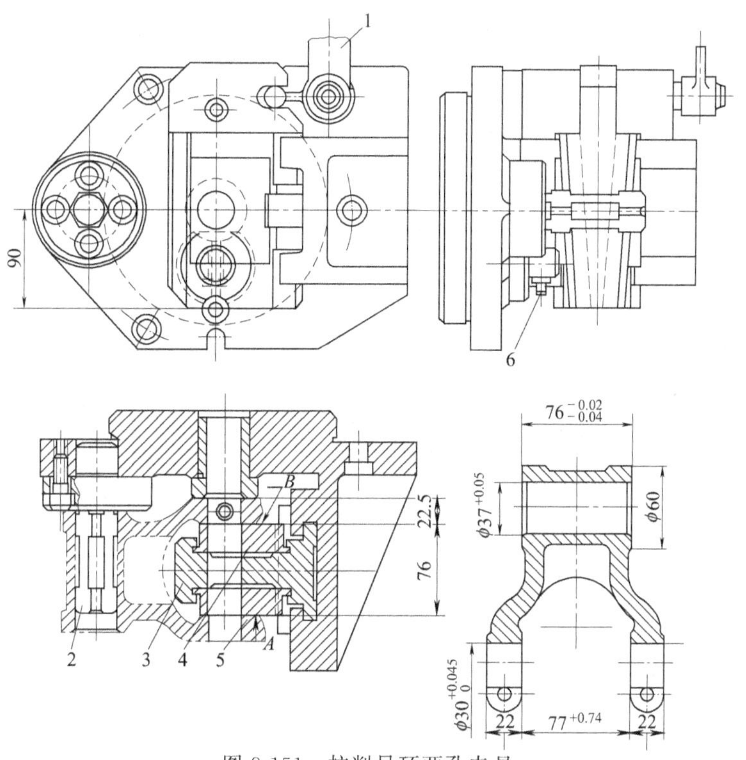

图 8-151　拉削吊环两孔夹具

1—手柄；2—定位销；3～5—楔块；6—螺钉

2）拉槽夹具

（1）锥孔键槽拉夹具

① 夹具结构（图 8-152）

② 使用说明。本夹具用于 7A510 拉床，工件以圆锥 1 定位，螺母 2 用于卸下工件。

(2) 齿轮键槽拉夹具

① 夹具结构（图 8-153）

② 使用说明。本夹具用于 7520 拉床，工件以中孔定位，侧面齿槽定位插销用来控制键槽方向。

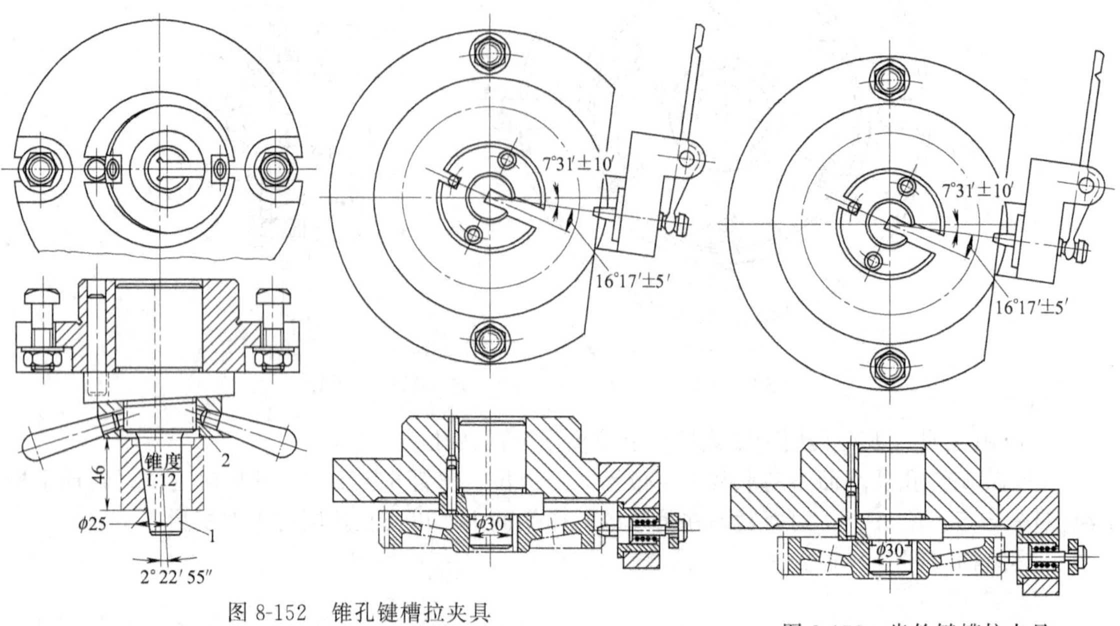

图 8-152　锥孔键槽拉夹具

1—圆锥；2—螺母

图 8-153　齿轮键槽拉夹具

3) 平面拉夹具

① 夹具结构（图 8-154）

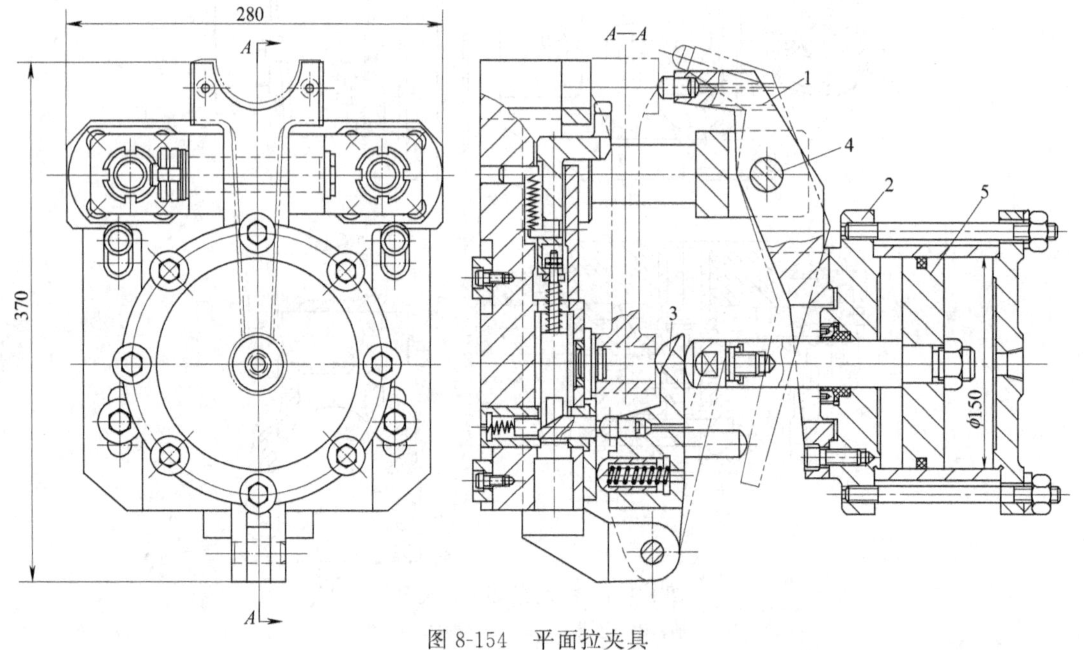

图 8-154　平面拉夹具

1,3—杠杆；2—气缸体；4—轴销；5—活塞

② 使用说明。工件（连杆大小头孔分离面）以小头孔和大小头端面及大端凸缘定位，借浮动定位块限制工件转动。用气缸进行夹紧。在压缩空气作用下，同定在杠杆 1 上的气缸体 2

使杠杆 1 绕轴销 4 回转。同时活塞 5 推动另一杠杆 3 夹紧工件。

8.5.3.4　切齿机床专用夹具

1）滚齿机床专用夹具

（1）大齿圈液动滚齿夹具

① 夹具结构（图 8-155）

② 使用说明。本夹具用于滚齿机上滚切大齿圈齿部，也可用于立式车床上车削大齿圈外圆。一次可安装八件。

工件以内孔及端面在径向定位块 7 及定位环 4 上定位。当油缸 5 上端通入压力油时，活塞 6 带动活塞杆 2 下移，楔块 3 使 12 个径向定位块 7 向外伸出，将工件定位；然后 3 个油缸 8 工作，活塞 9 带动活塞杆 10，使 3 个可摆动的压板将工件夹紧。

（2）用于 Y38-1 滚齿机床的滚齿夹具

① 夹具结构（图 8-156）

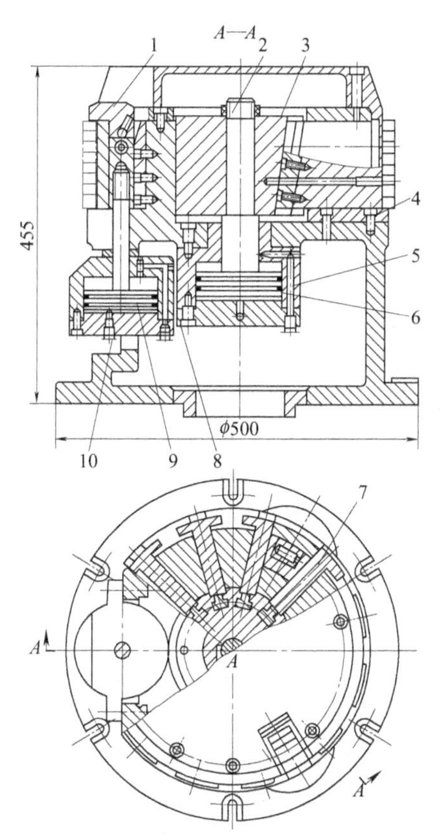

图 8-155　大齿圈液动滚齿夹具

1—摆动压板；2,10—活塞杆；3—楔块；4—定位环；5,8—油缸；6,9—活塞；7—定位块

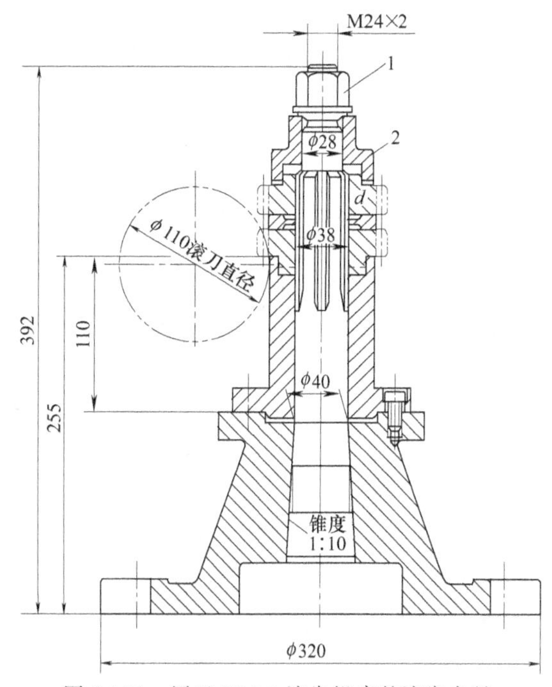

图 8-156　用于 Y38-1 滚齿机床的滚齿夹具

1—螺母；2—压套

② 使用说明。工件以花键孔及端面定位，旋转螺母 1 通过压套 2 夹紧工件。

2）其他切齿机床专用夹具

（1）圆锥齿轮铣齿夹具

① 夹具结构（图 8-157）

② 使用说明。本夹具用于弧形锥齿轮铣床上铣削圆锥齿轮的齿部。

粗切时，工件以内孔、端面及一小孔在碟形弹簧 3、心轴 4 上的端面及削边销 2 上定位；精切时，球头销 1 代替削边销 2 在一齿槽中定位。

动力源使拉杆 5 右移压缩碟形弹簧 3，将工件定心夹紧。弹簧的弹性槽中嵌有耐油橡胶材料，以防止切屑或污物落入槽中。

(2) 内齿轮插齿夹具

① 夹具结构（图 8-158）

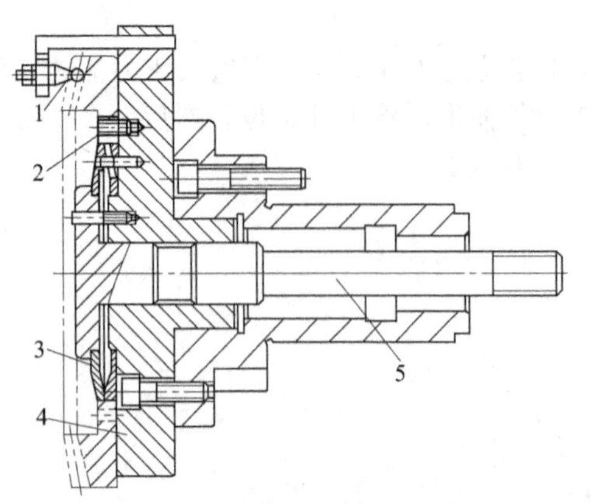

图 8-157 圆锥齿轮铣齿夹具
1—球头销；2—削边销；3—碟形弹簧；4—心轴；5—拉杆

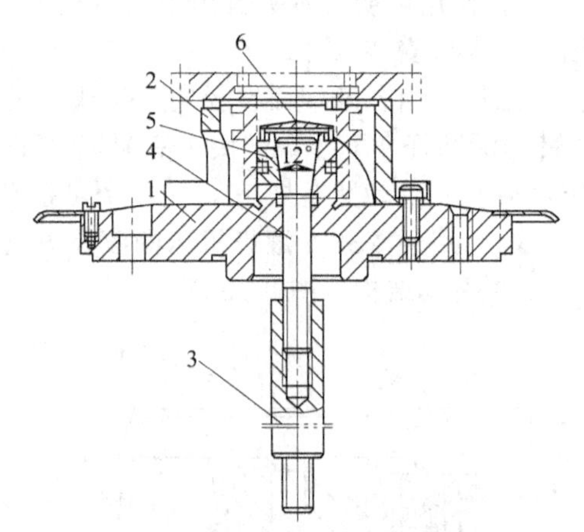

图 8-158 内齿轮插齿夹具
1—法兰；2—支承座；3—接杆；4—拉杆；5—压块；6—护罩

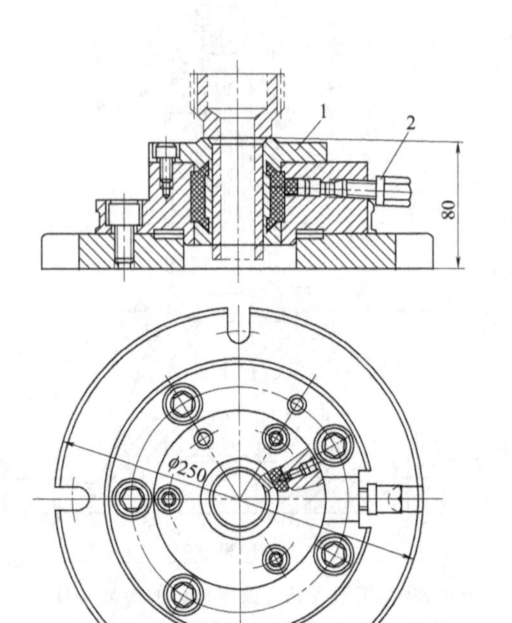

图 8-159 加工齿轮轴用液性塑料夹具
1—薄壁套筒；2—螺钉

② 使用说明。本夹具用于插齿机上插削内齿。

工件以内孔及端面在法兰 1 上的可胀心轴部分和支承座 2 上定位。开动气源，工作台下部的活塞杆通过接杆 3 和拉杆 4 使三块均匀分布的压块 5 将工件定心夹紧。护罩 6 用于保护定位锥孔的清洁。

(3) 加工齿轮轴用液性塑料夹具

① 夹具结构（图 8-159）

② 使用说明。本夹具用于插齿机上加工齿轮轴。

工件以外圆柱面及轴肩为基准安装在薄壁套筒 1 内定位。拧动螺钉 2 时，套筒薄壁产生均匀的弹性变形，将工件定心并夹紧。

(4) 插内齿轮专用夹具

① 夹具结构（图 8-160）

② 使用说明。本夹具用于插齿机上插削齿轮。

工件以花键孔及端面为基准，在花键心轴 2 及环形支承板 1 上定位。靠两个钩形压板 3 夹紧工件。

8.5.3.5 随行夹具与自动化夹具

(1) 加工轴瓦盖自动线随行铣夹具

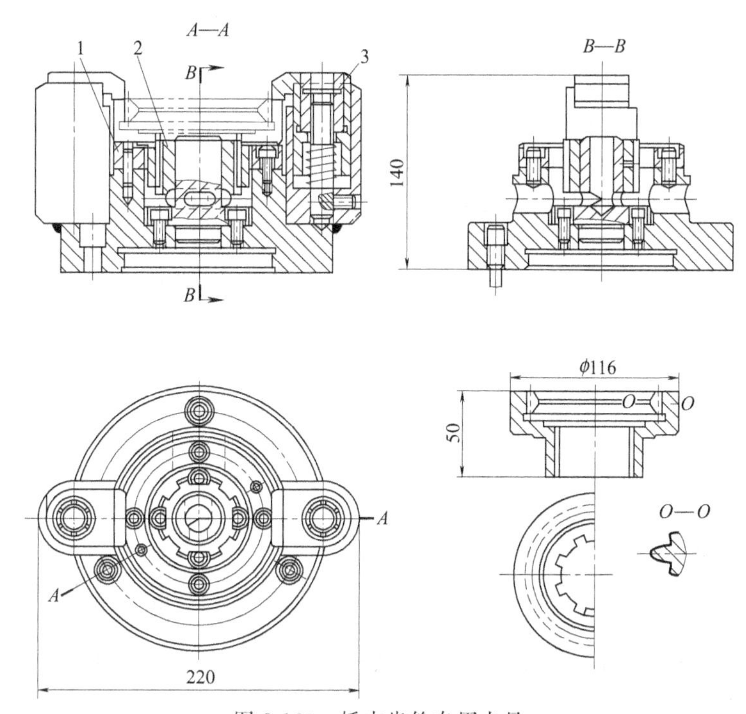

图 8-160 插内齿轮专用夹具

1—支承板；2—花键心轴；3—钩形压板

① 夹具结构（图 8-161）

② 使用说明。本夹具用于在自动线上加工柴油机主轴承盖结合面、连接孔等表面的随行夹具。

工件以一个铣削过的平面安装在支承板 1 上，工件左右两侧面凸台平面靠紧可调支钉 4。

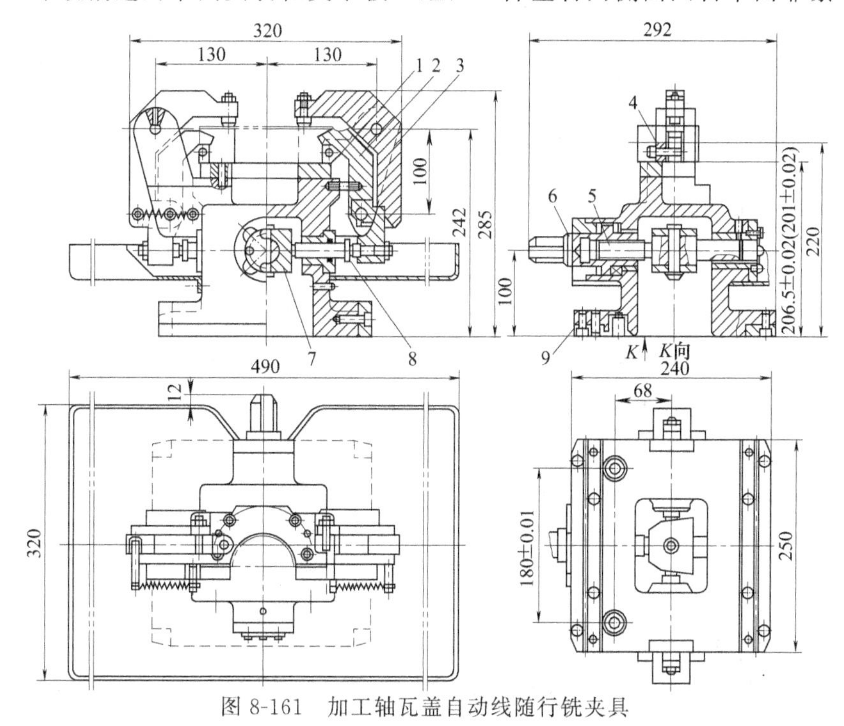

图 8-161 加工轴瓦盖自动线随行铣夹具

1,9—支承板；2—压板；3—钩形压板；4—可调支钉；5—丝杠；6—螺母；7—楔块；8—柱销夹紧过程中，螺母 6，带动丝杠 5 和楔块 7 移动；楔块通过柱销 8 推动定心压板 2 和钩形压板 3 使工件定心并夹紧。

随行夹具下部支承板 9 是使随行夹具在固定夹具支承块上定位的基准，亦是随行夹具工序间输送的基面。支承板 9 中间开一通槽将其分为两部分，分别与输送夹具的滑槽和固定夹具支承块接触，这可避免因支承板磨损而影响定位精度。

（2）加工支重轮轴螺纹的自动化夹具

① 夹具结构（图 8-162）

② 使用说明。本夹具用于专用双头切丝机上加工拖拉机支重轮轴两端的 M33×1.5-2 螺纹。

工件以两头 ϕ47k6 圆柱面定位于 V 形定位块 6 上，又以 50mm±0.2mm 两端面定位于 V 形定位块 6 的 52mm±0.2mm 定位槽中，共限制五个自由度。

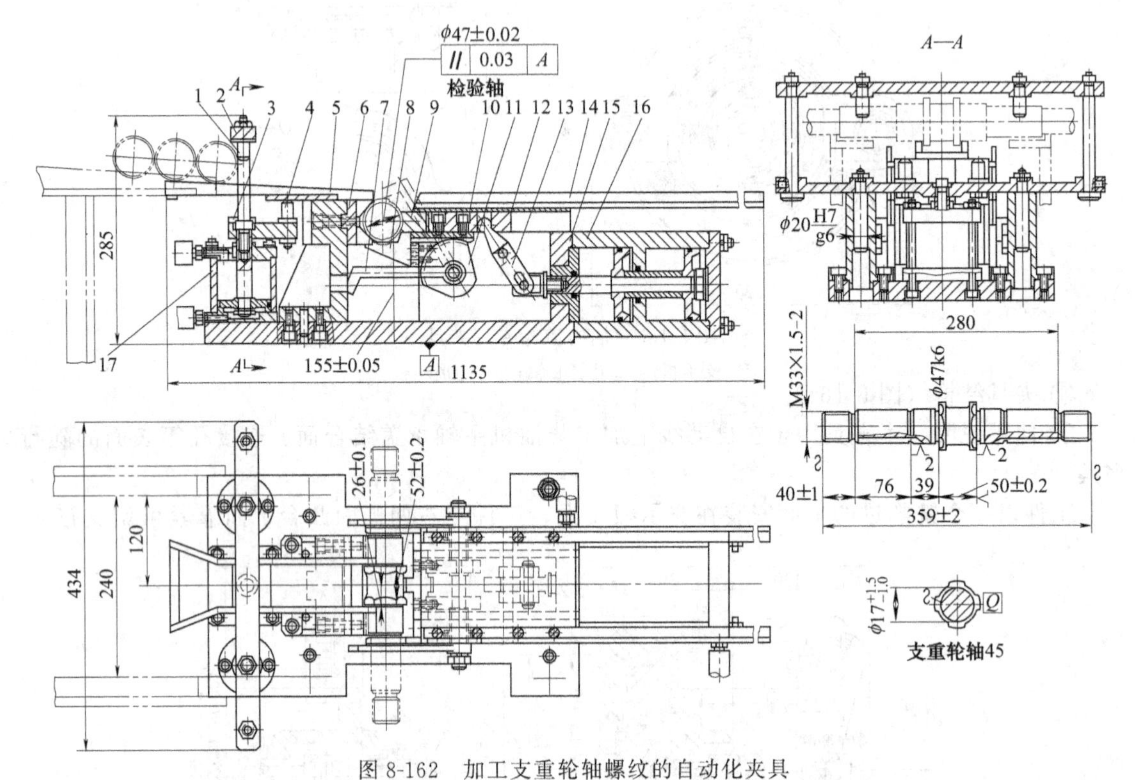

图 8-162 加工支重轮轴螺纹的自动化夹具

1—上挡销；2—上支板；3—下支板；4—下挡销；5—上料滚道；6—V 形定位块；7—拨杆；8—托架；9—压块；10—齿条；11—扇形齿轮；12—滑块；13—杠杆；14—下料滚道；15—夹具体；16—夹紧气缸；17—隔料气缸

本夹具是半自动化夹具。工件由人工定向一批一批地放在上料滚道 5 上，靠自重在斜面上往下滚动；由于上支板 2 和下支板 3 连成一体并安装在隔料气缸 17 的活塞杆上，活塞往复运动一次，挡销 1 和 4 只能放过一个工件，而其余工件被隔离挡住。滚下的这个工件被拨杆 7 上的斜面挡住；当夹紧气缸 16 左腔进气时，活塞右移通过杠杆 13 拨动齿条 10 左移的同时，使扇形齿轮 11 逆时针旋转，与它连接的拨杆 7 将工件放下，落在托架 8 上预定位。齿条 10 继续左移，将工件顶入 V 形定位块 16 及其定位槽中定位并夹紧。

加工完毕，夹紧气缸 16 右腔进气，齿条右移松开工件并由扇形齿轮 11 带动拨杆 7 拨出工件到下料滚道上，完成一个循环。

本夹具应用了半自动上下料装置和自动定位夹紧，因而可以减少辅助时间，降低劳动强度，提高生产效率，适合于大批量生产。

更多优秀图样可查阅《现代机床夹具典型结构实用图册》（吴拓编著，2015 年出版）。

参 考 文 献

[1] 吴拓编著. 简明机床夹具设计手册. 北京：化学工业出版社，2010.

[2] 吴拓编著. 现代机床夹具典型结构实用图册. 北京：化学工业出版社，2015.

[3] 东北重机械学院，洛阳工学院，第一汽车制造厂职工大学编. 机床夹具设计手册. 第2版. 上海：上海科学技术出版社，1988.

[4] 王健石主编. 机床夹具和辅具速查手册. 北京：机械工业出版社，2007.

[5] 孙已德主编. 机床夹具图册. 北京：机械工业出版社，1984.

[6] 白成轩编著. 机床夹具设计新原理. 北京：机械工业出版社，1997.

[7] 融亦鸣，朱耀祥，罗振璧著. 计算机辅助夹具设计. 北京：机械工业出版社，2002.

[8] 杨峻峰主编. 机床与夹具. 北京：清华大学出版社，2005.

[9] 吴拓，郧建国主编. 机械制造工程. 北京：机械工业出版社，2005.

[10] 吴拓主编. 机械制造技术基础. 北京：清华大学出版社，2007.

[11] 刘友才，肖继德主编. 机床夹具设计. 北京：机械工业出版社，1992.

[12] 徐发仁主编. 机床夹具设计. 重庆：重庆大学出版社，1993.

[13] 哈尔滨工业大学，上海工业大学主编. 机床夹具设计. 上海：上海科学技术出版社，1980.

[14] 龚定安，蔡建国编著. 机床夹具设计原理. 西安：陕西科学技术出版社，1981.